工业污染防治实用技术丛书

U0289186

石油化工环境生物技术

SHIYOU HUAGONG
SHUANJING SHENGWU JISHU

主　编　赵　远
副主编　梁玉婷

中国石化出版社

内 容 提 要

本书注重于介绍环境生物技术在石油化工领域的应用，主要内容包括环境生物培养和分离技术、生物酶技术、生物基因工程技术、蛋白质技术、发酵工程技术、石化废水的生物处理、石油污染环境的生物监测与修复技术、生物采油技术等。

本书可供石油化工企业从事环境保护工作的管理人员及技术人员使用，也可供普通高等院校相关专业师生参考。

图书在版编目（CIP）数据

石油化工环境生物技术／赵远主编．
—北京：中国石化出版社，2013.4
（工业污染防治实用技术丛书）
ISBN 978 - 7 - 5114 - 2005 - 3

Ⅰ.①石… Ⅱ.①赵… Ⅲ.①石油化工 - 环境污染 - 环境生物学 Ⅳ.①X74

中国版本图书馆 CIP 数据核字（2013）第 068041 号

中国石化出版社出版发行

地址：北京市东城区安定门外大街 58 号
邮编：100011 电话：(010)84271850
读者服务部电话：(010)84289974
http://www.sinopec-press.com
E-mail：press@ sinopec.com
北京科信印刷有限公司印刷
全国各地新华书店经销
*
787×1092 毫米 16 开本 22.25 印张 540 千字
2013 年 5 月第 1 版 2013 年 5 月第 1 次印刷
定价：70.00 元

序 ·····

保护环境关系到我国现代化建设的全局和长远发展，是造福当代、惠及子孙的事业。党中央、国务院历来重视环境保护工作，把保护环境作为一项基本国策，把可持续发展作为一项重大战略。党的十六大以后，我们提出树立科学发展观、构建社会主义和谐社会的重要思想，提出建设资源节约型、环境友好型社会的奋斗目标。这是我们党对社会主义现代化建设规律认识的新飞跃，也是加强环境保护工作的根本指导方针。

近年来，我们在推进经济发展的同时，采取了一系列措施加强环境保护，取得了积极进展。在资源消耗和污染物产生量大幅度增加的情况下，环境污染和生态破坏加剧的趋势减缓，部分流域区域污染治理取得初步成效，部分城市和地区环境质量有所改善，工业产品的污染排放强度有所下降。对于环境保护工作的成绩应给予充分肯定。

同时，必须清醒地看到，我国环境形势依然十分严峻。长期积累的环境问题尚未解决，新的环境问题又在不断产生，一些地区环境污染和生态恶化已经到了相当严重的程度。主要污染物排放量超过环境承载能力，水、大气、土壤等污染日益严重，固体废物、汽车尾气、持久性有机物等污染持续增加。流经城市的河段普遍遭到污染，1/5 的城市空气污染严重，1/3 的国土面积受到酸雨影响。全国水土流失面积356 万平方公里，沙化土地面积174 万平方公里，90%以上的天然草原退化，生物多样性减少。特别是2013 年初以来北京等多地连续多天发生雾霾天气，一度覆盖全国约七分之一的陆地面积，空气污染十分严重。发达国家上百年工业化过程中分阶段出现的环境问题，在我国已经集中出现。生态破坏和环境污染，造成了巨大的经济损失，给人民生活和健康带来严重威胁，必须引起我们的高度警醒。

深刻的历史教训和严峻的现实告诫我们，绝不能以牺牲后代的利益来求得经济一时的快速发展。作为我国环境污染重要来源的工业企业，理应十分重视环境保护工作，积极实施可持续发展战略，追求经济与环境的协调发展；严格遵守国家的环保法规、政策、标准，积极推行清洁生产，恪守保护环境的社会承诺；以科学发展观为指导，以实现环保稳定达标和污染物持续减排为目标，继续加大污染整治力度，全面推行清洁生产，大力发展循环经济，努力创建资源节约型、环境友好型企业。

大力推进科技进步和技术创新，研究和推广清洁生产是工业企业污染防治的关键。要综合解决目前工业企业发展中面临的资源浪费和环境污染等比较突出的问题，唯一出路就是建立资源节约型工业生产体系，走新型工业化道路。企业要在全面落实国家环境保护方针政策、强化环境保护管理的同时，针对废气、废水、废渣、噪声等主要工业污染源，开展污染控制的技术攻关，评估工业污染防治措施实施的效果，推广清洁生产、环境生物等替代技术。将企业的经济效益、社会效益和环境效益有机地结合，树立中国企业诚信守则、关注社会的良好形象。

多年来，常州大学依托石油化工行业特点开展环境保护人才培养和科学研究，积累了一定的经验，取得了一定的成果。现在，在中国石化出版社的支持下，常州大学组织学者编撰《工业污染防治实用技术丛书》，分别介绍废气、废水、废渣、噪声等主要工业污染源治理、环境影响评估、清洁生产、环境生物等技术的新成果，旨在推介环保实用技术，促进工业环保事业，彰显环保科技工作者的社会责任，实在是一件值得称道和鼓励的幸事。

愿各位同仁共同交流，加强环境保护理论和技术总结、交流与合作；愿我们携手努力，为提高全人类的生活水平和保护子孙后代的利益贡献力量，为祖国的碧水蓝天不断作出新的贡献。

中国环境科学研究院研究员
国家环境保护总局科技顾问委员会副主任
中国工程院院士 刘鸿亮

2013 年 3 月 30 日

前　言 ·····

Preface

　　随着石油的大规模勘探、开采，石油化工工业的发展及其产品的广泛应用，石油及石油化工产品对于海洋、江河湖泊、地下水的污染以及处理过程中产生的废水、土壤污染等已成为不可忽视的问题。利用先进的生物技术处理由石油引起的污染越来越引起人们的重视，许多石油与环境生物技术已成功地应用于石油化工的诸多领域与环节，更多的技术则正在不断开发、拓展和完善。本书重点结合笔者的科研实践以及多人的研究成果，在收集大量国内外先进技术资料的基础上编写而成。书中介绍了环境生物技术的基础知识，同时还重点介绍了目前在石油化工领域普遍采用及新兴发展起来的应用技术。

　　本书紧扣石油化工和环境生物技术两条紧密结合的主线，在介绍基本原理、技术的基础上，注重于介绍环境生物技术在石油化工领域的应用，并且给出许多实践中丰富的案例，旨在深入阐述石油化工生物技术的基础，建立一个有效的石化环境生物技术选择的定性和定量模式，以期更好地指导我国石油化工领域污染处理技术开发、应用推广。

　　《石油化工环境生物技术》一书共9章，第一章概述石化环境生物技术基础；第二章介绍环境生物基础知识及微生物培养和分离技术；第三章介绍生物酶技术及其在石化领域中的应用；第四、五、六章介绍生物基因工程技术、蛋白质技术发酵工程技术及其在石化领域中的应用；第七章介绍石化废水的生物处理技术及案例；第八章介绍石油污染环境的生物监测与修复技术及案例；第九章介绍生物采油技术及案例。全书内容丰富，注重基础性、系统性、科学性、前沿性、实践性、实用性和指导性。

　　参与本书编写的有赵远研究员（第一、四、五章）、梁玉婷副研究员（第七、九章）、孙向武副教授（第二章）、申荣艳博士（第三章）、刘亮博士（第六章）、赵兴青博士（第八章），由赵远研究员统稿。本书在编写的过程中，参考了大量国内外学者、科研单位、生产企业等的研究成果及资料，在此一并表示感谢。

由于本书涉及多学科交叉，内容广泛，加之生物技术发展迅速，新成果不断涌现，以及编者水平和编写时间的限制，难免有遗漏和错误之处，热忱希望广大读者和同行提出宝贵意见，以利于进一步完善提高。

目 录 ····· Contents

第一章 绪 论

环境生物技术的关键是现代生物技术，它是生物技术思想在环境科学领域的思想体现，是采用分子生物学方法，改进传统和常规的生物处理工程系统，采用新构建和新发现的微生物菌株或转基因植物，直接或间接利用生物体或生物体的某些组成部分或某些机能，建立降低或消除污染物产生的生产工艺或者能够高度净化环境污染的生产工艺。其目的是利用生物技术解决人类所面临的种种环境问题。环境生物学是环境生物技术的基础，环境生物学起源于 20 世纪 60 年代，环境生物技术几乎与其同时产生。在 20 世纪 60 年代之前已有微生物处理废水的工程研究，但是处理过程中机理的研究和技术系统的应用均处于较低的水平，当时的环境生物技术还无法构成一个较完整、独立的技术体系。

环境生物技术需要借助生物工程的原理、技术和设备，但又不仅仅局限于此，因为环境生物技术不是以生产有用物质为唯一目标，其根本目的是净化环境，面对的是整个生态系统，包括对污染物的资源化和建立清洁生产工艺。环境生物技术的基本目的是清除污染、造福人类，环境生物技术不等同于环境工程，其包括环境工程的一部分内容，但绝不是包含或被包含的关系；环境生物技术也不同于生物技术，环境生物技术是利用一些生物技术的成果来处理有关环境方面的问题。环境生物技术是一门交叉学科，它涉及许多其他学科的内容，但同时具有很强的特异性。环境生物技术是 21 世纪研究的重点学科，随着生物技术的发展以及环境问题的持续出现，环境生物技术将越来越显示出其特殊性与重要性。

第一节 生物技术基础

一、生物技术的定义

生物技术是由很多不同学科所组成的综合体，由于各学科都有其不同的特性及其研究领域，因此，生物技术的定义与范畴也就很难界定。所谓生物技术（Biotechnology）是指人们以现代生命科学为基础，结合先进的工程技术手段和其他基础学科的科学原理，按照预先的设计改造生物体或加工生物原料，为人类生产出所需产品或达到某种目的的技术。简单地讲就是利用生物体或生物活动过程来获得产品，并服务于人类的技术。

现代生物技术是从传统生物技术发展而来的，生物技术作为一个名词出现在 20 世纪 70 年代，它是一门综合性的边缘科学技术，是生物科学与技术科学相结合的产物。

先进的工程技术手段包括基因工程、细胞工程、酶工程、发酵工程和蛋白质工程等新技术。改造生物体是指获得优良品质的动物、植物或微生物品种。生物原料则指生物体的某一部分或生物生长过程中所能利用的物质，如淀粉、糖蜜、纤维素等有机物，也包括一些无机化学品，甚至某些矿石。为人类生产出所需产品包括医药、食品、化工原料、能源、矿物等。达到某种目的则包括疾病的预防、诊断与治疗，环境污染的监测和治理等。

二、生物技术的内容

生物技术是由多学科综合而成的一门新学科。以现代生物学为基础，由多学科理论、技术和工程原理相互交融合而成，其发展依赖于微生物学、微生物遗传学、分子生物学、生物化学、化学工程学、计算机等学科的发展。根据生物技术操作的对象及操作技术的不同，生物技术主要指基因工程、细胞工程、发酵工程、酶工程和蛋白质工程5项技术。

（一）基因工程

基因工程（Gene engineering）是20世纪70年代以后兴起的一门新技术，是现代生物技术的核心。它指在基因水平上采用与工程设计相类似的方法，按照人类的需要进行设计和创建具有新性状的生物新品系，并能使之稳定地遗传给后代。基因工程是在分子水平上进行操作，突破物种间的遗传障碍，可以大跨度地超越物种间的不亲和性。其主要原理是应用人工方法把生物的遗传物质，在体外进行切割、拼接和重组，然后将重组的DNA导入某种宿主细胞或个体，从而改变它们的遗传特性，有时还使新的遗传信息（基因）在新的宿主细胞或个体中大量表达，以获得基因产物（如多肽、蛋白质）。

经过近40年的发展，基因工程发展快速，也取得了惊人的成绩。特别是近十年来，基因转移、基因扩增等技术的应用不仅使生命科学的研究发生了新的变化，而且在实际应用领域——医药卫生、农牧业、食品工业、环境保护等方面也展示了其应用价值，不断地在微观和宏观方面改变着人类的生活。同时，基因工程也为生物工程的其他领域提供强有力的技术支撑。

（二）细胞工程

细胞工程（Cell engineering）是指应用细胞生物学和分子生物学的原理和方法，通过某种工程学手段，在细胞整体水平或细胞器水平上，按照人们的意愿来改变细胞内的遗传物质或获得细胞产品的一门综合科学技术。通俗地讲，细胞工程就是以细胞为基本操作对象，在体外条件下进行培养、繁殖；或人为地使细胞某些生物学特性按人们的意愿发生改变，而达到改良生物品种和创造新品种；或加速繁育动、植物个体；或获得某种有用的物质的过程。细胞工程主要包括动、植物细胞的体外培养技术、细胞融合技术（也称细胞杂交技术）、细胞器移植技术、克隆技术、干细胞技术等。

细胞工程作为科学研究的一种手段，已经渗入到生物工程的各个方面，成为必不可少的配套技术。在农林、园艺和医学等领域中，细胞工程产生的实际应用价值是不容小视的，为人类作出了重大贡献。

（三）酶工程

所谓酶工程（Enzyme engineering）是利用酶、细胞器或细胞所具有的特异催化功能，对酶进行修饰改造，并借助生物反应器和工艺过程来生产人类所需产品的一项技术。它包括酶制剂的制备、酶的固定化、酶的修饰与改造及酶反应器等内容。

早在4000多年前，我国劳动人民就掌握了酿酒技术，酿酒技术中使用的酒曲就含有大量酶系。近百年来，人们对酶生物合成、结构与催化作用机理的研究得到突飞猛进的发展。20世纪70年代以后伴随着第二代酶——固定化酶及其相关技术的产生，酶工程才算真正登上了历史舞台。目前随着基因工程、发酵工程、信息学、材料学等学科在酶工程中的应用，酶工程已经成为工业生产中的一支主力军，在食品、医药、化学、环保、军事、农业等领域发挥着巨大的作用。目前酶工程的主要任务是：

（1）分解天然大分子，如纤维素、木质素等，使低分子有机物聚合、检测与分解有毒物质及废物综合利用等新酶源的开发；

（2）利用基因工程技术开发筛选新产酶的菌种和提高酶产量；

（3）固定化酶和细胞、固定化多酶体系及辅助因子的再生，特定生物反应器的研究和应用；

（4）酶的非水相催化技术，酶分子修饰与改造以及酶型高效催化剂人工合成的研究与应用。

（四）发酵工程

发酵工程（Fermentation engineering）是指利用微生物生长速度快、生长条件简单以及代谢过程特殊等特点，给微生物提供最适宜的生存条件，利用微生物的某种特定功能，通过现代化技术手段生产出人类需要的产品的工程，又称为微生物工程。它主要包括菌种的选育与生产，发酵条件的优化与控制，反应器的设计及产物的分离、提取与精制等，其中菌种选育是发酵工程的第一核心内容。

发酵工程的基础是工业微生物和应用微生物，是在微生物学、分子生物学，特别是分子遗传学的一些重大基础研究成果的基础上发展起来的。发酵工程作为生物技术的一个极其重要的分支，是生物技术实现产业化的关键。

现代发酵工程在各个领域的不断渗入，使我们的生活与之联系越来越紧密。利用发酵工程不但可以生产酒精类饮料、碳酸和面包等生活食品，而且还可以生产胰岛素、干扰素、生长激素、抗生素和疫苗等医疗保健药物，还可以生产天然杀虫剂、细菌肥料和微生物除草剂等农业物资，在化学工业上生产氨基酸、香料、食品添加剂、生物高分子、酶、维生素和单细胞蛋白等。

（五）蛋白质工程

蛋白质工程（Protein engineering）是指在基因工程的基础上，结合蛋白质结晶学、计算机辅助设计和蛋白质化学等多学科的基础知识，通过对基因的人工定向改造等手段，从而达到对蛋白质进行修饰、改造、拼接以产生能满足人类需要的新型蛋白质的技术。其内容主要体现在两个方面：根据人们实际需要合成具有特定氨基酸序列和空间结构的蛋白质；确定蛋白质化学组成、空间结构与生物功能之间的关系。蛋白质工程开创了按照人类意愿改造、创造符合人类需要的蛋白质的新时期。

应该指出，上述五项技术并不是各自独立的，它们彼此之间是互相联系、互相渗透的。作为生物技术核心内容的基因工程与细胞工程为发酵工程的菌种选育、酶工程和蛋白质工程中酶蛋白的改造等领域提供技术支持；通过基因工程技术对酶进行改造以增加酶的产量、酶的稳定性以及提高酶的催化效率等；而发酵工程则为基因工程、细胞工程、酶工程和蛋白质工程等领域的高科技成果实现产业化的关键。因此，作为核心内容的基因工程的发展，带动了生物工程其他领域的全面发展，已受到世界各国的普遍重视。

三、生物技术的发展

生物技术不是一门新学科，其发展历史悠久，可分为传统生物技术和现代生物技术。

3

现代生物技术是从传统生物技术发展而来的。

（一）传统生物技术的产生

传统生物技术应该说从史前时代起就为人们所开发和利用，造福人类。石器时代后期，我国人民就会利用谷物造酒，这是最早的发酵技术；公元前 221 年，周代后期，我国人民就能制作豆腐、酱和醋，并一直沿用至今；公元 10 世纪，我国就有了预防天花的活疫苗，到了明代，就已经广泛地种植痘苗以预防天花。在西方，苏美尔人和巴比伦人在公元前 6000 年就已开始啤酒发酵；埃及人则在公元前 4000 年就开始制作面包。

1676 年，荷兰人 Leeuwen Hoek（1632～1723）制成了能放大 170～300 倍的显微镜并首先观察到了微生物。19 世纪 60 年代，法国微生物学家巴斯德（1822～1985）通过多年的实验证明酒、醋等的酿造过程是由微生物引起发酵，而且不同的发酵是由不同种类的微生物引起的，并首先建立了微生物的纯种培养技术，从而为发酵技术的发展提供了理论基础，使发酵技术纳入了科学的轨道。到了 20 世纪 20 年代，工业生产中开始采用大规模的纯种培养技术发酵化工原料丙酮、丁醇。20 世纪 50 年代，在青霉素大规模发酵生产的带动下，发酵工业和酶制剂工业大量涌现。发酵技术和酶技术被广泛应用于医药、食品、化工、制革和农产品加工等部门。20 世纪初，遗传学的建立及其应用，产生了遗传育种学，并于 20 世纪 60 年代取得了辉煌的成就，被誉为"第一次绿色革命"。细胞学的理论被应用于生产而产生了细胞工程。这一阶段的生物技术，由于没有高新技术的参与，仍然被看成是传统生物技术。

（二）现代生物技术的发展

现代生物技术是以 20 世纪 70 年代 DNA 重组技术的建立为标志的。1944 年 Avery 等阐明了 DNA 是遗传信息的携带者。1953 年 Watson 和 Crick 提出了 DNA 的双螺旋结构模型，阐明了半保留复制模式，从而开辟了分子生物学研究的新纪元。由于一切生命活动都是酶和非酶蛋白质行使其功能的结果，所以遗传信息与蛋白质的关系就成了研究生命活动的关键问题。1961 年 Khorana 和 Nirenberg 破译了遗传密码，揭开了 DNA 编码的遗传信息是如何传递给蛋白质这一秘密。基于上述基础理论的发展，1972 年 Berg 首先实现了 DNA 体外重组技术，标志着生物技术的核心技术——基因工程技术的开始。DNA 体外重组技术向人们提供了一种全新的技术手段，使人们可以按照意愿在试管内切割 DNA、分离基因并经重组后导入其他生物或细胞，可以改造农作物或畜牧品种；也可以导入细菌这种简单的生物体，由细菌生产大量有用的蛋白质，或作为药物，或作为疫苗；也可以直接导入人体进行基因治疗，显然，这是一项技术上的革命。以基因工程为核心，带动了现代发酵工程、现代酶工程、现代细胞工程以及蛋白质工程的发展，形成了具有划时代意义和战略价值的现代生物技术。

四、生物技术的应用

生物技术的应用已日益广泛。当今的生物技术正在以空前的速度变革传统的经济，人们已经看到迅速萌发出来的生物经济活力。

可以这样讲，从人类播种下第一枚种子开始，人类就开始利用生物技术为自己的生存服务了；从传统生物技术在食品领域的应用，到现代生物技术人类利用动植物细胞的遗传物质，在分子水平上改造生物性状。可以说生物技术的应用领域变得越来越广泛，它包括了医药、农业、畜牧业、食品、化工、林业、环境保护、采矿冶金、材料、能源等领域。这些领域的广泛应用必然带来经济上的巨大利益，所以各种与生物技术相关的企业如雨后春笋般地涌现。概括地说，生物技术相关的行业可分为八大类型，见表1-1。

表1-1　生物技术所涉及的行业种类

行业种类	经营范围
疾病治疗	用于控制人类疾病的医药产品及技术，包括抗生素、生物药品、基因治疗、干细胞利用等
检测与诊断	临床检测与诊断，食品、环境与农业检测
农业、林业与园艺	新的农作物或动物、肥料、生物农药
食品	扩大食品、饮料及营养素的来源
环境	废物处理、生物净化、环境治理
能源	能源的开采、新能源的开发
化学品	酶、DNA/RNA及特殊化学品
设备	由生物技术生产的金属、生物反应器、计算机芯片及生物技术使用的设备等

第二节　环境生物技术基础

环境生物技术(Environmental biotechnology)是生物技术思想在环境科学领域的技术体现。其目的是用生物技术手段解决人类所面临的种种环境问题。环境生物技术是生物技术发展史中一次概念上的扩充和应用领域的拓展。目前，环境生物技术中某些方法已成为环境工程中的常规方法而得到广泛应用。一些新的方法已在不断出现和发展。在水体、大气和土壤污染的治理以及废水和固体废弃物处理中，环境生物技术已发挥越来越重要的作用。

一、环境生物技术的产生

环境生环境生物技术涉及多个学科，主要由生物技术、工程学、环境学相生态学等组成。它是生物技术与环境污染防治工程及其他工程技术的结合，既有较强的基础理论要求，又具有鲜明的技术应用特点。

环境生物技术是高新技术应用于环境污染防治的一门新兴边缘学科。它诞生于20世纪80年代末期的欧美等经济发达的国家和地区，以高新技术为主体，并包括对传统生物技术的强化与创新。环境生物技术指的是直接或间接利用生物体或生物体的某些组成部分或某些机能，建立降低或消除污染物产生的生产工艺，或者能够高效净化环境污染，同时又生产有用物质的工程技术。

随着全球经济的发展和人们不断增长的物资需要，人们对大自然的索取变得越发强烈，人类生存环境变得越脆弱，环境条件越来越恶化，城市的工厂日夜排放着成千上万吨的废水、废气和废料；农业化肥、杀虫剂和杀菌剂的广泛使用，造成土地、河流的不断污染；这些废水、废气、废料已对人类健康、生活产生了严重的影响。因此，环境保护是人类面临的严峻课题，需要社会和人们的足够重视。

生物技术的迅速发展，为人类的环境保护和环境治理工作打开了一扇新的窗。环境生物技术发展，使人类有理由相信，只要人类今后能将人口的增长率控制在合理的水平上，通过生物工程的手段，再辅以其他措施，人类必将能创造一个赖以生存的美好环境。

我们可以利用生物工程手段为人类提供高蛋白质含量、高单位面积产量的农作物和丰富的动物蛋白质，将滥加开垦的土地还之以森林牧场，还地球一片绿色；我们还可以造就出能在干旱、沙漠、盐碱土壤中快速生长的林草、作物，使恶劣的自然环境得以改观，再给大地穿新衣；我们还可以把可再生植物资源合理地用微生物转化为较干净的液体燃料，提供无穷无尽的生物能源，减少对石化能源的使用。我们必将利用我们的智慧，还人类一个清新的世界，人类的生活会更加美好。

二、环境生物技术的研究范围

环境生物技术是生物技术思想在环境科学领域的技术体现。其目的是用生物技术手段解决人类所面临的种种环境问题。环境生物技术的应用体现在各个方面，下面简要介绍一下其应用。

（一）生物传感器

生物传感器可以说是一种古老而又具有新生命力的监测方法，它是指以生物个体、种群或群落对环境污染物胁迫的反应为指标，监测环境的污染状况、模拟生物系统的真实反应；它同时具有快速监视循环使用的优点。

近年来生物传感器技术发展很快，监测的应用范围迅速扩大，并已用于监测人体和环境中有害的化学物质。如现在利用微生物对有机物质广泛的资化摄取性，已设计了检测生物耗氧量（BOD）的微生物传感器。利用免疫分析的效感性、特异性、快速及便宜等特点制成的生物传感器正在逐步取代传统的化学分析方法。

（二）生物农药

生物农药，指利用生物工程技术，将病虫的"微生物天敌"筛选出来、利用生物产生的活性物质或生物活体作为农药，以及人工合成的与天然化合物结构相同的农药。

传统的化学农药大量使用，对环境的污染已经越来越严重，为此，人们开始研究生物农药的生产及应用。生物农药包括生物杀虫剂、生物除草剂和生物抗生素。生物农药一般具有对人畜安全无毒、无公害、不污染环境、不会伤害害虫的天敌等特点。

（三）生物可降解塑料

随着石油化学工业的发展，塑料生产工业和塑料制品加工业也相应迅速发展，至2000年末全世界塑料年总产量超过1亿t，并以每年约30%的速度增长。当前要减少塑料废弃物对环境的污染，必须建立完善的回收机制，减少一次性塑料制品的使用，并适当恢复传统用纸和蜡纸的包装。要彻底解决这个问题，就必须针对塑料不能在环境中自然分解这一本质，开发可降解塑料或开发具有塑料特性的非塑料产品。因此，大力发展生物可降解塑料（包括微生物合成塑料、植物纤维薄膜等）是塑料工业的新方向，是从源头解决"白色"污染的重要手段。

生产生物可降解塑料可以有以下几种途径：①纯化学合成；②微生物发酵；③通过改性人工合成；④组建工程菌或转基因植物。

（四）生物表面活性剂

20世纪70年代后期，有学者研究发现用生物方法也能合成集亲水基和疏水基结构于同一分子内部的两亲化合物。该物质是微生物在一定条件下培养时，在其代谢过程中分泌产生的一些具有一定表/界面活性的代谢产物，它具有表面活性剂的性质即具有亲水、亲油性。有降低表面张力的能力，同时具有较好的生物降解性，因此称之为生物表面活性剂（Biosurfactants）。20世纪80年代中期，随着非水相酶学的开辟和进展，由酶促反应经生物转换途径合成生物表面活性剂成为可能。

生物表面活性剂是指由微生物、植物或动物产生的天然表面活性剂。其种类繁多，广泛应用于石油和能源工业、医药工业、食品工业、环境工程等领域。生物表面活性剂比合成表面活性剂拥有更加复杂的化学结构，单个分子占据更大的空间，因而显示出较低的临界胶束浓度。

生物表面活性剂在石油工业领域也有着重要的应用：石油开采；消洗污染的油罐、储槽或管道；从焦油砂中提取沥青；泵送石油；降低重质石油黏度和原油破乳。其中，最重要的是石油开采。

（五）生物絮凝剂

20世纪80年代后期，研究和开发出了第三类絮凝剂，即生物絮凝剂（Bioflocculant）。生物絮凝剂是一类由微生物产生的有絮凝活性的代谢产物，主要成分有糖蛋白、多糖、蛋白质和DNA等。它是利用微生物技术通过细菌、真菌等微生物发酵、提取、精制而得到的，具有生物分解性和安全性，是新型、高效、无毒、无二次污染的水处理剂。它不仅能快速絮凝各种颗粒物质，尤其在废水脱色、高浓度有机物去除等方面有独特效果。

目前在水处理领域比较倾向于生物处理。若把水处理中的工程菌与可产生絮凝作用的生物配合使用，既可缩短处理流程，也可减少絮凝剂的投加量。同时，实现资源化，如产单一抗菌素的废水，投加生物絮凝剂后产生的沉淀物，可经过简单的处理作为饲料添加剂等，并能减轻后续处理的负荷。

（六）生物食品

由于人类生存环境的恶化，空气和水源的污染，各种疾病发病率的不断提高，以及由人口增加引起的粮食资源缺乏，营养失调等因素，人们不断在寻找一些具有防御能力、促进康复、营养均衡、抗衰老的保健食品。从20世纪末开始，食用天然绿色食品已成为一种全球性的趋势。据2004年统计，我国人均耕地为1.4亩，户均耕地不到6亩，是世界上农户规模最小、人均土地最少的国家之一，这种状况反映了我国开发利用食品新资源、改变食品结构、缓解粮食平衡的紧迫性。

（七）生物修复

化学污染物多途径进入土壤系统，如大量施用化肥、农药，工业废水不断侵袭农田及有毒、有害污染物的事故性排放；固体废弃物，特别是有毒、有害固体废物的填埋所引起有毒物质泄漏，造成土壤严重污染的同时对地下水及地表水造成次生污染；污染物可通过饮用水或通过土壤，经由食物链进入人体，直接危及人类健康。因此，修复已被污染的土壤及地下水，保障人类健康，以实现经济社会的可持续发展，已引起各国政府及环境科学家的广泛关注。环境生物技术的应用远远不止这些，尤其是在"三废"处理问题上，环境生物技术发挥了举足轻重的作用。

环境生物技术在清除污染、实现废物资源化和建立清洁生产工艺等领域已取得了显著的成就，其主要研究范围体现以下几个方面。

1. 构建遗传工程菌用于环境生物技术

从自然界筛选、驯化，获得的土著菌有时不能满足治理工程的需要。土著菌细胞内可能含有降解特定污染物的生物酶基因编码，但是它的繁殖速度和处理污染物的效率及适应能力可能达不到人类的要求。如果将其有关的基因转入繁殖速度快、适应能力强的受体菌细胞内，则可能构建出兼具多种优势的新型工程菌。基因工程菌用于环境微生物工程的成功实例有清除石油污染的基因工程菌、降解化学农药的基因工程菌、降解塑料的基因工程菌和降解木质素的基因工程菌等。

2. 野外污染现场采用的环境生物修复工程

把发酵罐装置安放在野外处理现场，源源不断地提供菌体，用于治理目标水土环境，使环境微生物目标菌株在净化环境中始终占据优势，这是室内与室外环境微生物工程相结合的一种方式。大量的野外环境微生物工程并无发酵罐相随。环境微生物多以菌体的固体或液体的形式，或以微生物的其他生物制品的形式投放于目标环境之中，达到清除污染的目的。

3. 废弃、污染物资源化及建立清洁生产工艺的环境生物技术

废弃、污染物资源化的例证有应用酵母和光合细菌净化高浓度有机无毒废水生产单细胞蛋白等，在高效净化废水的同时生产饲料和饵料。利用人畜废弃物生产单细胞蛋白以及微生物产氢，已成为废物资源化的有效途径。在经济发达国家，废物资源化已建立产业并纳入国家生物能源资源开发的长远战略目标之中。

4. 基础研究

环境生物技术是环境生物学基础及应用基础研究、生物技术和其他工程技术相结合的产物。环境生物技术开发是以基础研究为先导的。研究微生物降解转化污染物的机理已深入到基因 DNA 的分子水平。从基因 DNA 组成结构的变化追溯到相关的生理化学的变化及其代谢功能的变化已成为环境生物基础研究的热点。从环境微生物中分离鉴定出降解特定污染物的基因，并应用该基因构建高效降解污染物的基因工程菌已成为环境生物技术中高新技术的前沿课题目标之一。利用环境生物分子遗传学指标和生理生化指标作为生物标志（Biomarker）去指示环境污染状况，已成为环境污染生物监测的重要技术手段。研究微生物降解污染物反应动力学及其数学模型和相关参数，发现消除污染物与相关因素之间的定量关系已成为环境微生物工程的设计依据。相关的计算机软件开发、试剂盒的应用、遥感技术的配合和多种传感器及生物反应器的问世等各种基础研究和应用基础研究的成果，均有力地推动了环境生物技术不断达到更高的层次。

第三节 石化环境生物技术基础

随着人们物质和文化生活水平的提高，人们对能源的需求量不断增加。石油作为主要的能源，势必要求石油工业有更大的发展。随着石油勘探开发的进行，勘探开发的难度也越来越大。为了适应勘探开发的需要，各种新技术、新方法、新材料、新工具不断出现；同时，石油工业对环境的污染问题也日显突出，再加上世界范围内环境保护法律法规的日益严格和民众环境意识的日益增强，石油化工的环境保护已逐步成为制约石油工业可持续发展的重要因素。

一、石化环境生物技术的来源

生物工程技术是在古老的微生物发酵工艺学基础上发展起来的一门新兴综合学科，它很早就与石油关系密切。早在20世纪20年代，石油工作者就提出将微生物用于石油回收。50年代生物技术逐渐由石油向石油化工领域延伸，许多化工产品的生物生产技术和工艺相继出现。60年代，石油微生物学兴起，以石油为原料生产单细胞蛋白的工业化成为可能。70年代，分子生物学的突破，出现了生物催化剂固定化技术，与此同时，美国、欧洲及原苏联等都先后进行了微生物采油应用研究和实施。80年代，DNA重组技术和细胞融合技术的崛起，生物化学反应工程应运而生，为人们在石油化工领域开发精细化工产品提供了重要手段和工具。20世纪90年代，节能与环保成为人们关注的两大课题，能源与资源的合理利用，使得生物技术在石油化工领域的应用更加活跃。面对21世纪石油与石油化工的挑战，清洁过程的开发，"绿色化学"产品的生产，生物脱硫技术正引起人们极大的关注。这些推动了生物技术在石油化工中的广泛应用。随着生物技术的发展，温和条件的合成反应将会继续受到重视，生物催化剂将大力推广，生物能源的替代，具有光、声、电、磁等高性能生物化工材料的应用，都将为石油化工技术注入新的活力，一种新的生物石油化工技术必将兴起。

生物技术是一门既古老又年轻的技术，生物技术正在向各个领域渗透，并不断向纵深方向发展。生物技术与石油化工行业存在着密不可分的关系，早在一百多年前就有人发现了微生物利用石油烃类的现象；而生物技术与环境保护（包括石油化工环境保护）的关系则更是紧密相连。随着生物技术的发展、石油化工发展的需要和石油工业环境保护的需要，微生物与石油、环境保护之间的相互关系日益受到重视，人们对这些关系的认识范围不断扩大，认识程度不断加深，这样，就逐渐产生并形成了一门研究生物技术与石油、石油工业环境保护相互关系的综合性边缘学科——石化环境生物技术。

石化环境生物技术系统地研究生物技术与石油化工、生物技术与石油工业环境保护之间的相互关系及其应用。石油化工与环境生物技术的许多研究成果不仅具有重要的理论意义，而且具有重要的实际应用价值。事实上，以石油化工与环境生物技术为理论基础的许多新技术、新方法、新材料、新工具已成功地应用于石油工业领域，并在不断拓展。

二、石化环境生物技术的研究内容

（1）环境生物技术基础内容：主要研究生物技术的定义、内容、发展及应用；环境生物技术的产生、研究内容及范围；石化环境生物技术研究内容、研究任务、研究对象和发展趋势；

（2）石化环境微生物分离培养技术：主要研究石油化工环境微生物的种类及作用，石油化工环境微生物的纯培养技术、分离技术、保藏技术；

（3）生物酶技术：研究酶的催化特性、作用原理、酶的生产和分离纯化、酶分子修饰、酶固定化技术、酶反应器、生物酶技术在石化上的应用案例；

（4）生物基因工程技术：主要研究基因工程的分子生物学基础，研究基因工程工具酶、基因克隆载体、目的基因的获得、目的基因导入受体细胞、重组体的筛选、重组子的鉴定、DNA序列分析、分子生态技术等，简述基因技术在石化中的应用案例；

（5）蛋白质技术：主要研究蛋白质的结构基础、蛋白质技术的研究方法、蛋白质的纯化和鉴定技术等，简述蛋白质技术在石油化工领域应用案例；

（6）发酵工程技术：主要研究发酵类型、特点，微生物发酵过程、液体深层发酵、固体发酵等；

（7）石化废水的生物处理：主要研究石化废水的性质和特点、基本原理，石化废水的生物处理技术以及石化废水生物处理工程实例；

（8）石油污染环境的生物监测与修复技术：主要研究石油污染环境的来源，生物监测与生物修复的概念，石油污染土壤、水体的生物监测与生物修复技术，石油污染环境生物修复技术的前景与运用，以及石油污染环境生物修复的案例；

（9）生物采油技术：主要研究微生物勘探石油的发展历史及原理，生物采油存在的问题及发展趋势，本源微生物采油机理及检测方法，本源微生物采油技术及其影响因素，异源微生物采油原理，异源微生物采油技术及其影响因素，地层内微生物活性保持的方法，生物采油技术工程实例。

三、石化环境生物技术的研究任务、研究对象和发展趋势

20 世纪 50 年代生物技术开始渗透到石油化学工业，以石油为原料生产单细胞蛋白的工业化成为可能。60 年代石油微生物学的兴起、70 年代分子生物学的突破，出现了生物催化剂固定化技术。80 年代 DNA 重组技术和细胞融合技术的崛起，生化反应工程应运而生，为人们在石油化工领域开发精细化学品提供了重要手段和工具。随着生物技术的发展，一种新型的化学—生物化学—生化工程的联合生产过程正在石油化学工业中形成。生物技术为石油化工传统工艺的改造、革新提供了手段，注入了新活力，化学工程为生物技术的发展，特别是其工业化提供了工具，因此将二者有机地结合起来能够促进石油化工的迅速发展，其结果必然给人类带来巨大的经济效益和社会效益。目前，生物技术在石油化工中被广泛应用。

生物技术是一门应用性很强的科学技术，但由于其应用面太广泛而使人有时感到模糊。已逐步出现了"海洋生物技术"、"植物生物技术"、"发酵生物技术"等一系列不同分类的生物技术名词，以便使"生物技术"一词更确切地表达各人所要阐述的内容。同理应有"食品生物技术"、"医药生物技术"、资源生物技术"、"环境生物技术"和"化工生物技术"、"农业生物技术"等分支，它们共同构成"应用生物技术"体系。当然，很多生物技术产品都是多用途的，这种按产业领域所作的分类只是根据产品主要用途所进行的相对性的分类。

生物技术是以生命科学为基础，应用自然科学方法与工程学原理，通过生物作用提供产品和为社会服务的技术。随着社会发展和科学技术的进步，生物技术已突破了在食品、医药等方面的传统应用，正逐步扩大到石油和石油化工行业，以更加有效的、经济的生物化学过程代替传统的化工过程，包括：微生物采油、生物处理泄漏油、化学和化工产品、生物燃料、生物脱硫等。与传统方法和过程相比，生物过程温和，能耗低，投资小，污染少。目前生物技术在石油化工领域研究开发迅速，21 世纪将会对石油化工技术带来巨大变革。

石化环境生物技术是一门研究生物技术与石油及其环境保护相互关系的综合性学科。它以

环境生物技术为基础，以石油化工为研究对象，利用其他相关学科的理论成果和技术方法，研究石油化工中包括环境保护在内的一切有关生物技术应用的问题。它是应用微生物学、工业微生物学和环境生物技术的一个重要分支，又是石油化工技术的一项重要内容。

石化环境生物技术的研究，在生物技术和石油工业技术及环境保护方面都具有重要的理论意义和实际价值。它研究各种特定环境中的微生物及其活动规律，对于丰富和发展生物技术理论具有重要意义；它研究石油化工领域中各个环节的生物技术应用问题，对于应用环境生物技术，预防和处理微生物的有害作用，发挥和促进微生物的有益作用，从而加快石油化工领域的发展都具有重要的实际价值。

近年来，随着全球石油需求的不断增长，石油工业飞速发展，伴随而来的是石油污染的不断加剧，各国都在积极探索破解石油污染的良方。在近代历史上，我国曾几次与世界科技革命的发展机遇失之交臂，留下诸多遗憾和教训。今天，生命科学和生物技术作为新兴的尖端科技领域，无论对发达国家还是发展中国家来说都是一次全新的选择，对我国来说更是一次难得的战略机遇。目前，石油化工的发展主要面临两个挑战。首先，石油等不可再生资源日趋紧张，石油价格不断攀升，解决全球能源危机，亟待进行石油替代产品的开发研究，比如生物柴油就是有战略意义的课题，回顾百年来柴油转换原料路线的历史，可以看到我国石油化工原料的路线整体转换将是何等艰巨与迫切。其次，石油化工工业带来的环境污染日趋严重。尽管微生物可以降解石油，可是目前为止还没有一种能在短时间内彻底降解石油的有效方法，所以在微生物降解石油方面的研究仍然任重而道远。但是随着现代微生物学和基因组计划的更进一步发展，更多微生物物种的发现和生物技术的应用，石油污染问题将会得到更有效的解决。

我国是一个生物资源大国，拥有全球10%的生物遗传资源。相对于世界上许多国家来说，这种优势是不可替代的，也是具有独占性的。广阔的市场需求也为我国发展生物技术及其产业提供了强大动力。我们应该充分利用现有的资源和优势，使我国生物技术总体研究和开发水平达到或接近国际先进水平，在若干重要领域达到国际领先水平。生物技术在石油化工中的广泛应用已显示出十分美好的前景。随着生物技术基础理论研究的重大突破和工业上应用的经济性问题的解决，必将引起化学工业的一场革命。生物技术应用于石油化工势在必行，其发展前景巨大，应用领域也将越来越广泛。生物技术在石油工业中的广泛应用已显示出美好的前景，生物技术已经成为石油化工工业乃至国民经济发展中的重要组成部分，随着现代科学的不断进步，石油化工工业会为生物技术的应用提供更广阔的舞台，生物技术将为石油化工领域开辟出新的发展天地。

第二章　环境生物培养和分离技术

第一节　环境微生物基础

一、环境中微生物的特点与分类

（一）环境中微生物的特点

微生物和动植物一样具有生物最基本的特征——新陈代谢和生命周期。除此之外，微生物还具有繁殖快、种类多、分布广、易培养、代谢能力强、易变异等特点，这是自然界中其它生物不可比拟的，而且这些特征归根到底与微生物体积小、结构简单有关。

（1）繁殖快　一般在适当的条件下，微生物细胞每隔 $12.5 \sim 20$min 即可分裂 1 次，细胞的数目比原来增加 1 倍。以大肠杆菌为例，一个大肠杆菌 20min 分裂 1 次，变成 2 个子细胞，而每个子细胞都具有相同的繁殖能力。那么 1h 后，变成 8 个，24h 后，原始的 1 个细胞变成 2^{72} 个细胞。如果将这些细胞排列起来，可将整个地球表面覆盖；若每 10 亿个细菌按 1mg 重量来计算，2^{72} 个细菌质量则超过 4772t。假使再这样繁殖 $4 \sim 5$d，它就会变成和地球同样大小的物体。事实上由于种种客观条件的限制，细菌的分裂速度只能维持数小时。

微生物的这一特性在发酵工业上具有重要的实践意义。这主要体现在它的生产效率高，发酵周期短，如培养酵母生产蛋白质，每 8h 就可以"收获"一次，但若种植大豆产生蛋白，最短也要 100 天。

（2）种类多　微生物在自然界是一个十分庞杂的生物类群。据统计，目前发现的微生物有 10 万种以上。从种数来看，由于微生物的发现和研究比动物、植物迟得多，加上鉴定种的工作和划分种的标准等较为困难，所以首先着重研究的是与人类关系最为密切的微生物。随着分离、培养方法的改进和研究工作的深入，微生物新种、新属、新科甚至新目、新纲屡见不鲜。例如最早发现的较大型微生物——真菌，至今还以每年约 1500 个新种不断递增。

（3）分布广　微生物在自然界分布极为广泛，土壤、水域、大气中几乎到处都有微生物的存在。上至 85km 的高空（地球物理火箭取样），深至 10000m 的海底，高至 300℃ 以上的高温区，低至 -250℃ 的低温处以及动植物体的体表、体内都有微生物的存在。

（4）易培养　大多数微生物都能在常温常压下利用简单的营养物质生长，并在生长过程中积累代谢产物。因此，利用微生物发酵生产食品、医药、化工原料都较化学合成法具有许多优点，它们不需要高温、高压设备。有些发酵产品如酒、酱油、醋、乳酸在较简单的设备里就可以生产。

（5）代谢能力强　微生物体积小，单位体积表面积大，因而微生物能与环境之间迅速进行物质交换，吸收营养和排泄废物，而且有很大的代谢速度。从单位质量来看，微生物的代谢强度比高等生物大几千倍到几万倍，如发酵乳酸的细菌在 1h 内可分解其自重 1000～10000 倍的乳酸。

（6）易变异 大多数微生物是单细胞微生物，被物理、化学诱变剂处理后容易发生变异，从而可以改变微生物的代谢途径。

（二）环境中微生物的分类

微生物的种类繁多，有数十万种以上。但从细胞构造是否完整的角度来看，可以把微生物分成三大类型。

1. 原核微生物

这一类微生物虽然具有细胞构造，但只有原始的细胞核，细胞核分化程度比较低，没有核膜，例如细菌、放线菌、蓝细菌、螺旋体等。

2. 真核微生物

这一类微生物具有完整的细胞构造，细胞核的分化程度较高，且细胞核被核膜包围。例如酵母菌、霉菌、真菌等，因此又称为真核细胞型微生物。大多数微生物属于真核微生物。

3. 非细胞微生物

这一类微生物没有细胞构造，只有裸露的核酸和蛋白质，因此必须寄生在活的易感细胞内生长繁殖。例如病毒、类病毒等。

二、原核微生物

根据细胞的存在与否，微生物可分为非细胞型微生物（如病毒和类病毒）和细胞型微生物。根据细胞核的存在与否，后者又可分为原核微生物与真核微生物。原核微生物包括细菌、放线菌、立克次氏体、衣原体、支原体、蓝细菌和古细菌等。它们都是单细胞原核生物，形态结构简单，单生或聚生；个体微小，一般为 1～10 μm；无细胞核结构，只有核物质存在的核区；大都为无性繁殖，多为分裂繁殖，有的以孢子繁殖；生理类型多样，多数需有机养料，有的可光合自养或化能自养；需氧、厌氧或兼性好氧。原核微生物中的某些属、种能利用空气中的氮。

（一）细菌

细菌（Bacteria）是自然界中分布最广、数量最多、与人类关系极为密切的一类微生物。

1. 细菌的形态和大小

细菌个体微小，其个体形态要借助于光学显微镜或电子显微镜来观察和研究。细菌种类繁多，但外形主要有三种，即球状、杆状和螺旋状。

（1）球菌 球菌的细胞呈球形或椭圆形。分裂后产生的子细胞常保持一定的空间排列方式（图 2-1）：单球菌，细胞分裂后产生的两个子细胞立即分开，如尿素小球菌（Micrococcus ureae）；双球菌，细胞分裂一次后产生的两个新细胞不分开而成对排列，如肺炎双球菌（Diplococcus pneumoniae）；细胞按两个互相垂直的分裂面各分裂一次后产生的四个细胞不分开并连接成四方形；八叠球菌，细胞沿三个互相垂直的分裂面连续分裂三次后形成的含有八个细胞的立方体，如尿素八叠球菌（Sarcina ureae）；链球菌，细胞按一个平行面多次分裂后产生的新细胞不分开而排列成链，如乳酸链球菌（Strepeococcus lactis）；葡萄

球菌，细胞经多次不定向分裂后形成的新细胞聚集成葡萄状，如金黄色葡萄球菌（Staphy-
lococcus aureus）。

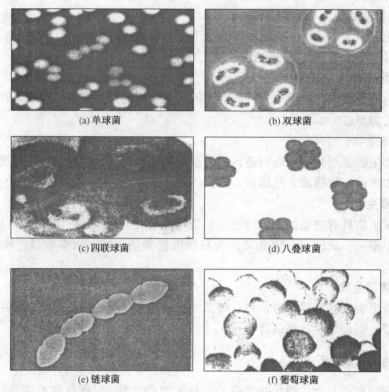

(a) 单球菌   (b) 双球菌

(c) 四联球菌   (d) 八叠球菌

(e) 链球菌   (f) 葡萄球菌

图 2-1　球菌的种类

（2）杆菌　杆菌的细胞呈杆状或圆柱状。各种杆菌的长宽比例差异很大，有的粗短，
有的细长。短杆菌近似球状，长杆菌则近似丝状（图 2-2）。杆菌的直径一般比较稳定而
长度变化较大。不同杆菌的端部形态各异，一般钝圆，有的平齐，有的较尖。杆菌只有一
个与长轴垂直的分裂面，分裂后主要以单生和链状排列，少数呈栅状或八字形排列。杆菌
的排列方式常因生长阶段和培养条件而发生变化，因而很少用于分类鉴定。在细菌的 3 种
主要形态中，杆菌种类多，作用也最大。

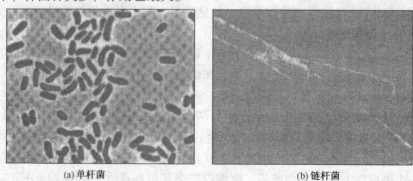

(a) 单杆菌   (b) 链杆菌

图 2-2　杆菌的形态

（3）螺旋菌　螺旋菌的细胞呈弧状或螺旋状。一般单生，能运动。按弯曲程度细菌可分为两类（图2-3）：一种称为弧菌，其弯曲度小于一周而呈"C"状，如霍乱弧菌（Vibrio cholerae）；另一种称为螺旋菌，弯曲度大于一周。螺旋菌的旋转圈数和螺距大小因种类而异。有些螺旋菌的菌体僵硬，借鞭毛运动；有些螺旋菌的菌体柔软，借轴丝收缩运动并称为螺旋体。

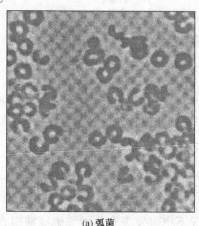 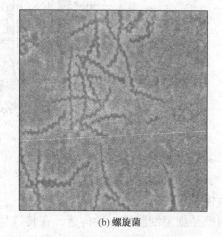

(a) 弧菌　　　　　　　　　　　　　　　(b) 螺旋菌

图2-3　弧菌、螺旋菌的形态

（4）特殊形态细菌　除以上三种基本形态外，细菌还有以下几类特殊形态，例如：柄细菌属（Caulobacter），细胞呈杆状或弧状并具有一根特征性的细柄，可附着于基质上；又如球衣菌属（Sphaerotilus），菌体形成衣鞘（Sheath），在衣鞘内杆状细胞呈链状排列而成为丝状体。最近，还有人从盐场的晒盐池中分离出一种特殊的近于正方形的细菌，对其特征正在作深入的研究。

由于标本在干燥固定和染色过程中会收缩，因此细菌大小和体积的测定应当用活细胞进行。细菌的大小可用测微尺在显微镜下直接测量，也可通过投影或照相，按图中的大小和放大倍数间接测算。其中球菌大小以直径表示，杆菌以宽×长表示，长度单位为 μm。一般球菌的直径为 $0.5 \sim 1 \mu m$，杆菌为 $(0.5 \sim 1) \mu m \times (1 \sim 8) \mu m$。螺旋菌也以宽×长度表示，其大小为 $(0.5 \sim 5) \mu m \times (5 \sim 50) \mu m$，螺旋菌的长度是菌体两端间的距离。

细菌的大小和形态除随种类不同而变化外，同一种细菌的大小和形态还要受环境条件（如培养基成分、浓度、培养温度和时间等）的影响。在适宜的生长条件下，幼龄细胞或对数期培养物的形态一般较为稳定，因而适宜进行形态特征的描述。在非正常条件下生长或衰老的培养体，常表现出膨大、分枝或丝状等畸形。少数细菌类群（如芽孢细菌）具有几种形态不同的生长阶段构成一个完整的生活周期，应作为一个整体来描述研究。

2. 细菌的细胞结构

细菌的细胞结构分为基本结构和特殊结构。基本结构指一般细菌都有的结构，如细胞壁、细胞膜、细胞质、核质体和内含物等；特殊结构指某些细菌在生长的特定阶段所形成的结构，如芽孢、鞭毛和荚膜等（图2-4）。

细菌细胞的基本结构如下：

（1）细胞壁　细胞壁（Cell wall）是包在细菌细胞外表，坚韧而略带弹性的薄膜。细胞

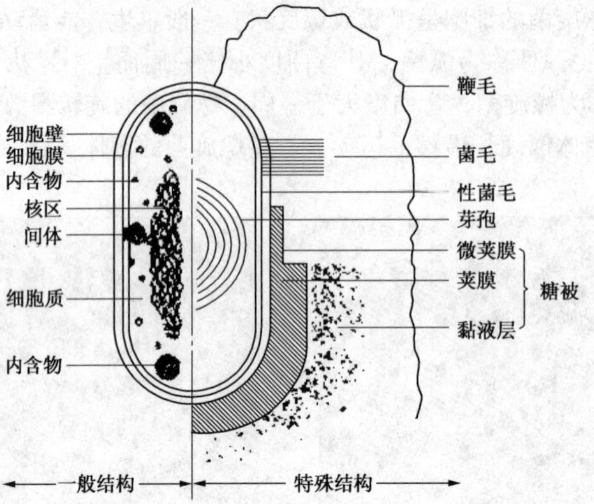

图 2-4　细菌的细胞模式结构图

壁约占菌体干重的 10%～25%。

细胞壁是细菌细胞的一般构造，在特殊情况下也可发现有几种细胞壁缺损或无细胞壁的细菌存在。细胞壁的功能主要有：①维持细胞形状；②协助鞭毛运动；③保护细胞免受外力的损伤；④为正常细胞分裂所必需；⑤具有分子筛的作用，可以阻拦大分子物质进入细胞(如革兰氏阴性菌细胞壁可阻拦相对分子质量超过 800 的抗生素透入)；⑥与细菌的抗原性、致病性(如内毒素)和对噬菌体的敏感性密切相关。

革兰染色法是由丹麦医生 C. Gram 于 1884 年创立。其操作简单，分初染、媒染、脱色和复染 4 步。细菌经结晶紫溶液初染后染上了紫色，经碘液媒染，结晶紫与碘分子形成一个相对分子质量较大的染色较牢固的复合物。接着用 95% 乙醇脱色。这时紫色易被乙醇洗脱的，则又成为无色的菌体，反之，则仍为紫色的菌体。最后，再用红色染料——番红复染。仍保持最初染上的紫色，称为革兰氏阳性菌，简称 G^+，被复染而显红色，则称为革兰氏阴性菌，简称 G^- 菌。

革兰染色有着十分重要的理论与实践意义。通过这一染色，几乎可把所有的细菌分成革兰氏阳性菌与革兰氏阴性菌两个大类，因此它是分类鉴定菌种时的重要指标。又由于这两大类细菌在细胞结构、成分、形态、生理、生化、遗传、免疫、生态和药物敏感性等方面都呈现出明显的差异，因此任何细菌只要通过简单的革兰染色，就可提供不少其他重要的生物学特性方面的信息。

一般认为，革兰氏染色反应与细胞壁的结构和组成有关。在革兰氏染色中，经过结晶紫与碘液媒染，在细菌细胞的膜或原生质体上染上了不溶于水的结晶紫与碘的大分子复合物。革兰氏阳性菌由于细胞壁较厚、肽聚糖含量较高和其分子交联度较紧密，故在用乙醇洗脱时，肽聚糖网孔会因脱水而明显收缩，再加上 G^+ 菌的细胞壁基本上不含类脂，故乙醇处理不能在壁上溶出缝隙。因此，结晶紫与碘的复合物仍牢牢阻留在其细胞壁内，使其呈现紫色。革兰氏阴性菌因其壁薄、肽聚糖含量低和交联松散，故遇乙醇后，肽聚糖网孔不易收缩，加上它的类脂含量高，所以当乙醇把类脂溶解后，在细胞壁上就会出现较大的缝隙，这样结晶紫与碘的复合物就极易被溶出细胞壁。因此，通过乙醇脱色，细胞又呈无色。这时，再经番红等红色染料复染，就使革兰氏阴性菌获得了新的颜色——红色，而革兰氏阳性菌则仍呈紫色(实为紫中带红)。

革兰氏阳性菌和革兰氏阴性菌细胞壁的主要差别见表2-1。

表2-1 革兰氏阳性菌与革兰氏阴性菌的细胞壁成分(占细胞壁干重的百分比)

G^-	G^+
单层，厚20~80nm	两层，薄，约10nm
主要由多层肽聚糖组成，占细胞壁干重的40%~90%，网格紧密、坚固，与细胞膜连接不紧密	内壁层为单层肽聚糖，厚2~3nm，只占细胞壁干重的5%~10%，网格较疏松，紧贴细胞膜
含磷壁酸，具有调节酶活性的作用	外壁层又脂多糖、磷脂和脂蛋白组成。脂多糖为G^-细菌细胞壁所特有
对青霉素、溶菌酶敏感	对青霉素、溶菌酶不敏感

（2）细胞膜与间体　细胞膜和间体均为膜结构，在细菌生命活动中起着极其重要的作用。

细胞膜(Cell membrane)　又称细胞质膜或质膜，是紧贴在细胞壁内侧的一层由磷脂和蛋白质组成的柔软和富有弹性的半透性薄膜(图2-5)。细胞膜的功能：控制细胞内外物质(营养物质和代谢废物)的运送与交换；维持细胞内正常渗透压的屏障；合成细胞壁各种组分(LPS、肽聚糖、磷壁酸)和荚膜等大分子的场所；进行氧化磷酸化或光合磷酸化的产能基地；许多酶(β-半乳糖苷酶、细胞壁和荚膜的合成酶及ATP酶等)和电子传递链的所在部位；鞭毛的着生点和提供其运动所需的能量等。

间体(Mesosome)　由细胞膜内褶形成的一种管状、层状或囊状结构。目前，对间体的功能还不完全了解，据推测它有以下功能：它们在细胞分裂时常位于细胞中部，因此认为在隔膜和壁的形成及细胞分裂中有一定的作用；作为细胞呼吸时的氧化磷酸化中心，起"拟线粒体"的作用；参与细胞内物质和能量的传递及芽孢的形成。

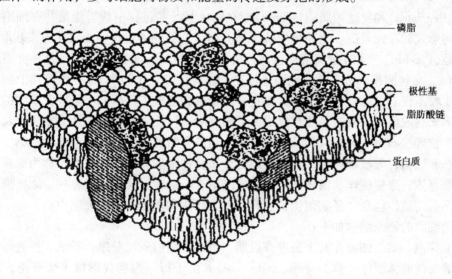

磷脂

极性基

脂肪酸链

蛋白质

图2-5　细胞膜结构的立体模式图

（3）细胞质及其内含物　细胞质（Cytoplasm）是细胞质膜包围的除核区外的一切半透明、胶状、颗粒状物质的总称，含水量大约为80%。原核微生物的细胞质是不流动的，这一点与真核生物明显不同，同时细菌的细胞质和真核细胞的细胞质相比较，更易于被碱性染料染色。细胞质的主要成分为核糖体、贮藏物、多种酶类和中间代谢物、质粒、各种营养物和大分子的单体等，少数细菌还有类囊体、羧酶体、气泡或伴孢晶体等；细胞质内形状较大的颗粒状构造称为内含物（Inclusion body），包括各种贮藏物和羧酶体、气泡等。

核糖体（Ribosome）　核糖体也称核糖蛋白体，是蛋白质合成的场所。由RNA和蛋白质构成，呈颗粒状亚显微结构。常以游离态分散于细菌细胞中，数量可达上万个。核糖体中的RNA一般占65%，其余是蛋白质。

贮藏物（Reserve materials）　这是一类由不同化学成分累积而成的不溶性颗粒，其种类和数量随环境条件而异。颗粒状贮藏物的形成能防止细胞内渗透压或酸度过高，当环境养料缺乏时又可被分解利用。颗粒状贮藏物的大小和化学性质各异，常见类型有以下几种。

异染粒（Metachromatic granule）　又称捩转菌素，最早发现于迂回刚螺菌（Spitillμm volutans）中，是细菌特有的磷素贮藏养料。因用蓝色染料（如亚甲蓝或甲苯胺蓝）染成紫红色而得名。其主要成分是聚偏磷酸盐，也存在于多种细菌。

聚β-羟基丁酸（Poly-p-hydroxybutyric acid，PHB）　是细菌特有的一种与类脂相似的碳源和能源贮存物质。PHB易被脂溶性染料（如苏丹黑）着色而不易被普通碱性染料染色。根瘤菌属（Rhizobiμm）、固氮菌属（Azotobacter）、红螺菌属（Rhodospirillμm）和假单胞菌属（Pseudomonas）等细菌体内常积累PHB。

糖原（Glycogen）和**淀粉**（Starch）　是细菌细胞内主要的碳素和能源贮存物质。与碘液作用时，糖原呈红褐色而淀粉呈蓝色。肠道细菌常积累糖原，而多数其他细菌和蓝细菌则以淀粉为贮存物质。当培养环境中碳氮比高时，会促进碳素养料颗粒体的累积。

硫粒（Sulfur granule）　某些氧化硫化氢的化能自养硫细菌贮存的能源物质。例如贝氏硫菌属（Beggiatoa）和发硫菌属（Thiothrix）能在氧化H_2S的过程中获得能量并在细胞内以固态硫粒的形式贮存元素硫。当环境中缺少H_2S时，它们能通过进一步氧化硫来获取能量。

质粒（Plasmid）　质粒是细菌染色体以外的遗传物质，能独立复制，为共价闭合环状双链DNA。质粒的相对分子质量比染色体小，通常在$(1\sim100)\times10^6$，含有几个到上百个基因。质粒不仅对微生物本身具有重要意义，而且在遗传工程研究中是外源基因的重要载体，许多天然或经人工改造的质粒已成为基因克隆、转化、转移及表达的重要工具。

（4）核区（Nuclear region or area）　原核生物没有明显的细胞核，它们的核物质没有特定的形态和结构，无核膜包裹，仅较集中地分布在细胞质的特定区域内，称为原核、拟核或细菌染色体。除多核丝状菌体外，正常情况下1个细胞只含有1个原核。原核携带了细菌绝大多数的遗传信息，是细菌生长发育、新陈代谢和遗传变异的控制中心。

细菌细胞的特殊结构如下：

（1）芽孢　某些细菌在其生长发育后期，可在细胞内形成壁厚、质浓、折光性强且抗不良环境条件的休眠体，称为芽孢（Endospore）。由于每一细胞仅形成1个芽孢，故它无繁殖功能。芽孢壁厚而致密，折光性强，不易着色，通透性差，含水量低，酶含量少，代谢活力低，有极强的抗热、抗辐射、抗化学药物和抗静水压等能力。例如：肉毒梭菌在

100℃沸水中，要经过 5.0~9.5h 才被杀死，至 121℃时，平均也要经过 10 min 才能被杀死；热解糖梭菌的营养细胞在 50℃下经短时间即被杀死，可是它的一群芽孢在 132℃下经过 4.4min 才能杀死其中的 90%。芽孢的抗紫外线能力要比其营养细胞强约 1 倍。巨大芽孢杆菌芽孢的抗辐射能力要比 E. coli 的营养细胞强 36 倍。

能产生芽孢的细菌种类不多，主要是革兰氏阳性杆菌——芽孢杆菌科的两个属，即好氧性的芽孢杆菌属和厌氧性的梭菌属。球菌中只有极个别的属（芽孢八叠球菌属）才形成芽孢。在典型的螺旋菌中，至今还未发现产芽孢的菌。

芽孢形成的位置、形状、大小因菌种而异，在分类鉴定上有一定意义（图 2 - 6）。有些细菌的芽孢位于细胞的中央，其直径大于细胞直径，孢子囊呈梭状，如某些梭状芽孢杆菌属的种；如芽孢在细胞顶端，其直径大于细胞直径时，则孢子囊呈鼓槌状，如破伤风梭菌（Clostridium）；有些细菌的芽孢直径小于细胞直径，则细胞不变形，如常见的枯草芽孢杆菌（Bacillus subtilis）。

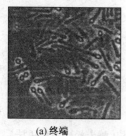 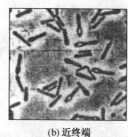 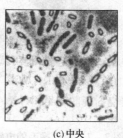

(a) 终端   (b) 近终端   (c) 中央

图 2 - 6   不同着生位置的芽孢（显微照片）

芽孢萌发可生成新菌体。一个细菌只形成一个芽孢，一个芽孢也只能产生一个菌体，因此芽孢不是细菌的繁殖体。

（2）糖被   在某些细菌细胞壁外存在着一层厚度不定的透明胶状物质，称为糖被（Glycocalyx）。根据其厚度的不同，常有不同的名称，如微荚膜（Microcapsule）、荚膜（Capsule 或 Macrocapsule）、黏液层（Slime layer）。有的细菌（如动胶菌属的菌种）会产生有一定形状的大型黏胶物，称为菌胶团（Zoogloea）。它实质上是细菌群体的一个共同荚膜。荚膜可通过离心沉降与菌体分开。黏液层是扩散到培养基中的胞外多糖，通过离心无法使它沉降，有时甚至将培养容器倒置时，培养液还是结成凝胶状。

荚膜的功能主要有：①保护细菌免受干旱损伤，对一些致病菌来说，则可保护它们免受宿主白细胞的吞噬；②贮藏养料，以备营养缺乏时重新利用；③堆积某些代谢废物；④通过荚膜或其有关构造可使菌体附着于适当的物体表面。

（3）鞭毛和菌毛   鞭毛和菌毛均为细菌表面的丝状附属物。

鞭毛（Flegellum）   某些细菌长在体表的长丝、波曲状的附属物，称为鞭毛，其数目为 1~10 根，具有运动功能。鞭毛的化学成分中，蛋白质占 99% 以上，碳水化合物、类脂和矿物质的总和不超过 1%。鞭毛长度是菌体的若干倍，直径很细，一般为 10~20nm，需用电镜才能观察。在光学显微镜下，经过染料加粗的鞭毛也可清楚地观察到。在暗视野中，对水浸片或悬滴标本中运动着的细菌，也可根据其运动情况判断它们是否存在着鞭毛。在下述两种情况下，凭肉眼观察也可初步判断某细菌是否有鞭毛存在：①在半固体培养基中用穿刺接种法接种某一细菌，经培养后，如果在其穿刺线周围有呈混浊的扩散区，说明该菌具有运动能力，即可推测其存在着鞭毛，反之则无鞭毛；②根据某菌在平板培养基上的菌落形状也可判断该菌是否有鞭毛。一般地说，如果某菌产生的菌落形状大而薄，边缘极不规则，说明该菌具有运动能力；反之，如果菌落十分圆整，边缘光滑，相对较厚，则说明它没有鞭毛。

细菌鞭毛的功能是赋予细菌运动的能力。每个菌体的鞭毛数为一至数十根。鞭毛的着生方式多样，有一端单生，两端单生，一端丛生，两端丛生以及周生(图2-7、图2-8)。鞭毛的数目和着生方式是菌种特征，在细菌分类鉴定上有重要作用。

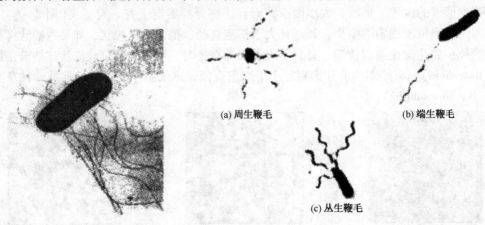

(a) 周生鞭毛   (b) 端生鞭毛

(c) 丛生鞭毛

图2-7　细菌鞭毛的电镜照片　　　图2-8　鞭毛的光学显微镜照片(赖夫松鞭毛染色法)

菌毛(Pilus 或 Fimbria)　菌毛(曾有纤毛、散毛、伞毛、线毛或顺毛等译名)是长在细菌体表的一种纤细(直径 7~9nm)、中空(直径 2~2.5nm)、短直且数量较多(250~300根)的蛋白质附属物，在革兰氏阴性菌中较为常见。纤毛也有很多类型，具有不同功能，主要与呼吸有关而与运动无关。

另一种特殊的菌毛称做性菌毛。它的性状介于鞭毛与上述普通菌毛间，即比菌毛稍长。每1个细胞有1~4根，其功能是在不同性别的菌株间传递 DNA 片段。有的性菌毛还是 RNA 噬菌体的吸附受体。性菌毛一般多见于革兰氏阴性菌中。

3. 细菌的繁殖

细菌进行无性繁殖，主要为裂殖，也有芽殖和孢子生殖，少数细菌也有"性"接合。

(1) 裂殖　裂殖即1个母细胞分裂成两个子细胞。分裂时，核 DNA 先复制为两个新双螺旋链，拉开后形成两个核区。在两个核区间产生新的双层质膜与壁，将细胞分隔为两个，各含1个与亲代相同的核 DNA。每经这样1个过程为1个世代。在适宜条件下，1个世代需时 20~30min。

(2) 芽殖与孢子生殖　巴斯德菌、生芽杆菌和芽生球菌等，有类似于酵母菌的出芽生殖法，即在母细胞表面先形成突起，逐渐长大同母细胞分开。与裂殖不同的是，芽细胞的胞壁大部分为新合成的物质，芽殖方式因菌种而异。

4. 细菌的培养特征

细菌在固体培养基、半固体培养基或液体培养基里的生长特征是不同的。

(1) 固体培养基上的培养特征　一个或少数几个细菌生长于固体培养基上所形成的肉眼可见的微生物群体，称为菌落(Colony)。在一定条件下，细菌菌落具有一定的特征，具有稳定性和专一性，可用于判别细菌纯度，辨认和鉴定菌种。菌落特征包裹大小、形状、光泽、颜色、硬度、透明度等许多方面(图2-9)。

如果菌落是由1个单细胞发展而来的，则它就是1个纯种细胞群或克隆(Clone)。如果将某一纯种的大量细胞密集地接种到固体培养基表面，结果长成的各"菌落"相互联接成一片，这就是菌苔(Lawn)。斜面菌苔也可作为菌种鉴定的参考依据[图2-10(c)]。

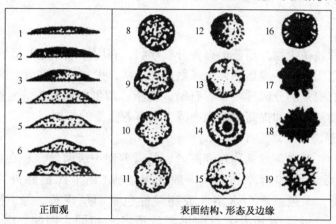

图2-9 细菌的菌落特征

1—扁平；2—隆起；3—低凸起；4—高凸起；5—脐状；6—乳头状；7—草帽状表面结构、性状及边缘；8—圆形，边缘完善；9—不规则，边缘波浪；10—不规则颗粒状，边缘叶状；11—规则，放射状，边缘叶状；12—规则，边缘呈扇边状；13—规则，边缘齿状；14—规则，有同心环，边缘完整；15—不规则，似毛毯状；16—规则，似菌丝状；17—规则，卷发状，边缘波状；18—不规则，丝状；19—不规则，根状

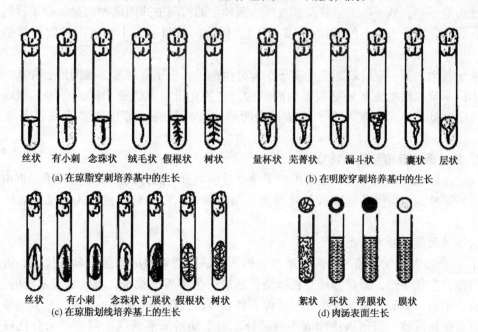

(a)在琼脂穿刺培养基中的生长   (b)在明胶穿刺培养基中的生长

丝状 有小刺 念珠状 绒毛状 假根状 树状   量杯状 芜菁状 漏斗状 囊状 层状

(c)在琼脂划线培养基上的生长   (d)肉汤表面生长

丝状 有小刺 念珠状 扩展状 假根状 树状   絮状 环状 浮膜状 膜状

图2-10 细菌的一些培养特征

（2）半固体培养基上的培养特征   以穿刺接种法将细菌接种至0.3% ~ 0.5%琼脂半

固体培养基中，如果细菌不长鞭毛，只能在穿刺线上生长；反之，则不但能在穿刺线上生长，也在穿刺线的周围扩散生长。不同属、种的细菌有不同的扩散生长状态[图 2 – 10 (a)、(b)]。

（3）液体培养基中的培养特征　在液体培养基中，细菌生长能使培养基混浊，混浊情况因细菌对氧气的要求不同而不同[图 2 – 10(d)]。细菌在液体培养基中的培养特征也使分类鉴定的依据之一。

（二）放线菌

放线菌是是原核微生物。菌苔形态为分枝丝状，在固体培养基上呈辐射状生长并由此得名。革兰氏染色阳性，不能运动，大多数是腐生菌，少数是寄生菌。

由于放线菌有很强的分解纤维素、石蜡、琼脂、角蛋白和橡胶等复杂有机物的能力，故它们在自然界物质循环和提高土壤肥力等方面有着重要的作用。

1. 放线菌的形态

（1）基内菌丝　基内菌丝又称营养菌丝，是营养型一级菌丝，长在培养基内或表面。其主要功能是吸收水分和营养物质。一般无横隔膜（诺卡氏菌除外），直径为 0.2 ～ 1.2μm，分枝繁茂，无色或产生水溶性或脂溶性色素而呈现黄、绿、橙、红、紫、蓝、褐、黑等各种颜色。放线菌基内菌丝的形态特征各不相同。例如，诺卡氏菌（Nocardia sp.）基内菌丝强烈弯曲如树根状，生长到一定菌龄后，产生横隔膜并断裂成不同形状的杆状菌体。

（2）气生菌丝　这是由基内菌丝分枝向培养基上空伸展的二级菌丝，镜检观察其颜色较深且较基内菌丝粗，直径为 1 ～ 1.4μm，直形或弯曲状，有分枝，有的产生色素。

（3）孢子丝及分生孢子　放线菌生长至一定阶段，在气生菌丝上分化出产生孢子的菌丝，称为孢子丝。孢子丝的形状及其在气生菌丝上的排列方式因菌种而异。孢子丝的形状有直、波曲、螺旋、轮生等形状（图 2 – 11）。螺旋的数目、大小和疏密程度等都是菌种特征。

孢子丝生长到一定阶段断裂为孢子，即分生孢子。孢子有球形、椭圆形、杆状、瓜子形等不同形状。在电镜下可见孢子表面结构，有的光滑，有的带小疣，有的生刺或毛发状。孢子常具有不同色素。孢子形状、表面结构、颜色特征等也使鉴定放线菌菌种的依据。

2. 放线菌的繁殖和培养特征

放线菌以无性方式繁殖，主要由孢子丝通过横割分裂的方式形成分生孢子，再由分生孢子进行繁殖；也可借菌丝断裂的片段形成新的菌体。后一种繁殖方式常见于液体培养基中。

放线菌菌落可分为两类：

① 由产生大量气生菌丝的菌种所形成的菌落，以链霉菌的菌落为典型代表。链霉菌菌丝较细，生长缓慢，菌丝分枝互相缠绕，形成的菌落质地致密，表面呈较紧密的绒状，或坚实、干燥、多皱，菌落较小而不延伸。营养菌丝长在培养基内，菌落与培养基结合较紧，不易挑起或整个菌落被挑起而不致破碎。由于幼龄菌落的气生菌丝尚未分化成孢子丝，故菌落表面与细菌菌落相似而不易区分。当气生菌丝分化成孢子丝，并形成大量孢子而布满菌落表面时，就可产生外观为绒状、粉末状或颗粒状的典型放线菌菌落。有些种类

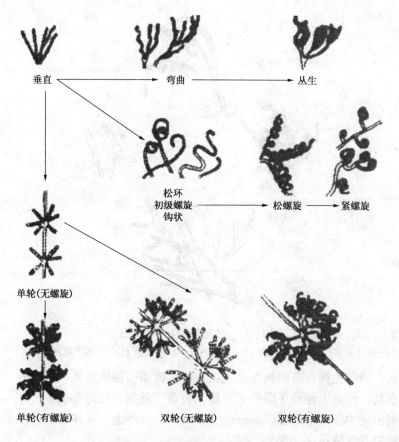

图 2 - 11　链霉菌的各种孢子丝形态

的孢子含有色素，如果与基内菌丝颜色不同，则可使菌落表面与背面呈现不同颜色。

② 由不产生大量气生菌丝的菌种所形成的菌落，以诺卡式菌的菌落为典型代表。诺卡氏菌的菌落一般只有基内菌丝，结构松散，黏着力差，结构呈粉质状，用针挑起则以破碎。在光学显微镜下观察，放线菌菌落周围可见放射状菌丝。放线菌菌落常有土腥味。

用液体培养基静置培养放线菌，可在容器内壁液面处形成斑状或膜状培养物，或沉降至底部而不使培养基混浊。若振荡培养，则往往形成由菌丝体构成的球状颗粒。

3. 放线菌的代表属

（1）链霉菌属（Streptmoyces）　链霉菌属有发育良好的分枝状菌丝体，菌丝无隔膜，直径约 $0.4 \sim 1 \mu m$，长短不一，多核。菌丝体有营养菌丝、气生菌丝和孢子丝之分。孢子丝再形成分生孢子。链霉菌主要借分生孢子繁殖，其生活史如图 2 - 12 所示。

链霉菌属包含 1000 余种链霉菌。大多生长在含水量较低，通气良好的土壤中。链霉菌能分解纤维素、石蜡以及各种碳氢化合物。链霉菌是产生抗生素菌株的主要来源。许多常用的抗生素（如链霉素、土霉素、博来霉素、丝裂霉素、制霉菌素、卡那霉素、井冈霉素等）都是链霉菌的次生代谢产物。

（2）诺卡氏菌属（Nocardia）　诺卡氏菌属又称原放线菌属（Proactinomyces），在培养基上形成典型的菌丝体。菌丝纤细，多数弯曲如树根状，一般生长到十几小时开始形成横隔膜，并断裂成多形态的杆状、球状或带叉的杆状体。诺卡氏菌属中大多数种无气生菌丝，

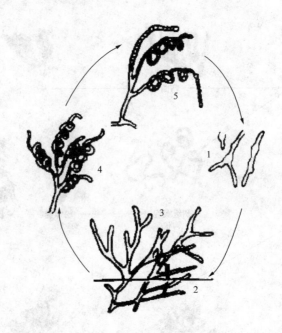

图 2 – 12　链霉菌的生活史简图

1—孢子萌发；2—基内菌丝体；3—气生菌丝体；4—孢子丝；5—孢子丝分化为孢子

只有基内菌丝，菌落秃裸；有的则在基内菌丝体上覆盖一层极薄的气生菌丝。菌落小于链霉菌，表面多皱，致密干燥或平滑凸起不等，有黄、黄绿、红橙等颜色。

利福霉素由地中海诺卡氏菌（Nocardia mediterranei）产生。有些诺卡氏菌可用于石油脱蜡、烃类发酵以及含腈污水处理。

（三）古细菌

古细菌（Archaebacteria）是近年来发现的一类特殊的细菌，它们虽然具有原核生物的基本性质，但在某些细胞结构的化学组成以及许多生化特性上都不同于真细菌。它们大多生活在极端环境中，包括极端厌氧的产甲烷菌，极端嗜盐菌以及在低酸和高温环境中生活的嗜热嗜酸菌。

（1）产甲烷细菌　产甲烷细菌包括一类在形态和生理方面有着极大差异的特殊类群。其共同点在于利用氢气、甲酸或乙酸等来还原 CO_2 并产生甲烷，其反应式为

$$CO_2 + 4H_2 \longrightarrow CH_4 + 2H_2O$$

$$CH_3COOH \longrightarrow CO_2 + CH_4$$

这一过程只能在厌氧条件下进行，所以产甲烷细菌都是严格厌氧菌，氧气甚至对它们有致死作用。细胞中常含有辅酶 M（β – 巯基乙基磺酸）和能在低电位条件下传递电子的因子辅酶 F_{420}，有些类群能同化 CO_2 以自养生活，但同化 CO_2 不经卡尔文循环，而是将它直接固定为乙酸盐加以利用。产甲烷细菌主要分布在有机质厌氧分解的环境中。如沼泽、湖泥、污水和垃圾处理场、动物的胃及消化道和沼气发酵池中，包括有 G^+ 和 G^-，自养和异养，形态从球状、杆状、丝状到螺旋状等多种类型。主要有甲烷杆菌属（Methanobacterium）、产甲烷球菌属（Methanococcus）、产甲烷八叠球菌属（Methanosarcina）和产甲烷螺菌属（Methanospirillun）等。产甲烷细菌在沼气发酵和解决我国农村能源方面有重要的应用前景。

（2）极端嗜盐细菌　它们能在含盐 20% ~ 30%、甚至饱和盐水中生活，严格好氧，化能有机营养，常以蛋白质、氨基酸等为碳源和能源，一般因具有类胡萝卜素而呈红、橙等颜色。在有光时能合成菌视红蛋白，利用光能将 H^+ 泵出细胞膜，借以产生 ATP。主要分布在盐湖和晒盐池中，常引起腌制食品等的腐败和脱色。主要有嗜盐杆菌属（Halobacterium）和嗜盐球菌属（Halococcus）。

（3）极端嗜热嗜酸细菌　极端嗜热嗜酸细菌是一类依赖于硫，能耐高温（80 ~ 100℃）和高酸度（pH 值 1 ~ 3）的特殊类群。极端嗜热嗜酸细菌在形态和生理上也有较大的变异。主要生活在含硫的温泉、火山口及燃烧后的煤矿等中。包括有化能自养、化能异养及兼性三种营养类型。瓣硫菌属（Sulfolobus）和高温支原体属（Thermoplasma）等是它们的代表。

（四）蓝细菌

蓝细菌（Cyanobacteria）也称蓝藻或蓝绿藻（Blu - green algae）。蓝细菌曾作为藻类的一群，现知它们的细胞核为原核，所以归入原核微生物。蓝细菌与属于真核生物的藻类的最大区别，在于它无叶绿体，无真核，有 70S 核糖体，在细胞壁中含有肽聚糖，对青霉素和溶菌酶十分敏感。

在自然界中，蓝细菌广泛地分布在各种河流、湖沼和海洋等水体中，也可与各类植物的叶腔、裸子植物的根以及地衣共生。蓝细菌在不良环境如贫瘠的沙质海滩和荒漠的岩石上都能生长，被称为"生物先锋"。

（1）蓝细菌的形态与结构　蓝细菌是光能自养型微生物，光合作用释放氧气。蓝细菌的基本形态有球状、杆状和长丝状。蓝细菌的最小直径为 0.5 ~ 1μm，最大直径可达 60μm，巨颤蓝细菌（Dscillatoria princeps）是迄今已知的最大的原核生物。蓝细菌体外常具胶质外套，使多个菌体或菌丝集成一团。蓝细菌没有鞭毛，但能借助于黏液在固体基质表面滑行。蓝细菌的运动有趋光性和趋化性。

蓝细菌细胞壁的化学成分与细菌相近，主要由肽聚糖构成，还含有二氨基庚二酸（DAP）。与其他原核生物相比，蓝细菌最独特之处是含有两个或多个双键的不饱和脂肪酸。在细菌中则多为饱和脂肪酸和一个双键的不饱和脂肪酸。

许多蓝细菌生长有异形胞（Heterocyst）。它是丝状体中比一般营养细胞稍大、比较透亮的细胞，常为圆形，位于丝状体的中间或顶端，其功能是固定分子态氮。异形胞与相邻营养细胞之间不仅有细胞接触，而且有物质变换，即光合产物从营养细胞转运至异形胞，而固氮产物则从异形胞转移至营养细胞。

（2）蓝细菌的繁殖方式　蓝细菌的主要繁殖方式是裂殖。有些蓝细菌可以通过分裂，在母细胞内形成多个球形的小细胞，称为小孢子。母细胞破裂后，释放出小孢子，后者再形成营养细胞。有些蓝细菌可在顶端以不对称的缢缩分裂形式形成小的单细胞，称为外生孢子，由外生孢子长成营养细胞。丝状蓝细菌则可通过无规则的丝状体断裂进行繁殖。

（五）立克次氏体、衣原体和支原体

立克次氏体（Rickettsia）、衣原体（Chlamydia）和支原体（Mycoplasma）是三类属于革兰氏阴性的原始小型的原核生物。它们的生活方式既有腐生又有细胞内专性寄生，因此，它们是介于细菌与病毒间的生物。

（1）立克次氏体　立克次氏体是一类只能寄生在真核细胞内的革兰氏阴性原核微生物，它有细胞壁，不能进行独立生活，其细胞较大，无滤过性，合成能力较强，且不形成包涵体。

（2）衣原体　衣原体是一类在真核细胞内营专性寄生的小型革兰氏阴性原核生物。衣原体有特殊的生活史。

（3）支原体　支原体是一类无细胞壁的原核生物，是整个生物界中能独立营养的最小生物。

三、真核微生物

真核微生物（Eukaryotic micro – organisms），是具有由核膜、核仁及染色（质）体构成的典型细胞核，进行有丝分裂，细胞质中有线粒体等多种细胞器的微生物。真核微生物的基本类群有真菌（Fungi）、显微藻类（Algae）和原生动物（Protozoa），及黏菌（Myxomycota）、假菌（Chromista）。其中真菌包括单细胞酵母菌类、丝状霉菌类和大型子实体的蕈菌类。

（一）酵母菌

酵母菌（Yeast）是非分类学（Non – taxonomical）术语，泛指能发酵糖类的各种单细胞真菌，不同的酵母菌在进化和分类地位上有异源性，酵母菌种类很多，已知的约有 56 属500 多种。酵母菌在自然界分布很广，主要分布于偏酸性含糖环境中，如水果、蔬菜、蜜饯的表面和果园土壤中，以及油田、炼油厂附近的土层里。

酵母菌的基本特点：①多为单细胞个体；②出芽繁殖是主要生殖方式；③发酵糖类产能；④细胞壁常含甘露聚糖；⑤适宜多糖偏酸性的生态环境。

1. 酵母菌的形态与结构

（1）酵母菌的形状与大小　酵母菌的个体多为单细胞，形状因种而异，通常呈球形、卵圆形、圆柱形或香肠形。有些酵母菌（如热带假丝酵母，Candida tropicalis）进行连续的芽殖后，长大的子细胞与母细胞并不立即分离，而个体间仅以极狭小的接触面相连，形成藕节状的细胞串，称为"假菌丝"。

酵母菌细胞大小因种类而异，个体一般较大，为$(1 \sim 5) \mu m \times (5 \sim 30) \mu m$，细胞直径一般约为细菌细胞大小的 10 倍。如酿酒酵母（Saccharmoyces cervisiae）细胞大小为$(2.5 \sim 10) \mu m \times (4.5 \sim 21) \mu m$。在光学显微镜下，酵母菌细胞内的某些结构模糊可见。

酵母菌的菌落形态特征与细菌相似，但比细菌大而厚，湿润，表面光滑，多数不透明，黏稠，菌落颜色单调，多数呈乳白色，少数呈红色，个别呈黑色。酵母菌生长在固体培养基表面，容易用针挑起，菌落质地均匀，正、反面及中央与边缘的颜色一致，培养时间长了，菌落会有皱折。不产生假菌丝的酵母菌，菌落更隆起，边缘十分圆整；形成大量假菌丝的酵母，菌落较平坦，表面和边缘粗糙。在液体培养基中，有的酵母菌生长产生沉淀，有的在液体中均匀生长，有的则形成菌膜，有的菌膜较厚，有的菌膜很薄，有的则在容器壁上形成一圈菌环。

（2）酵母菌的细胞结构　酵母菌是真核微生物，具有真核微生物的基本细胞结构：细胞壁、细胞膜、细胞核、细胞质及各类细胞器，如内质网、核糖体、高尔基体、溶酶体、微体、线粒体、液泡等。

2. 酵母菌的繁殖与生活史

酵母菌的繁殖分有性繁殖和无性繁殖两种方式，以无性繁殖为主。繁殖方式及产物是酵母菌鉴定的重要依据，有人把只进行无性繁殖的酵母菌称为"假酵母"（Pseudo – yeast），能进行有性生殖的酵母菌称为"真酵母"（Euyeast）。

酵母菌的无性繁殖是指不经过两性细胞的配合，便产生新的子代个体的繁殖方式。酵母菌的有性生殖，是指经过两个性细胞的结合形成子代的过程。酵母菌的有性生殖比较复杂，它和高等植物的繁殖一样也要经过三个阶段：质配—核配—减数分裂。

（二）霉菌

霉菌是非分类学名词，是那些菌丝体发达，而又不产生大型肉质子实体的丝状真菌的俗称。霉菌包括分类学上许多不同纲或类的真菌，它们分别属于藻状菌纲、子囊菌纲、担子菌纲和半知菌类。

1. 霉菌的形态与结构

霉菌的菌丝是一种管状、无色透明的丝状物，是构成霉菌营养体的基本单位，菌丝常由孢子萌发或由一段菌丝细胞增殖而来，其直径平均为 $3 \sim 10 \mu m$，常比细菌或放线菌大几十倍。

霉菌的菌丝可无限伸长，有的菌丝产生分枝，有的菌丝不分枝，菌丝相互交错在一起，形成了菌丝体。霉菌的菌丝有两类；一类菌丝中无横陷，主要是低等真菌，整个菌丝体就是一个单细胞，含有多个细胞核，属单细胞个体，如藻状菌纲中的毛霉、根霉、犁头霉等的菌丝属于这种类型；另一类菌丝有横隔，主要是高等真菌，每一隔段就是一个细胞，整个菌丝体是由多个细胞构成，横隔中央留有极细的各类小孔，使细胞间的细胞质、养料、信息等互相沟通，属多细胞个体。

菌丝体指真菌孢子在适宜固体培养基上发芽、生长、分枝及其相互交织而成的菌丝集团。菌丝体有两种类型：密布在营养基质内部，执行营养物质和水分吸收功能的菌丝体，称为营养菌丝体或基内菌丝体；伸展到空气中的菌丝体称为气生菌丝体。

霉菌有着极强的繁殖能力，它们能通过无性或有性繁殖的方式产生大量新个体。霉菌菌丝体上任何一段菌丝都能进行繁殖，但在自然条件下，霉菌主要通过气生菌丝，产生形形色色的无性或有性孢子进行繁殖。

霉菌菌落与细菌和酵母菌的菌落不同，与放线菌的菌落接近。但霉菌菌落形态较大，质地比放线菌疏松，外观干燥，不透明，呈现或紧或松的蛛网状、绒毛状或棉絮状，是分类依据。菌落与培养基连接紧密，不易挑取。菌落正、反面的颜色及边缘与中心的颜色常不一致。菌落正、反面颜色不同是由于气生菌丝及其分化出来的子实体(孢子等)的颜色比分散于固体基质内的营养菌丝的颜色较深。菌落中心气生菌丝的生理年龄大于菌落边缘的气生菌丝，其发育分化和成熟度较高，颜色较深，形成菌落中心与边缘气生菌丝在颜色与形态结构上的明显差异。

2. 霉菌的繁殖和生活史

霉菌通过一定的营养生长之后，便进入繁殖阶段，霉菌的繁殖能力很强，而且繁殖方式也多样化，主要有无性繁殖和有性繁殖两大类。总的说来，在自然界，霉菌的繁殖主要是通过有性或无性方式，产生有性或无性孢子，通过孢子萌发，形成新的营养体来延续后代达到其繁殖的目的。

（三）藻类

藻类属于低等植物。大多数藻类个体微小，肉眼看不见或看不清，故将藻类列入微生物。藻类主要为水生生物，广泛存在于淡水及海水中。在自然界水生生态系统中，藻类是重要的初级生产者。在特定条件下，藻体异常增殖可造成水体污染，给人类生产与生活带来危害。

藻类分为10门：蓝藻门、保藻门、绿藻门、轮藻门、金藻门、黄藻门、硅藻门、甲藻门、褐藻门和红藻门。其中，蓝藻门、裸藻门、绿藻门、硅藻门的一些藻类与水体富营养化有关。

藻类的形态多种多样，有单细胞或多细胞藻类。多细胞藻类多呈丝状。藻类的细胞核为真核，具有真核细胞的一般特征。不同的光合色素使藻类呈现不同的颜色。

藻类是光能自养型微生物，能进行光合作用。有光照时，能利用二氧化碳合成细胞物质，同时放出氧气。藻类的繁殖方式有营养繁殖、无性繁殖和有性繁殖。

（1）蓝藻门　蓝藻门又称蓝细菌，是一般水体中的优势藻类之一，可在富营养化水体中诱发水华。蓝藻的繁殖方式主要有营养繁殖和无性繁殖。营养繁殖包括细胞分裂和多细胞群体或丝状体断裂。丝状蓝藻的营养繁殖可断裂形成藻丝片段，无性繁殖产生多种不同类型的孢子。单细胞蓝藻主要通过细胞分裂繁殖，未发现孢子的形成。

（2）裸藻门　裸藻门的藻类简称裸藻。裸藻因不具有细胞壁而得名。绝大多数裸藻具有叶绿体，内含叶绿素 a、叶绿素 b、β - 胡萝卜素和三种叶黄素。这几种色素使叶绿体呈鲜绿色，易被误认为绿藻。裸藻的繁殖方式为纵裂，细胞核先进行有丝分裂，然后细胞由前向后纵向裂殖为二，一个子细胞接受原有的鞭毛，另一个子细胞长出一根新的鞭毛。当条件不适宜时，裸藻失去鞭毛形成胞囊。待环境好转时，胞囊壳破裂，重新形成个体。除了柄裸藻属以胶柄相连形成群体外，其他裸藻全是游动型的单细胞个体。裸藻具有 1～3 根鞭毛，鞭毛基部有高度分化的鞭毛器或神经运动器。

裸藻对温度的适应范围广，主要生长在有机物丰富的静止水体或缓慢的流水中。大量繁殖时形成绿色、红色或褐色的水华。裸藻是水体富营养化的指示生物。

（3）绿藻门　绿藻门的藻类简称绿藻，光合色素组成与高等植物相似，含有叶绿素 a、叶绿素 b、叶黄素和 β - 胡萝卜素。绝大多数绿藻为草绿色。藻体形态纷繁多样，包括单细胞、群体、丝状体、膜状和管状等。绿藻细胞最显著的细胞器是色素体。大部分绿藻细胞只有一个细胞核，少数绿藻细胞多核。绿藻的繁殖方式有营养繁殖、无性繁殖和有性繁殖。

一般水体中的藻类以硅藻和绿藻为主。在水体自净中，绿藻起着净化和指示生物的作用。

（4）硅藻门　硅藻门的藻类简称硅藻。硅藻最显著的特征是细胞壁高度硅质化而成为坚硬的壳体。壳体内两个"半壳"套合而成。

硅藻全球性分布，有明显的区域种类，受气候、盐度和酸碱度的制约。硅藻是一般水体中的优势藻类之一，对水体的生产力有较大的贡献。发生"赤潮"时，高浓度的硅藻可使海水呈褐色。

（5）甲藻门　甲藻门的藻类简称甲藻。甲藻多为单细胞个体，细胞质中有大液泡，并有一个或多个色素体。甲藻在淡水、半咸水、海水中都能生长。多数甲藻对光照强度和水温范围要求严格，在适宜的光照和水温条件下，甲藻在短期内大量繁殖，造成海洋"赤潮"。

四、微生物的生理特性

（一）微生物的营养

营养物质提供构成细胞物质的元素及细胞进行生命活动所需要的能量等。

构成微生物细胞的物质基础是各种化学元素。根据微生物对各类化学元素需要量的大小，可将它们分为主要元素（Major element）和微量元素（Trace element），主要元素包括碳、氢、氧、氮、磷、硫、钾、镁、钙、铁等，其中碳、氢、氧、氮、磷、硫这6种主要元素可占细菌细胞干重的97%。微量元素包括锌、锰、钠、氯、钼、硒、钴、铜、钨、镍、硼等。

微生物所需要的各种化学元素主要以水、无机物和有机物的形式存在于细胞中。按其在微生物生长繁殖中作用，分为六大营养要素：水、碳源、氮源、能源、无机盐和生长因子。

（1）水　水是微生物细胞的重要组成成分，在代谢中占有重要的地位。其主要作用有参与反应、作为理化反应的介质、营养物质的吸收、代谢产物的溶媒、控制细胞的温度。

（2）碳源　能提供微生物营养所需的碳元素的物质，有简单的无机物（CO_2、碳酸盐），或是复杂的有机含碳化合物（糖、糖的衍生物、脂类、醇类、有机酸、烃类、芳香族化合物等各种含碳化合物）。

（3）氮源　凡是构成微生物细胞物质或代谢产物中氮元素来源的营养物质，称为氮源。氮是组成核酸和蛋白质的重要元素，所以，氮对微生物的生长发育有着重要的作用。从分子态的 N_2 到复杂的含氮化合物都能被不同的微生物所利用，而不同类型的微生物能利用的氮源差异较大。

（4）能源　能源是指能为微生物的生命活动提供最初能量来源的营养物或辐射能。微生物的能源有还原态的无机物如 NH_4^+、NO_2^-、S、H_2S、H_2、Fe^{2+} 等，有机物质（同碳源物质）。

（5）无机盐　无机盐也是微生物生长所不可缺少的营养物质。其主要功能是：①构成细胞的组成成分；②作为酶的组成成分；③维持酶的活性；④调节细胞渗透压、氢离子浓度和氧化还原电位，⑤作为某些自氧菌的能源。

磷、硫、钾、钠、钙、镁等盐参与细胞结构组成，并与能量转移、细胞透性调节功能有关。微生物对它们的需求量较大（$10^{-4} \sim 10^{-3}$mol/L），称为宏量元素。没有它们，微生物就无法生长。铁、锰、铜、钴、锌、钼等盐一般是酶的辅助因子，需求量不大（$10^{-8} \sim 10^{-6}$mol/L），所以称为微量元素。不同的微生物对以上各种元素的需求量各不相同。对铁元素的需求量介于宏量元素和微量元素之间。

（6）生长因子　生长因子是一类需要量很少，但某些微生物不能从普通的碳源、氮源合成，而需要另外少量加入来满足生长需要的有机物质，包括氨基酸、维生素嘌呤碱和嘧啶碱及其衍生物，有时也包括一些脂肪酸及其他膜成分。

许多微生物能够自己合成所需的全部生长素，因而能在只含碳、氮和无机元素的培养基中生长，某些微生物则不然，必需在含上述成分的培养基中补加一种或几种生长素才能正常生长。

从自然界直接分离到的任何微生物在其发生营养缺陷突变前的原始菌株，均称为该微生物的野生型（Wildtype）。绝大多数野生型菌株只需要简单的碳源和氮源等就能生长，不需要添加生长因子；野生型菌株在实验室中经过人工诱变处理后，常会丧失合成某种营养物质(通常是生长因子)的能力,这些菌株生长的培养基中必需添加某种氨基酸、嘌呤、嘧啶或维生素等生长因子。这些由野生型菌株突变而来的菌株称为该微生物的营养缺陷型(Auxotroph)。在微生物遗传、变异和代谢生理的研究以及微生物杂交育种和氨基酸、核苷酸等发酵生产中常采用营养缺陷型菌株。营养缺陷型菌株经回复突变或基因重组后产生的菌株,其营养要求在表型上若与野生型相同,则称为原养型(Prototroph),原养型菌株的生长也不需要添加生长因子。

(二)微生物的营养类型

微生物的营养类型通常依据微生物获取能源、碳源、氢或电子供体的不同将微生物分为4种营养类型:光能无机营养型、光能有机营养型、化能无机营养型和化能有机营养型。仅根据碳源可将微生物分为自养型和异养型两类。

自养型微生物能在完全无机的环境中繁殖、生长,具有完备的酶系,能利用 CO_2 或以碳酸盐为碳源,以氨或硝酸盐为氮源,合成细胞有机物质。异养型微生物合成能力较差,需要较为复杂的有机化合物才能生长,主要以有机碳化合物为碳源,氮源为有机物或无机物。

化能有机营养型(Chemoorganotroph)又称为化能异养型,这类微生物以有机化合物为碳源,以有机物氧化产生的化学能为能源。所以,有机化合物对这些微生物来讲,既是碳源,又是能源。动物和大多数微生物(几乎全部真菌、大多数细菌和放线菌)都属于此类。

(三)微生物对营养物质的吸收

微生物从外界摄取营养物质的方式随微生物类群和营养物质种类而异。根据物质运输过程的特点,可将物质的运输方式分为4种:单纯扩散、促进扩散、主动运输和基团转位,它们的特点可以概括为:

(1)单纯扩散 也称为被动扩散,它是由于细胞质膜内外营养物质的浓度差而产生的物理扩散作用。扩散是非特异性的。扩散速度取决于营养物质的浓度差、分子大小、溶解性、极性、pH值、离子强度和温度等因素。单纯扩散不需要膜上载体蛋白(Carrier protein,又称为透过酶或渗透酶)参与,也不消耗能量,因此它不能逆浓度梯度运输养料,运输速度、运输的养料种类也十分有限。能以单纯扩散方式进入细胞的物质主要有水、溶于水的气体和小的极性分子(如尿素、甘油、乙醇等)。

(2)促进扩散 指营养物质在运输过程中,必须借助细胞质膜上的载体蛋白的协助,但不消耗代谢能的一类扩散性运输方式。载体蛋白的参与加快了营养物的运输速度。促进扩散的特点;①特异性,即一定的载体蛋白只能与一定的养料离子或结构相近的分子结合;②能提高养料的运输速度,提前达到动态平衡;③当膜外养料浓度过高时,由于载体蛋白数量有限而表现出饱和效应。

促进扩散只对生长在高养料浓度下的微生物有意义。

(3)主动运输 这个过程需要能量,并且需要载体蛋白的参与。将营养物质逆自身浓度梯度由低处向高处移动,并在细胞内富集的过程,称为主动运输(Active transport)。

(4)基团转位 是一种需要特异性载体蛋白和消耗能量的运输方式,但养料在运输前后分子结构发生改变,因而不同于主动运输。基团转位主要用于葡萄糖、果糖、甘露糖、核苷酸、丁酸和嘌呤等物质。目前仅在原核生物中发现该过程。

（四）微生物的酶

生物的一切生命活动都是由代谢的正常运转来维持的，而生物体代谢的各种化学反应都是在酶的作用下进行的。酶是生物体内合成的，催化生物化学反应的，并传递电子、原子和化学基团的生物催化剂。生命的一切高级活动都离不开酶的作用，可以说没有酶就没有生命。

1. 酶的组成

酶的组成有两类：①单成分酶，只含蛋白质；②全酶，由蛋白质部分（酶蛋白）和非蛋白质部分组成。仅有少部分酶是单酶，大部分酶为全酶。

在全酶中，酶蛋白本身无活性，需要在辅因子存在下才有活性。辅因子可以是无机离子，也可以是有机化合物，它们都属于小分子化合物。有的酶仅需其中一种，有的酶则二者都需要。约有25%的酶含有紧密结合的金属离子或在催化过程中需要金属离子，包括铁、锌、镁、钙、钾、钠等，它们在维持酶的活性和完成酶的催化过程中起作用。有机辅因子可依其酶蛋白结合的程度分为辅酶和辅基。前者为松散结合，后者为紧密结合，但有时把它们统称为辅酶。大多数辅酶为核苷酸和维生素或它们的衍生物。

酶各组分的功能：酶蛋白加速生物化学反应的作用；辅基和辅酶起传递电子、原子、化学基团的作用；金属离子除传递电子外，还起激活剂的作用。

2. 酶蛋白的结构及酶的活性中心

酶蛋白是由 20 种氨基酸组成的。组成酶蛋白的氨基酸按一定的排列顺序由肽键（—CO—NH—）连接成多肽链，两条多肽链之间或一条多肽链卷曲后相邻的基团之间以氢键、盐键、脂键、疏水键、范德华引力及金属键等相连接而成。酶蛋白的结构分一级、二级和三级结构，少数酶具有四级结构。

酶的活性中心是指酶蛋白质分子中与底物结合，并起催化作用的小部分氨基酸微区。构成活性中心的微区或处在同一条肽链的不同部分，或处在不同肽链上；在多肽链盘曲成一定空间构型时，它们按一定位置靠近在一起，形成特定的酶活性中心。酶的活性中心有结合部位和催化部位，两个部位各有其作用。

3. 酶的作用机制

酶一般是通过其活性中心，通常是其氨基酸侧链基团先与底物形成一个中间复合物，随后再分解成产物，并放出酶。

已经提出有两种模型解释酶如何结合它的底物。1894 年，Emil Fischer 提出锁钥模型，该理论认为，底物的形状和酶的活性部位被认为彼此相适合，像钥匙插入它的锁中，两种形状被认为是刚性的和固定的，当正确组合在一起时，正好互相补充。1958 年 Daniel E. Koshland Jr. 提出诱导契合模型，该理论认为底物的结合在酶的活性部位诱导出构象变化，酶可以使底物变形，迫使其构象近似于它的过渡态。不同的酶表现出两种不同的模型特征，某些是互补性的，某些是构象变化。

4. 酶的分类

按照酶所催化的化学反应类型，可将酶分为六大类。

（1）水解酶类

水解酶是催化大分子有机物水解成小分子的酶，一般不需要辅酶。主要有各种脂肪酶、糖苷酶、肽酶等。其反应通式为

$$AB + H_2O \Longrightarrow AOH + BH$$

（2）氧化还原酶类

催化氧化还原反应的酶称为氧化还原酶。主要有各种脱氢酶、氧化酶、过氧化物酶、细胞色素氧化酶等。其反应通式为

$$AH_2 + B \Longrightarrow A + BH_2$$

式中，AH_2 为供氢体，B 为受氢体。

（3）转移酶类

转移酶是催化底物的基团转移到另一物质上的酶。被转移的基团包括氨基、醛基、酮基、磷酸基等。其反应通式为

$$AR + B \Longrightarrow A + BR$$

例如，谷丙转氨酶催化谷氨酸的氨基转移到丙酮酸上，生成丙氨酸和 α - 酮戊二酸。

（4）异构酶类

异构酶是催化同分异构分子内的基团重新排列的酶。其反应通式为

$$A \Longrightarrow A'$$

例如，葡萄糖异构酶催化葡萄糖转化为果糖。

（5）裂解酶类

裂解酶是催化有机物裂解为小分子有机物的酶。其反应通式为

$$AB \Longrightarrow A + B$$

例如，羧化酶催化底物分子中的 C—C 键裂解，产生 CO_2；脱水酶催化底物分子中 C—O 键裂解，产生 H_2O；脱氨酶催化底物分子中的 C - N 键裂解，产生氨；醛缩酶催化底物分子中的 C—C 键裂解，产生醛。

（6）合成酶类

合成酶是催化底物发生合成反应的酶。其反应通式为

$$A + B + ATP \Longrightarrow AB + ADP + Pi$$

5. 酶作用的特征

（1）催化性

酶积极参与生物化学反应，加速反应速度，缩短反应达到平衡的时间，但不改变反应的平衡点。酶在参与生物化学反应的前后，其性质和数量不变。

（2）高效性

酶催化的反应速度比非酶催化反应的速度高 $10^8 \sim 10^{20}$ 倍，比一般化学催化剂催化的反应速度高 $10^7 \sim 10^{13}$ 倍。如 1mol 过氧化氢酶在 1s 的时间内催化 10^5 mol H_2O_2 分解，而铁离子在相同的条件下，只能催化 10^{-5} mol H_2O_2 分解。过氧化氢酶的催化效率是铁离子的 10^{10} 倍。

（3）专一性

一种酶只催化一种物质的一种反应，称为绝对专一性，如脲酶催化尿素水解为氨和 CO_2；一种酶催化一类具有相同化学键或基团的物质仅需某种类型的反应，称为相对专一性，如脂肪酶催化脂类物质的水解反应；一种酶对某一种含有部队成碳原子的异构体起催化作用，而不催化它的另一异构体称为立体异构专一性，如 L - 氨基酸氧化酶对 L - 氨基酸起催化作用，对 D - 氨基酸不起作用。

（4）温和性

酶在常温、常压、近中性的水溶液等温和条件下催化生化反应，而一般的催化剂需在高温、高压、强酸、强碱等剧烈条件下起催化作用。酶作用条件的温和性与酶较脆弱、易在高温、高压、强酸、强碱、重金属离子等作用下失活或钝化的特点相对应。

（5）可控性

酶的量和酶的活性都是可调节的。酶量是酶的合成量与酶的分解量的综合表现，而酶的活性受许多因素的影响和调控，如抑制剂。激活剂须与辅酶或辅基结合才发挥作用等。

6. 影响酶活力的因素

温度、pH 值、激活剂或抑制剂都会影响酶的活力。

（1）温度因素

每种酶都有一个最适温度，即催化效率最高时的温度，温度大于或小于最适温度，酶的活性都会降低。在达到最适温度之前，温度升高，酶促反应速度加快，一般温度每升高 $10℃$，酶促反应速度可相应提高 $1 \sim 2$ 倍；在最适温度范围内，酶促反应速度最快；过高或过低温度都会降低酶促反应速度。

（2）pH 值

每种酶都有其最适的 pH 值，环境酸碱度大于或小于最适 pH 值，酶的活性都会降低。不同酶的最适 pH 值不同，般微生物酶的最适 pH 值在 $4.5 \sim 6.5$。

pH 值对酶活力的影响主要表现在两个方面：一是影响底物分子和酶分子的带电状态，从而影响酶和底物的结合；二是影响酶的稳定性，甚至使酶结构发生不可逆的破坏。

（3）激活剂

使酶表现活性和增强活性的过程称为酶的激活，能激活酶的物质称为酶的激活剂。激活剂大致分为无机阳离子、无机阴离子、有机化合物三类。

许多酶只有当某一种适当的激活剂存在时，才表现出催化活性或强化其催化活性，这称为对酶的激活作用。

（4）抑制剂

能减弱、抑制甚至破坏酶活性的物质称为酶的抑制剂。酶的抑制剂有重金属离子、CO、H_2S、氢氰酸、氟化物、碘化乙酸、生物碱、染料、对氯汞苯甲酸、二异丙基氟磷酸、乙二胺四乙酸、表面活性剂等。

7. 米－门公式

酶催化的过程是一个两步过程，可用下式表达：

$$E + S \underset{k_{-1}}{\overset{k_1}{\rightleftharpoons}} ES \overset{k_2}{\longrightarrow} E + P \qquad (2-1)$$

式中，E 是酶，S 是基质，ES 是酶与基质的复合物，P 是产物，k_1、k_{-1}、k_2 分别是各步反应的速度常数。

根据公式进行推导，反应速度（V_0 或 v）与底物浓度 $[S]$、酶浓度 $[E]$ 和产物浓度 $[P]$ 的关系如下：

$$V_0 = [S]/\mathrm{d}t = [P]/\mathrm{d}t = k_{-1}[E][S]/(k_m + [S]) = V_{max}[S]/(k_m + [S])$$

$$(2-2)$$

式中，V_{max} 为最大反应速率。这一公式与根据快速平衡学说推导的米－门原始方程式形式相同，区别在于用米氏常数 K_m 取代了复合物 ES 的解离常数 K_s，因此仍称为米－门方程。

当反应速度为最大速度一半时，$K_m = [S]$，即米氏常数等于基质浓度，故 K_m 又称半饱和常数。

K_m 是酶的特征性常数。它只与酶的种类和性质有关，而与酶的浓度无关。K_m 值受 pH 值及温度的影响。K_m 值可近似地表示酶对底物亲和力的大小。如果 K_m 值小，说明 ES 的生成趋势大于分解趋势，即酶与底物结合的亲和力高，不需很高的底物浓度就能达到最大反应速度；反之，K_m 值大，说明酶与底物结合的亲和力小。

由米－门公式可以看出，酶促反应速度与酶浓度成正比。当底物分子浓度足够时，酶分子越多，底物转化的速度越快。但事实上，当酶浓度很高时，并不保持这种关系，曲线逐渐折向平缓。根据分析，这可能是高浓度的底物夹带有较多的抑制剂所致。

在生化反应中，若酶的浓度为定值，底物的起始浓度 $[S_0]$ 较低时，酶促反应速度与底物浓度成正比，即随底物浓度 $[S_0]$ 的增加而增加。当所有的酶与底物结合生成 ES 后，即使再增加底物浓度，中间产物浓度 $[ES]$ 也不回增加，酶促反应速度也不增加。

五、微生物的代谢

新陈代谢是生命的基本特征之一。微生物的代谢与其他生物有许多相同之处和相异之处。微生物代谢的特点是代谢旺盛，代谢类型多样，从而使微生物在工农业生产、自然界物质和生态系统中起着十分重要的作用。

狭义的微生物代谢是微生物活细胞中各种生化反应的总称，也称为中间代谢，是微生物代谢的主体。广义的微生物代谢泛指生物体与外界不断进行的物质交换过程，除中间代谢外，还包括由微生物细胞分泌到细胞周围介质中的酶或细胞膜上的表面酶催化完成的生物大分子的降解作用。微生物的代谢分为物质代谢和能量代谢。物质代谢包括分解代谢和合成代谢。能量代谢包括产能代谢和耗能代谢。分解代谢指复杂的有机物分子在分解酶系作用下形成简单分子、ATP 和还原力（NADH + H^+、NADPH + H^+ 和 $FADH_2$）的过程；合成代谢指简单小分子、ATP 和还原力在合成代谢酶催化下合成复杂生物大分子的过程，两者之间存在密切联系。

分解代谢是指细胞将大分子物质降解成小分子物质，并在这个过程中产生能量。一般可将分解代谢分为三个阶段：第一阶段是将蛋白质、多糖及脂类等大分子营养物质降解成氨基酸、单糖及脂肪酸等小分子物质；第二阶段是将第一阶段产物进一步降解成更为简单的乙酰辅酶 A、丙酮酸以及能进入三羧酸循环的某些中间产物，在这个阶段会产生一些 ATP、NADH 及 $FADH_2$；第三阶段是通过三羧酸循环将第二阶段产物完全降解生成 CO_2，并产生 ATP、NADH 及 $FADH_2$，同时将第二和第三阶段产生的 NADH 及 $FADH_2$ 通过电子传递链被氧化，产生大量的 ATP。

合成代谢是指细胞利用简单的小分子物质合成复杂大分子的过程，在这个过程中要消耗能量。合成代谢所利用的小分子物质来源于分解代谢过程中产生的中间产物或环境中的小分子营养物质。在代谢过程中，微生物通过分解代谢产生化学能，光合微生物还可将光能转换成化学能，这些能量除用于合成代谢外，还可用于微生物的运动和运输，另有部分能量以热或光的形式释放到环境中去。

无论是分解代谢还是合成代谢，代谢途径都是由一系列连续的酶促反应构成的，前一步反应的产物是后续反应的底物。细胞通过各种方式有效地调节相关的酶促反应，来保证整个代谢途径的协调性与完整性，从而使细胞的生命活动得以正常进行。

某些微生物在代谢过程中除了产生其生命活动所必需的初级代谢产物和能量外，还会产生一些次级代谢产物，这些次级代谢产物除了有利于这些微生物的生存外，还与人类的生产与生活密切相关，也是微生物学的一个重要研究领域。

由以上分析可以看出，物质代谢和能量代谢是相偶联的，能量代谢贯穿于代谢的全过程，不仅涵盖了物质代谢过程，也包括了诸如发光、发热等非物质能量转换过程。因此，以能量代谢为主线来介绍微生物代谢的一般规律更有利于掌握微生物代谢的全貌。

（一）微生物的产能代谢

分解代谢实际上是物质在生物体内经过一系列连续的氧化还原反应，逐步分解并释放能量的过程，这个过程也称为生物氧化，是一个产能代谢过程。生物氧化的形式包括被氧化的物质与氧结合、脱氢或脱电子三种形式。通过生物氧化产生能量、还原力和小分子中间代谢产物。在生物氧化过程中释放的能量可被微生物直接利用，也可通过能量转换储存在高能化合物（如 ATP）中，以便逐步被利用，还有部分能量以热的形式被释放到环境中。不同类型的微生物进行生物氧化所利用的物质是不同的，异养型微生物利用有机物，自养型微生物则利用无机物，通过生物氧化来进行产能代谢。

异养型微生物将有机物氧化，根据氧化还原反应中电子受体的不同，可将微生物细胞内发生的生物氧化反应分成发酵和呼吸两种类型，而呼吸又可分为有氧呼吸和无氧呼吸两种方式。

1. 发酵

发酵（Fermentation）是在厌氧条件下微生物细胞内发生的一种氧化还原反应。在反应中，有机物氧化放出的电子直接交给基质本身未完全氧化的某种中间产物，同时放出能量和产生各种代谢产物。发酵过程的氧化是与有机物的还原偶联在一起的。有机化合物只是部分地被氧化，因此，只释放出一小部分的能量，被还原的有机物来自于初始发酵的分解代谢，即不需要外界提供电子受体。该发酵被称为生理学发酵，与工业上所称发酵完全不同。工业上所说的发酵是指微生物在有氧或无氧条件下通过分解与合成代谢将某些原料物质转化为特定微生物产品的过程，如酵母菌、苏云金杆菌菌体生产，抗生素发酵、乙醇发酵及柠檬酸发酵等。

发酵的种类有很多，可发酵的底物有碳水化合物、有机酸、氨基酸等，其中可供微生物发酵的有机物质主要是葡萄糖和其他单糖。多糖转化为单糖才能用于发酵。在特定条件下，氨基酸也可以被某些微生物用做发酵基质。下面重点讨论葡萄糖在细胞内的转化过程。

（1）葡萄糖的发酵途径　微生物中能进行厌氧生活的主要是细菌。葡萄糖在细菌细胞中的厌氧分解途径主要有四种：EMP、HMP、ED 和 PK。许多细菌可发酵葡萄糖，形成各种代谢产物。对某种微生物来说，其细胞内葡萄糖的厌氧分解以某一途径为主，另一途径为辅，少数微生物仅有一条途径。PK 途径目前仅发现于肠膜明串珠菌（Leuconostoc mesenteroides）、两歧双歧杆菌（Bifidobacterium bifidum）等少数微生物中，其余三条途径比较广泛地存在于各种微生物之中。四条途径的特征性酶和产生的 ATP 数量不同。

① EMP 途径（Embden – Meyerhof pathway） 整个 EMP 途径大致可分为两个阶段（图 2 –13）。第一阶段可认为是不涉及氧化还原反应及能量释放的准备阶段，只是生成两分子的主要中间代谢产物：3 –磷酸 –甘油醛。第二阶段发生氧化还原反应，合成 ATP 并形成两分子的丙酮酸。

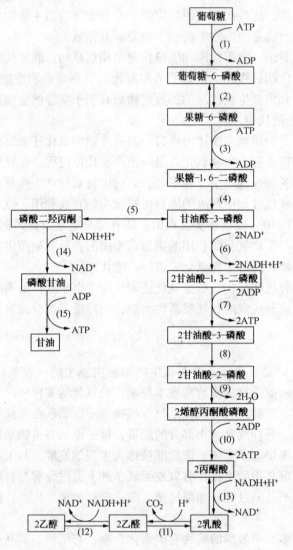

图 2 –13　EMP 途径

EMP 途径是绝大多数生物所共有的基本代谢途径，也是酵母菌等真菌及大多数细菌所具有的代谢途径。在有氧条件下，EMP 和 TAC（Tricarboxylic acid cycle，三羧酸循环）两途径接通，并通过后者将丙酮酸彻底氧化，形成 CO_2、H_2O 及 ATP。无氧时，丙酮酸或丙酮酸的脱羧产物乙醛被还原，形成乳酸或乙醇等发酵产物。

在无氧条件下，EMP 途径的产能效率很低，1 分子葡萄糖仅净产 2 分子 ATP。该途径的重要作用在于其产生的多种中间代谢物。这些产物不仅为合成反应提供原材料，而且可将许多相关代谢途径连接起来。如发酵工业中乙醇、乳酸、甘油、丙酮、丁醇及丁二醇等重要产品的发酵生产都与 EMP 途径密切相关。EMP 途径可为微生物的生理活动提供 ATP 和 NADH，其中间产物又可为微生物的合成代谢提供碳骨架，并在一定条件下可逆转合成多糖。

② HMP 途径(Hexose Monophosphate Pathway) HMP 途径是从 6 – 磷酸葡萄糖酸开始的，即在单磷酸己糖基础上开始降解的，故称为单磷酸己糖途径。HMP 途径与 EMP 途径有着密切的关系，因为 HMP 途径中的 3 – 磷酸甘油醛可以进入 EMP，因此该途径又可称为磷酸戊糖支路。HMP 途径的一个循环的最终结果是 1 分子 6 – 磷酸葡萄糖转变成 1 分子 3 – 磷酸甘油醛、3 分子 CO_2 和 6 分子 NADPH。

③ ED 途径(Entner – doudoroff Pathway) 又称 2 – 酮 –3 – 脱氧 –6 – 磷酸葡萄糖酸(KDPG)裂解途径。该途径是在细菌中发现的另一条分解葡萄糖形成丙酮酸和 3 – 磷酸甘油醛的途径。它是少数缺乏完整 EMP 途径的微生物所具有的一种替代途径。其特点是：葡萄糖只经过 5 步反应就可获得 EMP 需 10 步反应才能得到的丙酮酸，产能效率低(1 分子葡萄糖仅形成 1 分子 ATP)，反应中有 1 个关键中间产物 KDPG。ED 途径中的关键反应为 KDPG 裂解，关键酶为 KDPG 醛缩酶。ED 途径可与 EMP、HMP 和 TCA 等相连接，因此可相互协调，以满足微生物对能量、还原力和各种中间代谢产物的需求。ED 途径也能通过发酵产生乙醇，但与酵母菌通过 EMP 途径产生乙醇不同，故称为细菌酒精发酵。

④ 磷酸解酮酶途径(Phospho – pentose – ketolase Pathway，PK) 该葡萄糖分解途径就目前所知仅存在于肠膜明串珠菌(Leuconostoc mesenteroides)和双歧杆菌(Bifidobacterium bifidum)中，分解产物为乳酸、CO_2、乙醇或乙酸。这两种细菌基本不具有 EMP、HMP 和 ED 途径。

(2) 葡萄糖的发酵类型

葡萄糖在微生物细胞中进行厌氧分解时，通过 EMP、HMP、ED 及 PK 途径形成多种小间代谢物。在不同的微生物细胞中及不同的环境条件下，这些中间代谢物进一步转化，形成各种不同的发酵产物。按微生物发酵葡萄糖所获得的主要产物种类，可将发酵分为不同类型。如酵母菌的乙醇发酵与甘油发酵，细菌的丁酸发酵、丙酮 – 丁醇发酵、混合酸发酵及丁二醇发酵等。这些发酵机理清楚，在发酵工业上有重要价值。

① 乙醇、甘油发酵。酵母菌的乙醇发酵是一种应用与研究最早、发酵机制清楚的发酵类型。在发酵过程中，酵母菌利用 EMP 途径将葡萄糖分解为丙酮酸，然后在丙酮酸脱碳酶催化下脱羧形成乙醛，乙醛在乙醇脱氢酶作用下被还原为乙醇。

② 乳酸发酵。乳酸发酵指某些细菌在厌氧条件下利用葡萄糖生成乳酸及少量其他产物的过程。能进行乳酸发酵的细菌被称为乳酸菌。常见的乳酸菌有乳杆菌(Lactobacillus)、乳链球菌(Streptococcus lactis)、肠膜明串珠菌(Leuconostoc mesenteroides)及双歧杆菌(Bifidobacterium bifidum)等。

③ 丁酸与丙酮 – 丁醇发酵。丁酸发酵细菌为专性厌氧细菌，它们属于梭菌属(Clostridium)、丁酸弧菌属(Butyrivibrio)、真杆菌属(Eubacterium)和梭杆菌属(Fusobacterium)中的一些细菌。梭菌利用 EMP 将葡萄糖分解为丙酮酸，再经过一系列反应生成丁酸。葡萄糖经过与丁酸发酵相同的途径形成乙酰 CoA，再进一步转化为丁醇与丙酮。

④ 混合酸与丁二醇发酵。埃希氏菌属(Escherichia)、沙门氏菌属(Salmonella)和志贺

氏菌属(Shigella)等肠细菌中的一些细菌，能利用葡萄糖进行混合酸发酵：葡萄糖经 EMP 途径分解为丙酮酸，该酸在不同酶催化下进一步转化为乳酸、乙酸、甲酸、乙醇、CO_2 和 H_2，部分磷酸烯醇式丙酮酸(PEP)固定 1 分子 CO_2 后转化为琥珀酸。

2. 呼吸

葡萄糖分解(生物氧化)中将释放出的电子交给 $NAD(P)^{+}$、FAD 或 FMN 等电子载体，再经电子传递系统传给外源电子受体(O_2 或特定无机氧化物)，偶联形成 ATP 的过程称为呼吸。其特点为电子受体来自细胞外部，电子通过呼吸链进行传递。

外源电子受体为 O_2 时的呼吸称为有氧呼吸，外源电子受体为特定无机氧化物(NO_3^-，SO_4^{2-}，HCO_3^-)的呼吸称为无氧呼吸。

(1) 有氧呼吸　简称呼吸，是一种最重要最普遍的生物氧化过程。其特点是底物按常规方式(EMP，HMP 及 TCA 等)所脱电子经完整呼吸链，又称为电子传递链传递，最终由 O_2 接受电子形成水并释放能量(ATP)。呼吸作用与发酵作用的根本区别在于：电子载体不是将电子直接传递给底物降解的中间产物，而是交给电子传递系统，逐步释放出能量后再交给最终电子受体，因此，此过程中可合成的 ATP 的量大大多于发酵过程。

三羧酸循环(Tricarboxylic acid cycle，TAC)也称柠檬酸循环，是绝大多数异养型微生物在有氧条件下彻底分解丙酮酸等有机底物的重要方式，是微生物物质代谢的枢纽，它将微生物的分解代谢和合成代谢连为一体。TAC 循环的主要反应产物为 CO_2 和 ATP(图 2-14)，但有一些重要的工业发酵产品如谷氨酸和柠檬酸，也是通过 TAC 循环生产的。

(2) 无氧呼吸　无氧呼吸也称厌氧呼吸，是指将葡萄糖等有机底物在厌氧脱氢途径所脱电子由呼吸链传递给外源氧化态无机物型电子受体(特殊有机电子受体为延胡索酸)的过程。无氧呼吸是一类呼吸链末端电子受体为外源无机氧化物(个别为有机物)的生物氧化，产能效率较低。按呼吸链末端的外源电子受体不同，无氧呼吸分为多种类型。

①硝酸盐呼吸　也称反硝化作用(Denitrification)。硝酸盐在微生物生命活动中具有两种功能：NO_3^- 作为微生物的氮源营养物，在无氧时 NO_3^- 作为呼吸链的最终电子受体。这些能以 NO_3^- 或 NO_2^- 为最终电子受体的细菌称为反硝化细菌或硝酸盐还原菌。如地衣芽孢杆菌(Bacillus licheniformis)、脱氮副球菌(Paracoccus denitrification)及铜绿假单胞菌(Pseudomonas aerμginosa)等均能进行反硝化作用。反硝化作用对农业生产有害，硝态氮肥施入稻田后会因反硝化大量损失。细菌还原硝酸的生化过程可用下式表示：

$$NO_3^- \longrightarrow NO_2^- \longrightarrow N_2 \uparrow$$
$$C_6H_{12}O_6 + 12NO_3^- \longrightarrow 6H_2O + 6CO_2 + 12NO_2^- + 能量$$
$$CH_3COOH + 8NO_3^- \longrightarrow 6H_2O + 10CO_2 + 4N_2 + 8OH^- + 能量$$

② 硫酸盐呼吸　呼吸链末端电子受体为硫酸根的无氧呼吸。能进行硫酸盐呼吸的细菌称为硫酸盐还原细菌或反硫化细菌。该类细菌把呼吸链传递的电子交给 SO_4^{2-}，形成 SO_3^{2-}、$S_3O_6^{2-}$、$S_2O_3^{2-}$ 及 H_2S。因为 SO_4^{2-} 可以接受呼吸链传递的电子，使得电子沿呼吸链的传递能正常进行，保证了微生物在无氧条件下可借助呼吸链的电子传递磷酸化获得能量。普通脱硫弧菌(Desulfovibio vulgaris)、巨大脱硫弧菌(D. gigas)等能进行硫酸盐呼吸。

③ 硫呼吸　以无机硫(S)作为呼吸链末端电子受体的无氧呼吸。在硫呼吸中，元素硫

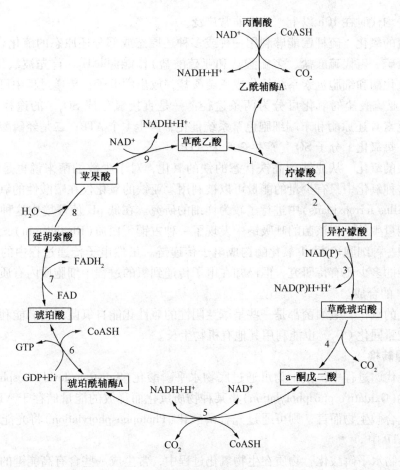

图 2 - 14 三羧酸循环

被还原为 H_2S。氧化乙酸脱硫单胞菌能进行硫呼吸。

④ 碳酸盐呼吸 以 CO_2 或 HCO_3^- 作为呼吸链末端电子受体的无氧呼吸。根据还原产物将碳酸盐呼吸分为两类：产甲烷碳酸盐呼吸与产乙酸碳酸盐呼吸。在碳酸盐呼吸中，产生甲烷和乙酸的细菌分别称为产甲烷细菌（Methanogenium）和产乙酸细菌（Acetogenic bacteria）。

产甲烷细菌在自然界分布广泛，如在自然界含有有机物的厌气环境（沼泽地、湖底、海底淤泥及粪池中）及反刍动物瘤胃等处均有分布。反刍动物瘤胃中产生的甲烷通过动物呕气排出体外，如牛每天可排出 200 L 甲烷。产甲烷细菌属于古细菌。

某些微生物可以氧化无机物获得能量，同化合成细胞物质，这类细菌称为化能自养型微生物。它们在无机能源氧化过程中通过氧化磷酸化产生 ATP。

（1）氨的氧化 NH_3 和亚硝酸（NO_2^-）是可以用做能源的最普通的无机氮化合物，能被硝化细菌所氧化。硝化细菌可分为亚硝化细菌和硝化细菌两个亚群。氨氧化为硝酸的过程可分为两个阶段，先由亚硝化细菌将氨氧化为亚硝酸，再由硝化细菌将亚硝酸氧化为硝酸。由氨氧化为硝酸是通过这两类细菌依次进行的。硝化细菌都是一些专性好氧的革兰阳性细菌，以分子氧为最终电子受体，且大多数是专性无机营养型。它们的细胞都具有复杂的膜内褶结构，这有利于增加细胞的代谢能力。硝化细菌无芽孢，多数为二分裂繁殖，生长缓慢，平均代时在 10h 以上，分布非常广泛。

（2）硫的氧化 硫杆菌能够利用一种或多种还原态或部分还原态的硫化合物（包括硫化物、元素硫、硫代硫酸盐、多硫酸盐和亚硫酸盐）作能源。H_2S 首先被氧化成元素硫，随之被硫氧化酶和细胞色素系统氧化成亚硫酸盐，放出的电子在传递过程中可以偶联产生 4 个 ATP。亚硫酸盐的氧化可分为两条途径：一是直接氧化成 SO_4^{2-} 的途径，由亚硫酸盐 - 细胞色素 C 还原酶和末端细胞色素系统催化，产生 1 个 ATP；二是经磷酸腺苷硫酸的氧化途径，每氧化 1 分子 SO_4^{2-} 产生 2.5 个 ATP。

（3）铁的氧化 从亚铁到高铁状态的铁的氧化，对于少数细菌来说也是一种产能反应，但从这种氧化中只有少量的能量可以被利用。亚铁的氧化仅在嗜酸性的氧化亚铁硫杆菌（Thiobacillus ferrooxidans）中进行了较为详细的研究。在低 pH 值环境中这种菌能利用亚铁放出的能量生长。在该菌的呼吸链中发现了一种古铜蛋白质（Rusticyanin），它与几种细胞色素 c 和一种细胞色素 a1 氧化酶构成电子传递链。虽然电子传递过程中的放能部位和放出有效能的多少还有待研究，但已知在电子传递到氧的过程中细胞质内有质子消耗，从而驱动 ATP 的合成。

（4）氢的氧化 氢细菌都是一些呈革兰阴性的兼性化能自氧菌。它们能利用分子氢氧化产生的能量同化 CO_2，也能利用其他有机物生长。

3. 能量转换

在产能代谢过程中，微生物可通过底物水平磷酸化（Sunstrate level phosphorylation）和氧化磷酸化（Oxidative phosphorylation）将某种物质氧化而释放的能量储存于 ATP 等高能分子中，对光合微生物而言，则可通过光合磷酸化（Photophosphorylation）将光能转变为化学能储存于 ATP 中。

（1）底物水平磷酸化 物质在生物氧化过程中，常生成一些含有高能键的化合物，而这些化合物可直接偶联 ATP 或 GTP 的合成，这种产生 ATP 等高能分子的方式称为底物水平磷酸化。底物水平磷酸化既存在于发酵过程中，也存在于呼吸作用过程中。例如，在 EMP 途径中，1,3 - 二磷酸甘油酸转变为 3 - 磷酸甘油酸以及磷酸烯醇式丙酮酸转变为丙酮酸的过程中都分别偶联着 1 分子 ATP 的形成；在三羧酸循环过程中，琥珀酰辅酶 A 转变为琥珀酸时偶联着 1 分子 GTP 的形成。

（2）氧化磷酸化 物质在生物氧化过程中形成的 NADH 和 $FADH_2$ 可通过位于线粒体内膜和细菌质膜上的电子传递系统将电子传递给氧或其他氧化型物质，在这个过程中偶联着 ATP 的合成，这种产生 ATP 的方式称为氧化磷酸化。1 分子 NADH 和 $FADH_2$ 可分别产生 3 个和 2 个 ATP。

（3）光合磷酸化 光合作用是自然界的一个极其重要的生物学过程，其实质是通过光合磷酸化将光能转变成化学能，以用于从 CO_2 合成细胞物质。行光合作用的生物体除了绿色植物外，还包括光合微生物，如藻类、蓝细菌和光合细菌（包括紫色细菌、绿色细菌、嗜盐菌等）。它们利用光能维持生命，同时也为其他生物（如动物和异养型微生物）提供了赖以生存的有机物。

光合磷酸化是指光能转变为化学能的过程，当一个叶绿素分子吸收光量子时，叶绿素即被激活，导致叶绿素（或细菌叶绿素）释放一个电子而被氧化，释放出的电子在电子传递系统中的传递过程中逐步释放能量，这就是光合磷酸化的基本动力。

(二) 微生物的耗能代谢

微生物通过发酵、呼吸和光合磷酸化获得能量。所得能量或者被细胞直接利用,或者形成 ATP 等高能化合物,或者使细胞膜处于无能状态(即建立能化膜)。能化膜储存的能量可用于细胞运动、物质运输,也可以通过驱动 ATP 酶合成 ATP。微生物通过不同途径合成的 ATP 主要用于细胞物质与代谢产物的合成,其余部分用于维持生命、生物发光或以生物热放出。

六、微生物的生长

微生物细胞在合适的外界环境条件下,会不断地吸收营养物质,并按其自身的代谢方式不断进行新陈代谢。如果同化(合成)作用超过异化(分解)作用,细胞物质量增加,个体质量增加和体积增大,出现个体细胞的生长;细胞长大到一定程度就开始分裂繁殖,菌体数量增多。由于个体微小,微生物的生长往往是通过繁殖表现出来的,本质上是以群体细胞数目增加为生长标志。因此,在微生物学中的"生长",一般均指群体生长。

(一) 微生物生长的测定

微生物生长的依据是群体的增加量,因此测定微生物群体的生长量来表征微生物的生长。微生物生长量的测定方法很多,可以根据菌体细胞数量、菌体体积或质量作直接测定,也可用某种细胞物质的含量或某个代谢活性的强度作间接测定

① 直接计数法。该方法使用细菌计数器(Petroff—hausser counter)或血细胞计数板(适用于酵母菌、真菌孢子等),在显微镜下计算一定容积里样品中微生物的数量。

该法的优点是快捷简便、容易操作、成本低,且能观察细胞的大小与形态。该方法的缺点是不适于对运动细菌的计数,菌悬液浓度一般不宜过低或过高(常大于 10^6 个/mL),个体小的细菌在显微镜下难以观察。它不能区分死菌与活菌。

形体较大的微生物还可用电子计数器(如 Coulter 计数器)进行直接计数。其原理是,在一个小孔两侧放置电极并通电,电极可以测量电阻变化,当细胞悬液通过该小孔时,每通过一个细胞,电阻就会增加(或导电性下降)产生一个电信号,计数器对该细胞自动计数一次。该方法容易受样品中微小颗粒及丝状物的干扰而不适合细菌数量的测定。

② 间接计数法。如液体稀释法、平板菌落计数法、滤膜法、比浊法等。厌氧菌由于对环境条件要求苛刻,操作较为繁琐。

液体稀释法　该法主要适用于只能进行液体培养的微生物,或采用液体鉴别培养基进行直接鉴定并计数的微生物。将待测样品作一系列稀释,一直稀释到取少量该稀释液(如 1mL)接种到新鲜培养基中没有或极少出现生长繁殖为止。之后通过从 3~5 次重复的临界级数求最大概率数(Most probable number, MPN),得到结果。

本法适用于测定在一个混杂的微生物群中虽不占优势,但却具有特殊生理功能的类群。其特点是利用待测微生物的特殊生理功能来摆脱其他微生物类群的干扰,并通过该生理功能的表现来判断该群微生物的存在及丰度。本方法特别适合于测定土壤微生物中特定生理群(如氨化、硝化、纤维索分解、自生固氮、根瘤菌、硫化和反硫化细菌等)的数量和检测污水、牛奶及其他食品中特殊微生物类群(如大肠菌群)的数量。其缺点是只能进行特殊生理群的测定。

平板菌落计数法　取一定的菌悬液采用涂布平板法或倾注法,让微生物单细胞——分

散在平板上(内),在适宜的条件下培养,每一个活细胞就形成一个单菌落,根据每一皿上形成的菌落数乘以稀释倍数,可推算出样品的含菌数(图2-15)。

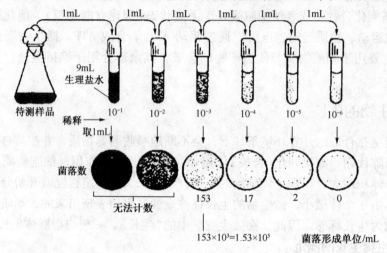

图2-15 活菌计数的一般步骤

平板计数简单、灵敏,广泛应用于食品、水体、土壤及其他材料中所含细菌、酵母菌、芽孢与孢子等的数量的测定,但不适于测定样品中丝状体微生物。但在操作过程中,样品稀释度应控制在每个平板上菌落数在30~300个结果最好,过多难以计数,过少增大计数误差。

滤膜过滤培养法 当样品中菌数很少时,如海水、湖水或饮用水等样品,可采用滤膜过滤培养法进行直接计数或间接计数。具体方法是,取一定体积的样品溶液通过过滤器,然后将滤膜干燥、染色,再经显微镜进行直接计数,但该方法计数结果中含有死菌。要得到滤膜上形成的菌落数获得样品中的活菌数。如用特殊培养基,可在滤膜上得到需要选择的微生物菌落,这种技术在水样分析中得到了极大应用。

比浊法 这是测定悬液中细胞数的快速方法。其原理是菌体不透光,光束透过菌悬液时可引起光的散射或吸收,降低透光率。在一定的浓度范围内,菌悬液的微生物细胞浓度与液体的光密度成正比,与透光度成反比。菌数越多,透光量越低。因此,可使用光电比色计测定,通过测定菌悬液的光密度或透光率反映细胞的浓度。由于细胞浓度仅在一定范围内与光密度呈直线关系,因此待测菌悬液的细胞浓度不应过低或过高,培养液的色调也不宜过深,颗粒性杂质的数量应尽量减少。本法常用于观察和控制在培养过程中微生物菌数的消长情况。如细菌生长曲线的测定和发酵罐中的细菌生长量的控制等。同时菌悬液浓度必须在10^7个/mL以上才能显示可信的混浊度。

比浊法可以利用其他测定方法(如细胞称重法、细菌数、细菌氮等)与混浊度的相互关系绘制标准曲线求出相应菌的重量或菌数。灵敏的仪器如分光光度计在可见光450~650nm波段内可以精确地测定菌悬液的混浊度。现在可以采用试管或不必取样的侧臂

厌氧菌的菌落计数法 采用厌氧培养技术进行测定。一般采用亨盖特滚管培养法进行。但此法设备复杂,技术难度高。

除了对细胞数量直接测定外,还可以通过细胞干重法、总氮量测定法、DNA含量测

定法、代谢活性法、测定叶绿素含量等方法间接地确定微生物的生长量。

（二）微生物的生长规律

将少量纯种单细胞微生物接种到一定容积的液体培养液中，在适宜的温度、通气（厌氧菌则不能通气）等条件下，它们的群体会有规律地生长，以细胞数目的对数值为纵坐标，以培养时间为横坐标，可绘出一条有规律的曲线，此曲线为微生物的典型生长曲线（Growth curve）。

根据微生物的生长速率常数，可将生长曲线分为：延滞期、指数期、稳定期和衰亡期四个时期，如图 2 – 16。

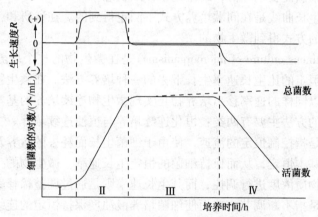

图 2 – 16　单细胞微生物的典型生长曲线
Ⅰ—延滞期；Ⅱ—指数期；Ⅲ—稳定期；Ⅳ—衰亡期

（1）延滞期（Lag phase）　延滞期又称为停滞期、调整期或适应期。接种到新鲜培养液中的单细胞微生物通常有一个适应的过程，不立即繁殖。最初微生物数目可能减少，而每个活细胞的体积增大，原生质变得均匀，贮藏物质逐渐消失。这个时期的特点表现为：细胞个体体积增大和代谢活跃，细胞内的 RNA 含量增加；细胞对外界条件敏感；菌体的增殖率与死亡率相等，均为零；菌数几乎不增加，曲线平稳。

延滞期的长短取决于菌种的遗传特性、菌龄、接种量及接种前后培养基成分的差异等。可通过遗传学方法改变菌种的遗传特性、采用处于对数期的细胞作为"种子"、接种前后所用培养基成分基本一致、适当扩大接种量等方式来缩短延滞期。

（2）指数期（Log phase）　指数期又称为对数生长期。在这个生长阶段，微生物数目以几何级数增加，微生物的代谢活性、酶活性高而稳定，大小比较一致，生命力强。此时期的特点是：生长速率 R 最大，细胞分裂一次所需时间最短，代时稳定，其生长曲线表现为一条上升的直线；细胞进行平衡生长，菌体各部分成分均匀，酶系活跃，代谢旺盛；菌数增殖率远大于死亡率。

（3）稳定期（Stationary phase）　稳定期也称静止期。对数生长期以后，细胞分裂逐渐减慢，由于营养物质的逐渐消耗及比例失调，有生理毒性的代谢产物的积累及培养环境条件对细胞生长不利的变化，使微生物的生长速度降低，增殖率下降而死亡率上升，当两者趋于平衡时，就转入稳定期。此时期的特点是：生长速率只等于零，即处于新繁殖的细胞数与死亡的细胞数相等，正生长与负生长达到动态平衡，此时，活菌数在这个时期内最高，并可相对持续一定时间。

处于稳定期的细胞开始在细胞内累积贮藏物和特殊的次级代谢产物，芽孢细菌则开始形成芽孢。有的微生物在这一时期开始以初级代谢物（Primary metabolites）作前体，通过复杂的次级合成代谢途径合成抗生素等次级代谢产物（Secondarry metabolites）。

（4）衰亡期（Deline phase 或 Death phase）　由于营养和环境条件进一步恶化，死亡率迅速增加，以致明显超过增殖率，这时尽管群体的总菌数仍然较高，但活菌数急剧下降，细胞死亡数量以对数方式增加，生长曲线直线下降。此阶段可延长数天，以后生长虽几乎停止，但仍有少数细菌能长期存活，细胞处于休眠状态。

微生物的典型生长曲线是在间歇培养方式下测定得到的。在科研和工业应用上，很多时候是用连续培养的方式得到微生物的。

连续培养（Continous culture of microorganisms）是在微生物的整个培养期间，通过一定的方式使微生物以恒定的比生长速率生长下去的一种培养方法。在微生物培养过程中，不断补充营养物质和以同样的速率移出培养物是实现微生物连续培养的基本原则。

控制连续培养的方法主要有两类：恒化连续培养与恒浊连续培养。

恒化连续培养是指控制恒定的流速，使由于细菌生长而耗去的营养及时得到补充，培养室中营养物浓度基本恒定，从而保持细菌的恒定生长速率。微生物的生长率可以通过改变营养及限制营养物质浓度进行调控，而其生长速率则是通过调整稀释率来控制。

恒浊连续培养是指不断调节流速而使细菌培养液浊度保持恒定的连续培养方法。在恒浊连续培养中装有浊度计，借光电池检测培养室中的浊度（即菌液浓度），并根据光电效应产生的电信号的强弱变化，自动调节新鲜培养基流入和培养物流出培养室的流速。恒浊连续培养可以不断提供具有一定生理状态的细胞，得到以最高生长速率进行生长的培养物。在微生物工作中，为了获得大量菌体以及与菌体相平行的代谢产物时，使用此法具有较好的经济效益。

七、微生物的遗传变异

和其他生物一样，微生物有其固有的遗传性。遗传性是指亲代生物具有将其特征传给子代的潜力，当子代生活在适宜环境条件下时，就表现出与其亲代相似的形态、生理等特征。微生物遗传性有其保守的一面，也有变异的一面，即遗传的变异性。

（一）遗传变异的物质基础

遗传变异的物质基础是蛋白质还是核酸，曾是生物学中激烈争论的重大问题之一。直至1944年后连续利用微生物这一有利的实验对象设计了3个经典的实验，才以确凿的事实证实核酸尤其是DNA才是遗传变异的真正物质基础。

核酸包括核糖核酸（RNA）和脱氧核糖核酸（DNA）。除部分病毒的遗传物质是RNA外，其余病毒及全部具有典型细胞结构的生物体的遗传物质都是DNA。原核细胞和真核细胞中的DNA存在形式不完全相同，但根据DNA在细胞中的存在形式都可分成染色体DNA和染色体外DNA。染色体DNA是微生物最主要的遗传物质，是微生物遗传信息的最主要负荷者。

原核细胞没有核膜和核仁的分化，称为拟核或类核，其核物质仅为裸露的DNA。典型的原核微生物一般只含有一条裸露的共价闭合环状双链DNA分子。

质粒(Plasmid)是独立于染色体外能够进行自主复制的细胞质遗传因子。有些质粒可以整合到染色体上，随着染色体复制而复制。质粒不仅与微生物遗传物质的转移有关，也与某些微生物的致病性、次级代谢产物(如抗生素)的合成以及微生物的抗药性有关，它还是基因工程中重要的载体，因此对质粒的研究日益受到重视。

(二)基因突变与重组

微生物可遗传的变异是由于遗传物质的成分或结构发生改变而引起的。遗传物质的这些变化可以发生在一个细胞内部，即通过突变(自发突变或诱发突变)引起，也可以通过两个细胞间遗传物质的重组而实现。广义的突变泛指细胞内(或病毒颗粒内)遗传物质的分子结构或数量发生可遗传的变化，包括基因突变和染色体畸变。而狭义的突变专指基因突变，也称点突变。突变往往导致新等位基因及新表现型的出现，而基因重组一般只是原有基因的重新组合。基因突变、基因转移和基因重组一起推动了生物进化的遗传多变性，也是获得优良菌株的重要途径。

1. 基因突变

基因突变是微生物获得新的遗传型个体的重要方式。基因突变包括自发突变和诱发突变。

(1)诱发突变　诱发突变简称诱变，是指通过人为的方法，利用物理、化学或生物因素显著提高基因自发突变频率的手段。凡能显著提高突变频率的理化因子，都可称为诱变剂。

(2)自发突变　引起自发突变的原因很多，包括DNA复制过程中，由DNA聚合酶产生的错误、DNA的物理损伤、重组和转座等。但是这些错误和损伤将会被细胞内大量的修复系统修复，使突变率降到最低限度。

2. 基因重组

微生物在不发生突变的情况下，也可以通过基因重组产生新的遗传型个体。基因重组是指一个不同性状的个体内的遗传基因转移到另一个个体细胞内，并经过遗传分子的重新组合，形成新遗传型个体的方式。在基因重组时，不发生任何碱基对结构上的变化。重组后生物体新遗传性状的出现完全是基因重组的结果。

原核生物的基因重组形式很多，包括转化、转导和接合等方式。

(1)转化　转化是指受体菌直接吸收供体菌的DNA片断，通过交换把它整合到自己的基因组中，从而获得供体菌某些遗传性状的现象。经转化所得到的重组子称为转化子。在转化的过程中，转化的发生必须要有供体菌的DNA片断和处于感受态受体菌的存在。所谓感受态是指受体菌最易接受外源DNA片断并能实现转化的一种生理状态。处于感受态的细菌，其吸收DNA的能力比一般细菌大1000倍。感受态可以产生，也可以消失，它的出现受菌株的遗传特性、生理状态(如菌龄等)、培养环境等的影响。

根据感受态建立的方式，可以分为自然遗传转化和人工转化。

(2)转导　转导以噬菌体为媒介，把供体细胞的小片段DNA携带到受体细胞中，通过交换与整合，使后者获得前者的部分遗传性状的现象。由转导作用而获得部分新性状的重组细胞称为转导子。携带有供体细胞部分遗传物质(DNA片断)的噬菌体称为转导噬菌体根据噬菌体和被转导DNA产生机制的不同，转导又分为普遍性转导和局限性转导。

(3)接合　通过供体菌和受体菌的直接接触而传递大段DNA(包括质粒)遗传信息的

现象称为接合。通过接合作用而获得新遗传性状的受体细胞称为接合子。接合现象在细菌和放线菌中都有发现，在细菌如大肠杆菌、沙门菌属、志贺菌属等属中较为常见，在放线菌中研究得较多的是链霉菌属。

八、环境因子对微生物的影响

生长是微生物与外界环境因子共同作用的结果。在一定限度内环境因子变化会引起微生物形态、生理或遗传特性发生变化。但超过一定限度的环境因子变化，常常导致微生物死亡。反之，微生物在一定程度上也能通过自身活动，改变环境条件，以适合于它们的生存和发展。影响微生物生长的环境条件主要有物理、化学环境和生物因子。

1. 温度

温度是微生物生长的重要环境条件之一。从总体上看，微生物生长和适应的温度范围从 $-12 \sim 100℃$ 或更高，根据不同微生物对温度的要求和适应能力，可以把它们区分为低温菌、中温菌和高温菌 3 种不同的类型。各类微生物对温度的适应范围和分布见表 2-2。

表 2-2 不同生长温度的微生物类型

G^-	G^+
单层，厚 20 ~ 80nm	两层，薄，约 10nm
主要由多层肽聚糖组成，占细胞壁干重的 40% ~ 90%，网格紧密、坚固，与细胞膜连接不紧密	内壁层为单层肽聚糖，厚 2 ~ 3nm，只占细胞壁干重的 5% ~ 10%，网格较疏松，紧贴细胞膜
含磷壁酸，具有调节酶活性的作用	外壁层又脂多糖、磷脂和脂蛋白组成。脂多糖为 G^- 细菌细胞壁所特有
对青霉素、溶菌酶敏感	对青霉素、溶菌酶不敏感

温度的改变会影响生物体内的各种化学反应，进一步影响到微生物的代谢活动。在一定温度范围内，生化反应速率随温度上升而加快；超过一定限度，细胞功能下降甚至死亡。

低温可以减慢甚至抑制微生物的生长代谢活动，因此可以在低温下保藏菌种。高温会使微生物蛋白质和酶变性，微生物死亡，这种作用广泛用于消毒和灭菌，如图 2-17 所示。

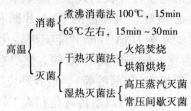

图 2-17 高温消毒和灭菌

高压蒸汽灭菌常用压力为 $1.03 \times 10^5 Pa$，温度为 121℃，维持 15min ~ 30min，可杀死包括细菌芽孢在内的所有微生物。各种培养基的灭菌要求因其组分不同而有所不同。

2. 水分和渗透压

微生物的生命活动离不开水，严格地讲是离不开可被微生物利用的水。可利用水量的多少不仅取决于水的含量，而且主要取决于水与溶质或固体间的关系。水的活度是用来表示环境中水对微生物生长可给性高低的指标，用 a_ω 表示。a_ω 值实质上是以小数来表示溶液或含水物质与空气的蒸气压平衡时的相对湿度。

细菌生长一般要求 a_ω 为 0.90 ~ 0.99，酵母菌和丝状真菌为 0.90 ~ 0.95。少数类群可在较低的 a_ω 值环境中生活，如嗜盐细菌可低至 0.75，嗜盐酵母和丝状真菌可达 0.60。微生物生活的 a_ω 值范围为 0.63 ~ 0.99。

微生物适宜生长的渗透压范围较广，突然降低渗透压能破坏裸露的原生质体的稳定性，但一般不会对微生物的生存带来威胁。

高渗透压环境会使原生质脱水而发生质壁分离，因而能抑制大多数微生物的生长。高渗透压环境下食品不易腐败就是由于这个原因。

3. pH 值

环境的酸碱度对微生物生长也有重要影响。就总体而言，微生物能在 pH 值为 1 ~ 11 的范围内生长，但不同种类微生物的适应能力各异。每一种微生物都有其最适 pH 值和能适应的 pH 值范围。已知大多数细菌、藻类和原生动物的最适 pH 值为 6.5 ~ 7.5，适宜范围为 4.0 ~ 10.0；放线菌多以 pH 中性至微碱性为宜，最适 pH 值为 7.0 ~ 8.0；真菌一般偏酸性环境，最适 pH 值多为 5.0 ~ 6.0。不管微生物对环境 pH 的适应性多么不同，任何生物细胞内的 pH 都近于中性，这就不难理解为什么胞内酶的最适 pH 值要近于中性而胞外酶要近于环境了。

4. 氧气

根据氧与微生物的关系，可将微生物分为专性好氧菌、微好氧菌、耐氧菌、兼性厌氧菌和厌氧菌五种类型，表解如下：

微生物 {
好氧菌 {
专性好氧菌：需氧，在正常大气压下能通过呼吸产能以呼吸为主，兼营发酵产能
兼性厌氧菌：以呼吸为主，兼营厌氧呼吸产能
微好氧菌：需在微量氧下生活的氧体积分数为 2% ~ 10%
}
厌氧菌 {
耐氧菌：不需氧，只以发酵产能，对其无毒害作用
厌氧菌：氧对其有害或能致死，以发酵或无氧呼吸产能
}
}

五类对氧关系不同的微生物在液体培养基试管中的生长特征见图 2 – 18。

5. 其他因素

生物因子、辐射、超声波、化学药剂等都会都会影响微生物的生长。生物因子除通过分泌毒素或恶化微生物的生境抑制微生物的生长外，也可以通过互惠互利的作用促进微生物的生对微生物的生长。辐射、超声波、化学药剂等会通过影响蛋白质、核酸、细胞膜等生物大分子或细胞器而影响微生物的生长代谢。

九、菌种的退化、复壮及保藏

菌种的获得是一项艰苦的工作，往往要花费很长时间和大量的人力、物力。菌种在传代繁殖和保藏过程中会发生频率很小的变异，这种变异可能造成菌种性状退化或自身死亡。要使菌种长期保持优良的性状就必须做好保藏工作，减少菌种的退化和死亡。

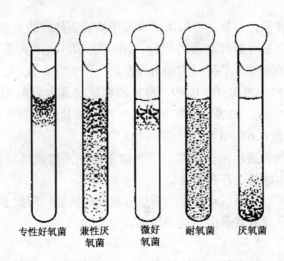

专性好氧菌　　兼性厌　　微好　　耐氧菌　　厌氧菌
　　　　　　　氧菌　　氧菌

图 2-18　五类对氧关系不同的微生物在半固体琼脂柱中的生长状态模式图

（一）菌种退化

菌种退化是指群体中退化细胞在数量上占一定数值后，表现出菌种性状发生变化或下降的现象。菌种退化涉及微生物的形态和生理等多方面的变化。菌种繁殖代数越多，退化细胞的出现也越多。经过多次传代能使退化细胞类型完全占优势而表现出细胞群体的退化。菌种退化是一个由量变到质变逐渐发展的过程。基因突变是引起菌种退化的根本原因，连续传代和不适宜的培养或保藏条件加速了菌种的退化。可以通过控制传代次数、创造良好的培养备件、利用不易退化的细胞传代、采用有效的菌种保藏方法等方式来尽量控制菌种的退化。

（二）菌种的复壮

菌种退化是不可避免的，如果菌种已经退化，那么就要及时对已经退化的菌种进行复壮，使优良性状得以恢复。

1. 纯种分离

从菌种退化的过程看，开始时所谓纯的菌种实际上已经包含很少的衰退细胞，到菌种退化时，群体中大部分是衰退细胞，但仍有少数尚未衰退的细胞存在。因此可以通过纯种分离，把仍保持原有典型性状的单细胞分离出来，使菌种的优良性状得以恢复。常用的分离纯化的方法有平板稀释法、单细胞或单孢子分离法等。

2. 通过寄主体进行复壮

对于寄生性的退化菌种，可回接到相应寄主体上，以恢复或提高其寄生性能。例如，根瘤菌经人工移接，结瘤固氮能力减退，将其回接到相应豆科寄主植物上，令其侵染结瘤，再从根瘤中分离出根瘤菌，其结瘤固氮性能就可恢复甚至提高。

3. 淘汰已衰退的个体

将已经衰退的个体从保藏的菌种中淘汰。

（三）菌种的保藏

对已有的菌种妥善保存，并保持其原有的特性，使其不被污染，这就是菌种保藏的任务。菌种保藏的方法很多，原理都是根据微生物生理、生化特点，人工地创造环境条件，使微生物长期处于代谢不活泼、生长繁殖受抑制的休眠状态。这些人工环境主要从低温、干燥和缺氧 3 个方面考虑。如果保藏的是微生物的休眠体(如分生孢子、芽孢等),则效果更好。菌种保藏的常用方法有以下几种。

(1)斜面菌种低温保藏法　利用低温对微生物生命活动有抑制作用的原理进行保藏。把斜面菌种、固体穿刺培养物或菌悬液等,直接放入 4 ~ 5℃ 冰箱中。保藏时间一般不超过 3 个月,到时必须进行移接传代,再放回冰箱。

(2)砂土管保藏法　将干燥砂粒与细土混合后灭菌制成砂土管,然后接种保藏。若把砂土管放在低温环境下或抽气后密封,效果更佳。此法适用于产孢子及芽孢菌种的保藏。保藏期 1 ~ 10 年。

(3)石蜡油封藏法　向培养好的菌种斜面上加入灭菌石蜡油,高出斜面 1cm,然后蜡封管口,放入冰箱。该法既可防止培养基水分蒸发,又能使菌种与空气隔绝。保藏期 1 ~ 2 年。

(4)真空冷冻干燥法　真空冷冻干燥法是目前较理想的一种菌种保藏方法。在低于 -15℃ 下,快速将细胞冻结,并保持细胞完整,然后在真空中使水分升华致干。在此环境中,微生物的生长和代谢都暂时停止,不易发生变异,故可长时间保存,一般为 5 ~ 10 年,最多可达 15 年之久。此法兼备了低温、干燥及缺氧几方面条件,使微生物可以保存较长时间,但步骤较麻烦,需要一定的设备。

为最大限度地减少传代次数和避免菌种衰退,美国的菌种保藏机构 ATCC(American-type Culture Collection)将保藏期一般达 5 ~ 15 年的冷冻干燥保藏法和保藏期一般达 20 年以上的液氮保藏法相结合,进行菌种的保存(图 2 - 19)。

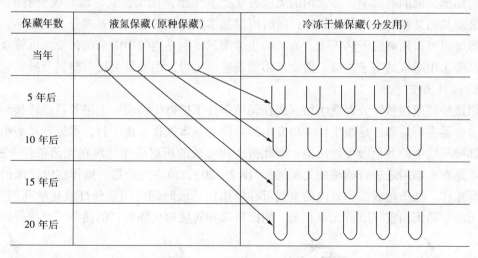

保藏年数	液氮保藏(原种保藏)	冷冻干燥保藏(分发用)
当年		
5 年后		
10 年后		
15 年后		
20 年后		

图 2 - 19　ACTT 采用的保藏方法示意图

其保藏的原理是:当菌种保藏单位收到合适菌种时,先将原种制成若干液氮保藏管作为保藏菌种,然后再制一批冷冻干燥保藏菌种作为分发用。经 5 年后,假定第 1 代(原种)的冷冻干燥保藏菌种已分发完毕,就再打开一瓶液氮保藏原种,这样下去,至少在 20 年内,凡获得该菌种的用户,至多只是原种的第 2 代,可以保证所保藏和分发菌种的原有性状。我国 CCCCM(China Committee for Culture Collection of Microorganisms)现采用三种保藏法(斜面传代法、冷冻干燥保藏法和液氮保藏法)保藏菌种。

第二节　石油化工环境微生物的分离培养技术

微生物在自然界中不仅分布广，而且混杂群居。如土壤就是微生物的大本营，1 粒沙或 1g 土中常生长着种类和数量众多的细菌及其他微生物。要想研究或利用某一微生物，必须首先把混杂的微生物类群分离开来，以得到只含一种微生物的纯培养物。微生物学中将在实验室条件下得到 1 个细胞或一种细胞群繁殖得到的历代称为纯培养物（Pure culture）。

一、无菌技术

微生物通常是肉眼看不到的微小生物，而且无处不在。因此，在微生物的研究及应用中，不仅需要通过分离纯化技术从混杂的天然微生物群中分离出特定的微生物，而且还必须随时注意保持微生物纯培养物的"纯洁"，防止其他微生物的混入。在分离、转接及培养纯培养物时防止其被其他微生物污染的技术称为无菌技术（Aseptic technique），它是保证微生物学研究正常进行的关键。

1. 常用器皿的灭菌

试管、玻璃烧瓶、平皿等是最为常用的培养微生物的器具，在使用前必须先行灭菌处理，使容器中不含任何生物。培养微生物的培养基可以加到器皿中一起灭菌，也可在单独灭菌后加到无菌的器具中。最常用的灭菌方法是高压蒸汽灭菌，它可以杀灭所有的生物，包括最耐热的某些微生物的休眠体，同时可以基本保持培养基的营养成分不被破坏。有些玻璃器皿也可采用高温干热灭菌。为了防止杂菌，特别是空气中的杂菌污染，试管及玻璃烧瓶都需采用适宜的塞子塞口，通常采用棉花塞，也可采用各种金属、塑料及硅胶帽。

2. 接种操作

用接种环或接种针分离微生物，或在无菌条件下把微生物由一个培养器皿转接到另一个培养容器进行培养，是微生物学研究中最常用的基本操作。由于打开器皿就可能引起器皿内部被环境中的其他微生物污染，因此微生物实验的所有操作均应在无菌条件下进行，其要点是在火焰附近进行熟练的无菌操作（图 2-20），或在无菌箱、操作室内无菌的环境下进行操作。操作箱或操作室内的空气可在使用前一段时间内用紫外灯或化学药剂灭菌。有的无菌室通无菌空气维持无菌状态。用以挑取和转接微生物材料的接种环及接种针，一

(a) 接种环在火焰上灼烧灭菌　(b) 烧红的接种环在空气中冷却，同时打开装有培养物的试管　(c) 用接种环沾取培养物转移到一装有无菌培养基的试管中，并将原试管重新盖好　(d) 接种环在火焰上灼烧，杀灭残留的培养物

图 2-20　无菌操作转接培养物

般采用易于迅速加热和冷却的镍铬合金等金属制备，使用时用火焰灼烧灭菌。而转移液体培养物可采用无菌吸管或移液枪。

3. 培养基的灭菌处理

要获得微生物纯培养，必须避免杂菌污染，因此必须对所用器材及工作场所进行消毒与灭菌。培养基则需要更加严格的灭菌。

培养基一般采取高压蒸汽灭菌，一般培养基用 0.11MPa（121.3℃）15～30min 可达到灭菌目的。在高压蒸汽灭菌过程中，长时间高温会使某些不耐热物质遭到破坏，如使糖类物质形成氨基糖、焦糖，因此含糖培养基常用 112.6℃ 进行灭菌 15～30min。对某些对糖要求较高的培养基，可先将糖进行过滤除菌或间歇灭菌，再与其他已灭菌的成分混合。长时间高温还会引起磷酸盐、碳酸盐与某些阳离子（特别是钙、镁、铁离子）结合形成难溶性复合物而产生沉淀，因此，在配制用于观察和定量测定微生物生长状况的合成培养基时，常需在培养基中加入少量螯合剂，避免培养基中产生沉淀而影响 OD 值的测定，常用的螯合剂为乙二胺四乙酸（EDTA）。还可以将含钙、镁、铁等离子的成分与磷酸盐、碳酸盐分别进行灭菌，然后再混合，避免形成沉淀。高压蒸汽灭菌后，培养基 pH 值会发生改变（一般使 pH 值降低），可根据所培养微生物的要求，在培养基灭菌前后加以调整。

在配制培养基过程中，泡沫的存在对灭菌处理极不利，因为泡沫中的空气形成隔热层，使泡沫中微生物难以被杀死。因此有时需要在培养基中加入消泡沫剂以减少泡沫的产生，或适当提高灭菌温度，延长灭菌时间。

二、纯培养物的分离培养方法

研究表明，土壤中存在着大量的降解石油类物质的异养型微生物；与未受石油污染的区域相比，受污染的区域中微生物种类减少，但能降解石油的种类增加，且数量增多。如何从环境中得到石油降解菌的纯培养是进行研究的关键。纯培养物的分离，又是研究和利用微生物的第一步，是微生物工作中最重要的环节之一。常用的微生物纯培养方法有：

纯培养 {
固体培养基分离纯培养 {稀释倒平板法 / 涂布平板法 / 平板划线法 / 稀释摇管法（用于厌氧菌的分离纯化）}
液体培养基分离纯培养法：稀释法
单细胞（单孢子）分离法
选择培养基分离法
二元培养物
}

1. 固体培养基分离纯培养

不同微生物在特定培养基上生长形成的菌落或菌苔一般都具有稳定的特征，可以成为对该微生物进行分类、鉴定的重要依据。大多数细菌、酵母菌，以及许多真菌和单细胞藻类能在固体培养基上形成孤立的菌落，采用适宜的平板分离法很容易得到纯培养。所谓平板，即培养平板（Culture plate）的简称，它是指营养物与琼脂或其他凝胶物质熔化、灭菌并倒入无菌平皿，冷却凝固后，盛有固体培养基的平皿。将待纯化的微生物采用无菌接种的方式，接种到平板上，在一定实验室条件下，微生物生长、繁殖并形成菌落，形成的菌落便于移植。

（1）稀释倒平板法（Pour plate method）　先将待分离的材料用无菌水作一系列的稀释（如1∶10、1∶100、1∶1000、1∶10000……），然后分别取不同稀释液少许，与已熔化并冷却至50℃左右的琼脂培养基混合，摇匀后，倾入已灭菌的培养皿中，待琼脂凝固后，制成可能含菌的琼脂平板，保温培养一定时间即可出现菌落。如果稀释得当，在平板表面或琼脂培养基中就可出现分散的单个菌落，这个菌落可能就是由一个细菌细胞繁殖形成的。随后挑取该单个菌落，或重复以上操作数次，便可得到纯培养［图2-21（a）］。

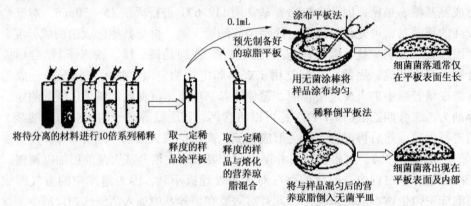

(a) 稀释后用平板分离细菌单菌落

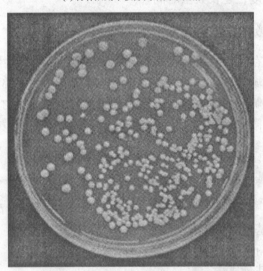

(b) 稀释后经涂布培养后平板上显示的菌落照片

图2-21　稀释倒平板法与涂布平板法

（2）涂布平板法（Spread plate method）　由于将含菌材料先加到还较烫的培养基中再倒平板易造成某些热敏感菌的死亡，而且采用稀释倒平板法也会使一些严格好氧菌因被固定在琼脂中间缺乏氧气而影响其生长，因此在微生物学研究中更常用的纯种分离方法是涂布平板法。其做法是先将已熔化的培养基倒入无菌平皿，制成无菌平板，冷却凝固后，将一定量的某一稀释度的样品悬液滴加在平板表面，再用无菌玻璃涂棒将菌液均匀涂布至整个平板表面，经培养后挑取单个菌落［图2-21（a）、（b）］。

（3）平板划线法（Streak plate method）　用接种环以无菌操作沾取少许待分离的材料，在无菌平板表面进行平行划线、扇形划线或其他形式的连续划线[图2-22(a)、(b)]，微生物细胞数量将随着划线次数的增加而减少，并逐步分散开来，如果划线适宜的话，微生物能一一分散，经培养后，可在平板表面得到单菌落。

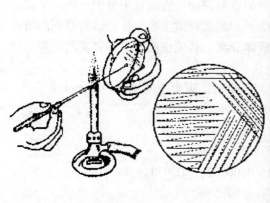

单菌落

（a）平板划线分离和分区示意图　　　　　（b）划线后分离培养后平板上显示的菌落照片

图2-22　平板划线法

（4）稀释摇管法（Dilution shake culture method）　用固体培养基分离严格厌氧菌有它特殊的地方。如果该微生物暴露于空气中不立即死亡，可以用通常的方法制备平板，然后置放在封闭的容器中培养，容器中的氧气可采用化学、物理或生物的方法清除。对于那些对氧气更为敏感的厌氧性微生物，纯培养的分离则可采用稀释摇管培养法进行，它是稀释倒平板法的一种变通形式。先将一系列盛有无菌琼脂培养基的试管加热使琼脂熔化后冷却并保持在50℃左右，将待分离的材料用这些试管进行梯度稀释，试管迅速摇动均匀，冷凝后，在琼脂柱表面倾倒一层灭菌液体石蜡和固体石蜡的混合物，将培养基和空气隔开。培养后，菌落形成在琼脂柱的中间（图2-23）。进行单菌落的挑取和移植时，需先用一只灭菌针将液体石蜡——石蜡盖取出，再用一只毛细管插入琼脂和管壁之间，吹入无菌无氧气体，将琼脂柱吸出，置放在培养皿中，用无菌刀将琼脂柱切成薄片进行观察和菌落的移植。

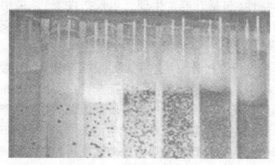

图2-23　用稀释摇管法在琼脂柱中形成的菌落照片
（从右至左稀释度不断提高）

2. 用液体培养基分离纯培养

对于大多数细菌和真菌,可以用平板分离法进行分离。然而并不是所有的微生物都能在固体培养基上生长,例如一些细胞大的细菌、许多原生动物和藻类等,这些微生物仍需要用液体培养基分离来获得纯培养。通常采用的液体培养基分离纯化法是稀释法。接种物在液体培养基中进行顺序稀释,以得到高度稀释的效果,使一支试管中分配不到一个微生物。如果经稀释后的大多数试管中没有微生物生长,那么有微生物生长的试管得到的培养物可能就是纯培养物。因此,采用稀释法进行液体分离.必须在同一个稀释度的许多平行试管中,大多数(一般应超过95%)表现为不生长。

例如:若同一稀释度的试管中有95%表现为不生长,则生长的试管中仅

含一个细胞的几率为:4.8%;

含二个细胞的几率为:0.12%;

含三个细胞的几率为:0.002%

$$0.048/(0.048 + 0.0012 + 0.00002) = 0.975$$

即在有细菌生长的试管中得到纯培养的几率为97.5%。

3. 单细胞(单孢子)分离法

稀释法有一个重要缺点,它只能分离出混杂微生物群体中占数量优势的种类,而在自然界,很多微生物在混杂群体中都是少数。这时,可以采取显微分离法从混杂群体中直接分离单个细胞或单个个体进行培养以获得纯培养,称为单细胞(单孢子)分离法。单细胞分离法的难度与细胞或个体的大小成反比,对较大的微生物如藻类、原生动物较容易,对个体很小的细菌则较难。

对于较大的微生物,可采用毛细管提取单个个体,并在大量的灭菌培养基中转移清洗几次,除去较小微生物的污染。这项操作可在低倍显微镜,如解剖显微镜下进行。对于个体相对较小的微生物,需采用显微操作仪,在显微镜下进行。或将经过适当稀释后的样品制成小液滴,在显微镜下选取只含一个细胞的液滴来进行纯培养物的分离。单细胞分离法对操作技术有比较高的要求,多限于高度专业化的科学研究中采用。

4. 选择培养基分离法

没有一种培养基或一种培养条件能够满足自然界中一切生物生长的要求,在一定程度上所有的培养基都是有选择性的。在一种培养基上接种多种微生物,只有能利用该培养基的营养物及培养条件的才能生长,其他被抑制。某些微生物数量与其他微生物相比数量非常少,可根据微生物的特性(包括营养、生理、生长条件等),采用选择培养基,抑制大多数微生物的生长,而使待分离菌株成为优势菌,再通过平板稀释等方法对它进行纯培养分离。

(1)利用选择培养基进行直接分离 这主要是根据待分离微生物的特点选择不同的培养条件,有多种方法可以采用。例如在从土壤中筛选蛋白酶产生菌时,可以在培养基中添加牛奶或酪素制备培养基平板,微生物生长时若产生蛋白酶则会水解牛奶或酪素,在平板上形成透明的蛋白质水解圈。通过菌株培养时产生的蛋白质水解圈对产酶菌株进行筛选,可以减少工作量,将那些大量的非产蛋白酶菌株淘汰。再如,要分离高温菌,可在高温条件进行培养;要分离某种抗生素抗性菌株,可在加有抗生素的平板上进行分离;有些微生物如螺旋体、黏细菌、蓝细菌等能在琼脂平板表面或里面滑行,可以利用它们的滑动特点

进行分离纯化，因为滑行能使它们自己和其他不能移动的微生物分开，可将微生物群落点种到平板上，让微生物滑行，从滑行前沿挑取接种物接种，反复进行，得到纯培养物。

（2）富集培养 富集培养主要是指利用不同微生物间生命活动特点的不同，制定特定的环境条件，使仅适应于该条件的微生物旺盛生长，从而使其在群落中的数量大大增加，人们能够更容易地从自然界中分离到所需的特定微生物。富集条件可根据所需分离的微生物的特点从物理、化学、生物及综合多个方面进行选择，如温度、pH 值、紫外线、高压、光照、氧气、营养等许多方面。例如，采用富集方法从土壤中分离能降解酚类化合物对羟基苯甲酸(p-hydroxybezyl acid)的微生物的实验过程：首先配制以对羟基苯甲酸为唯一碳源的液体培养基并分装于烧瓶中，灭菌后将少量的土壤样品接种于该液体培养基中，培养一定时间，原来透明的培养液会变得浑浊，说明已有大量微生物生长。取少量上述培养液转移至新鲜培养液中重新培养，该过程经数次重复后能利用对羟基苯甲酸的微生物的比例在培养物中大大提高。将培养液涂布于以对羟基苯甲酸为唯一碳源的琼脂平板，得到的微生物菌落中的大部分都是能降解对羟基苯甲酸的微生物。挑取一部分单菌落分别接种到含有及缺乏对羟基苯甲酸的液体培养基中进行培养，其中大部分在含有对羟基苯甲酸的培养基中生长，而在没有对羟基苯甲酸的培养基中表现为没有生长，说明通过该富集程序的确得到了欲分离的目标微生物，如图 2-24 所示。

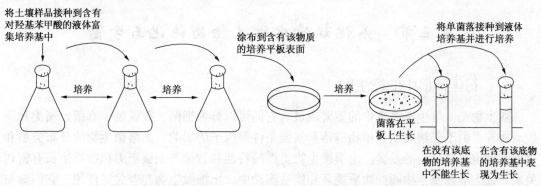

图 2-24 利用富集培养技术从土壤中分离能降解对羟基苯甲酸的微生物

通过富集培养使原本在自然环境中占少数的微生物的数量大大提高后，可以再通过稀释倒平板法或平板划线法等操作得到纯培养物。

富集培养是微生物学家最强有力的技术手段之一。营养条件和生理条件的几乎无穷尽的组合形式可应用于从自然界选择出特定微生物的需要。富集培养法提供了按照意愿从自然界分离出特定已知微生物种类的有力手段，只要掌握这种微生物的特殊要求就行。富集培养法也可用来分离培养出由科学家设计的特定环境中能生长的微生物，尽管并不知道什么微生物能在这种特定的环境中生长。

5. 二元培养物

分离的目的通常是要得到纯培养。然而，在有些情况下这是做不到的或是很难做到的。但可用二元培养物作为纯培养物的替代物。只有一种微生物的培养物称为纯培养物，含有二种以上微生物的培养物称为混合培养物，而如果培养物中只含有二种微生物，而且是有意识地保持二者之间的特定关系的培养物称为二元培养物。例如二元培养物是保存病毒的最有效途径，因为病毒是细胞生物的严格的细胞内寄生物。有一些具有细胞的微生物也是严格的其他生物的细胞内寄生物，或存在特殊的共生关系。对于这些生物，二元培养物是在实验室控制条件下可能达到的最接近于纯培养的培养方法。

在自然环境中，猎食细小微生物的原生动物也很容易用二元培养法在实验室培养，培养物由原生动物和它猎食的微生物二者组成，例如，纤毛虫、变形虫和黏菌。对这些生物，二者的关系可能并不是严格的。这些生物中有些能够纯培养，但是其营养要求往往极端复杂，制备纯培养的培养基很困难、很费事。

微生物纯培养分离方法的比较见表 2 – 3。

表 2 – 3　微生物纯培养分离方法的比较

方　法	应　用　范　围
液体稀释法	适用于培养细胞较大的微生物
固体稀释倒平板法	定性或定量检测，用途广泛
平板划线法和涂布平板法	方法简便，多用于分离细菌
单细胞分离法	局限于高等专业化的科学研究
选择培养基分离法	适用于分离某些生理类型较特殊的微生物
二元培养物	适用于病毒、胞内寄生物及有特殊的共生关系的微生物

第三节　石化环境中微生物的纯化与分离

一、石化环境中的微生物

微生物是土壤生态系统中的重要成员。它们可以分为细菌、放线菌、真菌、藻类和原生动物等。由于土壤类型、植物群落和气候条件等因子的影响，土壤微生物的分布类型和生理活性也存在一定的差异。土壤微生物类群的特性和数量与土壤肥力和植物生长有密切关系。在土壤以及生物圈的物质循环和能量流动中，土壤微生物起着关键作用。它们参与的主要生态化学过程有：有机化合物和动、植物即微生物残体的分解；固氮作用；腐殖质的分解与形成；磷、硫、铁及其他化学元素的转化，以及碳、氮、磷的生物地球化学循环等。在生态系统中，作为分解者的微生物，细菌以绝对的生物量起到重要作用，成为生物修复研究工作中的主要研究对象。

微生物种群结构与多样性都是表征生态系统群落结构的重要参数，其对环境污染物的反应表现为多种形式。有的表现为遗传适应，有的表现为生理适应，有的则表现为种群结构的变迁，即以具抗性种取代敏感种。石油污染物进入土壤后对生态环境的影响首先表现为对土壤微生物的影响，石油及其产品进入土壤能够导致土壤微生物种群数量的改变、群落结构和组成的变化及群落多样性的变化。有调查表明，石油污染地区土壤中的噬油微生物数量(细菌、放线菌、真菌)与对照土相比有不同程度的增长。这是由于石油污水长期灌溉，使得土壤中形成了土著噬油微生物区系，其中微生物类群以细菌为主，细菌的生物量总是占绝对优势。国内外许多学者应用传统的微生物培养技术和前沿的分子生物学技术对石油烃污染土壤中微生物的生态过程进行了大量的研究。这些研究的大多数结论表明石油污染能够导致土壤中微生物多样性的降低，不同种群在数量上的变化、群落结构和组成改变的同时石油烃降解菌逐渐成为群落中的优势菌群。在研究土壤石油烃污染对微生物影响的同时，也扩展了对石油降解微生物的认识，发现了许多以前没有发现的降解菌种。

能降解石油烃的微生物非常多，有 100 余属，200 多个种，不同报道中微生物的数量略有出入。降解石油烃类化合物的细菌主要有：无色杆菌属（Achromobacter）、不动杆菌属（Acinetobacter）、产碱杆菌属（Alcaligenes）、节杆菌属（Archrobacter）、芽孢杆菌属（Bacillus）、黄杆菌属（Flavobacterium）、棒杆菌属（Coryneforms）、微杆菌属（Microbacterium）、微球菌属（Micrococcus）、假单胞菌属（Pseudomonas）、分枝杆菌属（Mycobacterium）等；放线菌中有防线菌属（Actinomycetes）、诺卡氏菌属（Nocandia）；真菌主要有：金色担子菌属（Aureobasidium）、假丝酵母属（Candida）、红酵母属（Rhodotorula）、掷孢酵母属（Sporobolomyces）、曲霉属（Aspergillus）、毛霉属（Mucor）、镰刀霉属（Fusarium）、青霉属（Penicilium）、木霉属（Trichoderma）、被孢霉属（Mortierella）等。藻类也是降解石油烃污染物的微生物种群之一，如颤藻属（Oscillatoria）等。这些藻类能对多种石油烃进行降解，包括苯、酚和萘等。此外，经典培养研究及非培养的研究数据表明，在地下贮藏的石油中有很可能是厌氧的古菌存在，大约包括铁还原菌、硝酸盐还原菌、硫酸盐还原菌和产甲烷菌等，研究表明至少产甲烷菌与厌氧的发酵菌一起存在。

一般认为，细菌分解原油比真菌、放线菌容易得多，更能有效地降解原油。降解原油的微生物大量的存在于污染地区，比未受污染地区高出 1～2 个数量级。Michael 等（1998）利用 rDNA 限制性酶切片段多态分析（RFLP）对一被烃类污染的含水土层的微生物区系组成进行了调查，结果表明，在已确定的 104 个序列类型中，94 个属于细菌，10 个属于古细菌。Varga 等（1999）调查了铁还原条件下被石油污染的含水土层中氧化苯的微生物区系组成，发现 Geobacter 占优势，并利用 16SrDNA 的变形梯度凝胶电泳（DGGE）比较了污染土层和相邻地点未污染土层的区系组成，发现了显著差异。

二、目的菌的筛选、富集与培养

从自然界中分离筛选菌种主要包括采样、增殖培养（富集培养）、纯种分离、初筛和复筛等几个步骤。

（一）采样

采样就是从自然界中采集含有目的菌的样品。采集样品的地点和环境的选择，要根据分离的目的、微生物分布的特点及菌种的主要特征与外界环境关系等，进行综合地、具体地分析来决定。一般土壤样品是首选的采集目标，因为土壤具备微生物生长所需的营养、水分和空气，是微生物最集中的地方。各种微生物由于生理特性不同，在土壤中的分布也随着地理条件、养分、水分、土质、季节而变化。因此，需要根据分离筛选的目的，到相应的环境和地区采集土壤样品。

采集土样时，要铲除表层土，取 5～25cm 深处的土样 10～15g，装入预先消毒过的牛皮纸袋或塑料袋中，密封好并记录采样时间、地点、环境情况等，以备查考。采集好的样品应马上分离。若不能及时分离，可取 3～4g 样品直接加到斜面上培养，以免微生物死亡。

（二）微生物的富集方法

土壤或其他样品中所含各种微生物数量有很大差别。如果样品中目的菌数量足够多，便可以直接进行纯种分离。但大多数采集的样品中，目的菌数量很少，会增加分离筛选的工作量和难度。为增加分离的效率，可以通过富集培养增加待分离菌种的数量。富集培养就是根据目的菌的生理特点，通过控制培养基的营养成分和培养条件，使样品中的目的菌迅速繁殖，数量增加，由原来自然条件下的劣势种变成人工环境下的优势种，以便有效地分离到所需菌株。

富集培养对那些含目的微生物数量较少的样品是必要的。但如果按通常分离方法，在选择培养基平板上能出现足够数量的目的微生物，则不必进行富集培养，直接进行分离纯化就可以了。

1. 富集培养的一般操作方法

配制富集培养用培养基，分装 30~50mL 于 100mL 三角瓶中（或 200mL 三角瓶中装 50~100mL）灭菌。在第一个三角瓶内加入 1g 土壤或污泥样品，恒温培养，待培养液发生混浊时，用无菌吸管吸取 1mL，移入另一个培养三角瓶中。如此连续转移 3~6 次，最后就得到富集培养目的菌占绝对优势的微生物混合培养物。

2. 厌氧微生物的富集培养

可按照好氧微生物的富集培养方法进行。但由于厌氧微生物对生长条件有特殊要求，因此要加以严格控制。为了提供缺氧条件，培养器具最好用试管代替三角瓶，培养基里加入一定量的还原剂；或在放有吸氧剂的干燥器内培养。在用最后得到的培养物作材料进行分离纯化时，可在 CO_2 控制下进行。

3. 土壤环流法

一般的富集培养法是由人工创造一种适应于富集目的菌的特殊基质来达到富集的目的。但是，这种方法仍存在着很大的局限性。因为在土壤中，各种微生物不仅所利用的底物各异，即便是可利用同一底物的微生物，其利用底物的能力也因受生态因子的影响而不相同。如果这些因子在富集培养基中不存在，而只存在于自然生境中，或只有通过其他种类微生物如菌根的活动才能供给。那么，由人工提供的底物仍可能不能被富集目的菌很好地利用。为了解决这一问题，人们提出了一种富集培养的特殊形式——土壤环流法。这是一种在土壤微生物领域内应用的，在尽可能的接近于自然状态下分离土壤中的微生物的有效方法。

土壤环流法是在不打乱体系，特别是不破坏土壤结构的情况下，在不同时间内连续取样分析的。因此，可以通过环流土壤的微生物过程（微生物相对于物质的消长而随时间发生的数量和类群的变化），来了解微生物存在的状态。这对于深入探讨土壤微生物之间的相互关系以及土壤中发生的微生物过程是很有帮助的。

（三）菌种分离

富集培养以后样品中目的微生物虽然已占了优势，但其他微生物仍然存在。即使占了优势的一类微生物，也并非纯种。例如，同样一群以油脂为碳源的脂肪酶产生菌，有的是细菌，有的是霉菌，有的是芽孢杆菌，有的不产生芽孢，等等。因此，为了获得某一特定的微生物菌种，必须对富集培养后的样品进行纯种分离。

纯种分离通常采用稀释法和划线法。划线法是用接种针挑取微生物样品在固体培养基表面划线，培养后获得单菌落。划线法简便、快速，但所得到的单菌落不一定是纯种。稀释法是先将样品经无菌水或生理盐水稀释后，再涂布到固体培养基上，培养后获得单菌落。稀释法使微生物样品分散更加均匀，获得纯种的概率更大。

为提高纯种分离的效率，在纯种分离时可以设计或选用平皿反应快速检出法。这是利用特殊的分离培养基对大量混杂微生物进行初步分离的方法。分离培养基是根据目的微生物的特殊生理特性或其代谢产物的生化反应进行设计的。通过观察微生物在分离培养基上的生长情况或生化反应进行分离，可以显著提高目的微生物分离纯化的效率。例如，利用真菌和细菌对 pH 值的适应范围的差异，在分离真菌的培养基中加入一定量的乳酸，降低培养基的 pH 值，抑制细菌繁殖，保证真菌的正常生长。

另外，某些细菌还需要用混合培养基。这些细菌对营养有非常复杂的要求，在有限的培养基中很难富集，但在某些情况下，借助于特别设计的混合培养基则可以达到富集的目的，从而分离出目的菌。

三、石化环境中石油降解菌的筛选、驯化

在受石油污染的自然区域内，由于微生物存在的广泛性会通过自然驯化作用而产生一定数量的嗜油微生物。石油污染环境的生物修复法，主要是从石油污染土壤中筛选出各种嗜油微生物，然后将其投加到油污土壤中进行净化修复。研究表明，在正常的环境下，能利用烃类化合物的降解菌只占微生物群落的1%，而当环境受到石油污染时，降解菌比例可提高到10%。

通常，把通过人工处理后对特定环境污染物有较强降解能力的菌株称为高效降解菌。高效降解菌可以通过基因操作获得，也可从自然环境、污染环境或处理系统中分离、筛选得到。本节主要介绍后者。

目前常用的分离方法是：将稀释的污染土样或水样溶液加入含有主要营养物（N、P等）和微量营养物（微量元素）的琼脂培养基平皿上，培养一定时间以后，待平皿上出现一个或多个菌落时，将单个菌落移入其他含有污染物的琼脂培养基平皿中，此时培养出来的菌落通常可降解相应浓度的污染物。进一步研究这些菌落对污染物的降解能力及其对营养物的需要量，就可筛选并培养出降解能力较强的菌株。

人工筛选高效降解菌就是要筛选出具有优良基因的微生物，它们更能适应生境，并能始终占据生存空间。高效降解菌的筛选在整个高效降解菌组建中占有重要地位，能否筛选出高效降解菌是决定整个高效降解菌系统效能的关键，同时也占据了过程中很大的工作量。高效降解菌的筛选是通过高效降解菌的分离和纯化来实现的。

（一）高效降解菌筛选的一般方法

1. 采集适宜的筛选样品

要筛选出高效高效降解菌，首先要找到所需高效降解菌的生存环境。样品采集点有两类，一类是非修复区，另一类是修复区的本源土壤区或水体。前者样品中的微生物经分离后驯化筛选出的高效降解菌，对修复区域环境的适应能力有限；后者由于来自于修复区，相对而言有更好的适应能力，因此修复净化效果也更好、更快些。来自于修复区的微生物虽然能更好地适应环境，但微生物的种类、对营养物质的需求、代谢机理及过程短时间内难以研究透彻，因而不易控制。

自然中土壤分布情况复杂，土壤之间也有差异，因此土壤样品的采集必须选择有代表性的地点和代表性的土壤类型。土壤中微生物的数量会随着季节不同，也会随着雨季、旱

季的变化而不同，与土壤水分、肥力状况、植被以及地块形状等因素也有关。一般有机物含量高的土壤，微生物数量多；在离地面 5～20cm 处的土壤，微生物含量最高。

在选择好采样地点之后，用铲子除去表土，切取 5～20 cm 处的土壤样品几十克之后，装入准备好的灭过菌的容器中，并要记录采土时间、地点和植被等情况。土样从容器中取出，要倾入无菌的搪瓷盘，用消毒镊子挑除杂物、石块等，再放入无菌瓷钵中研细后备用。

采得的土壤样品，应尽快分离，如果不能立即分离应保存在 4℃ 冰箱中，且保存期限不要超过 3 周，否则可能造成一些菌种的消失。

从难降解物质存在的环境中筛选的高效降解菌，被称为本源菌。由于生存的生境，本源菌在长期的进化过程中产生了许多灵活的代谢调控机制，并有种类很多的诱导酶（有些可占细胞蛋白质含量的 10%），更适应生境，往往会取得好的效果。

2. 高效降解菌的分离

从混杂生长或生存着很多微生物的环境中，把要研究的某一微生物分离出来，这一过程称为"分离"。常用的方法有平板稀释分离法（包括混均法和涂布法）以及平板划线分离法。另外，还有单细胞挑取分离和培养条件控制法等，其中培养条件控制法包括选择培养基法、好氧与厌氧培养分离以及 pH 值、温度等控制分离法。

土壤中存在的各种微生物，都有自己的代谢方式，对外界环境的变化会作出不同的反应。根据微生物的这一基本性质，提供一种只适于某一特定微生物生长的特定环境，相应的微生物将因获得适宜的条件而大量繁殖，而其他种类的微生物由于不适应被淘汰。这样，就有可能较容易地从土壤中分离出特定的微生物，这种培养方法称为富集培养。当土壤中所要筛选微生物量小时，在进行分离之前可以先进行富集培养。

分离的具体过程如下：首先，将所采集的样品（水样、土壤或生物膜）10mL（或 10g）接入事先已灭菌、内装玻璃珠和 90mL 无菌水的三角瓶中，必要时加乳化剂，使细胞呈单细胞状态分散于水中；之后进行倍比稀释将样品稀释成不同的稀释度，具体的稀释倍数要根据样品的情况而定，目的是为了得到更多的单一菌落；接着采用混均法或涂布法进行培养得到单一的菌落。

从固体平板上分离出来菌株，尽管是从单个菌落挑取的，但平板上的单个菌落不一定是由单个细胞的后代所形成。因此，仍不能认为它们是纯培养，必须进一步进行分离纯化。

3. 高效降解菌的纯化

根据平板分离得到的菌落，进行菌落形态特征的观察，找出不同形态特征的菌落，用接种环挑落单菌落，接种到斜面培养基上，进行培养。整个过程需要无菌操作。

在挑取单菌落时应注意，要确定适当的培养条件和时间选择单独的菌落；接种时应在菌落边缘挑取少量菌苔移入斜面，尽量不要带入原来的基质。

将斜面培养的菌落再进一步纯化，其方法有稀释平板法和平板划线法，其中后者应用最为普遍。

（二）高效降解菌的驯化

1. 驯化机理

通过驯化，可以使高效菌的生态位泛化，更适应目的生境，保证其在生境中始终处于优势地位。维持菌种处于贫营养状态，最终使它可利用的底物仅有难降解物质，此时菌种的生态位向更大化利用难降解物质方向泛化。同时，由于多种菌株是采用相同条件驯化的，原来生态位相似的种群出现生态位的分离。驯化完成后，高效降解菌对难降解污染物利用的深度和广度都会增加。

2. 高效降解菌驯化的一般过程

高效降解菌驯化要道循营养渐变的原则，从高效降解菌最适应生境逐渐向目标生境过渡。即使高效降解菌的生境逐渐从富营养到贫营养过渡，再从贫营养过渡到富营养，反复几次，使高效降解菌的适应性增强。

首先要配制一系列液体培养基（编号1，2，3，…），按照编号由小到大的顺序，培养基中筛选时用的营养比例在逐渐减小，目标生境的物质比例在逐渐增大，将这些培养基高温灭菌，待用。然后，将筛选出的高效降解菌从保存的斜面上接种到1号培养基中，在摇床中进行培养，待培养送变浑浊（此时菌量较大）时，吸取一定量的1号培养基中的菌液至2号培养基中，再进行培养，当培养基变浑浊时，认为高效降解菌已经度过适应期，进入对数生长期及稳定期。按照此法，将2号培养基中的菌液接种至3号培养基中，直至将菌液接种至完全为目标物质的培养适中进行培养，以此实现从富营养到贫营养的驯化。

接下来又要配制一系列液体培养基（编号1，2，3，…），按照编号由小到大的顺序，培养基中筛选时用的营养比例在逐渐增大，目标生境的物质比例在逐渐减小，将这些培养基高温灭菌，待用。然后，从完全为目标物质的培养基中吸取一定量菌液至1号培养基中，操作同上，实现从贫营养到富营养的驯化。

反复几次富营养到贫营养、贫营养到富营养的驯化，最后的菌液也用于实际工程中，并要将驯化后的高效降解菌保存。

高效降解菌驯化期与该菌种的遗传特性、菌龄、环境条件以及化合物本身的性质有关。

驯化过程在高效降解菌种的筛选和富集上起着至关重要的作用。用目标化合物驯化、筛选出的菌种明显提高了对特定化合物的降解能力。举一实例说明，当选用石油化工污水处理场的活性污泥作为菌源对苯及其同系物（如甲苯、二甲苯及三甲苯）进行生物降解试验时，除甲苯和苯表现出较容易降解外，其他几个化合物均需要较长的启动期，其降解速率也较低，而用经这些化合物驯化、筛选出来的单一菌种进行生物降解试验时，在较短的时间内就可达到100%的降解。尤为明显的是邻二甲苯，它是一种较难生物降解的化合物，当用来自石油化工污水处理厂的混合菌种对起始浓度分别为11.4mg/L和37.9mg/L的邻二甲苯进行降解试验时，降解启动期分别为303h和340h以上，而用驯化筛选出的优势菌进行降解试验时，28.9mg/L的邻二甲苯在96h内可以达到100%的降解。由此可明显地看到驯化、筛选技术对提高微生物分解难降解化合物能力的重要性。

经目标化合物驯化、筛选出的优势菌，有的只对目标化合物有降解活性，有的则对与目标化合物属于同系物的化合物也会表现出较高的降解活性。如甲苯降解优势菌除对甲苯有很好的降解外，也能100%的降解间二甲苯，但对其他几个化合物则降解率很低。邻二甲苯降解优势菌对邻二甲苯有100%的降解，对其他几个化合物降解率则很低。间二甲苯降解优势菌只能对间二甲苯完全降解和对对二甲苯有较高降解率，对其他化合物则降解较差。对二甲苯降解优势菌可以将对二甲苯和甲苯完全降解，对间二甲苯也有较高的降解率。筛选出来的 1,3,5 - 三甲苯降解优势菌性能并非十分优越，因为其对三甲苯的降解率最高只有44%。相比之下，该菌种对甲苯、间二甲苯和对二甲苯的降解率远比对1,3,5 - 三甲苯高得多，而降解其它几个化合物的优势菌对1,3,5 - 三甲苯的降解率只有15.8% ~ 44%。这一现象从另角度说明1,3,5 - 三甲苯要比甲苯和二甲苯难降解。这一试验结果也证明了化合物的化学结构是决定其降解难易的内因。从化学结构特征上属容易降解的化合物，能够降解它们的菌种也较多，例如几种菌对甲苯都表现了较高的降解率。从化学结构特征上属难降解的化合物，能够降解它们的菌种也较少，例如三甲苯和临二甲苯除在用其驯化、筛选出来的菌种作用下有较好的降解外，其他菌种皆对其表现出很低的能力。用目标化合物驯化和筛选的菌种可以增强对该化合物的利用能力，换言之，可以提高对该化合物的降解能力，但并不能改变化合物降解难易的本质。

四、共基质在难降解污染物分解中的作用

根据微生物共代谢理论，许多单独存在时难于被微生物降解的有机物，在与易降解有机物共存时，通过微生物的共代谢作用，是可以被降解的。因此，可以在含有较多难降解有机物的废水中加入一些易降解有机物，形成共基质条件，以提高生物处理对难降解有机物的去除效果。

工业废水通常存在多种污染物成分，其中所含有机成分可分为两大类，一类是容易被微生物利用的易降解有机物，另一类为微生物不易降解的有机物。易降解有机物为微生物的生长、增殖较好地提供了碳源和能源，也为水中难降解有机物的降解创造了条件。对于水中易降解有机物含量较少的工业废水，可以通过加入生活废水来改善共基质条件，改善对难降解有机物的去除效果。

微生物共基质条件小的共代谢机理的概念最早由 Better 于 1959 年提出，研究中他发现甲烷生长菌(P. methanica)能够将乙烷氧化成乙醇、乙醛，而不能利用乙烷作为生长基质的现象，作者将这一过程称之为共氧化(Cooxidation)，其定义为在生长基质的存在下对非生长基质的氧化，后来 Jenson 将其概念进行了扩展，称之为共代谢(Cometabolism)。它包括了氧化过程和还原过程(如微生物的脱氯过程)，不仅指生长基质存在是繁殖细胞对非生长基质的利用，而且还指生长基质不存在时休眠细胞(Resting cell)对非生长基质的转化。共代谢机制被认为是由于生长基质诱导产生的酶和辅助因子缺乏专一性所致。我们知道，芳香族化合物在好氧条件下的生物降解，首先是在双加氧酶的作用下将两个羟基加入到苯环之中，而这种加氧酶常具有非专一性，不仅可导致苯环的氧化，而且还可导致其它一系列氯代苯环的共氧化。生长在酚或甲苯上的 Pseudomonas putida, P1 产生的一种双加氧酶能够将几种一氯酚和单羟基二氯酚转化成氯邻苯二酚，羟基化的化合物在纯培养中不能被继续降解而累积起来，在混合培养中则很容易被其它细菌所转化。

对于卤代芳香化合物共代谢的研究，较早发现的有 Pseudonomas sp. B13 的休眠细胞，当它以氯苯为生长基质时能够共氧化一氟苯甲酸(盐)。类似的例子有：几种降解萘的 Pseudomonas sp. 能够代谢单氯萘，但是氯萘本身并不支持它们的生长，这种单氯萘共代谢所需的酶来自于萘的诱导。当用联苯作为生长基质时，Acinetobater sp. Strain P6 能够转化40 种阿克罗列1254 中的25 种。当用联苯诱导、苯甲酸(盐)供给生长时，一种 Acinetobacter 共培养能够共代谢降解多氯联苯和3，4 - 二氯苯甲酸(盐)。

共代谢的作用常常使非生长基质发生结构的转变，却不能彻底地将它降解。例如生长在苯甲酸中的微生物能够氧化 3‑氯苯甲酸为 3‑氯邻苯二酚和 4‑氯邻苯二酚，由于氯邻苯二酚不能继续作为该微生物环裂解酶的作用基质而称为最终产物。同样生长在甲苯上的 P. putida 也能够共代谢氯苯，生成终端产物氯代邻苯二酚。因此，要使它彻底转化，必须有多个菌种的存在。

共代谢中生长基质的选择是很重要的，许多化合物尽管都可能称为微生物的生长基质，但诱导产生的酶可能不尽相同。例如，John 等人用葡萄糖、甲烷、酚和甲苯富集好氧培养物，并用 16 种氯代化合物对它们进行了驯化，经驯化后的微生物用于对几种氯酚的生物转化进行研究，结果表明用甲苯富集的培养物能够降解五氯酚和 2,4,6‑三氯酚，而用葡萄糖、甲烷或酚富集的培养物对它们表现出很少甚至没有活性，而用酚和甲苯混合物富集的培养物却能迅速降解 2,4‑二氯酚，不能降解 2,6‑二氯酚或 2,4,5‑三氯酚。一般来说，生长基质与非生长基质在分子骨架结构类似时，生长基质诱导的酶很可能非专一性地共代谢非生长基质。

综上所述，许多氯代芳香化合物不能直接被微生物作为生长基质，但是它可通过共代谢改变其结构而容易为其他微生物所降解。事实上，环境中许多难降解有毒化合物的转化都是通过共代谢来完成的。因此，为了解某一种难降解有机物，可以利用一种合适的生长基质的存在来诱导所需的酶一级产生足够的能量来驱动难降解有机物的最初转化。

共代谢广泛存在于共基质的降解过程中，作为一种代谢机制，不仅有助于更加准确地认识环境中存在的共代谢情况下物质的生物降解，而且为寻求难降解有机物的生物降解技术提供了新的思路。

五、培养基的分类

无论是富集培养还是纯种分离，都要涉及到培养基的配置。配置培养基有四个基本原则：目的明确、营养协调、理化条件适宜、经济节约。对于石油化工环境中的微生物而言，无论是用来修复受石油污染的环境，还是免除石油开采过程中有害微生物的影响，都需要在培养基的配置过程中模拟原生态环境，使筛选出来的菌种更容易适应，有更好的降解效果，或者较全面地分离到石化环境中的有害微生物。此外，石化环境中的微生物研究目前仍有很大未知部分，在设计培养基的时候，还要广泛查阅文献，并结合实际研究点进行各种试验研究，精心设计，确定培养基营养及其成分配比、理化条件。在实际应用中，受污染的环境由于其地理位置、气候、土壤特性、植被等的不同而有一定差异。在石油开采中，贮藏地点、条件原油类型不同也会影响到微生物种类，因此模拟原生环境通过试验对比精心设计并选择培养基有很重要的意义。

微生物种类不同，所需培养基不同；同一菌种用于不同使用目的时，对培养基的要求也不一样，形成不同类型的培养基。几种常用培养基的组成见表 2‑4。

以下是石化环境中常用到的一些培养基。

（1）天然培养基(Natural medium) 这类培养基主要以化学成分还不清楚或化学成分不恒定的天然有机物组成，牛肉浸膏蛋白胨培养基和麦芽汁培养基就属于此类。其主要特点见表 2‑5。

表 2-4　几种常用培养基组成

成分	氧化硫硫杆菌培养基	大肠杆菌培养基	牛肉浸膏蛋白胨培养基	高氏一号培养基	查氏合成培养基	LB培养基	主要作用
牛肉浸膏			5				碳源（能源）、氮源、无机盐、生长因子
蛋白胨			10				氮源、碳源（能源）生长因子
酵母浸膏						10	生长因子氮源、碳源（能源）
葡萄糖						5	碳源（能源）
蔗糖		5					碳源（能源）
可溶性淀粉					30		碳源（能源）
CO_2（来自空气）				20			碳源
$(NH_4)_2SO_4$	0.4						氮源、无机盐
$NH_4H_2PO_4$		1					氮源、无机盐
KNO_3				1			氮源、无机盐
$NaNO_3$					3		氮源、无机盐
$MgSO_4 \cdot 7H_2O$	0.5	0.2		0.5	0.5		无机盐
$FeSO_4$	0.01			0.01	0.01		无机盐
KH_2PO_4	4						无机盐
K_2HPO_4	1			0.5	1		无机盐
$NaCl$		5	5	0.5		10	无机盐
KCl					0.5		无机盐
$CaCl_2$	0.25						无机盐
S	10						能源
H_2O	1000	1000	1000	1000	1000	1000	溶剂
pH	7.0	7.0~7.2	7.0~7.2	7.2~7.4	自然	7.0	

* 表中培养基各组分含量均为每升培养基中该成分的克数。

表 2-5　几种天然培养基原材料的特性

原材料	制作特点	主要成分
牛肉浸膏	瘦牛肉组织浸出汁浓缩而成的膏状物质	富含水溶性碳水化合物、有机氮化合物、维生素、盐等
蛋白胨	将肉、酪素或明胶用酸或蛋白酶水解后干燥而成的粉末状物质	富含有机氮化合物，也含有一些维生素和碳水化合物
酵母浸膏	酵母细胞的水溶性提取物浓缩而成的膏状物质	富含B族维生素，也含有有机氮化合物和碳水化合物

续表

原材料	制作特点	主要成分
玉米浆	用亚硫酸浸泡玉米制淀粉废水，经减压浓缩而成的浓缩液。干物质占 50%，棕黄色，久置沉淀	提供可溶性蛋白质、多肽、小肽、氨基酸、还原糖和 B 族维生素
甘蔗糖蜜、甜菜蜜	制糖厂除去糖结晶后的下脚废液，棕黑色	主要含蔗糖和其他糖，含有氨基酸、有机酸、少量的维生素等

（2）合成培养基（Synthetic medium）　合成培养基是由化学成分完全了解的物质配制而成的培养基，也称化学限定培养基（Chemically defined medium）或组合培养基。合成培养基的优点是：成分已知、精确、重复性好。缺点是：价格较贵，培养的微生物生长较慢。适用于实验室进行微生物生理、遗传育种及高产菌种性能的研究。高氏 1 号培养基和查氏培养基就属于此种类型。

（3）半合成培养基（Semi‑defined medium）　用天然有机物提供碳、氮源和生长素，用化学试剂补充无机盐配制的培养基称为半合成培养基。例如，培养异养细菌用的肉汤蛋白胨培养基和培养真菌用的马铃薯蔗糖培养基等。严格地讲，凡含有未经特殊处理的琼脂的任何合成培养基，实际上都是一种半合成培养基。半合成培养基的特点是配制方便，成本低，微生物生长良好。发酵生产和实验室中应用的大多数培养基都属于半合成培养基。

（4）液体培养基（Liquid medium）　各营养成分按一定比例配制而成的水溶液或液体状态的培养基称为液体培养基。实验室中微生物的生理、代谢研究和获取大量菌体也常是利用液体培养基。

（5）固体培养基（Soild medium）　外观呈固体状态的培养基称为固体培养基。固体培养基在科学研究和生产实践中具有很多用途，例如它可用于菌种分离、鉴定、菌落计数、检测杂菌、选种、育种、菌种保藏、抗生素等生物活性物质的效价测定及获取真菌孢子等。在发酵工业中常用固体培养基进行固体发酵。

（6）半固体培养基（Semi‑solid medium）　半固体培养基是指琼脂加入量为 0.2% ~ 0.5% 而配制的固体状态的培养基。半固体培养基有许多特殊的用途，如可以通过穿刺培养观察细菌的运动能力，进行厌氧菌的培养及菌种保藏等。

（7）种子培养基（Seed culture medium）　种子培养基是适合微生物菌体生长的培养基，目的是为下一步发酵提供数量较多、强壮而整齐的种子细胞。一般要求氮源、维生素丰富，原料要精。种子培养基营养丰富还可防止在种子阶段出现回复突变株。

（8）繁殖和保藏培养基（Reproducible medium）　繁殖和保藏培养基主要用于菌种保藏，大部分情况下就是斜面培养基。对以石油为唯一碳源的微生物而言，保藏培养基中可以适当加入石油作为碳源。

（9）基本培养基（Minimal medium）　基本培养基又称最低限度培养基，指能满足某菌种的野生型（原养型）菌株最低营养要求的合成培养基。

（10）加富培养基（Enrichcd medium）　加富培养基是在普通培养基中加入血、血清、动（植）物组织液或其他营养物（或生长因子）的一类营养丰富的培养基。它主要用于培养某种或某类营养要求苛刻的异养型微生物，或者用来选择性培养（分离、富集）某种微生物。它具有促进某种微生物生长而抑制其他微生物生长的功能。广义上讲，保藏培养基和鉴别培养基也属于加富培养基。

（11）选择性培养基（Selected medium） 根据某种或某类微生物的特殊营养要求，或针对某些物理、化学条件的抗性而设计的培养基，称为选择性培养基。目的是利用这种培养基把某种或某类微生物从混杂的微生物群体中分离出来。选择性培养的方法主要有两种，一是根据某些微生物对碳源、氮源的需求而设计，如以纤维素为唯一碳源的培养基可用于分离纤维素分解菌，用石蜡油来富集分解石油的微生物等。二是根据某些微生物的物理和化学特性设计的，如分离放线菌时，在培养基中加入数滴10%的苯酚，可以抑制霉菌和细菌的生长；在分离酵母菌和霉菌的培养基中，添加青霉素、四环素和链霉素等抗生素可以抑制细菌和放线菌的生长；结晶紫可以抑制革兰阳性菌，培养基中加入结晶紫后，能选择性地培养革兰阴性菌；7.5%的NaCl可以抑制大多数细菌，但不抑制葡萄球菌，从而选择培养葡萄球菌；德巴利酵母属（Debaryomyces）中的许多种酵母菌和酱油中的酵母菌能耐高浓度（18%～20%）的食盐，而其他酵母菌只能耐受3%～11%浓度的食盐，所以，在培养基中加入15%～20%浓度的食盐，即构成耐食盐酵母菌的选择性培养基。马丁氏（Martin）培养基就是专门用于分离土壤中真菌的选择性培养基。

广义上讲，加富培养基也是一类选择性培养基。

（12）鉴别培养基（Differential medium） 在培养基中添加某种或某些化学试剂后，某种微生物生长过程中产生的特殊代谢产物会与加入的这些化学物反应，并出现明显的、肉眼可见的特征性变化，从而使该种微生物与其他微生物区别开来。这种培养基称为鉴别培养基。

需要特别说明的是，以上关于选择性培养基和鉴别性培养基的划分只是人为的、为理解方便而定的理论标准。在实际应用时，选择性培养基与鉴别培养基的功能往往结合在同一种培养基中。

（13）测定生理生化特性的培养基 测定生理生化特性的培养基是指鉴定微生物时，为了观察微生物的培养特征或测定生理生化反应而采用的培养基。它们用于研究某种微生物能同化哪些碳水化合物，发酵哪些糖类，分解哪些简单的或复杂的含氮化合物，在生长或发酵过程中形成何种代谢产物等。石蕊牛奶培养基、营养肉汁明胶培养基、甲基红及V.P试验培养基、同化碳源基础培养基、同化氮源基础培养基、糖类发酵培养基、测定各种氨基酸或维生素的基础培养基以及测定各种酶类的培养基都属于此类。

（14）其他 除上述主要类型外，培养基按用途划分还有很多种，比如分析培养基（Assay medium）常用来分析某些化学物质（抗生素、维生素）的浓度，还可用来分析微生物的营养需求；还原性培养基（Reduced medium）专门用来培养厌氧型微生物；组织培养物培养基（Tissue–culture medium）含有动植物细胞，用来培养病毒、衣原体（Chlamydia）、立克次体（Rickettsia）及某些螺旋体（Spirochete）等专性活细胞寄生的微生物。尽管如此，有些病毒和立克次体目前还不能利用人工培养基来培养，需要直接接种变动植物体内、动植物组织中才能增殖。

第四节　石油降解菌筛选实例

一、材料

石油污染土壤样品采自胜利油田油井及炼油厂附近地表深度为10cm左右石油污染土

壤，装入无菌袋中密闭保存备用；石油污染水样采自炼油厂揿污口，装入无菌瓶中密闭保存备用。原油样品采自胜利油田。所用培养基如下：

（1）富集用液体培养基：$NaNO_3$ 1.5g，$(NH_4)_2SO_4$ 1.5g，K_2HPO_4 1g，$MgSO_4 \cdot 7H_2O$ 0.5g，KCl 0.5g，$FeSO_4 \cdot 7H_2O$ 0.01g，$CaCl_2$ 0.002g，蒸馏水 1000mL，原油 5g，pH 值7.0。

（2）分离培养基为富集用无机盐液体培养基中加入2%琼脂。

（3）直链烃和环烷烃降解菌筛选用培养基（KubaT，1996）：KH_2PO_4 0.59g，K_2HPO_4 $\cdot 3H_2O$ 0.5g，$MgSO_4 \cdot 7H_2O$ 0.39g，$(NH_4)SO_4$ 1g，微量元素溶液 10mL，蒸馏水 1000mL，pH 值 7.0~7.2，碳源为正十六烷或者环己烷0.5%。

微量元素溶液：$ZnSO_4 \cdot 7H_2O$ 0.2g，$FeSO_4 \cdot 7H_2O$ 0.5g，$CaCl_2$ 3g，$MnSO_4 \cdot H_2O$ 0.06g，蒸馏水 1000mL。

（4）芳烃降解菌筛选用培养基（Jeremy F，2000）：NH_4Cl 1.1g，K_2HPO_4 1g，NaCl 0.5g，KCl 0.2g，$MgSO_4 \cdot 7H_2O$ 0.2g，$FeSO_4$ 0.001g，$CaCl_2$ 0.01g，pH 值7.0。

微量元素溶液：H_3BO_3 0.057g，$MnSO_4 \cdot 7H_2O$ 0.043g，$ZnSO_4 \cdot 7H_2O$ 0.043g，$CuSO_4$ $\cdot 5H_2O$ 0.04g，$(NH_4)MoO_{24} \cdot 4H_2O$ 0.037g，$Co(NO_3)_2 \cdot 6H_2O$ 0.025g，蒸馏水 1000mL。

（5）血平板培养基：LB 培养固体培养基加5%新鲜羊血。

二、方法

（一）石油降解菌株的富集与分离

将5g石油污染土壤样品加入100mL培养基（1）中，28℃、150r/min 摇床培养7天。待培养液混浊后，吸取5mL培养液重新转接入新鲜培养基（1）中，与上述培养条件相同连续转接富集培养3次。采用稀释平板法进行分离，将培养液系列稀释后。取0.1mL稀释液涂布于培养基（2）中，培养48h；待平板长出菌落后选择不同颜色及形态的单菌落，分别回接于含油无机盐固体平板和含油液体培养基中，在两种含油培养基中均能生长的即为石油降解微生物。

（二）直链烃降解菌与环烷烃降解菌的筛选

挑取活化好的石油降解菌株一环，接种于100mL分别含有正十六烷或环己烷的两种选择性液体培养基中，28℃、150r/min 摇床培养，装有环己烷的三角瓶用橡皮塞封口以防止挥发。当培养液明显浑浊后，再取1mL接种到新鲜的100mL正十六烷和环己烷选择性培养基中培养，如此重复3次。最后仍能使培养液变浑浊的即为直链烃或环烷烃降解菌。

（三）芳烃降解菌的筛选

采用菲升华法，挑取活化好的石油降解菌株一环，点接于无机盐固体平板上，然后再把接种后的平板倒扣于底部平铺有固体菲的500mL的烧杯上，并用封口膜将接口处封闭，整体放到砂浴中加热，并在平板上方放上冰，使菲升华后遇平板冷却而附着其上，大约5min后取下平板。28℃培养3天。能产生透明圈的菌落为芳烃降解菌。

（四）培养液中原油的萃取

将培养5天后的摇瓶培养液全部倾入250mL分液漏斗中，取10mL石油醚冲洗摇瓶后也倒入分液漏斗中，加盖充分振摇2min，并注意放气，静置分层2min，把下层液体培养基放回摇瓶中。用塞少许脱脂棉，上面放 2g 无水 Na_2SO_4 的漏斗过滤上层石油醚萃取液，滤液放入 25mL 容量瓶中。再把液体培养基倒入分液漏斗中，用 10mL 石油醚冲洗摇瓶，并重复提取一次，合并两次提取液置于 25mL 容量瓶中，用石油醚定容至刻度，再从中吸取萃取 0.25mL 于另一 25mL 容量瓶中，定容至 25mL 待测。

（五）石油降解率的测定

采用紫外分光光度法测量石油含量。石油及其产品在紫外光区都有特征吸收，带有苯环的芳香族化合物主要吸收波长为 250~260nm，一般原油的吸收峰波长为 225nm 及 254nm。带有共轭双键的化合物主要吸收波长为 215~230nm。其它油品如燃料油、润滑油等的吸收波长也与原油相近。不同产地的石油样品吸收值不同，因此取采自胜利油田原油经石油醚（沸程 60~90℃）稀释后，用 1cm 石英比色杯，以石油醚为空白对照，在紫外分光光度计上从 220~260nm 波长处进行扫描测定，选择最大吸收波长。

以原油样品为溶质，石油醚为溶剂。准确量取 0.5g 原油于 50mL 容量瓶中，并用石油醚定容至 50mL，此即为石油烃浓度 10 mg/mL 的标准原油溶液。分别量取 0.1mL、0.2mL、0.3mL、0.4mL、0.5mL 标准原油溶液于 25 mL 容量瓶中，定容至刻度并摇匀，则此组标准溶液的原油浓度分别为 0.04mg/mL、0.08mg/mL、0.12 mg/mL、0.16 mg/mL 和 0.2 mg/mL。然后在选定波长处于紫外分分光度计上，用 1cm 石英比色杯以石油醚为空白对照，依次测定上述系列标准原油溶液的吸光度。以测得的吸光度为纵坐标，原油浓度为横坐标绘制标准曲线。

（六）原油中石油烃组分变化测定

采用气相色谱法，按照《石油和沉积有机质烃类气相色谱分析方法》（SY/T 5779—2008）进行测定。

三、分离结果

经过富集培养、分离以及在含油培养基中的回接实验的验证，从胜利油田石油污染土壤和含油污水中分离得到以石油作为唯一碳源的石油降解微生物。根据菌株的菌体形态及菌落特征初步确为细菌 236 株、放线菌 19 株、真菌 5 株，并分别编号为 SL-1 到 SL-260。将各菌株转接于斜面培养基并于 4℃保存于冰箱，待进一步研究。

（一）不同石油烃降解菌株的筛选结果

通过三种不同的选择性培养基分别筛选得到直链烷烃降解菌 31 株、环烷烃降解菌 28 株、芳烃降解菌 3 株；其中直链烷烃降解菌中菌株 SL-31、SL-51、SL-49、SL-65 的石油降解能力均较强。在装液量 100mL、菌液接种量 4mL、石油浓度 0.5% 的液体无机盐培养基中 5 天内石油降解率分别达到 19.5%、40%、26.5%、37.8%；环烷烃降解菌中菌株 SL-163 的石油降解能力最强且能同时利用直链烷烃，其石油降解率在 5 天内的达到 35.3%；芳烃降解菌中菌株 SL-84 较其他两株菌利用石油烃能力强且生长迅速。

（二）石油降解微生物菌群的构建及鉴定

通过正交试验确定出由菌株 SL-51、SL-163、SL-84 和 SL-133 构成的菌群 C9 降解效果最好，在装液量 100mL、总接种量 4mL（每株菌 1mL）、石油浓度 0.5% 的液体无机盐培养基中，5 天内石油降解率可以达到 55.5%，比单一菌株在相同条件下降解率提高了 15.5%。C9 对原油中长链饱和烃可以完全降解。对碳原子数在 20 到 34 的长链饱和烷烃的降解效果也非常好，对原油中萘系列芳烃降解效果最好，对菲系列芳烃也有很强的降解作用。

通过革兰氏染色、菌落及菌体形态观察、生理生化鉴定、Biolog 细菌鉴定系统、全细胞脂肪酸分析、16SrDNA 序列分析对从胜利油田石油污染土壤中分离得到的石油降解菌株 SL-51、SL-84、SL-133 和 SL-163 四株细菌进行了鉴定，鉴定结果如下：

菌株 SL-51 为革兰氏阳性菌，菌为红平红球菌（Rhodococcus erythropolis）；

菌株 SL-84 为革兰氏阴性菌，菌为人苍白杆菌（Ochrobactrumanthropl）；

菌株 SL-133 为革兰氏阴性菌，菌为铜绿假单胞菌（Pseudomonas aeruginosa）；

菌株 SL-163 为革兰氏阳性菌，菌为紫红红球菌（Rhodococcus rhodochrous）。

四、石油降解菌最优营养条件的确定

针对石油降解菌群 C9，采用单因素试验确定了菌群 C9 的最适 N、P 营养盐、pH 范围以及最适摇床转数等，并先后设计和采用了四因素三水平、五因素四水平的正交试验对菌群 C9 中各菌株间的最佳接种比例以及室内最佳石油降解条件进行了优化研究，菌群 C9 室内石油降解条件的优化结果如下：

菌群 C9 的石油降解的最适 pH 值范围是 7~10 的中性和偏碱性的环境；C9 的降解效率随摇床转数的增加而增加，在 150 和 200r/min 时降解率都达到显著水平；随着培养时间的延长 C9 的降解率升高，在培养时间达到 6 天时达到显著水平；N 源硝酸盐要优于铵盐，其中 KNO_3 的效果最好达到 55.2%，为最适 N 源；当 K_2HPO_4 作为菌群 C9 的 P 源时石油降解效果比以 KH_2PO_4 作 P 源好，降解率为 54.5%，为最适 P 源。

正交试验结果表明菌群 C9 中各菌株对石油降解效果影响的主次顺序依次是菌株 SL-163 > SL-84 > SL-133 > SL-51；各菌株间最佳接种配比 SL-51：SL-84：SL-133：SL-163 为 1：1：20：1；在影响石油降解效果的五种因素中对石油降解效果影响的主次顺序为石油浓度 > pH > 接种量 > KNO_3 > K_2HPO_4；石油降解条件的最优组合为 1000mL 无机盐培养液中 KNO_3 3g、K_2HPO_4 1g、pH8.0、菌群总接种量为 6.9%（其中各菌株按 1：1：20：1 配比混合）、石油浓度为 0.25%，此条件下其石油降解率可达到 83% 以上。

五、筛选菌株在土壤异位修复中的应用

采用类似挖掘处理（属于异位生物修复技术）的修复方法，在实验室条件下对自制的石油污染土壤进行生物修复研究，通过投加石油降解菌群 C9 和营养来提高石油降解效率。

（一）培养基的配置

LB 培养基：牛肉浸膏 5g，蛋白胨 10g，NaCl 5g，琼脂 20g，蒸馏水 1000mL，pH 值 7.0。

液体牛肉膏培养基：牛肉浸膏 5g，蛋白胨 10g，NaCl 5g，蒸馏水 1000mL，pH 值 7.0~7.2。

无机盐培养基：KNO_3 3g，K_2HPO_4 1g，$MnSO_4 \cdot H_2O$ 0.5g，KCl 0.5g，$FeSO_4 \cdot 7H_2O$ 0.01g，$CaCl_2$ 0.002g，蒸馏水 1000mL，原油 5g，pH 值 8.0。

（二）石油污染土壤的制备

试验用土采集自中国农业科学院东门试验田，采集后过 3mm 筛子备用。准确称取 75.37g 石油，加入足量石油醚充分溶解后，加入 15kg 实验土壤中，混匀，使土壤中石油含量为 5g/kg（即石油浓度 0.5%）。静止放置一周使石油醚挥发后进行修复试验。供试土壤基本理化性质见表 2-6，土壤基本理化性状采用常规分析法测定。

表 2-6 土壤基本理化性质

处理	有机质/ （g/kg）	全氮/ （g/kg）	全磷（P_2O_5）/ （g/kg）	速效磷（P_2O_5）/ （g/kg）	速效钾（K_2O）/ （g/kg）	pH 值
菜园	21.38	1.25	1.33	127.3	120.8	8.25

（三）石油污染土壤修复试验

实验设计三个处理，处理 I 为：接种菌群 C9 同时加无机盐营养液处理；处理 II 为：接种菌群 C9 但不加无机盐营养液处理；处理 III 为：不接种菌群 C9 不加营养液的对照处理。事先将各菌株接种于牛肉膏蛋白胨培养液中培养 24h，菌株 SL-51、SL-84、SL-133 和 SL-163 在各自培养液中菌体的浓度分别为 1.34×10^9 cfu/mL、2.29×10^{10} cfu/mL、1.52×10^{10} cfu/mL 和 8.6×10^8 cfu/mL。按 1:1:20:1 的比例取各菌的培养液混合使总体积为 100mL，离心收集菌体后用无菌水冲洗菌体并加入 500g 模拟石油污染土壤中，另外还向土壤加入 50mL 无机盐培养液，搅拌均匀，三次重复，此为处理 I。处理 II 和处理 III 的制备方法基本同处理 I，只是处理 II 中只接种 C9 不加营养液，对照处理 III 中既不接种 C9 也不加营养液，并向处理 II 和处理 III 中补加无菌水，使各处理中土壤湿度相同。将实验土壤置于直径 20cm 的玻璃培养皿中，室温 20℃ 下进行生物修复试验，保持土壤含水量约 20%，并于修复至第 7 天、21 天、52 天和 102 天时取土壤样品，测定土壤中的石油含量及降解率。

石油污染土壤修复试验于室内室温 20℃ 条件进行，定期翻动土壤改善土壤的通气状况，同时补充水分控制土壤含水量为 20% 左右。在修复试验进行期间定期于第 7 天、21 天、52 天和 102 天时取土壤样品，测定土壤中的石油含量及降解率，石油污染土壤中的石油含量通过重量法测得。

（四）实验结果

在 102 天的修复过程中，接种菌群 C9 的两个处理土壤中的石油降解率分别达到了 82% 和 67% 以上。在接种菌群 C9 后的 7 天内，与对照处理 III 相比处理 I 和处理 II 中石油降解效率以较快的降解速度的迅速提高；在修复的第 7 天至 21 天时间内，处理 I 的石油降解速度继续提高，而处理 II 中的石油降解速度相比较就显得缓慢；在修复过程的中后期，处理 I 的石油降解速度也开始下降，但是始终能使石油降解速度保持在一个较稳定的水平；而对照 III 在整个修复过程中，土壤中的石油降解率一直处于较低水平。实验结果说明，接种菌群 C9 的石油污染土壤处理中，菌群 C9 对石油的降解起到了关键作用。

利用 PCR-DGGE 技术对石油降解菌群 C9 在石油污染土壤微生物修复过程中的动态变化进行监测，结果表明，在石油污染土壤修复的前期（7 天到 21 天），菌群 C9 在石油污染土壤中能较好的定殖，且菌株 SL-84 和 SL-133 迅速繁殖，菌群 C9 中细菌总数在此时期达到最大；在修复至第 52 天时，菌株 SL-IN 和 SL-133 仍可以保持较高数量，而菌株 SL-51 和 SL-163 的数量开始出现下降；在修复至第 102 天时，土著微生物的数量已经开始逐渐占据优势，SL-51、SL-133 和 SL-163 的数量也进一步下降。建议在石油污染土微生物修复的第 52 天至 102 天时，对污染土壤进行菌群 C9 的二次接种可能会取得更好的修复效果。

石油污染土壤生物修复不同时期细菌数量变化的研究表明：在石油污染土壤修复的前 7 天，处理Ⅰ和处理Ⅱ中的细菌数蓬迅速增加；在修复的第 7 天至 21 天时间内，处理Ⅰ中的细菌数量增长开始变缓，而处理Ⅱ中的细菌数已经开始出现下降解趋势；在修复第 52 天到修复结束，处理Ⅰ和处理Ⅱ中细菌数量都开始下降，到第 102 天时土壤中细菌的数量已经低于对照土壤中的细菌数量；而在对照处理土壤中细菌数量，从修复一开始就始终处于缓慢的增长状态。

石油污染土壤生物修复不同时期其基因多样性研究结果如下：在石油污染土壤微生物修复的前期，土壤中以外源投加的菌群 C9 为主，添加无机营养有助于菌群 C9 在污染土壤中以较高的数量长时间存在；随着生物修复时间的延长，污染土壤中的基因多样性有所增加，可能是由于石油污染物对石油降解细菌起到了一定的富集作用；未投加外源降解菌群 C9 的对照处理中，伴随修复时间的推移，微生物基因多样性也增加，说明污染土壤中土著微生物经过长时间的富集作用，对污染物的清除也会起到一定的自净作用，但效果缓慢；在生物修复的后期，由于营养及环境等多种条件的改变，投加菌群的污染土壤中微生物的数量及其基因多样性又开始下降；经过对 DGGE 图谱中的主要条带进行回收、克隆测序，发现石油污染土壤中主要有一些不可培养的土壤细菌、黄单胞菌、红球菌、鞘氨醇单胞菌等等。

石油污染土壤生物修复不同时期其代谢活性研究结果表明，生物修复初期，土壤中微生物的代谢活性都较高，其中投加菌群 C9 处理要高于未投加菌群的对照处理；随着修复时间的延长，各处理的代谢活性均有所下降，其中处理Ⅱ下降最快，其次是处理Ⅰ，对照Ⅲ代谢活性下降最慢。

石油污染土壤中微生物代谢功能多样性研究结果表明，处理Ⅰ在整个修复过程中其代谢功能多样性变化较小，初期多样性呈现下降趋势，40 到 60 天以后多样性又开始增加，总体上处理Ⅰ在整个修复过程中其代谢功能多样性是处于先减少后增加的趋势；在处理Ⅱ中，其土壤微生物代谢功能多样性基本都是呈现出下降的趋势；对照处理在整个修复过程中，其微生物的代谢功能多样性始终呈上升趋势。

石油污染土壤中微生物代谢特征的主成分分析结果表明，在接种了石油降解菌群 C9 的处理Ⅰ和处理Ⅱ中，在石油污染生物修复的前期，土壤中主要是以碳水化合物类碳源作为碳源底物的微生物类群；随着修复过程的进行，由于土壤中石油污染物的生物降解和矿化作用逐渐被消耗殆尽，因此，土壤中的微生物类群也随之发生改变，主要成为以利用其他物质作为碳源底物的微生物类型。

第三章　生物酶技术

第一节　概　述

一、酶的简介

酶(Enzyme)，早期是指在酵母中(In yeast)的意思，指由生物体内活细胞产生的一种生物催化剂，大多数由蛋白质组成(少数为 RNA)，能在机体中十分温和的条件下，高效率地催化各种生物化学反应，促进生物体的新陈代谢。生命活动中的消化、吸收、呼吸、运动和生殖都是酶促反应过程。酶是细胞赖以生存的基础，细胞新陈代谢包括的所有化学反应几乎都是在酶的催化下进行的。

(一)酶的基本概念

酶是生物体活细胞产生的具有特殊催化活性和特定空间构象的生物大分子，包括蛋白质及核酸，又称为生物催化剂。广泛存在于各种细胞中，催化细胞生长、代谢等生命过程中几乎所有的化学反应。新陈代谢是生命活动的基础，是生命活动最重要的特征。而构成新陈代谢的许多复杂而有规律的物质变化和能量变化，都是在酶催化下进行的。生命的生长发育、繁殖、遗传、运动、神经传导等生命活动都与酶的催化过程紧密相关，可以说，没有酶的参与，生命活动一刻也不能进行。细胞内合成的酶主要是在细胞内起催化作用，也有些酶合成后释入血液或消化道，并在那里发挥其催化作用，人工提取的酶在合适的条件下也可在试管中对特殊底物起催化作用。

酶是生物催化剂，由于酶的存在，生物体内进行的反应比无生命界中进行的同样反应有效得多。绝大多数酶是蛋白质，少数是核酸 RNA，后者称为核酶。以蛋白质为本质的酶有的仅仅由蛋白质组成，如核糖核酸酶(催化核糖核酸水解的酶)。有的除了主要由蛋白质组成外，还有一些酶活性所必需的小分子参与，后者称为辅酶或酶的辅基(辅助因子)。许多辅助因子只是简单的离子，如 Cl、Mg、Fe、Cu 等，有把底物和酶结合起来或者使酶分子的构象稳定，从而保持其活性的作用。有些离子还是酶促反应时的作用中心。

(二)酶的发现

酶与人类的关系，要追溯到人类还不知道酶为何物的太古时代，当时的人们就已经将微生物发酵技术利用到食品加工方面。例如，古埃及通过发酵制作面包、酿制啤酒，日本也从绳文时代开始就利用发酵技术酿酒。但真正弄清楚发酵的实质以及酶的作用，是自 19 世纪以后才开始的。

1773 年，意大利科学家斯帕兰扎尼(L Spallanzani，1729 ~ 1799)设计了一个巧妙的实验：将肉块放入小巧的金属笼中，然后让鹰吞下去。过一段时间他将小笼取出，发现肉块消失了。于是，他推断胃液中一定含有消化肉块的物质。但是什么，他不清楚。

1836 年，德国科学家施旺(T Schwann，1810 ~ 1882)从胃液中提取出了消化蛋白质的物质，解开胃的消化之谜。

1926 年，美国科学家萨姆钠(J B Sumner，1887 ~ 1955)从刀豆种子中提取出脲酶的结晶，并通过化学实验证实脲酶是一种蛋白质。

20 世纪 30 年代，科学家们相继提取出多种酶的蛋白质结晶，并指出酶是一类具有生物催化作用的蛋白质。20 世纪 80 年代，美国科学家切赫(T R Cech，1947 ~)和奥特曼(S Altman，1939 ~)发现少数 RNA 也具有生物催化作用。

（三）酶作用的特点

哺乳动物的细胞就含有几千种酶。它们或是溶解于细胞液中，或是与各种膜结构结合在一起，或是位于细胞内其他结构的特定位置上。这些酶统称胞内酶；另外，还有一些在细胞内合成后再分泌至细胞外的酶——胞外酶。酶催化化学反应的能力叫酶活力(或称酶活性)。酶活力可受多种因素的调节控制，从而使生物体能适应外界条件的变化，维持生命活动。没有酶的参与，新陈代谢只能以极其缓慢的速度进行，生命活动就根本无法维持。例如食物必须在酶的作用下降解成小分子，才能透过肠壁，被组织吸收和利用。在胃里有胃蛋白酶，在肠里有胰脏分泌的胰蛋白酶、胰凝乳蛋白酶、脂肪酶和淀粉酶等。又如食物的氧化是动物能量的来源，其氧化过程也是在一系列酶的催化下完成的。

在生物体内的酶是具有生物活性的蛋白质，存在于生物体内的细胞和组织中，作为生物体内化学反应的催化剂，不断地进行自我更新，使生物体内及其复杂的代谢活动不断地、有条不紊地进行。

酶的催化效率特别高(即高效性)，比一般的化学催化剂的效率高 $10^7 \sim 10^{18}$ 倍，这就是生物体内许多化学反应很容易进行的原因之一。

酶的催化具有高度的化学选择性和专一性。一种酶往往只能对某一种或某一类反应起催化作用，且酶和被催化的反应物在结构上往往有相似性。

一般在 37℃ 左右，接近中性的环境下，酶的催化效率就非常高，虽然它与一般催化剂一样，随着温度升高，活性也提高，但由于酶是蛋白质，因此温度过高，会失去活性(变性)，因此酶的催化温度一般不能高于 60℃，否则，酶的催化效率就会降低，甚至会失去催化作用。强酸、强碱、重金属离子、紫外线等的存在，也都会影响酶的催化作用。

人体内存在大量酶，结构复杂，种类繁多，到目前为止，已发现 3000 种以上(即多样性)。如米饭在口腔内咀嚼时，咀嚼时间越长，甜味越明显，是由于米饭中的淀粉在口腔分泌出的唾液淀粉酶的作用下，水解成麦芽糖的缘故。因此，吃饭时多咀嚼可以让食物与唾液充分混合，有利于消化。此外人体内还有胃蛋白酶、胰蛋白酶等多种水解酶。人体从食物中摄取的蛋白质，必须在胃蛋白酶等作用下，水解成氨基酸，然后再在其他酶的作用下，选择人体所需的 20 多种氨基酸，按照一定的顺序重新结合成人体所需的各种蛋白质，这其中发生了许多复杂的化学反应。可以这样说，没有酶就没有生物的新陈代谢，也就没有自然界中形形色色、丰富多彩的生物界。

二、酶工程简介及研究内容

酶工程(Enzyme engineering)是在 1971 年第一届国际酶工程会议上才得到命名的一项新技术。酶的生产和应用的技术过程称为酶工程，其主要任务是通过预先设计，经人工操作而获得大量所需的酶，并利用各种方法使酶发挥其最大的催化功能，它的应用范围已遍及工业、农业、医药卫生行业、环保、能源开发和生命科学等各个方面。酶工程主要研究酶的生产、纯化、固定化技术、酶分子结构的修饰和改造以及在工农业、医药卫生和理论研究等方面的应用。近20年来，由于蛋白质工程、基因工程和计算机信息等新兴高科技的发展，使酶工程技术得到了迅速发展和应用，各种新成果、新技术、新发明不断涌现。根据研究和解决问题的手段不同将酶工程分为化学酶工程和生物酶工程。

（一）化学酶工程

化学酶工程亦称为初级酶工程，它主要由酶学与化学工程技术相互结合而形成。

1. 自然酶制剂的开发与应用

据估计自然界中存在的酶有7000种左右，其中经过鉴定和分类的有2000余种，但大规模生产和应用的商品酶只有数十种，小批量生产的商品酶约数百种。目前，已应用于工业生产的酶主要有水解酶、凝乳酶、果胶酶、糖苷酶、氧化酶、转移及异构酶等。当前酶的应用研究备受关注，主要有以下几个方面。

食品工业中的应用。酶在食品工业中最大的用途是淀粉加工，其次是乳品加工、果汁加工、食品烘烤及啤酒发酵。与之有关的各种酶如淀粉酶、葡萄糖异构酶、乳糖酶、凝乳酶、蛋白酶等占酶制剂市场的一半以上。

轻化工业中的应用。酶工程在轻化工业中的用途主要包括：洗涤剂制造（增强去垢能力）、毛皮工业、明胶制造、胶原纤维制造（黏接剂）、牙膏和化妆品的生产、造纸、感光材料生产、废水废物处理和饲料加工等。

能源开发上的应用。在全世界开发新能源的大趋势下，利用微生物或酶工程技术从生物体中生产燃料也是人们正在探寻的一条新路。例如，利用植物、农作物、林业产物废物中的纤维素及半纤维素等原料制造甲烷等气体燃料以及乙醇和甲醇等液体燃料。另外，在石油资源的开发中，利用微生物作为石油勘探、二次采油、石油精炼等手段也是近年来国内外普遍关注的课题。

环境工程上的应用。在现有的废水净化方法中，生物净化常常是成本最低而且最可行的。微生物的新陈代谢过程可以利用废水中的某些有机物质作为所需的营养来源，因此利用微生物体中酶的作用，可以将废水中的有机物质转变成可利用的小分子物质，同时达到净化废水的目的。

医药行业上的应用。药用酶、抗体酶和酶标药物的研究开发及新型的溶栓酶、艾滋病毒蛋白酶等的研究备受关注。另外位于真核细胞染色体末端由重复DNA序列和蛋白质组成的端粒与细胞的寿命和癌变有密切关系，端粒酶在端粒中起着重要的催化作用，有关端粒的结构和端粒酶的催化机制的研究已经成为自然酶的研究热点之一。

自然界蕴藏着巨大的微生物资源，据测算，1g土壤中含有1亿个微生物。近来，人们从生产实践的需要出发，非常重视开发新的酶种。但迄今为止，人们对极端环境微生物（Extre mophiles）和不可培养微生物的研究还很不够，这两个资源宝库值得人们好好开发。

人们首先注意从极端环境条件下生长的微生物内筛选新的酶种，其中主要研究了嗜热微生物（Thermophiles）、嗜冷微生物（Psychrophiles）、嗜盐微生物（Halophiles）、嗜酸微生物（Acidophiles）、嗜碱微生物（Alkalophiles）、嗜压微生物（Barophiles）等。目前，人们已经发现能够在250~350℃条件下生长的嗜热微生物，能够在-10~0℃条件下生长的嗜冷微生物，能够在 pH 值 2.5 条件下生长的嗜酸微生物，能够在 pH 值 11 条件下生长的嗜碱微生物，能够在饱和食盐溶液（含盐质量分数 32% 或盐浓度 5.2mol/L）中生长的嗜盐微生物，能够在 100 MPa 条件下生长的嗜压微生物以及在高温（105℃）和高压（40MPa）条件下生长的嗜热嗜压微生物等，这就为新酶种和酶的新功能的开发提供了广阔的空间。例如，武波等从新疆等盐碱地中筛选到一株耐高温、耐碱和耐盐的蛋白酶菌株。

所谓不可培养微生物是指在实验室内采用常规培养方法培养不出的微生物，而这类微生物约占全部微生物的 99%。目前，研究人员完全可以绕开菌种分离、纯化步骤，应用最新分子生物学方法，直接从这类微生物中探索、寻找有开发价值的、新的微生物基因和新的酶种。

2. 酶的化学修饰

酶的化学修饰是指利用化学手段将某些化学物质或基团结合到酶分子上，或将酶分子的某部分去除或置换，改变酶的理化性质，最终达到改变酶的催化性能的目的。酶的化学修饰主要有以下几种方法：①修饰酶的功能基团，如氨基、羟基、咪唑基等可离解基团，由此发展起来的方法有酰化法、烷基化法、丹磺酰氯法等。例如，抗白血病药物天冬酰胺酶经修饰后，可使其在血浆中的稳定性提高数倍。②酶分子内或分子间交联，应用某些双功能试剂分子两端的功能基团（如醛基等）可使酶分子内或分子间肽链的 2 个游离氨基分别发生交联，主要有右旋糖苷溴化氰法、羰二亚胺法、戊二醛法等。例如，交联后的 α - 半乳糖苷酶 A，其热稳定性和抗蛋白酶的性能都有明显提高。③酶与高分子化合物结合，主要有聚乙烯醇法、聚顺丁烯二酸酐法等。酶与高分子化合物结合后，可以增加酶的稳定性，例如，α - 淀粉酶在 65 ℃时半衰期为 2.5 min，当其与葡萄糖结合后，半衰期延长至 63min。

酶的化学合成和化工过程几乎都在有机溶剂中进行，而有机溶剂往往被认为会引起酶的失活，但经化学修饰的酶能催化有机相中的反应，特别是在对映体选择降解、非对映体裂解和手性化合物的合成与拆分方面，化学修饰酶显示了巨大的威力。酶的有机合成在生产上的作用越来越突出，成为酶工程领域内的一个研究热点，特别是此领域内的基础研究，如非水介质中酶的构象、反常介质中酶与底物的结合与催化等。

3. 酶的固定化

固定化酶是指被结合到特定的支持物上并能发挥作用的一类酶，是化学酶工程中具有强大生命力的主干。它在理论上和应用上的巨大潜力吸引了生物化学、微生物学、医学、化学工程、高分子等各个领域研究人员的注意力。酶的固定化技术包括吸附、交联、共价结合及包埋 4 种方法。

固定化酶在工业、临床、分析和环境保护等方面有着广泛的应用，但是在大多数情况下，酶固定化以后会部分甚至全部失去活性。一般认为，酶活性的失去是由于酶蛋白通过几种氨基酸残基在固定化载体上的附着造成的。由于酶蛋白多点附着在载体上，引起了固定化酶蛋白无序的定向和结构变形的增加。近年来，国外的研究者们在探索酶蛋白的固定化技术方面已寻找到几条途径，使酶蛋白能够以有序方式附着在载体的表面，实现酶的定向固定化，而使酶活性的损失降低到最小程度。这种有序的、定向固定化技术已经用于生物芯片、生物传感器、生物反应器、临床诊断、药物设计、亲和层析以及蛋白质结构和功能的研究中。

4. 人工合成酶的研制和模拟酶

人们将人工合成的具有类似酶活性的高聚物称之为人工合成酶(Synzymes)。人工合成酶在结构上必须具有 2 个特殊部位，即一个是底物结合位点，一个是催化位点。构建底物结合位点比较容易，而构建催化位点比较困难，2 个位点可以分开设计，但是如果人工合成酶有一个反应过渡态的结合位点，则该位点常常同时具有结合位点和催化位点的功能，如高分子聚合物聚 - 4 - 乙烯基吡啶 - 烷化物。

在模拟酶方面，研究的热点主要是对固氮酶的模拟。天然固氮酶由铁蛋白和铁钼蛋白2 种组分组成，人们从组成分析出发提出了多种固氮酶模型，由此进一步利用铁、铜、钴等过渡金属络合物模拟过氧化氢酶等。

近年来，国际上又发展了一种分子压印技术，又称为生物压印技术，该技术可以借助模板在高分子物质上形成特异的识别位点和催化位点。目前，此项技术已经获得广泛应用，例如：模拟酶可用于催化反应；分子压印的聚合物可用作特制的分离材料及生物传感器的识别单元；抗体和受体结合位点的模拟物可用于识别和检测系统等。

（二）生物酶工程

生物酶工程是在化学酶工程基础上发展起来的，是以酶学和 DNA 重组技术为主的现代分子生物学技术相结合的产物，也可称为高级酶工程。

1. 酶基因的克隆和表达

酶基因的克隆和表达技术的应用使克隆各种天然的蛋白基因或酶基因成为可能，其步骤是：先在特定的酶的结构基因前加上高效的启动基因序列和必要的调控序列，再将此片段克隆到一定的载体中，然后将带有特定酶基因的上述杂交表达载体转化到适当的受体细菌中，经培养繁殖，再从收集的菌体中分离得到大量的表达产物。一些来自于人体的酶制剂，如治疗血栓栓塞病的尿激酶原，就可以用此法从大量的人尿中提取。此外还有组织纤溶酶原激活剂(TPA)与凝乳酶等 100 多种酶基因已经克隆成功，其中一些还已进行了高效的表达。

对各种酶基因的克隆和表达，大部分是基于多聚合酶链式反应(PCR) 技术、组织培养技术和蛋白质组学的发展。PCR 技术自从 1985 年问世以来已成为基因工程中最重要的技术，它具有高度的专一性和灵敏度，能快速简便地扩增特定的 DNA 片段。

目前 PCR 技术与其他技术相结合的研究异常活跃，特别是其与差异表达基因克隆技术的结合，产生了一批高效酶基因克隆与表达技术，如消减杂交、代表性差异分析、表达量差异分析、抑制性扣除杂交、order 差异分析等。其在分离克隆新出现的表达基因方面具有明显优势，但仍存在一些缺点，近些年针对这些缺点出现了较大改进，并提出了新的策略与方法。近几年，由于长距离 PCR 扩增技术与消减杂交技术结合，使此技术获得了较大进展，产生了差异表达基因消减杂交技术、基于 c - DNA 文库减法杂交基础上的 LD - PCR 技术和基于 LD - PCR 基础上的减法杂交克隆技术。随着 PCR 技术的优化和基因工程的发展，酶基因克隆与表达技术将不断发展，而且将会获得更多的新酶工程菌。

2. 酶的遗传修饰

近几年兴起的另一个新研究领域是酶的选择性遗传修饰，即酶基因的定点突变，酶工程设计可以采用定点突变和体外分子定向进化两种方式对天然酶分子进行改造。定点突变需要知道酶蛋白的一级结构及编码序列，并根据蛋白质空间结构知识来设计突变位点。体外分子定向进化是近几年新兴的一种蛋白质改造策略，可以在尚不知道蛋白质的空间结构或者根据现有的蛋白质结构知识尚不能进行有效的定点突变时，借鉴实验室手段在体外模拟自然进化的过程（随机突变、重组和选择），使基因发生大量变异，并定向选择出所需性质或功能，从而使几百万年的自然进化过程在短期内得以实现。

利用定点突变技术对天然酶蛋白的催化性质、底物特异性和热稳定性等进行改造已有很多成功的实例，但定点突变技术只能对天然酶蛋白中少数的氨基酸残基进行替换，酶蛋白的高级结构基本维持不变，因而对酶功能的改造较为有限。同时，由于已有的结构与功能相互关系的信息远远不能满足当今人们对蛋白质新功能的要求，因此目前采用体外分子定向进化的方法来改造酶蛋白的研究越来越多，并已在短短几年内取得了令人瞩目的成就，易错PCR(Error prone PCR)和DNA改组(DNA shuffling)就是其中的两种方法。

易错PCR是一种相对简单、快速、廉价的随机突变方法，它通过改变PCR反应条件，如降低一种dNTP的量（降至5%～10%），以dITP来代替被减少的dNTP等，使碱基在一定程度上随机错配而引入多点突变。Chen等通过易错PCR对枯草杆菌蛋白酶E进行了系列体外进化研究，经筛选得到几个在高浓度二甲基甲酰胺(DMF)中酶活力明显提高的突变株。DNA改组则是1994年由美国的Stemmer提出的，这种方法不仅可以对从随机突变文库中筛选出来的一组突变基因人为进化，还可以将具有结构同源性的几种基因进行体外重组，共同进化出一种新的蛋白质。通过这种方法产生的多样性文库可以有效积累有益突变，排除有害突变和中性突变，同时也可实现目的蛋白质多种特性的共进化。

3. 酶的遗传设计

现在人们已掌握遗传设计技术，所以只要有遗传设计蓝图，就能人工合成出所设计的酶基因。酶遗传设计的主要目的是创制优质酶，用于生产昂贵特殊的药品和超自然的生物制品，以满足人类的特殊需要。目前的关键问题在于如何设计超自然的优质酶基因，即如何给出优质酶基因的遗传设计蓝图。现在还不可能根据酶的氨基酸序列预言其空间结构，但随着计算机技术和化学理论的发展，酶或其他大分子的模拟在精确度、速度及规模上都会得到改善，这将导致有关酶行为的新观点或新理论的产生，酶的化学修饰及遗传修饰也将提供更多的实验依据及数据，有助于解决关于酶的结构与功能的关系，因而将促进酶的遗传设计的发展。

可以预计，随着各种高新技术的广泛应用及酶工程研究工作的不断深入，酶工程研究和酶制剂工业必将取得更快、更大的发展。可以相信，将来人们可以用化学的方法随心所欲地构造出各种性能优异的人工合成酶和模拟酶，而且还可以采用生物学方法在生物体外构造出性能优良的产酶工程菌为生产和生活服务，酶工程技术必将在工业、医药、农业、化学分析、环境保护、能源开发和生命科学理论研究等各个方面发挥越来越大的作用。

第二节　酶的催化特性

酶的催化机理是解释酶催化特性的理论，如酶为什么能催化化学反应、酶是如何催化化学反应的、酶为什么有专一性、酶为什么有高效性等。

一、酶为什么能催化化学反应

一个化学反应要能够发生，关键的是反应体系中的分子必须具备一定能量即分子处于活化状态，活化分子比一般分子多含的能量就称为活化能。反应体系中活化分子越多，反应就越快。因此，设法增加活化分子数量，是加快化学反应的唯一途径。增加反应体系的活化分子数有两条途径：一是向反应体系中加入能量，如通过加热、加压、光照等，另一途径是降低反应活化能。酶的作用就在于降低化学反应活化能。非催化过程和催化过程自由能的变化如图 3-1 所示。

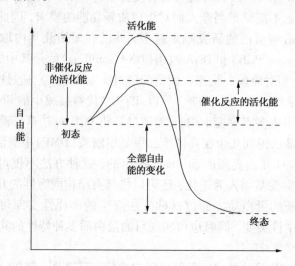

图 3-1 非催化过程和催化过程自由能的变化

二、酶如何降低化学反应的活化能——中间产物学说

中间产物学说认为，酶在催化化学反应时，酶与底物首先形成不稳定的中间物，然后分解酶与产物。即酶将原来活化能很高的反应分成两个活化能较低的反应来进行，因而加快了反应速度。

$$S + E \longrightarrow ES \longrightarrow P + E$$

底物　酶　　　中间产物　　　产物

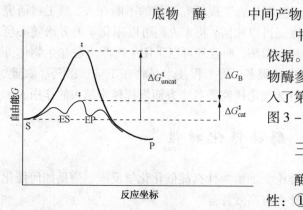

图 3-2 中间产物学说关于活化能变化示意图

中间产物学说已经得到一些可靠的实验依据。如用吸光法证明了含铁卟啉的过氧化物酶参加反应时，单纯的酶的吸收光谱与加入了第一个底物 H_2O_2 后确实产生了变化，如图 3-2 所示。

三、酶与普通催化剂的共性

酶与一般催化剂相比，具有下面几个共性：①具有很高的催化效率，但酶本身在反应前后并无变化。酶与一般催化剂一样，用量少，催化效率高；②不改变化学反应的平衡常数。酶对一个正向反应和其逆向反应速度的影响是相同的，即反应的平衡常数在有酶和无酶的情况下是相同的，酶的作用仅是缩短反应达到平衡所需的时间；③降低反应的活化能。酶作为催化剂能降低反应所需的活化能，因为酶与底物结合形成复合物后改变了反应历程，而在新的反应历程中过渡态所需要的自由能低于非酶反应的能量，增加反应中活化分子数，促进了由底物到产物的转变，从而加快了反应速度。

四、酶催化作用的特性

酶催化作用的特性指酶不同于一般的催化剂的性质。酶作为生物催化剂，具有以下不同于化学催化剂的特点。

（1）高效性　酶比一般的普通催化剂效率高 $10^6 \sim 10^{13}$ 倍。

（2）专一性（Specificity）　酶与化学催化剂之间最大的区别就是酶具有专一性，即酶只能催化一种化学反应或一类相似的化学反应，酶对底物有严格的选择。根据专一程度的不同可分为以下 4 种类型。①键专一性（Bond specificity）这种酶只要求底物分子上有合适的化学键就可以起催化作用，而对键两端的基团结构要求不严。②基团专一性（Group specificity）有些酶除了要求有合适的化学键外，而且对作用键两端的基团也具有不同专一性要求。如胰蛋白酶仅对精氨酸或赖氨酸的的羧基形成的肽键起作用。③绝对专一性（Absolute specificity）这类酶只能对一种底物起催化作用，如脲酶，它只能作用于底物——尿素。大多数酶属于这一类。④立体化学专一性（Stereochemical specificity）很多酶只对某种特殊的旋光或立体异构物起催化作用，而对其对映体则完全没有作用。如 D - 氨基酸氧化酶与 dl - 氨基酸作用时，只有一半的底物（D 型）被分解，因此，可以此法来分离消旋化合物。利用酶的专一性还能进行食品分析。酶的专一性在食品加工上极为重要。

（3）活性容易丧失　大多数酶的本质是蛋白质。由蛋白质的性质所决定，酶的作用条件一般应在温和的条件下，如中性 pH、常温和常压下进行，强酸、强碱或高温等条件都能使酶的活性部分或全部丧失。

（4）酶的催化活性是可调控的　酶作为生物催化剂，它的活性受到严格的调控。调控的方式的许多种，包括反馈抑制、别构调节、共价修饰调节、激活剂和抑制剂的作用。

（一）酶的高效性

1. 临近效应和定向效应

酶可使其底物结合在它的活性部位。底物分子在酶活性中心区域的有效浓度大大增高，从而加速反应。

酶与底物特异性结合后，酶的构象发生变化，使其催化位点基团和结合位点基团正确地排列并定位，使参加反应的几种底物基团定向于酶的催化部位。底物分子和酶活性中心上的一个催化团在相互作用时的趋近效应。

两种效应对反应速度的影响：①使底物浓度在活性中心附近很高；②酶对底物分子的电子轨道具有导向作用；③酶使分子间反应转变成分子内反应；④临近效应和定向效应对底物起固定作用。

2. 张力作用

酶与底物结合时，酶的构象会发生变化，酶分子构象变化可对底物产生张力，使底物分子中的敏感键产生张力或变形，使敏感键更易于破裂：①酶从低活性形式转变为高活性形式；②底物扭曲、变形；③底物构象变化，变得更像过渡态结构，大大降低活化能。

3. 共价催化

共价催化又称共价中间产物学说。酶和底物（因亲核、电效应）以共价键形成一个不稳定的共价中间复合物，这些复合物比无酶存在时更容易进行化学反应，使反应加快。

4. 酸碱催化

这里指广义的酸碱催化，即质子供体和质子受体对酶促反应的催化作用，催化了细胞内的许多种类的有机反应。参与酸碱催化的基团：氨基、羧基、巯基、酚羟基、咪唑基。

影响酸碱催化反应速度的两个因素：①酸碱强度，咪唑基在 pH 值 6 附近给出质子和结合质子能力相同，是最活泼的催化基团；②给出质子或结合质子的速度，咪唑基最快。

5. 微环境效应（酶活性中心的低介电区效应）

一般酶的活性中心穴内是一个相对的非极性区，因此酶的催化基团被低介电环境包围，底物分子的敏感键和酶的催化基团之间就会有很大的反应力，加速酶反应：①疏水环境：酶活性中心附近往往是疏水的，介电常数低，可加强极性基团间的反应；②电荷环境：在酶活性中心附近，往往有可稳定过渡态的离子，增加酶促反应速度。

酶催化反应的高效性，可能是由于以上五种因素中的几种因素协同作用的结果，而非酶催化反应往往只有一种催化机制。

（二）酶的专一性

酶的底物专一性即特异性（Substrate specificity）是指酶对它所作用的底物有严格的选择性。一种酶只能催化某一类，甚至只与某一种物质起化学变化。例如酯酶只能水解脂类，肽酶只能水解肽类，糖苷酶只能水解糖苷等。

1. 酶的专一性的类型

酶的专一性分为两种类型，即结构专一性、立体异构专一性。

（1）结构专一性

有些酶对底物的要求非常严格。只作用于一个底物，而不作用于任何其他物质，这种专一性称为"绝对专一性"（Absolute specificity）。例如脲酶只能催化尿素水解，而对尿素的各种衍生物（如尿素的甲基取代物或氯取代物）不起作用。又如延胡索酸水化酶只作用于延胡索酸（反丁烯二酸）或苹果酸（逆反应的底物），而不作用于结构类似的其他化合物。有些类似的化合物只能成为这个酶的竞争性抑制剂或对酶全无影响。此外，如麦芽糖酶只作用于麦芽糖，而不作用于其他双糖。淀粉酶只作用于淀粉，而不作用于纤维素。碳酸酐酶只作用于碳酸。

有些酶对底物的要求比上述绝对专一性略低一些，它的作用对象不只是一种底物，这种专一性称为"相对专一性"。具有相对专一性的酶作用于底物时，对键两端的基团要求的程度不同，对其中一个基团要求严格，对另一个则要求不严格，这种专一性又称为"族专一性"或"基团专一性"。例如 $\alpha-D-$葡萄糖苷酶不但要求 $\alpha-$糖苷键，并且要求 $\alpha-$糖苷键的一端必须有葡萄糖残基，即 $\alpha-$葡萄糖苷，而对键的另一端 R 基团则要求不严，因此它可催化含有 $\alpha-$葡萄糖苷的蔗糖或麦芽糖水解，但不能使含有 $\beta-$葡萄糖苷的纤维二糖(葡萄糖 $-\beta-1,4-$ 葡萄糖苷)水解。$\beta-D-$ 葡萄糖苷酶则可以水解纤维二糖和其他许多含有 $\beta-D-$ 葡萄糖苷的糖,而对这个糖苷则要求不严,可以是直链,也可以是支链,甚至还可以含有芳香族基团,只是水解速度有些不同。

有一些酶,只要求作用于一定的键,而对键两端的基团并无严格的要求,这种专一性是另一种相对专一性,又称为"键专一性"。这类酶对底物结构的要求最低。例如酯酶催化酯键的水解,而对底物中的 R 及 R'基团都没有严格的要求,既能催化水解甘油脂类、简单脂类,也能催化丙酰、丁酰胆碱或乙酰胆碱等,只是对于不同的脂类,水解速度有所不同。又如磷酸酯酶可以水解许多不同的磷酸酯。其他还有水解糖苷键的糖苷酶,水解肽键的某些蛋白水解酶等。

各种蛋白水解酶都水解肽键,但它们的专一性程度各不相同。细菌中的蛋白水解酶,如枯草杆菌蛋白酶,对于被作用肽键的两端没有严格的要求,只要求组成肽键的氨基端有一个疏水基团;而血液凝固酶系统中的凝血酶,它的专一性程度则相当高,对被水解的肽键的羧基一端要求 L-精氨酸残基,氨基一端要求甘氨酸残基。

胰蛋白酶只专一地水解赖氨酸、精氨酸羧基形成的肽键,胰凝乳蛋白酶专一地水解由芳香族氨基酸或带有较大非极性侧链的氨基酸羧基形成的肽键,弹性蛋白酶专一地水解丙氨酸、甘氨酸及短脂肪链氨基酸的羧基形成的肽键,胃蛋白酶水解芳香族或其他疏水氨基酸的羧基或氨基形成的肽键。蛋白质进入动物消化道后,先受胃蛋白酶、胰蛋白酶及弹性蛋白酶的作用,再受羧基肽酶、氨基肽酶和二肽酶的协同作用,最终水解为氨基酸。

(2)立体异构专一性(Stereospecificity)

① 旋光异构专一性 当底物具有旋光异构体时,酶只能作用于其中的一种。这种对于旋光异构体底物的高度专一性是立体异构专一性中的一种,称为"旋光异构专一性",它是酶反应中相当普遍的现象。例如 L-氨基酸氧化酶只能催化 L-氨基酸氧化,而对 D-氨基酸无作用。

生物体中天然的 D-氨基酸很少,它只能被 D-氨基酸氧化酶催化,而不受 L-氨基酸氧化酶的作用。又如胰蛋白酶只作用于与 L-氨基酸有关的肽键及酯键,而乳酸脱氢酶对 L-乳酸是专一的,谷氨酸脱氢酶对 L-谷氨酸是专一的,$\beta-$ 葡萄糖氧化酶能将 $\beta-D-$ 葡萄糖转变为葡萄糖酸,而对 $\alpha-D-$ 葡萄糖不起作用。

② 几何异构专一性 有的酶具有几何异构专一性,例如前面提到过的延胡索酸水化酶,只能催化延胡索酸即反 - 丁烯二酸水合成苹果酸,或催化逆反应生成反 - 丁烯二酸,而不能催化顺 - 丁烯二酸的水合作用,也不能催化逆反应生成顺 - 丁烯二酸。又如丁二酸脱氢酶只能催化丁二酸(琥珀酸)脱氢生成反 - 丁烯二酸或催化逆反应使反 - 丁烯二酸加氢生成琥珀酸,而不催化顺 - 丁烯二酸的生成及加氢。

酶的立体异构专一性还表现在能够区分从有机化学观点来看属于对称分子中的两个等同的基团,只催化其中的一个,而不催化另一个。例如,一端由 14C 标记的甘油,在甘油激酶的催化下可以与 ATP 作用,仅产生一种标记产物,1 - 磷酸 - 甘油。甘油分子中的两个—CH_2OH 基团从有机化学观点来看是完全相同的,但是酶却能区分它们。另外,用氚标记的方法发现在脱氢酶的催化下,底物和 NAD^+ 之间发生的氢的转移也有着严格的立体异构专一性,这种专一性表现在对尼克酰胺环中 C4 上的氢有选择性。如酵母醇脱氢酶在催化时,辅酶的尼克酰胺环 C4 上只有一侧是可以加氢或脱氢的,另一侧则不被作用。

酵母醇脱氢酶的这种专一性被定为 A 型，凡与酵母醇脱氢酶的辅酶中尼克酰胺环上氢的位置相似，同处一侧，具有同侧专一性的酶都称为 A 型专一性的酶，如苹果酸脱氢酶及异柠檬酸脱氢酶以及有的乳酸脱氢酶等都是。凡是与酵母醇脱氢酶的辅酶中尼克酰胺环上氢的位置不同，处于异侧，具有另一侧专一性的称为 B 型专一性的酶，如谷氨酸脱氢酶、α - 甘油磷酸脱氢酶等。

酶的立体专一性在实践中很有意义，例如某些药物只有某一种构型才有生理效用，而有机合成的药物只能是消旋产物，若用酶便可进行不对称合成或不对称拆分。如用乙酰化酶制备 L - 氨基酸：有机合成的 D、L - 氨基酸经乙酰化后，再用乙酰化酶处理，这时只有乙酰 - L - 氨基酸被水解，于是便可将 L - 氨基酸与乙酰 - D - 氨基酸分开。

（三）酶作用专一性的假说

早期 E. Fisher 曾用"模板"（Template）或"锁与钥匙学说"（Lock and keythoery）来解释酶作用的专一性，认为底物分子或底物分子的一部分像钥匙那样，专一地楔入到酶的活性中心部位，也就是说底物分子进行化学反应的部位与酶分子上有催化效能的必需基团间具有紧密互补的关系，如图 3 - 3 所示。

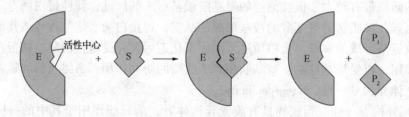

图 3 - 3 锁与钥匙学说示意图

这个学说强调指出只有固定的底物才能楔入与它互补的酶表面，用这个学说，再结合所谓"酶与底物的三点附着"学说就可以较好地解释酶的立体异构专一性。"三点附着"学说指出，立体对映的一对底物虽然基团相同，但空间排列不同，这就可能出现这些基团与酶分子活性中心的结合基团能否互补匹配的问题，只有三点都互补匹配时，酶才作用于这个底物，如果因排列不同，则不能三点匹配，酶不能作用于它，这可能是酶只对 L 型（或 D 型）底物作用的立体构型专一性的机理。前面曾提到的甘油激酶对甘油的作用，即可用此学说来分析：甘油的三个基团以一定的顺序附着到甘油激酶分子"表面"的特定结合部位上，由于酶的专一性，这三个部位中只有一个是催化部位，能催化底物磷酸化反应，这就解释了为什么甘油在甘油激酶的催化下只有一个—CH_2OH 基能被磷酸化的现象。同样，糖代谢中的顺 - 乌头酸酶作用于柠檬酸时，底物中的两个—CH_2—COOH 对于酶来说也是不同的，也可以用上述假说来解释。

以上的学说都属于"刚性模板学说"。但是还有一些问题是这些学说所不能解释的：如果酶的活性中心是"锁和钥匙学说"中的锁，那么，那种结构不可能既适合于可逆反应的底物，又适合于可逆反应的产物。而且，也不能解释酶的专一性中的所有现象。

Koshland 提出了"诱导楔合"假说（Induced - fit hypothesis）：当酶分子与底物分子接近时，酶蛋白受底物分子的诱导，其构象发生有利于底物结合的变化，酶与底物在此基础上互补楔合，进行反应，如图 3 - 4 所示。近年来 X 衍射分析的实验结果支持这一假说，证明了酶与底物结合时，确有显著的构象变化。因此人们认为这一假说比较满意地说明了酶的专一性。

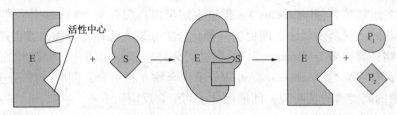

图3-4　诱导楔合假说示意图

事实上通过旋光测定，了解到许多酶在它们的催化循环中确有构象的变化。特别 X 射线衍射分析发现未结合底物的游离羧肽酶与结合了甘氨酰酪氨酸底物的羧肽酶在构象上有很大的区别。溶菌酶 X 射线衍射分析也得到了类似的结果。这些都是支持"诱导楔合"假说的有力证明。

还有一个解释酶专一性的学说——结构性质互补假说，该学说认为酶同底物结合的专一性，与底物结构和酶的活性中心的空间结构相关，二者的结构是互补的。如果底物是解离的，则酶的活性中心的空间结构必然带相反的电荷才能很好结合，而且底物同酶活性中心的极性也必然相同。

第三节　酶的作用原理

一、酶的分类和命名

(一) 酶的分类

多年来，分离和鉴定出来的酶的数目一直以惊人的速度在不断增加。起先，习惯上是由分离和鉴定的人给酶命名的。而这在许多情况下造成了给同一种酶取了不同的名称，或者给不同的酶取了相同的名称。因此，酶的命名变得相当混乱，于是国际生物化学联合会成立了酶命名分类委员会，制订了一种现已作为标准并在酶著作中必须予以采用的命名系统。该系统给每种酶以一个四位数的代码，每个数字由句点分开，并依照下列规则排列。第一个数字表示该酶所属的大类，即：①氧化还原酶类；②转移酶类；③水解酶类；④裂合酶类；⑤异构酶类；⑥连接酶类。第二个数字表示酶所属的亚类，它用更具体的条款确认该酶。第三个数字确切说明酶活性的类型。第四个数字是该酶在亚－亚类中的系列号。这样，前三个数字就清楚地指出了酶的性质。例如，1.2.3.4 表示一种以醛为电子给体、以 02 为电子受体的氧化还原酶，而且它在具体系列中的编号为第四。除了代号以外，还给予每种酶一个系统名称，许多情况下这个名字太麻烦，不使用于常规文献。因而，有人建议在普通场合下使用俗名。俗名作一般用时相当简短，但不一定很确切、很系统；它是早已在大量例子中普遍使用的名字。国际生物化学联合会 1972 年推荐列入《酶的命名和分类》目录上的酶有1700 多种，其中氧化还原酶、转移酶和水解酶各有400多种。

根据酶所催化的反应性质的不同，将酶分成六大类：氧化还原酶类（Oxidoreductase）：促进底物的氧化或还原；转移酶类（Transferases）：促进不同物质分子间某种化学基团的交换或转移。水解酶类（Hydrolases）：促进水解反应；裂合酶类（Lyases）：催化从底物分子双键上加基团或脱基团反应，即促进一种化合物分裂为两种化合物，或由两种化合物合成一种化合物；异构酶类（Isomerases）：促进同分异构体互相转化，即催化底物分子内部的重排反应；合成酶类（Ligase）：促进两分子化合物互相结合，同时 ATP 分子（或其他三磷酸核苷）中的高能磷酸键断裂，即催化分子间缩合反应。

按照国际生化联盟（International Union of Biochemistry and Molecular Biology）的酶学委员会（Enzyme Commission）公布的酶的统一分类原则，在上述六大类基础上，在每一大类酶中又根据底物中被作用的基团或键的特点，分为若干亚类。为了更精确地表明底物或反应物的性质，每一个亚类再分为几个组（亚亚类），每个组中直接包含若干个酶。

（二）酶的命名

通常有习惯命名和系统命名两种方法。

1. 习惯命名

习惯命名常根据两个原则：①根据酶所催化的底物：如水解淀粉的酶称为淀粉酶，水解蛋白质的称为蛋白酶；有时还加上来源，以区别不同来源的同一类酶，如胃蛋白酶、胰蛋白酶等等；②根据酶所催化的反应类型：催化底物分子水解的称为水解酶，催化还原反应的称为还原酶。也有根据上述两项原则综合命名或加上酶的其他特点，如琥珀酸脱氢酶、碱性磷酸酶等等。

习惯命名较简单，习用较久，但缺乏系统性又不甚合理，以致造成某些酶的名称混乱。如肠激酶和肌激酶，从字面看，很似来源不同而作用相似的两种酶，实际上它们的作用方式截然不同。又比如铜硫解酶和乙酰辅酶 A 转酰基酶实际上是同一种酶，但名称却完全不同。

鉴于上述情况和新发现的酶不断增加，为适应酶学发展的新情况，国际生化协会酶委员会推荐了一套系统的酶命名方案和分类方法，决定每一种酶应有系统名称和习惯名称。同时每一种酶有一个固定编号。

2. 系统命名

酶的系统命名是以酶所催化的整体反应为基础的。规定，每种酶的名称应明确写出底物名称及其催化性质。若酶反应中有两种底物起反应，则这两种底物均需列出，当中用"："分隔开。例如：谷丙转氨酶（习惯名称）写成系统名时，应将它的两个底物"L‑丙氨酸""α‑酮戊二酸"同时列出，它所催化的反应性质为转氨基，也需指明，故其名称为"L‑丙氨酸：α‑酮戊二酸转氨酶"。由于系统命名一般都很长，使用时不方便，因此叙述时可采用习惯名。

二、酶的作用原理

（一）酶的催化

酶的催化包括：①酸‑碱催化（Acid‑base catalysis）质子转移加速反应的催化作用；②共价催化（Covalent catalysis）一个底物或底物的一部分与催化剂形成共价键，然后被转移给第二个底物。许多酶催化的基团转移反应都是通过共价方式进行的。

酶的催化机理和一般化学催化剂基本相同，也是先和反应物（酶的底物）结合成络合物，通过降低反应的活化能来提高化学反应的速度，在恒定温度下，化学反应体系中每个反应物分子所含的能量虽然差别较大，但其平均值较低，这是反应的初态。

S（底物）→P（产物）这个反应之所以能够进行，是因为有相当部分的 S 分子已被激活成为活化（过渡态）分子，活化分子越多，反应速度越快。在特定温度时，化学反应的活化能是使 1mol 物质的全部分子成为活化分子所需的能量。

酶（E）的作用是：与 S 暂时结合形成一个新化合物 ES，ES 的活化状态（过渡态）比无催化剂的该化学反应中反应物活化分子含有的能量低得多。ES 再反应产生 P，同时释放 E。E 可与另外的 S 分子结合，再重复这个循环。降低整个反应所需的活化能，使在单位时间内有更多的分子进行反应，反应速度得以加快。如没有催化剂存在时，过氧化氢分解为水和氧的反应（$2H_2O_2 \longrightarrow 2H_2O + O_2$）需要的活化能为 18kcal/mol（1cal = 4.187J），用过氧化氢酶催化此反应时，只需要活化能 2kcal/mol，反应速度约增加 10 ~ 11 倍。

（二）酶作用的分子基础

1. 酶的化学组成

按照酶的化学组成可将酶分为单纯酶和结合酶两大类。单纯酶分子中只有氨基酸残基组成的肽链，结合酶分子中则除了多肽链组成的蛋白质，还有非蛋白成分，如金属离子、铁卟啉或含 B 族维生素的小分子有机物。结合酶的蛋白质部分称为酶蛋白（Apoenzyme），非蛋白质部分统称为辅助因子（Cofactor），两者一起组成全酶（Holoenzyme）；只有全酶才有催化活性，如果两者分开则酶活力消失。非蛋白质部分如铁卟啉或含 B 族维生素的化合物若与酶蛋白以共价键相连的称为辅基（Prosthetic group），用透析或超滤等方法不能使它们与酶蛋白分开；反之两者以非共价键相连的称为辅酶（Coenzyme），可用上述方法把两者分开。

结合酶中的金属离子有多方面功能，它们可能是酶活性中心的组成成分；有的可能在稳定酶分子的构象上起作用；有的可能作为桥梁使酶与底物相连接。辅酶与辅基在催化反应中作为氢（H^+ 和 e^-）或某些化学基团的载体，起传递氢或化学基团的作用。体内酶的种类很多，但酶的辅助因子种类并不多，实际中可见到几种酶均用某种相同的金属离子作为辅助因子的例子，同样的情况亦见于辅酶与辅基，如 3 - 磷酸甘油醛脱氢酶和乳酸脱氢酶均以 NAD^+ 作为辅酶。酶催化反应的特异性决定于酶蛋白部分，而辅酶与辅基的作用是参与具体的反应过程中氢（H^+ 和 e^-）及一些特殊化学基团的运载。

2. 酶的活性中心

酶属生物大分子，相对分子质量至少在 1 万以上，大的可达百万。酶的催化作用有赖于酶分子的一级结构及空间结构的完整。若酶分子变性或亚基解聚均可导致酶活性丧失。一个值得注意的问题是酶所催化的反应物即底物（Substrate），却大多为小分子物质它们的相对分子质量比酶要小几个数量级。

酶的活性中心（Active center）只是酶分子中的很小部分，酶蛋白的大部分氨基酸残基并不与底物接触。组成酶活性中心的氨基酸残基的侧链存在不同的功能基团，如 —NH₂、—COOH、—SH、—OH 和咪唑基等，它们来自酶分子多肽链的不同部位。有的基团在与底物结合时起结合基团（Binding group）的作用，有的在催化反应中起催化基团（Catalytic group）的作用。但有的基团既在结合中起作用，又在催化中起作用，所以常将活性部位的功能基团统称为必需基团（Essential group）。它们通过多肽链的盘曲折叠，组成一个在酶分子表面、具有三维空间结构的孔穴或裂隙，以容纳进入的底物与之结合并催化底物转变为产物，这个区域即称为酶的活性中心。而酶活性中心以外的功能集团则在形成并维持酶的空间构象上也是必需的，故称为活性中心以外的必需基团。对需要辅助因子的酶来说，辅助因子也是活性中心的组成部分。酶催化反应的特异性实际上决定于酶活性中心的结合基团、催化基团及其空间结构。

3. 酶的分子结构与催化活性的关系

酶的分子结构的基础是其氨基酸的序列，它决定着酶的空间结构和活性中心的形成以及酶催化的专一性。如哺乳动物中的磷酸甘油醛脱氢酶的氨基酸残基序列几乎完全相同，说明相同的一级结构是酶催化同一反应的基础。又如消化道的糜蛋白酶、胰蛋白酶和弹性蛋白酶都能水解食物蛋白质的肽键，但三者水解的肽键有各自的特异性，糜蛋白酶水解含芳香族氨基酸残基提供羧基的肽键，胰蛋白酶水解赖氨酸等碱性氨基酸残基提供羧基的肽键，而弹性蛋白酶水解侧链较小且不带电荷氨基酸残基提供羧基的肽键。这三种酶的氨基酸序列分析显示 40% 左右的氨基酸序列相同，都以丝氨酸残基作为酶的活性中心基团，三种酶在丝氨酸残基周围都有 Gly – Asp – Ser – Gly – Pro 序列，X 线衍射研究提示这三种酶有相似的空间结构，这是它们都能水解肽键的基础。而它们水解肽键时的特异性则来自酶的底物结合部位上氨基酸组成上有微小的差别所致。

4. 酶原与酶原激活

有些酶如消化系统中的各种蛋白酶以无活性的前体形式合成和分泌，然后输送到特定的部位，当体内需要时，经特异性蛋白水解酶的作用转变为有活性的酶而发挥作用。这些不具催化活性的酶的前体称为酶原（Zymogen）。如胃蛋白酶原（Pepsinogen）、胰蛋白酶原（Trypsinogen）和胰凝乳蛋白酶原（Chymotrypsinogen）等。某种物质作用于酶原使之转变成有活性的酶的过程称为酶原的激活（Zymogen and activation of zymogen）。使无活性的酶原转变为有活性的酶的物质称为活化素。活化素对于酶原的激活作用具有一定的特异性。例如胰腺细胞合成的糜蛋白酶原为 245 个氨基酸残基组成的单一肽链，分子内部有 5 对二硫键相连，首先由胰蛋白酶水解 15 位精氨酸和 16 位异亮氨酸残基间的肽键，激活成有完全催化活性的 p – 糜蛋白酶，但此时酶分子尚未稳定，经 p – 糜蛋白酶自身催化，去除两分子二肽成为有催化活性并具稳定结构的 α – 糜蛋白酶。

在正常情况下，血浆中大多数凝血因子基本上是以无活性的酶原形式存在，只有当组织或血管内膜受损后，无活性的酶原才能转变为有活性的酶，从而触发一系列的级联式酶促反应，最终导致可溶性的纤维蛋白原转变为稳定的纤维蛋白多聚体，网罗血小板等形成血凝块。

酶原激活的本质是切断酶原分子中特异肽键或去除部分肽段后，有利于酶活性中心形成，一方面它保证合成酶的细胞本身不受蛋白酶的消化破坏，另一方面使它们在特定的生理条件和规定的部位受到激活并发挥其生理作用。如组织或血管内膜受损后激活凝血因子；胃主细胞分泌的胃蛋白酶原和胰腺细胞分泌的糜蛋白酶原、胰蛋白酶原、弹性蛋白酶原等分别在胃和小肠激活成相应的活性酶，促进食物蛋白质的消化就是明显的例证。特定肽键的断裂所导致的酶原激活在生物体内广泛存在，是生物体一种重要的调控酶活性的方式。如果酶原的激活过程发生异常，将导致一系列疾病的发生。出血性胰腺炎的发生就是由于蛋白酶原在未进小肠时就被激活，激活的蛋白酶水解自身的胰腺细胞，导致胰腺出血、肿胀。

三、酶促反应的影响因素

酶促反应动力学（Kinetics of enzyme – catalyzed reactions）是研究酶促反应速度及其影响因素的科学。这些因素主要包括酶的浓度、底物的浓度、pH 值、温度、抑制剂和激活剂等。

米契里斯（Michaelis）和门坦（Menten）根据中间产物学说推导出酶促反应速度方程式，即米氏方程式：

$$V = V_{max}[S]/K_m + [S]$$

其中米氏常数 K_m 值等于酶促反应速度为最大速度一半时的底物浓度。K_m 值愈小，酶与底物的亲和力愈大。K_m 值是酶的特征性常数之一，只与酶的结构、酶所催化的底物和反应环境如温度、pH 值、离子强度有关，与酶的浓度无关。V_{max} 是酶完全被底物饱和时的反应速度，与酶浓度呈正比。

（一）底物浓度对反应速度的影响

底物浓度对酶反应速度的影响是在酶的浓度一定的条件下测定的，底物浓度对反应速度影响呈现矩形双曲线（Rectangular hyperbola），如图 3 – 5 所示。

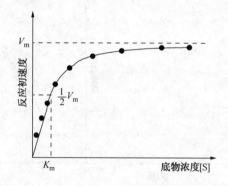

图 3 – 5　底物浓度对反应初速度的影响

在底物浓度很低时，反应速度随底物浓度的增加而急骤加快，两者呈正比关系，表现为一级反应。随着底物浓度的升高，反应速度不再呈正比例加快，反应速度增加的幅度不断下降。如果继续加大底物浓度，反应速度不再增加，表现为零级反应。此时，无论底物浓度增加多大，反应速度也不再增加，说明酶已被底物所饱和。所有的酶都有饱和现象，只是达到饱和时所需底物浓度各不相同而已。

（二）酶浓度的影响

在一定温度和 pH 下，酶促反应在底物浓度大大超过酶浓度时，速度与酶的浓度呈正比。酶浓度对速度的影响机理：酶浓度增加，$[ES]$ 也增加，而 $V_0 = k_3[ES]$，故反应速度增加。

（三）温度对酶促反应速度的影响

酶促反应与其他化学反应一样，随温度的增加，反应速度加快。化学反应中温度每增加 10℃ 反应速度增加的倍数称为温度系数 Q_{10}。一般的化学反应的 Q_{10} 为 2~3，而酶促反应的 Q_{10} 为 1~2。

在一定范围内，反应速度达到最大时对应的温度称为该酶促反应的最适温度（Optimum temperature，T_m），一般动物组织中的酶其最适温度为 35~40℃，植物与微生物中的酶其最适温度为 30~60℃，少数酶可达 60℃ 以上，如细菌淀粉水解酶的最适温度 90℃ 以上。

温度对酶促反应速度的影响机理：①温度影响反应体系中的活化分子数：温度增加，活化分子数增加，反应速度增加；②温度影响酶的活性：过高的温度使酶变性失活，反应速度下降。

最适温度不是酶的特征常数，因为一种酶的最适温度不是一成不变的，它要受到酶的纯度、底物、激活剂、抑制剂、酶反应时间等因素的影响。因此，酶的最适温度与其他反应条件有关。

（四）pH 值对酶促反应速度的影响

大多数酶的活性受 pH 值影响显著，在某一 pH 值下表现最大活力，高于或低于此 pH 值，酶活力显著下降。酶表现最大活力的 pH 值称为酶的最适 pH 值。典型的酶速度 – pH 值曲线是较窄的钟罩型曲线，但有的酶的速度 – pH 值曲线并非一定呈钟罩型。如胃蛋白酶和木瓜蛋白酶的速度 – pH 值曲线。胃蛋白酶的速度 – 温度曲线如图 3 – 6 所示。

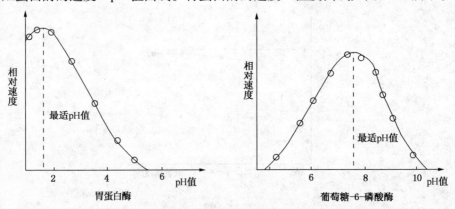

图 3 – 6 胃蛋白酶和葡萄糖 – 6 – 磷酸酶的 pH 值活性曲线

pH 值对酶促反应速度的影响机理：（1）pH 值影响酶和底物的解离：酶的活性基团的解离受 pH 值影响，底物有的也能解离，其解离状态也受 pH 值的影响，在某一反应 pH 值下，二者的解离状态最有利于它们的结合，酶促反应表现出最大活力，此 pH 值称为酶的最适 pH 值；当反应 pH 值偏离最适 pH 值时，酶促反应速度显著下降；（2）pH 值影响酶分子的构象：过高或过低 pH 值都会影响酶分子活性中心的构象，或引起酶的变性失活。

动物体内多数酶的最适 pH 值值接近中性，但也有例外，如胃蛋白酶的最适 pH 值约 1.8，肝精氨酸酶最适 pH 值约为 9.8。最适 pH 值不是酶的特征性常数，它受底物浓度、缓冲液的种类和浓度以及酶的纯度等因素的影响。

（五）激活剂对酶反应速度的影响

能使酶活性提高的物质，都称为激活剂（Activator），其中大部分是离子或简单的有机化合物。如 Mg^{2+} 是多种激酶和合成酶的激活剂，动物唾液中的 α – 淀粉酶则受 Cl^- 的激活。

通常，酶对激活剂有一定的选择性，且有一定的浓度要求，一种酶的激活剂对另一种酶来说可能是抑制剂，当激活剂的浓度超过一定的范围时，它就成为抑制剂。

（六）抑制剂对反应速度的影响

凡能使酶的活性下降而不引起酶蛋白变性的物质称为酶的抑制剂（Inhibitor）。使酶变性失活（称为酶的钝化）的因素如强酸、强碱等，不属于抑制剂。通常抑制作用分为可逆性抑制和不可逆性抑制两类。

1. 不可逆性抑制作用（Irreversible inhibition）

不可逆性抑制作用的抑制剂，通常以共价键方式与酶的必需基团进行不可逆结合而使酶丧失活性，按其作用特点，又有专一性及非专一性之分。

（1）非专一性不可逆抑制　抑制剂与酶分子中一类或几类基团作用，不论是必需基团与否，皆可共价结合，由于其中必需基团也被抑制剂结合，从而导致酶的抑制失活。某些重金属（Pb^{2+}、Cu^{2+}、Hg^{2+}）及对氯汞苯甲酸等，能与酶分子的巯基进行不可逆适合，许多以巯基作为必需基团的酶（通称巯基酶），会因此而遭受抑制，属于此种类型。用二巯基丙醇（British anti-lewisite，BAL）或二巯基丁二酸钠等含巯基的化合物可使酶复活。

（2）专一性不可逆抑制　此属抑制剂专一地作用于酶的活性中心或其必需基团，进行共价结合，从而抑制酶的活性。有机磷杀虫剂能专一作用于胆碱酯酶活性中心的丝氨酸残基，使其磷酰化而不可逆抑制酶的活性。当胆碱酯酶被有机磷杀虫剂抑制后，乙酰胆碱不能及时分解成乙酸和胆碱，引起乙酰胆碱的积累，使一些以乙酰胆碱为传导介质的神经系统处于过度兴奋状态，引起神经中毒症状。解磷定等药物可与有机磷杀虫剂结合，使酶和有机磷杀虫剂分离而复活。

2. 可逆性抑制（Reversible inhibition）

抑制剂与酶以非共价键结合，在用透析等物理方法除去抑制剂后，酶的活性能恢复，即抑制剂与酶的结合是可逆的。这类抑制剂大致可分为以下二类。

（1）竞争性抑制（Competitive inhibition）　抑制剂 I 和底物 S 对游离酶 E 的结合有竞争作用，互相排斥，已结合底物的 ES 复合体，不能再结合 I。同样已结合抑制剂的 EI 复合体，不能再结合 S，如图 3 – 7 所示。

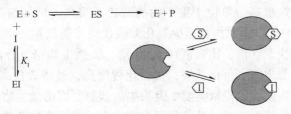

图 3 – 7　竞争性抑制示意图

很多药物都是酶的竞争性抑制剂。例如磺胺药与对氨基苯甲酸具有类似的结构，而对氨基苯甲酸、二氢喋呤及谷氨酸是某些细菌合成二氢叶酸的原料，后者能转变为四氢叶酸，它是细菌合成核酸不可缺少的辅酶。由于磺胺药是二氢叶酸合成酶的竞争性抑制剂，进而减少细菌体内四氢叶酸的合成，使核酸合成障碍，导致细菌死亡。抗菌增效剂 - 甲氧苄氨嘧啶(TMP)能特异地抑制细菌的二氢叶酸还原为四氢叶酸，故能增强磺胺药的作用。

（2）非竞争性抑制(Non - competitive inhibition)

抑制剂 I 和底物 S 与酶 E 的结合完全互不相关，既不排斥，也不促进结合，抑制剂 I 可以和酶 E 结合生成 EI，也可以和 ES 复合物结合生成 ESI。底物 S 和酶 E 结合成 ES 后，仍可与 I 结合生成 ESI，但一旦形成 ESI 复合物，再不能释放形成产物 P，如图 3 - 8 所示。

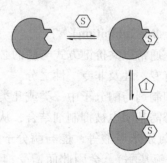

图 3 - 8　非竞争性抑制示意图

（3）反竞争性抑制　反竞争性抑制剂必须在酶结合了底物之后才能与酶与底物的中间产物结合，该抑制剂与单独的酶不结合。反竞争性抑制剂存在下，K_m、V_{max} 都变小。

第四节　酶的产生和分离纯化

一、微生物酶的发酵生产

商业用酶来源于动植物组织和某些微生物。传统上由植物提供的酶有蛋白酶、淀粉酶、氧化酶和其他酶，由动物组织提供的酶主要有胰蛋白酶、脂肪酶和用于奶酪生产的凝乳酶。但是，从动物组织或植物组织大量提取的酶，经常要涉及技术、经济以及伦理的问题，使得许多传统的酶源已远远不能适应当今世界对酶的需求。为了扩大酶源，人们正越来越多地求助于微生物。发展微生物作为酶生产的来源主要有以下原因：①微生物生长繁殖快，生活周期短，产量高，单位干重产物的酶比活很高。例如细菌在合适条件下只需 20 ~ 30min 便可繁殖一代，而农作物至少要几天或几周才能增重一倍。一般来说，微生物的生长速度比农作物快 500 倍，比家畜快 1000 倍。②微生物培养方法简单，所用的原料大都为农副产品，来源丰富，价格低廉，机械化程度高，经济效益高。例如同样生产 1kg 结晶的蛋白酶，若从牛胰脏中提取需要 1 万头牛的胰脏，而由微生物生产则仅需数百千克的淀粉、麸皮和黄豆粉等副产品，几天便可生产出来。③微生物菌株种类繁多，酶的品种齐全。不同环境中的微生物有迥然不同的代谢类型，分解不同的基质有着多样性的酶，可以说一切动植物细胞中存在的酶几乎都能从微生物细胞中找到。④微生物有较强的适应性和应变能力，可以通过适应、诱导、诱变及基因工程等方法培育出新的产酶量高的菌种。

实际上，迄今能够用于酶生产的微生物种类是十分有限的。人们偏好于使用长期以来在食品和饮料工业上用作生产菌的微生物。因为要使用未经检验的微生物进行生产，就必须获得法定机构的许可，而获准前必须先进行产品毒性与安全性的评价，整个过程十分费时、费事。基于这个原因，目前大多数的工业微生物酶的生产，都局限于使用仅有的极少数的真菌、细菌或酵母菌。只有找到更加经济可靠的安全试验方法，才能使更多的微生物在工业酶的生产中得到应用。微生物发酵产酶的方法同其他发酵行业类似，首先必须选择合适的产酶菌株，然后采用适当的培养基和培养方式进行发酵，使微生物生长繁殖并合成大量所需的酶，最后将酶分离纯化，制成一定的酶制剂。

微生物酶的发酵生产是指在人工控制的条件下，有目的地利用微生物来培养生产所需的酶，其技术包括培养基和发酵方式的选择及发酵条件的控制管理等方面的内容。

（一）培养基

由于酶是蛋白质，酶的形成也是蛋白质的合成过程，因此微生物产酶的培养基要有利于蛋白质的合成。大多数工业用酶的合成受底物的诱导和分解代谢物的阻遏双重调节，为提高酶产量，应向培养基中添加适量的诱导物，并尽量减少阻遏物的浓度。其次，各种营养物质的比例要适当，同时，还应创造一个适于微生物生长和产酶的酸碱度环境。此外，还应注意到有些微生物生长繁殖的培养基不一定有利于酶的合成，也就是说生长繁殖与产酶可能需要两种不同组分的培养基。

1. 碳源

碳源是微生物细胞生命活动的基础，是合成酶的主要原料之一。工业生产上应考虑原料的价格及来源，通常使用各种淀粉及它们的水解物如糊精、葡萄糖等作为碳源。在微生物发酵中，为减少葡萄糖所引起的分解代谢物的阻遏作用，采用淀粉质材料或它们的不完全水解物比葡萄糖更有利。对于一些特殊的产酶菌需要特殊的碳源才能产酶，如利用黄青霉生产葡萄糖氧化酶，以甜菜糖蜜作碳源时不产生目的酶，而以蔗糖为碳源时产酶量显著提高。

2. 氮源

氮源可分为有机氮和无机氮，选用何种氮源因微生物或酶种类的不同而异，如用于生产蛋白酶、淀粉酶的发酵培养基，多数以豆饼粉、花生饼粉等为氮源，因为这些高分子有机氮对蛋白酶的形成有一定程度上的诱导作用；而利用绿木霉生产纤维素酶时，应选用无机氮为氮源，因为有机氮会促进菌体的生长繁殖，对酶的合成不利。

3. 无机盐类

在微生物的发酵生产中，应特别注意有些金属离子是酶的组成成分，如钙离子是淀粉酶的成分之一，也是芽孢形成所必需的。无机盐一般在低浓度情况下有利于酶产量的提高，而高浓度则容易产生抑制。

4. 生长因子

生长因子是指细胞生长必需的微量有机物，如维生素、氨基酸、嘌呤碱、嘧啶碱等，它们是构成辅酶的必需物质。有些氨基酸还可以诱导或阻遏酶的合成，如在培养基中添加大豆的酒精抽提物，米曲霉的蛋白酶产量可提高约 2 倍。

5. 培养基的 pH 值

在配制培养基时应根据微生物的需要调节 pH 值。一般情况下，多数细菌、放线菌生长的最适 pH 值为中性至微碱性，而霉菌、酵母则偏好微酸性。培养基的 pH 值不仅影响微生物的生长和产酶，而且对酶的分泌也有作用。如用米曲霉生产 α - 淀粉酶，当培养基的 pH 值由酸性向碱性偏移时，胞外酶的合成减少，而胞内酶的合成增多。

（二）酶的发酵生产方式

酶的发酵生产方式有两种，一种是固体发酵，另一种是液体深层发酵。固体发酵法主要是用于真菌的酶生产，其中用米曲霉生产淀粉酶，以及用曲霉和毛霉生产蛋白酶在我国已有悠久的历史。这种培养方法虽然简单，但是操作条件不容易控制。随着微生物发酵工业的发展，现在大多数的酶是通过液体深层发酵培养生产的。

液体深层培养应注意控制以下条件：①温度 温度不仅影响微生物的繁殖，而且也明显影响酶和其他代谢物的形成和分泌。一般情况下产酶温度低于生长温度，例如酱油曲霉蛋白合成酶合成的最适温度为 28℃，而其生长的最佳温度为 40℃；②通气和搅拌 需氧菌的呼吸作用要消耗氧气，如果氧气供应不足，将影响微生物的生长发育和酶的产生。为提高氧气的溶解度，应对培养液加以通气和搅拌。但是通气和搅拌应适当，以能满足微生物对氧的需求为妥，过度通气对有些酶如青霉素酰化酶的生产会有明显的抑制作用，而且在剧烈搅拌和通气下容易引起酶蛋白发生变性失活；③ pH 值的控制 在发酵过程中要密切注意控制培养基 pH 值的变化。有些微生物能同时产生几种酶，可以通过控制培养基的 pH 值以影响各种酶之间的比例，例如当利用米曲霉生产蛋白酶时，提高 pH 值有利于碱性蛋白酶的形成，降低 pH 值则主要产生酸性蛋白酶。

（三）提高酶产量的措施

在酶的发酵生产过程中，为了提高酶的产量，除了选育优良的产酶菌株外，还可以采用一些与酶发酵工艺有关的措施，例如添加诱导物、控制阻遏物浓度等。

1. 添加诱导物

对于诱导酶的发酵生产，在发酵培养基中添加诱导物能使酶的产量显著增加。诱导物一般可分为三类：①酶的作用底物，例如青霉素是青霉素酰化酶的诱导物；②酶的反应产物，例如纤维素二糖可诱导纤维素酶的产生；③酶的底物类似物，例如异丙基 β – D – 硫代半乳糖苷（WIG）对 β – 半乳糖苷酶的诱导效果比乳糖高几百倍。其中使用最广泛的诱导物是不参与代谢的底物类似物。

2. 降低阻遏物浓度

微生物酶的生产受到代谢末端产物的阻遏和分解代谢物阻遏的调节。为避免分解代谢物的阻遏作用，可采用难于利用的碳源，或采用分次添加碳源的方法使培养基中的碳源保持在不至于引起分解代谢物阻遏的浓度。例如在 β – 半乳糖苷酶的生产中，只有在培养基中不含葡萄糖时，才能大量诱导产酶。对于受末端产物阻遏的酶，可通过控制末端产物的浓度使阻遏解除，例如，组氨酸的合成途径中，10 种酶的生物合成受到组氨酸的反馈阻遏，若在培养基中添加组氨酸类似物，如 2 – 噻唑丙氨酸，可使这 10 种酶的产量增加 10 倍。

3. 表面活性剂

在发酵生产中，非离子型的表面活性剂常被用作产酶促进剂，但它的作用机制尚未搞清。可能是由于它的作用改变了细胞的通透性，使更多的酶从细胞内透过细胞膜泄漏出来，从而打破了胞内酶合成的反馈平衡，提高了酶的产量。此外，有些表面活性剂对酶分子有一定的稳定作用，可以提高酶的活力，例如利用霉菌发酵生产纤维素酶，添加 1% 的吐温可使纤维素酶的产量提高几倍到几十倍。

4. 添加产酶促进剂

产酶促进剂是指那些能提高酶产量但作用机制尚未阐明的物质，它可能是酶的激活剂或稳定剂，也可能是产酶微生物的生长因子，或有害金属的螯合剂，例如添加植酸钙可使多种霉菌的蛋白酶和橘青霉的 5′ - 磷酸二酯酶的产量提高 2 ~ 20 倍。

二、酶的分离纯化（优良产酶菌种的筛选）

优良的产酶菌种是提高酶产量的关键，筛选符合生产需要的菌种是发酵生产酶的首要环节，一个优良的产酶菌种应具备以下几点：繁殖快、产酶量高、有利于缩短生产周期；能在便宜的底物上生长良好；产酶性能稳定、菌株不易退化、不易受噬菌体侵袭；产生的酶容易分离纯化；不是致病菌及产生有毒物质和其他生理活性物质的微生物，确保酶生产和应用的安全。

产酶菌种的筛选方法与发酵工程中微生物的筛选方法一致，主要包括以下几个步骤：含菌样品的采集，菌种分离，产酶性能测定及复筛等。对于胞外酶的产酶菌株，经常采用分离与定性和半定量测定产酶性能相结合的方法，使之在培养皿中分离时就能大致了解菌株的产酶性能。具体操作如下：将酶的底物和培养基混合倒入培养皿中制成平板，然后涂布含菌的样品，如果长出的菌落周围底物发生变化，即证明它产酶。如果是胞内酶，则可采用固体培养法或液体培养法来确定。固体培养法是把菌种接入固体培养基中，保温数天，用水或缓冲液将酶抽提，测定酶活力，这种方法主要适用于霉菌；液体培养法是将菌种接入液体培养基后，静置或在摇床上振荡培养一段时间（视菌种而异），再测定培养物中酶的活力，通过比较，筛选出产酶性能较高的菌种供复筛使用。

酶的分离纯化是酶工程的主要内容，也是酶学研究过程中必不可少的环节。酶的分离纯化是指将酶从细胞或其他含酶原料中提取出来，再与杂质分开，以获得符合研究或使用要求的酶的过程。其主要内容包括细胞破碎、酶的提取、离心分离、过滤与膜分离、沉淀分离、层析分离、电泳分离、萃取分离、结晶等。

（一）细胞破碎

酶的种类繁多，已知的约 4000 种，它们存在于不同生物体的不同部位。除了动物和植物体液中的酶和微生物胞外酶之外，大多数酶都存在于细胞之中。为了获得细胞内的酶，就得收集细胞并进行细胞或组织破碎。对于不同的生物体，或同一生物体的不同组织的细胞，由于结构不同，所采用的细胞破碎方法和条件亦有所不同，必须根据具体情况进行适当的选择，以达到预期的效果。细胞破碎的方法很多，可以分为机械破碎法、物理破碎法、化学破碎法和酶学破碎法等。

1. 机械破碎法

通过机械运动所产生的剪切力的作用使细胞破碎的方法，称为机械破碎法。常用的破碎机械有：组织捣碎机、细胞研磨器、匀浆器等。

2. 物理破碎法

通过温度、压力、声波等各种物理因素的作用使组织细胞破碎的方法，称为物理破碎法。物理破碎法多用于微生物细胞的破碎。常用的物理破碎法方法有：①温度差破碎法：利用温度的突然变化，细胞由于热胀冷缩的作用而破碎。②压力差破碎法：通过压力的突然变化，使细胞破碎。常用的有高压冲击、突然降压及渗透压变化等方法。③超声波破碎法：利用超声波发生器所发出的 10 ~ 20kHz 的声波或超声波的作用，使细胞膜产生空穴作用（Cavitation）而使细胞破碎。

3. 化学破碎法

通过各种化学试剂对细胞膜的作用使细胞破碎的方法，称为化学破碎法。常用的化学试剂有甲苯、丙酮、丁醇、氯仿等有机溶剂和特里顿（Triton）、吐温（Tween）等表面活性剂。

4. 酶学破碎法

通过细胞本身的酶系或外加酶制剂的催化作用，使细胞外层结构受到破坏，而达到细胞破碎的目的。利用细胞本身的酶系的作用，在一定的 pH 值和温度条件下保温一段时间，使细胞破坏，而使细胞内物质释出的方法，称为自溶法。自溶法效果的好坏取决于温度、pH 值、离子强度等自溶条件的选择与控制。根据细胞外层结构的特点，还可以外加适当的酶作用于细胞，使细胞壁受到破坏，并在低渗透压的溶液中使细胞破裂。例如，革兰氏阳性菌主要依靠肽多糖维持细胞壁的结构和形状，外加溶菌酶，作用于肽多糖的 $\beta - 1，4 -$ 糖苷键，而使其细胞壁破坏；酵母细胞的破碎是外加 $\beta -$ 葡聚糖酶，使其细胞壁的 $\beta - 1，3 -$ 葡聚糖水解；霉菌可用几丁质酶机械细胞破碎；纤维素酶、半纤维素酶和果胶酶的混合使用，对植物细胞壁有良好的破碎效果。

（二）酶的提取

酶的提取是指在一定的条件下，用适当的溶剂处理含酶原料，使酶充分溶解到溶剂中的过程，也称作酶的抽提。酶提取时首先应根据酶的结构和溶解性质，选择适当的溶剂。酶都能溶解于水，可用水或稀酸、稀碱、稀盐溶液等进行提取。有些酶与脂质结合或含有较多的非极性基团，则可用有机溶剂提取。为了提高酶的提取率并防止酶的变性失活，在提取过程中要注意控制好温度、pH 值等提取条件。根据酶提取时所采用的溶剂或溶液的不同，酶的提取方法主要有盐溶液提取、酸溶液提取、碱溶液提取和有机溶剂提取等。

1. 盐溶液提取

大多数蛋白类酶（P - 酶）都溶于水，而且在低浓度的盐存在的条件下，酶的溶解度增加，这称为盐溶现象，所以一般采用稀盐溶液进行酶的提取。例如，固体发酵生产的麸曲中的淀粉酶、蛋白酶等胞外酶，用 0.14mol/L 的氯化钠溶液或 0.02 ~ 0.05mol/L 的磷酸缓冲液提取；枯草杆菌碱性磷酸酶用 0.1mol/L 氯化镁溶液提取等。有少数酶，如霉菌脂肪酶，用清水提取的效果较好。

核酸类酶（R - 酶）的提取，一般是在细胞破碎后，用 0.14mol/L 的氯化钠溶液提取，得到核糖核蛋白提取液，再进一步与蛋白质等杂质分离，而得到酶 RNA。

2. 酸溶液提取

有些酶在酸性条件下溶解度较大，且稳定性较好，宜用酸溶液提取。例如，胰蛋白酶可用 0.12mol/L 的硫酸溶液提取。

3. 碱溶液提取

有些在碱性条件下溶解度较大且稳定性较好的酶，应采用碱溶液提取。例如，细菌 L - 天冬酰胺酶可用 pH 值 11 ~ 12 的碱溶液碱性提取。

4. 有机溶剂提取

有些与脂质结合牢固或含有较多非极性基团的 P - 酶，可以采用与水可混溶的丁醇等有机溶剂提取，例如，琥珀酸脱氢酶、胆碱酯酶等的提取。在 R－酶的提取中，经常采用苯酚水溶液。一般是在细胞破碎、制成匀浆后，加入等体积的 90% 苯酚水溶液，振荡一段时间，结果 DNA 和蛋白质沉淀于苯酚层，而 RNA 溶解于水中。

在酶提取过程中，为了防止酶变性失活，温度不宜高，尤其是采用有机溶剂提取时，温度应该控制在 $0 \sim 10℃$ 。有些酶对温度的耐受性较高，可在室温或更高一些的温度条件下提取。为了提高酶的溶解度，提取时 pH 值应该避开酶的等电点。此外，还可加入某些保护剂，以提高酶的稳定性。

（三）酶的分离纯化

分离纯化提取活性的酶或蛋白质必须保持天然活性状态。分离纯化的一般步骤：材料的选择→原料的预处理→蛋白质的抽提→从抽提液中沉淀蛋白质→纯化→蛋白质的结晶。分离纯化的方法主要根据蛋白质分子的大小、溶解度、带电荷不同等性质。

1. 根据分子大小不同的分离方法

（1）离心

离心分离是借助于离心机旋转所产生的离心力，使不同大小、不同密度的物质分离的技术过程。离心机多种多样，按照离心机的最大转速的不同可以分为常速（低速）、高速和超速等 3 种。常速离心机的最大转速在 8000r/min 以内，相对离心力（RCF）在 $1 \times 10^4 g$ 以内，在酶的分离纯化过程中，主要用于细胞、细胞碎片和培养基残渣等固形物的分离。高速离心机的最大转速为 $1 \times 10^4 \sim 2.5 \times 10^4 r/min$，相对离心力达到 $1 \times 10^4 \sim 1 \times 10^5 g$，在酶的分离中主要用于沉淀、细胞碎片和细胞器等的分离。超速离心机的最大转速达 $2.5 \times 10^4 \sim 8 \times 10^4 r/min$，相对离心力可以高达 $5 \times 10^5 g$。超速离心可以采用差速离心、密度梯度离心或等密梯度离心等方法。超速离心可用于酶分子的分离纯化。在离心过程中，应该根据需要，选择好离心力（或离心速度）和离心时间，并且控制好温度和 pH 值等条件。

离心方法可分为差速离心、密度梯度离心和等密度梯度离心等。差速离心是采用不同的离心速度和离心时间，使沉降速度不同的颗粒分批分离的方法。差速离心主要用于分离那些大小和密度差异较大的颗粒，操作简单、方便，但分离效果较差。密度梯度离心是样品在密度梯度介质中进行离心，使沉降系数比较接近的物质得以分离的一种区带离心方法。当欲分离的不同颗粒的密度范围在离心介质的密度梯度范围内时，在离心力作用下，不同浮力密度的物质颗粒或向下沉降，或向上飘浮，一直移动到与它们各自浮力密度恰好相等的位置（等密度点）形成区带，即为等密度梯度离心。

（2）过滤与膜分离

过滤是借助于过滤介质将不同大小、不同形状的物质分离的技术。过滤介质多种多样，常用的有滤纸、滤布、纤维、多孔陶瓷和各种高分子膜等，其中以各种高分子膜为过滤介质的过滤技术称为膜分离技术。微滤、超滤、反渗透、透析及电渗析等都属于膜过滤技术。根据过滤介质截留的物质颗粒大小不同，过滤可以分为粗滤、微滤、超滤和反渗透等 4 大类。

借助于一定孔径的高分子薄膜，将不同大小、不同形状和不同特性的物质颗粒或分子进行分离的技术称为膜分离技术。膜分离所使用的薄膜主要是由丙烯腈、醋酸纤维素、赛璐珞以及尼龙等高分子聚合物制成的高分子膜。有时也可以采用动物膜或羊皮纸等。在膜分离过程中，薄膜的作用是选择性地让小于其孔径的物质颗粒或分子通过，而把大于其孔径的颗粒截留。膜的孔径有多种规格可供使用时选择。根据物质颗粒或分子通过薄膜的原理和推动力的不同，膜分离技术可以分为加压膜分离、电场膜分离和扩散膜分离3大类。电场膜分离是在半透膜的两侧分别装上正、负电极。在电场作用下，小分子的带电物质或离子向着与其本身所带电荷相反的电极移动，透过半透膜而达到分离的目的。电渗析和离子交换膜电渗析即属于此类。

凝胶过滤又称分子筛层析或分子排阻层析，是以各种多孔凝胶为固定相，利用溶液中各组分的相对分子质量不同而进行分离的层析技术。凝胶的种类很多，常用于凝胶层析的有葡聚糖凝胶、琼脂糖凝胶、聚丙烯酰胺凝胶等。各种凝胶均有系列产品，不同的型号表明凝胶的孔径不同，可根据需要选择使用。

2. 根据分子带电性不同的分离方法——电泳

带电粒子在电场中向着与其本身所带电荷相反的电极移动的过程称为电泳。不同的物质由于其带电性质及其颗粒大小和形状不同，在一定的电场中它们的移动方向和移动速度也不同，故此可使它们分离。物质颗粒在电场中的移动方向，决定于它们所带电荷的种类。带正电荷的颗粒向电场的阴极移动；带负电荷的颗粒则向阳极移动。净电荷为零的颗粒在电场中不移动。颗粒在电场中的移动速度主要决定于其本身所带的净电荷量，同时受颗粒形状和颗粒大小的影响。此外，还受到电场强度、溶液 pH 值、离子强度及支持体的特性等外界条件的影响。

（1）电泳分离的影响因素

① 电场强度。电场强度是指每厘米距离的电压降，又称为电位梯度或电势梯度。电场强度对颗粒的泳动速度起着十分重要的作用。电场强度越高，带电颗粒的泳动速度越快。根据电场强度的大小可将电泳分为高压电泳和常压电泳。

② 溶液的 pH 值。溶液的 pH 值决定了溶液中颗粒分子的解离程度，也就是决定了颗粒分子所带净电荷的多少。溶液的 pH 值离开其等电点越远，颗粒所带净电荷越多，泳动速度越快；反之，颗粒的泳动速度则越慢。

③ 溶液的离子强度。溶液的离子强度越高，颗粒的泳动速度越慢。

④ 电渗。在电场中，溶液对于固体支持物的相对移动称为电渗。例如，在纸电泳中，由于滤纸纤维素上带有一定量的负电荷，使与滤纸相接触的水分子感应而带有一些正电荷，水分子便会向负极移动并带动溶液中的颗粒一起向负极移动。若颗粒本身向负极移动，则其表观泳动速度将比其本来的泳动速度快；若颗粒本身向正极移动，则其表观泳动速度慢于其本来的泳动速度。净电荷为零的颗粒，也会随水向负极移动。

此外，缓冲液的黏度和温度等也对颗粒的泳动速度有一定的影响。

（2）电泳的类型

在酶学研究中，电泳技术主要用于酶的纯度鉴定、酶相对分子质量测定、酶等电点测定以及少量酶的分离纯化。按其使用的支持体不同，可分为纸电泳、薄层电泳、薄膜电泳、凝胶电泳和等电点聚焦电泳等。纸电泳是以滤纸为支持体的电泳技术。薄层电泳是将支持体与缓冲液调制成适当厚度的薄层而进行电泳的技术。薄膜电泳是以醋酸纤维等高分子物质制成的薄膜为支持体的电泳技术。凝胶电泳是以各种具有网状结构的多孔凝胶作为支持体的电泳技术。凝胶电泳的支持体主要有聚丙烯酰胺凝胶和琼脂糖凝胶等。常用的是聚丙烯酰胺凝胶电泳（PAGE）。聚丙烯酰胺凝胶电泳按其凝胶形状和电泳装置的不同，可以分为垂直管型盘状凝胶电泳和垂直板型片状凝胶电泳。两者的操作原理和方式基本相同，不同的是前者在玻璃管内制成圆柱状的凝胶，后者则在两块玻璃板之间制成平板状凝胶。聚丙烯酰胺凝胶电泳按其凝胶组成系统的不同，可以分为连续凝胶电泳、不连续凝胶电泳、浓度梯度凝胶电泳和 SDS 凝胶电泳等 4 种。等电点聚焦电泳又称为等电点聚焦或电聚焦，是 20 世纪 60 年代后期发展起来的电泳技术，在酶的等电点测定和酶的分离中广泛使用。在电泳系统中，加进两性电解质载体。当接通直流电时，两性电解质载体即形成一个由阳极到阴极连续增高的 pH 值梯度。当酶或其他两性电解质进入这个体系时，不同的两性电解质即移动到与其等电点相当的 pH 值位置上，从而使不同等电点的物质得以分离。这种电泳技术称为等电点聚焦电泳。

3. 层析分离

层析分离是利用混合液中各组分的物理化学性质（分子的大小和形状、分子极性、吸附力、分子亲和力、分配系数等）的不同，使各组分以不同程度分布在两相中，其中一个相是固定的称为固定相；另一个相是流动的，称为流动相。当流动相流经固定相时，各组分以不同的速度移动，从而使不同的组分分离纯化。酶可以采用不同的层析方法进行分离纯化，常用的有吸附层析、分配层析、离子交换层析、凝胶层析和亲和层析等。

（1）吸附层析

吸附层析是利用吸附剂对不同物质的吸附力不同而使混合物中各组分分离的方法。吸附层析是各种层析技术中应用最早且至今仍广泛使用的技术。任何两个相之间都可以形成一个界面，其中一个相的物质或溶质在两相界面上的密集现象称为吸附。凡是能够将其他物质聚集到自己表面上的物质称为吸附剂，能聚集于吸附剂表面的物质称为被吸附物。吸附层析通常采用柱型装置，将吸附剂装在吸附柱中进行柱层析。层析时，欲分离样品液自柱顶加入，上柱完毕后，再加入洗脱剂解吸洗脱。

（2）分配层析

分配层析是利用各组分在两相中的分配系数不同而分离的方法。常见的纸上层析和一些薄层层析属于分配层析。在分配层析中，通常采用一种多孔性固体支持物（如滤纸、硅藻土、纤维素等）吸着一种溶剂（称为固定相），另一种与固定相溶剂互不相溶的溶剂可沿着固定相流动（称为流动相），当某溶质在流动相的带动流经固定相时，该溶质在两相之间进行连续的动态分配。由于不同的溶质有不同的分配系数，移动速度不同，从而达到分离的目的。分配系数是指一种溶质在两种互不相溶的溶剂中溶解达到平衡时，该溶质在两相溶剂中的浓度比值。在层析条件确定后，溶质的分配系数是一常数。

（3）离子交换层析

离子交换层析是利用离子交换剂上的可解离基团对各种离子的亲和力不同而达到分离目的的一种层析分离方法。离子交换剂是含有若干活性基团的不溶性高分子物质。通过在不溶性高分子物质（母体）上引入若干可解离基团（活性基团）而制成。离子交换剂进行酶的层析分离过程包括装柱、上柱、洗脱、收集和交换剂再生等步骤。

（4）凝胶层析

凝胶层析又称凝胶过滤、分子筛层析或分子排阻层析，是以各种多孔凝胶为固定相，利用溶液中各组分的相对分子质量不同而进行分离的层析技术。凝胶的种类很多，常用于凝胶层析的有葡聚糖凝胶、琼脂糖凝胶、聚丙烯酰胺凝胶等。各种凝胶均有系列产品，不同的型号表明凝胶的孔径不同，可根据需要选择使用。

（5）亲和层析

亲和层析是利用生物分子与配基之间所具有的专一而又可逆的亲和力，使酶等生物分子分离纯化的技术。酶与底物，酶与竞争性抑制剂，酶与辅助因子，抗原与抗体，酶RNA 与互补的 RNA 分子或片段，RNA 与互补的 DNA 分子或片段等之间都是具有专一而又可逆亲和力的生物分子对。故此，亲和层析在酶的分离纯化中有重要应用。在亲和层析中，作为固定相的一方称为配基(Ligand)。配基必须偶联于不溶性母体(Matrix)上。母体又称为载体或担体。在亲和层析中，一般采用琼脂糖凝胶、葡聚糖凝胶、聚丙烯酰胺凝胶或纤维素等作为母体。当小分子物质(金属离子等无机辅助因子、有机辅助因子等)作为配基时，由于空间位阻作用，难以与配对的大分子亲和吻合，需要在母体与配基之间引入适当长度的连接臂(Spacearm)。

4. 萃取分离

萃取分离是利用物质在两相中的溶解度不同而使其分离的技术。萃取分离中的两相一般为互不相溶的两个液相，有时也可采用其他流体。按照两相的组成不同，萃取可以分为有机溶剂萃取、液膜萃取、双水相萃取和超临界萃取等。

（四）酶的结晶

结晶是溶质以晶体形式从溶液中析出的过程。结晶时，溶质分子按照一定的规律排列在一起，形成特定形状的晶体颗粒。酶的结晶是酶分离纯化的一种手段，也是酶的一种制品形式。在酶学研究中，酶结晶为酶的结构、功能、催化机制等方面的研究提供了适宜的样品，同时为较高纯度的酶的获得和应用创造了条件。酶结晶的方法多种多样，主要有盐析结晶、有机溶剂结晶、透析平衡结晶、等电点结晶等。

1. 盐析结晶

在适宜的温度和 pH 值等条件下，慢慢增加酶液中盐的浓度，使酶的溶解度慢慢降低，而使酶析出结晶，此种方法称为盐析结晶。盐析结晶采用的中性盐一般是硫酸铵，也可采用硫酸钠等其他中性盐。

2. 有机溶剂结晶

在适宜的温度和 pH 值等条件下，慢慢加入一定量的有机溶剂到酶液中，使酶的溶解度慢慢降低，达到稍为过饱和状态而析出结晶，此种方法称为有机溶剂结晶。常用于酶结晶的有机溶剂主要有乙醇、丙酮、丁醇、甲醇、异丙醇甲基戊二醇、二甲亚砜等。

3. 透析平衡结晶

将经过纯化的浓缩酶液装进透析袋，对一定浓度的盐溶液或一定 pH 值的缓冲液或有机溶剂进行透析，经过一段时间，酶液中酶的浓度渐渐达到过饱和状态而析出结晶，此种方法称为透析平衡结晶。透析平衡结晶是常用的结晶方法之一，既可用于大量样品的结晶，也可用于微量样品的结晶。

4. 等电点结晶

通过慢慢改变浓缩酶液的 pH 值，使之逐步达到酶的等电点，使酶的溶解度降低，达到过饱和状态而析出结晶，此种方法称为等电点结晶。

（五）浓缩与干燥

浓缩是从低浓度酶溶液中除去部分的水或其他溶剂而成为高浓度溶液的过程。干燥是将固体、半固体或浓缩液中的水分（或其他溶剂）除去一部分，以获得含水较少的固体的过程。干燥的方法很多。常用的有：真空干燥、冷冻干燥、喷雾干燥、气流干燥和吸附干燥等。

三、基因工程菌（细胞）的构建

重组 DNA 技术的建立，使人们在很大程度上摆脱了对天然酶的依赖，特别是当从天然材料获得酶蛋白极其困难时，重组 DNA 技术更显示出其独特的优越性。近十年来，基因工程的发展使得人们可以较容易地克隆各种各样的天然酶基因，使其在微生物中高效表达，并通过发酵进行大量生产。运用基因工程技术可以改善原有酶的各种性能，如提高酶的产量、增加酶的稳定性、根据需要改变酶的适应温度、提高酶在有机溶剂中的反应效率和稳定性、使酶在提取和应用过程中更容易操作等。运用基因工程技术也可以将原来有害的、未经批准的微生物产生的酶的基因或由生长缓慢的动植物产生的酶的基因，克隆到安全的、生长迅速的、产量很高的微生物体内，改由微生物来生产。运用基因工程技术还可以通过增加该酶的基因的拷贝数，来提高微生物产生的酶的数量。目前，世界上最大的工业酶制剂生产厂商丹麦诺维信公司，生产酶制剂的菌种约有 80% 是基因工程菌。迄今已有 100 多种酶基因克隆成功，包括尿激酶基因、凝乳酶基因等。

基因克隆是酶基因工程的关键。要构建一个具有良好产酶性能的菌株，还必须具备良好的宿主——载体系统，一个理想的宿主应具备以下几个特性：①所希望的酶占细胞总蛋白量的比例要高，能以活性形式分泌；②菌体容易大规模培养，生长无特殊要求，且能利用廉价的原料；③载体与宿主相容，克隆酶基因的载体能在宿主中稳定维持；④宿主的蛋白酶尽可能少，产生的外源酶不会被迅速降解；⑤宿主菌对人安全，不分泌毒素。

纤溶酶原激活剂（Plasminogen activator，PA）和凝乳酶是应用基因工程进行大量生产的最成功例子。纤溶酶原激活剂是一类丝氨酸蛋白酶，能使纤溶酶原水解产生有活性的纤溶酶，溶解血块中的纤维蛋白，在临床上用于治疗血栓性疾病，促进体内血栓溶解。利用工程细胞生产的酶在疗效上与人体合成的酶完全一致，目前已用于临床。凝乳蛋白酶是生产乳酪的必需用酶，最早是从小牛第四胃室（皱胃）的胃膜中提取出来的一种凝乳物质，由于它的需求量常受到动物供应的限制，而直接从微生物中提取的凝乳酶又常会引起乳酪苦味，因此克隆小牛凝乳酶基因在微生物中发酵生产，在食品工业上具有重要的商业意义。利用酵母系统做表达宿主产生的凝乳酶与从小牛胃中提取的天然酶性质完全一致。

自然界蕴藏着巨大的微生物资源，但是迄今所发现的微生物中，有 99% 的微生物是在实验室内使用常规的培养方法培养不出的微生物。现在人们可以采用新的分子生物学方法直接从这类微生物中探索，寻找有开发价值的新的微生物菌种、基因和酶。目前科学家们热衷于从极端环境条件下生长的微生物内筛选新的酶，主要研究嗜热微生物、嗜冷微生物、嗜盐微生物、嗜酸微生物、嗜硫微生物、嗜压微生物等。这就为新酶种和酶的新功能开发提供了广阔的空间。目前在嗜热微生物的研究方面取得了可喜的进展，例如耐高温的 α - 淀粉酶和 DNA 聚合酶等已获得广泛的应用。

四、酶的纯度与活力

酶纯化过程中的每一个步骤都须进行酶活性及比活性的测定，这样才能知道所需的酶是在哪一个部分，才可以用来比较酶的纯度。所谓纯酶是相对的而不是绝对的，即使得到结晶，也不见得是单一的酶蛋白，因为蛋白质的混合物也会结晶。酶的纯度可用酶的比活力来衡量，比活力是以每毫克蛋白所具有的酶活力单位数。一般情况下，酶的比活力随酶的纯度提高而提高。

（一）酶活力的概念

酶活力指酶催化特定化学反应的能力。其大小通常用在一定条件下酶催化某一特定化学反应的速度来表示。一定量的酶制剂催化某一化学反应速度快，活力大；反之，活力小。速度表示法常用 $-dS/dt$ 或 dP/dt，测初速度，多用后者。因为反应初期底物过量，底物的减少量不容易测定，而产物从无到有，易测定。

（二）酶的活力单位

1961 年国际生化协会酶学委员会统一规定，酶的国际单位（IU）规定为：在最适反应条件（温度 25℃）下，每分钟内催化 1μmol 底物转化为产物所需的酶量（或 1min 内转化底物生成 1μmol 产物的酶量）称为 1 标准单位。

测定条件：最佳的反应条件，如最适的温度（或 25℃）、pH 值、[S] >> [E]、初速度。1972 年国际生化协会又推荐一种新单位，即 Katal（Kat）单位。规定：在最适温度下，每秒钟能催化 1mol 底物转化为称为所需要的酶量定义为 1 Kat（$1Kat = 60 \times 10^6$ IU）。

（三）酶的比活力

每单位酶蛋白所含的活力单位数。对固体酶，用活力单位/毫克酶蛋白或活力单位/毫克酶蛋白氮来表示；对液体酶，用活力单位/毫升酶液来表示。很明显，比活力越大，酶的活力越大。

（四）酶活力的测定方法

定性鉴定提取物中某一酶是否存在，一般是根据此酶引起的化学反应来判断，如检验在提取物中是否存在淀粉酶。则用提取物与淀粉反应，一段时间以后，用碘－碘化钾与反应液反应，若变蓝，说明提取物无淀粉酶活力；反之，提取物有淀粉酶的活力。

酶活力的测定方法实际上是酶定量测定的方法，酶制剂因含杂质多易失活等原因，故不能用称重或测量体积来定量。常用的测定方法主要有：①分光光度法：产物与适当的化学试剂生成有色物质或产物有紫外吸收的能力可采用此法。②测压法：产物中有气体，测气压增加量。③滴定法：产物中有酸生成，用碱滴定。④荧光法：产物中有荧光物质生成或产物与荧光试剂反应生成荧光产物可用此法。⑤旋光法：产物中有旋光物质可采用此法。除了以上方法外，还可根据产物的性质采用其他方法。

五、酶制剂的保存

酶的保存条件的选择必须有利于维护酶天然结构的稳定性。

（一）温度

酶的保存温度一般在 0 ~ 4℃，但有些酶在低温下反而容易失活，因为在低温下亚基间的疏水作用减弱会引起酶的解离。此外，0℃以下溶质的冰晶化还可能引起盐分的浓缩，导致溶液的 pH 值发生改变，从而可能引起酶巯基间连接成为二硫键，损坏酶的活性中心，并使酶变性。

（二）缓冲液

大多数酶在特定的 pH 值范围内稳定，偏离这个范围便会失活，这个范围因酶而异，如溶菌酶在酸性区稳定，而固氮酶则在中性偏碱区稳定。

（三）氧化/还原

由于巯基等酶分子基团或 Fe－S 中心等容易为氧化剂所氧化，故这类酶应加巯基或其他还原剂加以保护或在氩气或氮气中保存。

（四）蛋白质的浓度及纯度

一般地说，酶的浓度越高，酶越稳定，制备成晶体或干粉更有利于保存。此外，还可通过加入酶的各种稳定剂如底物、辅酶、无机离子等来加强酶稳定性，延长酶的保存时间。

第五节　酶分子修饰

虽然酶已在工业、农业、医药和环保等方面得到了越来越多的应用，但就总体而言，大规模应用酶和酶工艺的尚不够多。导致这种现象的原因很多，其中酶自身在应用上暴露出来的一些缺点是最根本的原因。酶一旦离开细胞，离开其特定的作用环境条件，常常变得不太稳定，不适合大量生产的需要；酶作用的最适 pH 值条件一般在中性，但在工业应用中，由于底物及产物带来的影响，pH 值常偏离中性范围，使酶难于发挥作用；在临床应用上，由于绝大多数的酶对人体而言都是外源蛋白质，具有抗原性，直接注入会引起人体的过敏反应。基于上述原因，人们希望通过各种人工方法改造酶，使其更能适应各方面的需要。改变酶特性有两种主要的方法，一是通过生物工程方法改造编码酶分子的基因从而达到改造酶的目的，即所谓酶的蛋白质工程；二是通过分子修饰的方法来改变已分离出来的天然酶的结构。近年来应用蛋白质工程改造酶的一个成功例子是磷脂酶 A2 的修饰，修饰后的酶变得更耐酸，现已广泛地用作食品乳化剂。

通过各种方法使酶分子的结构发生某些改变，从而改变酶的某些特性和功能的过程称为酶分子修饰。酶分子是具有完整的化学结构和空间结构的生物大分子。酶分子的结构决定了酶的性质和功能。正是酶分子的完整空间结构赋予酶分子以生物催化功能，使酶具有催化效率高、专一性强和作用条件温和等特点。但是在另一方面，也是酶的分子结构使酶具有稳定性较差、活性不够高和可能具有抗原性等弱点。当酶分子的结构发生改变时，将会引起酶的性质和功能的改变。

（一）酶分子化学修饰

1. 化学修饰的原理

影响蛋白质化学修饰反应进程的因素主要有两个：一是蛋白质功能的反应性；二是修饰剂的反应性。影响酶蛋白功能反应性的因素主要有：天然蛋白质分子的多数非极性侧链（疏水侧链）位于非常致密的分子基体的中心，而多数极性带电侧链（亲水侧链）位于基体的表面；蛋白质分子表面在外形上并不规则，极性也很不相同；蛋白质功能基所处的环境强烈地影响着它的物理和化学性质；蛋白质分子的表面特点也影响化学试剂的接近。

微区的极性是决定基团解离状态的关键因素之一。从整体来看，局部极性的改变对色氨酸、甲硫氨酸和胱氨酸反应性影响最小；对氨基和组氨酸反应性的影响较大；对酪氨酸和羧基的反应性影响最大。

天然蛋白质或它的离子通过氢键来维持其稳定性，也是使激活酶 A 发生改变的一个因素。同一种氨基酸在不同的蛋白质中或同一蛋白质的不同部位，可电离氨基酸侧链的激活酶 A 不同，可能是由于带电基团相互影响所致；而且使侧链基团反应性受到影响。蛋白质中个别功能基所处微区不同，反应性也不同。处于蛋白质表面的功能基比较容易与修饰剂反应，但如果烷基在空间上紧靠功能基，会使修饰剂不能与功能基接触，这时就出现位阻效应。另外，电荷转移、共价键形成、金属螯合转自由度等因素也能改变蛋白质功能基的反应性。

酶蛋白功能基的超反应性是指蛋白质的某个侧链基团与个别试剂能发生非常迅速的反应。多数蛋白质的功能基与简单氨基酸中的同样基团相比，反应性要差；但每个蛋白质分子中至少有一个基团对一定的试剂显示出超反应性。酶的催化活性基团通常对修饰剂是有反应性的，但酶的超反应基团不一定是酶活性部位上的基团，可能与酶的功能或构象没有明显联系。影响超反应的因素主要有：①改变蛋白质功能基的激活酶 A；②蛋白质功能基具有较大的亲核性；③通过静电相互作用吸引试剂，并使其有适当取向；④试剂与靠近修饰部位的蛋白质区域之间的立体化学适应性；⑤试剂的结合等。超反应可能是由上述一个因素或几个因素的综合作用而产生。

修饰剂反应性受许多因素决定：

（1）选择吸附

化学修饰前，修饰剂是根据各自的特点，选择性地吸附在低极性区或高极性区。

（2）静电相互作用

带电的修饰剂能被选择性地吸引到蛋白质表面带相反电荷的部位，静电相互作用可使修饰剂向多功能部位中的一个残基定位或向双功能基的一侧定位。

（3）位阻因素

蛋白质表面的位阻因素或者底物、辅因子、抑制剂所产生的位阻因素都可能阻止修饰剂与功能基的正常反应。

（4）催化因素

修饰部位附近的其他功能基，如果起一般的酸碱催化作用，也能影响修饰反应。不同的修饰剂，其反应速度和反应部位有明显差异。

（5）局部环境的极性

许多有机反应的速度与溶剂的极性有关，而有些反应则与极性无关。

2. 化学修饰的方法

（1）金属离子置换修饰

把酶分子中的金属离子换成另一种金属离子，使酶的功能和特性发生改变的修饰方法称为金属离子修饰。通过金属离子置换修饰，可以了解各种金属离子在酶催化过程中的作用，有利于阐明酶的催化作用机制，并有可能提高酶活力，增加酶的稳定性。有些酶中含有金属离子，而且往往是酶活性中心的组成部分，对酶催化功能的发挥有重要作用。例如，α - 淀粉酶中的钙离子（Ca^{2+}）、谷氨酸脱氢酶中的锌离子（Zn^{2+}）、过氧化氢酶中的亚铁离子（Fe^{2+}）等。金属离子置换修饰只适用于那些在分子结构中本来含有金属离子的酶。

用于金属离子置换修饰的金属离子，一般都是二价金属离子，如 Ca^{2+}、Mg^{2+}、Mn^{2+}、Zn^{2+}、Co^{2+}、Cu^{2+}、Fe^{2+} 等。

（2）大分子结合修饰

若采用的修饰剂是水溶性大分子，则称为大分子结合修饰。通过分子结合修饰，可以提高酶活力，增加酶的稳定性，降低或消除酶蛋白的抗原性等。水溶性分子与酶蛋白的侧链基团通过共价键结合后，可使酶的空间构象发生改变，使酶活性中心更有利于与底物结合，并形成准确的催化部位，从而使酶活力提高。例如，每分子核糖核酸酶与 6.5 分子的右旋糖酐结合，可以使酶活力提高到原有酶活力的 2.25 倍；每分子胰凝乳蛋白酶与 11 分子右旋糖酐结合，酶活力达到原有酶活力的 5.1 倍等。

通过修饰可以增加酶的稳定性。酶的稳定性可以用酶的半衰期表示。酶的半衰期是指酶的活力降低到原来活力的一半时所经过的时间。酶的半衰期长，则说明酶的稳定性好；半衰期短，则稳定性差。例如，超氧化物歧化酶（SOD）在人体血浆中的半衰期仅为 6min，经过分子结合修饰，其半衰期可以明显延长。

通过修饰降低或消除酶蛋白的抗原性。酶大多数是从微生物、植物或动物中获得的，对人体来说是一种外源蛋白质。当酶蛋白非经口（注射等）进入人体后，往往会成为一种抗原，刺激体内产生抗体。产生的抗体可与作为抗原的酶特异地结合，使酶失去其催化功能。抗体与抗原的特异结合是由它们之间特定的分子结构所引起的。通过酶分子修饰，使酶蛋白的结构发生改变，可以大大降低或消除酶的抗原性，从而保持酶的催化功能。例如，精氨酸酶经聚乙二醇结合修饰后，其抗原性显著降低；L–天冬酰胺酶经聚乙二醇结合修饰后，抗原性完全消除。

（3）肽链有限水解修饰

酶分子的主链包括肽链和核苷酸链，主链被切断后，可能出现下列 3 种情况。①若主链的断裂引起酶活性中心的破坏，酶将丧失其催化功能。这种修饰主要用于探测酶活性中心的位置。②若主链断裂后，仍然可以维持酶活性中心的空间构象，则酶的催化功能可以保持不变或损失不多，但是其抗原性等特性将发生改变。有些酶蛋白具有抗原性，除了酶分子的结构特点以外，还由于酶是生物大分子。酶蛋白的抗原性与其分子大小有关，大分子的外源蛋白往往有较强的抗原性，而小分子的蛋白质或肽段的抗原性较低或无抗原性。若采用适当的方法使酶分子的肽链在特定的位点断裂，其相对分子质量减少，就可以在基本保持酶活力的同时使酶的抗原性降低或消失，这种修饰方法又称为肽链有限水解修饰。例如，木瓜蛋白酶用亮氨酸氨肽酶进行有限水解，除去其肽链的三分之二，该酶的活力基本保持，其抗原性却大大降低；又如，酵母的烯醇化酶经肽链有限水解，除去由 150 个氨基酸残基组成的肽段后，酶活力仍然可以保持，抗原性却显著降低。③若主链的断裂有利于酶活性中心的形成，则可使酶分子显示其催化功能或使酶活力提高。例如，胰蛋白酶原用胰蛋白酶进行修饰，除去一个六肽，从而显示胰蛋白酶的催化功能；天冬氨酸酶通过胰蛋白酶修饰，从其羧基末端切除 10 多个氨基酸残基的肽段，可以使天冬氨酸酶的活力提高 4~5 倍；线性间隔序列 L IVS 的 5′–末端切除 19 个核苷酸残基后，形成多功能核酸类酶 L–19 IVS。

（4）酶蛋白的侧链基团修饰

采用一定的方法（一般为化学法）使酶蛋白的侧链基团发生改变，从而改变酶分子的特性和功能的修饰方法称为侧链基团修饰。酶蛋白的侧链基团修饰可以用于研究各种基团在酶分子中的作用及其对酶的结构、特性和功能的影响，在研究酶活性中心的必需基团时经常采用。如果某基团修饰后不引起酶活力的变化，则可以认为此基团是非必需基团；如果某基团修饰后使酶活力显著降低或丧失，则此基团很可能是酶催化的必需基团。酶蛋白的侧链基团是指组成蛋白质的氨基酸残基上的功能团，主要包括氨基、羧基、巯基、胍基、酚基等。这些基团可以形成各种副键，对酶蛋白空间结构的形成和稳定有重要作用。侧链基团一旦改变将引起酶蛋白空间构象的改变，从而改变酶的特性和功能。

① 氨基修饰

采用某些化合物使酶蛋白侧链上的氨基发生改变，从而改变酶蛋白的空间构象的方法称为氨基修饰。凡能够使蛋白质侧链上的氨基发生改变的化合物，称为氨基修饰剂，主要有：亚硝酸、二硝基氟苯、醋酸酐、琥珀酸酐、二硫化碳、乙亚胺甲酯、O－甲基异脲、顺丁烯二酸酐等。这些氨基修饰剂作用于蛋白质侧链上的氨基，可以产生脱氨基作用或与氨基共价结合将氨基屏蔽起来。例如，用亚硝酸修饰天冬酰胺酶，使其氨基末端的亮氨酸和肽链中的赖氨酸残基上的氨基产生脱氨基作用，变成羟基。经过修饰后，酶的稳定性大大提高，使其在体内的半衰期延长 2 倍；用 O－甲基异脲修饰溶菌酶，使酶分子中的赖氨酸残基上的氨基与它结合，将氨基屏蔽起来，修饰后，酶活力基本不变，但稳定性显著提高，而且很容易形成结晶。

② 羧基修饰

采用各种羧基修饰剂与酶蛋白侧链的羧基进行酯化、酰基化等反应，使蛋白质的空间构象发生改变的方法称为羧基修饰。可与蛋白质侧链上的羧基反应的化合物称为羧基修饰剂，如乙醇－盐酸试剂、碳化二亚胺、异恶唑盐等。

③ 精氨酸胍基修饰

蛋白质分子中精氨酸残基的侧链含有胍基。采用二羰基化合物与胍基反应生成稳定的杂环，从而改变酶分子的空间构象的方法称为胍基修饰。用作胍基修饰剂的二羰基化合物主要有环己二酮、丙二醛、苯乙二醛等。

④ 巯基修饰

蛋白质分子中半胱氨酸残基的侧链含有巯基。巯基在许多酶中是活性中心的催化基团，巯基还可以与另一巯基形成二硫键，所以巯基对稳定酶的结构和发挥催化功能有重要作用。使酶蛋白侧链上的巯基发生改变，从而改变酶的空间构象、特性和功能的修饰方法称为巯基修饰。常用的巯基修饰剂有：二硫苏糖醇、巯基乙醇、硫代硫酸盐、硼氢化钠等还原剂以及各种酰化剂、烷基化剂等。

⑤ 组氨酸咪唑基的修饰

组氨酸残基位于许多酶的活性中心，常用的修饰剂有焦碳酸二乙酯（DPG）和碘代乙酸。

⑥ 色氨酸吲哚基的修饰

色氨酸残基一般位于酶分子内部，而且比巯基和氨基等一些亲核基团的反应性差，一般用 N－溴代琥珀酰亚胺（NBS）来修饰吲哚基，并通过 280nm 处光吸收的减少跟踪反应。

⑦ 酪氨酸残基和脂肪族羟基的修饰

酪氨酸残基的修饰包括酚羟基的修饰和芳香环上的取代修饰。使酚基发生改变，从而改变酶蛋白的空间构象的修饰方法称为酚基修饰。酚基修饰的方法主要有碘化法、硝化法、琥珀酰化法等。例如，枯草杆菌蛋白酶的第 104 位酪氨酸残基上的酚基经四硝基甲烷（TNM）硝化修饰后，生成硝基酚残基，由于负电荷的引入，使酶对带正电荷的底物的结合力显著增加；葡萄糖异构酶经过琥珀酰化修饰后，其最适 pH 值下降 0.5 单位，并增加酶的稳定性。

⑧ 分子内交联修饰

采用含有双功能基团的化合物，如二氨基丁烷、戊二醛、己二胺等，与酶蛋白分子中两个侧链基团反应，形成共价交联，可以使酶分子的空间构象更为稳定，从而提高酶的稳定性的修饰方法称为分子内交联修饰。

(5) 氨基酸置换修饰

酶蛋白的基本组成单位是氨基酸，将酶分子肽链上的某一个氨基酸换成另一个氨基酸的修饰方法，称为氨基酸置换修饰。酶分子经过组成单位置换修饰后，可以提高酶活力，增加酶的稳定性或改变酶的催化专一性。

酶的位点专一性修饰是根据酶和底物的亲和性，修饰剂不仅具有对被作用基团的专一性，而且具有对被作用部位的专一性，即试剂作用于被作用部位的某一基团，而不与被作用部位以外的同类基团发生作用，这类修饰剂也称为位点专一性抑制剂。一般它们都具有与底物项类似的结构，对酶活性部位具有高度的亲和性，能对活性部位的氨基酸残基进行共价标记，因此这类专一性化学修饰也称为亲和标记或专一性的不可逆抑制。

(6) 酶的亲和修饰

酶的位点专一性修饰是根据酶和底物的亲和性，修饰剂不仅具有对被作用基团的专一性，而且具有对被作用部位的专一性，即试剂作用于被作用部位的某一基团，而不与被作用部位以外的同类基团发生作用，这类修饰剂也称为位点专一性抑制剂。一般它们都具有与底物项类似的结构，对酶活性部位具有高度的亲和性，能对活性部位的氨基酸残基进行共价标记，因此这类专一性化学修饰也称为亲和标记或专一性的不可逆抑制。

(二) 酶分子的物理修饰

通过各种方法，使酶分子的空间构象发生某些改变，从而改变酶的某些特性和功能的方法称为酶分子的物理修饰。通过物理修饰，可以了解不同物理条件下，特别是在极端条件下（高温、高压、高盐、极端 pH 值等）由于酶分子空间构象的改变而引起酶的特性和功能的变化情况。酶分子物理修饰的特点在于不改变酶的组成单位及其基团，酶分子中的共价键不发生改变，只是在物理因素的作用下，副键发生某些变化和重排。酶分子的空间构象的改变还可以在某些变性剂的作用下，首先使酶分子原有的空间构象破坏，然后在不同的物理条件下，使酶分子重新构建新的空间构象。例如，首先用盐酸胍使胰蛋白酶的原有空间构象被破坏，通过透析除去变性剂后，再在不同的温度条件下，使酶重新构建新的空间构象。结果表明，在 20℃ 的条件下重新构建的胰蛋白酶与天然胰蛋白酶的稳定性基本相同，而在 50℃ 的条件下重新构建的酶的稳定性比天然酶提高 5 倍。

第六节 酶固定化

酶的固定化（Immobilization of enzymes）是用固体材料将酶束缚或限制于一定区域内，仍能进行其特有的催化反应，并可回收及重复利用的一类技术。与游离酶相比，固定化酶在保持其高效专一及温和的酶催化反应特性的同时，又克服了游离酶的不足，呈现贮存稳定性高、分离回收容易、可多次重复使用、操作连续可控、工艺简便等一系列优点。目前，寻找适用的固定化方法，设计合成性能优异且可控的载体，应用工艺的优化研究等仍是研究热点。改进传统固定化方法和注重天然高分子载体改性是酶固定化研究的主要趋势，进一步提高转化率和生产能力，是未来研究的重点。

一、固定化方法

经固定化后的生物催化剂既具有酶的催化性质，又具有一般化学催化剂能回收、反复使用的优点，并在生产工艺上可以实现连续化和自动化。随着固定化技术的发展，作为固定化的对象已不一定是酶，亦可以是微生物或动植物细胞和各种细胞器，这些固形物可统称为生物催化剂。自 1973 年日本千田一郎首次在工业上成功应用固定化微生物细胞连续生产天冬氨酸以来，细胞固定化已取得了迅猛的进展，近来又从静止的固定化菌体发展到了固定化活细胞（增殖细胞）。

固定化酶及固定化技术研究的发展可分为两个阶段，第一阶段主要是载体的开发、固定化方法的研究及其应用技术的发展，目前则已进入了第二阶段，主要包括含辅酶系统或 ATP、ADP、AMP 系统的多酶反应系统的建立，以及疏水体系或含水分很低的体系的固定化酶催化反应的研究。近年来，人们又提出了联合固定化技术，它是酶和细胞固定化技术发展的综合产物。与普通的固定化酶或固定化细胞相比，联合固定化生物催化剂可以充分利用细胞和酶的各自特点，把不同来源的酶和整个细胞的生物催化剂结合到一起。

在大多数情况下，酶固定化以后活性部分失去，甚至全部失去。一般认为，酶活性的失去是由于酶蛋白通过几种氨基酸残基在固定化载体上的附着（Attachment）造成的。这些氨基酸残基主要有：赖氨酸的 ε – 氨基和 N – 末端氨基、半胱氨酸的巯基、天冬氨酸和谷氨酸的羧基和 C – 末端羧基、酪氨酸的苯甲基以及组氨酸的咪唑基。由于酶蛋白多点附着在载体上，引起了固定化酶蛋白无序的定向和结构变形量的增加。

近年来，国外在探索酶蛋白的固定化技术方面，已经寻找到几条不同途径，使酶蛋白能够以有序方式附着在载体的表面，实现酶的定向固定化，而使酶活性的损失降低到最小程度。这种定向固定化技术具有以下一些优点：①每一个酶蛋白分子通过一个特定的位点以可重复的方式进行固定化；②蛋白质的定向固定化技术有利于进一步研究蛋白质结构；③这种固定化技术可以借助一个与酶蛋白的酶活性无关或影响很小的氨基酸来实现。目前，文献中涉及的定向固定化方法有如下几种：①借助化学方法的位点专一性固定化；②磷蛋白的位点专一性固定化；③糖蛋白的位点专一性固定化；④抗体（免疫球蛋白）的位点专一性固定化；⑤利用基因工程的位点专一性固定化。这种有序的、定向固定化技术已经用于生物芯片、生物传感器、生物反应器、临床诊断、药物设计、亲和层析以及蛋白质结构和功能的研究。

（一）酶的固定化方法

至今，还没有一种固定化方法可以普遍地适用于每一种酶，特定的酶要根据具体的应用目的选择特定的固定化方法。已建立的固定化方法，大致可分为三类：载体结合法（包括物理吸附法、离子结合法、螯合法、共价结合法），交联法和包埋法（包括聚合物包埋法、疏水相互作用、微胶囊、脂质体包埋）。

1. 载体结合法

（1）物理吸附法

物理吸附法是制备固定化酶最早采用的方法，它是以固体表面物理吸附为依据，使酶与水不溶性载体相接触而达到酶吸附的目的。吸附的载体可以是石英砂、多孔玻璃、硅胶、淀粉、高岭土、活性炭等对蛋白质有高度吸附力的吸附剂。该方法操作简单，反应条件温和，可反复使用，但结合力弱，酶易解析并污染产品。

（2）离子吸附法

该法是通过离子效应，将酶分子固定到含有离子交换基团的固相载体上。最早应用于工业化生产的氨基酰化酶，就是使用多糖类阴离子交换剂 DEAE - 葡聚糖凝胶固定化的。常见的载体有 DEAE - 纤维素、CM - 衍生物等。离子吸附法的操作同样简便，反应条件温和，制备出的固定化酶活性高，但载体与酶分子之间的结合仍不够牢固，当使用高浓度底物、高离子强度或 pH 值发生变化时酶容易脱落，但这种固定化酶容易回收再生。

（3）螯合法

这是一种比较吸引人的技术，它主要是利用螯合作用将酶直接螯合到表面含过渡金属化合物的载体上，具有较高的操作稳定性。已知能用于酶固定化的金属氢氧化物有钛（二价和四价）、锆（四价）和钒（三价）等，其中以钛（四价）和锆（四价）的氢氧化物较好，它们能与酶的羧基、氨基和羟基结合。

（4）共价结合法

共价结合法是通过酶分子上的官能团，与载体表面上的反应基团发生化学反应形成共价键的一种固定化方法，是研究得最多的固定化方法之一。与吸附法相比，其反应条件苛刻，操作复杂，且由于采用了比较激烈的反应条件，容易使酶的高级结构发生变化而导致酶失活，有时也会使底物的专一性发生变化，但由于酶与载体结合牢固，一般不会因为底物浓度过高或存在的盐类等原因而轻易脱落。应当注意，结合的基团应当是酶催化活性的非必需基团，否则可能会导致酶活力完全丧失。为防止活性中心的反应基团被结合，可以采用酶原前体及修饰后的酶或酶 - 抑制剂复合物等与载体进行结合反应。此外，还应注意载体的选择，尽可能选用亲水性载体，表面积尽可能大，并应具有一定的机械强度和稳定性，它可以是天然高分子物质，也可以是合成高分子或其他支持物如纤维素、尼龙、多孔玻璃等。载体在结合反应前，应先活化，即借助某一种方法，在载体上引进活化基团，然后此活化基团再与酶分子上的某一基团反应形成共价键。用于共价结合的酶分子官能团可以是自由的 $a - NH_2$ 或 $\varepsilon - NH_2$，另外，—SH、—OH、咪唑基或自由的羧基也可以参与结合反应。其中利用酶的巯基与载体进行结合在商业上具有十分重要的意义，因为该反应是可逆的，在还原条件下，可以把不活化或不需要的酶从载体上除掉，再换上新鲜的酶，这样可以大大减少载体的浪费。

2. 共价交联法

共价交联法是通过双功能或多功能试剂，在酶分子间或酶分子和载体间形成共价键的连接方法。这些具有两种相同或不同功能基团的试剂叫做交联剂。共价交联法与共价结合法一样，反应条件比较激烈，固定化酶的回收率比较低，一般不单独使用，但如能降低交联剂浓度和缩短反应时间，则固定化酶的比活会有所提高。常见的交联剂有顺丁烯二酸酐和乙烯共聚物、戊二醛等，其中以戊二醛最为常用。

3. 包埋法

将酶包埋在高聚物凝胶网格中或高分子半透膜内的固定方法。前者又称为凝胶包埋法，后者则称为微囊法。包埋法一般不需要与酶蛋白的氨基酸残基起结合反应，较少改变酶的高级结构，酶的回收率较高。但它仅适用于小分子底物和产物的酶，因为只有小分子物质才能扩散进入高分子凝胶的网格，并且这种扩散阻力还会导致固定化酶动力学行为的改变和活力的降低。用于凝胶包埋的高分子化合物可以是天然高分子化合物，如明胶、海藻酸钠、淀粉等，也可以是合成的高分子化合物如聚丙烯酰胺、光敏树脂等。对于后者通常的做法是先把单体、交联剂和酶液混合，然后加入催化系统使之聚合，而前者则直接利用溶胶态高分子物质与酶混合凝胶化即可。但由于凝胶孔径并不规则，总有一些大于酶分子直径的，时间一长，酶也容易泄漏，因此它常与交联法结合达到加固的目的，如先用明胶包埋，再用戊二醛交联。

微囊法是利用各类型的膜将酶封闭起来，这类膜能使低分子产物和底物通过，而酶和其他高分子不能通过。例如可将酶封装于胶囊、脂质体和中空纤维内，胶囊和脂质体适用于医学治疗，中空纤维包埋适于工业使用。常用的微囊制备方法有界面沉淀法和界面聚合法。而脂质体包埋则是将酶包埋在由表面活性剂和卵磷脂等形成的液膜内的方法，它的底物和产物透过性不依赖于膜孔径的大小而仅依赖于对磷脂膜成分的溶解度，因而底物或产物透过膜的速度会大大加快。纤维包埋法是将酶包埋在合成纤维的微孔穴中，其优点是成本低、可用于酶结合的表面积大、有优良的抗微生物和抗化学试剂的性能，最常用的聚合物是醋酸纤维素。

（二）细胞的固定化法

细胞固定化是将完整细胞固定在载体上的技术，它免去了破碎细胞提取酶等步骤，直接利用细胞内的酶，因而固定后酶活基本没有损失。此外，由于保留了胞内原有的多酶系统，对于多步催化转换的反应，优势更加明显，而且无需辅酶的再生。但在选用固定化细胞作为催化剂时，应考虑到底物和产物是否容易通过细胞膜，胞内是否存在产物分解系统和其他副反应系统，或者说虽有这两种系统，但是否可用热处理或 pH 值调节等简单方法使之失效。细胞固定化的主要方法有：

1. 包埋法

将细胞包埋在多微孔载体内部制备固定化细胞的方法称包埋法，可分为凝胶包埋法、纤维包埋法和微胶囊包埋法。其中凝胶包埋法是应用最广泛的细胞固定化方法，适用于各种微生物、动植物细胞的固定化。它的最大优点是能较好地保持细胞内的多酶反应系统的活力，可以像游离细胞那样进行发酵生产。以海藻酸钙包埋法为例，其具体操作如下：称一定量的海藻酸钠，配制成一定量的海藻酸钠水溶液，经灭菌冷却后与一定体积的细胞或孢子悬浮液混合均匀，然后用注射器或滴管将混合液滴到一定浓度的氯化钙溶液中，即形成球形的固定化细胞胶粒。一般 10g 凝胶可包埋 200g 干重的细胞，非常经济，但磷酸盐会破坏凝胶结构。

2. 吸附法

主要是利用细胞与载体之间的吸引力（范德华力、离子键或氢键），使细胞固定在载体上，常用的吸附剂有玻璃、陶瓷、硅藻土、多孔塑料、中空纤维等。用吸附法制备固定化细胞所需条件温和，方法简便，但载体和细胞的吸引力与细胞性质、载体性质以及二者的相互作用有关，只有当这些参数配合得当，才能形成较稳定的细胞–载体复合物，才能用于连续生产。此外还可利用专一的亲和力来固定细胞，例如伴刀豆球蛋白 A 与 a–甘露聚糖具有亲和力，而酿酒酵母细胞壁上含有。a–甘露聚糖，故可将伴刀豆球蛋白 A 先连接到载体上，然后把酵母连接到活化了的伴刀豆球蛋白上。其他方法如共价结合法和交联法虽然也可用于细胞固定化，也可得到较高的细胞浓度，例如采用戊二醛、甲苯二氰酸酯、双重氮联苯胺等直接与细胞表面的反应基团反应使细胞彼此交联成网状结构的固定化细胞的方法也是常用的方法。但由于使用的化学药品有毒性，细胞容易受到伤害，交联后的机械强度也不太好，难以再生，实际应用还是十分有限。

近年来，酶固定化技术已在食品工业、精细化学品工业、医药，尤其是手性化合物等行业得到广泛应用，在废水处理方面也取得了一定进展。用酶技术生产化工产品，条件温和，无三废产生，随着人类对环保的日益关注，酶的固定化及应用研究已得到长足进展。目前，如何充分利用天然高分子载体对其改性，或利用超临界技术、纳米技术、膜技术等来固定酶，必定会成为研究的热点。而固定化酶在各行业的应用研究也必将推动酶固定化技术的进一步发展。

二、固定化酶反应条件的变化

由于固定化也是一种化学修饰，酶本身的结构必然受到扰动，同时酶固定化后，其催化作用由均相移到异相，由此带来的限制扩散效应、空间障碍、载体性质造成的分配效应等因素必然对酶的性质产生影响。固定化后酶活力在多数条件下比天然酶小，其专一性也能发生改变。固定化后酶的稳定性在大多数情况都有所增加。固定化后酶的热稳定性提高，最适温度也随之提高。酶固定化后，对底物作用的最适 pH 值和酶活力–pH 曲线常常发生偏移。固定化酶的表观米氏常数 K_m 随载体的带电性能变化。固定化对酶活性的影响：酶活性下降，反应速度下降。固定化对酶稳定性也有影响：①操作稳定性提高；②贮存稳定性比游离酶大多数提高；③热稳定性大多数升高，有些反而降低；④对分解酶的稳定性升高；⑤对变性剂的耐受力升高。

固定化后酶稳定性提高的原因：①固定化后酶分子与载体多点连接；②酶活力的释放是缓慢的；③抑制自降解，提高了酶稳定性。

三、固定化酶（细胞）的特性

（一）固定化酶的形状

固定化酶的形式多样，依不同用途有颗粒、线条、薄膜和酶管等形状。其中颗粒占绝大多数，它和线条主要用于工业发酵生产，如装成酶柱用于连续生产，或在反应器中进行批式搅拌反应；薄膜主要用于酶电极，应用于分析化学；酶管机械强度较大，亦宜用于工业生产。

（二）固定化酶的性质

酶在水溶液中以自由的游离状态存在，但是固定后酶分子便从游离的状态变为牢固地结合于载体的状态，其结果往往引起酶性质的改变。为此，在固定化酶的应用过程中，必须了解固定化酶的性质与游离酶之间的差别，并对操作条件加以适当调整。由于固定化的方法不同，固定化酶的活力和性质也有所不同。

1. 酶活力的变化

（1）酶的构象的改变导致了酶与底物结合能力或催化底物转化能力的改变；

（2）载体的存在给酶的活性部位或调节部位造成某种空间障碍，影响酶与底物或其他效应物的作用；

（3）底物和酶的作用受其扩散速率的限制。

在个别情况下，固定化酶由于抗抑能力的提高使得它反而比游离酶活力高。

2. 酶稳定性提高

酶稳定性包括热稳定性、对各种有机试剂的稳定性、对 pH 值的稳定性、对蛋白水解酶的抗性及储存稳定性等。固定化酶稳定性提高的原因可能是由于固定化后酶与载体多点连接或酶分子间的交联，防止了酶分子的伸展变形同时也抑制了自降解反应。

3. 最适 pH 值的变化

酶固定化后，催化底物的最适 pH 值和 pH 值活性曲线常发生变化，其原因是微环境表面电荷的影响。

4. 最适温度的变化

在一般情况下，固定化后的酶失活速度下降，所以最适温度也随之提高。

5. 动力学常数的变化

酶固定于电中性载体后，表观米氏常数往往比游离酶的米氏常数高，而最大反应速度变小；而当底物与具有带相反电荷的载体结合后，表观米氏常数往往减小，这对固定化酶实际应用是有利的。此外，动力学常数的变化还受溶液中离子强度的影响，但在高离子强度下，酶的动力学常数几乎不变。

（三）酶活力

固定化酶的活力在多数情况下比天然酶的活力低，其原因可能是：

（1）酶活性中心的重要氨基酸残基与水不溶性载体相结合；

（2）当酶与载体结合时，它的高级结构发生了变化，其构象的改变导致了酶与底物结合能力或催化底物转化能力的改变；

（3）酶被固定化后，虽不失活，但酶与底物间的相互作用受到空间位阻的影响。

也有在个别情况下，酶经固定化后其活力升高，可能是由于固定化后酶的抗抑能力提高使得它反而比游离酶活力高。

（四）固定化酶的稳定性

游离酶的一个突出缺点是稳定性差，而固定化酶的稳定性一般都比游离酶提高得多，这对酶的应用是非常有利的。其稳定性增强主要表现在如下几个方面：

1. 操作稳定性

酶的固定化方法不同，所得的固定化酶的操作稳定性亦有差异。固定化酶在操作中可以长时间保留活力，一般情况下，半衰期在一个月以上，即有工业应用价值。

2. 贮藏稳定性

固定化可延长酶的贮藏有效期。但长期贮藏，活力也不免下降，最好能立即使用。如果贮藏条件比较好，亦可较长时间保持活力。例如，固定化胰蛋白酶，在 0.0025 mol/L 磷酸缓冲液中，于 20℃ 保存数月，活力尚不损失。

3. 热稳定性

热稳定性对工业应用非常重要。大多数酶在固定化之后，其热稳定性都有所提高，但也有一些酶的耐热性反而下降。一般采用吸附法来进行酶的固定化时，有时会导致酶热稳定性的降低。

4. 对蛋白酶的稳定性

酶经固定化后，其对蛋白酶的抵抗力提高。这可能是因为蛋白酶是大分子，由于受到空间位阻的影响，不能有效接触固定化酶。例如，千畑一郎发现，用尼龙或聚脲膜包埋，或用聚丙烯酰胺凝胶包埋的固定化天门冬酰胺酶，对蛋白酶极为稳定，而在同一条件下，游离酶几乎全部失活。另外固定化后酶对有机试剂和酶抑制剂的耐受性也得到了提高。

5. 酸碱稳定性

多数固定化酶的酸碱稳定性高于游离酶，稳定 pH 值范围变宽。极少数酶固定化后稳定性下降，可能是由于固定化过程使酶活性构象的敏感区受到牵连而导致的。

（五）固定化酶的反应特性

固定化酶的反应特性，例如，底物特异性、酶反应的最适 pH 值、酶反应的最适温度、动力学常数、最大反应速度等均与游离酶有所不同。

1. 底物特异性

固定化酶的底物特异性与底物相对分子质量的大小有一定关系。一般来说，当酶的底物为小分子化合物时，固定化酶的底物特异性大多数情况下不发生变化。例如，氨基酰化酶、葡萄糖氧化酶、葡萄糖异构酶等，固定化前后的底物特异性没有变化；而当酶的底物为大分子化合物时，如蛋白酶、α-淀粉酶、磷酸二酯酶等，固定化酶的底物特异性往往会发生变化。这是由于载体引起的空间位阻作用，使大分子底物难以与酶分子接近而无法进行催化反应，酶的催化活力难以发挥出来，催化活性大大下降；而相对分子质量较小的底物受到空间位阻作用的影响较小，与游离酶没有显著区别。酶底物为大分子化合物时，底物相对分子质量不同，对固定化酶底物特异性的影响也不同，一般随着底物相对分子质量的增大，固定化酶的活力下降。例如，糖化酶用 CMC 叠氮衍生物固定化时，对相对分子质量 8000 的直链淀粉的活性为游离酶的 77%，而对相对分子质量为 50 万的直链淀粉的活性只有 15%～17%。

2. 反应的最适 pH 值

酶被固定后，其最适 pH 值和 pH 值曲线常会发生偏移，原因可能有以下三个方面：一是酶本身电荷在固定化前后发生变化；二是由于载体电荷性质的影响致使固定化酶分子内外扩散层的氢离子浓度产生差异；三是由于酶催化反应产物导致固定化酶分子内部形成带电荷微环境。产物性质对固定化酶的最适 pH 值的影响，一般来说，产物为酸性时，固定化酶的最适 pH 值与游离酶相比升高；产物为碱性时，固定化酶的最适 pH 值与游离酶相比降低。这是由于酶经固定化后产物的扩散受到一定的限制所造成的。当产物为酸性时，由于扩散限制，使固定化酶所处微环境的 pH 值与周围环境相比较低，需提高周围反应液的 pH 值，才能使酶分子所处的催化微环境达到酶反应的最适 pH 值，因而，固定化酶的最适 pH 值比游离酶的最适 pH 值高一些；反之，产物为碱性时，固定化酶的最适 pH 值比游离酶的 pH 值要低。

3. 反应的最适温度

固定化酶的最适反应温度多数较游离酶高，如色氨酸酶经共价结合后最适温度比固定前提高 5~15℃，但也有不变甚至降低的。固定化酶的作用最适温度会受固定化方法以及固定化载体的影响。

4. 米氏常数

米氏常数 K_m 反映了酶与底物的亲和力。酶经固定化后，酶蛋白分子的高级结构的变化以及载体电荷的影响可导致底物和酶的亲合力的变化。使用载体结合法制成的固定化酶 K_m 有时变动的原因，主要是由于载体与底物间的静电相互作用的缘故。

5. 最大反应速度

固定化酶的最大反应速度与游离酶大多数是相同的。有些酶的最大反应速度会因固定化方法的不同而有所差异。

四、固定化酶(细胞)的指标

游离的酶(细胞)被固定化以后，酶的催化性质也会发生变化。为考察它的性质，可以通过测定固定化酶的各种参数，来判断固定化方法的优劣及其固定化酶的实用性，常见的评估指标有以下几条：①相对酶活力　具有相同酶蛋白量的固定化酶与游离酶活力的比值称为相对酶活力，它与载体结构、颗粒大小、底物相对分子质量大小及酶的结合效率有关。相对酶活力低于 75% 的固定化酶，一般没有实际应用价值。②酶的活力回收率　固定化酶的总活力与用于固定化的酶的总活力之比称为酶的活力回收率。将酶进行固定化时，总有一部分酶没有与载体结合在一起，测定酶的活力回收率可以确定固定化的效果。一般情况下，活力回收率应小于 1；若大于 1，可能是由于固定化活细胞增殖或某些抑制因素排除的结果。③固定化酶的半衰期　即固定化酶的活力下降到为初始活力一半所经历的时间，用 $\frac{t_1}{2}$ 表示，它是衡量固定化酶操作稳定性的关键。其测定方法与化工催化剂半衰期的测定方法相似，可以通过长期实际操作，也可以通过较短时间的操作来推算。

第七节　酶反应器

以酶为催化剂进行反应所需要的设备称为酶反应器。酶反应器有两种类型：一类是直接应用游离酶进行反应的均相酶反应器；另一类是应用固定化酶进行反应的非均相酶反应器。均相酶反应可在分批式反应器或超滤膜反应器中进行，而非均相酶反应则可在多种反应器中进行。酶反应器的种类很多，大致可根据催化剂的形状来选用。粒状催化剂可采用搅拌罐、固定化床和鼓泡塔式反应器，而细小颗粒的催化剂则宜选用流化床。对于膜状催化剂，则可考虑采用螺旋式、转盘式、甲板式、空心管式膜反应器。事实上，选用某种固定化酶最合适的反应器型式并无准确的准则，必须综合考虑各种因素。

一、酶反应器的基本类型

（一）搅拌罐型反应器

无论是分批式还是连续流混合罐型的反应器，都具有结构简单、温度和 pH 值易控制、能处理胶体底物和不溶性底物及催化剂更换方便等优点，因而常被用于饮料和食品加工工业。但也存在缺点，即催化剂颗粒容易被搅拌桨叶的剪切力所破坏。在连续流搅拌罐的液体出口处设置过滤器，可以把催化剂颗粒保存在反应器内，或直接选用磁性固定化酶，借助磁场吸力固定。此外，可将催化剂颗粒装在用丝网制成的扁平筐内，作为搅拌桨叶及挡板，以改善粒子与流体间的界面阻力，同时也保证了反应器中的酶颗粒不致流失。

（二）固定床型反应器

把催化剂填充在固定床（填充床）中的反应器叫做固定床型反应器。这是一种使用得最广泛的固定化酶反应器，它具有单位体积的催化剂负荷量高、结构简单、容易放大、剪切力小、催化效率高等优点，特别适合于存在底物抑制的催化反应。但也存在下列缺点：①温度和 pH 值难控制；②底物和产物会产生轴向分布，易引起相应的酶失活程度也呈轴向分布；③更换部分催化剂相当麻烦；④柱内压降相当大，底物必须加压后才能进入。固定化床反应器的操作方式主要有两种，一是底物溶液从底部进入而由顶部排出的上升流动方式，另一种则是上进下出的下降流动方式。

（三）流化床型反应器

流化床型反应器是一种装有较小颗粒的垂直塔式反应器。底物以一定的流速从下向上流过，使固定化酶颗粒在流体中维持悬浮状态并进行反应，这时的固定化颗粒和流体可以被看作是均匀混合的流体。流化床反应器具有传热与传质特性好、不堵塞、能处理粉状底物、压降较小等优点，也很适合于需要排气供气的反应，但它需要较高的流速才能维持粒子的充分流态化，而且放大较困难。目前，流化床反应器主要被用来处理一些黏度高的液体和颗粒细小的底物，如用于水解牛乳中的蛋白质。

（四）膜式反应器

膜反应器是利用膜的分离功能，同时完成反应和分离过程的反应器。这是一类仅适合于生化反应的反应器，包括了用固定化酶膜组装的平板状或螺旋卷型反应器、转盘反应器和空心酶管、中空纤维膜反应器等，其中平板状和螺旋卷型反应器具有压降小、放大容易等优点，但与填充塔相比，反应器内单位体积催化剂的有效面积较小。转盘反应器又可细分为立式和卧式两种，主要用于废水处理装置，其中卧式反应器由于液体的上部接触空气可以吸氧，适用于需氧反应。空心酶管反应器主要与自动分析仪等组装，用于定量分析。中空纤维膜反应器则是由数根醋酸纤维素制成的中空纤维构成，其内层紧密光滑，具有一定的相对分子质量截留作用，可截留大分子物质，而允许不同的小相对分子质量物质通过；外层则是多孔的海绵状支持层，酶被固定在海绵支持层中。这种反应器不仅能承受68 个标准大气压以上的压力，而且还具有较高的膜装填密度（单位体积反应器内的膜面积），具有很好的工业应用前景，但是当流量较小时容易产生沟流现象。

尽管酶工艺在近几十年来有了显著的进展，但是在已知的 3000 多种酶中已被利用的酶还是少数。目前工业上大规模应用的酶仅限于水解酶和异构酶两大类中的某些酶，而且大多是单酶系统。为了适应酶的开发利用的需要，酶反应器的研制也在提高层次。从第二代酶反应器的研制来看，主要包括以下三种类型：①含辅因子的酶反应器；②两相或多相反应器；③固定化多酶反应器。其中多相反应器在近几年来进展较快，例如可以利用脂肪酶的特点来合成具有重要医疗价值的大环内酯和光学聚酯。

二、酶反应器的设计原则

反应器设计的基本要求是通用和简单，为此在设计前应先了解：①底物的酶促反应动力学以及温度、压力、pH 值等操作参数对此特性的影响；②反应器的类型和反应器内流体的流动状态及传热特性；③需要的生产量和生产工艺流程。

其次，无论采用什么样的工艺流程和设备系统，总希望它在经济、社会、时间和空间上是最优化的，因此必须在综合考虑了酶生产流程和相应辅助过程及二者的相互作用和结合方式的基础上，对整个工艺流程进行最优化。

三、酶反应器的性能评价

反应器的性能评价应尽可能在模拟原生产条件下进行，通过测定活性、稳定性、选择性、产物产量、底物转化率等，来衡量其加工制造质量。测定的主要参数有空时、转化率、生产强度等。

空时是指底物在反应器中的停留时间，数值上等于反应器体积与底物体积流速之比，又常称为稀释率。当底物或产物不稳定或容易产生副产物时，应使用高活性酶，并尽可能缩短反应物在反应器内的停留时间。

转化率是指每克底物中有多少被转化为产物。在设计时，应考虑尽可能利用最少的原料得到最多的产物。只要有可能，使用纯酶和纯的底物，以及减少反应器内的非理想流动，均有利于选择性反应。实际上，使用高浓度的反应物对产物的分离也是有利的，特别是当生物催化剂选择性高而反应不可逆时更加有利，同时也可以使待除的溶剂量大大降低。

酶反应器的生产强度以每小时每升反应器体积所生产的产品克数表示，主要取决于酶的特性、浓度及反应器特性、操作方法等。使用高酶浓度及减小停留时间有利于生产强度的提高，但并不是酶浓度越高、停留时间越短越好，这样会造成浪费，在经济上不合算。总体而言，酶反应器的设计应该是在经济、合理的基础上提高生产强度。此外，由于酶对热是相对不稳定的，设计时还应特别注意质与热的传递，最佳的质与热的转移可获得最大的产率。

四、酶反应器的操作

（一）酶反应器的微生物污染

用酶反应器制造食品和生产药品时，生产环境通常须保持无菌，并应在必要的卫生条件下进行操作，因为微生物的污染不仅会堵塞反应柱，而且它们产生的酶和代谢物，还会进一步使产物降解或产生令人厌恶的副产物，甚至能使固定化酶活性载体降解。为防止微生物污染，可向底物加入杀菌剂、抑菌剂、有机溶剂等物质，或隔一定时间用它们处理反应器；酶反应器在每次使用后，应进行适当的消毒，可用酸性水或含过氧化氢、季胺盐的水反冲。在连续运转时也可周期性地用过氧化氢水溶液处理反应器，防止微生物污染。但是，在进行所有这些操作之前，必须考虑这些操作是否会影响固定化酶的稳定性。一般情况下，当产物为抗生素、酒精、有机酸等能抑制微生物生长的物质时，污染机会可减少。

(二) 酶反应器中流动方式的控制

酶反应器在运作时，流动方式的改变会使酶与底物接触不良，造成反应器生产力下降；同时，流动方式的改变造成返混程度变化，也为副反应的发生提供了机会。因而在连续搅拌罐型反应器或流化床反应器中，应控制好搅拌速度。由于生物催化剂颗粒的磨损随切变速率、颗粒占反应器体积比例的增加而增加，而随悬浮液的黏度和载体颗粒强度的增加而减少，目前人们正试图通过采用磁性固定化酶的方法来解决搅拌速度控制的问题。在填充床式反应器中，流动方式还与柱压降的大小密切相关，而柱高和通过柱的液流流速是柱压降的主要决定因素，为减少压降作用，可以使用较大的、不易压缩的、光滑的珠形填充材料均匀填装。此外，壅塞也是影响酶反应器流动方式的一个不可忽视的问题，是限制固定化催化剂在许多食品，饮料和制药工业上应用的主要因素。它的产生是由于固体或胶体沉积物的存在妨碍了底物与酶的接触，从而导致固定化催化剂活性丧失，可以通过改善底物的流体性质来解决。对于填充床反应器，还可采用重新装柱、反冲洗等方法克服壅塞。另外，底物的高速循环也有助于避免壅塞。

(三) 酶反应器恒定生产能力的控制

在使用填充床式反应器的情况下，可以通过反应器的流速控制来达到恒定的生产能力，但在生产周期中，单位时间产物的含量会降低。在反应过程中，随时间的推移而出现的酶活性丧失可通过提高温度增加酶活性来补偿。现在普遍采用将若干使用不同时间或处于不同阶段的柱反应器串联的方法与上述方法之一相结合。尽管每根柱的生产能力不断衰减，但由于新柱不断地代替活性已耗尽的柱，总的固定化酶量不随时间而变化。增加柱反应器数量可获得更好的操作适用范围。由于在串联操作中物流较小，压降及压缩问题较大。如果采用并联法则具有最好的操作稳定性，每个反应器基本可以独立操作，能随时并入或撤离运转系统。

第八节　生物酶技术在石化行业的应用案例

酶作为一种催化剂，已被广泛地应用于轻工业的各个生产领域。近几十年来，随着酶工程的迅猛发展，酶在生物工程、生物传感器、环保、医药等方面的应用也日益扩大，可以说酶已成为国民经济中不可缺少的一部分，人们的衣、食、住、行及其他方面的新技术几乎都离不开酶。

近年来，随着人们环保意识的提高，生物技术以其高效、环保的技术优势在油田开发中得到了广泛应用，出现了微生物采油技术、生物酶、生物表面活性剂、生物聚合物、生物酸等系列产品和技术体系。其中，生物酶具有较好的油砂分离功能，并且对烃类降解具有高效性、专一性等特点，已经成功应用于油水井的解堵作业。以北京风林天元石油科技有限公司王建国教授为首的科研团队经过多年的技术攻关，研制出了更加适合国内油藏条件和流体性质的 LS 生物酶系列产品，在油水井解堵作业中取得了显著的效果。经过不断的改进，该产品已可以用作油田大规模驱油增产措施，可以同时起到对试验区油水井解堵和提高原油产量的双重作用，在某油田 1 个井组的现场试验中取得了良好的增产效果。

LS 生物酶系列产品是一种新型、高效生物催化剂。目前，已在国内的大庆、大港、中原等油田以及印尼 TLJ-156 井进行了解堵、驱油试验，取得了明显的"增油降水"效果。LS 生物酶驱油剂主要成分是酶、稳定剂、水、激活剂、增效剂，可以快速地将油与其附着物分离，其催化过程为生化反应，反应结束时，酶的化学性质和数量不发生变化，分子结构也不被破坏，重新分离后酶可以反复使用。还可以化学降解，对人体和环境无污染，不会增加油田污水的 COD（化学需氧量）和 BOD（生物需氧量），属环保型产品。对油田管线、管柱无腐蚀，对碳氢化合物具有极强的乳化作用，对"底物（烃类化合物）"的作用具有高效性、专一性，与地层流体具有良好的配伍性，不会导致油层的二次污染。LS 生物酶驱油剂注入工艺简单，作用效果好，增产有效期长，经济效益可观，具有很好的推广和应用前景。

据报道，由胜利油田钻井工程技术公司承担的中国石化重点科研攻关项目"生物酶可解堵钻井液体系的研究"，近日通过了由中国石化科技开发部组织的技术成果鉴定。专家组认为，该研究成果填补了我国生物酶技术在石油钻井领域应用的空白，已达到国际先进水平。

据了解，"生物酶可解堵钻井液体系"利用现代生物酶技术的环保降解和催化特点，使得该体系不仅具有良好的流变性、抑制性和润滑性，并且在钻井完成后不需要采用常规压力解堵、酸化解堵等技术，储层先前形成的泥饼在生物酶的作用下自动降解破除。生物酶进入油层孔道后，可以提高原油的流动能力，从而提高原油采收率。"生物酶可解堵钻井液体系"能同时满足钻井工程施工、保护油气层和环境保护三大要求，可广泛应用于石油钻井作业、完井液、修井液等施工。该项技术从根本上改进了解堵工艺，实现了对储层超低污染和低伤害钻进。在胜利油田和吉林油田进行了 34 口井的现场试验显示，该技术保护油气层效果显著。

在石油钻井过程中，钻井液发挥着防止井壁渗漏和保护油气层的双重作用。但这两大作用有时却存在着尖锐的矛盾。当钻井遇到油气富集地层时，地层特点多不稳定，极易发生漏失、坍塌等复杂情况，此时钻井液的护壁防漏功能显得尤为重要。而普通钻井液要起到很好的护壁防漏作用，就必须提高其固相含量和粘度，但这样又会带来污染油气层的现象。如何才能既治理好井壁漏失坍塌的毛病、又有效保护好油气层，早已成为我国石油钻井领域的一大难题。

据胜利油田钻井工程技术公司首席科学家郭宝雨介绍，刚刚通过鉴定的新型钻井液体系能够在井壁上形成薄而坚韧的隔膜，这种隔膜的渗透性极低，在近井壁形成了一个渗透率几乎为零的护壁层，达到了维护井壁稳定的良好效果。

随着时间的推移，在需要打开油气层时，生物酶开始发挥它的生物降解作用，把原来坚韧致密的护壁薄膜一点一点破除，而这时，活性生物酶慢慢进入储层，在岩石表面油膜下生长繁殖，使原油从岩石表面剥离，从而被驱出；同时，它还能够降解原油，增强原油流动能力，从而在根本上实现提高原油采收率的目的。

据悉，这一体系在曲堤油田、淮北以及吉林等油田共 34 口井进行的现场试验表明，其原油采收率平均提高 25% 以上，地层渗透性恢复到 90% 以上，在解放油气层、保护油气层方面有着广阔的发展前景。

利用固定化葡萄糖异构酶生产高果糖浆是目前应用最广泛的固定化酶系统，它能使由淀粉转化的葡萄糖部分异构化。现在每年约需数千吨的葡萄糖异构酶用于生产上万吨的高果糖浆。工业上使用的葡萄糖异构酶有两种形式，一种是固定化酶形式，另一种是固定化细胞形式。这种加工方法在工业和商业上的成功主要是因为果糖比葡萄糖甜，而且从淀粉得到的葡萄糖价格比较便宜。此外，高果糖浆中含等当量的葡萄糖和果糖，从营养角度上讲更接近于蔗糖。目前，这种高果糖浆已被广泛地应用在可乐这一类饮料中。

通过氨基酰化酶生产氨基酸是固定化酶的另一个重要应用。由于一些氨基酸在天然果蔬中的含量极低，因而有必要通过添加人工合成的氨基酸以提高含量。可是动物仅能利用L-型氨基酸，而由化学反应得到的是L-型与D-型混合的外消旋体，直接添加虽然对动物无害，但有一半是浪费的。因此，研究把L-型和D型的混合物制成乙-型的氨基酸有很大的意义。把L-型和D-型的混合物通过固定化氨基酰化酶的 DEAE-Sephadex 载体柱，只有L-型的氨基酸被脱酰基，然后通过溶解度的不同可达到分离，将未变的D-型氨基酸经再消旋作用，整个过程就可以重复。在日本，每年有近百公斤的L-甲硫氨酸、L-苯丙氨酸、L-酪氨酸和L-丙氨酸通过氨基酰化酶柱生产。

近二十年来，随着生物化学和酶化学的进展，以及基因工程和发酵工程的进步，有机化学家们越来越重视利用酶和微生物细胞从事化学合成，取得了丰硕的成果，并形成了一个新的研究领域-酶化学技术(Chemzymetechnology)。

目前，酶在有机合成中研究和应用的范围不断扩大，已经涉及众多类型的化学反应。例如，C-O键、C-N键、P-O键、C-C键的断裂和形成，氧化反应、还原反应、异构化反应以及分子重排反应等。其中在对映体选择性降价(Enantioselective degradation)、非对映体选择性裂解(Diastereoselective cleavage)和手性化合物的合成和拆分方面，酶显示了巨大的威力。而手性化合物的合成和拆分，更引人注目。在有机合成中所使用的酶，涉及水解酶类、氧化还原酶类、裂解酶类、异构酶类和转移酶类等类型。在实际应用中，可以直接利用天然游离酶。为了提高酶的稳定性和催化活性，以及使用的方便，也可以利用化学修饰酶和固定化酶。

在多数情况下，酶工程是利用酶的优点为人类服务，但随着对酶催化性质的进一步了解，人们发现有些酶对人类是不利的。例如经常使用青霉素的人容易对青霉素产生抗药性，这主要是由于某些致病菌内含有一种适应酶-内酰胺酶所致，它能水解青霉素中的内酰胺环，使之形成青霉酸而丧失杀菌力。但如果将内酰胺酶的抑制剂棒酸与青霉素混合使用，就能使抗性细菌的酶活受抑制，从而失去对青霉素的水解能力。目前酶抑制剂的应用已成为酶工程的一个重要组成部分。酶抑制剂是指不引起酶变性而能抑制酶的催化反应的物质，它不仅能应用于治疗疾病，而且在农业和食品加工上的作用也日益扩大。如新型除莠剂二丙膦(Biala phos)，它是谷酰胺合成酶的抑制剂，能抑制草本类植物体内的谷酰胺和核酸的合成，并导致氨的积累，从而使植物无法正常生长，甚至中毒死亡。又如在食品加工中，由于多酚氧化酶的作用容易使食品发生酶促褐变作用，使得结构的加工及货架寿命减短。如果加入多酚氧化酶的抑制剂抗坏血酸则可以防止褐变作用，因为它不仅可以作为酶促反应产物醌类的还原剂，防止醌类进一步缩合产生褐色物质，还可以螯合铜离子而抑制多酚氧化酶的活性。

酶工程在其他方面的应用如在基因工程、食品工程、环境保护等方面的应用，也有着巨大的潜力。放眼未来，我们有理由相信酶的生产和应用将得到进一步扩大。当今世界普遍关注的环境和资源问题将为我们的研究工作提供新的方向。毫无疑问，酶工程在解决其中一些问题上将发挥重大的作用。

第四章　生物基因工程技术

生命体内的一切生命活动都直接或间接地在基因的控制之下，也就是说生命活动的机制，都可以在基因层面上进行深入探讨。基因是存在于 DNA 上承载遗传信息的核苷酸序列，是位于染色体上呈直线排列的遗传物质的最小单位，也是携带遗传信息的结构单位和控制遗传性状的功能单位。基因这个耀眼的名字，自 20 世纪 50 年代由于 DNA 分子双螺旋结构模型的确立而进入分子生物学时代以来，真可谓突飞猛进，新概念、新名词日新月异，与日俱增。基因也成为运用次数最多的字眼之一。由于基因的研究涉及遗传、变异、个体、群体、细胞、分子、核酸、蛋白质等多学科多领域的知识，从而诞生了一门新的学科——基因科学。

第一节　概　述

一、基因技术的发展历程

基因技术这门现代生物技术中最先进、最热门的育种新技术的诞生和兴起并非偶然的事件。它是在生物化学、微生物学、分子生物学和分子遗传学等学科取得一系列研究成就的基础上逐渐发展起来的。

（一）遗传物质基础的证明

任何一种生物的遗传物质都携带决定该生物性状的遗传信息：它们从亲代传到子代。绝大多数生物的遗传物质是 DNA，少数细菌噬菌体、许多植物病毒和一些动物病毒的遗传物质是 RNA。

在现代分子生物学诞生之前，很多人认为蛋白质分子可能是遗传物质，因为在当时已知的细胞内大分子中，对于作为遗传物质需要要变化多端的信息来说只有蛋白质在结构和化学性质方面是足够复杂和多种多样的；当时 DNA 并没有被认为是遗传物质，因为只知道 DNA 在细胞核内，认为 DNA 太简单，不可能作为遗传物质，从而推测 DNA 只是染色体的一些结构成分；有两个实验结果改变了上述对遗传物质的看法，正是因为这两个实验工作才创立了分子遗传学。

研究遗传物质的试验可以追溯到 1928 年 Griffith 利用肺炎双球菌（Diplococcus pneumoniae 或 Pneumococcus）感染家鼠的试验。肺炎双球菌有两种类型，一种是光滑型（S型），被一层荚膜多糖所保护，具有毒性，在培养基上形成光滑菌落。另一种为粗糙型（R型），无荚膜和毒性，在培养基上形成粗糙型菌落。S 型和 R 型还可按血清免疫反应不同，分成许多抗原型，如 S I、S II、S III、R I、R II 等。

S 型细菌感染家鼠后可使家鼠患肺炎而死亡。这种致病性是由其细胞外层的荚膜多糖（Capsular polysaccharide）决定的，也就说这种细菌的毒力依赖于它们有无荚膜，有荚膜的细菌能抵抗机体对它们的破坏，这种肺炎双球菌在琼脂干板上长成的菌落是光滑型（S型），用光滑型菌株感染小鼠使小鼠致死（图4－1）。

(a) S菌膜杀死小白鼠

有夹膜的S菌株　　　＋　　活鼠→死鼠

(b) 无夹膜的R株不杀死小鼠

无夹膜的R菌株　　　＋　　　活鼠→活鼠

(c) 加热杀死的S株不杀死小鼠

加热　　　　　　　＋　　活鼠→活鼠

(d) 分开时都不能杀死小鼠的R株和杀死的S株。
加在一起后杀死小鼠

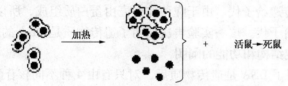

加热　　　　　　　＋　　活鼠→死鼠

Griffith实验表明用致病菌细胞抽提液处理非致病菌使其转变成致病菌

图4－1　肺炎链球菌的转化现象

后来 Griffith 分离到了一种形成粗糙型菌落的肺炎双球菌（R 型）突变株。接着他做了一个很重要的观察。他把加热杀死的 S 型注射小鼠，小鼠活下来了。但把加热杀死的 S 型菌和活的 R 型菌混合注射小鼠，出乎意外地小鼠死了。从血液中竟分离到了活的 S 型菌，看来在加热杀死的 S 型菌中存在一种使活的 R 型菌转变成 S 型菌的因子。他们把这种现象称为转化（Transformation）。Griffith 下结论说是热杀死的 S 型菌的存在导致那些活的 R 型菌恢复了合成荚膜的能力。三年后这一观点得到了验证，因为只要把 S 型菌加热杀死后加入到体外培养的 R 型菌培养物中，也可使 R 型转化为 S 型。两年后又证明仅把 S 型的细胞提取液加到生长着的 R 型菌培养物中也发生 R→S 的转化（图4－2）。

1944 年 Avery 等在 1928 年 Criffith 所做的肺炎双球菌转化试验的基础上，采用离体培养的方法，测定 SⅢ型细胞中各种分离提纯了的提取物（包括 DNA、RNA、蛋白质、多糖等）的转化活性。

试验结果发现，只有从 SⅢ型菌提出的 DNA，与 RⅡ型菌混合于琼脂平板上进行培养时，才能使 RⅡ型转化为 SⅢ型。这就有力地证明了 DNA 是转化因子，DNA 能引起遗传性状的改变。这也就直接证明了遗传信息的物质基础是 DNA 而不是蛋白质。

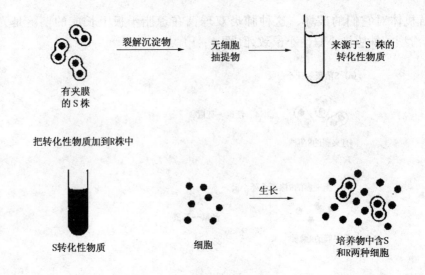

有夹膜的S株 —裂解沉淀物→ 无细胞抽提物 → 来源于S株的转化性物质

把转化性物质加到R株中

S转化性物质 细胞 —生长→ 培养物中含S和R两种细胞

图4-2 肺炎链球菌的转化补充实验

1952年，赫尔希（Hershey，A. D.）等用同位素^{32}P和^{35}S分别标记T2噬菌体的DNA和蛋白质，然后再分别用具有不同标记的噬菌体侵染大肠杆菌。约10min后，通过搅拌和离心，分离出两种成分。一种成分为细菌本身，另一种成分为噬菌体的外壳。实验表明，基本上全部^{32}P的放射性见于细菌内，而致细菌被裂解后释放出来的噬菌体仍具有放射性，表明这种放射性可以传递给子代。由于噬菌体外壳由蛋白质组成，所以具有^{35}S的放射性，但这种放射性不能传给子代。这一实验再次证明了遗传物质是DNA的普通性结论。

（二）DNA双螺旋结构和功能的阐明

在Avery等人证明了DNA是遗传物质后，对只有由4种不同核苷酸（A、T、C、G）组成的DNA的结构的研究就成为了人们探索的新热点。科学家对此又展开了不懈努力，1950年德国生化学家Chagraff对该问题的解决做出了关键性贡献，他发现在DNA中四种碱基每两种的分子数量始终是相等的，即A与T的数量相等，C与G的数量相等。

在前人的研究成果基础上，英国科学家Crick和美国科学家沃森Watson也开始了探求DNA结构的工作。1953年元旦刚过，Watson和Crick根据碱基组成的测定和X光衍射分析的结果，提出了著名的DNA双螺旋结构模型的理论和半保留复制机理。DNA是一个和谐的双螺旋结构，很像一段螺旋上升的梯子。每条DNA链是由多个单核苷酸分子互相连接而成的，而每个DNA分子则是由方向相反、彼此平行的两条这样的链子（称为多聚核苷酸链）组成，这两条多聚核苷酸链都以右手螺旋的方式盘绕着同一中心轴，脱氧核糖和磷酸排列在外侧；两条长链上的核苷酸互相对应。DNA双螺旋结构模型的理论圆满地解释了DNA的理化性质、自体复制方式和生物遗传现象。这一重大发现使人类对基因的认识有了实质性的突破，推动了遗传学的迅速发展，开辟了分子生物学的新纪元。

（三）遗传信息的流向和表达机制的阐明

在20世纪50年代末期和60年代，相继提出了中心法则和操纵子学说和翻译了遗传密码，从而阐明了遗传信息的流向和表达机制。

人们已认识到，生物体的遗传信息主要是以密码的形式编码在DNA分子上，表现为特定的核苷酸排列顺序。DNA通过复制可以将遗传信息传递给子代DNA分子，DNA分子又可以通过转录作用将遗传信息传递给信使 RNA（mRNA），mRNA 进而控制专一蛋白质的合成，使遗传信息在蛋白质肽链的氨基酸排列顺序上得到体现，即遗传密码的翻译。

DNA→mRNA→多肽链，这一 DNA 中心法则的建立，解开了蛋白质合成过程中转录和翻译之谜，指导着人们认识蛋白质的生物合成过程。随着后来反向转录酶的发现，又肯定了某些病毒能够以 RNA 为模板合成互补 DNA，这就更进一步完善和补充了中心法则。遗传信息复制和传递机制的阐明，为人工改变生物 DNA 结构而引起遗传性状的改变，从而创造出生物新品种和新型产物提供了可能性。

（四）限制酶与连接酶等工具酶的发现

早在 20 世纪 50 年代初期，就已发现寄主细胞对噬菌体的限制作用，后来发现这种限制作用是菌株中限制性核酸内切酶（简称限制酶）作用的结果，它专门分解外来的 DNA 而使其失去复制的能力，实际上是寄主细胞抵抗外来 DNA 侵染的一种防御机制。

20 世纪 60 年代末期和 70 年代初期，经过详细的研究，人们弄清了限制酶是一类专一性很强的核酸内切酶，它与一般的 DNA 水解酶不同之处，在于它们对碱基作用的专一性上及对磷酸二脂键的断裂方式上，具有一些特殊的性质。这种酶被形象地称为分子剪刀，它们的发现和应用大大促进了基因工程技术的进展，在基因的分离、DNA 结构分析、载体的改造及体外重组中均起着重要作用。

在 1967 年，世界上有 5 个实验室几乎同时发现了 DNA 连接酶。连接酶是另一种对DNA 重组技术的创立具有重要意义的工具酶。1970 年，当时在威斯康星大学的 H. G. Khorna 实验室，又发现 T4DNA 连接酶具有更高的连接活性，甚至能催化两段 DNA 分子进行平末端的连接。该类酶的发现和分离提纯，使两个 DNA 片段在体外连接形成重组DNA 分子成为可能，在 DNA 合成、DNA 复制和基因重组中起着十分重要的作用。

限制酶与连接酶等工具酶的发现，从根本上解决了 DNA 分子的体外切割与连接技术难题，它是重组 DNA 的核心技术。除限制酶和连接酶外，还有 DNA 聚合酶、逆转录酶、碱性磷酸酯酶、末端脱氧核苷酸转移酶和 S1 核酸酶等，都是基因操作中必要的工具酶。

（五）质粒等基因克隆载体的发现

多年以来，分子生物学家就选定 λ 噬菌体作为基因克隆的最有希望的载体，并对其进行了更为深入的研究。然而第一个将外源基因导入寄主的载体却不是 λ 噬菌体，而是质粒载体。其中，最早被发现和研究的质粒是大肠杆菌致育因子（F 因子）。1952 年又发现大肠杆菌能产生一种蛋白质性的抗菌物质，称为大肠杆菌素。后来查明它是由另一种质物——Col 因子支配产生的，成了第二个研究历史较长的质粒。1959～1960 年，在日本发现了抗药性质粒（R 因子），具有相对分子质量小、易于操作和抗药性选择标记等优点。后来又不断在细菌和放线菌中发现各种各样的质粒。

（六）细胞转化方法的建立

将外源 DNA 分子导入细菌细胞的转化现象，虽然早在 20 世纪 40 年代就已经在肺炎双球菌中发现，但对于大肠杆菌来说，一直到 1970 年才获得成功。当时，M. Mandel 和A. Higa 发现用 $CaCl_2$ 处理大肠杆菌，能使该菌对 λDNA 的吸收有显著的增加。1972 年，斯坦福大学的 S. Cohen 等人报道，经氯化钙处理的大肠杆菌细胞同样也能够摄取质粒的DNA。将该技术应用于质粒 DNA 的转化，结果每微克 DNA 可得到 10^6～10^7 个转化子。从此，大肠杆菌便成了分子克隆的良好转化受体；大肠杆菌转化体系的建立，对基因工程的创立具有特别重要的意义。

（七）核酸和蛋白质序列分析技术的发明

1965 年 Sager 发明了氨基酸序列分析测定法，接着又发明了 DNA 分子的核苷酸序列分析测定法，使人们对 DNA 序列分析获得重大突破，一次实验便可确定几百个碱基的排列顺序。知道了某个蛋白质的 DNA 碱基序列，就可根据 3 个碱基决定一个氨基酸的三联体密码子，推知该蛋白质的氨基酸序列，并可用化学方法人工合成该基因。因此，核酸和蛋白质序列分析技术的发明，使基因的分析和合成成为可能。

综上所述，遗传物质基础的证明，DNA 双螺旋结构和功能的阐明，遗传信息的流向和表达机制的阐明，限制酶与连接酶等工具酶的发现，质粒等基因克隆载体的发现，细胞转化方法的建立，核酸和蛋白质序列分析技术的发明等，为基因技术这一划时代的生物新技术的诞生和兴起，奠定了坚实的理论和技术基础。

二、基因技术的内容

基因技术主要研究的是离体 DNA 的重组技术。该技术在分子水平上进行遗传操作，即将任何生物体（供体）的基因或基因组提取出来，或通过人工合成的目的基因，按照人们预先设计的蓝图，插入到质粒或病毒复制子（载体），而形成一条新的 DNA（DNA 重组体），然后将重组体转移到复制子所属的宿主生物体中复制，或转移到另一种生物体（受体）的细胞内（可以是原核细胞也可以是真核细胞），使之能在受体细胞内遗传并使受体细胞获得新的性状。由于被转移的外源基因一般需与载体 DNA 重组后才能实现转移，因此供体、受体和载体被称为基因技术的三大要素。

基因技术的研究和应用，大大地促进工业、农业、医药和能源等各种领域的振兴，是生物技术中的一大亮点。1997 年，克隆羊多莉成功，这是以基因克隆技术为代表的分子生物学发展的一个新里程碑，也开创了基因技术的一个新时代。

目前，基因技术研究研究内容涉及基础研究、克隆载体研究、受体系统研究、目的基因研究、生物基因组学研究、生物信息学研究和应用研究等诸多方面。具体有以下几个方面：

（一）基因工程工具

基因工程是将不同的 DNA 重新组合构建成新的 DNA 分子，并进入宿主细胞表达和扩增。而这一技术成功的条件必须具备的两点是：一是基因自身具有同一性、可切割性、可转移性、遗传性、密码子通用性和简并性，以及基因蛋白的对应性等基因工程的理论依据；另一方面基因技术的操作也要依赖于一系列重要的克隆工具，如基因工程载体、基因工程工具酶和基因工程的受体系统。载体是目的基因的运载工具，是基因工程操作中所不可缺少的重要因素。对载体的研究与应用，极大地推动了基因工程研究的进程，简化了基因操作程序，提高了克隆的效率。工具酶的研究、发现和应用，解决了基因操作的"手术刀"和"缝线针"，是基因克隆成功的保证。一些重要工具酶的发掘，使基因操作中遇到的一些难题迎刃而解。基因工程受体对重组 DNA 分子的表达、实现基因工程产物的产出而言具有重要的意义。随着基因工程研究的深入，寻找更好的基因工程工具将成为科学工作者共同关注的热点，也是推动基因工程朝着纵深的方向发展的一项重要任务。

（二）基因克隆技术

基因克隆技术大致有以下几个方面的用途：①在分子生物学研究中，进一步深化对基因结构、功能及其调控的了解。②探索基因变化的分子机制以及对生物个体和物种的影响，揭示物种进化与种系之间的关系。③大规模生产基因工程药物。④在生物医药研究领域，通过基因调控或改造，提高药用植物有效成分含量或获得新的药用植物改良品种。

随着新的技术和新的克隆方法不断涌现，如以 PCR 为基础的差异筛选技术、基因敲除技术、高通量的基因芯片技术、长片段的 DNA 序列测定技术将大大拓宽基因工程的规模并提高基因操作的速度，基因克隆技术成为基因工程研究中的重要内容。

（三）目的基因

把感兴趣的、需要研究的基因称为目的基因。基因也是一种重要而有限的生物资源。目前世界各国均非常重视基因资源的开发利用，大力投入对基因的研究，基因资源自然成了人们争夺的对象，谁拥有基因专利多，谁就在基因工程领域占据主动地位。对基因资源的考察收集、鉴定与保藏，是 21 世纪前景广阔的生物产业的研究基础。不仅许多研究机构重视对其研究和开发，而且各国政府也非常关注，予以倾力资助。对基因的研究已从零星的单基因发展到大规模的基因组，涉猎品种无处不在，从人类基因组到其他生物基因组。所有这些工作将使人们对自然界各种生命现象的本质有着重新深刻的认识。

（四）基因技术的产品

研究基因除了分析基因的结构和功能以外，更重要的是研究基因的表达产物及其在工业、农业、医药等领域的应用，为人类健康、粮食短缺、环境生态恶化和能源匮乏等众多难题的解决提出新的思路和决策。因而基因工程的诞生不仅在理论上而且在应用上对整个生命世界产生了深刻的影响，也对基因工程产品的研究和开发，形成了一个巨大的高新技术产业，并且把生物技术与生物经济融为一体从而产生了重要的经济和社会效益。

在医药领域，重组蛋白质药物研究为人类治疗疾病提供了新的途径。以前只有很少的药物是通过基因重组的方法生产出来的，如胰岛素，但至今重组蛋白质药物已有很多，从激素、细胞因子、酶、血液凝集素到疫苗。这些新药物的生产对改善某些疾病的治疗起了关键的作用。

第二节　基因技术的分子生物学基础

一、DNA 结构和功能

DNA 分子是一种双链的螺旋状分子（图 4-3）。DNA 链的基本单位是脱氧核糖核苷酸，它由碱基、脱氧核糖和磷酸基团三部分构成，碱基与脱氧核糖的 3′碳相连，而脱氧核糖的 5′碳又与一个磷酸基团相连。DNA 链上的核苷酸可多可少，它们通过一个核苷酸的脱氧核糖的 3′羟基与另一个相邻的核苷酸的 5′磷酸基团之间形成磷酸—酯键而串联起来。由于碱基遵循互补的原则，所以一条 DNA 链上的核苷酸顺序决定了与它相配对的另一条 DNA 链上相对应的核苷酸顺序，后者也称为互补核苷酸链。这里所说的碱基有 4 种：腺嘌呤（A）、鸟嘌呤（G）、胸腺嘧啶（T）和胞嘧啶（C）。这 4 种碱基形成两种非常特异的配对形式，即 A 只与 T 配对，G 只与 C 配对。DNA 是脱氧核糖核苷酸组成的长链多聚物。

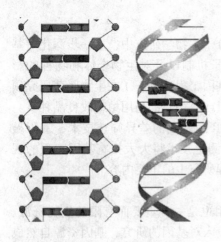

图 4-3　DNA 螺旋结构图

作为遗传的物质基础，它必须具有下列基本特性：第一，具有稳定的结构，能进行复制，特定的结构能传递给子代；第二，携带生命的遗传信息，以决定生命的产生、生长和发育；第三，能产生遗传的变异使进化永不枯竭。

在 DNA 的复制过程中，每一条已经存在的 DNA 链都可以作为模板合成新链，链上的脱氧核糖的 3′羟基通过酶促反应与要掺入的核苷酸的 5′磷酸形成磷酸二酯键，从而使脱氧核糖核苷酸依次加入，而且新合成的 DNA 双链仍然遵循碱基配对的原则。DNA 双螺旋的两条链的方向是相反的，称之为反向平行。

一个双链 DNA 分子的长度通常用互补核苷酸对的数目来表达，也就是通常所说的碱基对 bp(Base pair)。对于大的 DNA 分子通常用千碱基对来表示，即 kb(Kilo base pairs)。当双链 DNA 分子超过几百万个碱基对时，就用百万碱基对，即 Mb(Mega base pairs)。

不同生物的 DNA 分子大小（相对分子质量或长度）、结构都有一定的差异。生物从简单到复杂的进化，大体反映出细胞内 DNA 含量的增加，例如细菌的 DNA 比细菌病毒大10 倍以上。不同生物，特别是低等生物的 DNA 显示出结构的多样性，如 M13 的 DNA 呈单链环状结构。尽管 DNA 分子的形状和结构多种多样，但它们的分子结构基本上呈现一级结构、二级结构和三级结构等层次的共同特点。

（一）DNA 的一级结构与功能

DNA 是由四种单脱氧核糖核苷酸以 3′，5′-磷酸二酯键相连构成的一个没有分支的线性大分子，链中的脱氧核糖和磷酸都是相同的，而碱基不同。DNA 的一级结构主要指核苷酸单体在主链上从 5′到 3′的排列顺序。习惯上，以碱基名称的简写形式作为核苷酸序列的代表符号。在一级结构中，四种 dNTP 以 3′，5′-磷酸二脂键连接，它们的两个末端分别称 5′末端（游离磷酸基）和 3′末端（游离羟基）。

DNA 中遗传学信息与碱基序列密切相关，碱基序列的改变将引起遗传信息的显著改变。DNA 分子携带的遗传信息通过转录而传递给 RNA（包括 mRNA、tRNA、rRNA 等），mRNA 序列含有蛋白质多肽链的氨基酸序列信息及一些调控信息。以 DNA 为模板合成与DNA 互补并可指导蛋白质合成的 mRNA 的过程叫转录，而以 mRNA 为模板指导蛋白质合成的过程称为翻译。

在 DNA 的一级结构中，一些碱基可通过甲基化而被修饰。原核生物中，DNA 特定序列的甲基化常使一些酶切位点被修饰，从而对自身 DNA 产生保护作用。真核生物中，在细胞经过多次分裂历，DNA 的甲基化使其基因结构仍能保持稳定，而 DNA 的甲基化也是一种重要的基因表达调控方式。

DNA 几乎是所有生物遗传信息的携带者，它是信息分子。它携带有两类不同的遗传信息，一类是负责编码蛋白质氨基酸组成的信息，在这一类信息中，DNA 一级结构与蛋白质的一级结构之间基本上存在共线性关系。DNA 一级结构的变化往往会导致蛋白质氨基酸顺序的改变。另一类与基因信息的表达有关，负责基因活性的选择性表达，这一部分

DNA 一级结构参与基因的转录、翻译、DNA 的复制、细胞的分化等功能，在细胞周期的不同时期和个体发育的不同阶段、不同器官、组织以及不同外界环境下，决定基因开启还是关闭，开启量的多少等。

(二) DNA 的二级结构与功能

DNA 的二级结构主要是指其双螺旋结构。1953 年，Watson 和 Crick 根据 Franklin 和 Wlikins 拍摄到的 DNA 的 X－射线晶体衍射照片(图 4－4)，提出 DNA 结构的螺旋周期性、碱苯的空间取向等问题同时推测出 DNA 的三维结构。

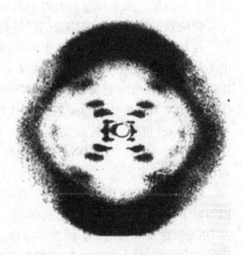

根据他们的推导，DNA 二级结构双螺旋具行如下详细特征。

(1) 主链(Backone)：亲水的脱氧核糖和磷酸基通过 3′, 5′－磷酸二脂键交替连接成反向平行的两条主链，它们绕一共问轴心向右盘旋形成双螺旋结构，而主链处于螺旋的外侧。

(2) 碱基对：碱基位于双螺旋的内侧，A－T、G－C 间以氢键配对，所形成的共平面的碱基对恰好与螺旋轴相互垂直。

图 4－4　DNA 的 X－射线晶体衍射照片

(3) 大沟和小沟：两条多糖核苷酸链并不充满 DNA 双螺旋的所有空间。由于两条主链骨架不在直径上，碱基与主链的键偏离直径，因此在螺旋时造成两个一大一小的沟槽。大沟和小沟简单的讲即就是指双螺旋表面凹下去的较大沟槽和较小沟槽。小沟于双螺旋位的互补链之间，而大沟位于相毗邻的双股之间。

大沟在 DNA 与蛋白质相互作用，遗传信息的识别方面非常重要。有关的蛋白质在沟内才能感觉出不同的碱基序列。相反在双螺旋的主链骨架上是没有信息的，所以蛋白质与骨架的相互作用是非特异性的。只有与沟内碱基之间相互作用才呈现出蛋白质与双链 DNA 作用的特异性。

(4) 结构参数：螺旋直径 2nm，每个螺旋周期包含 10bp，螺距 3. 4nm，相邻碱基对平面的间距 0. 34nm。

疏水作用产生的碱基堆积力和两条链间形成的氢键是维持双螺旋结构稳定性的最主要作用力，除此之外还有磷酸基与胞内组蛋白或正离子之间的静电作用等。

在生物活体中，DNA 的二级结构是时刻在变的，通常情况下，DNA 的二级结构分两类：一类是右手螺旋，以 B－DNA 为主，另外还有 A－DNA、C－DNA、D－DNA 和 E－DNA。另一类是左手螺旋，即 Z－DNA。所有构型均假设为一对平行而反向的多核苷酸链形成的双螺旋，不同的是在构型之间，螺旋参数不同，如螺距、碱基间距离、每一周的碱基数等。这一现象称为 DNA 结构的多态性。

DNA 结构产生多态性的原因在于多核苷酸链的骨架含有许多可转动的单键，从而使糖环可采取不同的折叠形式和苷键采取不同构象。

水溶液或相对湿度达 92% 及细胞中的 DNA，大多为 B－DNA。B－DNA 是一种理想结构，与细胞中 DNA 有点不同，表现在两方面：一是溶液中的 DNA 分子比 B－DNA 分子模型螺旋程度更高，平均每螺周有 10.5 个碱基对，碱基间的转角为 34.6°；二是 B - DNA 分子模型是均一的结构，但实际的 DNA 没有如此规则，通过将不同序列 DNA 的晶体结构进行比较，得出实际 DNA 的各个碱基对之间都有所不同。而且，每个碱基对精确的螺旋转角并不恒定，结果局部上大沟小沟的宽度会发生变化。因此，DNA 分子永远不会是完全规则的双螺旋，但 B 型构象仍然是与细胞中 DNA 结构最接近的。

在自然界原核生物和真核生物体内，除经典的 B - DNA 双螺旋外，还存在天然 DNA 的另外两种构象，即 A - DNA 和 Z - DNA。A - DNA 也是右手螺旋 DNA，正在转录的 DNA 单链模板与由它所转录的 RNA 链间所形成的双链就是 A - DNA，由此可见，A - DNA 构象对基因表达有重要意义。而 Z - DNA 为左手螺旋 DNA，并于旋转的同时作"之"字形(Zigzag)扭曲。研究表明 Z - DNA 可以调节基因的表达，包括远程的负调控和近程的正调控作用。同时，Z - DNA 还可能与基因突变和致癌作用有关，但其确切的生物学功能尚待进一步证实。

以上的 DNA 双螺旋(包括 A、B 和 Z 型)是 DNA 最常见的结构形式，但 DNA 也可能以不同于双螺旋的其他结构形式存在，三股螺旋 DNA 就是其中的一种。三股螺旋 DNA 是在 DNA 双螺旋的基础上形成的，维持其稳定性的氢键是 Hoogsteen 氢键，不同于双螺旋结构的 Waston - Crick 氢键。形成三股螺旋 DNA 的三条链的碱基均为嘌呤或嘧啶。可形成三股螺旋 DNA 结构的多聚嘌呤核苷酸和多聚嘧啶核苷酸序列在真核生物基因组中广泛存在，这些序列主要位于调控区、DNA 复制的起始点或终止点，以及染色体重组位点，提示它们可能与基因的表达调控、DNA 的复制及染色体的重组有关。

双螺旋 DNA 结构模型提出的意义在于：①确立了核酸作为信息分子的结构基础；②提出了碱基配对是核酸复制、遗传信息传递的基本方式；③确定了核酸是遗传的物质基础，为认识核酸与蛋白质酚关系及其在生命活动中的作用奠定了基础。

(三) DNA 的三级结构与功能

DNA 双螺旋分子进一步扭曲、折叠，形成超螺旋结构，即染色体 DNA 所具有的复杂折叠状态称为 DNA 的三级结构，也叫做 DNA 的高级结构。几乎一切 DNA，无论是环型或线型 DNA，超螺旋结构是它们共有的重要特征。

绝大部分原核生物 DNA 是共价闭合的环状双螺旋分子，此环形分子可再次螺旋形成超螺旋。真核生物线粒体、叶绿体 DNA 也为环形分子，故也能形成超螺旋，非环形 DNA 分子在一定条件下局部也可形成超螺旋。

超螺旋有正向和负向两种，如果是右旋型 DNA 分子，向右方向扭曲为正超螺旋，反之向左方向扭曲则为负超螺旋。在拓扑异构酶、溴化乙锭等存在的情况下，正超螺旋和负超螺旋可以相互转变。

在活体中，DNA 的结构不是一成不变的，DNA 的各种构象是互变的、动态的。超螺旋的生理意义在于自由状态的 DNA 通常是没有生物活性的。许多重要的生物过程需要引入负超螺旋，如复制、转录及重组的过程。超螺旋状态的 DNA 储存了驱动这些反应所需的能量。真核细胞的染色体是线性的，通过支架蛋白将两端固定于结构蛋白，然后染色质自身盘绕导入拓扑学张力、使真核细胞的 DNA 维持负超螺旋形式。所以说超螺旋不仅使 DNA 形成高度致密的状态从而得以容纳于有限的空间中，而且在功能上也是重要的，它推动着 DNA 结构的转化以满足功能上的需要。总的来讲超螺旋可能具有以下生物学意义：

①DNA 双链经过盘绕压缩比松弛性 DNA 更为致密，体积变得更小，在细胞的生命活动中更能维持 DNA 的稳定性；②影响 DNA 双链的解链过程，从而影响与其他生物大分子如酶、蛋白质等的结合。

二、DNA 的变性、复性和杂交

（一）DNA 的变性

在某些理化因素（温度、pH 值、离子强度等）作用下，DNA 双链的互补碱基之间的氢键断裂，使 DNA 双螺旋结构松散，成为单链的现象即为 DNA 变性。DNA 双螺旋结构的稳定性主要靠碱基平面间的疏水堆积力和互补碱基之间的氢键来维持。DNA 变性只改变其二级结构，不改变它的核苷酸排列。DNA 的变性，不仅受外部条件的影响，而且也取决于 DNA 分子本身的稳定性。如 G、C 含量高的 DNA 分子就比较稳定。因为 G - C 之间有三对氢键，而 A - T 之间只有两个氢键。环状 DNA 比线状 DNA 稳定。

DNA 变性后由于分子构象的变化，溶液的黏度大大降低，沉降速度增加，浮力密度上升，紫外吸收值升高。利用这些性质，可以观察 DNA 变性的过程。如加热时，DNA 双链发生解离，在 260nm 处的紫外线吸收值增高，此种现象称为增色效应。DNA 的热变性是爆发性的，只在很狭窄的温度范围内进行。以温度对紫外吸收值作图，得到一条 S 形曲线称为解链曲线。产生紫外吸收值跃变的温度称 DNA 变性温度，或 DNA 融点。通常以消光值达最大值一半时的温度作融点温度，用 T_m 表示。DNA 的 T_m 值一般在 70 ~ 85℃之间，如图 4 - 5 所示。

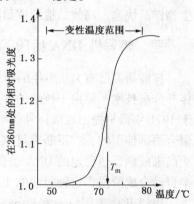

图 4 - 5　DNA 的解链曲线图

一般地说，DNA 的 T_m 值主要与 DNA 的碱基组成有关。G - C 含量越高则 T_m 值就越高；而 A - T 含量越高，则 T_m 值就越低。

（二）DNA 的复性

DNA 的变性是可逆的。当 DNA 热变性后，变性 DNA 在适宜的条件下，两条彼此分开的链经碱基互补可重新形成双螺旋结构，这一过程称为复性。热变性的 DNA 经缓慢冷却即可复性，这一程也称为退火。实验证明，最适宜的复性温度比该 DNA 的 T_m 值约低 25℃，这个温度叫做退火温度。

DNA 的复性速度受温度影响，只有温度缓慢下降才能使其重新配对复性。如加热后，将其迅速冷却至 40℃以下，则几乎不能发生复性。这一特性可以被用来保持 DNA 的变性状态。

（三）分子杂交

DNA 变性后可以复性，在此过程中，如果使不同 DNA 单链分子或 RNA 分子放在同一溶液中，只要两种单链分子之间存在互补碱基，可以进行配对，在合适的条件下（如温度、离子强度），可以在相同的分子间和不同的分子间形成双链。杂化双链可以是 DNA 与 DNA 之间，也可以是 DNA 与 RNA 之间，或者是 RNA 与 RNA 分子之间形成，这就是核酸分子杂交。例如，将人细胞 DNA 和小鼠细胞 DNA 分别加热变性成单链、混合后在

60℃处理 10 多个小时，除了大部分的人细胞 DNA 单链和大部分的小鼠 DNA 单链分别复性形成人细胞 DNA 双链和小鼠的 DNA 双链之外，还有少量的人细胞 DNA 单链和鼠 DNA 单链间所形成的杂交分子。在杂交分子中，形成杂交分子的两条 DNA 链间的碱基可完全配对，也可能只有大部分碱基配对。

分子杂交不仅可用在不同来源的 DNA 间，还可以在 DNA 与 RNA 间进行杂交形成 DNA 与 RNA 的双链杂交分子。用标记的(如放射性同位素或非放射性的生物素等)已知来源或碱基顺序的 DNA 或 RNA(称为探针)与标本 DNA 或 RNA 杂交。在分子生物学的研究中以及临床疾病的诊断中都具有重要的价值。

现代检测手段中的基因芯片(Gene chips)等最基本的原理就是核酸分子杂交。基因芯片，是专门应用于核酸检测的生物芯片，也是目前应用最广泛的微阵列芯片。它采用寡核苷酸原位合成或显微打印手段，将数以万计的核酸探计针片段有序地固化于支持物表面上，产生二维 DNA 探针阵列，然后与标记的样品进行杂交。通过检测杂交信号来实现对生物样品快速、高效的检测或诊断。

三、特异性 DNA 片段的 PCR 扩增

核酸研究已有 100 多年的历史。20 世纪 60 年代末至 70 年代初人们致力于研究基因的体外分离技术，但由于核酸的含量较少，在一定程度上限制了 DNA 的体外操作。Khorana 于 1971 年最早提出核酸体外扩增的设想："经过 DNA 变性，与合适的引物杂交，用 DNA 聚合酶延伸引物，并不断重复该过程便可合成 tRNA 基因"。但由于当时基因序列分析方法尚未成熟，热稳定的 DNA 聚合酶还没有找到，以及寡聚核苷酸引物合成还处在手工及半自动合成阶段，这种想法的实际应用意义就无从谈起。

1985 年，美国科学家 Kary Mullis 在实验上证实了 PCR 的构想，并于 1985 年申请了有关 PCR 的第一个专利，在 Science 杂志上发表了第一篇 PCR 的学术论文。从此该技术得到了生命科学界的普遍认同，Kary Mullis 也因此获得了 1993 年的诺贝尔化学奖。

1988 年 Saiki 等从温泉中分离的一株水生嗜热杆菌(Thetmus aquaticus)中提取到一种耐热 DNA 聚合酶。此酶耐高温，在热变性时不会被钝化，不必在每次扩增反应后再加新酶从而极大地提高了 PCR 扩增的效率，将此酶命名为 Taq DNA 聚合酶(Taq DNA polymerase)。此酶的发现使 PCR 方法得到了广泛的应用，也使 PCR 成为遗传与分子分析的根本性基石。

PCR 反应是模仿细胞内发生的 DNA 复制过程进行的，以 DNA 互补链聚合反应为基础，通过 DNA 变性、引物与模板 DNA(待扩增 DNA)一侧的互补序列复性杂交、耐热性 DNA 聚合酶催化引物延伸等过程的多次循环，产生待扩增的特异性 DNA 片段，主要过程包括以下三步。

(1) 变性(Denaturation)：反应系统加热至 90~95℃，模板 DNA 双螺旋的氢键断裂，双链解离形成单链 DNA 的过程；PCR 通过加热使双链解离形成单链，作为与引物结合的模板。

(2) 退火(Annealling)：降温至 37~60℃，使两种引物分别与模板 DNA 链的 3′一侧的互补序列杂交，单链 DNA 形成双链 DNA。在 PCR 时，由于模板分子结构比引物要复杂，而且反应体系引物量大大多于模板 DNA 量，因此引物与模板单链之间的复性机会比模板

单链之间的机会大得多，形成较多的引物 – 模板杂交链。

（3）延伸（Extension）：升温至 70 ~ 75℃，在 DNA 聚合酶和 4 种脱氧核糖核苷三磷酸（dNTPs）及 Mg^{2+} 存在的条件下，DNA 聚合酶催化以引物为起始点的 DNA 链延伸反应，即遵循碱基互补配对的原则，在引物的 3' 端，将碱基一个个地接上去，形成新的互补链。

经过高温变性、低温迟火和中温延伸三个温度的循环，模板上介于两个引物之间的之间的片断得到扩增。上一次循环合成的两条互补链均可作为下一次循环的模板 DNA 链，所以每循环一次，底物 DNA 的拷贝数增加一倍。因此 PCR 经过 N 次循环后，待扩增的特异性 DNA 片段基本上达到 2^n 个拷贝数。如经过 25 次循环后，则可产生 2^{25} 个拷贝数的特异性 DNA 片段，即 3.4×10^7 倍待扩增的 DNA 片段。但是，由于每次 PCR 的效率并非 100%，并且扩增产物中还有部分 PCR 的中间产物，所以 25 次循环后的实际扩增倍数为 $1 \times 10^6 ~ 3 \times 10^6$。采用不同 PCR 扩增系统，扩增的 DNA 片段长度可从几百碱基对（bp）到数万碱基对。

在目的基因扩增时应用得最广泛的是 PCR（Polymerase chain reaction）技术，即聚合酶链反应。该技术是美国 Cetus 公司于 1985 年建立的。在体外利用该技术和合成的寡核苷酸引物，可导致特定基因的拷贝数发生快速大量的扩增。这种反应可在试管中进行，经数小时后，就能将极微量的目的基因或某一特定的 DNA 片段扩增数十万倍甚至千百万倍。因此，有人称之为无细胞分子克隆法。

PCR 的原理类似于 DNA 的体内复制，只是在试管中给 DNA 的体外合成提供一种合适的条件——模板 DNA、寡核苷酸引物、DNA 聚合酶、Mg^{2+}、合适的缓冲体系和 DNA 变性、复性及延伸的温度与时间等。其步骤可概括为：模板 DNA 高温变性成单链 DNA→加入引物、缓冲液和四种脱氧核苷三磷酸（dNTP）→降温至 55℃，引物和模板结合→升温至 77℃左右进行复制→分离。PCR 最后反应的结果是反应混合物中所含有的双链 DNA 分子数即两条引物结合位点之间的 DNA 区段的拷贝数，理论上的最高值应是 2^n（图 4 – 6）。

PCR 技术的关键是 DNA 聚合酶，早期应用的 DNA 聚合酶是大肠杆菌 DNA 聚合酶 Klenow 的大片段，但这种酶是热敏感的，在双链 DNA 接链所需的高温条件下会被破坏掉。此酶后来被耐高温的 Taq 酶所取代，这种酶是从生活在 75℃ 的热泉中的栖热水生菌中分离纯化而来的，其最适活性温度是 72℃，且能在较宽温度范围内保持活性，一次加酶便可满足 PCR 反应全过程的需要。

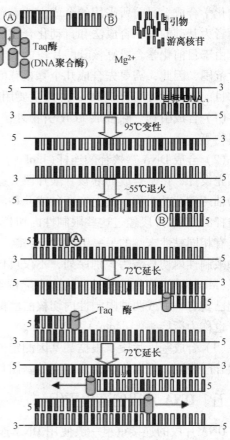

图 4 – 6　DNA 体外扩增（PCR）示意图

PCR 技术问世以来，以其快速敏感、简单易行，特异性强，并对原始材料质量要求低等优点受到生物学界的普遍重视。这种技术现已发展成为生命科学实验室获取某一目的 DNA 片段的常规技术，并逐渐被应用于基因工程、临床检验、癌基因研究、环境的生物监测以及生物进化过程中的核酸水平的研究等许多领域。PCR 技术在环境微生物学中的应用目前集中在研究特定环境中微生物区系的组成、结构以分析种群动态和监测环境中的特定微生物，如致病菌和工程菌。利用 PCR 技术检测环境中的微生物，不仅可以克服对一些难以人工培养的微生物进行检测的缺陷，而且较传统的检测方法（一般需要几天到数周）快速得多，一般仅需 2~4h 就能完成。这对于定期检测环境中某些微生物的动态（种类、数量、变化趋势等）具有重要的实际意义。

四、DNA 片段的化学合成

现在用化学方法合成 DNA 片段是一种十分成熟和简便的技术，利用 DNA 合成仪，根据待合成的 DNA 片段预定的核苷酸序列，可自动地将 4 种核苷酸单体按 $3'{\rightarrow}5'$ 磷酸酯键连接成寡核苷酸片段。

基因化学合成的条件是基因不是很大且已知其 DNA 序列。基因的化学本质是一段有特定生物学功能的核苷酸片段。因此，只要掌握其分子结构，便可以进行基因或 DNA 片段的化学合成。目前所采用的合成方法有磷酸二酯法、磷酸三酯法、亚磷酸三酯法以及以后两者为基础的固相合成法和自动化合成法等。

由于目前化学合成寡核苷酸片段的大小一般在 150~200bp 之间，而大多数基因都超过此范围，因此，需要先合成几个寡核苷酸片段，再将它们组装成完整的基因。

目前用化学方法合成 DNA 片段主要用在合成引物、寡核苷酸连杆以及基因片段等。

（1）合成引物　除合成 PCR 引物外，常用的还有核苷酸序列测序引物和合成 cDNA 的引物等。

（2）合成 DNA 寡核苷酸连杆（Linker）　寡核苷酸连杆也称为衔接物或接头，是一种按预先设计，化学合成的寡核苷酸片段。寡核苷酸连杆一般由 8~12 个核苷酸组成，以中线为轴两侧互补对称。其上有一种或几种限制性内切核酸酶的识别序列，使连接了寡核苷酸连杆的 DNA 片段经过这些限制性内切核酸酶酶切后，可以产生一定的黏性末端，便于与具有相同黏性末端的另一 DNA 段连接。有的寡核苷酸连杆超过 100 个核苷酸，其上有多种限制性内切核酸酶识别序列，不仅可作为连杆，而且被组装在克隆载体上成为多克隆位点（MCS）。这样的连杆被称为多克隆位点寡核苷酸连杆或简称 MCS 连杆。如果连杆的两端已具有一种或两种限制性内切核酸酶酶切产生的黏性末端，可直接使两 DNA 片段连接，也称为衔接头（Adaptor）。

（3）合成基因片段　根据某基因测定的核苷酸序列，或者根据蛋白质氨基酸序列推导的核苷酸序列，可以化学合成相应的基因片段。

五、DNA 片段的连接重组

DNA 片段的连接重组一般使用 DNA 连接酶，在双链 DNA 的 $5'$ 磷酸和相邻的 $3'$ 羟基之间形成新的磷酸二酯键。新的磷酸二酯键的形成可在体外由两种 DNA 连接酶催化，这就是大肠杆菌 DNA 连接酶和 T4 噬菌体 DNA 连接酶。在实际应用中，T4 噬菌体 DNA 连接酶是首选用酶，因为在一定反应条件下，T4DNA 连接酶可有效地连接 DNA – DNA、DNA – RNA、RNA – RNA 和双链 DNA 黏性末端或平齐末端。

（一）黏性末端片段之间的连接

具有黏性末端的 DNA 连接效率一般较高。比较常用的一般程序是（图 4 – 7），采用一种在载体 DNA 上只具有唯一识别位点的限制性内切酶，对载体进行特异性切割。在实际工作中所采用的载体上，一般都具有一个包含多个不同酶切位点区域，称为多克隆位点。可以根据载体图谱上的酶切位点选择所需要的限制性内切酶，然后将外源 DNA 也用限制性内切酶消化，形成同样的黏性末端。把这经过酶切消化的载体 DNA 和外源 DNA 按一定比例混合起来，并加入 DNA 连接酶。由于它们具有相同的黏性末端，所以末端间的碱基可互补配对。这种碱基间的识别配对可在较低的温度下完成，以便能够退火形成双链结合。单链缺口经 DNA 连接酶封闭后，就能够产生出稳定的重组 DNA 分子。

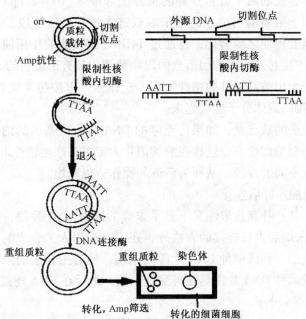

图 4 – 7　黏性末端介导的 DNA 重组和转化过程

连接反应可用 E. coli DNA 连接酶，也可用 T4DNA 连接酶。待连接的两个 DNA 片段的末端如果是用同一种限制性内切核酸酶酶切的，连接后仍保留原限制性内切核酸酶的识别序列。如果是用两种同尾酶酶切的虽然产生相同的互补黏性末端，可以有效地进行连接，但是获得的重组 DNA 分子往往消失了原来用于酶切的那两种限制性内切核酸酶的识别序列。

（二）平齐末端 DNA 片段之间的连接

在某些时候所需连接的 DNA 片段的末端可能是平齐末端，譬如某些限制性内切酶切割后会产生具有平齐木端的 DNA 片段。以 mRNA 为模板反转录合成的 DNA 片段具有平齐末端，某些聚合酶所进行的 PCR 扩增也能产生平齐末端的 DNA 片段，由机械断裂法也可能产生平齐木端。

只要两个 DNA 片段的末端是平末端的，不管是用什么限制性内切核酸酶酶切后产生的，还是用其他方法产生的，都同样可以进行连接，连接反应必须用 T4DNA 连接酶。

虽然 T4DNA 连接酶具有催化平齐末端 DNA 片段相互连接的能力，但是平齐末端的连接效率，相比于黏性末端要低很多。因为平齐末端相互间没有可以自然配对的碱基，即使碰到一起也会很快地分开，不像具有黏性末端的 DNA 分子那样可以由碱基配对形成一种暂时的结合。而且平齐末端的外源 DNA 片段与载体片段之间的连接反应，对条件也有较高的要求。

因此在实际工作中，较少进行平齐末端的直接连接，而是采用同聚物加尾法、加衔接物连接法、加 DNA 接头连接法等方法将平齐末端转化为黏性末端，然后再进行连接，以提高连接效率。

（三）加人工接头连接法

人工接头是化学合成的两个自相互补的核苷酸寡聚体（10 ~ 12bp），而两个寡聚体可形成带一个或一个以上限制酶切位点的平末端双链寡核苷酸短片段。人工接头的 5′-末端先用多核苷酸激酶处理使之磷酸化，再通过 T4DNA 连接酶的作用使人工接头与待克隆的平末端 DNA 片段连接起来。接着用适当的限制酶消化具有衔接物的 DNA 分子和克隆载体分子，使二者都产生出彼此互补的粘性末端，这样便可以按照常规的粘性末端连接法，将待克隆的 DNA 片段同载体分子连接起来。

加人工接头连接法的缺点是，如果待克隆的 DNA 片段或基因的内部，也含有与所加的人工接头相同的限制酶切位点，这样在酶切消化人工接头产生粘性末端的同时，也会把克隆的外源基因切成不同的片段，从而为后继的操作造成麻烦。

（四）DNA 片段加连杆后连接

如果要连接既不具互补黏性末端又不具平末端的两种 DNA 片段，除了上述用修饰一种或两种 DNA 片段末端后进行连接的方法外，还可以采用人工合成的连杆或衔接头。先将连杆连接到待连接的一种或两种 DNA 片段的末端，然后用合适的限制性内切核酸酶酶切连杆，使待连接的两种 DNA 片段具互补黏性末端，最后在 DNA 连接酶催化下使两种片段连接，产生重组 DNA 分子。

六、遗传信息的传递和中心法则

DNA 是生物遗传的主要物质基础，生物体的遗传信息以特定的核苷酸排列顺序储存于 DNA 分子。以亲代 DNA 为模板合成子代 DNA 的过程，称为复制（Replication）。此过程将亲代的遗传信息准确地传递给子代。以 DNA 为模板合成 RNA 的过程称为转录（Transcription），这样就将 DNA 的遗传信息传递给了 mRNA。然后以 mRNA 的核苷酸序列为模板指导蛋白质的合成，这一过程称为翻译（Translation）。遗传信息的这一传递过程称为中心法则（Central dogma），此法则于 1957 年由 Crick 总结提出。

1970 年，Temin 和 Baltimore 分别从致癌的 RNA 病毒中发现了逆转录酶，此酶能以 RNA 为模板指导合成 DNA、遗传信息的流向与上述转录过程相反，故称逆转录（Reverse transcription），又称反转录；后来又发现某些病毒的 RNA 也可进行复制，这样就对中心法则提出了扩充和修正，扩充和修正后的中心法则如图 4 - 8 所示。

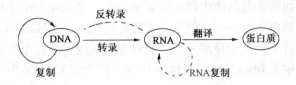

图 4 - 8 遗传信息流动方向(中心法则)

中心法则使人们对于编码遗传性状的基因的表达问题的深入研究变为可能,生物体内大量的基因是如何相互协调表达的呢？这一直是人类感兴趣的目标,经过无数科学家的努力,现在对于这一扑朔迷离的事件有了新的突破。

第三节 基因工程工具酶

基因的分离、切割、重组和扩增等过程都是由一系列相互关联的酶促反应完成,凡基因工程中应用的酶类统称为工具酶。常用的工具酶有四类,分别是：限制酶、连接酶、聚合酶和修饰酶。其中,限制性核酸内切酶(Restriction endonclease)、DNA 连接酶(Ligase)和 DNA 聚合酶的发现和应用是基因工程得以创立和发展的重要工具。

一、限制性内切核酸酶

限制性核酸内切酶,简称限制酶,是一类能够识别双链 DNA 分子中的某种特定核苷酸序列,并由此切割 DNA 双链结构的核酸内切酶。限制性核酸内切酶主要是从原核生物中分离纯化出来的。限制性核酸内切酶是一类专一性很强的核酸内切酶。与一般的 DNA 水解酶不同之处在于它们对碱基作用的专一性以及对磷酸二酯键的断裂方式上,具有一些特殊的性质。

(一) 限制性核酸内切酶的发现

早在 20 世纪 50 年代初期,科学家就对细菌和噬菌体之间的限制(修饰)现象进行了研究。Luria 和 Human 在研究 T 偶数噬菌体时发现了该现象。细菌的限制(修饰)现象类似于动物细胞的免疫体系,它能够识别自身的 DNA 使之不受限制,同时又可以降解外来的DNA 片段,保护自身免受伤害。

有关寄主控制的限制与修饰现象的分子生物学研究发现,它是由两种酶配合完成的。一种叫修饰的甲基转移酶；另一种叫限制性内切核酸酶。限制酶切割 DNA 分子时,首先要识别 DNA 分子上相应的酶的特定识别序列。而修饰酶的作用是对相应限制酶的特定识别序列进行甲基化修饰,以保护 DNA 不被限制酶水解。细胞内修饰酶和限制酶是同时存在的,有一种限制酶,就有一种与其对应的修饰酶。1968 年,Meselson 等首次从大肠杆菌的 B 菌株和 X 菌株分离出限制性的内切核酸酶,这两个酶为 I 型限制性内切核酸酶。1970 年,Smith 等从嗜血菌 Rd 菌株中分离出第一个 II 型限制性内切核酸酶。此后,众多的限制性内切核酸酶被分离与纯化,现代的基因重组已完全依赖于限制性内切核酸酶。

(二) 限制性核酸内切酶的命名

在 1973 限制性核酸内切酶的命名由 Smith 和 Nathams 提出,随后 Roberts 在此基础上进行了系统分类。总的命名规则如下。

（1）以限制性内切酶来源的微生物的学名来命名，多采用三个字母。微生物属名的首字母大写，种名的前两个字母小写。例如，大肠杆菌（Escherichiacoli）用 Eco 表示。

（2）若该微生物有不同的变种或品系，则再加上该变种或品系的第一个字母，但需大写；从同一种微生物中发现的多种限制性内切酶，依发现和分离的前后顺序用罗马数字区分。

（3）限制性内切酶名称的前三个字母用斜体表示，后面的字母、罗马数字等均为正体。同时、字母之间、罗马数字与前面的字母之间不应有空格（由于在现有的大多数软件排版时，当输入罗马数字时其会自动与前面的字母之间拉开半个汉字的空格，故在印刷体的书刊中就会看到罗马数字与前面的字母之间有空格）。

（三）制性核酸内切酶的种类

根据限制性内切酶的识别序列和切割位置的一致性，可以把它们分为三类，即 I 型酶、II 型酶和III型酶。这三种不同类型的限制酶具有不同的特性。

（1）I 型限制酶

I 型限制酶是早期提取的酶类，一般都是大型的多亚基蛋白质复合物。酶蛋白分子质量大，在 30 万 Da 左右。I 型限制性内切酶能识别专一的核苷酸序列，并在识别位点附近的一些核苷酸上切割 DNA 分子，但是切割的核苷酸序列没有专一性而是随机的。这类限制性内切酶在基因工程中没有多大用处，无法用于分析 DNA 结构或克隆基因。这类酶如 *Eco*B、*Eco*K 等。

（2）II 型限制酶

II 型限制酶只有一种多肽，并通常以同源二聚体形式存在，分子质量较小，为 2 万 ~ 10 万 Da，是简单的单功能酶，作用时无需辅助因子或只需 Mg^{2+}。它能识别双链 DNA 上特异的核苷酸序列，底物作用的专一性强，而且其识别序列与切割序列相一致，切割后形成一定长度和顺序的分离的 DNA 片段。因此，这种限制性内切酶被广泛适用于基因工程实践中，是 DNA 重组技术中最常用的工具酶之一。该酶识别的专一核苷酸序列大约是 4~12bp，最常见的是 4 个或 6 个核苷酸。

1970 年，科学家们从流感嗜血菌 Rd 株中分离纯化出第一个 II 型酶 *Hind* II。后来，越来越多的 II 型酶陆续被发现和纯化。几乎所有细菌的属、种中都发现至少有一种 II 型限制酶，有的一个属就有好几种，同一品系的菌株中也常有识别不同序列的两种酶。至今，已发现和分离成功的 II 型限制酶有 2000 多种，其中有些已商品化。

（3）III 型限制酶

III 型酶特性介于 I 型酶和 II 型酶两者之间，数量相当少。III 型限制性内切酶的识别位点和切割位点比较接近。它在识别位点附近约 25 ~ 27bp 处切割双链，但切割位点是不固定的。因此，这种限制性内切酶切割后产生的 DNA 片段，具有各种不同的单链末端，对于克隆基因或克隆 DNA 片段没有多大用处。

二、连接酶

连接酶用于将多段核酸片段拼接起来，它分为 DNA 连接酶和 RNA 连接酶。它是在 1967 年发现的一种能够催化双链 DNA 片段紧靠在一起的 3′经基末端与 5′磷酸基团末端之间形成磷酸二酯键，使两末端连接起来的酶。

DNA 连接酶包括 T4 噬菌体编码的 T4DNA 连接酶和未受感染的大肠杆菌中的大肠杆菌 DNA 连接酶，前者在基因工程中广泛使用，而后者用途相对较窄。RNA 连接酶也是由 T4 噬菌体编码的连接酶。它能将 5′-端带磷酸基团和 3′-端带游离羟基的单链 RNA 或 DNA 共价连接。

（一）DNA 连接酶连接作用的特点

DNA 连接酶（DNA ligase）能利用 NAD^+ 或 ATP 中的能量，催化多段 DNA 的 3′羟基末端和 5′磷酸末端之间形成 3′，5′-磷酸二脂键，把两个 DNA 片段连接在一起，封闭 DNA 双链上形成的切口（见图 4-9）。连接酶同样是基因工程中不可缺少的重要工具。

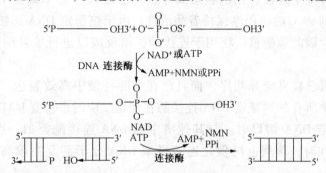

图 4-9　DNA 链接酶作用示意图

应当注意，DNA 连接酶只能连接双链 DNA 分子的单链切口，既不能催化两条单链 DNA 分子的连接，也不能催化双链中一个或多个核苷酸缺失所造成的缺口。

（二）基因工程中常用的连接酶

1. T4 噬菌体 DN A 连接酶

T4 噬菌体 DNA 连接酶来源于 T4 噬菌体感染的大肠杆菌，其相对分子质量为 68000。它可催化 DNA 片段 5′-端磷酸基团与 3′-端羟基之间形成磷酸二酯键的反应，将 DNA 片段的 5′-端与 3′-端连接。

T4 DNA 连接酶既可用于双链 DNA 片段互补粘性末端之间的连接，也可用于带切口 DNA 的连接。T4 DNA 连接酶还能够连接两条平末端的双链 DNA 分子，但反应速率要比上述黏性末端连接慢得多。

2. 大肠杆菌 DNA 连接酶

大肠杆菌 DNA 连接酶是由大肠杆菌染色体编码的 DNA 连接酶，可催化互补的黏性末端（5′突出末端或 3′突出末端）DNA 片段间形成 3，5-磷酸二酯键，连接 DNA 片段，但反应需要 NAD^+ 作为辅助因子参与催化。此酶用途较窄，一般并不常用。

该酶只有在聚乙二醇或 Fico Ⅱ（聚蔗糖）存在时才可催化平端 DNA 片段间的连接。大肠杆菌 DNA 连接酶可用于置换合成法作 cDNA 克隆，因为在合成 cDNA 第二链时出现的 RNA 和 DNA 不能被大肠杆菌 DNA 连接酶连接。

3. T4 噬菌体 RNA 连接酶

T4 噬菌体 RNA 连接酶可催化单链 DNA 或 RNA5′-末端磷酸基团与另一条单链 DNA 或 RNA3′-末端羟基之间形成 3，5-磷酸二酯键，使其共价连接。T4 噬菌体 RNA 连接酶在基因工程中的用途有以下几方面。

（1）以小分子（如 PNP）作为 T4 噬菌体 RNA 连接酶的有效底物，用该酶对 RNA 分子的 3′－末端进行体外放射性标记。

（2）连接寡聚脱氧核糖核苷酸。

（3）增强 T4 噬菌体 DNA 连接酶的活性。但聚乙二醇也有同样的作用，用聚乙二醇显然比用 T4 噬菌体 RNA 连接酶更经济。

4. 热稳定 DNA 连接酶

热稳定的 DNA 连接酶，是从嗜热高温放线菌中分离纯化的一种能够在高温下催化两条寡核苷酸探针发生连接作用的核酸酶。这种连接酶在 85℃ 高温下具有活性，而且在重复多次升温到 94℃ 后也仍然保持着酶活性。由于热稳定 DNA 连接酶在多轮热循环后仍能保持活性，因此该酶被广泛用于连接酶扩增反应以进行哺乳动物 DNA 中基因突变的检测。

目前该酶基因已被克隆并测序，而且已在大肠杆菌中高效表达。与大肠杆菌 DNA 连接酶一样，几乎所有的热稳定 DNA 连接酶在催化反应时也需要 NAD^+ 作为辅助因子，特别是在连接双链 DNA 切口时。与其他嗜中温 DNA 连接酶类似，当有富集试剂（如 PEG 或 Ficoll）存在时，该酶也可催化连接平端 DNA 分子甚至在较高温度下也可进行反应。

三、DNA 聚合酶

DNA 聚合酶（DNA Polymerase）是催化以 DNA 或 RNA 为模板合成 DNA 的一类酶的总称。DNA 聚合酶能够催化 DNA 复制和修复 DNA 分子损伤。在基因工程操作中的许多步骤都是在 DNA 聚合酶催化下进行的 DNA 体外合成反应。

经常使用的 DNA 聚合酶有大肠杆菌 DNA 聚合酶 I（全酶）、Klenow 酶、T4DNA 聚合酶、T7DNA 聚合酶、耐高温的 Taq DNA 聚合酶以及反转录酶等。这些 DNA 聚合酶的共同特点在于，它们都能够把脱氧核糖核苷酸连续地加到双链 DNA 分子引物链的 3′－OH 末端，催化核苷酸的聚合，形成新的 DNA 链，如图 4－10 所示。

$$(dNMP)_n + dNMP \xrightarrow{\text{DNA 聚合酶}} (dNMP)_n + PPi$$
$$\text{DNA} \qquad\qquad\qquad\qquad \text{Lengthened DNA}$$

图 4－10　DNA 聚合酶催化的 DNA 合成反应

（一）大肠杆菌 DNA 聚合酶 I

大肠杆菌 DNA 聚合酶 I 是由大肠杆菌 polA 基因编码的一种单链多肽蛋白质，分子质量为 109kDa。

大肠杆菌 DNA 聚合酶 I 是一种多功能酶，在其分子活性部位上有几个不同底物的结合值点协同一起完成其各种功能。大肠杆菌 DNA 聚合酶 I 具有三种酶活性，即 5′→3′ 的聚合酶活性、5′→3′ 的核酸外切酶活性和 3′→5′ 的核酸外切酶活性。

大肠杆菌 DNA 聚合酶 I 要发挥作用需满足以下三个条件。

（1）底物和激活剂：大肠杆菌 DNA 聚合酶 I 催化聚合反应需要四种 dNTP（dATP、dCTP、dTTP、dGTP）作为底物，同时还需要 Mg^{2+} 做激活剂。

（2）带有 3′－端羟基末端的引物：DNA 聚合酶 I 所催化的聚合反应总是在引物的 3′－OH末端基团和加入的 dNTP 之间发生的，且只能沿引物末端 5′→3′的方向延伸。

（3）DNA 模板：可以是 ssDNA 或 dsDNA，后者只有在其主链上有一至数个断裂的情况下才能成为有效的模板。

大肠杆菌 DNA 聚合酶 I 可以用于修补 DNA 缺损部位的空隙，但更主要的用途是利用切口平移方法，以放射性脱氧核苷酸置换原来的脱氧核苷酸标记 DNA，从而制作 DNA 探针，这对于重组 DNA 技术是十分重要的。

（二）Klenow 片段

大肠杆菌 DNA 聚合酶 I 全酶经过枯草杆菌蛋白酶的处理得到大小不同的两个片段（分子质量分别为76kDa 和34kDa）。其中大片段称为 Klenow 片段，分子质量为 76kDa。Klenow 片段又被称为 Klenow 酶。Klenow 酶具有 5′→3′聚合酶活性和 3′→5′的核酸外切酶活性。

Klenow 片段的主要用途是：①补平限制酶切割 DNA 后产生的 3′凹端；②用[^{32}P] dNTP 对 DNA 片段的 3′凹端进行末端标记；③在 cDNA 克隆中，用于合成 cDNA 第二链；④应用 Sanger 双脱氧链末端终止法进行 DNA 测序。

（三）T4 噬菌体 DNA 聚合酶

T4 噬菌体 DNA 聚合酶来源于 T4 噬菌体感染的大肠杆菌培养物。它是由 T4 噬菌体基因43 编码的，相对分子质量为 l14kD。该聚合酶具有 5′→3′的聚合酶活性及 3′→5′的核酸外切酶活性。

T4 噬菌体 DNA 聚合酶的主要用途有：①补平或标记限制酶消化 DNA 后产生的 3′凹端；②对带有 3′突出端或平末端的 DNA 分子进行末端标记；③用取代合成法制备高比活性的 DNA 杂交探针。

（四）T7DNA 聚合酶

T7 DNA 聚合酶是从受 T7 噬菌体感染的大肠杆菌寄主细胞中纯化出来的一种复合形式的核酸酶。它由两个不同亚基组成：一种是 T7 噬菌体基因5 编码的蛋白质，其分子质量为84kDa；另一种是大肠杆菌编码的硫氧化蛋白，其分子质量为12kDa。

T7 DNA 聚合酶是目前已知的持续合成能力最强的 DNA 聚合酶，能连续合成数千个核苷酸。同时，经修饰的 T7DNA 聚合酶还是双脱氧终止法对长片段 DNA 进行测序的理想工具酶。

（五）反转录酶

反转录酶也称为依赖于 RNA 的 DNA 聚合酶或 RNA 指导的 DNA 聚合酶。商品化的反转录酶有两种，一种来自禽成髓细胞瘤病毒（AMV），另一种来自大肠杆菌中表达的 Moloney 鼠白血病病毒（Mo－MLV）。

反转录酶是分子生物学中最重要的核酸酶之一，它的 5′→3′方向的聚合活性，取决于引物和模板分子的存在，如图4－11所示。所以这种酶能够利用已同寡聚脱氧胸腺嘧啶核苷退火的、具 Poly（A）的 mRNA 作模板，合成双链的 DNA。

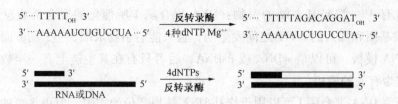

图 4-11 反转录酶的 5'→3'DNA 聚合酶活性

四、DNA 修饰酶

（一）末端脱氧核苷酸转移酶

末端脱氧核苷酸转移酶（Terminal deoxynucleotidyl transferase），简称末端转移酶或 TDT 酶，来源于小牛胸腺，是分子质量为 34kDa 的碱性蛋白质。在二价阳离子存在下，末端转移酶能催化 dNTP 加于 DNA 分子的 3′羟基端。与 DNA 聚合酶不同，它不需要模板的存在就可以催化 DNA 分子发生聚合作用，而且 4 种 dNTP 中的任何一种都可以作为它的前体物。

末端脱氧核苷酸转移酶的主要用途之一是分别给外源 DNA 片段及载体分子加上互补的同聚物尾巴，以使它们可以重组起来。

（二）碱性磷酸酶

碱性磷酸酶是一类能特异性地切去 DNA 或 RNA 的 5′-磷酸基团的工具酶，从细菌中分离的碱性磷酸酶简称 BAP，从小牛肠中分离的碱性磷酸酶简称 CAP。BAP 和 CAP 两种酶在实用上有所差别。CAP 具有使用方便且经济的优点，它在 SDS 中加热到 68℃ 就完全失活，且 CAP 的比活性要比 BAP 的高出 $10\sim20$ 倍。而 BAP 是抗热性的酶，要终止它的作用很困难，需要用酚/氯仿反复抽提多次。故人们一般都优先选用 CAP。

它们在基因工程中主要用于：在用 ^{32}P 标记 DNA 的 5′-末端之前，除去磷酸；在 DNA 重组过程中，除去 DNA 片段 5′-磷酸以阻止自身环化。

（三）T4 噬菌体多核苷酸激酶

T4 多核苷酸激酶（Polynucleotide kinase）是从 T4 噬菌体感染的大肠杆菌细胞中分离出来的。已成功地将编码该酶的基因克隆到大肠杆菌中并获得了高效的表达。T4 多核苷酸激酶催化 γ-磷酸从 ATP 分子转移给 DNA 或 RNA 分子的 5′-OH 末端，这种作用是不受底物分子链的长短大小限制的，甚至是单核苷酸也同样适用。

T4 多核苷酸激酶在 DNA 分子克隆中的用途不仅可标记 DNA 的 5′-末端，以供下一步的测序、S1 核酸酶分析及其他须使用末端标记 DNA 的步骤，而且还可以对准备用于连接但缺失 5′-P 末端的 DNA 或合成接头进行磷酸化。

第四节　基因克隆载体

一、定义

要把一个有用的基因通过基因工程手段导入到生物细胞中，需要运载工具。携带外源基因进入受体细胞的工具叫做载体（Vector）。虽然各种工具酶的发现和应用解决了 DNA

体外重组的技术问题，但是外源 DNA 不具备自我复制的能力，所以要把所克隆的外源基因通过基因工程手段送进生物细胞中进行复制和表达，还需要载体的帮助。

克隆载体在基因工程中占有十分重要的地位。目的基因能否有效转入受体细胞，并在其中维持和高效表达，在很大程度上取决于克隆载体。目前已构建和应用的基因克隆载体不下几千种。根据构建克隆载体所用的 DNA 来源可分为质粒载体、病毒或噬菌体载体、质粒 DNA 与病毒或噬菌体 DNA 组成的载体以及质粒 DNA 与染色体 DNA 片段组成的载体等。

二、质粒克隆载体

质粒（Plasmid）是一类亚细胞有机体，结构比病毒还要简单，既没有蛋白质外壳，也没有细胞外的生命周期，能在相应的宿主细胞内进行自我复制，但不会像某些病毒那样进行无限制地复制，导致宿主细胞的崩溃。

每种质粒在相应的宿主细胞内保持相对稳定的拷贝数，少者几个，多者上百个。在宿主细胞内，质粒一般以 ccc - DNA 的形式存在。体外在理化因子作用下，质粒可能成为 ccc - DNA 或 I - DNA 分子。质粒 DNA 分子小的不足 2kb，大的可达 100kb 以上，多数在 10kb 左右。在许多细菌、乳酸杆菌、蓝藻、酵母等生物中均发现含有质粒，并构建了相应的质粒载体。质粒载体是以质粒 DNA 分子为基础构建而成的克隆载体，含有质粒的复制起始位点，能够按质粒复制的形式进行复制。

（一）pBR322 质粒载体

pBR322 质粒是环形双链 DNA，由 4363bp 组成，具有一个复制起点（Ori）、一个抗氨卡青霉素基因（Amp^r）和一个抗四环素基因（Tet^r），所以非常便于筛选，如图 4 - 12 所示。

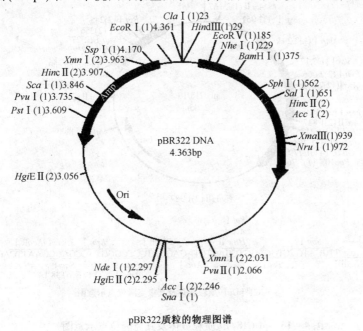

pBR322质粒的物理图谱

图 4 - 12　pBR322 质粒的物理图谱

在 Amp' 基因区有限和制性内切核酸酶 *Pst* Ⅰ、*Sca* Ⅰ 和 *Pvu* Ⅰ 的识别序列，在 Tet' 基因区有限制性内切核酸酶 *BamH* Ⅰ、*Sal* Ⅰ、*EcoR* Ⅴ、*Sph* Ⅰ、*Nhe* Ⅰ、*EolⅪ* 和 *Nru* Ⅰ 的识别序列，以及在 Tet' 基因的启动调控区和有 *Sla* Ⅰ 和 *Hind* Ⅲ 的识别序列。并且这些限制性内切核酸酶在此质粒载体上只有一个识别序列，因此均可作为克隆外源 DNA 片段的克隆位点。此质粒载体主要用于基因克隆，此外也常常作为构建新克隆载体的骨架，或取其基本元件。

pPBR322 属于松弛型的质粒，拷贝数多，且加入氯霉素以抑制细菌的蛋白质合成后，每个细胞的拷贝数可高达 3000 左右。但拷贝数的多少还与所带的外源 DNA 的分子大小有关，外源 DNA 分子越长，拷贝数就越少。一般来说，像 pBR322 这样的质粒能够容纳的外源 DNA 的分子大小为 5kb 左右。外源 DNA 的大小若超过 10kb，质粒在复制时就变得很不稳定，容易引起突变。

在 pBR322 的基础上，人们还创建了许多衍生质粒载体，如 pATl53 和 pXF3。pAT153 的分子较小，具有较多的拷贝数。pXF3 分子更小，并缺少 Bal Ⅰ 和 Ava Ⅰ 两个切点。为了方便起见，改造时可在 pBR322 中插入一段人工合成的接头，这种接头上有许多新的单一酶切切点。

（二）pUC 质粒载体

pUC 质粒载体是一种常用的载体，它是在 pBR322 质粒载体的基础上，将其中包括四环素抗性基因在内的 40% 的 DNA 删除。如图 4-13 所示，pUCl8/pUCl9 质粒含有一个改进的 pM1 复制子且具有很高的拷贝数，而且 pUC 载体的克隆位点集中在一个称为多克隆位点（Multiple clone site，MCS）的很小的区域。

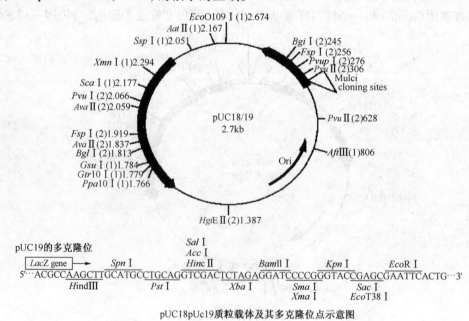

pUC18pUc19质粒载体及其多克隆位点示意图

图 4-13　pUC18/19 质粒载体及其克隆位点示意图

pUC 质粒载体是目前基因工程研究中最通用的大肠杆茵克隆载体之一，与 pBR322 质粒载体相比，具有许多方面的优越性，概括起来有如下三个方面：

1. 具有更小的相对分子质量和更高的拷贝数

在构建 pUC 质粒载体时，仅保留下 pBR322 中的氨苄青霉素抗性基因及复制起点，使其分子大小相应地缩小了许多。pUC 质粒重组体转化的大肠杆菌细胞，可获得高产量的 DNA 克隆分子。

2. 适合于用组织化学方法检测重组体

pUC 系列载体结构中具有来自大肠杆菌 lac 操纵子的 lacZ′基因，所编码的 α - 肽链可参与 α - 互补作用。其原理是：lacZ′基因编码的 α - 肽链是 β - 半乳糖苷酶的氨基末端短片段，它同失去了正常氨基末端的 β - 半乳糖苷酶突变体互补时，便会产生有功能活性的 β - 半乳糖苷酶。因此，当 pUC 质粒载体转化此种 β - 半乳糖苷酶突变的大肠杆菌细胞之后，便会产生有功能活性的 β - 半乳糖苷酶。

这样，便可以应用 Xgal － ⅠPTG 显色技术检测转化子。由于在正常情况下，任何插入到 MCS 的外源 DNA 片段，都会阻断 α - 肽链的合成，因此含有重组质粒载体的克隆是无色的，它可以与含有非重组质粒载体的克隆所形成的蓝色明显地区别开来。可见，使用 pUC 系列载体进行基因克隆要比 pBR322 方便得多。

3. 具有多克隆位点 Mcs 区段

pUC 系列质粒载体具有与 M13mp 噬菌体载体相同的多克隆位点 MCS 区段，故可以在这两类载体系列之间来回"穿梭"。克隆在 MCS 当中的外源 DNA 片段，可以方便地从 pUC 质粒载体转移到相应的 M13mp 载体上，进行克隆序列的核苷酸测序工作。由于具有多克隆位点序列，还可以使具两种不同粘性末端的外源 DNA 片段，无需借助其他操作而直接定向克隆到 pUC 质粒载体上。

（三）蓝藻穿梭质粒载体

穿梭质粒载体是指一类由人工构建的具有两种不同复制起点和选择标记，因而可在两种不同的寄主细胞中存活和复制，并可以携带着外源 DNA 在不同物种的细胞之间往返穿梭的质粒载体。

某些蓝藻含有内源质粒，但是不能直接作为载体用于转化蓝藻，必须构建成穿梭质粒载体，即除了大肠杆菌质粒载体必备元件外，还必须含有蓝藻源质粒的复制起始位点。这样的质粒载体既可以在转化的大肠杆菌中进行复制，也可以在转化的蓝藻中进行复制。

（四）农杆菌 Ti 质粒载体

致癌农杆菌（Agrobacteium tumefaciens）含有一种内源质粒，当农杆菌同植物接触时，这种质粒会引发植物产生肿瘤（冠瘿瘤），所以称此质粒为 Ti 质粒（Tumor inducing plasmid）。Ti 质粒是一种双链环状 DNA 分子，200kb 左右，但是能其大小有进入植物细胞的只是一小部分，约 25kb，称为 T－DNA（Transfer DNA）。T－DNA 左右两边界（LB，RB）各有一个长的正向重复和序列（LTS 和 RTS），对 T－DNA 的转移和整合是不可缺少的，并且已证实 T－DNA 只要保留两端边界序列，虽然中间的序列不同程度被任何一个外源 DNA 片段所替换，仍可转移整合到植物基因组中。根据 Ti 质粒的这个性质近年来构建成含 LB 和 RB 的质粒载体，已被广泛地用于植物的基因转移。利用基因枪等新的基因转移技术将其直接导入植物细胞，使含有目的基因的外源 DNA 片段整合到植物基因组中。

此外，也构建了一些保留以农杆菌为中间介导，通过感染进入敏感植物细胞的 Ti 质粒载体。

三、病毒（噬菌体）克隆载体

病毒主要由 DNA（或 RNA）和外壳蛋白组成，经包装后成为病毒颗粒。通过感染，病毒颗粒进入宿主细胞，利用宿主细胞的合成系统进行 DNA（或 RNA）复制和壳蛋白的合成，实现病毒颗粒的增殖。人们利用这些性质构建了一系列分别适用于不同生物的病毒克隆载体。把感染细菌的病毒专门称为噬菌体，由此构建的载体则称为噬菌体载体。下面仅简单介绍几种常用的病毒（噬菌体）克隆载体。

（一）噬菌体克隆载体

1. λ 噬菌体克隆载体

λ 噬菌体由 DNA（λDNA）和外壳蛋白组成，对大肠杆菌具有很高的感染能力。λ 噬菌体之所以能被人工改造成为一种有效的基因克隆载体系统，主要是因为人们对 λ 噬菌体的生物学特性和遗传学背景，已经进行了长达几十年详尽的研究、积累了广泛深入的生化和遗传知识。

λDNA 在噬菌体中以线状双链 DNA 分子存在，全长 48520bp。其左右两端各有 12 个核苷酸组成的 5′凸出黏性末端（Cohesive end），而且两者的核苷酸序列互补，进入宿主细胞后，黏性末端连接成为环状 DNA 分子。把此末端称为 cos 位点（Cohesive end site）。λ 噬菌体能包装原 λDNA 长度的 75% ~ 105%，约 36.4 ~ 51.5kb。并且 λDNA 上约有的区域对 λ 噬菌体的生长不是绝对需要的，可以缺失或被外源 DNA 片段取代。这就是用 λDNA 构建克隆载体的依据。

野生型的 λ 噬菌体 DNA 对大多数目前在基因克隆中常用的限制性内切酶来说，都具有过多的限制位点，因而其本身并不适作为基因克隆的载体。因此，构建 λ 噬菌体载体时应考虑尽可能消去一些多余的限制位点，同时切除掉非必要的区段，这样才有可能将它改造成适用的克隆载体。

2. Cosmid 载体

Cosmid 载体是一种以 λ 噬菌体为基础，结合质粒的特点而专门为克隆大片段而设计的载体，实际上就是 λ 噬菌体和质粒相结合的杂合载体。Cosmid 质粒是由 λ 噬菌体 DNA 的 cos 位点序列和质粒的复制子所组成，具有质粒和 λ 噬菌体的双重特征。所以称为 Cosmid，意思是指带有黏性末端位点的质粒，图 4 - 14 即为一个 Cosmid 质粒的结构。

Cosmid 载体一般在 10kb 以下，因此能承载比较大的外源 DNA 片段。如果载体的大小为 6.5kb，按 λ 噬菌体允许包装的量计算，能承载的外源 DNA 片段最大可达 45kb（即 51.5 ~ 6.5kb），最小的也有 29.9kb（即 36.4 ~ 6.5kb），所以用这样的 Cosmid 载体能克隆 40kb 左右的外源 DNA 片段。由于用 Cosmid 载体可以克隆大片段的外源 DNA 片段，所以被广泛地用于构建基因组文库。

（二）植物病毒克隆载体

植物病毒种类繁多，已用于构建植物载体的有双链 DNA 病毒花椰菜花叶病毒（CaMV），单链 DNA 病毒蕃茄金黄花叶病毒（TGMV）、非洲木薯花叶病毒

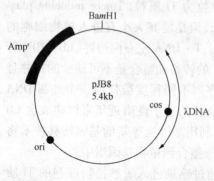

图 4 - 14　柯斯质粒 pJB8 结构图谱

（AGMV）、玉米线条病毒（Maize streak virus，MSV）、小麦矮缩病毒（WDV），以及 RNA 病毒雀麦草花叶病毒（BMV）、大麦条纹花叶病毒（BSMV）、蕃茄丛矮病毒（TBSV）、马铃薯 X 毒毒（PVX）、烟草花叶病毒（TMV）、烟草蚀刻病毒（TEV）、李痘病毒（PPV）等。

构建植物病毒克隆载体的基本策略是对病毒 DNA（包括 RNA 反转录的 DNA）进行加工，消除其对植物的致病性，保留其通过转导或转染能进入植物细胞的特性，使携带的目的基因导入植物细胞。

1. CaMV 克隆载体

花椰菜花叶病毒组（Caulimoviruses）是唯一的一群以双链 DNA 作为遗传物质的植物病毒，该组共有 12 种病毒，每一种病毒都有比较窄的寄主范围。花椰菜花叶病毒（CaMV）是花椰菜花叶病毒组中研究得最详尽的一种典型代表。对 CaMVDNA 分子已进行了全序列测定，在此基础上绘制了限制性核酸内切酶的限制性图（图 4 – 15）。

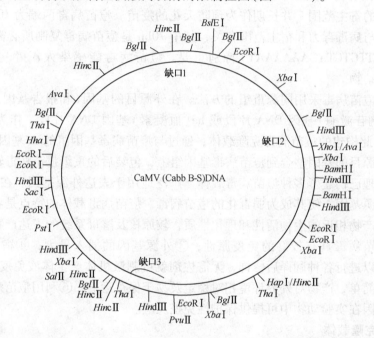

图 4 – 15　CaMV（CabbB – S）DNA 的限制性核酸内切酶物理图谱

按外源 DNA 插入或取代的方法发展 CaMV 克隆载体，存在着难以克服的困难。多年来有关 CaMV 克隆载体的设计思想，主要集中在以下三个方面：第一，有缺陷性的 CaMV 病毒分子同辅助病毒分子组成互补的载体系统；第二，将 CaMVDNA 整合在 Ti 质粒 DNA 分子上，组成混合的裁体系统；第三，构成带有 CaMV35s 启动子的融合基因，在植物细胞中表达外源 DNA。

2. 烟草花叶（TMV）克隆载体

TMV 病毒的基因组是一种单链的 RNA 分子。它至少编码四种多肽，其中 130kDa 和 180kDa 这两种蛋白质，是从基因组 RNA 的同一个起始密码子直接翻译而长成的；另外两种蛋白质，即 30kD 蛋白质和外壳蛋白，则是由加工的亚基因组 RNA 转译产生的。

N. Takamatsu 等人在 1987 年发展出一种经过修饰改造且可以在体外转录的具感染性的 TMV RNA 的全长 TMV cDNA 克隆。他把细菌氯霉素乙酰转移酶基因（Cat），插入在该克隆紧挨外源蛋白基因起始密码子的下游，构成了 TMV Cdna – *Cat* 重组体分子。然后把此重组体分子体外转录形成的转录物接种烟草植株。结果在被接种的烟草叶片中观察到了 *Cat* 活性。虽然说这种感染并不能够系统地传播到整个植袜，但它至少说明 TMV RNA 是可以作为植物基因克隆的载体。

（三）动物病毒克隆载体

由于动物转基因不能应用质粒克隆载体，所以动物病毒克隆载体在动物转基因研究中起着更重要的作用。目前用于构建克隆载体的动物病毒有痘苗病毒、腺病毒、杆状病毒、猿猴空泡病毒和反转录病毒等。

1. 痘苗病毒克隆载体

痘苗病毒（Vaccinia virus）基因组是线形双链 DNA 分子，其 DNA 分子质量很大，在 180~200kb 之间。由于其分子质量很大，操作不方便，不适合直接用于基因克隆的载体，但它拥有很大的寄主范围，并长期作为预防天花的疫苗。痘苗病毒两端为 10kb 左右的倒置重复序列，与病毒毒力和宿主范围有关，其中 70bp 是痘苗病毒复制所必需的，尤其是 20bp（ATTTAGTTGTCTAGAAAAAAT）特别重要。痘苗病毒能感染人、猪、牛、鼠、兔、猴、羊等脊椎动物。

构建重组痘苗病毒采用同源重组的方法。在外源目的基因（和报告基因）两端组装痘苗病毒的 tk（胸苷激酶）基因 DNA 片段或 ha（血凝素）基因 DNA 片段，作为重组的同源 DNA 片段。如此构建的痘苗病毒克隆载体，通过与痘苗病毒基因组的 tk 基因或 ha 基因同源重组，将外源目的基因整合到痘苗病毒基因组上，包装后的重组痘苗病毒转导于敏感的动物。按此原理已构建了多种痘苗病毒载体，广泛地用于表达外源基因。在 tk 基因或 ha 基因区插入外源基因，使其成为弱毒化的痘苗病毒。痘苗病毒载体的特点是：①表达的产物具有与天然产物相近的生物活性和理化性质，较原核及酵母系统的表达产物更接近于天然；②重组痘苗病毒具有较好的免疫原性；③外源基因的插入量大；④宿主细胞广泛；⑤表达产物可以进行各种翻译后修饰，无需佐剂就可刺激机体产生体液免疫和细胞免疫，纯化过程相对简单，产物对外界环境相对稳定及易于保存运输；⑥利用痘苗病毒系统表达的外源目的基因在实验动物中可提供保护性免疫反应。

2. SV40 克隆载体

猿猴空泡病毒（Simian vacuolating virus，SV40）是迄今为止研究得最为详尽的众多空泡病毒之一。SV40 病毒外壳是一种小型的 20 面体的蛋白质颗粒，由三种病毒外围蛋白质 VPl、VP2 和 VP3 构成，中间包裹着一条环形病毒基因组 DNA。其基因组是一种环形双链的 DNA，其大小仅有 5234bp，很适用于基因操作。

SV40 载体的类型有两种，取代型载体和穿梭质粒载体。野生型 SV40 的取代型载体，有晚期区和早期区取代类型两种。所谓 SV40（Shuttle vectors）是指含有不止一个 Ori、能携带插入序列在不同种类宿主细胞中繁殖的载体。SV40 元件构建的穿梭质粒可以克服容量小的缺陷。

3. 反转录病毒克隆载体

反转录病毒是一类含单链 RNA 的病毒。它的基因组含行两条相同的正链 RNA 分子，包装成二倍体病毒颗粒。除此之外，在其病毒颗粒内部还有 tRNA – 引物分子、反转录酶、RNaseH 和整合酶等组分。反转录病毒有许多优点，便于发展作为动物基因克隆载体。

反转录病毒载体基因组为两条相同的 RNA，长 8～10kb，两者通过四个氢键结合，5′端是甲基化帽子结构，3′端为 Poly(A)尾巴。

四、染色体定位克隆载体

采用上述质粒载体或病毒(噬菌体)载体，进入受体细胞的外源 DNA 分子，或者游离在细胞质中，作为染色体外遗传物质自行复制；或者随机插入染色体 DNA，随染色体 DNA 的复制而复制。前者虽然能多拷贝复制，但是容易丢失，导致转基因生物的不稳定性；后者虽然能稳定维持，但是由于插入的位点有不确定性，可能对受体细胞基因组的自稳系统产生干扰，进而导致出现有害的突变，给选育转基因生物带来不可知性和难度。而基因定位整合平台系统可克服这两者的负面效应，已广泛应用于转基因动植物的研究。

基因整合平台系统包括整合平台和定位整合载体两部分。整合平台指受体细胞基因组上给定的一个 DNA 区域，是外源 DNA 定位整合的位置(靶位)。整合平台可以处于基因区，也可以处于基因间隔区。定位整合载体除了一般质粒载体必须具备的元件外，还必须含有一个或两个与整合平台 DNA 区域核苷酸序列同源的 DNA 片段。同源 DNA 片段的长度最好在 1kb 以上。定位整合载体携带的目的 DNA 片段(可以是只含有一个目的基因，或者是含有目的基因加上一个报告基因)进入受体细胞后，通过同源 DNA 片段核苷酸序列之间的交换，把外源 DNA 片段定位整合到整合平台的 DNA 区域，随受体细胞染色体的复制而复制，从而改变受体生物的遗传性状。利用基因整合平台系统转基因的方法也称为基因打靶(Gene targeting)或基因定位同源重组(Site‑spcifichommologus recombination)。

定位整合载体一般可分为 4 种类型。整合平台选定在受体细胞基因组的一个 DNA 区，这样构建的整合载体是内源平台整合载体；若整合平台是预先整合到受体细胞基因组的外源 DNA 区，这样构建的整合载体是外源平台整合载体。内源平台整合载体中，又可分为双交换置换载体、单交换插入载体和双交换插入载体；外源平台整合载体多采用双交换插入载体。

定位整合载体的定位整合效率与同源 DNA 片段的长短有关，随着载体同源 DNA 片段长度增加而提高。但是不管载体的同源 DNA 片段有多长，也不管用什么受体细胞，转化后，外源 DNA 片段除了定位整合外，还会出现不同程度的随机整合，这给筛选定位整合的转化子增加了难度。

五、人工染色体克隆载体

人工染色体载体实际上是一种"穿梭"载体，含有质粒载体所必备的第一受体(大肠杆菌)内源质粒复制起始位点(Ori)，还含有第二受体(如酵母菌)染色体 DNA 着丝点、端粒和复制起始位点的序列，以及合适的选择标记基因。这样的载体与目的 DNA 片段重组后，在第一受体细胞内按质粒复制形式进行高拷贝复制，再转入第二受体细胞，按染色体的 DNA 复制的形式进行复制和传递。筛选第一受体的转化子，一般采用抗菌素抗性选择标记；而筛选第二受体的转化子，常用与受体互补的营养缺陷型。与其他的克隆载体相比，人工染色体载体的特点是能容纳长达 1000kb 甚至 3000kb 的外源 DNA 片段，主要用于构建基因组文库，也可用于基因治疗和基因功能鉴定。

（一）细菌人工染色体

20 世纪 90 年代发展起来的细菌人工染色体（Bacterial artificial chromosome，BAC）是建立在 E. coli 的 F 因子基础上的载体系统。F 因子又称为 F 质粒，是一种"性质粒"。它可以将宿主染色体基因转移到另一宿主细胞，它本身转移到 F^- 细胞，使 F^- 细胞转变为 F^+ 细胞。天然的 F 因子是超螺旋封闭 DNA 分子，约 1000kb，编码近百种蛋白质。

BAC 载体大小约 75kb，通过除去 F 质粒的转移区和整合区等复制非必需区段，并引入多克隆位点和选择标记构建而成的，其本质是一个质粒克隆载体。每个环状 DNA 分子中携带一个抗生素抗性标记，一个来源于大肠杆菌 F 质粒的严谨型控制的复制区 oriS、一个启动 DNA 复制的由 ATP 驱动的解旋酶（RepE），以及 3 个确保低拷贝并使质粒精确分配至子代细胞的基因座（PartA、PartB 和 PartC）。

BAC 克隆载体的容载能力一般为 100～300kb，能以大肠杆菌为宿主，转化率高，构建 BAC 文库比酵母人工染色体文库更容易，从大肠杆菌中提取质粒也较方便。BAC 载体是大片段基因组文库的主要载体，是基因组测序和基因组的遗传简谐和物理图谱构建的主要工具。

BAC 不能直接进行植物转化，在候选克隆的转化互补实验中需要将外源片段进行亚克隆，因而工作量大，同时也有漏失目的 DNA 片段的可能。

（二）酵母人工染色体

酵母人工染色体（Yeast artificial chromosome，YAC）是在酵母细胞中用于克隆外源 DNA 人片段的克隆载体。YAC 是用人工方法由酵母染色体中不可缺少的主要片段组建而成的。这些片段包括两头末端的端粒（Telomeres，TEL），中间的着丝粒（Centromeres，CEN），酵母 ARS 序列和酵母选择标记。

目前已经开发的 YAC 载体有好几种。如 pYAC3 是以 pBR322 为基础的，插入了一些酵母基因。

YAC 载体主要是用来构建大片段 DNA 文库，特别用来构建高等真核生物的基因组文库，并不用作常规的基因克隆。当一些动物基因的长度超过了 100kb 时，绝大多数大肠杆菌克隆体系都鞭长莫及，而酵母人工染色体却可以很容易对付。YAC 技术提供了一种方法，用来研究一些以前 DNA 重组技术不能处理的基因的功能和表达模式。

六、几种特殊用途的染色体载体

（一）启动子探针载体

启动子是调控基因有效转录的必备元件，是构建基因表达载体的重要组成部分，在研究生物发育机制、提高目的基因表达产量和进行基因治疗等方面起着重要的作用。分离不同类型基因启动子已成为基因工程的重要任务之一，而启动子探针（Promoter probe）载体则是一种有效、经济、快速分离基因启动子的工具。启动子探针载体除了质粒载体必备的元件外，还必须含有检测部件。检测部件有两部分组成，即一个已失去启动子且易于检测的遗传标记基因以及克隆位点。目前用作检测遗传标记基因主要有抗生素抗性基因和绿色荧光蛋白基因 gfp 等。

（二）诱导型表达载体

诱导型表达载体指启动子必须在特殊的诱导条件下才有转录活性或比较高的转录活性

的表达载体。外源基因处于这样的启动子下，必须在合适的诱导条件下才能表达。采用这种表达载体获得的转基因生物便于人工控制，即使进入自然环境中，由于不存在合适的诱导条件，因此不能表达外源基因产物，也不会导致环境污染和影响生态系统的平衡。可以认为这是一类较安全的基因表达载体，并且鉴于诱导表达载体能人为地控制基因时空的表达，将为基因治疗的临床应用及基础研究提供良好的手段。目前用作诱导型的启动子有二价金属离子诱导启动子、红光诱导启动子、热诱导启动子和干旱诱导启动子等。

（三）组织特异性表达载体

在较高等的真核生物中，有一类特殊的调控序列（启动子等）可以调控基因只能在一定的组织中才进行有效的表达。选用这样的调控序列可以构建一系列组织特异性表达载体，为研究动植物发育和人类基因治疗等提供了有效的手段。目前已构建的组织特异性表达载体有乳腺组织特异性表达载体、肿瘤细胞特异性表达载体、神经组织特异性表达载体、花药特异性表达载体和种子特异性表达载体等。

（四）反义表达载体

反义核酸技术是目前人工干预基因表达的一项重要技术，它利用人工合成或重组的与靶基因互补的一段反义 DNA 或 RNA 片段，特异性地与靶基因结合，达到封闭其表达的目的。此技术已成为基因治疗的重要手段，其中构建反义表达载体就可以在靶细胞内直接产生致病基因的反义 RNA 片段。将获得的致病基因反向组入表达载体，即可构建成反义表达载体。当反义表达载体导入靶细胞后，就可转录出与致病基因 mRNA 互补的反义 RNA，特异性地封闭致病基因的表达。

七、载体的必备条件

DNA 重组克隆的目的不同，对载体分子的性能要求也不同。一个理想的载体至少应具备下列 4 个条件：

（1）能自主复制，即本身是复制子。

（2）具有一种或多种限制酶的单一切割位点，并在此位点中插入外源基因片段，不影响本身的复制功能。

（3）在基因组中有 1~2 个筛选标记，为寄主细胞提供易于检测的表型特征。

（4）具有对受体细胞的可转移性，提高载体导入受体细胞的效率。

另外，一个理想的质粒载体必需具有低分子质量，因为小分子的质粒 DNA 易于操作，不容易被损伤，也容易被分离纯化。一般说小分子质量的质粒分子的拷贝数比较高，酶切位点也少。

如果目的基因较大，需要构建病毒克隆载体，常见的是 λ 噬菌体克隆载体。

八、载体的分类

要把一个有用的基因通过基因工程手段导入到生物细胞中，需要运载工具。携带外源基因进入受体细胞的工具叫做载体。作为载体 DNA 分子，应该具备一些基本性质：①具有能够在某些宿主细胞内独立自我复制和表达的能力。因为只有这样，外源目的基因与载体连接后，才能在载体的带动下一起复制，达到无性繁殖的目的。②载体 DNA 的分子量应尽量小，并可在受体细胞内扩增较多的拷贝。这样便于结合较大的目的基因，在实验操作过程中不易被机械性剪切，易于从宿主细胞中分离、纯化。③载体上最好具有两个以上的容易检测的遗传标记(如抗生素抗性基因)，以便赋予宿主细胞不同的表型。当载体分子上具有两种抗生素抗性基因时，可以用目的基因插入某一抗性基因而使其失活的方法来筛选重组体。④载体应该具有多个限制性核酸内切酶的单一切点。这些单一的酶切位点越多，越容易从中选出一种酶，使它在目的基因上没有切点，保持目的基因的完整性。载体上的单一酶切位点最好是位于检测表型的遗传标记基因之内，这样目的基因是否与载体连接就可以通过这一表型的改变与否而得知，利于筛选重组体。

到目前为止，用于基因克隆的载体有质粒载体、噬菌体载体(如 λ 噬菌体载体、M13 噬菌体载体和 P1 噬菌体载体等)、质粒－噬菌体杂合载体(如柯斯质粒载体、噬菌粒载体)和人工染色体载体(如酵母人工染色体载体、细菌人工染色体载体和 P1 人工染色体载体等)4 类。每类载体都有独特的生物学性质，适用于不同的应用目的。

第五节　目的基因的获得

一、基因的概念

基因一词是丹麦遗传学家 Johannsen 于 1911 年首次提出的。基因是生命密码，是生物体中控制性状及遗传规律的 DNA 上具有遗传效应的片段，它记录并传递着遗传信息。

基因是遗传的基本单位，其化学本质是 DNA，它具有三个基本特性：基因可自我复制、基因决定性状、基因可以突变。

基因现在已经是众人皆知的名词，但其概念的内涵从提出到现在也在不断地发展。1944 年，埃弗里(O. T. Avery)等人通过著名的肺炎球菌转化实验，首次证明了基因的化学本质是 DNA，而基因则是 DNA 分子上的功能单位。1953 年，沃森(Wation)和克里克(Crick)提出了 DNA 结构的右手双螺旋模型。从此，基因就成了生物学和遗传学所研究的主要对象，为探明基因的结构、表达和调控的分子遗传学便应运而生。1955 年，本泽(S. Benzer)研究了 T4 噬菌体和 rⅡ区的精细结构，他认为顺反子(基因)是遗传上一个不容分割的功能单位，但它并不是突变单位或重组单位。实际上基因是一个为多肽编码的 DNA 片段，它的内部可以发生突变或重组，这在基因概念上是个突破。断裂基因的发现对传统的基因概念是一个挑战，一个基因断裂为几个外显子(Exon)，一个外显子相当于蛋白质的一个结构单位(又叫结构域)。有机体只要改变 DNA 的剪接方式就可以很方便地利用原有基因片断来重组成一个新的基因。通俗地讲基因是编码蛋白质或 RNA 分子遗传信息的遗传单位，从化学角度观察，基团是 DNA 上一段具有特定功能和结构的连续的脱氧核糖核苷酸序列，是构成染色体的重要组成部分。这个定义包含了基因的产物、基因的功能性以及它的完整性(含编码区与调控区)。

二、目的基因的来源

在基因工程设计和操作中，被用于基因重组、改变受体细胞性状和获得预期表达产物的基因称为目的基因。目的基因一般是结构基因，也就是能转录和翻译出多肽(蛋白质)

的基因。选用什么样的目的基因是基因工程设计必须优先考虑的问题，如何分离获得目的基因是基因工程操作的重要技术之一。

作为目的基因，其表达产物应该有较大的经济效益或社会效益，如那些特效药物相关的基因和降解毒物相关的基因等等。但是那些表达产物有害的基因，也不是绝对不能作为目的基因，往往在特殊需要的情况下也作为目的基因进行使用，如毒素基因等。

目的基因主要来源于各种生物，真核生物染色体基因组，特别是人和动植物染色体基因组中蕴藏着大量的基因，是获得目的基因的主要来源。虽然原核生物的染色体基因组比较简单，但也有几百、上千个基因，也是目的基因来源的候选者。此外，质粒基因组、病毒(噬菌体)基因组、线粒体基因组和叶绿体基因组也有少量的基因，往往也可从中获得目的基因。

三、获得目的基因的途径

获得所需要的特定基因即目的基因，这是基因工程能否成功的先决条件。由于一个细菌(如大肠杆菌)约有 1000 个基因，而哺乳动物的基因高达 10 万个，因此，要从这成千上万个基因海洋里分离纯化出某个特定的基因，确实不是一件容易的事。分子生物学家们经过长期的探索，终于确立了获取目的基因的 3 种主要方法：①化学合成法；②构建基因文库法；③酶促合成法。其中基因的化学合成法在本章的第二节中已经讲过，在此不做论述。

目前制取基因工程目的基因主要是采用构建基因文库法和酶促合成法，尤其是后一种方法采用得更加普遍。现就这几种常用的方法作一简介。

(一) 酶促合成法制取目的基因

该法是以某一目的基因的 mRNA 为模板，用逆转录酶先合成其互补 DNA(cDNA)的第一链，再酶促合成双链 cDNA。这是制取真核生物目的基因常用的方法，也是制取多肽和蛋白质类生物药物目的基因最广泛采用的一种方法。

酶促合成法的前提是必须首先获得某目的基因对应的 mRNA。但 mRNA 分子种类繁多，核苷酸序列各不相同，大小从数百至数千碱基不等。因此，要从中分离纯化目的 mRNA，其难度并不亚于分离目的基因。

但人们发现，从某些特定型别的分化细胞分离的细胞质中，编码某特种蛋白质的目的 mRNA 占总 mRNA 的50% ~90%，称为高丰度 mRNA，从这些分化细胞中制取目的 mRNA 要容易得多。相反，细胞中还有一类被称为低丰度 mRNA 或稀有 mRNA(在总 RNA 集群中少于0.5%)，分离这类 mRNA 是十分困难的，必须采用某些富集 mRNA 的方法。

由于绝大多数真核细胞的 mRNA 分子在其 3′端均有一多聚腺苷酸[Poly(A)，20~250个]残基组成的尾，可吸附于寡脱氧胸苷酸[Oligo(dT)]纤维素上。利用此特性，可用亲和层析法较容易地从总 RNA 中分离纯化 mRNA。由此得到的异源性 mRNA 分子集群的总体，实际上可编码细胞内所有的多肽。

(二) 通过构建基因文库筛选目的基因

由于目的基因仅占染色体 DNA 分子总量的极其微小的比例，必须经过扩增才有可能分离到特定的含有目的基因的 DNA 片段，故必须先构建基因文库(Gene library)。构建基因文库法，又称鸟枪法(Shotgun approach)，在基因工程早期曾是分离目的基因普遍应用的方法，特别适用于原核基因的分离。

1. 基因文库的构建

基因文库是指生物基因组各 DNA 片段克隆的总和，是整套的由基因组 DNA 片段插入克隆载体后所获得的分子克隆总和。它是利用重组 DNA 技术，将供体原核生物或真核生物中染色体基因组的全部遗传信息储存在由重组子集合（如重组噬菌体集合）构成的基因文库之中，就像是将所有文献资料储存于图书库中一样，以供长期储存和随时调取并克隆所需目的基因。

在理想情况下，基因文库应含有供体生物基因组的全部遗传信息。要想使任意基因以极高的概率存在于文库中，基因文库的数目可由式(4-1)计算。

$$N = \ln(1 - p)/\ln(1 - f) \qquad (4-1)$$

式中，N 表示基因文库所包含克隆的数目；p 为任意所需基因存在于基因文库中的概率，通常要求大于 99%；f 为克隆的 DNA 片段大小与整个基因组大小之比。

此法实质上是利用基因工程技术来分离目的基因，大致步骤是：①从供体细胞或组织中制备高纯度的染色体基因组 DNA；②用合适的限制酶把 DNA 切割成许多片段；③DNA 片段群体与适当的载体分子在体外重组；④重组载体被引入到受体细胞群体中，或被包装成重组噬菌体；⑤在培养基上生长繁殖成重组菌落或噬菌斑，即克隆；⑥设法筛选出含有目的基因 DNA 片段的克隆。

2. cDNA 文库的构建

高等真核生物的 DNA 分子十分庞大，复杂度也远高于蛋白质和 mRNA，其差别在 100 倍以上，而且在基因组中还含有大量的重复序列，单个基因中还含有内含子。因此，使得以染色体 DNA 为出发材料直接克隆真核生物目的基因成为难题。mRNA 的数量和复杂程度要远远低于基因组 DNA。据统计，生物体在某一特定时间内的单个细胞或个体，其表达的基因只占生物体全部基因的 15% 左右，大约会产生 15000 种 mRNA。因此，从 mRNA 出发的 cDNA 克隆要比直接从基因组 DNA 克隆简单许多。cDNA 文库对克隆和表达真核生物基因十分重要，筛选到的 cDNA 克隆只要附上原核生物的调节和控制序列，就能在原核细胞内表达。此外，cDNA 还代表了基因组表达的遗传信息。

cDNA 文库的构建实际上是通过一系列酶促反应，使带 poly(A) 的总 mRNA 转变成双链 cDNA，并插入载体成为重组子，然后导入大肠杆菌宿主细胞得到转化子的过程。在细胞中，每种 mRNA 的丰度是不同的。为了克隆到低丰度的 mRNA，cDNA 应包括的克隆数可由式(4-2)计算。

$$N = \frac{\ln(1 - P)}{\ln\left(1 - \dfrac{1}{n}\right)} \qquad (4-2)$$

式中，N 表示 cDNA 文库所包括的克隆数目；P 表示低丰度 cDNA 存在于文库中的概率，通常要求大于 99%；$1/n$ 表示某一种低丰度 mRNA 占总 mRNA 的比例。

cDNA 文库构建的基本过程包括以下几个步骤。

(1) 细胞总 mRNA 的分离。首先，要从供体细胞中分离总 RNA，然后将其中所含的 mRNA 进行纯化。由于真核细胞 mRNA 的 3′-末端含 poly(A) 尾巴，因此它的纯化可通过固定化的 oligo(dT) 实现。带有 poly(A) 的 mRNA 通常占细胞总 RNA 的 1% ~ 2%。

（2）第一条 cDNA 链的合成。有两种方法可用于合成 cDNA 的第一条链，其中一种是 oligo(dT) 引导的 cDNA 的合成。它利用 oligo(dT) 为引物，与 poly(A) 尾巴杂交后，在反转录酶的催化下，以 mRNA 为模板合成第一条 cDNA 链。该反应的产物是 RNA‑DNA 杂交分子。另一种方法是随机引物引导的 cDNA 合成。6~10 个碱基的随机引物可与 mRNA 的许多位点杂交，并作为引物以 mRNA 为模板合成 cDNA 第一链。该方法的优点是可以合成长与片段 mRNA5′‑端互补的 cDNA。

（3）第二条链的合成。以前常用的方法是将 RNA‑DNA 杂交分子中的 RNA 用碱水解，再在第一链的引导下合成第二链，分子中存在发夹结构。用 S1 核酸酶切割发夹得到双链 DNA。该方法称为自我引导合成法。现在所用的方法是大肠杆菌核酸酶 H 降解取代法。首先用核酸酶 H 在杂交分子的 mRNA 链上造成切口和缺口，产生短链 RNA，并以此为引物、cDNA 第一条链为模板，在 DNA 聚合酶 I 和 DNA 连接酶的催化下合成 cDNA 第二条链。另外，还可以在除去杂交分子的 mRNA 后，在随机引物的引导下酶促合成第二条链。

（4）含双链 cDNA 重组子的构建。由于 cDNA 不含基因的启动子和内含子，因而序列比基因短，其克隆载体可选用质粒或病毒载体。将双链 cDNA 与质粒载体或噬菌体载体构建重组子时，可以通过同聚物加尾的方法实现，也可以用人工合成的衔接物法完成。

（5）噬菌体的体外包装及感染或质粒的转化。

通过上述方法构建得到 cDNA 文库，该文库包含供体细胞所表达的基因，可由此筛选得到目的基因。

3. 鸟枪法筛选

鸟枪法筛选是在基因文库和 cDNA 文库的基础上进行的。基因文库包括了供体生物的全部遗传信息，而 cDNA 文库包括了供体生物全部 mRNA 的 cDNA 序列。因此，只要筛选方法得当，便可得到文库中任一含目的片段的克隆。

根据实验需要，待分离的目的基因可能是一个基因编码区，或者包含启动子和终止子的功能基因；可能是一个完整的操纵子，或者由几个功能基因、几个操纵子聚集在一起的基因簇；也可能只是一个基因的编码序列，甚至是启动子或终止子等元件。而且不同基因的大小和组成也各不相同，因此获得目的基因有多种方法。目前采用的方法主要有酶切直接分离法、构建基因组文库或 cDNA 文库分离法、PCR 扩增法和化学合成法等。

第六节　目的基因导入受体细胞

目的基因序列与载体连接后，要导入细胞中才能繁殖扩增，再经过筛选，才能获得重组 DNA 分子克隆，不同的载体在不同的宿主细胞中繁殖，导入细胞的方法也不相同。目的基因能否有效地进入受体细胞，除了选用上述合适的克隆载体外，还取决于选用的受体细胞和转移方法。

一、受体细胞

受体细胞是指在转化和转导（感染）中接受外源基因的宿主细胞。目前，以微生物为受体细胞的基因工程在技术上最为成熟，在生物制药中也得到广泛的应用。这些微生物经人工改造后才能作为基因工程的受体细胞，改造的目的在于提高细胞的转化效率，保证一定的安全性。

作为基因工程的受体细胞，从实验技术上讲是能摄取外源 DNA（基因），并使其稳定维持的细胞；从实验目的上讲是有应用价值或理论研究价值的细胞。原核生物细胞和真核生物细胞可作为受体细胞，但不是所有细胞都可以作为受体细胞，作为基因工程的宿主细胞必须具备以下特性：①具有接受外源 DNA 的能力，即能发展成为感受态细胞。所谓感受态就是受体菌接受外源 DNA 能力的一种生理状态，一般是在生长对数期的后期，时间很短暂。能够发展成感受态的细菌很少，细菌细胞进入敏感的感受态，可提高转化效率 4~6 倍，占总细胞的 20% 可成为具有转化能力的感受态细胞；②安全性高，不会对外界环境造成生物污染；③便于筛选克隆子；④重组 DNA 分子在受体细胞内能稳定维持；⑤适于外源基因的高效表达、分泌或积累；⑥具有较好的翻译后加工机制，便于真核目的基因的高效表达；⑦对遗传密码的应用上无明显偏倚性；⑧遗传性稳定，易于扩大培养或发酵；⑨在理论研究和生产实践上有较高的应用价值。

二、受体细胞分类

（一）原核生物细胞

这是较为理想的受体细胞，其原因是①大部分原核生物细胞没有纤维素组成的坚硬细胞壁，便于外源 DNA 的进入；②没有核膜，染色体 DNA 没有固定结合的蛋白质，这为外源 DNA 与裸露的染色体 DNA 重组减少了麻烦；③基因组小，遗传背景简单，并且不含线粒体和叶绿体基因组，便于对引入的外源基因进行遗传分析；④原核生物多数为单细胞生物，容易获得一致性的实验材料，并且培养简单，繁殖迅速，实验周期短，重复实验快。因此普遍作为受体细胞用来构建基因组文库和 cDNA 文库，或者用来建立生产某种目的基因产物的工程菌，或者作为克隆载体的宿主菌。但是，以原核生物细胞来表达真核生物基因也存在一定的缺陷，很多未经修饰的真核生物基因往往不能在原核生物细胞内表达出具有生物活性的功能蛋白。但是通过对真核生物基因进行适当的修饰，或者采用 cDNA 克隆等措施，原核生物细胞仍可用作表达真核生物基因的受体细胞。至今被用作受体菌的原核生物有大肠杆菌、枯草杆菌、棒状杆菌和蓝细菌（蓝藻）等。

（二）真核生物细胞

真核生物细胞具备真核基因表达调控和表达产物加工的机制，因此作为受体细胞表达真核基因优于原核生物细胞。真菌细胞、植物细胞和动物细胞都已被用作基因工程的受体细胞。

酵母属于单细胞真菌，是外源真核基因理想的表达系统。酵母作为基因工程受体细胞，除了真核生物细胞共有的特性外，还具有以下优点：①基因结构相对比较简单，对其基因表达调控机制研究得比较清楚，便于基因工程操作；②培养简单适于大规模发酵生产，成本低廉；③外源基因表达产物能分泌到培养基中，便于产物的提取和加工；④不产生毒素，是安全的受体细胞。

植物细胞作为基因工程受体细胞，除了真核生物细胞共有的特性外，最突出的优点就是其体细胞的全能性，即一个分离的活细胞在合适的培养条件下，比较容易再分化成植株，这意味着一个获得外源基因的体细胞可以培养出能稳定遗传的植株或品系。不足之处是植物细胞有纤维素参与组成的坚硬细胞壁，不利于摄取重组 DNA 分子。但是采用农杆菌介导法或用基因枪、电激仪处理等方法，同样可使外源 DNA 进入植物细胞。现在用作基因工程受体的植物有水稻、棉花、玉米、马铃薯、烟草和拟南芥等。

动物细胞作为受体细胞，同样便于表达具有生物活性的外源真核基因产物。不过早期由于对动物的体细胞全能性的研究不够深入，所以多采用生殖细胞、受精卵细胞或胚细胞作为基因工程的受体细胞，获得了一些转基因动物。近年来由于干细胞的深入研究和多种克隆动物的获得，表明动物的体细胞同样可以用作转基因的受体细胞。目前用作基因工程受体的动物有猪，羊、牛、鱼、鼠、猴等。

三、目的基因导入克隆载体

要实现外源目的基因的克隆，除了必须选择理想的载体、合适的受体及成功地构建重组体外，还必须有将重组体引入受体细胞的有效途径。将外源重组体分子导入受体细胞的途径包括转化、转染、转导、显微注射、电穿孔等多种不同的方式。这些途径将随载体种类和受体系统的不同而异。转化和转导主要适用于细菌一类的原核细胞和酵母这样的低等真核细胞，而显微注射和电穿孔则主要应用于高等动植物的真核细胞。

把带有目的基因的重组质粒 DNA 引入受体细胞的过程称为转化(Transformation)。将重组噬菌体 DNA 直接引入受体细胞的过程则称为转染(Trsnsfection)。从本质上讲，转化和转染两者并没有什么根本的差别。若重组噬菌体 DNA 被包装到噬菌体头部成为有感染力的噬菌体颗粒，再以此噬菌体为运载体，将头部重组 DNA 导入受体细胞中，这一过程称为转导(Transduction)，通常称为感染。

下面简单介绍几种常用的目的基因导入克隆载体的方法。

（一）氯化钙导入法

1970 年，Mandel 和 Higa 将大肠杆菌细胞置于冰冷的 $CaCl_2$ 溶液中，然后瞬间加热，λDNA 随即高效转染大肠杆菌。该方法完全适用于大多数大肠杆菌菌株，并且具有简单快速、重复性好的优点。常用于成批制备感受态细菌，这些细菌可使每微克质粒 DNA 产生将近 10^7 个转化菌落。

用氯化钙法使大肠杆菌处于感受态，从而将外源导入细胞，至今仍然是应用最广的方法。其机制可能是低温下钙使质膜变脆，经瞬间加热产生裂隙，外源 DNA 进入细胞内。

（二）PEG 介导的细菌原生质体转化

在高渗培养基中生长至对数生长期的细菌，用含有适量溶菌酶的等渗缓冲液处理，剥除其细胞壁，形成原生质体，它丧失了一部分定位在膜上的 DNase，有利于双链环状 DNA 分子的吸收。此时，再加入含有待转化的 DNA 样品和聚乙二醇的等渗溶液，均匀混合。通过离心除去聚乙二醇，将菌体涂布在特殊的固体培养基上，再生细胞壁，最终得到转化细胞。

（三）接合转化法

接合转化是通过供体细胞同受体细胞间的直接接触而传递外源 DNA 的方法。该转化系统一般需要三种不同类型的质粒，即接合质粒、辅助质粒和运载质粒(载体)。这三种质粒共存于同一宿主细胞，与受体细胞混合，通过宿主细胞与受体细胞的直接接触，使运载质粒进入受体细胞，并在其中能稳定维持。现在常把接合质粒和辅助质粒同处于一宿主细胞(辅助细胞)，再与单独含有运载质粒的宿主细胞(供体细胞)和被转化的受体细胞混合，使运载质粒进入受体细胞，并在其中能稳定维持。也有把接合质粒和运载质粒同处于一宿主细胞，再与单独含有辅助质粒的宿主细胞和被转化的受体细胞混合进行转化的。由于整个接合转化过程涉及到 3 种有关的细菌菌株，因此称为三亲本接合转化法。此方法主要用于微生物细胞的基因转化。

(四) 电穿孔转化法

电穿孔(Electroporation)是一种电场介导的细胞膜可渗透化处理技术。受体细胞在电场脉冲的作用下，细胞壁上形成一些微孔通道，使得 DNA 分子直接与裸露的细胞膜脂双层结构接触，并引发吸收过程。电穿孔具体利用高压电脉冲作用，使细胞膜上产生可逆的瞬间通道，从而促进外源 DNA 的有效导入。电穿孔转化法的效率受电场强度、电脉冲时间和外源 DNA 浓度等参数的影响，通过优化这些参数，$1\mu g DNA$ 可以得到 $10^9 \sim 10^{10}$ 个转化子。此方法主要用于微生物细胞和动植物悬浮细胞或原生质体的基因转化。

(五) 病毒(噬菌体)颗粒转导法

用病毒(噬菌体)DNA(或 RT – DNA)构建的克隆载体或携带目的基因的克隆载体，在体外包装成病毒(噬菌体)颗粒后，感染受体细胞，使其携带的重组 DNA 进入受体细胞，将此过程称为病毒(噬菌体)颗粒转导法，主要用于构建基因文库和动物的转基因，早期也用于植物的转基因。

除此之外把目的基因导入克隆载体的方法还有微弹轰击转化法、激光微束穿孔转化法、超声波处理转化法、脂质体介导转化法、体内注射转化法、花粉管通道转化法、精子介导法、磷酸钙转染法等。在此不一一介绍。

第七节　重组体的筛选和鉴定

通过转化、转染或感染，重组体 DNA 分子被导入受体细胞，经适当涂布的培养板培养得到大量转化子菌落或转染噬菌斑。如何鉴定哪一菌落或噬菌斑所含重组 DNA 分子确实带有目的基因，这一过程即为筛选。筛选(Screening)是基因克隆的重要步骤，在构建载体选择宿主细胞、设计分子克隆方案时都必须考虑筛选的问题。

一、遗传学检测法

遗传表型(Phenotype)是生物体遗传组成同环境相互作用所产生的外观或其他特征，外源 DNA 导入宿主细胞后，供筛选用的遗传表型特征可以是由克隆载体提供的，也可以是由插入的外源 DNA 提供的。

遗传表型筛选一般的做法是：将转化处理后的菌液(包括对照)适量涂布在选择培养基上(主要是抗生素或显色剂等)，在最适生长温度条件下培养一定时间，观察菌落生长情况，根据菌落表型即可挑选出重组子。

(一) 利用载体提供的表型特征筛选重组体

目前常用的基因工程载体构建时，载体分子上通常携带了一定的选择性遗传标记基因，转化或转染宿主细胞后可以使后者呈现出特殊的表型或遗传学特性，据此可进行转化子或重组子的筛选。利用载体提供的表型特征筛选重组体有常用两种方法。

抗药性筛选法是当载体分子上携带某种抗生素的抗性基因，而受体细胞本身不具有这种抗生素的耐受性，将转化细胞涂布在加入这种抗生素的培养基上，长出的便是转化子。营养缺陷型筛选法是利用载体分子上携带某种必需营养组分的合成基因，而受体细胞本身不能合成这一营养组分，将转化细胞涂布在不含此营养组分的培养基上，长出的便是转化子。但是仅用这两种方法进行筛选，只能说明得到的细胞转化是成功的，但是可能会产生大量由载体自连产生的假阳性，所以还需要其他的筛选法来解决这一问题。

（二）利用插入序列提供的表型特征筛选

利用插入序列的表型特征进行筛选具有很大的局限性，特别是对真核基因来说。因这种方法要求所克隆的 DNA 片段必须含有一个完整的基因序列，而且能够在大肠杆菌原核生物中实现表达。尽管如此，利用这种方法已经有了许多成功的例子。

这种方法的基本原理是：转化进入细胞的外源 DNA 编码基因能够对宿主菌株所具有的表型发生体内抑制或互补效应，从而使重组分子转化的宿主细胞表现出外源基因编码表型特征。

lacY 是大肠杆菌乳糖操纵子中编码透析酶的结构基因，用限制酶 EcoR I 切割会得到大约 1000 个大小不向的片段，其中某一片段上可能携带 lacY 基因。用 pBR322 作载体，将外源 DNA 片段插入 EcoR I 切点 L 上，再把所有重组体 DNA 通过转化导入宿主细胞。该宿主就具有两个遗传标记：一是对氨苄青霉素敏感（Amp^s）；二是不能合成 β – 半乳糖苷透性酶（lacY⁻），即不能利用乳糖。当涂布在含有氨苄青霉素和以乳糖作为碳源的选择培养基上时，只有 Amp^r 和 lacY⁺ 细胞才能生长。

含有编码大肠杆菌生物合成相关基因的外源 DNA 片段，对于相对应的营养缺陷突变的宿主菌具有互补的功能，便可以分离到这种基因的重组休克隆。目前已拥有相当数量的对其突变作了详尽研究的大肠杆菌实用菌株，而且其中有些类型的突变，只要克隆的外源基因获得低水平的表达，就能够产生互补效应，达到筛选的目的。

如果目的基因产物能降解某些药物使菌株呈现出抗性标记，或者基因产物与某些药物作用呈现颜色反应，都可根据抗性或颜色直接筛选含目的基因的转化子。

二、DNA 电泳检测法

表型检测法可靠性较低，只能对重组子进行初步的筛选。典型的例子是载体反向连接形成二聚体或多个外源片段形成重组 DNA，转化细菌都能表现出重组子的性状特征。凝胶电泳是分离、鉴定和纯化 DNA 片段的标准方法。

该法操作简便、快速，可以分辨用其他方法无法分离的 DNA 片段，此外，可直接用溴化乙锭进行染色以确定 DNA 在凝胶中的位置，并直接于紫外灯下观察 DNA 条带。这样通过检测，不仅可以判断重组子上是否含有外源 DNA 分子，而且检测其是否与转入的目的 DNA 相同，这样便可对初步筛选的重组子进行第二次筛选。

采用该法鉴定重组转化细菌时，先对细菌进行小规模培养，采用煮沸法或碱裂解法小量快速抽提制备重组质粒 DNA，然后用原来的限制酶进行酶切消化，通过凝胶电泳进行酶切片段的分析，并与用同一限制酶切割的载体 DNA 和目的基因 DNA 片段或已知相对分子质量的 DNA 片段作为对照。

（一）酶切检测

酶切检测是将初步筛选的重组子转化菌落，增殖培养后从中分离出转化的质粒分子。采用能将外源 DNA 完整切下或在特定位点切开的限制性内切酶，对质粒重组分子进行酶切，然后经凝胶电泳对切开的分子进行分析。通常在构建重组子的时候，就已经知道了载体和插入外源 DNA 片段的大小。重组分子经酶切及凝胶分离后一次能分离出两条分子带，而且其中一条应该和线性化载体的大小一致，另一条与插入的外源 DNA 一致。干扰表型检测的载体反向二聚体，经酶切和电泳后只会有一条与线性载体大小一致的分子带。

（二）PCR 检测

利用 PCR 技术进行重组子检测，关键是提供两个特异的引物。引物的核苷酸序列一般是按载体克隆位点两端的序列来设计的。两引物的 3′端都朝向克隆位点，当这一位点插入外 DNA 片段，则可扩增以这一分子，经凝胶电泳便可观测到这一扩增条带，其分子大小应该比外源 DNA 分子稍大。

目前多数载体克隆位点临近的双引物寡核苷酸已成为商品提供，从而能很方便地获得引入外源 DNA 的特异扩增带。当然这类引物也可以自行设计合成。

PCR 检测尽管是一种有效方便的检测手段，但若插入的外源 DNA 太大超过 3.5kb 时，扩增起来则比较困难，用 PCR 检测法效果不佳。

重组子经过酶切或者 PCR 检测之后，我们可以确定载体上插入了一段和目的 DNA 片段大小一致的 DNA 分子，但这段 DNA 是否是需要的目的 DNA？如果外源片段以单酶切形成的粘性末端或者平齐末端与载体连接，插入 DNA 是什么方向插入载体呢？最直接的办法就是将 PCR 检测时克隆出来的 DNA 分子进行核苷酸测序，即可清楚克隆出来 DNA 分子的碱基顺序，进而确定 DNA 是否有效地连接在载体上。除了 DNA 测序之外，还可以通过核酸分子杂交来检测重组 DNA 分子。

三、核酸杂交法

核酸分子杂交检测是当前应用极为广泛的筛选重组子方法之一。核酸杂交法可以从基因文库中筛选出含有特定 DNA 片段的重组克隆。这是通过放射性同位素标记的 RNA 或 DNA 探针，依据核酸序列互补的原理来检测特定的重组子。这些方法最初由 Grunnstein 和 Hogness 于 1975 年建立、使用这些方法能迅速地从数百个菌落中测定出含有所研究的 DNA 序列的菌落。1980 年 Hanahan 和 Meselosn 改进了此方法，用来检测高密度菌落，大大提高了效率。

（一）Southem 印迹杂交

EM. Southem 于 1975 年始创了 Southem – blot，一般称为 Southem 印迹法。该法不仅可以用来确定克隆的特定 DNA 序列，还可以证明重组菌中是否带有外源目的基因。

Southem 印迹法的原理是：将重组菌中的质粒 DNA 提取出来，经合适的限制性内切酶酶切后，进行琼脂糖凝胶电泳分离。把定位在凝胶上的不同相对分子质量的 DNA 用碱变性处理，使其双链 DNA 分开，再把凝胶中变性的 DNA 转移到硝酸纤维素膜（NC 膜）上。然后用制备的标记探针溶液与 NC 膜充分混合接触，进行同源性 DNA 杂交。

杂交后带有放射性的 DNA 留在硝酸纤维膜上，经放射白显影后，在 x 光底片上出现黑色区带，证实了该基因片段是目的基因片段。其黑色带的位置可与凝胶电泳照片中 DNA 区带相比较，并可进一步确定基因片段的相对分子质量大小（与相对分子质量标记作对照）。

Southem 印迹杂交法可分为下列几个步骤：①琼脂糖凝胶电泳分离重组 DNA 的限制酶切片段；②将 DNA 从琼脂糖凝胶转移到固相支持膜上；③标记探针与固着于膜上的 DNA 杂交；④放射自显影（图 4 - 16）。

（二）Northern 印迹杂交

1979 年，J. C. Alwine 等人发展了一种新的核酸杂交技术，他们将 RNA 分子从电泳凝胶转移到硝酸纤维素滤膜或其他化学修饰的活性滤纸上，然后利用已标记的探针与 RNA 进行杂交，进一步来检测或测定 RNA。由于这种方法与 Southren DNA 印迹杂交技术十分类似，所以叫做 Northern RNA 印迹杂交技术（Northern blotting）。

（三）原位杂交

分子杂交中，同位素标记的放射自显影检测极为灵敏，即便是单拷贝的同源分子也会显示出显影痕迹。而非同源 DNA 在严谨条件下杂交时不影响结果。因此筛选所需的重组子时，可以直接把菌落或噬茵斑转移到硝酸纤维素滤膜上而不必进行核酸分离纯化、限制性核酸内切酶酶解及凝胶电泳分离等操作。经溶菌和变性处理后使 DNA 暴露出来并与滤膜原位结合，再与特异性的 DNA 或 RNA 探针杂交，筛选出含有插入序列的菌落或噬菌斑。与其他分子杂交方法不同，该技术是生长在培养基平板上的菌落或噬菌斑通过硝酸纤维索滤膜覆盖其表面，使菌落或噬菌斑按照原来生长的位置不变地转移到滤膜上，然后在滤膜的原位发生溶菌、DNA 变性和杂交作用，所以此种菌落杂交或噬菌班杂交也称为原位杂交（Insitu hybridization）。

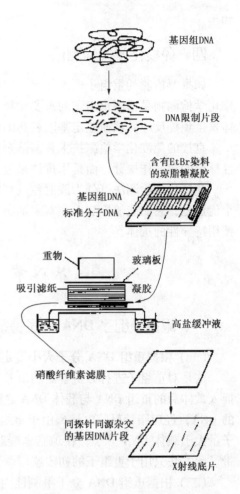

图 4 - 16 Southern 印迹杂交法

菌落原位杂交非常适合筛选基因文库、cDNA 文库以及大量的转化子群。针对成千上万的转化菌落，其鉴定步骤相对比较简单并且灵敏度高。通过特异性探针，可以有效地检测任何一种插入的外源 DNA 序列，确定含有目的基因片段的重组克隆。不论插入的外源片段是否完整、能否表达，只要与探针具备一定数量的同源互补序列，就能被检测到。所以原位杂交筛选是一项应用范围广、很有发展前景的重要技术。

原位杂交技术用于噬菌斑筛选则更为简单。因为每个噬菌斑中含有足够数量的噬菌体颗粒，可以免于 37℃扩增培养，同时由于噬菌体结构简单，不会产生大量菌体碎片而干扰杂交效果，因此其检测灵敏度高于菌落原位杂交。噬菌斑杂交法的另一个优点是从一个母版很容易得到几张含合同样 DNA 印迹的滤膜，这些具有相同印迹的滤膜可以进行多轮重复筛选，增加筛选的可靠性，同时也可使用一系列不同的探针对一批转化子进行多项筛选。

四、免疫化学类检测法

如果要检测的重组子既无任何可供选择的遗传表型标记，又没有适合的探针，那么免疫化学检测则是检测重组子的重要途径。它是以某基因表达产物为抗原，通过与特异性抗体发生免疫反应，从而鉴定基因表达的产物。

直接的免疫化学检测技术和菌落杂交技术在程序上是十分类似的。但它不是使用放射性标记的核酸作探针，而是用抗体来鉴定菌落或噬菌斑中外源 DNA 编码的表达产物。

免疫化学检测法可分为放射免疫测定法和免疫沉淀测定法两种。这些方法最突出的一个优点是，它们能够检测出在寄主细胞中没有任何表型特征的克隆基因。这些方法均需要使用特异性的抗体。

第八节　重组子的鉴定

一、根据重组子 DNA 分子特征鉴定重组子

（一）根据重组 DNA 分子大小鉴定重组子

这是对重组子进行分析鉴定的最基本、最简单的方法，主要是根据有外源 DNA 片段插入载体后的重组 DNA 与载体 DNA 之间的大小差异来鉴定重组子。分别提取不同转化子的 DNA，经琼脂糖凝胶电泳，由于重组 DNA 是载体 DNA 中插入了外源 DNA 片段，其分子量大于载体 DNA 分子，在琼脂糖凝胶板上出现的 DNA 带中，落后的带是重组 DNA 的带。此方法只用于重组子的初步鉴定。

（二）根据重组 DNA 分子限制性内切核酸酶酶切图谱鉴定重组子

从转化子或重组子提取待分析鉴定的 DNA，用合适的限制性内切核酸酶酶切，经琼脂糖凝胶电泳，获得酶切图谱，如果酶切片段的数量和大小同预期的一致，有可能是期待的重组子的重组 DNA 分子。

（三）根据扩增片段鉴定重组子

由于在载体 DNA 分子中，外源 DNA 插入位点的两侧序列多数是已知的，可以设计合成相应的 PCR 引物，以待鉴定的转化子或重组子的 DNA 为模板进行 PCR 反应，反应产物经琼脂糖凝胶电泳，若出现特异性扩增 DNA 带，并且其分子量同预期的一致，则可确定含此重组 DNA 分子的重组子是期待的重组子。

（四）采用 DNA 杂交法鉴定重组子

当两个不同来源的单链 DNA 分子（DNA 片段）的核苷酸序列互补时，在复性条件下可以通过碱基互补配对成为双链"杂种"DNA 分子（DNA 片段），此过程称为 DNA 杂交。如果其中一个单链 DNA 分子（DNA 片段）带有容易检测的标记物（DNA 探针），经杂交后就可以检测到另一个单链 DNA 分子（DNA 片段），用预先根据待检测的经过变性处理成为单链 DNA 分子制备的 DNA 探针与其杂交，进一步根据标记物检测杂交的 DNA 片段，出现阳性杂交的转化子就是预期的重组子。杂交的方法有 Southern 印迹杂交、斑点印迹杂交和菌落（或噬菌斑）原位杂交等。

Southern 印迹杂交是先从转化子中提取总 DNA，经限制性内切核酸酶酶切及探针与琼脂糖凝胶电泳分带，转移到用于杂交的膜上，变性处理后再用 DNA 探针与其杂交。斑点印迹杂交是把提取的转化子总 DNA 直接点样到用于杂交的膜上，变性处理后再用 DNA 探针与其杂交。菌落（或噬菌斑）原位杂交是直接把菌落或噬菌斑印迹转移到用于杂交的膜上，经溶菌和变性处理后使 DNA 暴露出来并与滤膜原位结合，再用 DNA 探针与其杂交。用 Southern 印迹杂交法不仅可以鉴定重组子中含有的重组 DNA 分子，而且还可以知道待检测的 DNA 分子（DNA 片段）的大小以及待检测的 DNA 片段在重组 DNA 分子中的位置，但是此方法操作比较麻烦。

后两种方法操作比较简单，但是只能区别是否含有待检测重组 DNA 分子的重组子。菌落（或噬菌斑）原位杂交已广泛地用于从基因组 DNA 文库和 cDNA 文库中筛选含目的基因的重组子。

DNA 杂交探针是指带有某种标记物的特异性核苷酸序列，能与该核苷酸序列互补的 DNA 进行退火杂交，并且可以根据标记物的性质进行有效的检测。早期用得较多的是用 ^{32}P 等放射性物质标记的 DNA 杂交探针，其具有高放射性，可用放射自显影检测，灵敏度高，但安全性低，^{32}P 标记的核苷酸半衰期短（14.3 天），探针不能长期保存。目前已广泛使用生物素（Biotin）、地高辛（Digoxigenin）或荧光素（Florescein）等非放射性物标记的杂交探针，它们可以根据各自的生物化学性质或光学特性进行检测。虽然灵敏度略低于放射性标记，但是安全、保存期长。

（五）应用 DNA 芯片鉴定重组子

DNA 芯片是利用反向杂交原理，使用固定化的探针阵列与样品杂交，通过荧光扫描和计算机分析，获得样品中大量基因序列及表达信息的一种高通量生物信息分析技术。DNA 芯片又称为 DNA 阵列（DNA array）或寡核苷酸微芯片（Oligonucletide microchip）等，它是生物芯片中的一种。

DNA 芯片由载体、连接层和 DNA 分子探针阵列三部分构成。载体是 DNA 分子探针阵列的承载物，一般是玻璃片，有的也用硅片、塑料片、尼龙膜、硝化纤维膜等。连接层是把阵列固定在载体表面的物质，种类繁多，有硅化醛、硅化氨、氨基活化的聚丙烯酰胺、链霉亲合素等。DNA 探针阵列由大量的点构成，每一点都由一种特定序列的单链 DNA 分子构成。集成在芯片上的 DNA 片段有两种来源：①8～20bp（低于 50bp）长的寡聚 DNA 片段，按寡聚 DNA 片段核苷酸序列采用光蚀刻法原位合成固定在芯片上，也可以预先合成寡聚核苷酸后再通过机械接触固定在芯片上；②克隆的 cDNA，先将 mRNA 反转录为 cDNA，然后对 cDNA 进行 PCR 扩增，并分别等量转入微量滴定板的小孔内，利用微量液体转移器，将 cDNA 转移"至玻璃板或其他载体上，经化学和热处理使 cDNA 附着于载体表面并使之变性，制作成 cDNA 阵列杂交板。

DNA 阵列集成有两种不同的技术路线：一种是采用光蚀刻技术（Photolithography）与固相化学相结合，以化学合成的方法，使 DNA 寡聚片段固化于硅芯片表面；另一方式是 DNA 微阵列技术（DNA microarray），采用自动化快速打印，将纯化的 DNA 样品打印至常规纤维素膜或玻片的表面，形成致密的 DNA 微集阵列。

使用 DNA 芯片的步骤：①利用常规方法提取、纯化待测材料的 DNA 或 RNA 样品，并用荧光予以标记，与基因芯片进行分子杂交；②经过杂交与探针互补的样品结合后，呈现阳性荧光信号，通过激光扫描，将大量并行采集的信号传送至计算机系统进行处理鉴定。DNA 芯片技术突出的特点就在于它的高度并行性、多样性、微型化和自动化地进行 DNA 分析，同时可以测定成千上万个基因的作用方式。目前 DNA 芯片技术已应用于研究生物体的生长发育机制、不同个体的基因变异、疾病的诊断、药物的筛选以及生物产品的鉴定等。但是 DNA 芯片技术也存在一些问题。在阵列方面，存在探针自身杂交的问题；大规模制备中，存在错误的核苷酸序列；在杂交方面，由于芯片上的所有探针只能使用同一杂交条件，因此有些非特异性杂交不能排除，有些弱杂交不能发生；在生产方面，芯片制作设备极其昂贵，成品芯片售价很高。

（六）根据 DNA 核苷酸序列鉴定重组子

通过以上方法确定重组子的重组 DNA 分子中含有外源 DNA 片段后，为了进一步肯定此外源 DNA 片段是（或者含有）预期的 DNA（目的基因），可以对外源 DNA 片段（目的基因）进行核苷酸序列的测定。如果测定结果与预期 DNA 片段（目的基因）的核苷酸序列一致，表明待鉴定的重组子是真正含有预期 DNA 片段（目的基因）的重组子。

二、根据目的基因转录产物（mRNA）鉴定重组子

从外源基因转录的产物 mRNA 水平鉴定重组子主要采用的是 Northern 杂交法。利用 Northern 杂交技术可以检测外源基因是否转录出 mRNA。Northern 杂交的过程类似于 Sorthern 杂交，不同的是用 DNA 探针检测 RNA 分子。从转化子或重组子中提取总 RNA，进一步利用亲和层析的原理纯化 mRNA，然后将 RNA 转移到供杂交的膜上，用预先根据待检测 mRNA 序列合成的同源 DNA 探针或 cDNA 探针与其杂交、检测，出现阳性杂交带的转化子是外源基因能有效转录的重组子，并且还能确定转录产物 mRNA 的分子量大小及丰度。斑点印迹杂交法和菌落（或噬菌斑）原位杂交法也同样适用于从 mRNA 水平鉴定重组子。

此外，检测外源基因转录产物还可采用 RT – PCR 的方法。从转化子中提取总 RNA 或 mRNA，然后以它作为模板进行反转录，再进行 PCR 扩增，若获得了特异的片段则表明外源基因在转化子中已进行转录，是含有外源基因的重组子。

三、根据目的基因翻译产物（蛋白质、酶、多肽）鉴定重组子

如果能检测到转化子中目的基因的翻译产物，表明该转化子是含有目的基因的重组子。检测方法包括凝胶电泳检测法、生化反应检测法、免疫学检测法和生物学活性检测法等。当转化的外源目的基因的表达产物不能直接用这些方法检测时，可把外源基因与报告基因一起构成嵌合基因，通过检测嵌合基因中的报告基因可间接确定目的基因的存在和表达。

（一）蛋白质凝胶电泳法鉴定重组子

重组子由于含有外源基因，如果能够正确表达，在总的表达产物中增加了外源基因表达的多肽（蛋白质），所以从重组子中提取的总蛋白质进行凝胶电泳时，电泳图谱上会出现新的蛋白带，根据这一现象就可以初步鉴定是重组子。

（二）免疫检测法鉴定重组子

免疫检测法是以细胞内表达的蛋白质为抗原，用对应的特异性抗体鉴定重组子的方法。免疫学检测法具有专一性强、灵敏度高的特点。但使用这种方法的前提条件是可以获得外源基因表达产物的对应抗体。对特定基因表达产物的免疫学检测法主要有酶联免疫吸附法、Western 印迹法、固相放射免疫法和免疫沉淀法等。

1. 酶联免疫吸附法（ELISA）

ELISA 是固－液、抗原－抗体反应体系，是通过酶反应检测抗体与抗原结合的方法。由于酶催化的反应具有放大作用，使得测定的灵敏度大大提高，可检出 1pg 的目的蛋白。同时由于酶反应还具有很强的特异性，因此 ELISA 方法是基因表达研究中最常用的方法。首先必须制备特异抗原的酶标一抗或针对一抗的酶标二抗，通过抗体和抗原的包被、免疫反应，最后根据采用的酶标抗体检测特异性表达产物。

2. Western 印迹法

Western 印迹法是将蛋白质电泳、印迹和免疫测定结合在一起的检测方法。从转化子菌落中提取总蛋白质，通过 SD－聚丙烯酰胺凝胶电泳分带，印迹转移到固相膜上，然后用针对目的蛋白的抗体（一抗）和能与一抗结合带有特定标记的二抗进行反应和显色检测，若呈现阳性反应，表明被检测的转化子是重组子。

3. 免疫沉淀测定法（Immuno－precipitation test）

免疫沉淀测定法也可用于筛选和鉴定含目的基因的重组子。在长有转化子菌落的培养基中，加入与目的基因产物相对应的标记抗体。如果菌落会产生与抗体相对应的抗原蛋白（目的基因产物），则其周围就会出现一种叫沉淀素（Preciptin）的抗体－抗原沉淀物形成的白色圆环。该方法操作简便，但灵敏度不高、实用性较差。

4. 固相放射性免疫测定（RIA）法

这是一种定量测定外源表达蛋白的方法。它具有很高的灵敏度，可以检测出 1pg 的靶蛋白。根据实验方法的不同可分为四种类型：①竞争性 RIA。待测样品中的未标记靶蛋白与定量的放射性标记靶蛋白竞争抗体的结合位点，通过对结合或未结合的靶蛋白的放射性活度进行测定，以确定靶蛋白的含量。②固定抗原 RIA。将非标记的已知量抗原及待测样品分别结合到固相支持物上，与放射性标记的抗体进行反应，通过比较待测样品特异性结合的和与已知量的固相化抗原结合的放射性活度来确定待测样品中的抗原量。③固定抗体 RIA。将待测样品中的蛋白质进行放射性标记，并将抗体结合于固相支持物上，通过测定结合于抗体上的放射性活度而确定待测抗原的量。④双抗体 RIA。将两种抗体中的一种结合于固相支持物上，与未标记的靶蛋白进行反应，经洗涤后再以过量的放射性标记的第二种抗体对结合于固相化抗体的靶蛋白进行定量。

第九节　DNA 的序列分析

DNA 核苷酸序列分析的方法是基于核酸的酶学和生物化学而创立并发展起来的一项核酸操作技术。该技术对于在分子水平研究基因的结构与功能的关系以及对克隆 DNA 片段的操作等都具有广泛的实用价值。核酸序列分析的历史至少可追溯到 20 世纪 60 年代。最初，人们用部分酶解等方法仅能测定 RNA 序列，但相当费时费力。1977 年，英国科学家 F. Sanger 创建了双脱氧链末端合成终止法（又称双脱氧测序法或 Sanger 法），并完成了 ΦX174DNA 全序列 5386 个核苷酸的测定；同年，美国的 A. Maxam 和 W. Gilbert 合作创意了用于 DNA 测序的化学降解法，并于 1978 年用该法测定了 SV40DNA 的 5224 个核苷酸。这两种 DNA 测序方法的创立，使 DNA 测序技术实现了第一次飞跃，测定几千乃至上万个核苷酸组成的 DNA 分子已不再困难。

只有详细地掌握了 DNA 的核苷酸序列结构之后，才能够借助计算机的帮助，确定相关基因包含的全部限制性核酸内切酶识别位点，并依此构建精确而完整的限制酶切图谱；也只有在详细了解了 DNA 的核苷酸序列结构之后，才能够真正了解基因的正确结构，包括启动子序列、终止子序列以及内含子与外显子的具体部位，并确定所编码蛋白质的序列，找出 DNA 的重复区域，以及提出可能存在的二级结构等，并根据这些信息应用体外定点诱变的方法来研究基因的结构与功能之间的关系等。上述诸多方面的研究足以说明 DNA 序列分析技术已经成为分子克隆研究中最重要的方法之一。

目前通用的两种 DNA 序列测定方法是 Maxam – Gilbert 的化学法和 Sanger 的双脱氧终止法（酶法），它们均是建立在高分辨率变性聚丙烯酰胺凝胶电泳的基础之上。这种电泳能够区分大小相差仅为一个核苷酸的单链 DNA。利用化学法测定得到的结果比较清晰，但实验操作比较烦琐。而 Sanger 提出的酶法可快速操作且省事，也无需强放射性的 ^{32}P – dNTP，但其缺点是实验结果有时会不够清晰。

一、Maxam – Gilbert 化学降解法

（一）Maxam – Gilbert 化学修饰法 DNA 测序的原理

Maxam – Gilbert 化学修饰法由 Maxam 和 Gilbert 于 1977 年发明，是一种以化学修饰为基础的 DNA 序列分析法。化学法的原理是将末端放射性标记的 DNA 片段，用特异的化学试剂修饰其分子中的不同碱基，再用哌啶切断多核苷酸链，从而造成碱基的特异性切割。由此便产生了由各种不同长度 DNA 链组成的反应混合物，该混合物经凝胶电泳按片段长度分离和放射自显影之后，便可根据 X 射线底片上所显现的相应图谱，直接读出待测 DNA 片段的核苷酸顺序。所以，用四组不同的特异反应就可以将末端（3′- 端或 5′- 端）经放射性标记的 DNA 分子降解为长度不同的寡核苷酸片段。这些寡核苷酸片段的长度相当于从特异反应产生的切点到标记末端之间的长度。用凝胶电泳将这些长度不同的寡核苷酸片段分离，即可读出所测定的 DNA 的序列。

用 Maxam – Gilbert 法进行序列测定时所用的 DNA 片段通常是从限制性核酸内切酶部分消化的 DNA 分子混合物中纯化得到的特定 DNA 片段。这些待测的 DNA 片段可以是双链的也可以是单链的，但其末端（或是 3′- 末端或是 5′- 末端）必须经 ^{32}P – 放射性标记。因此，在进行特异性碱基切割的化学反应之前，需先对待测 DNA 片段作末端标记。Maxam – Gilbert 法的关键是在 DNA 的 4 种核苷酸碱基中发生 1~2 种特异性化学切割反应，这些化学切割反应包括碱基的修饰作用、从糖环上转移被修饰的碱基以及在丢失碱基的糖环处发生 DNA 链断裂等 3 个主要的过程。由于对碱基的修饰作用决定了化学切割反应的特异性，因此，随后进行的切割反应一定是定量的且与副反应无关。

（二）Maxam – Gilbert 化学修饰 – CS 载体系统 DNA 序列分析法

目前，已构建了一类专用于 Maxam – Gilbert 化学修饰法进行 DNA 序列分析的末端标

记载体，例如 pSP64CS 和 pSP65CS。这类载体的最大特点是，在与待测 DNA 片段相邻的部位上有一个 Tth111 I 酶切位点。限制性核酸内切酶 Tth111 I 的识别序列是 GACN↓NNGTC，切割后会产生一个突出的 5′-碱基。因此，利用化学法合成适宜的 Tth111 I 位点并切割后，通过 Klenow 酶进行末端填补，便可使 Tth111 I 酶切片段的一个末端产生选择性的标记。对于末端标记载体来说 Tth111 I 的确是一种理想的位点。其原因如下所述：

（1）该酶切割 DNA 之后，产生一个单碱基的 5′ 突出末端，因此，在随后的填补反应中，每个末端都只能加上一个标记的碱基；

（2）Tth111 I 位点十分稀少，因此不会在随后的酶切及末端标记反应中给待测的 DNA 序列带来干扰；

（3）5′ 突出碱基可以是 G 或 A，也可以是 T 或 C。因此，可以对 DNA 末端进行选择性标记；

（4）在载体中具有 2 个 Tth111 I 位点，因此可以在任何一端对插入其中的 DNA 片段进行选择性标记。

（三）Maxam – Gilbert 化学修饰法的优点

与 Sanger 的双脱氧链终止法相比，Maxam – Gilbert 的化学修饰法在某些方面具有优越性。该方法无需进行体外酶促反应，而且只要是 3′- 或 5′- 末端标记的 DNA，无论是单链还是双链，均可用该方法进行核苷酸的序列分析。对于任一给定的 DNA 分子，只要有一种限制性核酸内切酶可以切割该 DNA 分子，便可以用 Maxam – Gilbert 法从该酶切位点开始，在两个相反方向至少测定出 250 个核苷酸的序列。此外，如果采用不同的末端标记方法，例如 3′- 末端标记或相反的 5′- 末端标记就能同时测出两条彼此互补的 DNA 链的核苷酸顺序，因此可以互作参照进行校对。不过，与双脱氧链终止法一样，Maxam – Gilbert 法的主要限制因素也是测序凝胶电泳的分辨能力。

二、Sanger 双脱氧法

（一）Sanger 双脱氧链终止 DNA 测序的原理

Sanger 双脱氧测序法，也称酶法，是由 Sanger 于 1977 年建立的。该方法是利用 DNA 聚合酶和双脱氧链延伸终止物测定 DNA 的核苷酸顺序。它是一种简单快速的 DNA 序列分析方法。由于该方法要使用单链 DNA 作为模板并要用适当引物以合成 DNA，因此有时也称这种 DNA 序列分析法为引物合成法，或酶促引物合成法。该方法的理论基础是利用 DNA 聚合酶所具有的两种酶促反应特性：①DNA 聚合酶能够利用单链 DNA 作模板合成出准确的 DNA 互补链；②DNA 聚合酶能够利用 2′，3′-双脱氧核苷三磷酸作底物，使之掺入寡核苷酸链的 3′- 末端，从而终止 DNA 链的延伸。双脱氧核苷三磷酸对 DNA 聚合酶抑制效应的机理是，在 DNA 复制过程中大肠杆菌 DNA 聚合酶 I（或 Klenow 片段）催化多核苷酸链的延伸，而单核苷酸是连接在延伸链的 3′-OH 上，当 2′，3′-双脱氧胸腺嘧啶核苷三磷酸（ddTTP）掺入寡核苷酸链的延伸末端时取代了脱氧胸腺嘧啶核苷酸（dTTP）的位置，由于 ddTTP 没有 3′-OH 基因，所以寡核苷酸链不能再继续延伸，即终止了链的合成，于是在本该由 dTTP 掺入的位置上发生了特异性的链终止效应。据此可以设计四组反应，每组反应中都含有正常的四种脱氧核苷酸 dNTP（其中一种为 ^{32}P 标记）、单链 DNA 模板（即待测的 DNA）和引物，各组反应中还要加入一种 2′，3′-ddNTP，反应液中还应加入 DNA

聚合酶。在加入 2′, 3′ – ddATP 的反应中，反应的结果是，凡遇到需要 dATP 掺入的位置，如果掺入的不是 dATP，而是 2′, 3′ – ddATP 时，则链延伸反应即告终止，于是便产生出不同长度的 DNA 片段混合物，它们都具有同样的 5′ – 末端，并在 3′ – 末端的 ddATP 处终止延伸。用凝胶电泳平行分析这四组反应的产物，即可从放射自显影底片上读出 DNA 的序列。目前，均应用 ^{35}S 标记的 dNTP 来代替 ^{32}P – NTP，因为前者可以得到比较清晰的电泳图谱，分辨力较高，因此每次实验可以读出更多的碱基序列。

在实际的 DNA 合成测序反应中，通常使用丧失 5′→3′ 核酸外切酶活性的 DNA 聚合酶 I 的 Klenow 大片段来催化合成单链 DNA 模板的互补链。如果适当地调整双脱氧核苷三磷酸 (ddNTP) 和脱氧核苷三磷酸 (dNTP) 的比例，便能够获得良好的电泳图谱。实际操作中，通常采用 dNTP 与 ddNTP 的比例为 1∶100，此时 DNA 图谱的分离效果较佳，可读出 200 个以上的核苷酸顺序。如果降低 ddNTP 对 dNTP 的比例，就会出现逐渐增长的片段产物，再配合使用长胶和低浓度的聚丙烯酰胺凝胶电泳分离，那么测序的分辨能力可提高到 300 个左右的核苷酸序列。

（二）Sanger 双脱氧链终止 – M13 体系 DNA 序列分析法

现在，在通常的测序操作中，一般是将待测的 DNA 片段克隆在 M13 载体上，因此可以获得理想的单链 DNA 模板。而作为引物的 DNA 则是通过人工合成的特定寡核苷酸片段。这种方法在实际操作中十分快速简单。首先，通过 DNA 重组将待测序列的 DNA 片段克隆在 M13mp 系列载体的特定位点上，即位于 Lac 区域的多克隆位点内。由于外源 DNA 的插入破坏了 Lac 操纵子的功能，因此重组噬菌体可以通过蓝 – 白斑筛选法得到。随后，从白色的噬菌斑中分离重组噬菌体，并制备出单链 DNA，就可以直接用于双脱氧链终止法进行序列分析了。

使用 M13mp 载体系列的突出优点在于，待测定的 DNA 序列都是被克隆在 M13mp 基因组的同一个特定区段内，所有的待测定的 DNA 片段都可以共用一种引物。这样就避免了合成和分离各种不同引物的许多麻烦。目前，所使用的通用测序引物是与多克隆位点右侧互补的 15bp 寡核苷酸片段，该片段同 M13 其他任何位点均无同源性。因此，应用 M13mp 系列载体的双脱氧链终止法已经成为一种最普遍采用的快速 DNA 序列分析法。

（三）Sanger 双脱氧链终止 – pUC 体系 DNA 序列分析法

现在也可以将待测的 DNA 片段克隆到质粒载体上，直接用闭合环状双链质粒 DNA 按双脱氧链终止法作 DNA 序列分析。因此，这种方法也称为利用双链质粒 DNA 模板的双脱氧 DNA 序列分析法。由于通常使用的质粒多为 pUC 系列载体，所以又称为 Sanger 双脱氧链终止 – pUC 体系 DNA 序列分析法。

这种 DNA 序列分析法是在双脱氧链终止法的基础上发展而来的。它的基本步骤为：首先在体外将待测 DNA 片段与 pUC 系列的质粒载体重组，并转化大肠杆菌 JM83 菌株。通过蓝 – 白斑筛选重组克隆，从白色菌落中制备质粒 DNA。将这种含有待测 DNA 片段的双链质粒 DNA 分子通过碱变性处理，再与寡核苷酸引物一起退火，然后按双脱氧法作序列分析。这种方法的最大优点在于，它无需将 DNA 克隆到 M13mp 载体分子上，而是直接使用碱变性的双链闭合环状质粒 DNA 作模板进行序列分析。因此，它比 M13 法显得更为简单快速，现已被许多研究工作者采用。

第十节　分子生态技术

环境微生物种群的结构、差异及变化规律能灵敏地反映环境现状与变化趋势，在环境监控及污染治理上有非常重要的指导作用。由于在复杂环境样品中，微生物群落具有极其丰富的多样性和高度的复杂性，微生物群落分析，尤其是快速分析是一项困难的工作。传统的细菌培养法依赖于细菌分离与培养，仅能获取环境微生物信息的 0.001% ~ 15%；其研究周期很长，很难进行种群动态分析；另外，人工培养条件会极大地干扰种群的原始结构，降低结果可信度。随着分子生物学的快速发展和聚合酶链式反应（Polymerase chain reaction，PCR）技术的日趋成熟，人们运用微生物生物化学分类的一些生物标记，包括呼吸链泛醌、脂肪酸和核酸，来进行环境样品中的微生物种群分析。其中，以 16SrRNA/rDNA 为基础的分子生态学技术已成为普遍接受的方法，该技术主要利用不同微生物在 16S 核糖体 RNA（rRNA）及其基因（rDNA）序列上的差异来进行微生物种类的鉴定和定量分析。这主要是由于在相当长的微生物进化过程中，16SrRNA 分子的功能几乎保持恒定，而且其分子排列顺序有些部位变化非常缓慢，以致保留了古老祖先的一些序列。但是，16SrRNA 结构既具有保守性，又具有高变性，保守性能够反映微生物物种间的亲缘关系，为系统发育重建提供线索；而高变性则能揭示出微生物物种的特征核酸序列。因此，一些基于 16SrRNA 的分子指纹技术如变性梯度凝胶电泳（Denaturing gradient gelelectrophoresis，DGGE）、末端限制性片段多态性（Terminal restriction fragmentlength polymorphism，T - RFLP）和长度多态性片段 PCR（Amplicon lengthheterogeneity PCR，LH - PCR）、单链构象多态性分析（Single strain conformationpolymorphism，SSCP）等，及核酸杂交技术如荧光原位杂交（Fluorescence in situhybridization，FISH）、核酸印迹杂交（Blot hybridization）等，已开始广泛应用于环境微生物种群结构和多样性分析。这些方法不受实验室微生物培养的限制，可以高效地对环境样品进行分析，获取相对全面的种群信息。

一、原位荧光杂交

（一）原位荧光杂交（FISH）技术的原理和优点

FISH（Fluorescence）技术是一种重要的非放射性原位杂交技术。它的基本原理是：如果被检测的染色体或 DNA 纤维切片上的靶 DNA 与所用的核酸探针是同源互补的，二者经变性 - 退火 - 复性，即可形成靶 DNA 与核酸探针的杂交体。将核苷探针的某一种核苷酸标记上报告分子如生物素、地高辛，可利用该报告分子与荧光素标记的特异亲和素之间的免疫化学反应，经荧光检测体系在镜下对待测 DKA 进行定性、定量或相对定位分析。

原位杂交的探针按标记分子类型分为放射性标记和非放射性标记。用同位素标记的放射性探针优势在于对制备样品的要求不高，可以通过延长曝光时间加强信号强度，故较灵敏。缺点是探针不稳定、自显影时间长、放射线的散射使得空间分辨串不高、及同位索操作较繁琐等。采用荧光标记系统则可克服这些不足。这就是 FISH 技术，该技术不但可用于已知基因或序列的染色体定位，而且也可用于未克隆基因或遗传标记及染色体畸变的研究。在基因定性、定量、整合、表达等方面的研究中颇具优势。

FISH 技术作为非放射性检测体系，具有以下优点：①荧光试剂和探针经济、安全；

②探针稳定，一次标记后可在两年内使用；③实验周期短、能迅速得到结果、特异性好、定位难确；④FISH 可定位长度在 1kb 的 DNA 序列，其灵敏度与放射性探针相当；⑤多色 FISH 通过在同一个核中显示不同的颜色可同时检测多种序列；⑥既可以在玻片上显示中期染色体数量或结构的变化，也可以在悬液中显示间期染色体 DNA 的结构。

（二）FISH 技术的基本操作过程

FISH 的基本操作过程与其他 DNA 杂交技术一样，即荧光标记的探针 DNA 与互补的染色体靶 DNA 结合，进行靶 DNA 的检测。基本操作如图 4 – 17。

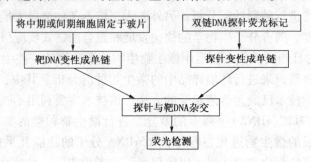

图 4 – 17 FISH 的操作流程

1. FISH 标本的制备

FISH 的靶 DNA 固定于载玻片上的细胞核内。细胞可以是贴壁细胞或悬浮细胞，是分裂期细胞或间期细胞，也可以是血涂片、冰冻或包埋固定的组织切片。细胞用传统显带使用的方法低渗并固定于玻片上，将玻片在甲酰胺溶液中温育，使 DNA 解链，然后固定在冷乙醇中以防止在加入探针前 DNA 链退火。

2. 探针的制备

由于一些重复序列可以作为染色体定位较高分辨率的标志，在进行基因定位或染色体畸变研究时，应当制备一个探针库，该探针库应尽量选取在整个人类染色体上能产生比较均匀的杂交信号的分散重复序列，如 Alu 序列。探针库与特定的细胞染色体杂交将产生一个相对比较固定的杂交模式，而比较在不同条件下杂交模式的改变，就可发现需要的信息。有 3 种方式制备探针库：①Alu—PCR，Alu 序列为人类所特有，可避免异源 DNA 的干扰；②简并寡聚核苷酸引物 PCR，又称 DOP—PCR（Degenerate oligonucleotide primed—PCR）；③非序列依赖性扩增（Sequence indendent amplification，SLA）后两者的扩增产物无种属特异性。

3. 探针标记

标记探针有两种基本方式：①直接标记：将荧光分子直接标记于探针 DNA/RNA 上。荧光分子可共价结合于核苷或磷酸戊糖骨架上，将荧光标记的核苷三磷酸采用缺口平移法掺入探针。这种方式快速、简便，背景干扰少，但杂交信号弱，因而不够灵敏。由于该标记方法所标记的探针种数不受高亲和力配基能力的限制，因此在多色 FISH 中应用更广。②间接标记法：采用某一中间分子标记探针，杂交后再用与该中间分子的亲和物或抗体耦连的荧光分子进行检测，这样可使被检信号放大，能检测到小至 500bp 的靶序列。常用的中间分子有：生物素（Biotin）、地高辛配基（Digoxingenin）以及二硝基苯酚（Dinitrophenyl）。

掺入探针的方法通常采用缺口平移法或随机引物法。在探针 DNA/RNA 序列已知的情况下也可采用 PCR 或逆转录法。对于小于 1kb 的探针，用 PCR 方法容易标记成功。

4. 杂交

标记的探针变性后，在甲酰胺溶液中与标本 DNA 杂交。最适的杂交条件主要取决于探针与靶基因的性质。对于染色体重复序列的检测，可直接将探针混合液置于玻片上，37℃孵育 15min。对于单拷贝基因序列的检测，一般在杂交之前进行预复性，即与过量的基因组 DNA 或 Cot I DNA 先预杂交。由于重复序列与重复序列的杂交要比单拷贝序列与重复序列的杂交速度快，因此探针中非特异的重复序列可被封闭，以减少非特异杂交，然后再与靶 DNA 杂交过夜。杂交结束后，标本经清洗去掉错配或未杂交的探针，然后用荧光标记的检测试剂进行检测 c。

5. 染色体显带

为了能客观清楚地辨认杂交位点，同时在研究中采用显带与 FISH 是十分必要的。常用的显带方法有：G 带、R 带、Q 带等。用氮芥奎吖因（Quinaorine mustard）产生的 Q 带，经过一定的预处理，如用放线菌素/DAPI 处理，再以 Giemsa 染色可显示 G 带；染色体经溴嘧啶处理，Hochest 染色可显示 R 带；采用 Alu 或 LINE 重复序列与探针同时杂交，可呈现 R 或 G 带。这样就能辨认探针在染色体上的杂交部位；但杂交前显带将会大大降低杂交信号，原因是原位杂交与染色体显带存在操作上的矛盾，即染色体变性与显带相互影响。目前尚无理想的解决方法。

6. 荧光显微镜检测

显微镜的质量及滤片的选择对获得满意的观测结果至关重要，特别是要注意选择合适的激发/阻挡滤片组合。用多色滤光片仅一次曝光即可拍摄镜下所见，简化了观察和照相过程，但灵敏度不如单色滤光片高。数字成像显微镜由于可以分析信号荧光的光谱组成而将不同的荧光区分开，敏感性高，而且可进行量化分析和自动化分析，因此越来越多的被应用于 FISH 信号的检测。应用共聚焦显微镜可通过对染色体标本的不同平面进行断层扫描而获得高质量的图像，空间定位效果好，但目前它的灵敏度不如普通荧光显微镜。

7. 结果分析

尽管 FISH 的杂交效率很高，但也不能达到 100% 杂交，特别是在应用较短的 cDNA 探针时效率明显下降。样品制备的由于各细胞染色质被压缩的程度不完全一致，使得细胞与细胞间信号的定位有轻微差异，特别是中期细胞，因此需要多个细胞才能将探制定位到染色体亚带上。对单拷贝 cDNA 或 DNA 序列的定位需要的精确度最高，需要综合细胞遗传学、连锁分析和物理图谱的结果。在基因定位的结果报告中应包括以下内容：①杂交信号阳性细胞的比例；②位点特异信号的比例；③背景信号的位置；④基因或 DNA 序列的精确定位。在进行细胞遗传学分析时，对染色体带型的判断具有一定的主观性，因此最好有两位以上的研究者同时进行观察。

二、变性梯度凝胶电泳

变性梯度凝胶电泳（DGGE，Denaturing gradient gel electrophoresis），是根据 DNA 在不同浓度的变性剂中解链行为的不同而导致电泳迁移率发生变化，从而将片段大小相同而碱基组成不同的 DNA 片段分开。具体而言，就是将特定的双链 DNA 片段在含有从低到高的线性变性剂梯度的聚丙烯酰胺凝胶中电泳，随着电泳的进行，DNA 片段向高浓度变性剂方向迁移，当它到达其变性要求的最低浓度变性剂处，双链 DNA 形成部分解链状态，这就导致其迁移速率变慢，由于这种变性具有序列特异性，因此 DGGE 能将同样大小的 DNA 片段很理想地分开，它是一种很有用分子标记方法。现已广泛应用于生物多样性调查、亲缘关系鉴定、基因突变检测等多个领域。

DGGE 技术的一个缺点是当突变发生在高 T_m 值的双链区时，解链所需时间增加，难于检测到突变。改进的办法是将变性梯度凝胶改为温度梯度凝胶，在电泳装置上设置温度梯度，成为温度梯度凝胶电泳(Thermal gradient gel electrophoresis)，DNA 在电泳迁移过程进入不同的温度区，不同 Tm 值的双链在凝胶的不同区域发生解链而改变迁移率，从而被分成 2 条带，提高了检测的灵敏度。

DGGE 对微生态的分析一般包括三个步骤：核酸提取、16SrRNA 序列的 PCR 扩增以及 DGGE 指纹图谱分析。有些学者通过克隆、测序建立微生物区系的 16SrRNA/DNA 文库，通过系统发育分析，建立进化树，从而获得微生物多样性信息，但这种方法相对于指纹图谱技术来说，费时费力，价格也相对昂贵。

（一）核酸提取

微生物总 DNA 的提取是整个分子生物学技术的基础，是否能获得具有代表性的总 DNA 样品将决定后续分析的可行性。一般认为微生物提取总 DNA 的方法分为细胞裂解和核酸抽提两个步骤。细胞裂解有三种：机械法、化学法和酶法。机械法包括玻璃珠法、超声波法、冻融法等；化学法包括加入 SDS、苯酚等；酶法包括加入裂解酶、蛋白酶 K 和溶解酶等。而许多研究者用其中两种或三种方法进行组合，发现组合后提取总 DNA 的效果较好。Stahl 等在含有 SDS 和酚的体系中加适量的玻璃微珠，机械法裂解瘤胃样品中的菌体细胞。Zhu 等用酶法和玻璃珠相结合的方法提取鸡盲肠内容物的微生物总 DNA。核酸抽提一般用酚－氯仿－异戊醇抽提，这种方法对去除杂蛋白有良好的效果。Reichardt 等认为，CTAB(十六烷基三甲基溴化胺)法也是常用的方法。不需要贵重仪器，操作较为简单，能广泛适用于各种植物的核酸提取，纯度也能满足许多分子生物学操作的要求，所以使用日趋广泛。

（二）16SrRNA 序列的 PCR 扩增

细菌按沉降系数分为 5S、16S 和 23S 三种，16SrRNA 基因是细菌染色体上编码 rRNA 的相应 DNA 系列。16SrRNA 基因序列全长 1540bp，有保守区和可变区之分，每种细菌的保守区都是相同的，能反映生物种类的亲缘关系，为系统的发育、重建提供线索；可变区因细菌种类而异，通过保守区设计引物，扩增出可变区，就可以得知微生物多样性信息。大多数情况下，可根据 16SrRNAV3 区和 V6－V8 区设计细菌特异性引物进行 PCR 扩增，有时为了更加准确得获得微生物多样性的信息，可先通过细菌 16SrRNA 序列全长通用引物进行 PCR 扩增，再对 V3 或 V6－V8 区进行扩增。Yu 等的研究表明，通常使用 16S 的 V3 区进行 PCR 扩增后进行 DGGE 分析，如果所测的序列长度比较长时，也可以使用 16S 的 V3－V5 或 V6－V8 区。

（三）DGGE 指纹图谱分析

目前，DGGE 电泳图谱的分析最常用的是相似性聚类分析法。DGGE 胶通过扫描仪输入计算机，通过 Molecular Analysis 软件进行相似性分析。通过 DGGE 后得到的指纹图谱，每一个条带代表某个微生物优势菌群，通过测序和序列比对，可以得出此优势菌群的种类。

三、末端限制性酶切(T - RFLP)

末端限制性片段长度多态性(Terminal - restriction fragment length polymorphism, T - RFLP)分析是一种分析生物群落的指纹技术,它的基础原理涉及末端荧光标记的 PCR 产物的限制性酶切。T - RFLP 是一种高效可重复的技术,它可以对一个生物群体的特定基因进行定性和定量测定。16SrRNA 基因片段通常作为靶序列,它可通过非变性的聚丙烯酰胺凝胶电泳和毛细管电泳分离,然后用激光诱导的荧光鉴定。此技术的优点是可以检测微生物群落中较少的种群。另外,系统发生分类也可以通过末端片段的大小推断出来。本技术的局限包括假末端限制性片段的形成,它可能导致对微生物多样性的过多估计。引物和限制酶的选择对于准确评估生物多样性也是很重要的。

限制性片段长度多态性作为遗传标记是 D. Bosttein 等人于 1980 年提出来的,是第一代 DNA 标记。RFLP 是指用限制性内切酶切割不同个体的 DNA 时,会产生长度不同的 DNA 片段,因为酶切位点的变化使得酶切后的 DNA 片段长度发生了改变,从而某位点上的 DNA 片段在电泳后用克隆探针检测时就会出现泳动行为的改变。

通过酶切位点产生的不同长度的片段,可以用来鉴定和区分不同的个体。对 RFLP 的检测最初是用 Southem 杂交的方法进行的。其基本过程是:取得 DNA 分子样本后,用特定的酶剪切,然后通过电泳将这些片段按长度分开,再将胶上的片段转移到硝酸纤维素膜上,最后用放射性标记的专一 DNA 探针杂交。探针将会杂交到相应的片段上,通过放射白显影就可以看到该片段并判断其位置和分子长度。

RFLP 作为人类基因组的一种遗传标记,其中许多已经定位。在此基础上,只要证明某一基因与某一限制性片段多态性连锁紧密,则两者必定在同一染色体上相邻的位置。有时作为病因的 cDNA 虽已分离,但又变异性质不明,或致病基因本身不明时,通过家系分析知道某一 RFLP 跟致病基因连锁,同样可以利用这一 RFLP 对该致病尽因的遗传进行分析。

四、长度异质性 PCR(LH - PCR)

由于基因或基因操纵子的插入或剪切造成某些特定基因固有长度呈现多态性,因此,可以利用这种多态性来确定微生物的种群信息。LH - PCR 测定的超变量区域主要存在于核糖体的小亚基(RRN)。迄今为止,大多数 LH - PCR 主要针对特定 16SrRNA 片断基因(高度可变区域 V1 及 V2 区域)的长度(312 ~ 363bp 之间),从而确定生物群落中的微生物信息及动态变化趋势。LH - PCR 操作方法十分简单。其主要步骤包括:

(1) 样品总 DNA 提取;

(2) 以总 DNA 为模板,利用带有荧光标记的通用引物进行 PCR;

(3) 同 T - RFLP 一样,在基因测序仪上进行长度分析。LH - PCR 后期数据的统计分析同 T - PFLP 基本一样。

LH - PCR 的优点为:

(1) PCR 产物不需要纯化或限制性酶切,可以直接进行基因长度分析,在没有昂贵并且操作繁琐的克隆文库构建和 DNA 测序的情况下,LH - PCR 仍然能够得到微生物种群构成信息；

（2）如果 DNA 提取方法稳定，LH – PCR 方法因操作简单而重现性很高，且实验成本低、速度快；

（3）可以快速评价环境样品的种群结构特征及不同环境处理方法对种群结构的影响。

就像任何图谱技术一样，在运用 LH – PCR 分析微生物种群变化时，每个研究者必须识别系统误差的来源，因此有必要了解 LH – PCR 技术的限制性因素，这些因素包括：

（1）由于该技术得到的片段长度范围比较窄，因此图谱经常会有相同的分布，这会给现有的软件分析带来困难；

（2）一个片段长度与分类学群组可能不能一一对应；

（3）独立片段或峰不能回收或分离，这意味着需要构建整个种群的克隆文库；

（4）由 Genescan 得到的片段与序列分析所得片段的长度有差异。

目前，LH – PCR 技术在国内的分子生态学研究中使用较少，但其具有操作简便、结果重现性高的特点，所获取的种群信息能满足很多研究的需要，应用前景十分广阔。

五、核糖体基因间隔序列分析（RISA）

RISA（Ribosoma lintergenic spacer analysis）是研究微生物多样性的较好方法，该序列位于 16S 和 23S 核糖体基因间的间隔区（Intergenic Spacer Region，ISR）。不同种属细菌间的基因间隔序列存在长度和碱基排列的差异，如碱基的插入或缺失，同一菌种不同菌株的 ISR 也是不同的。因此在菌株的亚分类研究中，ISR 对于 16SrRNA 基因分析起到了很好的补充作用。该方法具有高度敏感性，与 DGGE 相比，RISA 的引物无需 GC 夹，电泳分析时使用标准琼脂糖凝胶即可。定量 FISH 试验显示，使用特异性探针得到的 ISR，其浓度较 16S 和 23SrRNA 更能反映细胞活性。

六、单链构象多态性分析（SSCP）

SSCP（Single – strand conformation polymorphism）是一种广泛应用于基因突变分析的电泳方法，适用于微生物群落分析。类似 DGGE/TGGE，SSCP 可将相同长度但序列不同的 PCR 产物进行分离。但与之相反的是，该技术不是基于双链 DNA 而是单链 DNA，单链 DNA 在凝胶中的电泳速度，不但与长度和分子量大小有关，还与其三维构象相关。当有一个碱基发生改变时，或多或少会使构象发生改变。空间构象有差异的单链 DNA 分子在聚丙烯酰胺凝胶中受排阻的程度不同，因此可以非常敏锐地将构象上有差异的分子分离开。

SSCP 的敏感度较高，与 DGGE/TGGE 和 T – RFLP 相比，无需有 GC 夹的引物或限制性内切酶。但是单链 DNA 在电泳时会发生退火，尤其是当 DNA 浓度很高时，会形成多种稳定构象，从而产生额外条带，若应用 5′端带有磷酸化基团的引物，可避免单链 DNA 的退火以及杂交双链的生成。由于不能预测其迁移速度，故难以估计凝胶中的条带位置。

七、实时定量 PCR

实时定量 PCR（Quantitative real – time PCR）技术自 1996 年诞生以来，不仅广泛地应用于分子生物学的各个研究领域，而且还作为定量分析方法应用于微生物生态学研究。常规

PCR 技术是对 PCR 扩增反应的终点产物进行定量和定性分析，实时定量 PCR 是在扩增期间通过连续监测荧光信号的强弱即时测定特异性产物的量，并据此推断目的基因的初始量。它的定量原理是基于 DNA Taq 酶有 $5'→3'$ 外切酶活性以及荧光能量传递技术（Fluorescence resonance energy transfer, FERT），构建了双标记寡核苷酸探针，即 Taq Man 探针。继 Taq Man 探针之后相继出现了分子信标、Amp lisens 和杂交探针，最近又出现了与双链 DNA 非特异性结合的染料，如 SYBR Green I。

该技术操作简便、快速高效、高通量，而且具有很高的敏感性、重复性和特异性。由于是在封闭的体系中完成扩增并进行实时测定，不需电泳和紫外、染色观察，杜绝了常规 PCR 扩增产物的污染，确保了检测的准确性。还可通过设计不同的引物在同一反应体系中进行多个靶基因分子扩增。

第十一节　基因工程技术在石油化工领域的应用

20 世纪 50 年代，生物技术开始渗入到石油化学工业，如生产丙酮、乙醇、乙酸、草酸等发酵方法和工艺相继出现。60 年代石油微生物学的兴起，以石油为原料生产单细胞蛋白的工业化成为可能。70 年代生物分子生物学的突破，出现了生物催化剂固定化技术。80 年代 DNA 重组技术和细胞融合技术的崛起，生化反应工程应运而生，为人们在石油化工领域开发精细化学品提供了重要手段和工具。从此，生物工程在提供新的原料（乙烯）来源、环境的三废治理及多种有机化学产品和精细化工产品的生产等方面，都将为石油化工开发出许多崭新的工艺过程和生产出许多用化学合成所不能生产的新产品。随着生物技术（基因重组、细胞融合、固定化酶）的发展，一种新型的化学 - 生物化学 - 生化工程的联合生产过程正在石油化学工业中形成。生物基因工程技术为石油化工传统工艺的改造、革新提供了手段，注入了新活力，化学工程又为生物工程发展，特别是其工业化提供了工具。因此，充分利用化学合成和生物合成的各自优点，并将它们有机地结合起来，那么生物石油化工的发展必将给人们带来巨大经济效益和社会效益。

一、石油污染降解体系的生物过程研究

（一）目的基因片段的扩增

当研究目的是考察功能基因或试验工程菌在环境中的迁移转化行为时，引物设计较有针对性，可根据已知功能基因设计引物。例如，Heinaru 等在研究酚和石油污染地区生物修复时，选取四株已知降解机理互补的细菌进行试验，分别用这些菌株已知的编码儿茶酚 2，3 - 双加氧酶、苯酚羟化酶大亚基的基因设计扩增引物，得到针对性较强的引物，并用 DGGE 等方法分析，随着底物成分变化，菌群构成发生的变化，从而为构建混合菌剂在实际修复中的应用提供理论基础。Luz 等在研究某土壤样品中是否存在烃降解菌时，直接选用几个已知菌株的降解基因（烷烃的单加氧酶 alkB、alkM、儿茶酚开环的双加氧酶 C23O 和其他芳烃降解基因 ndoB、todC1、bphA 等）设计引物，对从土壤提取的 DNA 进行 PCR 扩增，以研究不同土壤内土著菌的降解潜力。Meintanis 等利用一株假单胞菌烷烃羟化酶基因（alkJ）设计引物，再以 PCR 扩增，从 150 多种耐热菌中成功筛选出 10 株能够以原油为唯一碳源的菌株，可以较好地降解长链烷烃。

利用多个已知基因设计通用引物当研究目的是考察修复环境中菌落多样性时，设计引物要尽可能多地获得不同菌种的有关基因，就需要整合许多已知基因设计适用于不同菌种的引物。例如，在分析 16SrRNA 时，Muyzer 等和 Ovreas 等认为，利用可变 V3 区的通用引物 F338GC/R534 得到的扩增产物，可在 DGGE 分析中，很好地区分不同菌种，获得微生物群落的特征 DNA 指纹图谱。Macnaughton 等和 Roling 等在各自的研究中都利用这种通用引物从环境中扩增出 16SrRNA 的 V3 区域，再进行 DGGE 分析。而设计特定菌属的 16SrRNA 专属引物，可以相对减小扩增产生偏差可能，并为更细致的菌种分析提供基础。例如，Wu 等根据 15 个已知芽孢杆菌属菌株和 18 种非芽孢杆菌属菌株，设计出针对芽孢杆菌属细菌的 16SrRNA 引物，得到 1114bp 的片断，并利用 ARDRA 对该片断进行分析得到系统发育树图。同时，Lactobacilli、Mycoplasmas、Bifidobacterim、Pandoraea、Clostridium 等菌属也都有相应的 16SrRNA 引物。对于新筛选的菌株，在降解基因未知的情况下，可以根据可能的降解途径以及该菌株所属菌种在数据库中寻找可能的降解酶或降解基因，并根据已知降解基因设计引物和探针，对新菌株的 DNA 进行 PCR 扩增，对扩增片断进行电泳、测序、杂交等实验，从而确认新菌株的降解基因和降解途径。例如，Sei 等为快速筛选能够在多环芳烃生物降解途径中进行开环的菌株，把已知序列的 11 个儿茶酚 1，2 - 双加氧酶（C12O）和 20 个儿茶酚 2，3 - 双加氧酶（C23O），用 CLUSTALW 和 SUNSPARKstation 软件进行序列分析，分别寻找出 3 和 11 个高度同源区，各选择两组片断设计引物，并反复用 AMPLIFY 对设计引物进行 PCR 模拟，使设计引物与已知菌株的结合能力达到最优。同时，Sei 还用 106 株新筛选出的多环芳烃降解菌对该引物进行测试，得到很好的效果。

其实，PCR 扩增技术只是研究环境样品的第一步，其作用在于从庞大的基因组中挑选出有意义的基因。然而，在分析菌群结构变化时，关键仍然在于后续的多态性分析。另外，在扩增同时，一般需要设计正、负对照和杂交探针，以确认扩增的准确性。

（二）利用 ARDRA/DGGE/TGGE/T - RFPL 等技术对扩增片断进行多样性分析

1. 16SrRNA 和 ARDRA16SrRNA 序列的比较一直是最有力的划分菌种的依据

对于包含较多菌种的环境样品，其直接分析有一定难度。但是，根据不同基因序列具有不同的酶切位点的性质，仍可以分析出群落的基本结构特征。例如，ARDRA 就是用 5 个限制性内切酶对 16SrRNA 片断进行酶切，通过分析不同菌株的酶切结果，对菌株进行分类，获得系统树图，该技术广泛应用于环境样品中的菌落分析。Coelho 等对 42 株固氮菌，先利用 PCR 扩增完整的 16SrRNA 基因片断，并分别用 RsaI、MspI、TaqI、HinfI和 HaeⅢ 5 个限制性内切酶，对扩增片断进行酶切实验，根据结果分析这些固氮菌的系统树图。然而，DaCunha 在 2006 年发现，对于序列十分接近的菌株，ARDRA 将无法辨别。

2. DGGE/TGGE

变性梯度凝胶电泳 DGGE 是由 Lerman 等于 20 世纪 80 年代初期发明的，起初主要用来检测 DNA 片段中的点突变。Muyzer 等在 1993 年首次将其应用于微生物群落结构研究。后来，又发展出其衍生技术，即 TGGE。近十年间，该技术被广泛用于微生物分子生态学研究的各个领域，目前已成为研究微生物群落结构的主要分子生物学方法之一。应用 DGGE/TGGE 技术研究微生物群落结构时，用 PCR 扩增的 16SrRNA 产物可反映微生物群落结构组成。通常根据 16SrRNA 基因中比较保守的碱基序列设计通用引物，其中一个引物的 5' 端含有一段 GC 夹子，用来扩增微生物群落基因组总 DNA。在分析 PCR 扩增产物时，一般先用垂直电泳来确定一个大概的变性剂范围或温度范围，再用水平电泳来对比分析不同的样品。例如，Brakstad 和 Bonaunet 对 16SrRNA 片段进行 PCR-DGGE，分析了海水中烷烃降解微生物的种群变化。实验结果表明，在起始的 2 至 3 周种群多样性有明显降低，但是出现了几种优势菌群。通过对 16SrRNA 片段的测序分析，发现优势菌群为红杆菌科。与之类似的研究还有 Frontera-Suau 等和 Roling 等的研究。除了 16SrRNA 外，PCR-DGGE 还可对降解功能基因片断进行分析，Heinaru 等分析了酚降解菌的功能基因片段 LmPH、C23O 随时间的变化规律。虽然 DGGE/TGGE 目前得到非常广泛的应用，但是仍然存在局限性，包括技术的繁琐、多融化域导致条带模糊等。尽管如此，在技术允许的条件下，DGGE/TGGE 仍不失为研究污染修复过程中群落动态变化的优先方法之一。

3. 末端限制性片段长度多态性(T-RFLP)

T-RFLP 又可以称为 16SRNA 的末端限制性片段分析技术，是一种新兴的研究微生物多态性的分子生物学方法，已成功应用于各种微生物群落的分析比较，微生物群落多样性及结构特征等。相比其他指纹图谱技术，T-RFLP 技术有以下优点：①能迅速产生大量重复、精确的数据，可用于微生物群落结构的时空演替研究；②数据的输出形式允许对大量信息的快速分析，因为片断分析软件已经预装于 DNA 测序仪中，它们能够自动将电泳结果数字化并以表格方式输出，用于标准统计分析；③根据末端限制性片段的长度与现有文库比对，可直接鉴定群落图谱中的单个菌种；④由于产生 TRFs 的设备为 DNA 测序仪，所以精确度和分辨率都较其他方法高。Kaplan 等对石油污染处理过程中的微生物群落动态进行研究，发现前 3 周石油烃被菌群迅速降解，随后 21 周则逐渐减慢，T-RFLP 显示菌群组成在石油烃降解速度减慢时发生变化：石油烃快速降解时，黄杆菌属和假单胞菌属为优势 TRFs，随后这两个优势 TRFs 被另外四个 TRFs 代替。Miralles 等用 T-RFLP 监测模拟海底石油污染中脱硫菌群落的结构变化，共检出两类脱硫菌，并随石油处理时间而改变，石油处理样品与对照样有明显区别。503 天后，16SrRNA 序列测序发现优势菌种与已知能够利用烃的脱硫菌株非常接近，证实在这种厌氧条件下脱硫菌可以有效地修复石油污染。Katsivela 等同样用 T-RFLP 监测石油污染土壤在 14 个月的生物修复中群落结构的变化，发现肠杆菌属和苍白杆菌属在实验期内都有明显检出，而产碱杆菌属仅在前 10 个月内有检出。

二、石油化工废水生物处理研究

人工分离工程菌和构建新菌株 1975 年，美国微生物学家 AnandaM. Chakrabarty 用遗传工程方法将 4 种不同菌株的降解烃类质粒接合在同一受体细菌中，获得多质粒的"超级细菌"，可去除浮油中 2/3 的烃。自然界的普通细菌在一般条件下降解浮油需 1 年以上，而人工构建的"超级细菌"只需几小时。姚宏等针对石化废水中不同的特征污染物，采用人工分离筛选工程菌构建高效混合菌群，通过臭氧-固定化生物活性炭滤池，深度处理难降解石化有机废水，结果表明，该系统对 COD、油类、NH_3-N 和色度的平均去除率分别为 73.0%、90.5%、81.2% 和 90%，各项指标均达到了国家循环冷却水的用水要求。

洛阳石化总厂同中国科学院成都生物研究所合作，采用以高效复合菌为核心的复合 SBR 工艺，对含油废水的处理进行了为期 1 年的工业试验，以高效复合菌为核心的复合 SBR 系统成功地处理石化废水，提高 COD 及石油类的去除率，且对氮、磷也有较高的去除率。在整个工业试验期间，复合 SBR 系统都显示出较强的抗冲击负荷能力，不仅出水水质比较稳定，而且满足排放要求。曾峰等通过驯化富集培养，从处理石化废水的活性污泥中分离出邻苯二甲酸酯降解菌，研究了邻苯二甲酸酯降解菌对邻苯二甲酸二甲酯的生物降解特性，试验结果表明，邻苯二甲酸酯降解菌对邻苯二甲酸二甲酯具有高效降解作用。

马放等为解决石化废水在低温下生化处理效果差的问题，通过 GC – MS 分析，确定了石化废水中的特征污染物，并在此基础上进行了生物强化工程菌的筛选、驯化与构建。为了验证投加工程菌的生物强化技术处理石化废水的效果，开展了二级 A/O 工艺处理低温石化废水的中试研究，结果表明，运行期间工艺稳定，在进水水质波动较大、水温低于 13℃情况下，出水水质达到污水综合排放标准(GB 8978—1996)的一级标准。

三、降解石油微生物的筛选、鉴定及基因工程菌的构建

(一)油田水样微生物群落结构分析及原油降解工程菌的构建和特性

我国是一个能源消耗大国，石油供需严重不平衡，已经成为制约我国国民经济发展的重要因素之一。然而，由于各种原因，采油过程中都会有石油烃类的溢出和大量含油废水排放，造成水体和土壤严重的污染。因此，油田生产迫切需要能够提高采油效率以及减少污染排放的清洁生产技术。微生物采油技术(MEOR)利用环境中微生物对原油的作用提高石油产量，具有消耗低、无二次污染等优点，是目前广受关注的减污降耗的油田清洁生产技术。而对油田环境中原本存在的"本源"微生物群落的解析和调控是研究、开发和利用该技术的关键。同时构建原油高效降解菌群，也为提高采油效率和高效处理含油废水奠定了技术基础。陈康等采用分子生物学方法 T. RFLP 和克隆文库分析方法对来自某采油厂的三个区块(联合站，注入井，油井)的污水样和油井采出液样品中的微生物群落结构进行了分析，发现三个区块水样中的细菌群落 T. RFLP 图谱相似性比较低，说明其群落结构差异很大，同一个区块不同取样点的细菌群落结构差异也较大，细菌的优势种群也各不相同，其细菌群落主要有四个类群：变形杆菌(Proteobacteria)，拟杆菌(Bacteroidetes)，脱铁杆菌(Deferribacteres)以及未确定分类的类群。而在水样古菌群落结构方面，不同区块的古菌群落结构有着明显的差异。同一区块古菌群落结构相对稳定，来自同一地层环境的样品相似性很高，古菌赖以生存的某种特定极端环境条件是决定其群落结构的主要因素。通过利用 T. RFLP 的方法对油藏中的微生物群落结构进行分析监控，可以避开微生物传统培养方法的各种缺陷，从而更客观准确地掌握油藏土著微生物的种类数量及其在群落中的分配比例，为以后按比例构建混合菌剂、进行外源投加、从根本上刺激提高采油微生物的数量和活性提供可靠的理论基础和技术支持。同时，也为以后筛选构建高效原油降解菌群，解决石油污染生物治理问题奠定了良好的理论基础。本次研究还通过电转化的方法将含有原油降解功能基因 Lys 的质粒 PKsphil.2 通过电击导入宿主菌 S25A1 的感受态中，构建出一株具有原油降解功能的基因工程菌 PKS25A1。通过原油降解试验，对其原油降解功能进行鉴定。实验结果表明：该工程菌对复杂结构烷烃有较强的降解能力，为高效处理含油废水提供了理论和参数依据综上所述，通过对微生物群落结构的分析，准确的掌握土著微生物的种类和数量，不仅为后续开发和应用减污降耗的油田清洁生产技术提供了理论基础，也为筛选构建高效原油降解菌群，调控油田废水处理中微生物群落结构以及开发高效废水处理工艺提供了理论依据。而构建原油降解基因工程菌的研究，则为原油中重质成

份的降解，改善原油流动性，提高采油率；进一步提高含油废水处理效率提供了可靠的技术支持。

（二）石油微生物基因工程菌的构建

石油是目前世界经济发展的命脉，石油资源的开发和利用却面临着一系列严峻的问题。微生物采油就是解决这一问题的方案之一。现在，获取采油微生物的主要方法是从自然界筛选和直接利用油层微生物，而天然的石油微生物存在着耐热、耐酸、耐盐性不高的问题。为了解决这一问题，叶长春等运用基因工程技术，在大肠杆菌中构建了 mb7 多顺反子操纵子；然后以转座的方式成功地将 mb7 多顺反子操纵子整合入石油微生物基因组。以原始菌株 hub5PN 为对照，转座为阳性的石油微生物耐酸、耐高温。实验表明，mb7 多顺反子操纵子的导入，可以明显提高石油微生物的耐酸性，也可以提高石油微生物对高温环境的耐受性。初步研究了石油微生物基因工程菌的构建方法，剖析了热休克蛋白对石油微生物抗逆性的影响。为了进一步构建具有高度耐酸性，高度耐碱性，高度耐盐的石油微生物，本研究用 Sau3A 酶对石油微生物的染色体进行不完全酶切，将其插入到无启动子的氯霉素抗性基因之前。构建基因文库。其方法是用氯霉素抗性平板，筛选启动子插入为阳性的石油微生物，并对氯霉素抗性为阳性菌种进行进一步鉴定。采用本方法成功地从石油微生物 hub5PN 中分离出启动子，hub5PN 启动子提高了大肠杆菌对氯霉素的抗性。

叶长春采用的构建石油微生物基因工程菌的技术方案如下：通过基因工程手段将运动发酵单胞菌（Zymomonas mobilis）的丙酮酸脱羧酶基因（pdc）和乙醇脱氢酶基因（adhB）克隆并导入到石油微生物中，在基因工程菌中建立各种新的代谢途径，并进一步克隆导入了来自于超嗜热菌强烈火球菌（Pyrococcus furiosus）的小分子热休克蛋白基因进一步研究它对生产石油的基因工程菌的抗逆性的作用。研究当石油基因工程菌处于逆境时，其生长会受到抑制，存活率降低，通过表达来自超嗜热菌强烈火球菌的小分子热休克蛋白基因，使石油基因工程菌大大增强了对逆境的抗性。

第一步：PCR 扩增得到 Z. mobilis 菌中的丙酮酸脱羧酶基因、乙醇脱氢酶基因和超嗜热菌强烈火球菌的小分子热休克蛋白基因。

第二步：将丙酮酸脱羧酶基因（pdc）和乙醇脱氢酶基因（adhB）串联构建载体 mb6。

mb6 | pLac | pdc | pLac | adhB | pLac |

第三步：将热休克蛋白基因（却）与将丙酮酸脱羧酶基因和乙醇脱氢酶基因串联构建构建 mb7 操纵子。

mb7 | pLac | pdc | pLac | adhB | pLac | pfu-sHSP |

第四步：使用转座技术将 pmb7 转座到天然石油微生物 hub5PN 的染色体中，从而构建出所需基因工程菌 Tmb7。

（三）高效石油降解细菌的筛选鉴定和菌群构建

宋广梅等从高效石油降解菌的筛选及菌群构建的目的出发，开展了一系列研究工作，主要研究结果为：

（1）采用三种培养条件对不同来源石油污染土壤细进行富集培养，运用传统的微生物分离技术对富集菌群进行了分离纯化，根据菌落特征，筛选获得了 40 株纯菌株。根据纯菌株变性梯度凝胶电泳法（DGGE）图谱中的迁移率，将 40 个纯菌株初步划分为 17 个种类，对 17 个代表菌株石油降解能力的测定结果表明：不同菌株石油降解率范围在 17.6% ~ 77.9%，其中有 10 个株降解率高于 40%，有 3 个菌株降解率高于 70%。对分离得到的石油高效降解菌 16SrDNA 扩增、测序，并进行同源性分析，其中有 7 个菌株与芽孢杆菌、短波单胞菌、铜绿假单胞菌、食碱杆菌、假单胞菌、类产碱假单胞菌、无色杆菌相似性为 100%。

（2）采用 3 种培养基，对 4 个不同取样来源的石油污染土壤细菌进行富集驯化，获得 12 个混合菌群，其对石油降解率范围在 44% ~ 86.8% 之间，不同菌群降解能力存在明显差异。利用 PCR. DGGE 技术对混合菌群优势菌多样性及混合菌群间同源性分析结果表明：不同土壤样品在相同富集培养条件下混合菌群多样性差异较小，而同一土壤样品在不同富集培养条件下混合菌多样性差异明显。

（3）通过 12 组混合菌与纯化高效菌株同步 DGGE 图谱比对，选择在混合菌中出现几率较高的纯菌进行人工组合，实验初步得到三组高效菌群，包括 S - 10 和 S.15 组合，S - 10 和 S.51 组合，S - 13、S - 5 和 S.36 组合，柴油降解率分别高达 86.8%、87.5%、81.3%。

四、提高原油采收率的耐热产多糖基因工程菌构建

伊文婧等为了提高用于微生物采油的掺水不溶性多糖的 JD 菌的耐温性能，将嗜热质粒 pET—ecoRRF 和 pET—tteRRF 转化至菌株 JD 中，用卡纳霉素拜选转化子。在耐热性初步鉴定中，所构建的菌株可在 45℃ 下生长，再进行 Western—blot 检测确认，结果表明，RRF 基因有高量的表达。RRF 基因转化到 JD 菌中有较好的表选，提高了目标菌株的耐热性能，耐热范围提高了 5 ~ 8℃。由于 Enterobacter sp. 和 Escherichia coli 的亲缘关系较近，所以将 Escherichiacoli 的 RRF 基因在 JD 菌中表达效果比 Thermus thermophilus 中的基因表达效果要好，最终将野生 JD 菌改造成了一株能够在 45℃ 耐热、产多糖的基因工程菌。

五、降解石油的超级细菌构建

这是一种可以分解三卤甲烷的微生物，能使之变为无害物质，省去体外基因重组的操作，直接将不同来源的降解性质粒组建到一个受体菌细胞内，能获得降解多种污染物的超级菌。这项研究起始于 1972 年，开创者是美国生物学家查可巴瑞。1975 年他查克捡巴蒂针对海洋输油造成浮油污染、影响海洋生态等问题进行了研究，成功地在培养基上将 4 种降解性质粒转到 1 株细菌的细胞内，构建成举世瞩目的第一个"超级菌"，见图 4 - 18。石油成分复杂，是由饱和、不饱和、直链、支链、芳香……烃类组成，不溶于水。而海水含盐量高，虽发现 90 多种微生物有不同程度降解烃类的能力，但不一定能在海水中大量繁殖生存，而且降解速率也较慢，查氏将能降解脂（含质粒 A）的一种假单胞菌作受体细菌，分别将能降解芳烃（质粒 B）、芳烃（质粒 C）和多环芳烃（质粒 D）的质粒，用遗传工程方法人工转入受体细菌，获得多质粒"超级细菌"，可除去原油中 2/3 的烃，能同时降解 7 种以上的石油烃类化合物。浮油在一般条件下降解需一年以上时间，用"超级细菌"只需几小时即可把浮油去除，速度快效率高。1982 年他又实现了细胞间质粒的自然传递和相互作用，构建出新的超级菌，新超级菌清除石油污染所需时间不到传统方法的 10%，消

耗费用仅为传统方法的35%。

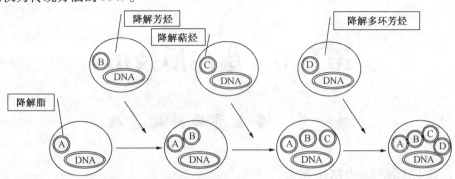

图4-18 超级降解菌的构建图

生物基因技术在石油化工中的应用，是科学家和工程技术人员几十年来的研究目标。面对21世纪的挑战，环境生物技术为石油化工展示了广阔的发展前景。

第五章　蛋白质技术

第一节　蛋白质的结构基础

一、蛋白质结构的基本条件

在自然界中，构成生命最基本的物质有蛋白质、核酸、多糖和脂类等生物大分子，其中蛋白质最为重要，核酸则最为根本。各种生物功能、生命现象和生理活动往往是通过蛋白质来实现的，因此蛋白质不仅是生物体的主要组分，更重要的是它与生命活动有着十分密切的关系。在体内，蛋白质执行着酶催化作用，使新陈代谢能有序地进行，从而表现出各种生命的现象；通过激素的调节代谢作用，以确保动物正常的生理活动；产生相应的抗体蛋白，使人和动物具有防御疾病和抵抗外界病原侵袭的免疫能力；构建成的各种生物膜，形成生物体内物质和信息交流的通路和能量转换的场所。这一系列功能充分说明了蛋白质在生命活动中的重要作用，说明生命活动是不能离开蛋白质而存在的。

（一）蛋白质的化学组成

蛋白质在生命活动过程中之所以有如此重要作用，是由它自身的组成、结构、性质所决定的。从动、植物细胞中提取出来的各种蛋白质，经元素分析，均含有碳、氢、氧、氮及少量的硫元素。这些元素在蛋白质中多以大致一定的比例存在。有些蛋白质还含有微量的过渡金属元素，例如：铁、锌、钼和镍等元素。蛋白质经干燥后，其元素组成平均值约为：

碳 50% ~55%　　　　　氢 6.0% ~7.0%　　　　　氧 20% ~23%

氮 15% ~17%　　　　　硫 0.3% ~2.5%

一切蛋白质皆含有氮，并且大多数蛋白质含氮量比较接近而恒定，平均为 16%。这是蛋白质元素组成的一个重要特点，也是各种定氮法测定蛋白质含量的计算基础。

通常蛋白质的分子质量均在一万道尔顿以上，变化范围从 10000 到 1000000 道尔顿，结构很复杂。蛋白质易被酸、碱和蛋白酶催化水解成分子质量大小不等的肽段和氨基酸，这一过程所获得的产物称为不完全水解或部分水解产物。两个或两个以上氨基酸残基组成的片段称为肽。短肽可以进一步被水解成氨基酸，并成为蛋白质水解的最小单位，是组成蛋白质的基本单位。从蛋白质水解物中分离出来的氨基酸有 20 种。除了脯氨酸外，所有的氨基酸均可用下式表示：

$$\text{(NH}_2\text{—CH—COOH)} \atop \text{R}$$

其中 R 代表侧链基团，不同氨基酸的 R 基团不同。生物化学中，氨基酸的名称一般使用三字母的简写符号表示，有时也用单字母的简写符号表示。这两套简写符号见于

表5-1。

表 5 - 1 各种氨基酸的简写符号

名　称	三字母符号	单字母符号	名　称	三字母符号	单字母符号
丙氨酸	Ala	A	异亮氨酸	Ile	I
精氨酸	Arg	R	亮氨酸	Leu	L
天冬酰胺	Asn	N	赖氨酸	Lys	K
天冬氨酸	Asp	D	蛋氨酸	Met	M
Asn 和/或 Asp	Asx	B	苯丙氨酸	Phe	F
半胱氨酸	Cys	C	脯氨酸	Pro	P
谷氨酰胺	Gln	Q	丝氨酸	Ser	S
谷氨酸	Giu	E	苏氨酸	Thr	T
Glu 和/或 Gln	Glx	Z	色氨酸	Trp	W
甘氨酸	Gly	G	酪氨酸	Tyr	Y
组氨酸	His	H	缬氨酸	Val	V

如按照 α - 氨基酸(氨基酸是指氨基处于与羧基相连的碳原子上)中侧链 R 基的极性性质,组成蛋白质的 20 种常见的氨基酸可分为以下四组:①非极性 R 基氨基酸,这一组中共有八种氨基酸,其中五种是带有脂肪烃的氨基酸,即丙氨酸、亮氨酸、异亮氨酸、缬氨酸和脯氨酸;两种芳香族氨基酸,即苯丙氨酸和色氨酸;一种含硫氨基酸,即甲硫氨酸(蛋氨酸)。②不带电荷的极性 R 基氨基酸,这一组中有七种氨基酸,即甘氨酸、丝氨酸、苏氨酸、酪氨酸、半胱氨酸、天冬酰胺和谷氨酰胺。③带正电荷的 R 基氨基酸,这一组氨基酸属于碱性氨基酸,即赖氨酸、精氨酸和组氨酸,在 pH = 7.0 时,表现出正电荷特性。④带负电荷的 R 基的酸性氨基酸有两种,即天冬氨酸和谷氨酸。这两种氨基酸均含有两个羧基,在 pH 值 6~7 范围内完全解离,因而表现出负电荷特性。在蛋白质组成中,除了上述 20 种常见的氨基酸外,从少数蛋白质中还分离出一些 α - 氨基酸,如二碘酪氨酸、甲状腺素、羟脯氨酸等。

(二)氨基酸的物理性质

氨基酸呈无色结晶,各有特殊晶型。它们的熔点极高,一般在 200~300℃左右。氨基酸是以两性离子形式存在的。由于各种氨基酸都具有特定的熔点,常用于定性鉴定。由于氨基酸分子上含有氨基和羧基,它既可接受质子,又可以释放质子,因此氨基酸属于两性电解质物质。每一种氨基酸都具有特定的等电点(PI),如亮氨酸的 PI 值为 5.98,精氨酸为 10.76,赖氨酸为 9.74 等。各种氨基酸的等电点不同起因在于各种氨基酸分子上所含氨基、羧基等基团以及各种基团的解离程度不同所致的。当溶液的 pH 值小于某氨基酸的等电点时,则该氨基酸带正电荷,若溶液中 pH 值大于某氨基酸的等电点时,则该氨基酸带负电荷。因此,在同一 pH 值条件下,各种氨基酸所带的电荷不同。根据这一性质,就可以通过调节溶液的 pH 值,使混合液中的各种氨基酸带上不同的电荷,再选用离子交换层析法或高压凝胶电泳技术把这些氨基酸混合物一一分开。目前常用于分离混合氨基酸技术有纸上层析法、离子交换法、薄层层析法、高压液相色谱法、高压凝胶电泳法和毛细管电泳法等。

(三)蛋白质的一级结构

蛋白质是由许多氨基酸按一定的排列顺序通过肽键相连而成的多肽链。蛋白质的肽链结构成为蛋白质的化学结构，它包括氨基酸组成、肽链数目、末端组成、氨基酸排列顺序和二硫键位置等内容。一个氨基酸的氨基与另一氨基酸的羧基缩合失去一分子水，形成酰胺键，这种氨基酸之间连接的酰胺键又称为肽键，一般由三个或三个以上的氨基酸残基组成的肽称为多肽。下面为蛋白质中一段多肽链的模式结构，表示氨基酸之间的肽键。通常书写多肽或蛋白质肽链结构时，总是把含有游离 $\alpha-NH_2$ 端的氨基酸一端写在左边，称为 N 端，用"H"表示；把含游离的 $\alpha-COOH$ 的氨基酸一端写在右边，称为 C 端，用"OH"表示。在自然界中，多数蛋白质分子并不是由简单的单条肽链组成，即使是由单链组成，也存在分支或成环状现象。一般情况下，一个蛋白质分子中的肽链的数目应等于末端氨基残基的数目。因此可根据末端残基的数目来确定一种蛋白质分子是由几条肽链构成。

如果已知某种蛋白质含有几条肽链，则必须设法先分开这些肽链，然后再测定每条肽链的氨基酸序列。胰岛素分子由两条多肽链组成，分别称为 A 链和 B 链，两条肽链由两个二硫键连接起来，在 A 链内部还有一个二硫键，它将 A 链的第 6 和第 11 氨基酸残基连接起来。A 链和 B 链分别由 21 个和 31 个氨基酸残基组成。人与猪和牛的胰岛素组成存在着 1~2 个氨基酸残基的差异，如用后两种动物的胰岛素治疗人的糖尿病时，其药效比直接采用人胰岛素低。这一现象说明了，每一种蛋白质的功能与它的肽链氨基酸序列和肽链构成的高级结构有着不可分割的联系。从上述胰岛素分子结构可知蛋白质一级结构就是由许多氨基酸按照一定的排列顺序，通过肽键相连接而成的多肽链结构，每一种蛋白质肽链的氨基酸都有一定的排列顺序。蛋白质的一级结构是最基本的，它包含着决定蛋白质高级结构的关键性因素。

二、蛋白质的高级结构

蛋白质的分子结构可划分为一级结构、二级结构、三级结构和四级结构，这些结构由各种化学键组成。蛋白质的分子构象又称为空间结构、高级结构、立体结构、三维结构等等，是指蛋白质分子中所有原子在三维空间中的摆布情况和规律。

所谓蛋白质的二级结构是指多肽链主链骨架中的若干肽段，各自沿着某个轴盘旋或折叠，并以氢键维系，从而形成有规则的构象，如 $\alpha-$螺旋，$\beta-$折叠和 $\beta-$转角等。$\alpha-$螺旋和 $\beta-$折叠是蛋白质构象的重要单元。二级结构不涉及氨基酸残基的侧链构象。Pauling 和 Corey 用 X-射线衍射技术研究多肽链的结构时，发现其中存在 $\alpha-$螺旋，肽链折叠成螺旋形状。螺旋每绕一圈(360°)为 3.8 个氨基酸残基，每个重复单位沿螺旋轴上升 1.5A。$\beta-$折叠是一种肽链相对伸展的结构。在这种结构模型中，肽链按层排列，在相邻的肽链之间形成氢键，得以巩固这种结构。肽链的走向有正平行式和反平行式，正平行式即所有肽链的 N 末端都在同一端，如 $\beta-$角蛋白。反平行式即肽链的 N 端一顺一倒地排列，如丝心蛋白。从能量角度考虑，反平行式更为稳定。在天然蛋白质变性时，往往就包含 $\alpha-$螺旋向 $\beta-$折叠的转变。

在自然界中，多数蛋白质的空间结构呈球状，它比纤维型蛋白质的结构要复杂得多。球状蛋白不是简单地沿着一个轴有规律地重复排列，而是在三维空间中沿着多方向进行卷曲、折叠、盘绕而成的近似球形的结构。这种在二级结构基础上的肽链再折叠，称为蛋白质的三级结构。维持蛋白质构象的作用力有四种非共价键类型①R 基之间的氢键；②非极性 R 基之间的疏水基相互作用(范德华引力)；③$\alpha-$螺旋和 $\beta-$折叠中的肽链内或肽链间的氢键；④带正负电荷的 R 基之间的离子键。维持蛋白质的三级结构最重要的作用力是疏水键的相互作用。

从共价结构上看，亚基就是蛋白质分子的最小共价单位。亚基一般是由一条多肽链组成的，但有的亚基也可以由几条多肽链组成，这些多肽链通常以二硫键相连接成为亚基。由亚基聚合而成的蛋白质分子称为寡聚蛋白。由亚基组成的寡聚蛋白结构被称为四级结构，侧重强调亚基之间的相互作用和空间排布情况。由相同的亚基构成的四级结构，叫均一四级结构；由不同亚基组成的四级结构，叫非均一四级结构。四级结构不是靠共价键结合的，维持四级结构的主要力靠疏水键，氢键、离子键和范德华引力也参与维持四级结构的稳定性，但是它们可能仅仅起到次要的作用。此外，在个别的情况下，二硫键等也参与维持四级结构。四级结构中的聚合物，大致可分为不对称性的聚合物和对称性的聚合物。前者可分为大小亚基，例如核糖体；后者可进一步分为三亚类，即空间对称、线对称和点对称。如胰岛素结构呈空间对称；微管和丝状噬菌体结构呈线对称。而点对称是蛋白质四级结构中最为常见的。构成四级结构的原体可排列成二聚体、三聚体、四聚体、五聚体，最多可聚合成六十聚体等。例如酵母己糖激酶、前白蛋白和醇脱氢酶为二聚体蛋白质；细菌叶绿素蛋白和捕光叶绿素蛋白均为三聚体的结构等。

三、蛋白质分子间的相互关系

在一定的条件下，蛋白质亚基的聚合可以被解离成游离的亚基，但在适当的条件下，这些游离的亚基又能重新聚合成具有四级结构的蛋白质分子。例如棕色固氮菌固氮酶钼铁蛋白分子是由两个相同的 α 亚基和二个相同的 β 亚基所构成的四聚体和。在较低的蛋白质浓度或较低的 pH 值、离子强度下，这种四聚体可解离成 α 和 β 亚基，但在较高的蛋白浓度或较高的 pH 值、离子强度下，又能够重组成具有四聚体结构的钼铁蛋白分子。

在特殊环境条件下，某些具有四级结构的蛋白质分子之间，一种蛋白质分子的亚基可以与另一种蛋白质的亚基聚合，并产生有活性的杂交分子。这一过程也是一种分子杂交。例如，不同来源的固氮酶均由钼铁蛋白和铁（硫）蛋白（Iron protein）组成的，它能在常温常压下催化空气中的 N_2 成为 NH_3。实验结果表明，棕色固氮菌固氮酶钼铁蛋白能够分别与肺炎克氏杆菌和红螺藻等固氮酶铁（硫）蛋白产生分子杂交反应，并表现出一定的固氮活性；同样，棕色固氮菌固氮酶的铁（硫）蛋白分子也能与上述固氮菌钼铁蛋白分子聚合，形成能表达固氮活性的杂交的固氮酶复合物。

不少多肽和蛋白质分子，不论其是否由亚基组成，都能聚合成聚合物。例如胰岛素单体在特定溶液中能产生聚合数目大于 6 的高聚体。由单体形成二聚体的主要结合力有疏水键和氢键。蛋白质亚基或分子的聚合方式有多种多样，并产生不同的聚合体，如：环状、螺旋状、线状或球状等。近十年来，大量的实验结果表明，在特定的条件下，蛋白质能表现出自动装配功能，如烟草花叶病毒和某些细胞器（如核糖体）在拆散了各种蛋白质、核酸后，又能自动装配成具有功能的烟草花叶病毒和某些细胞器碎片。

四、蛋白质结构和功能关系

蛋白质分子所具有的多种多样的生物学功能是与它们特殊的和复杂的结构紧密相关的。一般说来，蛋白质结构与功能的关系包含着两个方面的问题：①蛋白质必须具备特定的结构才能表现特定的功能，在蛋白质肽链中有一些基团对特定功能而言是必需基团，另一些是非必需基团。②在体内，蛋白质分子是如何利用它的特定结构执行特定的生物功能的。尽管这两个问题所涉及较广，情况较复杂，但近几十年来，随着生物化学与分子生物学技术的快速发展，许多蛋白质的结构与功能的关系的奥秘正在逐步被揭示。例如蛋白质组与神经信号传导关系就是一个很活跃的研究领域。同源蛋白质（Homologous protein）是指在不同的有机体中实现同一功能的蛋白质，但这些同源蛋白质中的氨基酸序列存在着种属的差异性，例如猪、牛和人等胰岛素具有同样的降低血糖的生物学功能，都均有 A 和 B 链构成，分子质量也几乎一样，但它们的氨基酸序列存在着个别的差异。有时同种有机体来源的一种蛋白质，经高度纯化后，可以分出两种或两种以上的存在方式，但它们的氨基酸序列差异往往是很细微的，只有 1~2 个氨基酸残基或某一个基团的差别。此外，随着蛋白质分离技术的发展，许多原认为是均一组成的蛋白质，经不同的分离技术可获得细微差别的不同组分，例如，牛胰岛素在逆流分配和凝胶电泳过程中可获得仅一个酰胺基差别的两个成分，这一现象通常称为微观差异。

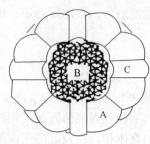

图 5-1　铁蛋白结构图
A—蛋白壳；B—铁核；
C—三相物质交换轨道

目前，在化学结构和空间结构已经阐明的酶蛋白，其酶分子的活性中心与底物结合时整个酶分子的立体构象有所扭动，这种扭动引起的张力正是促使底物化学键容易发生断裂的基本原因。这种张力也是依靠酶分子中的许多非活性中心部位的协调作用而发生的。铁蛋白的分子结构是由铁核和蛋白壳组成图 5-1。铁蛋白的隧道可分为电子隧道和物质交换隧道，前者起着传递电子的作用，后者起着物质交换的通道作用。马脾铁蛋白（HSF）铁核中的中点电位（$E° = -190mV$）比生物电子供体维生素 C（Vc）的中点电位（$E° = -14mV$）低。如果 Vc 通过扩散方式和穿过三相物质交换隧道去直接还原 HSF 铁核中的 Fe^{3+} 似乎不太可能。但实验结果却证实了 Vc 有足够能力还原 HSF 或猪脾铁蛋白（PSF）中的 Fe^{3+}，推测这一现象与铁蛋白蛋白壳经络合与还原后所得。

第二节　蛋白质技术的研究方法

一、蛋白质技术的研究策略

　　蛋白质工程的基本任务就是研究蛋白质分子结构规律与生物学功能的关系；对现有的蛋白质加以定向修饰、改造、设计与剪切，构建生物学功能比天然蛋白质更加优良的新型蛋白质。由此可见，蛋白质工程的基本途径是从预期功能出发，设计期望的结构，合成目的基因且有效克隆表达或通过诱变、定向修饰和改造等一系列工序，合成新型优良蛋白质。图 5-2 所示是蛋白质工程的基本途径及其与现有天然蛋白质的生物学功能形成过程的比较。蛋白质工程主要研究手段是利用所谓的反向生物学技术，其基本思路是按期望的结构寻找最适合的氨基酸序列，通过计算机设计，进而模拟特定的氨基酸序列在细胞内或在体内环境中进行多肽折叠而成三维结构的全过程，并预测蛋白质的空间结构和表达出生物学功能的可能及其高低程度。

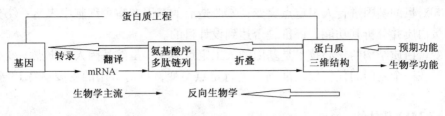

图 5 - 2 蛋白质研究策略示意图

二、蛋白质的全新设计

(一) 设计目标的选择

蛋白质全新设计可分为功能设计和结构设计两个目标。目前的研究重点和难点侧重从结构设计出发，从蛋白质的二级结构开始，以摸索蛋白质结构的稳定性。在超二级结构和三级结构设计中，通常选择一些蛋白质结构比较稳定的蛋白质作为设计目标，如固氮酶钼铁蛋白结构和四螺旋束结构。在蛋白质功能设计方面，主要进行天然蛋白质功能的模拟，如哺乳动物铁蛋白铁氧化酶活性中心的模拟和固氮酶钼铁蛋白活性中心模拟和合成等。

(二) 蛋白质设计技术与方法

最早的设计方法是序列最简化法（Minimalist approach），其特点是尽量使设计的复杂性最小，一般仅用少数几个氨基酸。设计的序列往往具有一定的对称性和周期性，因为这种方法使设计复杂性减少，并能检测一些蛋白质折叠的规律和方式。1998 年，Mutter 首先提出模板组装合成法（Templates assembled synthetic protein approach），其主要思路是将各种二级结构片段通过共价键连接到一个刚性的模板分子上，形成一定的三级结构。模板组装合成法绕过了蛋白质三级结构中的氨基酸残基来研究蛋白质中长程作用力，是研究蛋白质折叠规律和进行蛋白质全新设计规律摸索的有效手段。设计的蛋白质序列只有通过合成并进行结构检测后才能判断设计是否与预想结构符合。一般从三方面来检测：是否存在蛋白质多聚体状态；二级结构与预期目标是否吻合；是否具有预定的三级结构。圆二色谱和核磁共振技术可用于研究蛋白质是否以单分子或多聚体形式存在。三级结构测定目前主要依靠荧光和核磁共振技术。此外，体积排阻色谱法也可以用于判断分子体积大小、聚合体数目和蛋白质结构是处于无规则状态或三级结构等生化参数。

从热力学第一定律出发设计蛋白质，即按热力学第一定律从头设计一个氨基酸序列，它能折叠成一个预期的结构。例如，美国 Duke 大学的 Richardson 从头设计了由 62 个氨基酸组成的 β 型结构，杜邦公司的 Degrado 和加洲大学的 Eisenberg 合作设计了一个 4α 螺旋结构，这一现象说明了简单结构蛋白的从头设计成为可能。此外，美国加洲理工学院的 Stephen 和 Dahiyat 从第一定律出发设计了一个不用 Zn 离子的稳定的锌指结构。经序列对比分析，天然的锌指和按热力学定律设计的锌指一级结构同源性很低，但结构很相似。

三、改变现有蛋白质结构

目前蛋白质工程主要还是集中在改变现有蛋白质这一领域。改变现有蛋白质的结构一般需要经过如下几个步骤：①分离纯化目标蛋白质；②分析目标蛋白质的一级结构；③分析目标蛋白质的三维结构以及结构与功能的关系；④根据蛋白质的一级结构设计引物，克隆目的基因；根据蛋白质的三维结构和结构与功能的关系以及蛋白质改造的目的设计改造方案；⑤对目的基因进行人工定点突变；⑥改造后的基因在宿主细胞中表达；⑦分离纯化表达的蛋白质并分析其功能，评价是否达到设计目的。

改变蛋白质结构的核心技术是基因的人工定点突变，虽然基因人工定点突变有许多方法，但要在一个基因的任何位点准确地进行定点突变，目前常用的主要有 M13 载体法和 PCR 法。

（一）M13 载体法

该法的原理是利用人工合成带突变位点的寡聚核苷酸作为引物，利用 M13 菌体载体系统合成突变基因。具体地说就是将待诱变的基因克隆在 M13 噬菌体载体上，另外，人工合成一段改变了碱基顺序的寡核苷酸片段（8～13bp），以此作为引物（即所谓的突变引物），在体外合成互补链，再经体内扩增基因此扩增出来的基因有是突变了的基因，经一定的筛选便可获得突变基因。

（二）PCR 法

该法的原理也是利用人工合成带突变位点的诱变引物，通过 PCR 扩增而获得定点突变的基因。PCR 定点诱变法可分为重组 PCR 定点诱变法和大引物诱变法两种。

重组 PCR 定点诱变法：该方法是利用两个互补的带有突变碱基的内侧引物以及两个外侧引物，先进行两次 PCR 扩增，获得两条彼此重叠的 DNA 片段。两条片段由于具有重叠区，因此在体外变性与复性后可形成两种不同的异源双链 DNA 分子，其中一种带有 3′ 凹陷末端的 DNA 可通过 Taq 酶延伸而形成带有突变位点的全长基因。该基因再利用两个外侧引物进行第三次 PCR 扩增，便可获得人工定点突变的基因。

大引物诱变法：该方法是利用一个带突变位点的内侧引物与一个外侧引物先进行 PCR 扩增，再以扩增产物作为引物与另一个外侧引物进行第二次 PCR 扩增而获得人工定点突变的全长基因。

第三节　蛋白质的纯化和鉴定技术

一、蛋白质的分离纯化原理及步骤

蛋白质在组织或细胞中一般都是以复杂的混合物形式存在，每种类型的细胞都含有成千种不同的蛋白质。蛋白质的分离和提纯工作是一项艰巨而繁重的任务，到目前为止，还没有一个单独的或一套现成的方法能把任何一种蛋白质从复杂的混合物中提取出来，但对任何一种蛋白质都有可能选择一套适当的分离提纯程序，采取几种方法联合使用来获取高纯度的产品。

蛋白质的分离纯化方法很多，主要有根据蛋白质溶解度不同的分离方法，如蛋白质的盐析、等电点沉淀法、低温有机溶剂沉淀法等；根据蛋白质带电性质进行分离的方法，如电泳法、离子交换层析法（IEC）；根据不同配体特异性的分离方法，如亲和层析法；根据蛋白质分子大小差别的分离方法，如透析与超滤、凝胶过滤层析法（GFC）等。其中透析法是利用半透膜将相对分子质量大小不同的蛋白质分开；超滤法是利用高压力或离心力，使水和其他小的溶质分子通过半透膜，而蛋白质团在膜上，可选择不同孔径的滤膜截留不同相对分子质量的蛋白质。

上述分离方法中的凝胶过滤层析法、离子交换层析法、亲和层析法均属于层析法。层析法是利用待分析样品各组分物理化学性质的差异，如吸附力、分子形状和大小、分子极性、分子亲和力和分配系数等，使各组分以不同程度分布在互不相溶的两相，即固定相和流动相中，并以不同的速度移动，最终彼此分开。固定相可以是固体、液体或一种团体和一种液体的混合物，而流动相可以是一种液体或一种气体。

近年来，随着生物技术的发展，蛋白质分离纯化的技术也有不少发展，比如浊点萃取法（CPE）、置换色谱法、双水相萃取法等。

蛋白质提纯的总目标是设法增加制品纯度或比活性，对纯化的要求是以合理的效率、速度、收率和纯度，将需要的蛋白质从细胞的全部其他成分特别是不想要的杂质蛋白中分离出来，同时仍保留有这种蛋白质的生物学活性和化学完整性。

能从成千上万种蛋白质混合物中纯化出一种蛋白质的原因，是不同的蛋白质的物理、化学和生物学性质有着极大的个同，这些性质是由于蛋白质的氨基酸序列和数目不同造成的，连接在多肽主链上的氨基酸残基可能是荷正电的或荷负电的、极性的或非极性的、亲水的或硫水的，此外多肽可折叠成非常确定的二级结构（α 螺旋、β 拆叠和各种转角）、三级结构和四级结构，形成独特的大小、形状和残基在蛋白质表面的分布状况，利用待分离的蛋白质与其他蛋白质之间在性质上的差异，即能设计出一组合理的分级分离步骤。蛋白质的制备一般分为以下四个阶段：选择材料和预处理，细胞的破碎及细胞器的分离，提取和纯化，浓缩、干燥和保存。

（一）选择材料和预处理

微生物、植物和动物都可作为制备蛋白质的原材料，所选用的材料主要依据实验目的来确定。对于微生物，应注意它的生长期，在微生物的对数生长期，酶和核酸的含量较高，可以获得高产量。以微生物为材料时有两种情况：①利用微生物菌体分泌到培养基中的代谢产物和胞外面等；②利用菌体含有的生化物质，如蛋白质、核酸和胞内酶等。植物材料必须经过去壳、脱脂，注意植物品种和生长发育状况不同，其中所含生物大分子的量变化很大，此外与季节性关系密切。对动物组织，必须选择有效成分含量丰富的脏器组织为原材料，先进行绞碎、脱脂等处理。另外，对预处理好的材料，若不立即进行实验，应冷冻保存，对于易分解的生物大分子应选用新鲜材料制备。对于天然不易得到的蛋白质，可通过工程菌或工程细胞表达而获得。

（二）细胞的破碎及细胞器的分离

1. 细胞的破碎动物、植物组织或细胞破碎

细胞的破碎动物、植物组织或细胞破碎的方法，一般采用匀浆、电动捣碎或超声破碎等方法。如破碎大肠杆菌，可采用反复冻融、超声或溶菌酶法。

（1）高速组织捣碎：将材料配成稀糊状液，放置于筒内约1/3体积，盖紧筒盖，将调速器先拨至最慢处，开动开关后，逐步加速至所需速度。此法适用于动物内脏组织、植物肉质种子等。

（2）玻璃匀浆器匀浆：先将剪碎的组织置于管中，再套入研钵来回研磨，上下移动，即可将细胞研碎。此法细胞破碎程度比高速组织捣碎机高，适用于量少的动物脏器等组织。

（3）超声波处理法：用一定功率的超声波处理细胞悬液，使细胞急剧震荡破裂，此法多适用于微生物材料。用大肠杆菌制备各种酶，常选用 $50\sim100mg/mL$，在 $1kG\sim10kG$ 频率下处理 $10\sim15min$，此法的缺点是在处理过程中会产生大量的热，应采取相应降温措施。对超声波敏感的核酸应慎用。

（4）反复冻融法：将细胞在 $-20℃$ 以下冰冻，室温融解，反复几次，由于细胞内形成冰粒使剩余细胞液的盐浓度增高引起溶胀，使细胞结构破碎。

（5）化学处理法：有些动物细胞，例如肿瘤细胞可采用十二烷基磺酸钠（SDS）、去氧胆酸钠等去垢剂破坏细胞膜；细菌细胞壁较厚，可采用溶菌酶处理效果更好。

无论用哪一种方法破碎组织细胞，都会使细胞内蛋白质或核酸水解酶释放到溶液中，使大分子生物降解，导致天然物的质量减少，加入二异丙基氟磷酸（DFP）可以抑制或减慢自溶作用；加入碘乙酸可以抑制那些活性中心需要有巯基的蛋白水解酶的活性，加入苯甲磺酰氯化物（PMSF）也能减弱蛋白水解酶活力，但不是全部；还可通过选择 pH 值、温度或离子强度等，使这些条件适合于目的物质的提取。

2. 细胞器的分离

细胞内不同结构的密度和大小都不相同，在同一离心场内的沉降速度也不相同，根据这一原理，常用不同转速的离心法，将细胞内各种组分分级分离出来。

分离细胞器最常用的方法是将组织制成匀浆，在均匀的悬浮介质中用差速离心法进行分离，其过程包括组织细胞匀浆、分级分离和分析三步，这种方法已成为研究亚细胞成分的化学组成、理化特性及其功能的主要手段。

匀浆应在低温条件下，将组织放在匀浆器中，加入等渗匀浆介质（即 $0.25mol/L$ 蔗糖、$0.003mol/L$ 氯化钙）进行破碎细胞使之成为各种细胞器及其包含物的匀浆。

分级分离是由低速到高速离心逐渐沉降。先用低速使较大的颗粒沉淀，再用较高的转速，将浮在上清液中的颗粒沉淀下来，从而使各种细胞结构，如细胞核、线粒体等得以分离。由于样品中各种大小和密度不同的颗粒在离心开始时均匀分布在整个离心管中，所以每级离心得到的第一次沉淀必然不是纯的最重的颗粒，须经反复悬浮和离心加以纯化。

分级分离得到的组分，可用细胞化学和生化方法进行形态和功能鉴定。

（三）将蛋白质混合物分离酌方法

1. 根据蛋白质分子大小差别分离的方法

蛋白质分子是高分子化合物，其种类繁多，标准分子质量差别很大，据此设计了纯化的方法，可使蛋白质混合物得到初步分离。

（1）透析和超滤

透析法是利用较大的蛋白质分子不能通过半透膜的原理设计的，半透膜具有一定的孔径，对通过的分子大小有一定的选择性。半透膜一般选用赛璐珞、赛璐珞酚等材料做成的透析袋，使用前透析袋要预处理，以消除附着的重金属、蛋白水解酶和核酸酶。处理时，将透析袋放入 $0.5mol/L$ EDTA 溶液中煮 $0.5h$，弃去溶液，换上水，再煮几次，储存在 0.01% 叠氮钠的水中（$4℃$），使用时用镊子或戴手套操作。

在透析过程中，大分子蛋白质不能通过半透膜而滞留在透析袋内，小分子物质可以自由进出透析袋，直到它们在透析袋内外的浓度达到平衡。透析时需反复更换透析液，使小分子物质较完全地除去。透析过程中可测定透析外液中的某种小分子的浓度，以检查透析结果。采用硫酸铵分步沉淀蛋白质后，需用透析法除去蛋白溶液中的硫酸铵，可用氯化钡溶液检查透析外液。若透析完全，则加 $BaCl_2$ 后无变化，否则会有白色沉淀产生。

为了保持蛋白质在透析过程中的稳定性，透析液一般选用一定 pH 值的缓冲液，温度保持恒定。透析过程是较慢的扩散过程，所以比较耗时，起码要 10h 以上，甚至几天。为缩短透析时间，透析液要不断地搅拌，并且勤换。

超滤法是利用高压力或离心力，使水和其他小的溶质分子通过半透膜，而蛋白质留在膜上，从而浓缩了蛋白质并缩短了操作时间，可选择不同孔径的滤膜截留不同分子量的蛋白质。

透析在纯化中极为常用，可除去盐类（脱盐及置换缓冲液）、有机溶剂、低分子量的抑制剂等。

（2）离心分离

物质分子大小、形态和质量不同，它们在离心场中表现出不同的行为。原则上，质量大的分子沉降速度快；而体积大的分子阻力大，沉降较慢。

① 差速离心法：即逐步分级加大离心力。开始在一个较低的速度下离心，使可溶部分和不溶部分分开。再取上清液后加大离心速度，使某些沉降系数大的物质沉淀，其他物质仍保留在溶液中；再次取上清液，加大离心力，又会获得另一些沉淀物质。反复多次，可将混合物根据沉降行为的不同逐级分开。但分辨率较低，仅适用于粗提或浓缩。

② 等密度梯度离心：又称沉降平衡，是根据物质的密度大小而进行的。在离心管中造成一个密度环境，使分离物在离心力的作用下，各自停留在其密度相同的区域，从而达到分离的目的。常用的离心介质有蔗糖、聚蔗糖、氯化铯、溴化钾、碘化钠等。

（3）凝胶过滤

也称分子排阻层析或分子筛层析，这是根据分子大小分离蛋白质混合物最有效的方法之一，注意使要分离的蛋白质相对分子质量在凝胶的工作范围内。选择不同的相对分子质量凝胶可用于脱盐、置换缓冲液及利用分子量的差异除去不要的物质。最常用的填充材料是葡聚糖凝胶（Scphadex gel）和琼脂糖凝胶（Sepharose gel）。

2. 根据蛋白质溶解度不同分离的方法

影响蛋白质溶解度的外界因素很多，其中主要有：溶液的 pH 值、离子强度、介电常数和温度，但在同一特定外界条件下，不同的蛋白质具有不同的溶解度。适当改变外界条件，可控制蛋白质混合物中某一成分的溶解度。

中性盐对蛋白质的溶解度有显著影响，一般在低盐浓度下随着盐浓度的升高，蛋白质的溶解度增加，称为盐溶。这是由于在低盐浓度的蛋白质溶液中，由于静电作用，使蛋白质分子外围聚集了一些带相反电荷的离子，从而加强了蛋白质和水的作用，减弱了蛋白质分子间的作用，故增加了蛋白质的溶解度。当盐浓度继续升高时，大量的盐离子可和蛋白质离子竞争溶液中的水分子，从而降低了蛋白质分子的水合程度，于是蛋白质胶粒凝结并沉淀析出，这种现象称为盐析。盐析时若溶液 pH 值在蛋白质等电点则效果更好。由于各种蛋白质分子颗粒大小、亲水程度不同，故盐析所需的盐浓度也不一样，因此调节混合蛋白质溶液中的中性盐浓度可使各种蛋白质分段沉淀。

3. 根据蛋白质带电性质分离的方法

根据蛋白质在不同 pH 值环境中带电性质和电荷数量不同，可将其分开。

（1）电泳法 各种蛋白质在同一 pH 值条件下，因相对分子质量和电荷数量不同而在电场中的迁移率不同难以分开。值得重视的是等电聚焦电泳，这是利用一种两性电解质作为载体，电泳时两性电解质形成一个由正极到负极逐渐增加的 pH 值梯度，当带一定电荷的蛋白质在其中泳动时，到达各自等电点的 pH 值位置就停止，此法可用于分析和制备各种蛋白质。

（2）离子交换层析法 离子交换剂有阳离子交换剂和阴离子交换剂，当被分离的蛋白质溶液流经离子交换层析柱时，带有与离子交换剂相反电荷的蛋白质被吸附在离子交换剂上，随后用改变 pH 值或离子强度的方法将吸附的蛋白质洗脱下来。

4. 基因工程构建的纯化标记

通过改变 cDNA 在被表达的蛋白质的氨基端或羧基端加入少许几个额外氨基酸，这个加入的标记可用来作为一个有效的纯化依据。

（1）GST 融合载体 使要表达的蛋白质和谷胱甘肽 S 转移酶一起表达，然后利用 Glutathione Sepharose 4B 作亲和纯化，再利用相应的蛋白水解酶切开。

（2）蛋白 A 融合载体 使要表达的蛋白质和蛋白 A 的 igG 结合部位融合在一起表达，用 igG Sepharose 纯化。

（3）组氨酸标记融合载体（Histidine – tagged） 最常用的标记之一，是在蛋白质的氨基端加上 6 ~ 10 个组氨酸，在一般或变性条件（如 8M 尿素）下借助 Chelating Sepharose 与 Ni^{2+} 螯合柱紧紧结合的能力，用咪唑洗脱，或将 pH 值降至 5.9 使组氨酸充分质子化，不再与 Ni^{2+} 结合而得以纯化。

（四）浓缩、干燥及保存

1. 样品的浓缩

生物大分子在制备过程中由于过柱纯化而使样品变得很稀，为了保存和鉴定的目的，往往需要进行浓缩。常用的浓缩方法有：

（1）减压加温蒸发浓缩 通过降低液面压力使液体沸点降低，减压的真空度愈高，液体沸点降得愈低，蒸发愈快，此法适用于一些不耐热的生物大分子的浓缩。

（2）空气流动蒸发浓缩 空气的流动可使液体加速蒸发，铺成薄层的溶液，表面不断通过空气流；或将生物大分子溶液装入透析袋内置于冷室，用电扇对准吹风，使透过膜外的溶剂不断蒸发，而达到浓缩目的，此法浓缩速度慢，不适于大量溶液的浓缩。

（3）冰冻法 生物大分子在低温结成冰，盐类及生物大分子不进入冰内而留在液相中。操作时先将待浓缩的溶液冷却使之变成固体，然后缓慢地融解，利用溶剂与溶质熔点临界点的差别而达到除去大部分溶剂的目的。如蛋白质和酶的盐溶液用此法浓缩时，不含蛋白质和酶的纯冰结晶浮于液面，蛋白质和酶则集中于下层溶液中，移去上层冰块，可得蛋白质和酶的浓缩液。

（4）吸收法 通过吸收剂直接吸收除去溶液中的溶液分子使之浓缩。所用的吸收剂必须与溶液不起化学反应，对生物大分子无吸附作用，易与溶液分开。常用的吸收剂有聚乙二醇、聚乙烯咯酮、蔗糖和凝胶等，使用聚乙二醇吸收剂时，先将生物大分子溶液装入半透膜的袋里，外加聚乙二醇覆盖置于 4℃ 下，袋内溶剂渗出即被聚乙二醇迅速吸去，聚乙二醇被水饱和后要更换直至达到所需要的浓缩程度。

（5）超滤法　超滤法是使用一种特别的薄膜对溶液中各种溶质分子进行选择性过滤的方法，让液体在一定压力下（氮气压或真空泵压）通过膜时，溶剂和小分子透过，大分子受阻保留，这是近年来发展起来的新方法，最适于生物大分子尤其是蛋白质和酶的浓缩或脱盐，并具有成本低、操作方便、条件温和、能较好地保待生物大分子的活性、回收率高等优点。应用超滤法的关键在于膜的选择，不同类型和规格的膜、水的流速、分子量截止值（即大体上能被膜保留分子的最小相对分子质量值）等参数均不同，必须根据实际需要来选用。另外，超滤装置形式、溶质成分及性质、溶液浓度等都对超滤的效果有一定影响。

用超滤膜制成空心的纤维管，将很多根这样的纤维管拢成一束，管的两端与低离子强度的缓冲液相连，使缓冲液不断地在管中流动。然后将这束纤维管浸入待透析的蛋白质溶液中，当缓冲液流过纤维管时，小分子很易透过膜而扩散，大分子则不能。这就是纤维过滤透析法，由于透析面积增大，因而使透析时间缩短了 10 倍。

2. 干燥

生物大分子制备得到的产品，为防止变质，易于保存，常需要干燥处理，最常用的方法是冷冻干燥和真空干燥。冷冻干燥适用于不耐高温，易于氧化物质的干燥和保存。在相同压力下，水蒸气压力随温度下降而下降，故在低温低压下，冰很易升华为气体。操作时一段先将待干燥的液体冷冻到冰点以下使之变成固体，然后在低温低压下将溶剂变成气体而除去。此法干供后的产品具有疏松、溶解度好、保持天然结构等优点，适用于各类生物大分子的烘干保存。

3. 贮存

生物大分子的稳定性与保存方法有很大的关系。干燥的制品一般比较稳定，在低温情况下其活性可在数日甚至数年无明显变化，贮藏要求简单，只要将干燥的样品置于干燥器内（内装有干燥剂）密封，保持 0~4℃贮藏于冰箱即可。液态贮藏时应注意以下几点：

（1）样品不能太稀，必须浓缩到一定浓度才能封装贮藏，样品太稀易使生物大分子变性。

（2）一般需加入防腐剂和稳定剂，常用的防腐剂有甲苯、苯甲酸、氯仿、百里酚等。蛋白质和酶常用的稳定剂有硫酸铵糊、蔗糖、甘油等，如酶也可加入底物和辅酶以提高其稳定性。此外，钙、锌、硼酸等溶液对某些酶也有一定保护作用。核酸大分子一般保存在氯化钠或柠檬酸钠的标准缓冲液中。

（3）贮藏温度要求低，大多数在 0℃ 左右的冰箱保存，有的则要求更低，应视不同物质而定。

二、电泳技术

1937 年瑞典科学家设计了世界上第一台电泳仪，并首次证明血清是由清蛋白、α_1-球蛋白、α_2-球蛋白、β-球蛋白和 γ-球蛋白组成，因此荣获 1948 年诺贝尔化学奖。20 世纪 40 年代以后相继出现了以滤纸、醋酸纤维素膜、淀粉、琼脂、聚丙烯酰胺凝胶作为支持介质的电泳，并在聚丙烯酰胺凝胶电泳的基础上，发展了 SDS - 聚丙烯酰胺凝胶电泳、等电聚焦电泳、双向电泳和印迹转移电泳等技术。1973 年建立了毛细管均一浓度和梯度浓度凝胶分析微量样品的毛细管电泳方法，为 DNA 片段、蛋白质及多肽等生物大分子的分离、回收提供了快速、有效的途径。

（一）电泳的概念

电泳（Electrophoresis）是指在直流电场中带电粒子（离子）在一定介质（溶剂）中向其所带电荷相反电极迁移。

（二）电泳分类

电泳技术按电泳的原理、支持介质、支持介质形状、用途和电压的不同划分为不同的类别。

按电泳的原理可分为区带电泳（Zone electrophoresis）、等速电泳（Isotachophoresia）和等电聚焦电泳（Isoeletric focusing electrophoresis）等。区带电泳是在一定的支持物上，在均一的载体电解质中，在电场作用下，样品中带正或负电荷的离子分别向负或正极以不同速度移动，分离成彼此隔开的区带。等速电泳是在样品中加有前导离子（其迁移率比所有被分离离子的大）和随后离子（其迁移率比所有被分离离子的小），样品加在前导离子和随后离子之间。在外电场作用下，各离子进行移动，经过一段时间电泳后，达到完全分离，被分离的各离子的区带按迁移率大小依序排列在前导离子与随后离子的区带之间。出于没有加入适当的支持电解质来载带电流，所得到的区带是相互连接的，且因"自身校正"效应，界面是清晰的，这是与区带电泳不同之处。等电聚焦电泳是将两性电解质加入盛有 pH 值梯度缓冲液的电泳槽中，当其处在低于其本身等电点的环境中，则带正电荷向负极移动；若其处在高于其本身等电点的环境中，则带负电向正极移动，当泳动到其自身特有的等电点时，其净电荷为零，泳动速度下降到零，只有不同等电点的物质最后聚焦在各自等电点位置，形成一个个清晰的区带。

按支持介质的不同可分为纸电泳（Paper electrophoresis）、醋酸维薄膜电泳（Cellulose acetate electrophoresis）、琼脂凝胶电泳（Agar gel electrophoresis）、聚丙烯酰胺凝胶电泳 Polyacrylamide gel electrophoresis，PAGE）和 SDS - 聚丙烯酰胺凝胶电泳（SDS - PAGE）等。其中琼脂凝胶电泳和聚丙烯酰胺凝胶电泳是 DNA 分离最常用的。

按支持介质形状不同可为薄层电泳、板电泳和柱电泳。

按用途不同可分为分析电泳、制备电泳、定员免疫电泳和连续制备电泳。

按所用电压不同可分为：①低压电泳：100～500V，电泳时间较长，适用于分离蛋白质等小物大分子；②高压电泳：1000～5000V，电泳时间短，有时只需几分钟，多用于氨基酸、多肽、核苷酸和糖类等小分子物质的分离。

（三）凝胶电泳

以琼脂糖凝胶、聚丙烯酰胺凝胶等作为支持介质的区带电泳法称为凝胶电泳。凝胶电泳是分离或纯化 DNA（或 RNA）的主要电泳技术，可用于 DNA 制备及浓度测定、目的 DNA 片段的分离、重组子的酶切鉴定等，根据分离的 DNA 大小及类型的不同，DNA 凝胶电泳主要分两类：一类为琼脂糖凝胶电泳，分离 DNA 的有效范围是 0.5～20kb。另一类为聚丙烯酰胺凝胶电泳，适合分离 1kb 以下的片段，最高分辨率可达 1bp。

1. 基本原理

核苷酸中的磷酸基团和碱基是带电基团，磷酸基团带负电荷，碱基带正电荷，在双链 DNA 中，碱基处于配对状态，其电荷被中和，所以 DNA 分子带负电荷，在电场中向正极迁移。磷酸基团的数目取决于核苷酸的数目，因此 DNA 分子带电量与核苷酸的数目成正比，在一定电场强度下，若无任何介质阻碍迁移，则大 DNA 分子比小 DNA 分子跑得快。在实际电泳中，由于使用了琼脂糖或聚丙烯酰胺等分子筛介质，对大分子 DNA 产生了较强的阻力，大分子 DNA 尽管有较高的带电量，但仍难以快速前进；而小分子 DNA 则容易穿越介质网孔，其带电量尽管相对较小，但仍能快速迁移到正极。因此，大 DNA 分子在琼脂糖或聚丙烯酰胺凝胶中迁移速度反而较慢，小分子迁移速度较快，从而分离出不同相对分子质量大小的核酸。

DNA 分子的高级结构也影响电泳迁移率。如碱法提取的质粒 DNA 中包含 12 种构象不同的 DNA——即开环、闭环和线性等，它们混杂在一起。虽然相对分子质量相同，但构象不同、导致电泳阻力不一样，在电泳中表现出多个条带；若用限制性内切酶消化所有构型的 DNA，则都表现出一致的线性分子，电泳中表现出唯一的条带。

通常浓度下的琼脂糖凝胶所能分辨的 DNA 大小在几万个碱基以下，若持续地改变电泳方向（脉冲式），DNA 分子则呈蛇形爬行。由于大分子 DNA 难以转换迁移方向，因而表现出较小的迁移距离，分子质量越大，转换方向越慢。因此，脉冲式电泳能够将不同大小的高分子 DNA 分离开来。

对于 RNA 或单链 DNA 而言，大部分碱基是游离的，但是在分子内有可能形成局部配对，因而中和了部分碱基的电荷。不同的单链 DNA 或 RNA 在个同的溶液内，其碱基的配对数目不同，导致影响电泳迁移速度的因素更为复杂，不能简单地依据单链 DNA 或 RNA 的大小推测其迁移情况。通常在缓冲液和凝胶中加入尿素或甲醛等核酸变性剂，使配对碱基充分打开，保持其完整的单链状态，使带电和分子形状无关，仅和分子大小有关，才能根据核酸分子大小分离单链 DNA 或 RNA。

分析单链 DNA 中的高级结构，可采用单链构象多态性分析方法（Single strand conformation polymorphism，SSCP）。变性后的单链 DNA 复性时，有可能形成各种茎－环构象。不同构象 DNA 在非变性聚内烯酰胺凝胶中表现出不同的迁移率，根据突变前后的电泳迁移变化可确定突变点对 DNA 构象的影响。

2. 电泳介质

（1）琼脂糖凝胶：琼脂糖是相对分子质量为 $10^4 \sim 10^5$ 的链状多糖聚合物，是由琼脂经过反复洗涤，除去含硫酸根的多糖之后制成的，将其加入一定的缓冲液中加热溶解，冷却凝固即形成凝胶。

常规电泳中使用普通的琼脂糖，其浓度与分离范围的关系见表 2－3。如需通过胶融化方法回收 DNA，则应采用低熔点琼脂糖。如凝胶回收的 DNA 需要纯化，宜使用高纯度 Seakem GTC 琼脂糖。

配制琼脂糖凝胶时可使用电泳缓冲液 TAE、TBE 等，通常使用 TAE，但长时间电泳，

TAE 容易失去缓冲能力，此时可选用缓冲能力强的 TBE。出于 TBE 对切胶回收的 DNA 会产生影响，因此切胶回收 DNA 的电泳不能使用 TBE。

（2）聚丙烯酰胺凝胶：聚丙烯酰胺凝胶是一种酰胺多聚物，侧链上具有不活泼的酰胺基，没有带电的其他离子基，所以电泳时几乎无电渗作用，不易和样品相互作用。另外，聚丙烯酰胺凝胶只有较高的黏度，能防止对流、减低扩散。聚丙烯酰胺凝胶具有三维空间网状结构，某分子通过这种网孔的能力将取决于凝胶孔隙和分离物质粒子的大小和形状。

由于聚丙烯酰胺凝胶孔径比琼脂糖凝胶小，尤其适合于分离 1kb 以下的小分子质量的 DNA（表 5 – 2）。

表 5 – 2　聚丙烯酰胺凝胶浓度和 DNA 分子的有效分离范围

凝胶浓度（体积分数）/%	线性 DNA 分子大小/bp	凝胶浓度（体积分数）/%	线性 DNA 分子大小/bp
3.5	100～2000	12.0	40～200
5.0	80～500	20.0	5～100
8.0	60～400		

3. 影响电泳分离效果的因素

不同带电粒子在同一电场中迁移的速度不同，常用迁移率来表示。迁移率是指带电粒子在单位电场强度下迁移的速度。在确定的条件下，某物质的迁移率为常数。迁移率与分子的形状、介质黏度、粒子所带电荷有关，迁移率与粒子表面电荷成正比，与介质黏度成反比。一般说来，粒子所带净电荷越多，直径越小而接近于球形，则在电场中迁移速度越快，反之迁移速度慢。

迁移率除了受被分离物本身性质影响外，还与其他外界因素有关。影响电泳速度的外界因素主要有：

（1）电场强度：是指单位长度（每1cm）支持介质上的电压，它对迁移速度起着十分重要的作用。如以琼脂糖作支持介质，两极间的距离为 20cm，电压为 200V，那么电场强度为 200V/20cm＝10V/cm。电场强度越大，带电粒子的迁移率越大，如果电压过高，电流也随之增大，应配备冷却装置以维持恒温。常压电泳多用于分离 DNA、蛋白质等大分子物质，高压电泳则主要用于分离氨基酸、小肽、核苷酸等小分子物质。

（2）溶液的 pH 值：溶液的 pH 值决定被分离物质的解离程度、粒子带电性质及所带静电荷的多少。例如蛋白质分子，它是既有酸性基团（—COOH）又有碱性基因（—NH₂）的两性电解质，在某一 pH 值溶液中所带正负电荷相等，即分子的净电荷等于零，此时，蛋白质在电场中不移动，溶液的 pH 值为该蛋白质的等电点（Isoelctric point，pI）。若溶液的 pH < pI，则蛋白质带正电荷，在电场中向负极移动；若溶液 pH > pI，则蛋白质带负电荷，向正极移动。溶液的 pH 值与 pI 值差值越大，粒子所带净电荷越多，电泳迁移率越大，反之则越小。因此，当要分离一种蛋白质混合物时，应选择一个能扩大各种蛋白质所带电荷量差异的 pH 值，以利于各种蛋白质分子的解离。同时，为保持电泳过程中溶液pH 值恒定，必须采用缓冲液作为电极缓冲液。

（3）溶液的离子强度：电泳液中离子强度的增加会引起粒子迁移率降低，其原因是带电的粒子会吸引相反符号的离子聚焦在其周围，形成一个与运动粒子符号相反的离子氛（Ionic atmosphere）。离子氛不仅降低粒子的带电量，同时增加粒子迁移的阻力，甚至使其不能迁移。然而离子强度过低，会降低缓冲液的总浓度及缓冲容量，不易维持溶液的 pH 值，影响粒子的带电量，改变迁移速度。离子的这种效应与其浓度和带电价数相关。

（4）电渗：液体在电场中对于一个固体支持介质的相对移动，称为电渗（Electoosmosis）。由于支持介质表面可能会存在一些带电基团，如琼脂可能会含有一些硫酸基，电离后会使支持介质表面带电，吸附一些带相反电荷的离子，在电场的作用下向电极方向移动，形成介质表面溶液的流动，这种现象就是电渗。如果电渗方向与待分离分子电泳方向相同，则加快电泳速度；如果相反，则降低电泳速度。

（5）温度的影响：电泳过程中由于通电产生焦耳热，热对电泳有很大的影响。温度升高时，介质黏度下降，分子运动加剧，自由扩散变快，迁移率增加。温度每升高 1℃，迁移率约增加 24%。为降低热效应对电泳的影响，可控制电压或电流，或在电泳系统中安装冷却散热装置。

（6）支持介质的影响：对支持介质的基本要求是均匀和吸附力小，否则电场强度不均匀，影响分离。对于凝胶类支持介质，其筛孔大小对被分离生物大分子的电场迁移速度有明显的影响。通常在筛孔大的介质中迁移速度快，反之，则迁移速度慢。

4. 琼脂糖凝胶电泳法回收 DNA

用琼脂糖凝胶电泳法回收 DNA 片段，主要是根据混合 DNA 样品中各 DNA 片段在凝胶中的电泳迁移率不同来电泳分离样品，再经过割胶回收、纯化等步骤来获得目标 DNA。目前最常用的是柱回收试剂盒法，柱回收试剂盒法是将回收和纯化合并进行，回收率一般在 30%～70%。

三、萃取技术

（一）基本概念及分类

萃取技术是利用溶质在互不相溶的两相之间分配系数的不同而使溶质得到纯化或浓缩的技术，是工业生产中常用的分离、提取的方法之一。萃取技术根据参与溶质分配的两相不同而分成液 – 固萃取和液 – 液萃取两大类。萃取技术也可以根据萃取原理的不同分成物理萃取、化学萃取、双水相萃取和超临界流体萃取等。每种萃取方法各有特点，适用于不同种类的生物产物的分离纯化。

用溶剂从固体中提物质叫液 – 固萃取，也称为浸取，多用于提取存在于细胞内的有效成分。例如，在抗生素生产中，用乙醇从箔丝体中提取庐山霉素、曲古霉素；用丙酮从菌丝体内提取灰黄霉素等。液 – 固萃取的方法比较简单，也不需要结构复杂的设备，但在多数情况下生物活性物质大量存在于胞外的培养液，需用其他的萃取方法如液 – 液萃取法进行处理。

（二）萃取技术的实际应用

用溶剂从溶液中抽提物质叫液 – 液萃取，也称溶剂萃取。根据所用萃取剂性质、获取机制的不同，液 – 液萃取可分成多种类型。经典的液 – 液萃取指的是有机溶剂萃取，在生物产物中可用于有机酸、氨基酸、维生素等生物小分子的分离和纯化。在此基础上，20 世纪 60 年代以来相继出现了液膜萃取和反胶团萃取等溶剂萃取新技术。20 世纪 70 年代以后，双水相萃取技术快速发展，为蛋白质特别是胞内蛋白质的提取纯化提供了有效的手段。此外，20 世纪 70 年代后期，利用超临界流体为萃取剂的超临界流体萃取法开始用于生物活性成分的精制分离。在生物制药中的纤维素的水解、细胞破碎、药物成分的分离纯化和超纲颗粒的制备等方面显现出良好的应用前景。随着各种萃取新技术出现，液－液萃取技术不断地向广度与深度发展。萃取技术更趋全面，适用于各种生物产物的分离纯化。

（三）萃取技术的操作特点

从发酵液或其他生物反应溶液中提取和分离生物产物时，萃取技术和其他分离技术相比有如下的持点：①萃取过程具有选择性；②能与其他需要的纯化步骤（如结晶、蒸馏）相配合；③通过转移到不同物理或化学特性的第二相中来减少由于降解（水解）引起的产品损失；④可从潜伏的降解过程中（如代谢或微生物过程）分离产物；⑤适用于各种不同的规模；⑥传质速度快，生产周期短，便于连续操作，容易实现计算机控制。

尽管萃取分离技术有上述的特点，但萃取技术应用于生物活性成分的分离和纯化时，由于生物发酵产物成分复杂，在实际应用时还要考虑下述的问题：①生物系统的错综复杂和多组分的特性。萃取过程既要考虑组分种类的复杂性又要考虑相的复杂性，固体的影响是生物产物萃取过程的一个特色。②产物的不稳定性。目标产物可能由于代谢或微生物的作用而不稳定，或者可能在实现有效萃取时，因化学作用而不稳定。③传质速率。质量传递受可溶的和不溶的表面活性成分影响，一般这些物质被认为是不利于质量传递过程的。④相分离性能。在萃取过程中，不溶性固体和可溶性表面活性组分的存在，对相分离速率产生重大的不良影响。

对于液体混合物的分离，除可采用蒸馏的方法外，还可采用萃取的方法，即在液体混合物（原料液）中加入一种与其基本不相混溶的液体作为溶剂，构成第二相，利用原料液中各组分在两个液相中的溶解度不同而使原料液混合物得以分离。选用的溶剂称为萃取剂，以 S 表示；原料液中容易溶于 S 的组分，称为溶质，以 A 表示；难溶于 S 的组分称为原溶剂（或稀释剂），以 B 表示。

四、色谱技术

按分离原理色谱可分为吸附色谱、分配色谱、离子交换色谱和阻排色谱等。按操作条件，色谱又可分为柱色谱、薄层色谱、纸色谱、气相色谱和高压液相色谱等。

（一）柱色谱

1. 原理

柱色谱一般有吸附色谱和分配色谱两种。实验室中最常用的是吸附色谱，其原理是利用混合物中各组分在不相混溶的两相（即流动相和固定相）中吸附和解吸的能力不同，也可以说在两相中的分配不同，当混合物随流动相流过固定相时，发生了反复多次的吸附和解吸过程，从而使混合物分离成两种或多种单一的纯组分。

为了进一步理解色谱原理，这里对柱色谱的分离过程作一简单介绍。

常用的吸附剂有氧化铝、硅胶等。将已溶解的样品加入到已装好的色谱柱中，然后，用洗脱剂（流动相）进行淋洗。样品中各组分在吸附剂（固定相）上的吸附能力不同，一般来说，极性大的吸附能力强，极性小的吸附能力相对弱一些。当用洗脱剂淋洗时，各组分在洗脱剂中的溶解度也不一样，因此，被解吸的能力也就不同。根据"相似相溶"原理，极性化合物易溶于极性洗脱剂中，非极性化合物易溶于非极性洗脱剂中。一般是先用非极性洗脱剂进行淋洗。在样品加入后，无论是极性组分还是非极性组分均被固定相吸附（其作用力为范德华力），在加入洗脱剂后，非极性组分由于在固定相（吸附剂）中吸附能力弱，而在流动相（洗脱剂）中溶解度大，首先被解吸出来，被解吸出来的非极性组分随着流动相向下移动与新的吸附剂接触再次被固定相吸附。随着洗脱剂向下流动，被吸附的非极性组分再次与新的洗脱剂接触，并再次被解吸出来随着流动相向下流动。而极性组分由于吸附能力强，且在洗脱剂中溶解度又小，因此不易被解吸出来，随流动相移动的速度比非极性组分要慢得多（或根本不移动）。这样经过一定次数的吸附和解吸后，各组分在色谱柱中形成了一段一段的色带，随着洗脱过程的进行从柱底端流出。每一段色带代表一个组分，分别收集不同的色带，再将洗脱剂蒸发，就可以获得单一的纯净物质。

2. 吸附剂

选择合适的吸附剂作为固定相对于柱色谱来说是非常重要的。常用的吸附剂有硅胶、氧化铝、氧化镁、碳酸钙和活性炭等。实验室一般使用氧化铝或硅胶，在这两种吸附剂中氧化铝的极性更大一些，它是一种高活性和强吸附的极性物质。通常市售的氧化铝分为中性、酸性和碱性三种。酸性氧化铝适用于分离酸性有机物质；碱性氧化铝适用于分离碱性有机物质如生物碱和烃类化合物；中性氧化铝应用最为广泛，适用于中性物质的分离，如醛、酯、酮等类有机物质。市售的硅胶略带酸性。

由于样品被吸附到吸附剂表面上，因此颗粒大小均匀、比表面积大的吸附剂分离效率最佳。比表面积越大，组分在流动相和固定相之间达到平衡就越快，色带就越窄。通常使用的吸附剂颗粒大小以 100 目至 150 目为宜。

吸附剂的活性取决于吸附剂的含水质量分数，含水质量分数越高，活性越低，吸附剂的吸附能力越弱；反之则吸附能力强。吸附剂的含水质量分数和活性等级关系如表 5 - 3 所示。

表 5 - 3　吸附剂的含水量和活性等级关系

活性等级	I	II	III	IV	V
氧化铝含水质量分数	0	3%	6%	10%	15%
硅胶含水质量分数	0	5%	15%	25%	38%

注：一级常用的是 II 和 III 级吸附剂，I 级吸附性太强，而且易吸水，IV 级吸附性太弱。

3. 洗脱剂

在柱色谱分离中，洗脱剂的选择也是一个重要的因素。一般洗脱剂的选择是通过薄层色谱实验来确定的。具体方法：先用少量溶解（或提取出来）好的样品，在已制备好的薄层板上点样，用少量展开剂展开，观察各组分点在薄层板上的位置，并计算 R_f 值。哪种展开剂能将样品中各组分完全分开，即可作为柱色谱的洗脱剂。有时，单纯一种展开剂达不到所要求的分离效果，可考虑选用混合展开剂。

选择洗脱剂的另一个原则是：洗脱剂的极性不能大于样品中各组分的极性。否则会由于洗脱剂在固定相上被吸附，迫使样品一直保留在流动相中。在这种情况下，组分在柱中移动得非常快，很少有机会建立起分离所要达到的化学平衡，影响分离效果。

另外，所选择的洗脱剂必须能够将样品中各组分溶解，但不能同组分竞争与固定相的吸附。如果被分离的样品不溶于洗脱剂，那么各组分可能会牢固地吸附在固定相上，而不随流动相移动或移动很慢。

不同的洗脱剂使给定的样品沿着固定相的相对移动能力，称为洗脱能力。一般来说，在反相色谱中，洗脱能力按图 5 - 3 所示顺序排列，在正向色谱中的洗脱能力刚好与之相反。

4. 柱色谱装置

色谱柱是一根带有下旋塞或无下旋塞的玻璃管，如图 5 - 4 所示。一般来说，吸附剂的质量应是待分离物质质量的 25 ~ 30 倍，所用柱的高度和直径比应为 8:1。

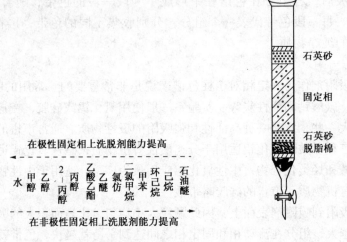

图 5 - 3　洗脱剂洗脱能力排序　　　　图 5 - 4　柱色谱装置图

表 5 - 4 给出了样品质量、吸附剂质量、柱高和直径之间的关系，实验者可根据实际情况参照选择。

表 5 - 4　样品质量、吸附剂质量、柱高和直径之间的关系

样品质量/g	吸附剂质量/g	色谱柱直径/cm	色谱柱高度/cm
0. 01	0. 3	3. 5	30
0. 10	3. 0	7. 5	60
1. 00	30. 0	16. 0	130
10. 00	300. 0	35. 0	280

5. 操作方法

（1）装柱。装柱前应先将色谱柱洗干净，进行干燥。在柱底铺一小块脱脂棉，再铺约 0. 5cm 加厚的石英砂，然后进行装柱。装柱分为湿法装柱和干法装柱两种，下面分别加以介绍。

① 湿法装柱。将吸附剂(氧化铝或硅胶)用洗脱剂中极性最低的洗脱剂调成糊状，在柱内先加入约 3/4 柱高的洗脱剂，再将调好的吸附剂边震动边倒入柱中，同时，打开下旋活塞，在色谱柱下面放一个干净并且干燥的锥形瓶或烧杯，接收洗脱剂。当装入的吸附剂有一定高度时，洗脱剂下流速度变慢，待所用吸附剂全部装完后，用流下来的洗脱剂转移残留的吸附剂，并将柱内壁残留的吸附剂淋洗下来。在此过程中，应不断震动色谱柱，以

使色谱柱填充均匀并没有气泡。柱子填充完后，在吸附剂上端覆盖一层约 0.5cm 厚的石英砂。覆盖石英砂的目的是：①使样品均匀地流入吸附剂表面；②当加入洗脱剂时，它可以防止吸附剂表面被破坏。在整个装柱过程中，柱内洗脱剂的高度始终不能低于吸附剂最上端，否则柱内会出现裂痕和气泡。

②干法装柱。在色谱柱上端放一个干燥的漏斗，将吸附剂倒入漏斗中，使其成为一条细流连续不断地装入柱中，并轻轻敲打色谱柱柱身，使其填充均匀，再加入洗脱剂湿润。也可以先加入 3/4 的洗脱剂，然后再倒入余下的吸附剂。由于硅胶和氧化铝的溶剂化作用易使柱内形成缝隙，因此这两种吸附剂不宜使用干法装柱。

（2）样品的加入及色谱带的展开。液体样品可以直接加入到色谱柱中，如浓度低可浓缩后再进行分离。固体样品应先用最少量的溶剂溶解后再加入到柱中。在加入样品时，应先将柱内洗脱剂排至稍低于石英砂表面后停止排液，用滴管沿柱内空隙把样品一次加完。在加入样品时，应注意滴管尽量向下靠近石英砂表面。样品加完后，打开下旋活塞，使液体样品进入石英砂层后，再加入少量的洗脱剂将壁上的样品洗下来，待这部分液体进入石英砂层后，再加入洗脱剂进行淋洗，直至所有色带被展开。

色谱带的展开过程也就是样品的分离过程。在此过程中应注意：

①洗脱剂应连续平稳地加入，不能中断。样品量少时，可用滴管加入。样品量大时，用滴液漏斗作储存洗脱剂的容器，控制好滴加速度，可得到更好的效果。

②在洗脱过程中，应先使用极性最小的洗脱剂淋洗，然后逐渐加大洗脱剂的极性。使洗脱剂的极性在柱中形成梯度，以形成不同的色带环。也可以分步进行淋洗，即将极性小的组分分离出来后，再改变极性分出极性较大的组分。

③在洗脱过程中，样品在柱内的下移速度不能太快，但是也不能太慢，因为吸附表面活性较大，时间太长会造成某些成分被破坏，使色谱扩散，影响分离效果。通常流出速度为每分钟 5~10 滴，若洗脱剂下移速度太慢，可适当加压或用水泵减压。

④当色谱带出现拖尾时，可适当提高洗脱剂极性。

（3）样品中各组分的收集。当样品中各组分带有颜色时，可根据不同的色带用锥形瓶分别进行收集，然后分别将洗脱剂蒸除得到纯组分。但是大多数有机物质是无色的，可采用等分收集的方法，即将收集瓶编号，根据使用吸附剂的量和样品分离情况来进行收集，一般用 50g 吸附剂，每份洗脱剂的收集体积约为 50mL。如果洗脱剂的极性增加或样品中组分的结构相近时，每份收集量应适当减小。将每份收集液浓缩后，以残留在烧瓶中物质的质量为纵坐标，收集瓶的编号为横坐标绘制曲线图，来确定样品中的组分数。还可以在吸附剂中加入磷光体指示剂用紫外线照射来确定。一般用薄层色谱进行监控是最为有效的方法。

（二）薄层色谱

1. 原理

薄层色谱（Thin layer chromatography）简称 TLC，它是另外一种固－液吸附色谱的形式，与柱色谱原理和分离过程相似，吸附剂的性质和洗脱剂的相对洗脱能力，在柱色谱中适用的同样适用于 TLC。与柱色谱不同的是，TLC 中的流动相沿着薄板上的吸附剂向上移动而柱色谱中的流动相则沿着吸附剂向下移动。另外，薄层色谱最大的优点是需要的样品量少，展开速度快，分离效率高。TLC 常用于有机化合物的鉴定与分离，如通过与已知结

197

构的化合物相比较，可鉴定有机混合物的组成。在有机合成反应中可以利用薄层色谱对反应进行监控。在柱色谱分离中，经常利用薄层色谱来确定其分离条件和监控分离的进程。

薄层色谱不仅可以分离少量样品（几微克），而且也可以分离较大量的样品（可达500mg），特别适用于挥发性较低，或在高温下易发生变化而不能用气相色谱进行分离的化合物。

在 TLC 中所用的吸附剂颗粒比柱色谱中用的要小得多。当颗粒太大时，表面积小，吸附量少，样品随展开剂移动速度快，斑点扩散较大，分离效果不好；当颗粒太小时，样品随展开剂移动速度慢，斑点不集中，效果也不好。

薄层层析所用的硅胶情况是：硅胶 H 不含熟合剂；硅胶 G（Gypsum 的缩写）含黏合剂（假石膏）；硅胶 GF254 含有融合剂和荧光剂，可在波长 254nm 紫外光下发出荧光；硅胶 HF254 只含荧光剂。同样，氧化铝也分为氧化铝 G、氧化铝 GF254 及氧化铝 HF254。氧化铝的极性比硅胶大，多用于分离极性小的化合物。

黏合剂除石膏外，还可用淀粉、聚乙烯醋和羧甲基纤维素钠（CMC）。使用时，一般配成百分之几的水溶液。如羧甲基纤维素钠的质量分数一般为 1% ~ 0.5%，最好是0.7%。淀粉的质量分数为 5%。加黏合剂的薄板称为硬板，不加黏合剂的薄板称为软板。

2. 操作方法

（1）薄层板的制备。薄板的制备方法有两种，一种是干法制板，另一种是湿法制板。干法制板常用氧化铝作吸附剂，将氧化铝倒在玻璃上，取直径均匀的一根玻璃棒，将两端用胶布缠好，在玻璃板上按压，把吸附剂均匀地铺在玻璃板上。这种方法操作简便，展开快，但是样品展开点易扩散，制成的薄板不易保存。

实验室最常用的是湿法制板。取 2g 硅胶 G，加入 5 ~7mL 0.7% 的羧甲基纤维素钠水溶液，调成糊状。将糊状硅胶均匀地倒在三块载玻片上，先用玻璃棒铺平，然后用手轻轻震动至平。大量铺板或铺板较大时，也可使用涂布器。

（2）薄层板的活化。薄层板经过自然干燥后，再放入烘箱中活化，进一步除去水分。不同的吸附剂及配方，需要不同的活化条件。例如：硅胶一般在烘箱中逐渐升温，在105 ~110℃下，加热 30min，氧化铝在 200 ~220℃下烘干 4h 可得到活性为Ⅱ级的薄层板，在 150 ~160℃下烘干 4h 可得到活性为Ⅲ ~ Ⅳ级的薄层板。当分离某些易吸附的化合物时，可不用活化。

（3）点样。将样品用易挥发溶剂配成 1% ~5% 的溶液。在距薄层板的一端 10mm 处，用铅笔轻轻地画一条横线作为点样时的起点线，在距薄层板的另一端 5mm 处，再画一条横线作为展开剂向上爬行的终点线（划线时不能将薄层扳表面破坏）。

用内径小于 1mm 干净并且干燥的毛细管吸取少量的样品，轻轻触及薄层板的起点线（即点样），然后立即抬起，持溶剂挥发后，再重复进行，这样点 3 ~5 次即可，如果样品浓度低可多点几次。在点样时应做到"少量多次"，即每次点的样品量要少一些，点的次数可多一些，这样可以保证样品点既有足够的浓度点又小。点好样品的薄层板待溶剂挥发后再放入展开缸中进行展开。

（4）展开。在此过程中，选择合适的展开剂是至关重要的。一般展开剂的选择与柱色谱中洗脱剂的选择类似，即极性化合物选择极性展开剂，非极性化合物选择非极性展开剂。当一种展开剂不能将样品分离时，可选用混合展开剂。

（5）比移值 R_f 的计算。某种化合物在薄层板上上升的高度与展开剂上升高度的比值称为该化合物的比移，常用 R_f 来表示：

$$R_f = \frac{\text{样品中某组分移动离开原点的距离}}{\text{展开剂前沿距原点中心的距离}}$$

对于一种化合物，当展开条件相同时，R_f 值是一个常数。因此，可用 R_f 作为定性分析的依据。但是，由于影响 R_f 值的因素较多，如展开剂、吸附剂、薄层板的厚度、温度等均能影响 R_f 值，因此同一化合物的 R_f 值与文献值会相差很大。在实验中常采用的方法是，在一块板上同时点一个已知物和一个未知物，进行展开，通过计算 R_f 值来确定是否为同一化合物。

（6）显色。样品展开后，如果本身带有颜色，可直接看到斑点的位置。但是，大多数有机化合物是无色的，因此，就存在显色的问题。

（三）气相色谱

气相色谱（Gas chromatography，简称 GC）。气相色谱的目前发展极为迅速，已成为许多工业部门（如石油、化工、环保等部门）必不可少的工具。气相色谱主要用于分离和鉴定气体和挥发性较强的液体混合物，对于沸点高、难挥发的物质可用高压液相色谱进行分离鉴定。气相色谱常分为气 – 液色谱（DLC）和气 – 固色谱（GSC），前者属于分配色谱，后者属于吸附色谱。本章主要介绍气 – 液色谱法。

1. 原理

气相色谱中的气 – 液色谱法属于分配色谱，其原理与纸色谱类似，都是利用混合物中各组分在固定相与流动相之间分配情况不同，从而达到分离的目的。所不同的是气 – 液色谱中的流动相是载体，固定相是吸附在载体或担体上的液体。担体是一种具有热稳定性和惰性的材料，常用的担体有硅藻土、聚四氟乙烯等，担体本身没有吸附能力，对分离不起什么作用，只是用来支撑固定相，使其停留在柱内。分离时，先将含有固定相的担体装入色谱柱中。色谱柱通常是一根弯成螺旋状的不锈钢管，内径约为 3mm，长度由 1m 到 10m 不等。当配成一定浓度的溶液样品，用微量注射器注入汽化室后，样品在汽化室中受热迅速汽化，随载体（流动相）进入色谱柱中，由于样品中各个组分的极性和挥发性不同，汽化后的样品在柱中固定相和流动相之间不断地发生分配平衡。

挥发性较高的组分由于在流动相中溶解度大，因此随流动相迁移快，而挥发性较低的组分在固定相中溶解度大于在流动相中的溶解度，因此，随流动相迁移慢。这样，易挥发的组分先随流动相流出色谱柱，进入检测器鉴定，而难挥发的组分随流动相移动慢，后进入检测器，从而达到分离的目的。

2. 气相色谱仪及色谱分析

气相色谱仪由汽化室、进样器、色谱柱、检测器、记录仪、收集器组成，如图 5 – 5 所示。

通常使用的检测器有热导检测器和氢火焰、离子化检测器。热导检测器是将两根材料相同、长度一样且电阻值相等的热敏电阻丝作为惠斯通（Wheat stone）电桥的两臂，利用含有样品气的载气与纯载气热导率不同，引起热敏丝的电阻值发生变化，使电桥电路不平衡，产生信号。将此信号放大并记录下来就得到一条检测器电流对时间的变化曲线，通过记录仪画在纸上便得到了一张色谱图。

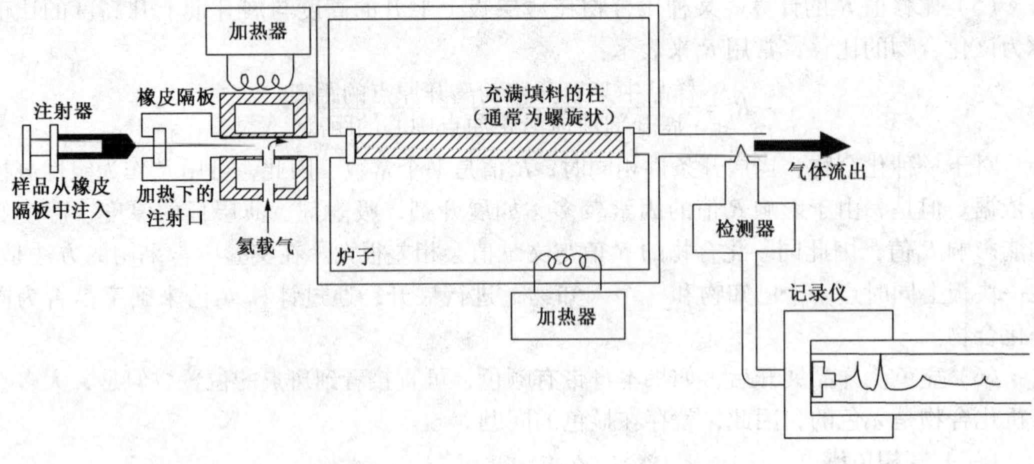

图 5 – 5　气相色谱仪示意图

五、二维电泳技术(2 – DE 技术)

2 – DE 出现在 1975 年，是一项广泛应用于分离细胞、组织或其他生物样品中蛋白质混合物的技术。双相凝胶电泳是蛋白质组研究中的首选分离技术，可以对样品中复杂的蛋白质进行整体性的分离。它根据蛋白质的不同特点分两相分离蛋白质。第一相是等电聚焦(IEF)电泳，根据蛋白质等电点的不同进行分离。第二相是 SDS – 聚丙烯酰胺凝胶电泳(SDS – PAGE)，按分子量的不同用 SDS – PAGE 分离，把复杂蛋白混合物中的蛋白质在二维平面上分开。此相是在包含 SDS 的聚丙烯酰胺凝胶中进行。

经过 2 – DE 以后，二维平面上每一个点一般代表一种蛋白质，这样成千种不同的蛋白质即可被分离，有关蛋白质的等电点、相对分子质量及每种蛋白质的数量信息也可以得到。

蛋白质组学分析对 2 – DE 后的染色技术要求很高，除了标准的敏感性要求外，还要求染色技术的线性和均一性。目前有多种染色方法，如考马斯亮蓝染色、银染色及荧光染色等。银染比考马斯亮蓝染色灵敏度高，已有学者对这两种方法进行了比较。但是银染的线性效果并不是很好，并且对质谱分析干扰大。考马斯亮蓝染色线性、均一性较高，对质谱干扰较小，但其敏感性较低。较理想的是荧光染色，Rabilloud 等比较了两种荧光剂 RuBps 和 Sypro Ruby 的效果，发现其敏感性、线性都很好，对质谱干扰小，但其成本较高。实验时，可以根据不同的目的选用不同的方法。2 – DE 分离的蛋白质组成分通过染色、荧光显影后，经扫描或摄影等转换为以像素为基础、具有不同灰度强弱和一定边界方向的斑点的电脑信号，可用 2DE 图像分析软件包 PDQuest、Phoretix 和 Image Master 对一系列具有低背景染色和高度重复性的 2 – DE 凝胶进行图像分析，其一般过程是图像采集、斑点检测、背景消减、图像内及图像间的比较，另外还可以进行相似性、聚类和等级分类等统计分析，以检测生理或病理状态下其蛋白质斑点的上调、下调或出现、消失。

2 – DE 是目前唯一的一种能溶解大量蛋白质并进行定量的方法，具有高通量、重复性好、敏感性较高等优点。它能同时分离和定量数千种甚至上万种蛋白。它的分辨率极高，等电聚焦相可以区分 pI 相差 0.1 的蛋白质，SDS – PAGE 相可以区分相对分子质量相差 1000 的蛋白质。其缺点是由于蛋白表达水平的差异较大，一些低丰度的蛋白不易检测。另外某些基因的表达产物在 2D 胶中呈多点或不同基因的表达产物共点，使 2D 胶数据的比较、定量更加复杂。2 - DE 分离的蛋白数量受诸多因素影响，疏水性的膜蛋白（往往是药物设计最好的靶点）很难用此法分离，同时染色技术的灵敏度和线性范围不足以呈现所有分离的蛋白质。目前，人们采用多种方法来减少这些缺点，如通过增加上样量分离低丰度蛋白，应用窄范围固定 pH 值梯度胶条、蛋白层析等技术提高分离的蛋白数目，应用荧光染色提高检测灵敏度等。

六、质谱技术

蛋白质组分通过双相电泳等分离技术分离后，必须通过适当技术鉴定，才能知道蛋白质组分的性质、结构和功能及其各蛋白质间的相互作用关系，从而最终实现蛋白质组表达模式和功能模式的研究，其表达模式的鉴定技术主要有以质谱为核心的技术、蛋白质微测序和氨基酸组成分析等。它需三个步骤，首先通过离子化装置将分子转化为气态离子，接着通过质谱分析器按照质荷比（m/z）的不同进行分离，最后转化到离子检测装置。20 世纪 80 年代后期，同期出现了基质辅助激光解析电离飞行时间质谱和电喷雾质谱，打开了有机质谱分析研究生物大分子的新领域，并很快发展为能在所有层次上分析研究蛋白质和其他生物分子的生物质谱学。用来分析蛋白质和肽的样品离子化技术主要包括基质辅助激光解吸收离子化质谱（MALDI）和电子喷射离子化质谱（ESI）。MALDI 通常与飞行时间质谱 TOF 相结合，TOF 主要用来测量分析物飞过固定的路径所需的时间。另一种鉴别蛋白质的方法是串联质谱（MS/MS）。在这种情况下，经质谱分析的肽段进一步断裂并再次进行质谱分析，这样可得到肽序列的部分信息。

质谱技术能清楚地鉴定蛋白质并能准确地测量肽和蛋白质的相对分子质量、氨基酸序列及翻译后的修饰。质谱技术很灵活，能与多种蛋白分离、捕获技术联用，对普通的缓冲液成分相对耐受，能快速鉴定大量蛋白质点，而且很灵敏，在一些情况下，仅需 10 ~ 15fmol 的蛋白，这在只能得到极少量样品的情况下是很有用的。在实际工作中可将几种技术结合应用，如串联质谱与 Edeman 微测序技术相结合、MALDI 质谱与纳米电子喷射质谱相结合，这些技术相互互补，为分析 2 - DE 所分离的大量蛋白质提供了有效的手段。

七、层析技术

层析技术，它是利用混合物中各组分的物理性质的差别（溶解度、吸附能力、分子大小和形状、分子极性等），使各组分在两个相中的分布不同，从而使各组分以不同速度随流动相向前移动而达到被此分离的目的。层析系统一般由互不相溶的两相组成，一个是固定相，另一个是流动相。固定相是层析的一个基质，它可以是固定物质（如吸附剂、凝胶、离子交换剂等），也可以是液体物质（如固定在硅胶或纤维素上的溶液）。流动相是在层析过程中，推动固定相上待分离的物质朝着一个方向移动的液体、气体等。

层析技术最大的特点是分离效率高，它能分离各种性质相类似的物质。不仅可用于少量物质的分析鉴定，又可用于大量物质的分离、纯化和制备。因此它是目前广泛应用于物质的分离纯化、分析鉴定最常用的方法之一。

1941 年 Martin 和 Synge 根据氨基酸在水与氯仿两相中的分配系数不同建立了分配层析分离技术，同时提出了液 – 液分配层析的塔板理论，为各种层析法建立了牢固的理论基础。目前，塔板理论已被广泛地用来阐明各种层析法的分离机理。它是基于混合物中各组分的物理性质不同，当这些物质处于互相接触的两相之中时，不同物质在两相中的分布不同从而得到分离。

（一）基本原理

1. 分配平衡

在层析分离过程中，溶质既进入固定相，又进入流动相，这个过程称为分配过程，不论层析机理属于哪一类，都存在分配平衡。分配进行的程度，可用分配系数 K 表示。

$$K = \frac{溶质在固定相中的浓度}{溶质在流动相中的浓度} = \frac{C_S}{C_M}$$

不同的层析，K 的含义不同。在吸附层析中，K 为吸附平衡常数；在分配层析中，K 为分配系数；在离子交换层析中，K 为交换常数；在亲和层析中，K 为亲和常数。K 值大表示物质在柱中被固定相吸附较牢，在固定相中停留的时间长，随流动相迁移的速度慢，较晚出现在洗脱液中。相反，K 值小，溶质出现在洗脱液中较早。因此，混合物个各组分的 K 值相差越大，则各物质分离越完全。

2. 塔板理论

层析分离的效果，与层析柱分离效能（柱效）有关。Martin 和 Synge 认为，层析分离的基本原理是分配原理，与分馏塔分离挥发性混合物的原理相仿，因此采用"塔板理沦"解释层析分离的原理。每个塔板的间隔内，混合物在流动相和固定相中达到平衡，相当于一个分液漏斗。经多次平衡后相当于一系列分液漏斗的液 – 液萃取过程。Martin 等把一根层析往看成许多塔板。当流动相 A 与固定相接触时、两种溶质按各自的分配系数 K 进行分配。假设甲物质的 $K = 9$，乙物质的 $K = 1$，则溶质甲有 1/10 进入流动相，溶质乙有 9/10 进入流动相，流动相继续往下移动。A 代表溶解的溶质与没有溶质的固定相第二段相接触，固定相第一段则又接触没有溶质的流动相 B，溶质又继续在两相中进行分配。若溶质在两相中反复分配数次，则该物质可因分配系数不同而被分离。

（二）层析的分类

1. 根据分离的原理不同道厅分类

（1）吸附层析：用吸附剂为支持物的层析称为吸附层析。一种吸附剂对不同物质有不同的吸附能力。于是，在洗脱过程中不同物质在柱上迁移的速度也不同，以至最后被完全分离。

（2）分配层析：是根据在一个有两相同时存在的溶剂系统中，不同物质的分配系数不同而设计的一种层析方法。前面提及的 Martin 等人的实验即是一个典型的分配层析实验、该实验中支持物是硅胶，固定相是水，流动相是氯仿。由于不同的氨基酸在水 – 氯仿溶剂系统中的分配系数不同，在洗脱过程中，不同的氨基酸在分配层析柱中迁移的速度也不同，最后达到分离的效果。

（3）离子交换层析：它的支持物或固定相是一种离子交换剂，离子交换剂上含有许多解可离的基团。离子交换剂所含的可解离基团解离后，留在母体上的是阳离子基团，称阴离子交换剂，反之为阳离子交换剂。阳离子交换剂可以和溶液中的阳离子进行交换，阴离子交换剂可以和溶液中的阴离子进行交换。一种离子交换剂和溶液中的不同离子的交换能力是不同的，当不同的离子在柱上进行洗脱时，它们各自在柱上移动的速度也不同，最后可以完全分离。

（4）凝胶层析（凝胶过滤）：是用具有一定孔径大小的凝胶颗粒为支持物的一种层析方法。其原理是：相对分子质量大小不同的物质随着洗脱剂流过柱床时，小分子物质易渗入凝胶颗粒内部，流程长，因而比大分子物质迟流出层析柱，因此可根据物质的相对分子质量大小不同进行分离的方法。

（5）亲和层析：是专门用于分离生物大分子的层析方法。生物大分子能和它的配体（例如酶与其抑制剂、抗体与其抗原、激素与其受体等）特异结合，在一定的条件下又可解离。欲分离某种生物大分子物质时，可将其配体通过化学反应接到某种载体上，用这种接上配体的载体支持物装柱，让待分离的混合液通过层析柱。只有欲分离的生物大分子能与这种配体结合而吸附在柱上，其他的物质则随溶液流出。然后，改变洗脱条件进行洗脱。

2. 根据流动相的不同分类

（1）液相层析：流动相为液体的层析统称为液相层析。

（2）气相层析：流动相为气体的层析统称为气相层析（或气相色谱）。气相层析因所用的固定相不同又可分为二类：用固体吸附剂为固定相的称为气－固吸附层析；用某种液体为固定相的称为气－液分配层析。气相层析根据所用的柱管不同又可分为二类：用普通不锈钢管或塑料管装柱的，称为填充柱气相层析；将固定相涂在毛细管壁上，在这种毛细管壁上进行的气相层析称为毛细管气相层析。

3. 根据支持物的装填方式分类

支持物装在管中成柱形，在柱中进行的层析统称为柱层析。支持物铺在玻璃板上成一薄层，在薄层上进行的层析称为薄层层析。因所用的支持物不同，在柱或薄层上进行的可以是吸附层析，也可以是分配层析和离子交换层析。

另外，也可以直接用支持物的名称来命名。例如，用纸做支持物的层析称纸层析。广义上讲，电泳也是种层析，它用电场力作为其推动力，也把电泳称为电层析。

八、透析技术

透析是利用小分子能通过、而大分子不能通过半透膜的原理把大小分子分开的一种重要手段。通常的做法是将大、小分子的混合物放进用半透膜制成的透析袋里并沉没在大量的水中，袋内的小分子就不断通过膜进入外部溶剂，户传达到平衡为。如果采用流水透析或不断更换透析袋外的溶剂，可以做到袋内的混合物几乎不含小分子。如含有盐的蛋白质溶液，经过透析可以将盐除去。透析的速度受一些因素的影响，下面就粗略地讨论这些因素。

（一）膜

（1）材料：是一种有选择性的半透膜，如玻璃纸、火棉胶、羊皮纸、动物膜以及Visking 赛璐玢等。各种规格的火棉胶袋已制作成商品出售，也可以用玻璃纸代替火棉胶。

（2）制备：先将一适当大小和长度的透析袋放在碱性的 EDTA 溶液（Na_2CO_3 10g/L，

EDTA 1mol/L)中沸腾 30min，以避免待透析的分子损失活性，然后用蒸馏水洗涤透析袋，结扎袋的一端。将要透析的溶液充满透析袋，然后结扎顶部。由于湿的透析袋非常容易受微生物的感染，透析最好在新制备的袋中进行。如果必须保存透析裳，则应在溶液中加入苯甲酸。

（3）通透性：透析袋的通透性因袋的大小和预处理的方法不向而异。但透析过夜时，半透膜大体可以允许相对分子质量 30000 以下的化合物通过。实际上没有严格的界限，透析时间延长时稍大的分子也可透过膜。市面上已有一系列的商品材料具有更高的透析速度和更精细的通透范围，可做精细分离之用。

（二）透析操作

（1）透析液：一般说，透析的速度在蒸馏水中最大，常常选用蒸馏水作为透析液，虽然通常需要持定的 pH 值和离子强度的水溶液来稳定所研究的分子；

（2）装袋：透析时水将进入透析袋，因此应该将透析袋装满．避免透析的材料过于稀释；

（3）透析：将袋中逐出来的盐及小分子及时驱散，保持袋内外的浓度差，有利于小分子的扩散作用快速进行。所以，配合使用磁力搅拌器，并经常更换透析液，可以加快透析速度；

（4）浓缩：如果用一种不活泼的高分子化合物如聚乙烯醇 6000 代替通常使用的水溶液作为溶剂，则透析时水就会由透析袋中渗出。采用这种方法透析过夜，可将 200mL 溶液浓缩至几毫升。

（三）物理条件

（1）温度：透析速度也受温度的影响，温度越高透析速度越快。提高温度时，溶剂的黏度下降而扩散速度增加。此外，许多大分子对温度很敏感，因此蛋白质等的透析通常在低温条件下进行；

（2）压力：大分子和小分子的分离也受通过膜时的压力标度影响。可将透析袋放在真空中（而不放在溶液中），并敞开透析袋的一端，此时水和小分子会渗出透析袋形成超滤液，而留在透析袋中是大分子被浓缩；这个过程称为超滤。

由于大分子电解质的存在，而使一般电解质不均等分配在半透膜两侧的平均状态，称为膜的平衡。

蛋白质溶液的渗透压与溶液的 pH 值有关。在酸性 pH 值下，蛋白质以阳离子存在，带有正电荷；而在碱性 pH 值下，以阴离子存在，带有负电荷。当蛋白质盐溶液透析时，带电的蛋白质不能透过半透膜，而溶液中对立的阴离子或阳离就要通过半透膜以平衡电荷，这就导致电荷在膜的两边分布不均衡，同时产生 pH 值的变化，这种现象就称为董南效应，又称董南平衡。若带负电荷的蛋白质盐溶液对水透析时，蛋白质不能透过透析袋，而它的反离子（Na^+）可以通过，结果造成环境介质中阳离子过多。为了保持中性，水就分解出氢离子移进透析袋内，蛋白质部分的 pH 值因此下降，而水部分的 pH 值上升。反之，若蛋白质带正电荷，则 pH 值的变化相反。董南效应可以导致蛋白质沉淀或变性，因而是不可取的。为了减少董南效应，透析通常在适当浓度的盐溶液中进行。

第四节　蛋白质技术在石油化工领域的应用

蛋白质技术很早即开始使用，而近几年才逐渐发展起来的。蛋白质技术在石油化工领域应用还处在起步阶段，但是某些领域已经开始应用。蛋白质技术是蛋白质工程、微生物学、生物化学、化学工程及其相关的其他科学发展到一定阶段的产物。它是运用蛋白质工程原理和方法解决生物技术开发过程中的问题，目前主要是发酵器和酶反应器。生物蛋白产品纯化分离技术的研究和开发，对生物蛋白质工程的工业化至关重要。酶反应动力学、微生物生长动力学模型、多相系统(气－固、液－固、液－液)颗粒之间和颗粒内部在非牛顿型流体中的传质、传热和混合过程的探讨等都是必须解决的基础理论问题。釜式反应器大型化后，已逐渐被塔式生化反应器所取代。为了满足特殊结构的反应器，中空纤维反应器、转盘式反应器和开启式固定化反应器将应运而生。研制和开发生化反应器需要新传感器来检测生化过程中的各种关键的工艺参数，以实现最佳调控，这是目前工业化中急需解决的难题之一。

一、蛋白质分离纯化

生化产品(特别是蛋白质)纯化分离工程方面。近 10 年来开发的两水相萃取技术、超滤膜错流过滤技术、溶剂浸渍树脂离子交换技术和免疫吸附层析技术已开始试用于生化纯化分离。新型分离方法的原理研究、新型分离器的放大、设计和制造及新型检测仪表的研制等都是今后需要攻关解决的主要问题。一种新技术即生物反应－分离耦合过程也称为原位产物分离过程(简称 ISPR)或提取生物转化过程解决了选择性地分离产物或副产物的问题。这种新技术在生物反应发生的同时，选择一种合适的分离方法及时地将对生物反应有抑制或毒害作用的产物或副产物选择性地从生产性细胞或生物催化剂周围移走，从而消除抑制作用而大大提高生物催化剂(酶或细胞)的反应速率，提高产率。最成功的应用实例是葡萄糖异构化酶催化生产高果糖浆，通过模拟移动床分离果糖与葡萄糖的耦合异构化反应，大大提高了葡萄糖转化率与果糖含量；南京化工大学欧阳平凯等人采用生物反应－分离耦合过程技术，使 L－苹果酸的转化率从 80% 提高到 99.9%、产率从 60% 提高到 90%；L－丙氨酸的转化率从 95% 提高到 100%、产率从 80% 提高到 92%。生物反应－耦合过程在消除产物或副产物的抑制作用、提高产率、简化产物的后处理工艺、降低投资和操作费用方面具有较大优势，它作为生物生产的一种集成化，具有工业应用价值。

二、微生物发酵法生产单细胞蛋白

英国石油公司于 60 年代初首先研制成功以石油为原料生产单细胞蛋白的生化技术，随后一些国家先后解决了烃类不溶于水、通气量和发热量大、菌体回收和后处理以及发酵罐的工程放大问题，而使其工业化。1972 年法国马赛建成了世界第一座年产 $1 \times 10^4 t$ 单细胞蛋白工厂；随后利用英国石油公司和日本钟渊公司技术，先后建成了 6 座 $10 \times 10^4 t/a$ 工厂，最近一座以石蜡烃为原料年产 $30 \times 10^4 t$ 单细胞蛋白工厂已在原苏联投产。我国以石油为原料生产单细胞蛋白的研究始于 60 年代，1964 年中国科学院上海有机所和上海酵母厂开展了石油酵母的生产和应用试验；中国科学院微生物研究所和北京发酵研究所于

1970 年开展了用解酯假丝酵母 716 从石蜡中生产单细胞蛋白的研究，干酵母粉对石蜡的收率达 50% 左右。由石油微生物发酵生产单细胞蛋白具有原料来源广、产率高和营养丰富等优点，将会在石油化工中获得广泛应用。

三、加氧酶在石油化工中的开发应用

众所周知，许多化学过程都与氧反应有关。双加氧酶可以把氧分子的两个原子全部掺入有机化合物，可用于芳烃羟化、开环和降解。例如苯甲酸 1，2 - 双加氧酶将苯甲酸羟化为邻苯二酚，进而氧化成苯二酸。在精细化工产品的生产中，加氧酶也将起着重要的作用。用酶法生产芳烃降解过程的中间产物，如己二烯二酸内酯、B - 酮基己二酸等已成为新型化学试剂供应市场。用加氧酶还可以将联苯羟化生产 4，4 - 二羟联苯。此外，加氧酶还可以降解有害烃类及其衍生物，如酚、五氯酚和对二氯苯。该技术目前已达到实用水平，将在环保中获得应用。在石油化工方面，加氧酶的开发利用正在加速进行。

四、用腈水合酶生产丙烯酰胺

自 60 年代起，日本一直在研究腈类化合物的微生物降解、代谢途径和应用。1983 年日本工业发酵研究所用腈水合酶催化丙烯腈水合成丙烯酰胺，收率在 99% 以上，1985 年日本日东化学公司在横滨建立一套年产 4000t 的工业生产装置，与传统的硫酸水合或骨架铜催化水合的化学法相比，具有反应温和、成本低、应用价值大等优点。

五、原生质体融合技术构建高效驱油细胞工程菌的研究

宋绍富等采用原生质体融合技术构建 MEOR 用细胞工程菌的实验研究中，所用一种亲本菌为耐温度 72℃、耐 30% NaCl、耐酸碱度 pH 值为 5～9.4、可利用原油为碳源代谢生物表面活性剂的芽孢杆菌属菌 I，另一种为可在 30℃利用糖蜜代谢水不溶性多糖聚合物的肠内杆菌属菌 JD。以 1mg/mL 溶菌酶处理处于对数生长后期的两株亲本 120min，原生质体形成率 >90%。融合率 >4.5%；将得到的融合子进行许多次传代培养优选，最终获得 9 株遗传性状稳定、代谢多糖性能优异的融合菌；其中有代表性的融合子 FH9 - 17，代谢多糖的温度由 30℃提高到 45℃，盐度由 3% NaCl 提高到 10% NaCl，pH 值范围由 6～9.5 扩大到 6～10。

六、离子液体在石油化工与能源领域中的应用

离子液体主要是指由有机阳离子和无机或有机阴离子构成的在室温或近于室温下呈液态的盐类。离子液体不挥发，几乎没有蒸气压，在分离过程中，不会因为蒸发而造成离子液体的损失。离子液体不燃烧，其液态范围宽达 300～400℃，为那些反应温度过高而不能在有机溶剂中进行的反应提供安全的反应介质。离子液体可溶解很多无机物、有机物以及有机金属催化剂，也与甲苯、乙醚等溶剂不互溶，这使得离子液体能非常方便地实现循环利用，在两相催化以及相转移催化体系中具有广阔的应用空间。离子液体已成为绿色化学、化工研究与开发的热点课题之一。虽然离子液体作为反应介质与催化剂的研究尚处于初期阶段，但可以预见到，以离子液体为特色的绿色石油、天然气化工催化新工艺将在未来的化工与能源领域中发挥重要的作用。以下举两例说明蛋白质技术在石油化工离子液体中的应用。

（一）天然气脱除二氧化碳

天然气是清洁能源。但天然气中通常含有 CO_2、H_2S 等杂质。CO_2 的存在降低了天然气的燃料价值。因此，天然气使用前要脱除 CO_2。现有脱除 CO_2 的方法中，传统有机溶剂由于具有一定的挥发性，不利于 CO_2 的吸收，并且对天然气中少量的水很敏感，吸收效率低；而胺修饰的分子筛对 CO_2 的吸附量十分有限；也有报道采用膜分离的方法，虽然分离效果好，但甲烷损失较大。Davis 等设计了含 NH_2 官能团的功能化离子液体，用于吸收 CO_2，如图 5 - 6 所示。室温下，该离子液体只需少量就能完全吸收 CO_2，JKL 证实，被吸收的 CO_2 以氨基甲酸酯形式存在于离子液体结构中。经过加热（$80 \sim 100℃$）再生，放出 CO_2 后，离子液体可循环使用 5 次，吸收 CO_2 的效率没有变化。

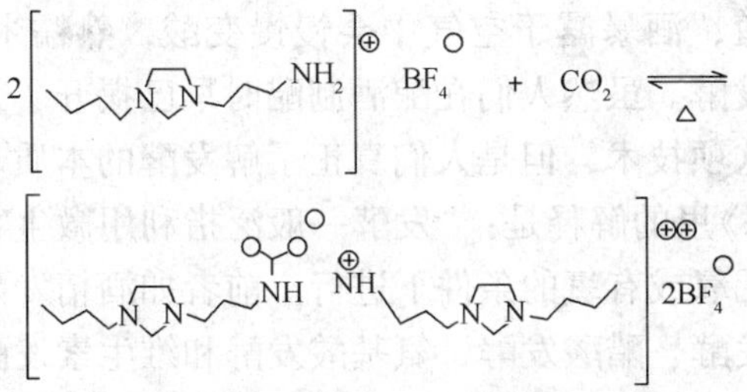

图 5 - 6　含 NH_2 官能团的功能化离子化学反应

（二）汽油脱硫

未经脱硫处理的汽油燃烧后所产生的大量硫氧化物是造成大气污染、形成酸雨的主要原因之一。世界各国已经制定了越来越严格的规定限制硫氧化物的排放。加氢精制是目前工业上燃油脱硫的主要手段。催化裂化汽油中 80% 以上的硫化物是噻吩，其中苯并噻吩（BTs）和二苯并噻吩（DBTs）很难通过加氢脱硫的方法除去。此外，在脱硫的同时，因烯烃也被加氢饱和，将导致催化裂化汽油辛烷值明显降低。鉴于上述原因，近年来相继出现了如烷基化脱硫、氧化脱硫等非加氢脱硫技术。在烷基化脱硫研究中，多采用浓硫酸、氢氟酸等质子酸及 $AlCl_3$、$FeCl_3$、$SbCl_3$ 等 Lewis 酸为催化剂，但普遍存在产物与催化剂难分离、设备腐蚀严重及废液污染环境等不足。汽油的氧化脱硫是先将噻吩氧化成砜，再用极性溶剂（如二甲基亚砜）进行选择性萃取。传统的氧化脱硫使用大量挥发性有机溶剂，严重污染环境。

Less 等利用氯铝酸离子液体、Zhang 等利用离子液体（[bmim][PF_6]、[bmim][BF_4]、[emim][BF_4]）试图从汽油中直接萃取出噻吩，但是脱硫率比较低（10% ~30%）。

Wei 等研究了有离子液体（[bmim][PF_6]、[bmim][BF_4]）参与的氧化/萃取同时进行的汽油脱硫体系。离子液体与汽油不互溶，组成液 – 液萃取系统。噻吩被离子液体从汽油中萃取出来，并在离子液体中被过氧化氢和乙酸氧化。脱硫过程在 70℃ 进行 10h，在 [bmim][PF_6] 中脱硫率为 85%，在 [bmim][BF_4] 中脱硫率为 55%。离子液体循环使用 4 次，脱硫率不变。

黄蔚霞等将 $AlCl_3$ – 叔胺离子液体直接加入到催化裂化汽油中，考察汽油中的噻吩类硫化物和烯烃发生的烷基化反应。结果表明，离子液体对催化裂化汽油有较好的脱硫性能，脱硫率可达 80% 以上，处理后的油样辛烷值变化不大，RON 下降 1 ~2 个单位，MON 下降 1 个单位左右。

第六章 发酵工程技术

第一节 发酵与发酵工程概述

一、什么是发酵

很早以前古人就知道，酒暴露于空气中会慢慢变酸，熟糯米加曲保温两天后会生成酒，并把这种现象称为发酵。虽然人们在酿酒制醋时早已揭开了发酵工程应用的序幕，在生产实践中广泛地运用这项技术，但是人们真正了解发酵的本质却是近200多年的事。

"发酵"一词在《辞海》里的解释是："发酵一般泛指利用微生物制造工业原料或工业产品的过程。发酵可以在无氧或有氧的条件下进行。前者如酒精发酵、乳酸发酵和丙酮、丁醇发酵，后者如抗生素发酵、醋酸发酵、氨基酸发酵和维生素发酵等。"

英语中"Fermentation"（发酵）一词是从拉丁文"Fervere"（发泡、沸涌）派生而来的，是用来描述人们在看到果汁或麦芽汁经过酵母菌的作用出现的"沸腾"现象，就像轻轻开启啤酒瓶盖后所看到的现象那样。这种现象实际上是由于酵母菌作用于果汁或麦芽汁中的糖，在厌氧条件下代谢产生了二氧化碳气泡引起的。随后，人们便将这种现象称为"发酵"。但是，一直以来生物化学家与工业微生物学家对发酵有着不同的定义。发酵的概念目前具有以下三种含义：

（一）生物化学角度

发酵是机体在无氧条件下获得能量的一种方式。如人体在剧烈运动时需要大量的能量，有氧呼吸不能满足需要，因此肌肉在缺氧的条件下将葡萄糖"发酵"为乳酸，同时产 ATP：

$$C_6H_{12}O_6 + 2ADP + 2Pi \longrightarrow 2C_3H_6O_3 + 2ATP$$

在发酵过程中，一个有机化合物能同时作为电子供体和最终电子受体并产生能量的过程。以酵母菌的乙醇发酵过程为例，酵母菌在无氧条件下作用于果汁或麦芽汁中的糖，将糖分子分解并失去电子，而电子的最终受体为糖的分解产物乙醛，乙醛接受电子后被还原为乙醇。此过程为生物化学意义上典型的"发酵"。

（二）微生物学角度

发酵是厌氧微生物或兼性厌氧微生物在无氧条件（或缺氧条件）下将代谢基质不彻底氧化，并大量积累某一（或几）种代谢产物的过程，如细菌的同型乳酸发酵。从这一定义可见，它与从生物化学角度下的定义基本相同，但强调了两点：①强调了发酵的主体是厌氧微生物或兼性厌氧微生物；②强调了代谢产物的积累，而生物化学角度强调的是能量的产生。

（三）工业生产角度

发酵是指所有通过大规模培养微生物来生产产品的过程。这当中既包括微生物的厌氧发酵，也包括好氧发酵。以谷氨酸棒杆菌的谷氨酸发酵过程为例，生物合成谷氨酸的途径大致是：葡萄糖经糖酵解生成丙酮酸，在有氧条件下通过三羧酸循环生成 α - 酮戊二酸，α - 酮戊二酸在谷氨酸脱氢酶的催化及有 NH_4^+ 存在的条件下生成谷氨酸。谷氨酸棒杆菌的发酵过程是需氧的，此过程同样属于工业微生物学定义中的"发酵"。更有人认为发酵是非寄生菌所展示的旺盛的代谢活动，即其有用性得到发展而旺盛化的代谢活动。厌氧条件下利用酵母将糖类转化成酒精可称为发酵；有氧条件下将糖类转化为味精或抗生素也称为发酵；有氧条件下制备单细胞蛋白（Single cell protein，SCP）获得整个菌体而不是某种代谢产物，可以算作发酵；废水处理的目的只是消耗废水中的营养物质，使水质达到一定的排放标准，并非为了得到某一有用产物，这种旺盛化的代谢活动也可称作发酵。所以从工业角度看，发酵主体除了厌氧微生物和兼性厌氧微生物外，还把好氧微生物包括在内。

二、发酵工程的概念及特点

发酵工程是利用微生物特定性状和功能，通过现代化工程技术生产有用物质或直接应用于工业化生产的技术体系，是将传统发酵与现代的 DNA 重组、细胞融合、分子修饰和改造等新技术结合并发展起来的发酵技术。也可以说是渗透有工程学的微生物学，是发酵技术工程化的发展。由于主要利用的是微生物发酵过程来生产产品，因此也可称为微生物工程。

发酵工程基本上可分为发酵和提取两大部分。发酵部分是微生物反应过程，提取部分也称为后处理或下游加工过程。虽然发酵工程的生产是以发酵为主，发酵的好坏是整个生产的关键，但后处理在发酵生产中也占有很重要的地位。往往有这样的情况：发酵产率很高，但因为后处理操作和设备选用不当而大大降低了总产率，所以发酵过程的完成并不等于工作的结束。完整的发酵工程应该包括从投入原料到获得最终产品的整个过程。发酵工程就是要研究和解决整个过程的工艺和设备问题，将实验室和中试成果迅速扩大到工业化生产中去。

从广义上讲，发酵工程由三部分组成：上游工程、中游工程和下游工程。其中上游工程包括优良种株的选育，最适发酵条件（pH 值、温度、溶氧和营养组成）的确定，营养物的准备等。中游工程主要指在最适发酵条件下，发酵罐中大量培养细胞和生产代谢产物的工艺技术。这里要有严格的无菌生长环境，包括发酵开始前采用高温高压对发酵原料和发酵罐以及各种连接管道进行灭菌的技术；在发酵过程中不断向发酵罐中通入干燥无菌空气的空气过滤技术；在发酵过程中根据细胞生长要求控制加料速度的计算机控制技术；还有种子培养和生产培养不同的工艺技术。此外，根据不同的需要，发酵工艺上还分类批量发酵，即一次投料发酵；流加批量发酵，即在一次投料发酵的基础上，流加一定量的营养，使细胞进一步生长，或得到更多的代谢产物；连续发酵，不断地流加营养，并不断地取出发酵液。在进行任何大规模工业发酵前，必须在实验室规模的小发酵罐进行大量的实验，得到产物形成的动力学模型，并根据这个模型设计中试的发酵要求，最后从中试数据再设计更大规模生产的动力学模型。由于生物反应的复杂性，在从实验室到中试，从中试到大规模生产过程中会出现许多问题，这就是发酵工程工艺的放大问题。下游工程指从发酵液中分离和纯化产品的技术，包括固液分离技术（离心分离，过滤分离，沉淀分离等工艺），细胞破壁技术（超声、高压剪切、渗透压、表面活性剂和溶壁酶等），蛋白质纯化技术（沉淀法、色谱分离法和超滤法等），最后还有产品的包装处理技术（真空干燥和冰冻干燥等）。

三、发酵工程的一般特征

发酵工程是有微生物参与的反应过程，这种反应过程是指由生长繁殖的生物物质所引起的生物反应过程。这些过程既有利用原有微生物特性获得某种产物的过程，又有利用微生物消除某些物质（废水、废物的处理）的过程，但是它们都是活的微生物的反应过程。因此，其产物可以是代谢过程的中间或终点时的代谢产物，也可以是有机物质的降解物或微生物自身的细胞。

发酵工程与化学工程非常接近，化学工程中许多单元操作在发酵工程中得到应用。国外许多学术机构把发酵工程作为化学工程的一个分支，称为"生化工程"。但由于发酵工程是培养和处理活的有机体，所以除了与化学工程有共性外，还有其特殊性。例如，空气除菌系统、培养基灭菌系统等都是发酵工程工业中所特有的。再如化学工程中，气液两相混合、吸收的设备，仅有通风和搅拌的作用，而通风机械搅拌发酵罐除了上述作用外，还包括复杂的氧化、还原、转化、水解、生物合成以及细胞的生长和分裂等作用，而且还有其严格的无菌要求，不能简单地与气体吸收设备完全等同起来。提取部分的单元操作虽然与化工中的单元操作无明显区别，但为适应菌体与微生物产物的特点，还要采取一些特殊措施并选用合适的设备。一言以蔽之，发酵工程就是化学工程各有关单元操作中结合了微生物特性的一门技术性学科。

（一）发酵工程中微生物反应过程的特点

（1）作为生物化学反应，通常在常温常压下进行，反应条件比较温和，因此没有爆炸之类的危险，各种设备都不必考虑防爆问题，还有可能使一种设备具有多种用途；

（2）可采用较廉价的原料（如淀粉、糖蜜、玉米浆或其他农副产品等）生产较高价值的产品，有时甚至可利用一些废物作为发酵原料，变废为宝，实现环保和发酵生产的双层效益；

（3）反应以生命体的自动调节方式进行，反应的专一性强，因此数十个反应过程能够像单一反应一样，因而可以得到较为单一的代谢产物；

（4）能够容易地生产复杂的高分子化合物，是发酵工业最有特色的领域；

（5）由于生命体特有的反应机制，能高度选择性地进行复杂化合物在特定部位的氧化、还原、官能团导入等反应；

（6）生产发酵产物的生物物质菌体本身也是发酵产物，富含维生素、蛋白质、酶等有用物质，因此，除特殊情况外，发酵液等一般对生物体无害。

（7）发酵生产在操作上最需要注意的是防止杂菌污染，进行设备的冲洗、灭后气过滤等，使全过程在无菌状态下运转，是非常重要的，一旦失败，就要遭受特别是噬菌体对发酵的危害；

（8）通过微生物的菌种改良，能够利用原有生产设备使生产飞跃上升。

基于以上特点，发酵工业日益受到人们的重视。与传统的发酵工艺相比，现代发酵工业除了具有上述发酵特点之外，更有其优越性。例如除了使用从自然界筛选的微生物外，还可以采用人工构建的"基因工程菌"或微生物发酵所生产的酶制剂进行生物产品的工业化生产，而且发酵设备也为自动化、连续化设备所代替，使发酵水平在原有基础上得到大幅度提高，发酵类型不断创新。

（二）存在的问题

发酵工程的这些特征决定了发酵工程的种种优点，使得发酵工程成为生物工程的核心之一而受到了广泛重视。但是，发酵过程中也有一些问题应该引起特别的注意，例如：①底物不可能完全转化成目的产物，副产物的产生不可避免，因而造成了提取和精制困难，这是目前发酵行业下游操作落后的原因之一；②微生物的反应是活细胞的反应，产物的获得除受环境因素影响外，也受细胞内因素的影响，并且菌体易发生变异，实际控制相当困难；③原料是农副产品，虽然价廉，但质量和价格波动较大；④发酵工程需要的辅助设备多，生产前准备工作量大，如空气压缩机、空气净化系统、冷却水系统、灭菌用蒸汽系统等。因此，动力费用比较高。相对化学反应而言，反应器效率低；⑤与化学工程相比，虽然设备简单，能耗也低，但因过高的底物或产物浓度常导致酶的抑制或细胞不能耐受过高的渗透压而失活，因此，底物浓度不能过高，从而导致使用大体积的反应器，并且要在无杂菌污染情况下进行操作；⑥发酵废液常具有较高的 COD（Chemical Oxygen Demand，化学需氧量，即在一定的条件下，采用一定的强氧化剂处理水样时，所消耗的氧化剂折算成氧的量。它是表示水中还原性物质多少的一个指标）和 BOD（Biochemical Oxygen Demand，有机污染物经微生物分解所消耗溶解氧的量），在发酵过程中常常需要对这两个重要的条件进行调节控制。

四、发酵工程菌种的特点

发酵工程是以微生物的生命活动为基础的。自然界的微生物的种类繁多，广泛分布于土壤、水和空气等自然界中，尤以土壤中最多。有的从自然界分离出来就能利用，有的需要对分离到的野生菌株进行人工诱变，得到的突变体才能被利用。发酵工程利用的菌种趋势为由发酵菌转向转化菌；由野生菌转向变异菌；由自然选育转向代谢控制育种；由诱发基因突变转向基因重组的定向育种。

尽管发酵工程的菌种类型多种多样，但是从工业化生产对菌种的要求上来看，发酵工程的菌种应具有下述特点：

（1）能在廉价原料制成的培养基上迅速生长，并生成所需要的代谢产物，产量高；

（2）可以在易于控制的培养条件下（糖浓度、温度、pH 值、溶解氧、渗透压等）迅速生长和发酵，且所需的酶活力高；

（3）生长速度和反应速度较快，发酵周期短；

（4）根据代谢控制的要求，选择单产高的营养缺陷型突变菌株或调节突变菌株或野生菌株；

（5）选育抗噬菌体能力强的菌株，使其不易感染噬菌体；

（6）菌种纯粹，不易变异退化，以保证发酵生产和产品质量的稳定性；

（7）菌种不是病原菌，不产生任何有害的生物活性物质和毒素（包括抗生素、激素、毒素等），以保证安全。

五、发酵生产工艺流程

除某些转化过程外，典型的发酵工艺过程大致可以划分为以下六个基本过程：

（1）用作种子扩大培养及发酵生产的各种培养基的配制；

（2）培养基、发酵罐及其附属设备的灭菌；

（3）扩大培养有活性的适量纯种，以一定比例将菌种接入发酵罐中；

（4）控制最适的发酵条件使微生物生长并形成大量的代谢产物；

（5）将产物提取并精制，以得到合格的产品；

（6）回收或处理发酵过程中所产生的三废物质。

工业发酵过程的工艺流程及这六个部分之间的相互关系如图6-1所示。

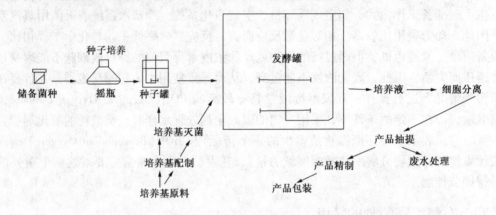

图6-1　工业发酵过程的工艺流程

第二节　发酵工程的基本内容

一、发酵工业菌种

发酵工程是以微生物的生命活动为中心的，发酵产品是在"细胞工厂"中生产出来的，微生物的生物学性状和发酵条件决定了其相应产物的生成。因此，菌种在发酵工业中起着重要作用，它是决定发酵产品是否具有产业化价值和商业化价值的关键因素，是发酵工业的灵魂。

微生物在自然界中分布极为广泛，种类繁多，不断地开发和利用微生物资源是人类社会实现可持续发展的必由之路，也是解决现代社会经济高速发展所带来的人口、资源、能源、环境、健康等问题的重要途径。但到目前为止，人们所知道的微生物种类不到总数的10%，而真正被利用的还不到1%，进一步开发利用微生物资源的潜力很大。发酵工业广泛应用于医药化工、食品轻工、农业、环保等诸多领域，发酵工业应用的微生物种类很多，可分为两大类，即可培养微生物和未培养微生物。其中，发酵工业应用的可培养微生物通常分为四大类：细菌、放线菌、酵母菌、丝状真菌，其中的后二者为真核生物。下面对最常用的工业微生物及其应用领域进行举例说明。

（一）细菌

细菌（Bacteria）是一类单细胞的原核微生物，在自然界分布最广，数量最多，与人类生产和生活关系十分密切，也是工业微生物学研究和应用的主要对象之一。细菌以较典型的二分分裂方式繁殖。细胞生长时，环状 DNA 染色体复制，细胞内的蛋白质等组分同时增加一倍，然后在细胞中部产生一横段间隔，染色体分开，继而间隔分裂形成两个相同的子细胞。如间隔不完全分裂就形成链状细胞。

工业生产常用的细菌有枯草芽抱杆菌、醋酸杆菌、棒状杆菌、短杆菌等。用于生产各种酶制剂、有机酸、氨基酸、肌苷酸等。此外，细菌常用作基因工程载体的宿主细胞，用于构建基因工程菌来生产外源物质。如利用大肠杆苗生产核酸和蛋白质疫苗等。

（二）放线菌

放线菌（Actinomycetes）因菌落呈放射状而得名，是一类介于细菌和真菌之间的单细胞微生物，它的细胞构造和细胞壁的化学成分与细菌相同。但在菌丝的形成、外生孢子繁殖等方面则类似于丝状真菌。它是一个原核生物类群，在自然界中分布很广，尤其在含有机质丰富的微碱性土壤中分布较广，大多腐生，少数寄生。放线菌主要以无性孢子进行繁殖，也可借菌丝片段进行繁殖。它的最大经济价值在于能产生多种抗生素。从微生物中发现的抗生素有 60% 以上是由放线菌产生的，如链霉素、红霉素、金霉素、庆大霉素等。常用的放线菌主要来自于链霉菌属、小单孢菌属和诺卡菌属等。

（三）酵母菌

酵母菌（Yeast）不是微生物分类学上的名词，通常指一类单细胞，且主要以出芽方式进行无性繁殖的真核微生物。酵母菌在自然界中普遍存在，主要分布于含糖较多的酸性环境中，如水果、蔬菜、花蜜和植物叶子上以及果园土壤中。酵母菌多为腐生，常以单个细胞存在，以出芽方式进行繁殖，母细胞体积长到一定程度时就开始出芽。芽长大的同时母细胞缩小。在母细胞与子细胞之间形成隔膜，最后形成同样大小的子细胞。如果子细胞不与母细胞脱离就形成链状细胞，称为假菌丝。在发酵生产旺期，常出现假菌丝。

工业生产中常用的酵母有啤酒酵母、假丝酵母、类酵母等，分别用于酿酒、制造面包、生产脂肪酶以及生产可食用、药用和饲料用酵母菌体蛋白等。

（四）霉菌

霉菌（Mould），指"发霉的真菌"，是一群在营养基质上形成绒毛状、网状或絮状菌丝真菌的通称，并非微生物分类学上的名词。

霉菌是人们早就熟知的一类微生物，与人类日常生活关系密切。它在自然界广为分布，大量存在于土壤、空气、水和生物体中。它喜欢偏酸性环境，大多数为好氧性多腐生，少数寄生。霉菌的繁殖能力很强，能以无性孢子和有性孢子进行繁殖，多以无性孢子繁殖，其生长方式是菌丝末端的伸长和顶端分支，彼此交错呈网状。菌丝的长度既受遗传性状的控制，又受环境的影响。菌丝或呈分歧生长，或呈团状生长。

工业上常用的霉菌有藻状菌纲的根霉、毛霉、犁头霉，子囊菌纲的红曲霉，半知菌纲的曲霉、青霉等。它们可广泛用于生产酶制剂、抗生素、有机酸及激素等。

（五）未培养微生物

未培养微生物（Uncultured microorganisms）是指迄今所采用的微生物纯培养分离及培养方法还未获得纯培养的微生物。未培养微生物在自然环境微生物群落中占有非常高的比例

（约为99%），无论是其物种类群，还是新陈代谢途径、生理生化反应、产物等都存在着不同程度的新颖性和丰富的多样性。因而其中势必蕴涵着巨大的生物资源。

自从科赫于19世纪发明使用固体培养基及纯培养技术以来，人们采用各种纯培养方法从自然环境中分离得到众多微生物的纯培养。但人们同时也发现，在显微镜下可以观察到的绝大部分自然环境微生物，很难或不能通过传统纯培养分离方法得到其纯培养。于是，人们对这类微生物进行了广泛深入的研究。并于1982年提出了"不可培养微生物"的概念。

Stackebrandt等将那些利用分子生物学技术能够检测到，但还不能获得纯培养的微生物定义为"（至今）未培养微生物"。

未培养微生物广泛存在于各种自然环境中，特别是各种极端环境中。在极端环境下能够生长的微生物，称做极端微生物，又称嗜极菌（Extmmophiles）。极端环境指普通微生物不能生存的环境，如高温、低温、高压、高盐度、高辐射以及较强的酸碱环境。研究极端微生物有利于人们了解生命的本质，同时这些微生物在发酵工业中具有极为重要的应用价值。

目前，未培养微生物的研究方法主要包括两种：一是模拟自然培养法；二是宏基因组分析法。模拟自然培养法就是模拟微生物生长的自然环境对未培养微生物进行可培养研究，目前主要集中在原位培养、培养条件优化、单细胞微操作等方面，即利用传统纯培养法'结合分子生态学方法对自然环境微生物进行分析，了解未培养微生物多样性、系统发育和样本的生理特性，然后依据其系统发育关系相近的可纯培养微生物的生理代谢特征和其生存的自然环境条件，设计培养基和培养条件，最终获得纯培养。一旦获得微生物的纯培养，则采用可培养微生物相同或相似的途径进行开发利用。

宏基因组分析法是直接依据基因或基因组、蛋白质序列，以及其调节表达机制构建高效衷达的工程菌等途径进行开发利用。通过对未培养微生物的宏基因组分析（Metagenomic analysis）来利用未培养微生物的基因资源，这一方法可以不经过对未培养微生物的纯培养过程，而直接在基因水平上开发利用朱培养微生物。通过构建未培养微生物群落的集群基因组（Collective genomes），并对其进行测序，得到各组成微生物的基因组序列，结合蛋白质组学的研究结果，采用比较基因组学（Comparative genomics）的方法鉴定存在于各物种的所有基因。这可以使人们详细了解未培养微生物、极端微生物的新的代谢途径、基因表达的调控机制，找到病原、抗性等基因，并发现新的基因等这些信息不仅可以使人们认识基因和物种进化的过程，以及未培养物种的组成及其系统发育关系，而且还可以让人们了解其生态学功能、确定其生态位，为准确设计培养基和培养条件，以便最终获得其纯培养奠定了基础。这些工作都为未培养微生物的开发利用开辟了极为广阔前景。

尽管人们对未培养微生物的研究已取得一定进展，但对它们的形态、生理特性、代谢功能，以及它们对环境的影响等，难以进行实验研究。因此，目前成功应用未培养微生物的例子还不多。已有不少学者致力于新的分离培养技术的探索，突破传统的概念，建立新的方法，获得过去未曾发现的新的微生物种类例如发现了利用有毒的电子传递物质的类群、微小的纳米级细菌等。这些都为以后更好地利用未培养微生物奠定了基础。目前研究较多的是诸如油层、环境污水及火山口、温泉等极端环境中的未培养微生物。

二、发酵工业培养基

微生物的生长、繁殖需要不断地从外界吸收营养物质，以获得能量并合成新的物质。研究微生物的生长和代谢产物的合成，首先要了解微生物的营养特性和培养条件，以便能有效地控制其生长及代谢产物的合成，提高微生物生长速率和代谢产物合成效率，达到利用该微生物进行工业化生产的目的。因此，研究微生物的营养特性确定合理的发酵工业培养基是实现微生物发酵产业化的关键之一。

培养基是指用于维持微生物生长繁殖和产物形成的营养物质。尽管各种工业微生物发酵培养基不尽相同，但适宜于大规模工业微生物发酵的培养基应有以下几点共性：单位培养基能够产生最大量的目的产物；②能够使目的产物的合成速率最大；③能够使副产物合成的量最少；④所采用的培养基应该质量稳定、价格低廉、易于长期获得；⑤所采用的培养基尽量不影响工业化发酵中的通气搅拌性能以及发酵产物的后处理等。

一个好的发酵培养基是一个发酵产品能否成功实现产业化和商业化的关键一环。有关发酵培养基的设计和优化，虽然目前已有一些理论依据和设计原则，但针对不同的发酵产品、不同菌种，其发酵培养基的要求有较大的不同。选择培养基时会受到各种相关因素的影响和制约，如菌种特性、发酵过程特征、原材料的来源及成本等。因此大规模发酵培养基的设计是一项反映整个发酵过程的各个方面要求，具有多技术集成特征的综合性研究工作。

对发酵培养丛进行科学设计共过程包括两个重要阶段，首先要对发酵培养的成分及原材料的特性有较为详细的了解；其次是在此基础上结合具体微生物和发酵产品的代谢特点对培养基的成分进行合理选择和配比优化。

（一）发酵工业培养基的基本要求

工业培养基是提供微生物生长繁殖和生物合成各种代谢产物所需要的，按一定比例配制的多种营养物质的混合物。培养基组成对菌体生长繁殖、产物的生物合成、产品的分离精制乃至产品的质量和产量都有重要影响。

虽然不同微生物的生长状况不同，且发酵产物所需的营养条件也不同，但是，对于所有发酵生产用培养基的设计而言，仍然存在一些共同遵循的基本要求。如所有的微生物都需要碳源、氮源、无机盆、生长因子和水等营养成分。在小型试验中，所用培养基的组分可以使用纯净的化合物即采用合成培养基，但对工业生产而言，即便纯净的化合物在市场供应方面能满足生产的需要，也会由于经济效益原则而不宜在大规模生产中应用。因此对于大规模的发酵工业生产，除考虑上述微生物需要外，还必须十分重视培养基的原料价格和来源的难易。具体来说，一般设计适宜于工业大规模发酵的培养基应遵循以下原则：

（1）必须提供合成微生物细胞和发酵产物的基本成分；

（2）有利于减少培养基原料的单耗，即提高单位营养物质的转化率；

（3）有利于提高产物的浓度，以提高单位容积发酵罐的生产能力；

（4）有利于提高产物的合成速度，缩短发酵周期；

（5）尽量减少副产物的形成，便于产物的分离纯化；

（6）原料价格低廉，质量稳定，取材容易；

（7）所用原料尽可能减少对发酵过程中通气搅拌的影响，利于提高氧的利用率、降低能耗；

（8）有利于产品的分离纯化，并尽可能减少产生"三废"物质。

（二）发酵工业培养基的成分及来源

微生物同其他生物一样，需要不断从外界吸收营养物质，经一系列生物化学反应。获得能量并形成新的细胞物质，同时排出废物。由于微生物种类繁多，所以，它们对营养物质的需求、吸收和利用也不一样。

微生物细胞含有80%左右的水分和20%左右的干物质。在其干物质中，碳元素含量约占50%，氮元素约占5%～13%，矿物质元素约占3%～10%。所以，在配制培养基时必须有足够的碳源、氮源、水和无机盐。此外，有些合成能力差的微生物需要添加适当的生长辅助类物质，才能维持其正常的生长。

1. 碳源

碳源是组成培养基的主要成分之一，其主要功能有两个一是提供微生物菌体生长繁殖所需的能源以及合成留体所需的碳骨架；二是提供留体合成目的产物的原料。常用的碳源有糖类、油脂、有机酸和低碳醇等。在特殊的情况下，如碳源贫乏时，蛋白质水解物成氨基酸等也可被微生物作为碳源使用。

（1）糖类 糖类是发酵培养基中应用最广泛的碳源，主要有葡萄糖、糖蜜和淀粉等。

葡萄糖是最容易利用的碳源之一，几乎所有的微生物都能利用葡萄糖，所以，葡萄糖常作为培养基的一种主要成分，并且作为加速微生物生长的一种速效碳源。但是过多的葡萄糖会过分加速菌体的呼吸，以致培养基中的溶解氧不能满足需要，使一些中间代谢物（如丙酮酸、乳酸、乙酸等）不能完全氧化而积累在菌体或培养基中，导致pH值下降，影响某些酶的活性，从而抑制微生物的生长和产物的合成。

糖蜜是制糖生产时的结晶母液，它是制糖工业的副产物。糖蜜中含有丰富的糖、氮氮化合物、无机盐和维生素等，它是微生物发酵培养基价廉物美的碳源。一般糖蜜分甘蔗糖蜜和甜菜糖蜜，二者在糖的含量和无机盐的含量上有所不同。即使同一种糖蜜由于产地和加工方法不同其成分也存在着差异，因此，使用时要注意。糖蜜常用在酵母发酵、抗生素生产过程中作为碳源。在酒精生产工业中若用糖蜜代替甘薯粉，则可省去蒸煮、糖化等过程，简化了酒精生产工艺。

淀粉等多糖也是常用的碳源，它们一般都要经过菌体产生的胞外酶水解成单糖后再被吸收利用，但通常也将其经过液化和糖化后再作为培养基的碳源使用。淀粉在发酵工业中被普遍使用，因为使用淀粉或其不完全水解液除了可克服葡萄糖效应对次生代谢产物合成的影响，价格也比较低廉。常用的淀粉为玉米淀粉、小麦淀粉和甘薯淀粉等。有些微生物还可直接利用玉米粉、甘薯粉和土豆粉作为碳源。

（2）油和脂肪 油和脂肪也能被许多微生物作为碳源，这些微生物，一般都具有比较活跃的脂肪酶。在脂肪酶的作用下，油或脂肪被水解为甘油和脂肪酸。在溶解氧的参与下，进一步氧化成 CO_2 和 H_2O，并释放出比糖类碳源代谢多得多的能量。因此，当微生物利用脂肪作为碳源时，要供给比糖代谢更多的溶解氧，否则，会因为缺氧导致代谢不彻底。造成脂肪酸和有机酸中间体的大量积累，影响到微生物的正常生长繁殖。常用的有豆油、菜子油、葵花子油、猪油、鱼油、棉子油等。

（3）有机酸 某些微生物对许多有机酸如乳酸、柠檬酸、乙酸等有很强的氧化能力。

因此，有机酸或它们的盐也能作为微生物的碳源。有机酸的利用常会使发酵体系 pH 值上升，尤其是有机酸盐氧化时，常伴随着碱性物质的产生，使 pH 值进一步上升。不同的碳源在分解氧化时，对 pH 值的影响各不相同。因此，不同的碳源，不仅对微生物的代谢有影响，而且对整个发酵过程中 pH 值的调节和控制均有影响。

（4）烃和醇类　近年来，随着石油工业的发展，微生物工业的碳源范围也在扩大。正烷烃已用于有机酸、氨基酸、维生素、抗生素和酶制剂的工业发酵中。另外，石油工业的发展促使乙醇产量增加，国外乙醇代粮发酵的工艺发展也十分迅速。据研究发现，自然界中能同化乙醇的微生物和能同化糖质的微生物一样普遍，种类也相当多。

2. 氮源

氮源主要用于构成菌体细胞物质和合成含氮代谢物。常用的氮源有有机氮源和无机氮源。

（1）有机氮源　常用的有机氮源有黄豆饼粉、花生饼粉、棉子饼粉、玉米浆、玉米蛋白粉、蛋白胨、酵母粉、鱼粉、蚕蛹粉、废菌丝体和酒糟等。它们在微生物分泌的蛋白霉作用下，水解成氨基酸，被菌体吸收后再进一步分解代谢。

有机氮源除含有丰富的蛋白质、多肽和游离氨基酸外，往往还含有少量的糖类、脂肪、无机盐、维生素及某些生长因子。由于有机氮源营养丰富，因而微生物在含有机氮源的培养基中常表现出生长旺盛、菌丝浓度增长迅速等特点。有些微生物对氨基酸有特殊的需要，例如，在合成培养基中加入缬氨酸可以提高红霉素的发酵单位，因为在此发酵过程中缬氨酸既可供菌体做氮源，又可作为前体物质供红霉素合成之用。在一般工业生产中，因其价格昂贵。都不直接加入氨基酸。所以，大多数发酵工业利用有机氮源来获得所需的氨基酸。在赖氨酸生产中，甲硫氨酸和苏氨酸的存在可提高赖氨酸的产量，生产中常用黄豆水解液来代替。只有当生产某些特殊产品如疫苗等，才取用无蛋白质的纯的化学氨基酸做培养基原料。

玉米浆是玉米淀粉生产中的副产物，是一种很容易被微生物利用的良好氮源。它含有丰富的氨基酸、还原糖、磷、微量元素和生长素。其中玉米浆中含有的磷酸肌醇对红霉素、链霉素、青霉素和土霉素等的生产有积极促进作用。此外，玉米浆还含有较多的有机酸，如乳酸等，所以玉米浆的 pH 值在 4 左右。

尿素也是常用的有机氮源，但它成分单一，不具有上述有机氮源的特点，但在青霉素和谷氨酸等生产中也常被采用。尤其是在谷氨酸生产中，尿素可使 α－酮戊二酸还原并氨基化，从而提高谷氨酸的产量。

有机氮源除了作为菌体生长繁殖的营养外，有的还是产物的前体。例如缬氨酸、半胱氨酸和 α－氨基己二酸是合成青霉素和头孢菌素的主要前体，甘氨酸可作为 L－丝氨酸的前体等。

（2）无机氮源　常用的无机氮源有铵盐、硝酸盐和氨水等。微生物对它们的吸收利用一般较快，尤其是镁盐、氨水等比有机氮源的吸收要快得多，所以也称为速效氮源。但无机氮源的迅速利用常会引起 pH 值的变化，如下述的反应：

$$(NH_4)_2SO_4 \Longrightarrow 2NH_3 + H_2SO_4$$

$$NaNO_3 + 4H_2 \Longrightarrow NH_3 + 2H_2O + NaOH$$

上述前一反应中所产生的 NH_3 被菌体作为氮源利用后，培养液中就留下了酸性物质。这种经微生物生理作用（代谢）后能形成酸性物质的无机氮源叫生理酸性物质，如硫酸铵等。而后一反应菌体代谢后能产生碱性物质的，则此种无机氮源称为生理碱性物质，如硝酸钠等。正确使用生理酸、碱性物质，对稳定和调节发酵过程的 pH 值有积极作用。例如在制液体曲时，用 $NaNO_3$ 做氮源，菌丝长得粗壮，培养时间短，且糖化力较高。这是因为 $NaNO_3$ 的代谢而得到的 NaOH 可中和曲霉生长中所释放出的酸，使 pH 值稳定在工艺要求的范围内。又如在黑曲霉发酵过程中用硫酸铵作氮源，培养液中留下的 H_2SO_4 使 pH 值下降，这对提高糖化型淀粉酶的活力有利，且较低的 pH 值还能抑制杂菌的生长，防止污染。

氨水在发酵中除可以调节 pH 值外，它也是一种容易被利用的氮源，在许多抗生素的生产中得到普遍使用。如链霉素的生产，合成 1mol 链霉素需要消耗 7mol 的 NH_3，所以，在红霉素的生产工艺中以氨作为无机氮源可提高红霉素的产率和有效组分的比例。同时要注意氨水碱性较强，使用时要防止局部 pH 值过高，应加强搅拌，并少量多次地加入。另外在氨水中还含有多种嗜碱性微生物，因此在使用前应用石锦等过滤介质进行除菌过滤，这样可防止因通入氨气而引起的细菌污染。

3. 无机盐及微量元素

微生物在生长繁殖和生产过程中，需要某些无机盐和微量元素如磷、镁、硫、钾、钠、铁、氯、锰、锌、钴等，以作为微生物生理活性物质的组成或生理活性作用的调节物。这些物质一般在低浓度时对微生物生长和产物合成有促进作用在高浓度时常表现出明显的抑制作用。而各种不同的微生物及同种微生物在不同的生长阶段对这些物质的最适浓度要求均不相同。因此，在生产中要通过试验预先了解菌种对无机盐和微量元素的最适宜的需求量，以稳定或提高产量。

在培养基中，镁、磷、钾、硫、钙和氯等常以盐的形式（如硫酸镁、磷酸二氢钾、磷酸氢二钾、碳酸钙、氯化钾等）加入，而钴、铜、铁、锰、锌等的缺少对微生物生长固然不利，但因其需要量很小，除了合成培养基外，一般在复合培养基中不再单独加入。因为复合培养基中的许多动、植物原料，如花生饼粉、黄豆饼粉、蛋白质等都含有多种微量元素。但是，有些发酵工业中也有单独加入微量元素的，例如生产维生素 B_{12}，尽管也采用天然复合材料作培养基，但因钴元素是维生素 B_{12} 的组成成分，其需求量随产物量的增加而增加，所以，在培养基中就需要加入氯化钴以补充钴元素的不足。

磷是核酸和蛋白质的必要成分，也是重要的"生命活动的能量通货"——三磷酸腺苷（ATP）的组成成分。在代谢途径的调节方面，磷元素起到很重要的作用，磷元素有利于糖代谢的进行，因此它能促进微生物的生长。但磷若过多时，许多产物的合成常受抑制。例如在谷氨酸的合成中，磷浓度过高就会抑制 6 - 磷酸葡萄糖脱氢酶的活性，使菌体生长旺盛，而谷氨酸的产量却很低，代谢向缬氨酸方向转化。但也有一些产物要求磷酸盐浓度高些，如黑曲霉 NRRL330 菌种生产 α - 淀粉酶时，若加入 0.2% 磷酸二氢钾则活力可比低磷酸盐提高 3 倍。还有报道用地衣芽孢杆菌生产 α - 淀粉酶时，添加超过菌体生长所需要的磷酸盐浓度，则能显著增加 α - 淀粉酶的产量。许多次级代谢过程对磷酸盐浓度的承受限度比生长繁殖过程低，必须严格控制。

镁处于离子状态时，是许多重要酶（如己糖磷酸化酶，柠檬酸脱氢酶、羧化酶等）的激活剂，镁离子不但影响多糖的氧化，还影响蛋白质的合成。镁离子能提高一些氨基糖苷类抗生素产生菌对自身所产生的抗生素的耐受能力，如卡那霉素、链霉素、新生霉素等的产生菌。镁常以硫酸镁的形式加入培养基中，但在碱性溶液中会形成氢氧化镁沉淀，因此配料时要注意。

硫存在于细胞的蛋白质中。是含硫氨基酸的组成成分和某些辅酶的活性基。如辅酶A、硫锌酸和谷胱甘肽等。在某些产物如青霉素、头孢菌素等分子中，硫是其组成部分。所以，在这些产物的生产培养基中，需要加入硫酸盐等作为硫源。

铁是细胞色素、细胞色素氧化酶和过氧化氢酶的成分，因此，铁是菌体有氧氧化必不可少的元素，工业生产上一般用铁制发酵罐。在一般发酵培养中不再加入含铁化合物。

氯离子在一般微生物中不具有营养作用，但对一些嗜盐菌来讲是必需的。此外，在一些产生含氯代谢物如金霉素和灰黄霉素等的发酵中，除了从天然原料和水中带入的氯离子外，还需加入约 0.1% 的氯化钾以补充氯离子。

钠、钾、钙离子虽不参与细胞的组成。但仍是微生物发酵培养基的必要成分。钠离子与维持细胞渗透压有关，故在培养基中常加入少量钠盐，但用量不能过高，否则会影响微生物生长。钾离子也与细胞渗通压和透性有关，并且还是许多酶的激活剂，它能促进糖代谢。在谷氨酸发酵中，菌体生长时需要钾离子约 0.01%，生产谷氨酸时需要量约为 0.02% ~ 0.1%（以 K_2SO_4 计）。钙离子主要控制细胞透性，常用的碳酸钙本身不溶于水，几乎是中性，但它能与代谢过程中产生的酸起反应，形成中性化合物和二氧化碳，后者从培养基中逸出，因此碳酸钙对培养液的 pH 值有一定的调节作用。在配制培养基时要注意两点，一是培养基中钙盐过多时，会形成磷酸钙沉淀，降低了培养基中可溶性磷的含量，因此，当培养些中磷和钙均要求较高浓度时，可将二者分别灭菌或逐步补加；还要先要将配好的培养基用碱调节 pH 近中性，才能将 $CaCO_3$ 加入培养基中，这样可防止 $CaCO_3$ 在酸性培养基中被分解，而失去其在发酵过程中的缓冲能力。同时所采用的 $CaCO_3$ 要对其中 CaO 等杂质含量做严格控制。

锌、钴、锰、铜等微量元素大部分作为酶的辅基和激活剂，一般来讲只有在合成培养基中才需加入这些元素。

4. 水

水是所有培养基的主要组成成分，也是微生物机体的重要组成成分。因此，水在微生物代谢过程中占着极其重要的地位。它除直接参加一些代谢外，又是进行代谢反应的内部介质。此外微生物特别是单细胞微生物由于没有特殊的摄食及排泄器官，它的营养物、代谢物、氧气等必须溶解于水后才能通过细胞表面进行正常生理代谢。此外，由于水的比热容较高，能有效地吸收代谢过程中所放出的热，使细胞内温度不致骤然上升。同时水又是一种热的良导体，有利于散热。可调节细胞温度。由此可见，水的功能是多方面的，它为微生物生长繁殖和合成目的产物提供了必需的生理环境。

对于发酵工厂来说，洁净、恒定的水源是至关重要的，因为在不同水源中存在的各种因素对微生物发酵代谢影响很大。特别是水中的矿物质组成对酿酒工业和淀粉糖化影响更大。因此，在啤酒酿造业发展的早期，工厂的选址是由水源来决定的。尽管目前已能通过物理或化学方法处理得到去离子或脱盐的工业用水，但在建造发酵工厂，决定工厂的地理位置时，还应考虑附近水源的质量。

水源质量主要考虑的参数包括 pH 值、溶解氧、可溶性固体、污染程度以及矿物质组成和含量。在抗生素发酵工业中，有时水质好坏是决定一个优良的生产菌种在异地能否发挥其生产能力的重要因素。如在酿酒工业中，水质是获得优质酒的关键因素之一。

5. 生长调节物质

发酵培养基中某些成分的加入有助于调节产物的形成。这些添加的物质一般被称为生长辅助物质，包括生长因子、前体、产物抑制剂和促进剂。

（1）生长因子 从广义上讲，凡是微生物生长不可缺少的微量的有机物质，如氨基酸、嘌呤、嘧啶、维生素等均称生长因子。生长因子不是对于所有微生物都是必需的，它只是对于某些自己不能合成这些成分的微生物才是必不可少的营养物。如目前所使用的赖氨酸产生菌几乎都是谷氨酸产生菌的各种突变株，均为生物素缺陷型，需要生物素作为生长因子，同时其也是某些氨基酸的营养缺陷型，如高丝氨酸等，这些物质也是生长因子。

有机氮源是这些生长因子的重要来源，多数有机氮源含有较多的 B 族维生素和微量元素及一些微生物生长不可缺少的生长因子。最有代表性的是玉米浆，玉米浆中含有丰富的氨基酸、还原糖、磷、微量元素和生长素。所以，玉米浆是多数发酵产品良好的有机氮源。

（2）前体 前体是指加入到发酵培养基中，能直接被微生物在生物合成过程中结合到产物分子中去。其自身的结构并没有多大变化，但是产物的产量却因其加入而有较大提高的一类化合物。前体最早是在青霉素的生产过程中发现的。在青霉素生产中，人们发现加入玉米浆后，青霉素产量是可从 20U/mL 增加到 100U/mL，进一步研究后发现，发酵单位增长的主要原因是玉米浆中含有苯乙胺，它能被优先合成到青霉素分子中去，从而提高了青霉素 G 的产量。在实际生产中，前体的加入可提高产物的产量，还显著提高产物中目的成分的比重，如在青霉素生产中加入前体物质苯乙酸可增加青霉素 G 的产量，而用苯氧乙酸作为前体则可增加青霉素 V 的产量。

大多数前体如苯乙酸对微生物的生长有毒性，在生产中为了减少毒性和增加前体的利用率，通常采用少量多次的流加工艺。

（3）产物合成促进剂 所谓产物合成促进剂，是指那些细胞生长非必需的，但加入后却能显著提高发酵产量的一些物质。常以添加剂的形式加入发酵培养基中。促进剂提高产量的机制还不完全清楚，其原因可能是多方面的。如在酶制剂生产中，有些促进剂本身是酶的诱导物；有些促进剂是表面活性剂，可改善细胞的透性，改善细胞与氧的接触从而促进酶的分泌与生产。也有人认为表面活性剂对酶的表面失活有保护作用。有些促进剂的作用是沉淀或螯合有害的重金属离子。

各种促进剂的效果除受菌种、种龄的影响外，还与所用的培养基组成有关，即使是同一种产物促进剂、用同一菌株，生产同一产物，在使用不同的培养基时效果也会不一样。

三、发酵罐

发酵罐是发酵工程中常用设备中最重要、应用最广泛的设备，可以说发酵罐是整个发酵工业的心脏。

发酵罐的定义是指为特定一种或多种微生物所进行的生长代谢过程提供良好环境的容器。对乎某些工艺来说，发酵罐是个密闭容器，同时附带精密控制系统；而对于另一些简单的工艺来说，发酵罐只是个开口容器，有时甚至简单到只要有一个开口的空间环境就可进行发酵。

（一）工业发酵常用设备发展史

发酵罐伴随着微生物发酵工业的发展已经历了近 300 年的历史。英国学者 Stanbury 把工业发酵的发展过程分为 5 个阶段，而发酵罐的发展同样经历了这些阶段。第一阶段是 1900 年以前，早在 17 世纪人们已用木制容器来发酵制取乙醇和酒，那时的发酵罐是现代发酵罐的雏形，它带有简单的温度和热交换仪器，18 世纪中叶开始进行酵母发酵生产，发酵罐随之进一步完善；第二阶段是 1900 ~ 1940 年，出现了 $20m^3$ 的钢制发酵罐，在面包酵母发酵罐中开始使用空气分布器，机械搅拌开始用在小型的发酵罐中；第三阶段是 1940 ~ 1960 年，第一个大规模工业生产青霉素的工厂于 1944 年 1 月 30 日在 Terre Haute 投产，其发酵罐体积是 $54m^3$。以青霉素为代表的抗生素工业的兴起引起工业发酵的一场变革。机械搅拌、通风、无菌操作和纯种培养等一系列技术开始完善，许多技术和装备一直延用至今。发酵工艺过程的参数检测和控制方面已出现耐蒸汽灭菌的在线连续测定的 pH 电极和溶氧电极，计算机开始进行发酵过程的控制。发酵产品的分离和纯化设备逐步实现商品化；第四阶段是 1960 ~ 1979 年。机械搅拌通风发酵罐的容积增大到 80 ~ $150m^3$。由于大规模生产单细胞蛋白的需要，又出现了压力循环和压力喷射型的发酵罐，它们可以克服一些气体交换和热交换问题。ICI(英国帝国化学工业公司，Imperal Chemical Industries) 的 $1500m^3$ 压力循环发酵罐可连续发酵 100 天而不染菌。计算机开始在发酵工业上得到广泛应用；第五阶段是 1979 年至今。由于生物工程和生物技术的迅猛的发展，给发酵工业提出了新的要求。于是，大规模细胞培养发酵罐应运而生，胰岛素、干扰素等基因工程的产品大量生产，为造福人类健康事业做出了新的贡献。

发酵罐与其他工业设备的突出差别是对纯种培养有着很高的要求，几乎达到十分苛刻的程度。工艺操作上的任何一点疏忽都会给企业造成不可挽回的巨大损失。因此，发酵罐的严密性，运行过程中所要求的高度可靠性是发酵工业设备的显著特点。同时，现代发酵工业为了获得更大的经济利益，发酵罐更加趋向大型化和自动化方向发展。例如，废水处理 $27000m^3$，单细胞蛋白 $1500m^3$，啤酒 $320m^3$，柠檬酸 $200m^3$，面包酵母 $200m^3$，抗生素 $200m^3$，干酪 $20m^3$，酸乳酪 $10m^3$。

在发酵罐的自动化方面，目前正在利用计算机控制整个发酵过程。作为参数检测的重要手段如 pH 电极、溶解氧电极、溶解二氧化碳电极等在线检测已相当成熟和先进。

随着生物工程尤其是基因工程的迅速发展，特别是环保方面的迫切需要，使发酵罐的结构操作原理和方法等都发生了很大的变化，就连术语"发酵罐"也常常代之以"生化反应器"。尽管如此，发酵工业上最常用的还是通风搅拌发酵罐(图 6 - 2)。除了通风搅拌发酵罐外，其他形式的发酵罐如气升式发酵罐、压力循环发酵罐、带超滤膜的发酵罐等在工业上也有着广泛的应用。

发酵工程提供的生物工程产品很多，它们的生产工艺流程比较相似，所用的典型发酵设备有：种子制备设备、主发酵设备、辅助设备(无菌空气和培养基的制备)、发酵液预处理设备、粗产品的提取设备、产品精制与干燥设备、流出物回收、利用和处理设备等。

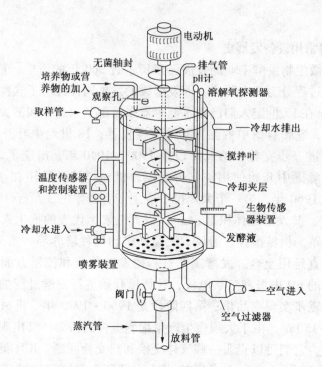

电动机
无菌轴封
培养物或营养物的加入
排气管
pH计
观察孔
溶解氧探测器
取样管
冷却水排出
搅拌叶
温度传感器和控制装置
冷却夹层
生物传感器装置
冷却水进入
发酵液
喷雾装置
阀门
空气进入
空气过滤器
蒸汽管
放料管

图 6-2　大型通气搅拌发酵罐示意图

（二）发酵罐的类型和特征

1. 发酵罐的分类

各种不同类型的发酵罐都可用于大规模的生物反应过程，它们在设计、制造和操作方面的精密程度，取决于某一产品的生物化学过程对发酵罐的要求。发酵罐的分类有以下几种。

（1）按微生物生长代谢需要分类。这种分类将发酵罐分为好氧的和厌氧的两大类，如抗生素、酶制剂、酵母、氨基酸、维生素等产品都是在好氧发酵罐中进行，而丙酮-丁醇、酒精、啤酒、乳酸等采用厌氧发酵罐。它们的主要差别是由于对无菌空气的需求不同，前者需要强烈的通风搅拌，目的是提高氧在发酵液中的传质系数；后者则不需要通气。

（2）按照发酵罐设备特点分类。可以分为机械搅拌通风发酵罐和非机械搅拌通风发酵罐。前者包括循环式、非循环式的通风式发酵罐以及自吸式发酵罐等。后者包括循环式的气升式、塔式发酵罐，以及非循环式的排管式和喷射式发酵罐。这两类发酵罐是采用不同的方式使发酵罐内的气、固、液三相充分混合，从而满足微生物生长和产物形成对氧的需求。

（3）按容积分类。一般认为 1~50L 的是实验室发酵罐；50~5000L 是中试发酵罐；5000L 以上是生产规模的发酵罐。

（4）按微生物生长环境分类。发酵罐内存在两种系统，即悬浮生长系统和支持生长系统。一般来说，大多数发酵罐都含有这两种系统。在悬浮生长系统中微生物细胞是浸没在培养液中，且伴随着培养液一起流动。在支持生长系统中，微生物细胞生长在与培养液接触的界面上，形成一层薄膜。然而实际上悬浮生长系统的容器内壁上和上部的罐壁上也会生长着一层菌体膜；在支持生长系统中也有菌体分散在培养液之中。

（5）按操作方式分类。可分为分批发酵和连续发酵。要特别注意的是，不是所有的发酵罐都可以同时适用于这两种发酵系统。分批发酵时，发酵工艺条件随着营养液的消耗和产物的形成而变化。分批发酵过程结束，要放罐、清洗和重新灭菌，再开始新一轮的发酵，分批发酵系统是非稳定态的过程。连续发酵时，新鲜营养液连续流加入发酵罐内，同时，产物连续地流出发酵罐。分批发酵的主要优点是污染杂菌的比例小，操作灵活性强，可用来进行几种不同产品的生产；其缺点是发酵罐非生产停留时间所占比重大，非稳定态工艺过程的设计和操作困难。连续发酵的主要优点是可连续运行几个月的时间，非生产时间短，它适用于不易染菌的产品如丙酮 - 丁醇发酵、酒精、啤酒发酵等。

（6）其他类型。一种新型的超滤发酵罐已开始在工业发酵中得到应用，在运行时，成熟的发酵液通过一个超滤膜使产物能透过膜进行提取，酶可以通过管道返回发酵罐继续发酵，新鲜的底物可源源不断地加入罐内。

2. 发酵罐的基本特征

发酵罐是现代发酵工程中重要的设备，是微生物进行发酵的重要场所。为使微生物发挥最大的生产效率，现代发酵工程所使用的发酵罐应具有下面重要的特征：①发酵罐应有适宜的径高比。罐身较长，氧的利用率较高；②因为发酵罐在灭菌和正常工作时，要承受一定的压力(气压和液压)和温度；③发酵罐的搅拌通风装置能使气液充分混合，实现传质传热作用，保证微生物发酵过程中所需的溶解氧；④发酵罐内应尽量减少死角，避免藏污积垢，保证灭菌彻底，防止染菌；⑤发酵罐应具有足够的冷却面积；⑥搅拌器的轴封要严密，以减少泄漏。

（三）发酵工程常见的主要发酵类型

微生物发酵是一个错综复杂的过程，尤其是大规模工业发酵，要达到预定目标，需要采用和研究开发多种多样的发酵技术，其中，发酵的方式就是最重要的发酵技术之一。根据微生物的生理特征、营养要求、培养基性质以及发酵生产方式，可以将发酵分成若干类型。

按微生物对氧的不同需求可以分为好氧发酵、厌氧发酵以及兼性厌氧发酵三大类型。由乳酸细菌引起的乳酸发酵和梭状芽孢杆菌进行的丙酮丁醇发酵属于厌氧发酵，在整个发酵过程中无需供给空气。而利用棒状杆菌进行的谷氨酸发酵，利用黑曲霉进行的柠檬酸发酵，以及利用各类放线菌进行的各种不同抗生素的发酵都属于好氧发酵，在发酵过程中必须通入一定量的无菌空气。有的酵母菌属于兼性厌氧微生物，当有氧供给的情况下，可以积累酵母菌体，进行好氧呼吸，而在缺氧的情况下它又进行厌氧发酵，积累代谢产物——酒精。总的来说，现代工业发酵中多数属于好氧发酵类型。

按培养基的物理性状区分可以分为液体发酵和固体发酵两大类型。后者多见于传统发酵，如白酒的酿造和固体制曲过程，现在许多微生物菌体蛋白饲料的生产也大多采用固体发酵法，如将农作物秸秆经多种微生物混合固体发酵生产为营养价值高的菌体蛋白饲料。固体发酵又可分为浅盘固体发酵和深层固体发酵。前者是将固体培养基铺成薄层(厚度2～3cm)装盘进行发酵，后者是将固体培养基堆成厚层(30cm)，并在培育期间不断通入空气，故也称机械通风制曲。固体培育最大的特点是固体曲的酶活力高，但无论是浅盘与深层固体通风培养都需要较大的劳动强度和工作面积。目前比较完善的深层固体通风制曲可以在曲房周围使用循环、冷却增湿的无菌空气来控制温度和湿度，并且能适应菌种在不同生理时期的需要加以灵活调节，曲层的翻动全部自动化。

现代工业发酵大多采用液体深层发酵，青霉素、谷氨酸、肌苷酸等大多数发酵产品都先后采用此法大量生产。液体深层发酵的特点是容易按照生产菌种的营养要求以及在不同生理时期对通气、搅拌、温度及 pH 值等的要求，选择最适发酵条件。因此，目前几乎所有好氧性发酵都采用液体深层发酵法。但是，液体深层培养无菌操作要求高，在生产上防止杂菌污染是一个十分重要的问题。

按发酵工艺流程区分则可分为分批发酵、连续发酵和补料分批发酵等三大类型。其中连续发酵又可分为单级恒化器连续发酵、多级恒化器连续发酵及带有细胞再循环的单级恒化器连续发酵。

下面是近年一些新发展的微生物培养方法。

（1）载体培养　该法脱胎于曲法培养，同时又吸收了液体培养的优点，是近年新发展的一种培养方法。特征是以天然或人工合成的多孔材料之类的固态基质作为微生物生长的载体营养成分可以严格控制。发酵结束后只需将菌体和培养液挤压出来进行抽提，载体又可以重新使用。据报道，利用载体培养法培养霉菌、酵母、放线菌可以提取多种产物，如色素、肌苷酸、酶等。载体的取材必须经得起蒸汽加热灭菌，且具有多孔结构以便有足够的表面积，又能允许空气流通。对于其几何形状无特殊要求，形体大小应在适当范围。载体种类，目前以脲烷泡沫塑料块用得较多。

（2）两步法液体深层培养　此法在酶制剂生产和氨基酸生产方面应用较多。在酶制剂生产中，由于微生物生长与产酶的最适条件往往有很大的差异。采取两步法培养，可将菌体生长条件（营养期）与发酵条件区分开来，因而更容易控制各个生理时期的最适条件。

在某些氨基酸的二步法生产中，每一步的菌种和培养基均不相同。第一步是属有机酸发酵或氨基酸发酵，第二步是在微生物产生的某种酶的作用下，把第一步产物转化为所需的氨基酸。所以，这类氨基酸发酵生产方法又称为酶转化法。许多氨基酸均可以通过二步法制得，但二步法工艺较繁杂。目前谷氨酸、赖氨酸、丙氨酸等仍由直接发酵法来生产。

在微生物发酵工业生产中，各种发酵方式往往是结合进行的，选择哪些方式组合起来进行发酵，取决于菌种特性、原料特点、产物特色、设备状况、技术可行性、成本核算等方方面面的因素。现代发酵工业大多数主流发酵方式采用的是好氧、液体、深层、分批、游离、单一纯种发酵方式结合进行的。这种组合方式的优越性有：①好氧单一纯种微生物产生单一产品，是现代发酵工业的主流，而此发酵方式的结合是目前应用最多和最好的发酵方式，对大多数发酵工业是最佳的选择；②液体悬浮状态是很多微生物的最适宜的生长环境，菌体、营养物、产物、热量容易扩散和均质，使产品较易达到高产、优质，发酵中和操作增加了发酵反应的效率，加快了反应周期；③分批发酵对生物反应器中的发酵是间歇式操作，其主要特征是所有工艺变量都随时间而变，工艺变量主要是菌体、营养物、pH、热量、产物的变更，变化的规律性强，比较容易控制逐级放大和扩大生产规模；④分批单一纯种的发酵，不易污染，菌种较容易复壮和改良。这些优势不是绝对的，也不是对所有微生物都适用，对某一菌种来说，也可能变更其中一种或几种发酵方式，发酵效果会更好，效益也更好。因此，应积极研究与开发应用其他更多更好的发酵方式用于发酵工程。

第三节　发酵工程在石油化工领域的应用

生物技术广泛应用于医药、农业、食品和石油化工等领域，为解决人类所面临的能源、粮食、环保等重大问题开辟了新的途径。传统化学工业由于原料的依赖性强、化学反应的条件剧烈、能耗高、产率低、副产物多、投资高、环境污染大等因素的限制，已越来越显示出其不足。当今世界，由于石油化石能源资源日益减少，以生物质为原料，通过微生物降解、合成与转化生产的石油化工产品越来越受到人们的重视。近十多年来，随着分子生物学的应用，传统的发酵工艺得到广泛应用并大规模工业化。高温、高压下的传统化学工艺过程开始被常温、常压下的酶工程所取代，传统的搅拌式发酵罐正在被各种新型反应器所取代。生物技术在石油化工领域的研究与应用也呈现活跃局面。生物技术和发酵工程的蓬勃发展，对化学工业原料、产品结构、生产工艺、精细化工产品的开发以及能源环保等方面产生了巨大影响。目前已有将近50%的化工产品可由生物发酵来生产。除用于医药食品领域的发酵产品外，由发酵生产的化工产品也越来越多。生物技术应用于石油化工具有很大潜力，可以改造传统的生产过程，以降低成本、提高质量或生产用化学法难以合成的产品；可以开辟石油化工基础原料新来源，以节约石油资源。因此，许多化工和石油化工公司在战略决策、开发投资、生产经营等方面进行了调整，纷纷向生物技术领域投资。一批知名跨国企业，如帝国化学工业公司(ICI)、埃克森公司(Exxon Corporation)、杜邦公司(DuPont Company)等也都投身到生物技术浪潮中。

国内，一批成熟、先进、实用的生物技术已转化为生产力。例如，己二酸是制造尼龙纤维、聚氨基甲酸酯弹性纤维、增塑剂等的重要中间体。长期以来，工业上生产己二酸的方法是以石油提取的苯为原料。该法的主要问题是原料苯来源于传统的石油化工产品，且属于致癌物，腐蚀性强，需高温高压操作，危险大、能耗高。现在已经开发出以纤维素和淀粉水解得到的葡萄糖为原料，经过DNA重组技术改进的基因工程菌的发酵，将葡萄糖转化为己二烯二酸，再在温和条件下催化加氢合成己二酸的新技术。L-乳酸、L-苹果酸的发酵生产，使有机酸品种更加齐全；用生物法替代化学法生产化工原材料技术，如固定化细胞法生产丙烯酰胺、发酵法生产长链二羧酸，已处于世界领先水平。现在，已有大量的化工原料通过微生物发酵生产获得。除乙醇、丙酮、丁醇等传统产品外，制造尼龙、香料的原料癸二酸和絮凝剂原料丙烯酰胺，都已实现了发酵法生产。而且一些十分重要的化工原料，如长链二元酸(制造耐寒增塑剂、工程塑料、尼龙的重要原料)、2,3-丁二醇(合成橡胶的原料)、聚羟基丁酸酯、聚乳酸等，也都实现了工业化发酵生产。

本节重点介绍几种有代表性的石油化工领域发酵生产案例以及相关进展，并就如何发展这些技术作了简要论述。

一、发酵法生产有机酸

微生物可将糖质或烃类转化成多种有机酸，如柠檬酸、乳酸、苹果酸、富马酸以及各种二羧酸等。

我国采用生物法生产有机酸始于20世纪60年代初。目前，生物法有机酸产量最大的是柠檬酸，年产量超过300kt，其它有机酸产品也得到不同程度的开发和应用。

（一）长链二元酸

长链二元酸是碳链中含有 8 个或 8 个以上碳原子和两个羧基官能团的直链双末端 α, ω - 二羧酸（DCA）。它作为重要的精细化工中间体，可以合成香料、工程塑料、聚酰胺热熔胶、高级润滑油、耐寒增塑剂等一系列高附加值特殊化学品。随着对这些下游产品需求的增加，长链二元酸的需求量也在不断增长。

发酵法生产 DCA 是生物技术在石油化工领域的重要应用。它以原料来源广、反应专一性强、反应条件温和等优点取代了传统的化学合成法，在国内外受到重视。日本 20 世纪 80 年代初率先实现了 DCA 发酵的工业生产，1985 年扩建到 200t/a，发酵水平 140g/L，目前达到 500t/a 的规模。美国、荷兰、德国在该领域也做了大量工作。

我国发酵生产 DCA 的整体技术达到国际先进水平。近几年来，随着生产原料丰富和技术进步，在上海、山东、辽宁等地又建起一批规模较大的二元酸生产厂，与 20 世纪 80 年代初期的生产装置相比，具有规模大、产量高的特点。

发酵生产二元酸的主要原料是正构烷烃，该原料可以通过液蜡精馏得到。生产 DCA 主体技术包括菌种选育、烷烃生物氧化、产品提纯精制 3 个单元。各单元相应的关键技术是：稳定高产菌种的诱变筛选；发酵条件的优化与控制；发酵产物的分离与提纯。后者是此项技术的难点。目前主要采用溶剂法或水相法两类工艺，我国也开发了多种精制工艺。长链二羧酸用途广泛，有较好的市场前景。我国经过十余年开发研究，已进入产业化阶段，全国总生产能力达 1kt/a。目前已商品化的二羧酸衍生物有麝香 - T、服装热熔胶和工程塑料等。为进一步打开市场，应该在加速其它下游产品开发的同时，进一步降低二元酸的生产成本。美国将基因工程技术应用于二元酸生产菌种的改良，使油酸转化率提高到 100%，还通过各种代谢调控方式以及改造关键酶系的编码基因来提高二元酸生产水平。我国这方面工作刚刚开始，此项工作对提高产酸率、降低二元酸的生产成本具有重要意义。

（二）柠檬酸

1. 柠檬酸的生产简史

1784 年，C. W. 舍勒首先从柑橘中提取柠檬酸。他是通过在水果榨汁中加入石灰乳以形成柠檬酸钙沉淀的方法制取柠檬酸的。天然柠檬酸最初产于美国加利福尼亚州、意大利和西印度群岛，意大利的产量居首位。到 1922 年，世界柠檬酸的总销售额的 90% 由美国、英国、法国等垄断。发酵法制取柠檬酸始于 19 世纪末，1893 年 C. 韦默尔发现青霉（属）菌能积累柠檬酸，1913 年 B. 扎霍斯基报道黑曲霉能生成柠檬酸，1916 年汤姆和柯里以曲霉属菌进行试验，证实大多数曲霉菌如泡盛曲霉、米曲霉、温氏曲霉、绿色木霉和黑曲霉都具有产柠檬酸的能力，而黑曲霉的产酸能力更强。如柯里以黑曲霉为供试菌株，在 15% 蔗糖培养液中发酵，对糖的吸收率达 55%。1923 年美国菲泽公司建造了世界上第一家以黑曲霉浅盘发酵法生产柠檬酸的工厂。随后比利时、英国、德国、苏联等相继研究成功发酵法生产柠檬酸。这样，依靠从柑橘中提取天然柠檬酸的方法逐渐被发酵柠檬酸所取代。1950 年前，柠檬酸采用浅盘发酵法生产，1952 年美国迈尔斯试验室采用深层发酵法大规模生产柠檬酸。此后，深层发酵法逐渐建立起来。深层发酵周期短，产率高，节省劳动力，占地面积小，便于实现仪表控制和连续化，现已成为柠檬酸生产的主要方法。

中国用发酵法制取柠檬酸最早见于 1942 年汤腾汉等的报告。1952 年陈声等开始用黑曲霉浅盘发酵制取柠檬酸。前轻工业部发酵工业科学研究所于 1959 年完成了 200L 规模深层发酵制柠檬酸试验，1965 年进行了生产 100t 甜菜糖蜜原料浅盘发酵制取柠檬酸的中间试验，并于 1968 年投入生产。1966 年后，天津市工业微生物研究所、上海市工业微生物研究所相继开展用黑曲霉进行薯干粉原料深层发酵柠檬酸的试验研究，并获得成功，从而确定了中国柠檬酸生产的这一主要工艺路线。薯干粉深层发酵柠檬酸，原料丰富，工艺简单，不需添加营养盐，产率高，是中国独特的先进工艺。

中国石油发酵柠檬酸的研究起步较早。1970 年，天津、上海、沈阳、常州等地研究单位利用解脂假丝酵母（Candida lipolytica）进行石蜡油（正构烷烃）发酵生产柠檬酸的试验。1979 年徐子渊等筛选出一株对氟乙酸敏感的变异株解脂假丝酵母，其乌头酸水合酶的活性很低，柠檬酸的生成比例从原来的 50% 提高至 80%，从而提高了石油发酵柠檬酸的产率。我国的柠檬酸产业，较早地进入了国际市场，经过多年的努力和奋斗已成为世界第一的生产和出口大国。我国加入 WTO 后，柠檬酸工业继续发展壮大，2002 年柠檬酸出口量为 26 万吨，柠檬酸钠出口量为 2.58 万吨，出口总量比上年增长 3%。我国柠檬酸行业开始走上了持续健康的发展道路。

随着生物技术的进步，柠檬酸工业有了突飞猛进的发展，全世界柠檬酸产量已达 0.4Mt。在柠檬酸发酵技术领域，由于高产菌株的应用和新技术的不断开拓，柠檬酸发酵和提取收率都有明显提高，每生产 1t 柠檬酸分别消耗 2.5 ~ 2.8t 糖蜜，2.2 ~ 2.3t 薯干粉或 1.2 ~ 1.3t 蔗糖。人们正在大力开发固定化细胞循环生物反应器发酵技术。

2. 发酵机理

1940 年 H. A. 克雷伯斯提出三羧酸循环学说以来，柠檬酸的发酵机理逐渐被人们所认识。已经证明，糖质原料生成柠檬酸的生化过程中，由糖变成丙酮酸的过程与酒精发酵相同，亦即通过 E - M 途径（双磷酸己糖途径）进行酵解，然后丙酮酸进一步氧化脱羧生成乙酰辅酶 A，乙酰辅酶 A 和丙酮酸羧化所生成的草酰乙酸缩合成为柠檬酸并进入三羧酸循环途径。

柠檬酸是代谢过程中的中间产物。在发酵过程中，微生物的乌头酸水合酶和异柠檬酸脱氢酶活性很低，而柠檬酸合成酶活性很高时，才有利于柠檬酸的大量积累。

3. 发酵生产过程

柠檬酸生产分发酵和提取两部分。

发酵有固态发酵、液态浅盘发酵和深层发酵 3 种方法。固态发酵是以薯干粉、淀粉以及含淀粉的农副产品为原料，配好培养基后，在常压下蒸煮，冷却至接种温度，接入种曲，装入曲盘，在一定温度和湿度条件下发酵。采用固态发酵生产柠檬酸，设备简单，操作容易。液态浅盘发酵多以糖蜜为原料，其生产方法是将灭菌的培养液通过管道转入一个个发酵盘中，接入菌种，待菌体繁殖形成菌膜后添加糖液发酵。发酵时要求在发酵室内通入无菌空气。深层发酵生产柠檬酸的主体设备是发酵罐，微生物在这个密闭容器内繁殖与发酵。现多采用通用发酵罐，它的主要部件包括罐体、搅拌器、冷却装置、空气分布装置、消泡器，轴封及其他附属装置。发酵罐径高比例一般是 1：2.5，应能承受一定的压力，并有良好的密封性。除通用式发酵罐外，还可采用带升式发酵罐、塔式发酵罐和喷射自吸式发酵罐等。

为了得到产柠檬酸的优良菌种，通常是从不同地区采集的土壤或从腐烂的水果中分离筛选，然后通过物理和化学方法进行菌种选育。例如薯干粉深层发酵柠檬酸的菌种就是通过不断变异和选育得到的。菌种适合在高浓度下发酵，产酸水平较高。

柠檬酸的发酵因菌种、工艺、原料而异，但在发酵过程中还需要掌握一定的温度、通风量及 pH 值等条件。一般认为，黑曲霉适合在 28～30℃时产酸。温度过高会导致菌体大量繁殖，糖被大量消耗以致产酸降低，同时还生成较多的草酸和葡萄糖酸；温度过低则发酵时间延长。微生物生成柠檬酸要求低 pH 值，最适 pH 值为 2～4，这不仅有利于生成柠檬酸，减少草酸等杂酸的形成，同时可避免杂菌的污染。柠檬酸发酵要求较强的通风条件，有利于在发酵液中维持一定的溶解氧量。通风和搅拌是增加培养基内溶解氧的主要方法。随着菌体生成，发酵液中的溶解氧会逐渐降低，从而抑制了柠檬酸的合成。采用增加空气流速及搅拌速度的方法，使培养液中溶解氧达到 60% 饱和度对产酸有利。柠檬酸生成和菌体形态有密切关系，若发酵后期形成正常的菌球体，有利于降低发酵液黏度而增加溶解氧，因而产酸就高；若出现异状菌丝体，而且菌体大量繁殖，造成溶解氧降低，使产酸迅速下降。发酵液中金属离子的含量对柠檬酸的合成有非常重要的作用，过量的金属离子引起产酸率的降低，由于铁离子能刺激乌头酸水合酶的活性，从而影响柠檬酸的积累。柠檬酸发酵用的糖蜜原料，因含有大量金属离子，必须应用离子交换法或添加亚铁氰化钾脱铁方能使用。然而微量的锌、铜离子又可以促进产酸。

在柠檬酸发酵液中，除了主要产物外，还含有其他代谢产物和一些杂质，如草酸、葡萄糖酸、蛋白质、胶体物质等，成分十分复杂，必须通过物理和化学方法将柠檬酸提取出来。大多数工厂仍是采用碳酸钙中和及硫酸酸解的工艺提取柠檬酸。除此之外，还研究成功用萃取法、电渗析法和离子交换法提取柠檬酸。

(三) 乳酸

乳酸因旋光性不同又分为 D-乳酸、L-乳酸和 DL-乳酸 3 种。L-乳酸主要用于食品工业、医药工业和化工行业。乳酸在食品工业上用作酸味剂和防腐剂，年需求量在万吨以上；在医药和化工行业中用来生产乳酸钠等补充金属元素的药品，更主要的是用来合成聚乳酸。聚乳酸是重要的乳酸衍生物，是以乳酸为单体合成的新型可生物降解材料。聚乳酸无毒、有优良的生物相容性，是最有发展前途的高分子材料。目前，聚乳酸的开发与生产尚处于起步阶段，美国卡基尔公司建有 7kt/a 的生产装置，目前计划再建设一套 100kt/a 的生产装置。日本的岛津公司、三井化学公司等分别建有聚乳酸工业装置。荷兰普瑞公司除了在欧洲建厂外，还在巴西和美国分别建立了 L-乳酸生产厂。全球最大的聚乳酸生产商卡基尔公司认为，聚乳酸将逐步替代现有的可降解塑料，并具有与聚烯烃类聚合物相竞争的能力。

全世界的乳酸总产量约为 300kt/a，其中 50% 采用发酵法生产。许多微生物能将碳水化合物转化为乳酸，目前工业生产乳酸的微生物主要包括：Lactobacillus（乳杆属菌）、Bacillus（芽孢杆菌属）和 Rhizopus（根霉属）等。我国主要用米根霉发酵生产乳酸，并采用固定化技术，产率为 8%～10%；国外对米根霉的发酵研究较多。用同型乳酸发酵方法（经糖酵解途径），乳酸产率最高。通过微生物菌种筛选和改良，可以直接用淀粉或农副产品为原料，发酵生产 L-乳酸或 D-乳酸，而化学合成法只能得到 DL-乳酸消旋体。

微生物发酵生产乳酸一般为厌氧发酵，发酵液中产物以其盐的形式存在。因为工业上应用的是游离乳酸，所以国内外正在开发低 pH 的发酵技术直接生产乳酸，如用酵母工程菌发酵。乳酸生产过程的难点和关键是产品回收与精制技术，国内的提取技术与国外相比差距较大，生产成本较高，这是制约我国乳酸发酵产业发展的关键。

1944 年，重庆振元化学药品厂首先生产乳酸钙。此后该厂迁到无锡，改名为无锡第二制药厂，生产乳酸钙。现在已采用真菌酶制剂代替砻糠曲的生产工艺，采用大米等为原料，并行发酵法生产乳酸钙。2011 年，河南金丹乳酸科技公司 100kt/a 的 L - 乳酸的项目投产，生产规模居世界第二位、亚洲第一。

二、甘油发酵

（一）甘油的性质

甘油（Glycerin），别名丙三醇，分子式为 $C_3H_8O_3$，无色、透明、无臭、黏稠液体，味甜，具有吸湿性。可与水和乙醇混溶，水溶液为中性，不溶于苯、氯仿、四氯化碳、二硫化碳、石油醚、油类。主要用作基本有机化工原料，广泛用于医药、食品、日化产品、纺织、造纸、油漆等行业。

发酵法是继皂化法（油脂水解）、化学合成法之后的第三种甘油生产方法。随着石油能源的日渐减少，化学合成法生产甘油的经济效益不断下降，产量也在逐年降低。合成洗涤剂的发展造成皂化法生产的甘油产量停滞不前，采用生物技术生产甘油的方法也就应运而生。

（二）发酵法生产甘油

1. 厌氧发酵法生产甘油

在酵母发酵生产乙醇的过程中，总有少量甘油伴随产生。但要大量生产甘油就要阻遏乙醇的生成途径。厌氧发酵法的机理是酵母对蔗糖和葡萄糖等己糖进行厌氧酵解，把 EMP 途径中的乙醛作为氢的受体，用 Na_2SO_3 固定或通过 Cannizzaro 反应由碱使乙醛形成乙酸和乙醇。同样的原理，己糖产生的其他丙糖作为主要的氢受体还原为甘油。

在工业化生产中，因亚硫酸钠的使用量有限制，甘油的转化率在 20% ~ 25%（理论产率是 51%）。用糖蜜作为底物，用蒸馏、溶剂萃取等传统的方法提取甘油时，产品回收率、产率、转化率较低，在经济上显得不合算，这是工业上废弃该途径的主要原因，但一些基础研究仍有进行。

2. 耐渗透压环境的合成法

在高渗透压环境下，甘油是丝状真菌、藻类、昆虫、甲壳动物、脊椎动物的主要渗透压调节剂，这是生物体细胞内积累低分子量溶质以适应高渗透压环境，调节细胞内外渗透压，维持生命的自然选择结果。当酵母细胞处于高渗透压环境时，甘油被诱导合成以提高胞内渗透压，这一过程受高渗甘油应答途径（HOG）的调控。在渗透压允许的条件下，甘油可以对细胞中的酶和生物大分子的结构进行较大程度的保护，而且甘油的溶解性和黏度几乎不随其浓度的增加而变化。基于这种生物适应环境的生理机制，筛选高产甘油的耐渗透压酵母和藻类等，可以进行甘油的生产开发耐渗透压酵母与加转向剂的一般酵母生产甘油的基本差别在于：①在需氧而不是微氧或厌氧下生长；②不需要加入转向剂；③耐渗透压酵母可在较高的糖浓度下生长发酵；④得到较高的糖转化率及甘油产率。

耐渗透压酵母通过糖酵解（EMP）和磷酸戊糖循环（HMP）途经生产甘油及其他多元醇，其产率受生长条件的影响，如培养基的组成、供氧水平、温度等。

1945 年首次分离出耐渗透压酵母，可在不需要亚硫酸氢盐、亚硫酸盐及其他转向剂条件下生产甘油；20 世纪 50 年代后期，又从蜂蜜、干果中分离出产阿拉伯醇和甘油的耐渗透压酵母；1960 年又得到高产甘油的 Torulopsis magnoliae 菌株；自上世纪 60 年代起，诸葛健等分离选育出生产甘油的优良菌株 Candida glycerolgenesis，并已用于工业化生产。该酵母同化甘油能力极弱，少量葡萄糖可明显改善其同化甘油能力。该酵母细胞的线粒体 3 - 磷酸甘油脱氢酶受 3 - 磷酸甘油的强烈诱导，这种作用受葡萄糖代谢阻遏。在甘油发酵过程中，胞浆 3 - 磷酸甘油脱氢酶成为高速积累甘油期(18 ~ 48h)关键性限速酶。缓慢积累阶段为 48 ~ 72h，3 - 磷酸甘油酶则成为甘油合成的限速酶。产甘油假丝酵母稳定并高表达其胞浆 3 - 磷酸甘油脱氢酶基因，该酶的酶活性远高于胞浆 3 - 磷酸甘油脱氢酶，，这是其高产甘油的原因。

三、丙酮 - 丁醇发酵

丙酮(Propanone 或 Ace - tone)，也称二甲基酮(Dimethyl ketone)，分子式为 C_3H_6O，为无色透明易流动液体，有类似薄荷的芳香气味，极易挥发，极度易燃，具有刺激性，是最简单、重要的脂肪酮。与水互溶，可溶于乙醇、乙醚、氯仿、油类、烃类等多种有机溶剂。丙酮可用做醋酸纤维素和硝基纤维素的溶剂，乙炔的吸收剂，也是有机合成的原料。可以合成甲基丙烯酸甲醋(MMA)、双酚 A、丙酮氰醇、甲基异丁基酮、己烯二醇、异佛尔酮，还可热解为乙烯酮。

发酵生产丙酮和正丁醇工业始于 1913 年。第一次世界大战爆发后，丙酮用于制造炸药和航空机翼涂料等用量激增。英国首先改造酒精厂为丙酮—丁醇工厂，继而又在世界各地建立分厂，以玉米为原料大规模生产丙酮—丁醇，战后由于生产的正丁醇未发现可利用价值，丙酮—丁醇工业曾衰退停顿，当发现正丁醇是制造醋酸丁酯作为硝酸纤维素的最佳溶剂后，此工业又获得新生，尤其是近几年由于石油价格不断上涨，化学合成法受到了限制，发酵法又重新获得了成本优势，近年来世界新建的丙酮装置规模不断扩大，已由 20 世纪 80 年代的每年 10 万吨上升到 40 万吨以上，我国于 1995 年在上海溶剂厂建立了第一套发酵法总溶剂生产装置。

利用丙酮丁醇梭菌(Clostridium aceto - butylicum)在严格厌氧条件下进行发酵，其生成途径由葡萄糖发酵生成乙酸、丁酸、二氧化碳和氢气，当 pH 值下降至 4.0 ~ 4.5 时，还原生成丙酮、正丁醇和乙醇。丙酮 - 丁醇发酵可用分批或连续发酵法进行，大规模工业生产可采用连续发酵。将试管斜面菌种接入种子瓶，于(38 ± 1)℃培养 18 ~ 22h，然后接入种子罐，于 40 ~ 41℃培养 24h 后接种于活化罐，于 40 ~ 41℃培养 4h，然后从活化罐上部不断进入蒸煮醪，经活化的种子液不断从活化罐底部流向发酵罐，若干个发酵罐相互串联，发酵醪流向是下进上出从进入第一级罐到最后一级罐流出需 24 ~ 36h。成熟发酵醪经多塔精馏，分别得到丙酮、正丁醇、乙醇和杂醇油。丙酮、正丁醇、乙醇质量比约为 3:6:1，每吨总溶剂可得 CO_2、H_2 等气体 1.7t，其中氢气占 2.7%，CO_2 占 97.3%，因原料、菌种不同，溶剂比和废气比有所变化。

目前，我国丙酮生产方法主要有两种，一种是异丙苯法，另一种是总溶剂法。异丙苯法生产的关键是异丙苯的生产，传统工艺采用三氯化铝法和固体磷酸法，这两种工艺污染环境严重，现已转向先进的沸石催化剂固定床工艺，而且装置规模也趋向大型化。过去，以便宜的石油化工产品丙烯、苯为原料，采用异丙苯氧化法生产的苯酚和丙酮成本低、竞争性强，几乎淘汰了总溶剂法。2005 年以后由于石油价格飞涨，丙烯、苯的价格也随之上涨，总溶剂法又开始有利可图。同时由于乙醇汽油的兴起和带动，投资者已开始寻求总溶剂法生产乙醇、丁醇、丙酮的工程建设。

四、微生物发酵法生产丙烯酰胺

丙烯酰胺是重要的化工产品，主要用来生产聚丙烯酰胺，后者作为增稠剂、絮凝剂等，广泛应用于采油、造纸、化工、冶金等领域，被誉为"百业助剂"。传统的丙烯酰胺生产是硫酸水合法或铜催化法。微生物法是生产丙烯酰胺的第三代技术。

国际上 1985 年以前，国内 1996 年以前，丙烯酰胺的生产方法为硫酸水合法和铜骨架催化法，现称化学法。从产品纯度上看，化学法生产的丙烯酰胺中含有微量铜离子和其他金属离子，反应活性受到一定的影响。微生物法丙烯酰胺则不存在这个问题，反应活性非常高，而反应活性决定了用丙烯酰胺做衍生物的反应速度和产率。由于产品纯度高因而聚合度高，特别适合于生产"三次采油"用聚丙烯酰胺。另外从成本上看，仅原料消耗一项，微生物法就具有很大优势，丙烯腈单耗为 0.76t/t，而化学法为 0.82t/t。特别是万吨级以上规模，其成本优势将更加明显。据统计，2008 年我国微生物法丙烯酰胺产量约占丙烯酰胺总量的 43%。在 2009 年"丙烯酰胺/聚丙烯酰胺产业发展研讨会"上，国内微生物法丙烯酰胺技术的主要完成人、中国工程院院士沈寅初表示，微生物法丙烯酰胺必将逐步取代化学法。

与化学合成工艺相比，微生物法工艺简化、投资少、转化率高、三废少、产品纯度高。发酵生产的丙烯酰胺单体，可制备相对分子质量超过 2.2×10^7 的超高相对分子质量聚丙烯酰胺，用于"三次采油"，充分显示了酶催化工艺的优越性。

20 世纪 80 年代日本首先实现了微生物法生产丙烯酰胺的工业化。1991 年，生产能力为 20kt/a。我国从 1984 开始微生物法生产丙烯酰胺的研究。1986 年上海生物化学工程研究中心筛选到一株含有能使丙烯腈转化为丙烯酰胺的水合酶的微生物，后经过多年的研究，解决了产业化的一系列问题。目前，全世界掌握微生物法丙烯酰胺生产技术的国家只有中国、日本、俄罗斯以及韩国 4 个国家，其中，我国微生物法生产丙烯酰胺技术水平已经处于国际领先水平。采用国内技术生产的产品不但性能好，酶活力高于国外水平，而且由于采用了游离细胞分离后耦合技术，工艺也较国外更为简单，能耗更少。目前我国已攻克了各种工程放大技术，微生物法丙烯酰胺总产量已居世界第一，拥有了 10 万 t/a 的最大单套装置产能。

利用微生物法生产丙烯酰胺是生物技术在大宗化工原料产品生产中应用最成功的例子。目前，已在全国建成了 6 套丙烯酰胺生产装置，全部投产后年销售额可达十亿元。由丙烯酰胺生产的聚丙烯酰胺在油田应用研究表明，每使用 1t 聚丙烯酰胺可增产原油 100～150t。可见该产品的间接经济效益和环保效益非常显著。目前我国聚丙烯酰胺主要用于三次采油，由于油田大多进入三次采油阶段，对高相对分子质量的聚丙烯酰胺需求量很大。国外聚丙烯酰胺大量用于环保的水处理，随着环保意识的增强和对水处理的重现，我国聚丙烯酰胺在水处理中的应用市场将会扩大，因此丙烯酰胺的市场需求也将随之增加。目前，微生物法生产丙烯酰胺的研究热点主要转向开发现代化工新技术、改进生产工艺，特别是在生物反应器和产品分离设备的研制方面，如采用膜催化水合反应器、降膜蒸发器等。

五、发酵法生产 1，3 – 丙二醇

1，3 – 丙二醇（1，3 – PDO）是一种重要的化工原料，目前最主要的用途是替代乙二醇、1，4 – 丁二醇等中间体生产不饱和聚酯，如聚酯纤维、聚氨酯。1，3 – PDO 与对苯二甲酸合成的聚对苯二甲酸丙二醇酯（PTT），具有比其他醇类为单体合成的聚合物更优良的性能。PTT 除具有聚酯的化学稳定性外，还具有良好的生物可降解性、耐污染性、尼龙的韧性和回弹性及抗紫外线等。1998 年 PTT 被评为美国 6 大石化新产品之一。PTT 的优越性能及市场潜力早在 20 世纪 50 年前就被人们所认识，只因原料 1，3 – PDO 的生产技术难度大、成本高而不能大规模生产，其市场一直被国外企业垄断。

目前，工业上生产 1，3 – PDO 的方法主要是化学合成，如丙烯醛水合加氢法（AC法）、环氧乙烷羰基化法（EO 法）等。由于化学法的原料成本高、副产物多，重金属催化剂对环境污染大，所以各国都在开发生物合成技术。生物法原料是可再生的农产品——淀粉或植物油料，选择性高、操作条件温和。国外对此项研究主要集中在两个方面：以工业甘油为原料发酵生产；利用基因工程构建菌种，以葡萄糖为底物生产。后者需要使葡萄糖转化为甘油和甘油转化为 1，3 – PDO 的两类基因在同一细菌内表达。发酵后的产物分离是工业生产要解决的另一技术关键，目前膜分离技术是国内外研究的热点。

在上述三种合成方法中，两种化学方法方法最初的原料均来自于石油资源，而且生产成本较高、设备投资大、技术难度高、产品分离纯化困难，特别是催化剂的制备较难，并会产生 CO 等污染环境的废气；后一种生物发酵法生产成本低、转化率高、产物分离简单、无环境污染。同时，用微生物发酵法 1，3 – PDO 比用同一纯度化学法 1，3 – PDO 合成的 PTT 色泽好、黏度大、分子量高、结晶度高、晶粒尺寸大。但是，目前技术最为成熟、工艺最先进、性能最佳的依然是 Shell 公司用环氧乙烷羰基法生产的 PTT 切片。

虽然发酵法制备 1，3 – PDO 在技术上及产品性能上均具有可行性和优势，并且受到了研究者们极大的关注，但由于目前发酵法中的原材料淀粉来自于玉米等食品资源，在全球粮食资源紧张的现状下，难以实现以粮食作为原料制造工业品。

EO 法和 AC 法已建立万吨级的生产装置，技术成熟可行，而 MF 法（特别是葡萄糖连续发酵法）还需要进一步研发，才可实现工业化生产。参照美国海湾投资标准和原料价格，对采用以上 3 种技术建设 2.5 万 t/a 的 1，3 – PDO 生产装置投资和生产成本进行估算，见表 6 – 1。

表 6 – 1　2.5 万 t/a 的生产装置投资和生产技术

经济指标	丙烯醛水合加氢法（AC 法）	环氧乙烷羰基化法（EO 法）	微生物发酵法（MF 法）甘油连续发酵法	微生物发酵法（MF 法）葡萄糖连续发酵法
投资/亿美元	0.665	0.896	0.835	0.835
生产成本/（美元/t）	1450	1266	1088	1646
生产成本 + 20% 投资回报/（美元/t）	1982	1983	2136	1578

由表 6 - 1 可知，EO 法的设备投资大，技术难度高，特别是催化剂的制备较难，但原料易得、产品成本较低，该路线可进行研究开发；AC 法的产品成本略高，但反应条件比较缓和，技术开发相对容易。我国有丙烯醛生产技术和基础，研制开发 1，3 - PDO 有一定的优势；MF 法具有条件温和、原料价廉易得、成本低等特点，是一种比较具有发展前景的 1，3 - PDO 生产路线。

德国国家生物技术研究中心（GBF）和美国 DuPont 公司等投入较大力量研究 1，3 - PDO 的发酵生产。发酵法生产 1，3 - PDO 最早出现在 DuPont 公司的专利中。DuPont 采用葡萄糖或淀粉等碳水化合物为原料，首先发酵成甘油，然后通过与单一微生物接触，在适当的发酵条件下制得 1，3 - PDO。该工艺的关键是采用了含有活性脱水酶或二醇脱水酶的催化剂。DuPont 公司采用玉米淀粉或其它廉价再生物发酵产生的葡萄糖为原料，用微生物法直接生产 1，3 - PDO 已进入中试阶段。

德国对该产品的生物合成技术开发较早，因为欧洲的甘油资源丰富，自然界又有将它们转化为 1，3 - PDO 的微生物，所以用甘油作底物生产 1，3 - PDO 的技术较为成熟。自然界尚未发现可以直接将碳水化合物转换为 1，3 - PDO 的微生物，要构建工程菌实现这条路线。

欧盟国家针对甘油过剩现状，因此积极开展甘油生物转化 1，3 - PDO 的研究。甘油的生物转化在厌氧条件下发生，能将甘油转化为 1，3 - PDO 的微生物的肺炎杆菌和丁酸梭状芽孢杆菌具有较高的甘油转化率和 1，3 - PDO 生产能力。法国 Metabolic 开发公司利用专有专利提纯技术从工业粗甘油中通过发酵法成功生产出 1，3 - PDO，纯度超过 99.5%。

美国 DuPont 公司在 Genencor 工业酵母素公司协助下，以用 DNA 的办法生产出一系列的微生物和酵母素，以谷物糖浆为原料生产出 1，3 - PDO，实验室规模试生产产出率很好。DuPont 和 Tare&Lyle 公司已经建立了一家合资公司 DuPont - Tate&Lyle 生物产品公司，使用两家公司共同开发的专有发酵和精制工艺，由谷物发酵制取 1，3 - PDO 并在美国田纳西州建设 1 套工业化装置，已于 2006 年投产，设计生产规模为 4.5t/a。以玉米为原料成功实现了 PDO 的规模化生产，标志着以可再生生物资源为基础的 PDO 正式进入商业化生产阶段。DuPont 公司还因此获得了美国环保局颁发的总统绿色化学奖。

Suppes 开发了可从生产生物柴油的副产物甘油生产 PG 的工艺。该 PG 装置将建在美国东南部某地，初期将生产 2.7t/aPG，并将很快扩大到超过 4.5t/a。随着更多的生物柴油装置投产，Suppes 工艺将可利用市场上大量过剩的甘油，这是传统 PG 工艺使用的高成本石油基原材料的替代原料。

此外，欧盟的 GBF、亨克（Henkel）公司、高特斯查克（Gottschalk）公司都在积极开发 1，3 - PDO 的生物发酵法生产技术。

目前国内尚不具备大规模生产 1，3 - PDO 的能力。随着 PTT 不断增长的市场需求，1，3 - PDO 的需求也在逐年升温。为了打破国外企业对国内 PTT 市场的垄断，国内多家单位积极开展发酵法生产 1，3 - PDO 技术的研究。

我国开展的发酵法生产 1，3 - PDO 的研究被列入"十五"国家重点科技攻关计划。国内大连理工大学生物科学研究所与中国石油吉林石化以甘油为原料，利用克雷伯氏菌进行发酵生产 1，3 - PDO 的中试研究，采用发酵液醇沉预处理、再精馏的技术可分离得到纯度大于99%的1，3－PDO产品，分离收率大于85%，产品质量达到了PTT聚合反应的要求。2004年，清华大学刘德华等进行了甘油生物发酵法制1，3－PDO中试，制得的PDO产品纯度达到99.92%，收率达80%以上。清华大学生物法PDO聚合得到的PTT在特性黏度、色相等关键技术指标超了进口产品，可以满足聚酯合成及纺丝等用途的需要。2006年，天冠集团与清华大学等部门联合攻关的发酵法生产1，3－PDO技术，成功进行了500t/a的工业性试验，产品纯度达99.9%，各项理化指标均达到国际水平，为微生物法发酵生产1，3－PDO的工业化提供了经济可行的工艺路线。天冠集团正在筹建千吨级的1，3－PDO生产线。2011年，中国石化上海工程公司与抚顺石油化工研究院年处理甘油200t发酵生产1，3－PDO中试获得成功，取得了具有自主知识产权的高产菌株，确定了包括发酵、代谢调控、分离提取及产品精制在内的完整工艺，整套工艺技术指标达到国内领先和国际先进水平。建设的年处理200t甘油的中试装置已投入运行，产品中1，3－PDO含量达到90g/L以上，所生产的1，3－PDO经过企业的聚合实验，产品质量完全符合生产PTT的要求，聚合得到的PTT切片产品质量与进口相当。

从目前进展看，存在的问题是发酵产量依然不高，除了要优化培养基和发酵工艺外，很重要的一点是深入研究基因调控和代谢机理，从分子水平改良菌种，提高产物浓度和生产强度。

第七章 石化废水的生物处理

第一节 石化废水的性质和特点

一、石化废水的来源及对环境的污染

（一）石化废水的来源

石油化工生产要消耗大量的水，每吨产品要消耗十几吨甚至几百吨水。其中，除间接冷却水可循环使用外，其余都作为工业废水排放。排放的废水按其与物料接触的情况主要可分为两大部分，第一部分是与物料直接接触的工艺废水，第二部分是与物料间接接触的非工艺废水。

1. 工艺废水

工艺废水的来源主要来自以下几个方面。

（1）原料带水 有些化工原料是以水溶液形式存在的，如液体烧碱、盐酸、含水酒精等，有时水本身就是化工生产的原料，例如以环氧乙烷制乙二醇。

（2）化学反应生成的水 在某些化工产品生产过程中，化学原料通过反应生成产物的同时也生成一定量的水，例如尿素的合成。

（3）化学过程所必须投加的水 如氯化乙烯通过水相悬浮聚合法制聚氯乙烯，乳液或悬浮法生产合成橡胶等，都需要把单体分散在水中才能进行聚合反应。

（4）原料的预处理和产品的后处理过程必须使用水 许多化工原料在使用前、化工产品在出厂前需要用水或含有水的化学药剂进行溶解、萃取、精馏、吸收、干燥等操作，有时还要用水或蒸汽对化工物料进行直接加热或冷却。

2. 非工艺废水

非工艺废水主要来自以下几个方面。

（1）厂民生活污水 一般来说厂区生活污水性质与城市生活污水相近似。

（2）间接冷却水 这种水一般未受化学污染，但因温度较高，排入水体可造成热污染。

（3）地面冲洗水和雨水 因石油化工厂存在着跑冒滴漏等现象，特别是在检修或发生事故时，冲洗水含有大量化学污染物。

（二）石化废水的排放量

石油化工生产工艺过程较为复杂，产生的废水量变化范围大。如石油炼制，随其加工深度不同，每吨原油在生产过程中废水的排放量变化很大，在 $0.69 \sim 3.99 m^3$ 之间，平均值为 $2.86 m^3$；生产每吨石油化工产品的废水排放量为 $35.81 \sim 168.86 m^3$，平均值为 $161.8 m^3$；生产每吨化肥的废水排放量为 $2.72 \sim 12.2 m^3$，平均值为 $4.25 m^3$；生产每吨合

成橡胶的废水排放量平均值为 $3.13m^3$。当生产不正常或开停工、检修期间，废水排放量变化更大。

（三）石化废水对环境的污染

石油化学工业是现代化能源及国民经济的重要组成部分。随着陆地和海洋中石油及天然气的地质勘探、采集开发、石油炼制加工、石油化学工业的发展，废水的排放量也相应逐渐增加，石化废水污染防治技术也越来越受到人们的重视。石油化学工业的工艺过程复杂，产品品种多，所用的化工原料也较多，有些化工原料是以水溶液的方式被使用，其化学反应过程也需在水相中进行。化学反应过程包括了溶解、萃取、洗涤、精馏、吸收、干燥等单元操作，整个生产过程都可能使水质受到污染。

由于所需原料和采用的工艺不同，使得石油化学工业废水成分比较复杂，除含油外，有的还含有各种醇、醛、酸、酮等有机物，还有的含金属盐类，且排水量大，有机物浓度高，酸碱性也变化很大，若不处理对环境的影响大。

石油废水排入水体后，携带的石油类污染物漂浮于水面，并迅速扩散，形成一层很薄的油膜，大气的氧进不去，从而阻碍了水生浮游生物的光合作用，破坏水体的生态平衡；油膜还会堵塞鱼鳃，使鱼呼吸困难而死亡；微量的石油进入水体会导致水产品有异味；废水中的有机物质在被水体中微生物降解过程中要消耗水中的溶解氧，导致水体缺氧，变黑发臭；废水中很多石油烃都是"三致物质"，排入水体后很难降解；石油烃类又会被鱼等富集，通过食物链对人体造成伤害。

石油进入人体后，能溶解细胞膜，干扰酶系统，引起人体肾、肝等内脏发生病变或诱变癌症。石油类污染物对人体健康的危害有急性中毒、慢性中毒和潜在中毒这三种类型。

二、石化废水的成分及特点

（一）石化废水的分类

炼油厂及石油化工厂废水的分类如表 7-1 所示。

表 7-1　炼油厂及石油化工厂废水的分类

序号	废水系统	主要来源	主要污染物	处理原则
1	含油废水	工艺过程与油品接触的冷凝水、介质水、生成水；油品洗涤水；油泵轴封水；化验室排水	油、硫、酚、氰、COD、BOD	在装置或罐区预隔油后排污水处理厂
2	化工工艺废水	化工过程的介质水、洗涤水等	酚、醛、COD、BOD	预处理后排污水处理厂
3	含油雨水	受油品污染的雨水	油	部分与含油废水合流，其余隔油排放
4	循环水排污	循环冷却水	油水质稳定剂	排污水处理厂
5	油轮压舱水	油品运输船压舱水	油	隔油排放
6	生活污水	生活设施排水	BOD	排污水处理厂或生活污水处理厂

（二）石化废水的组成

石油是由多种碳氢化合物组成的混合物，其中还含有氧、硫、氢、磷等元素，所以在石油加工过程中，在得到产品的同时也产生了含油、含硫、含酚、含氰等废水和二氧化硫、氮氧化物、一氧化碳等废气。

（三）石化废水的特点

由于石油化工产品繁多，工艺过程复杂，因此决定了其废水具有如下几个明显的特点：

（1）废水排放量大，波动也大；

（2）化学污染物种类繁多，其含量变化很大。石油化工生产涉及数千种原料，产品及中间产品，副反应还会生成各种副产品，使得废水中的污染物数不胜数，见表7-2；

（3）毒性大；

（4）pH 值范围很宽。

表7-2　石油化工污染来源及污染物

生产过程	污染来源	污染物质
烯烃生产和加工	原油洗涤	无机盐、油、水溶性烃类
原油处理	初馏	氨、酸、硫化氢、烃类、石油
热裂解（包括蒸馏和净化）	裂解气及碱处理	硫化氢、硫醇、弱碱性碳氢化合物、聚合物、废碱、重油和石油
催化裂化	催化剂再生	废催化剂、碳氢化合物、一氧化碳、氨氮化物
脱硫		硫化氢、硫醇
		废碱液
卤素加成	分离器	氯、氯化氢、废碱液、烃类、有机氯化物、油类
卤素取代	氯化氢吸收	稀盐水
	洗涤塔	铬、镍、钴
	脱硫化氢	氯化钙、废石灰乳、碳类聚合物、环氧乙烷、乙二醇、有机氯合物
聚乙烯生产	催化剂	
环氧乙烷乙二醇生产	生产废液	
丙烯腈生产	生产废液、废水	氰化物、未反应原料
聚苯乙烯生产		
乙烯烃化		石油、盐酸、苛性钠
乙苯脱氢	催化剂	废催化剂（铁、镁、钾、钠、锌）
	喷淋塔凝液	芳烃（苯乙烯、乙苯、甲苯）石油
苯乙烯精馏	釜液	重石油
聚合	催化剂	废氯催化剂（磷酸）、三氯化铝
烃类生产及加工		
硝化		醛类、酮类、酸类、醇类、烯烃、二氧化氮
异构化	生产废液	烃类、脂肪酸、芳香烃及其衍生物、石油
废化	废釜液	可溶性烃类、醛类
炭黑生产	冷却、骤冷	炭黑
从碳氢化合物制醛	生产废液	丙酮、甲醇、乙醛、甲醛、高级醇、有机酸
醇、酮、酸	蒸馏	烃类聚合物、烃类氯化物、甘油、氯化钠
芳烃生产及加工		
催化重整	冷凝液	催化剂、芳烃、硫化氢、氨
芳烃回收	水萃取液	芳烃
	溶剂提纯	溶剂、二氧化硫、二甘醇

续表

生产过程	污染来源	污染物质
硝化		硫酸、硝酸、芳烃
磺化	废碱液	废碱
氧化制酸和酸酐	釜底残液	酸酐、芳烃、沥青
氧化制苯酚丙酮	倾析器	甲酸、烃类
丙烯腈、己二酸生产	生产废液	有机和无机氰化物
尼龙66生产	生产废料	己二酸、丁二酸、戊二酸、环己烷、己二胺己二腈、丙酮、丁酮、环己烷氧化物
碳四馏分加工		
丁烷丁烯脱氢	骤冷水	石油、烃类
丁烯萃取和净化	溶剂及碱洗	丙酮、油、碳四烃、苛性钠、硫酸
异丁烯萃取和净化		废酸、碱、碳四烃
丁二烯吸收		溶剂、油、碳四烃
丁二烯萃取和蒸馏		溶剂、碳四烃
丁苯橡胶	生产废料	油、轻质烃、低分子聚合物
共聚橡胶	生产废料	丁二烯、苯乙烯胶浆、淤泥
公共工程	锅炉排液	总溶解固体、磷酸、磷酸盐
	冷却系统排液	磷酸盐、铬酸盐
	水处理	氯化钙、氯化镁、硫酸盐、碳酸盐

第二节　石化废水生物处理的基本原理

一、石化废水主要组分的生物降解过程

(一) 石化废水的好氧生物降解过程

好氧生物处理是在有游离氧(分子氧)存在的条件下，好氧微生物降解有机物，使其稳定、无害化的处理方法。微生物利用废水中存在的有机污染物(以溶解状与胶体状的为主)，作为营养源进行好氧代谢。这些高能位的有机物质经过一系列的生化反应，逐级释放能量，最终以低能位的无机物质稳定下来，达到无害化的要求，以便返回自然环境或进一步处置。废水好氧生物处理的最终过程可用图7-1表示。

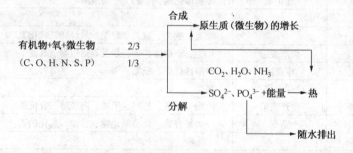

图7-1　生物好氧处理过程中有机物转化示意图

图7-1表明，有机物被微生物摄取后，通过代谢活动，约有三分之一被分解，并提

供其生理活动所需的能量；约有三分之二被转化，合成为新的原生质（细胞质），即进行微生物自身生长繁殖，后者就是废水生物处理中的活性污泥或生物膜的增长部分，通常称其剩余活性污泥或生物膜，又称生物污泥。在废水生物处理过程中，生物污泥经固－液分离后，需进行进一步处理和处置。

好氧生物处理的反应速度较快，所需的反应时间较短，故处理构筑物容积较小。且处理过程中散发的臭气较少。所以，目前对中、低浓度的有机废水，或者说 BOD 浓度小于 500mg/L 的有机废水，基本上采用好氧生物处理法。

在废水处理工程中，好氧生物处理法有活性污泥泥法和生物膜法两大类。

（二）石化废水的厌氧生物降解过程

厌氧生物废水处理是在没有游离氧存在的条件下，兼性细菌与厌氧细菌降解和稳定有机物的生物处理方法。在厌氧生物处理过程中，复杂的有机化合物被降解、转化为简单的化合物，同时释放能量。在这个过程中，有机物的转化分为二部分进行：第一部分转化为 CH_4，这是一种可燃气体，可回收利用；还有一部分被分解为 CO_2、H_2O、NH_3、H_2S 等无机物，并为细胞合成提供能量；少量有机物被转化合成为新的原生质的组成部分。由于仅少量有机物用于合成，故相对于好氧生物处理法，其污泥增长率小得多。废水厌氧生物处理的最终过程可用图 7－2 表示。

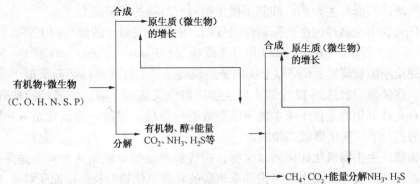

图 7－2　生物厌氧处理过程中有机物转化示意图

由于废水厌氧生物处理过程不需另加氧源，故运行费用低。此外，它还具有剩余污泥量少，可回收能量、CH_4 等优点。其主要缺点是反应速度较慢，反应时间较长，处理构筑物容积大等。但通过对新型构筑物的研究开发，其容积可缩小。此外，为维持较高的反应速度，需维持较高的反应温度，就要消耗能源。

对于有机污泥和高浓度有机废水（一般 $BOD_5 > 2000mg/L$）可采用厌氧生物处理法。

二、石化废水生物处理的影响因素

（一）石化废水的生物可降解性

1. 有机物的生化降解规律

生物处理技术的应用效果由废水中有机污染物的可生化性决定，由于有机物的品种繁多，有些有机物对微生物具有毒害作用，会抑制和抗拒微生物的降解。还有些有机物对微生物无毒害作用，但由于化学结构稳定很难被生物降解，因此，不同的有机物的生化性大有差异：

（1）脂肪烃、正烷烃生化性大于芳香烃或环烷烃；

（2）不饱和脂肪烃生化性大于同碳链长的饱和脂肪烃；

（3）除聚合物外的直链烷烃中，长碳链烷烃生化性大于短链烷烃；

（4）各种丙烷以上碳化合物的不同烷烃中，生化降解性随碳原子数量增多而容易；

（5）羟基、乙烯基苯的生化性大于烷基苯，烷基苯的生化性大于苯，苯的生化性大于卤代苯；

（6）当化合物的烷烃主链中有非碳元素时，如醚类，其降解难度增大；

（7）一元酚、二元酚生化性大于三元酚，在浓度低时酚类生化性大于醛、醚，在浓度高时酚类毒性大，对微生物有抑制作用；

（8）溶解性有机物生化性大于不溶解性有机物；

（9）自然生成物质生化性大于人工合成物质；

（10）多组分、复杂体系的有机物降解难度大于单一有机物。

以上是大致规律，但对某些特殊的微生物来说，不同微生物具有不同的酶诱导特性，有些微生物不具备某种酶诱导作用，因而造成有机物的生化性规律稍有不同。

2. 难生物降解的有机物质

难生物降解的有机物质多为有机合成化合物，其在分子构造方面的特异性对微生物体内存在的传统降解酶产生影响，抑制了微生物对有机物的分解能力。

碳氢化合物中烷属烃的生物降解性能较低，能降解烷属烃的微生物主要有假单胞菌属（Pseudumonas）、杆菌属（Bacterium）和分支杆菌属（Mycobacterimn）。含有 1~5 个碳原子的烷属烃完全不能被降解；6 个以上碳原子的烷属烃其生物降解性能随碳原子数的增加而有所提高；在碳原子数达到 12 个以上时生物降解性又逐渐下降。烷属烃能从分子两侧进行氧化，首先被氧化的是位于末端的甲基形成的一羧酸，辅助性的氧化是 α-氧化、β-氧化，然后进行 β-氧化形成二羧酸。

对脂肪酸产生生物氧化作用的微生物，占优势的是假单胞菌属，其次是芽孢杆菌属、杆菌属和八叠球菌属等。微生物对饱和有机酸的降解氧化较容易，碳原子数从 4~10 个的一羧酸降解氧化性能逐渐提高，而碳原子数大于 10 个的降解性能有所下降，碳原子数达到 20 的则很难被降解。当有机酸中存在双键时，其生物降解性能有所增高，如有两个双键其生物降解性能将大大提高。在二羧酸中，生物降解性能高的只有丁二酸（琥珀酸）。有双键的二羧酸的生物降解性将更低，不饱和二羧酸的降解性能低于饱和二羧酸，如反式丁烯二酸（富马酸）和顺式丁烯二酸（马来酸），两者为立体异构体，它们的生物降解性能低于丁二酸（琥珀酸），二羟丁二酸（酒石酸）的生物降解性能也低于琥珀酸。这说明羟基的空间结构对微生物的降解能力有抑制作用。三羧酸的生物性能低于二羧酸，脂肪酸的代谢反应是连续的氧化反应，反应结果是酸链被打开，形成乙酸。所有已知的芳香族酸和各种氨基酸的生物降解性能都很高。

在脂肪族中引入—OH 能提高醇的降解性能。碳原子数在 10 个以下的伯醇易于氧化，而碳原子数超过 10 个时其降解性能会下降很快，当碳原子数超过 18 个时分子将完全不能被降解。仲醇与叔醇的生物降解性明显低于伯醇，醛是有毒性的化学物质，但当微生物被充分驯化后则可能被降解，醛是通过脱氢反应被氧化的。碳原子数为 2~5 个的醛易于生物降解，而分子随碳原子的增加降解性能降低，具有分支碳链的醛的生物降解性能很差。

能够氧化醛的微生物有微球菌属（Micrococcus）、假单胞菌属和杆菌属等。酮较难于进行生物降解反应，因为羰基对生物降解反应的阻力较大，从碳原子数为9个的酮开始生物降解性有所增高。影响苯及其衍生物的生物降解速度的因素是存在于苯环上不同的官能团。当苯环上存在—COOH 基和—OH 基，可加快生物降解进程，当苯环上存在—NH$_2$和—OCH$_3$基，其生物降解速度将有所降低；硝基和磺基的存在，会使苯难于被物降解。取代基的位置对生物降解进程也有较大影响，对氧化进程最为有利的是下列官能团：HO—OH、HOOC—COOH、HOOC—OCH$_3$、HCOO—NO$_2$。而存在下列官能团的化合物则相反，即存在 HOOC—SO$_3$H、O$_2$N—NO$_2$、H$_2$N—NH$_2$、HO$_3$S—SO$_3$时会阻碍物质的氧化进程。取代基处于对位的化合物生物降解的速度最高，其次是邻位和间位。腈类物质具有毒性对生物降解非常不利，但如果延长微生物的驯化时间并在处理时进行长时间的曝气氧化，则化合物能被深度降解。

不同类型的含氮化合物的生物降解能取决于其相结合的氢原子数，氢原子数越少其生物降解的稳定性就越强。进行氮基化合物转化反应的微生物主要有假单胞菌属，葡萄球菌属以及八叠球菌属等。

3. 难降解有机物的生物处理技术

厌氧生物处理在处理难降解有机物方面显示一定优势。厌氧生物处理可以改变难降解有机物的化学结构，使其生物降解性能提高，为后面的好氧生物降解创造良好条件。厌氧微生物代谢研究表明，厌氧微生物具有某些脱毒和利用难降解有机物的性能，而且还能进行某些在好氧条件下较难发生的生物化学反应，如多氯芳烃的还原脱氯，芳香烃和杂环化合物的开环裂解等。下面就石油化工中难降解有机物的生物降解技术做一下简介。

（1）杂环化合物和多环芳烃的生物处理

杂环化合物和多环芳烃在好氧条件下大多属于难生物降解或降解性能较差的一类化合物。在好氧条件下，这两类物质环的裂解是整个生化反应的限速步骤。而在厌氧条件下此反应就很容易进行，这就为厌氧生物的进一步降解提供了基础。在好氧条件下，由于好氧微生物开环酶体系的脆弱和不发达，环的断裂是环状化合物生物化学反应的限速步骤。而厌氧微生物对于环的裂解具有不同于好氧菌的代谢过程，其裂解可分为还原性裂解（加氢还原使环裂解）和非还原性裂解（通过加水而羟基化，引入羟基打开双键使环裂解）。且厌氧微生物体内具有易于诱导、较为多样化的健全的开环酶体系，使杂环化合物和多环芳烃顺利通过生物化学反应的限速步骤，从而得到有效的降解。

实验表明与好氧条件的共基质反应相似，在厌氧条件下，易降解有机物的存在将促进难降解有机物的厌氧酸化转化。共代谢作用在杂环化合物及多环芳烃的厌氧降解过程中起着重要的作用，必须有易于厌氧降解的初级能源物质存在，难降解有机物的厌氧转化才能顺利有效地进行。经过厌氧酸化后，原来难于好氧生物降解的杂环化合物及多环芳烃中化学结构稳定的苯环开裂，转化产物较原物质的好氧生物降解性能有显著提高，变为易生物降解的物质或可生物降解的物质。因此，厌氧酸化－好氧处理是处理含杂环化合物和多环芳烃工业废水的有效工艺。

（2）舍氯有机物的生物处理

含氯有机化合物在自然界中较难降解，它具有毒性和"三致"作用（致畸、致癌、致突变）。大量研究和实践表明，含氯有机化合物在好氧条件下大多为难以生物降解的有机物，而且具有较强的生物毒性。它们在传统的好氧生物处理系统中去除效率很低，而且它们的存在会使整个好氧生物处理系统的处理效率降低。

含氯有机化合物生物降解过程中最重要的限速步骤是化合物上氯取代基的去除。氯取代基的去除主要有两种途径：一是经还原、水解、氧化去除；二是在非芳香环结构产生的同时，由水解脱去氯取代基或经 β 位脱氯化氢。由于氯取代基阻止了芳香环的断裂和环断裂后的脱氯，许多氯代芳香族有机化合物在好氧环境中几乎不能降解，而多氯芳香族化合物在厌氧环境中易于还原脱氯降解，形成氯代程度较低，毒性较小，更易被好氧微生物氧化代谢的部分脱氯产物。增加易被微生物利用的有机物质，可刺激氯代芳香族化合物的脱氯降解。因此，厌氧－好氧联合处理工艺是去除含氯有机物的有效技术。

（二）石化废水生物处理的环境条件

石化废水的生物处理包括两个方面，好氧处理和厌氧处理。好氧处理在自然条件下有水体自净、氧化塘、土壤自净、和土地处理这几个方面，在人工条件下有活性污泥法和生物膜法处理方法。厌氧处理在自然条件下有高温堆肥和厌氧塘等处理方法，在人工条件下有厌氧处理技术和污泥消化等处理方法。

第三节　石化废水的生物处理技术

一、石化废水的好氧生物处理技术

（一）接触氧化法

生物接触氧化法是在池内设置填料，作为生物膜的载体，经过充氧的废水以一定速度流经填料，使填料上长满生物膜，废水与生物膜相接触，在生物膜生物和悬浮在水中的活性污泥中微生物的联合作用下使废水得到净化的方法。该法介于活性污泥法与生物滤池法之间，所以又称接触曝气法或淹没式生物滤池。生物接触氧化法运行时，污水在填料中流动，水力条件良好，由于曝气水中溶解氧充足，适于微生物生长繁殖，故生物膜上生物相当丰富，除细菌外，还有多种原生动物和后生动物，保持较高的生物量。该法具有活性污泥法与生物滤池法两者的优点：

① 耐冲击负荷；

② 无污泥回流和污泥膨胀，易于维护管理；

③ 排泥浓度高，泥量少；

④ 净化效率高，处理时间短，出水水质好而稳定；

⑤ 氧利用率高，空气用量少；

⑥ 占地面积小，运行成本低。

1. 生物接触氧化法降解有机物的机理

生物接触氧化法降解有机物的机理可由图 7－3 表示。在有氧的情况厂，借助好氧微生物的作用，有机物的生化反应得以顺利进行。该过程中，废水中的溶解性有机质透过微生物的细胞壁和细胞膜而被吸收，一部分有机物被微生物氧化为简单的无机物，另一部分有机物被微生物转化为生物体所必需的营养物质，组成新的细胞而使微生物生长繁殖，产生更多的菌体。

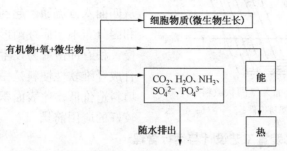

图7-3　有机物的微生物降解机理

2. 生物接触氧化装置的构造

生物接触氧化装置的主要构筑物为接触氧化池，它由池体、填料、布水装置和曝气系统等几部分组成。生物接触氧化装置的形式有很多，根据水流状态不同可分为分流式和直流式两种类型如图7-4和图7-5，从供氧方式上可分为鼓风曝气式、机械曝气式、洒水式和射流曝气式等。在分流式中，废水充氧和同生物膜接触是在不同间格内进行，废水充氧后在池内进行单向或双向循环。分流式接触氧化池能使废水在池内反复充氧，同时，水流到与生物膜接触的间格时，流速比较缓馒，有利于接触。但是，废水在池内循环主要依靠充气，因而耗气量大。另外，水穿过填料层的速度较小、冲刷力弱，有时造成填料层内生物膜阻塞。在直流式中，直流式接触氧化池是直接从填料底部充氧，填料内的水力冲刷依靠水流速度和气泡在池内碰撞、破碎形成的冲击力，只要水流及空气分布均匀，填料不易堵塞。采用逆流接触，因此充氧效率高。

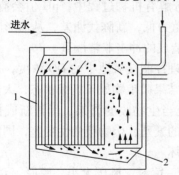

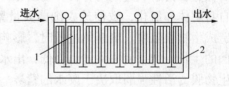

图7-4　分流式生物接触氧化装置　　　　图7-5　直流式生物接触氧化装置
1—填料；2—曝气器　　　　　　　　　　1—填料；2—曝气器

生物接触氧化池的填料大多是蜂窝状的，上下贯通，废水流动条件良好，能很好地向管壁上附着的生物膜供应营养物质和氧气。接触氧化池填料分为软和硬两种类型。因填料主要有聚氯乙烯、聚丙烯塑料和环氧玻璃等制成的蜂窝管状填料，具有比表面积大（130～360m²/m³）、空隙率大、质量轻、强度高、表面光滑、生物膜易脱落等优点；缺点在于其填料易堵塞。软填料是一种新型填料，一般用尼龙、维纶、涤纶或腈纶等化纤材料结成束，呈绳状连接，或结成球状，又称纤维填料。由于其比表面积大、生物膜附着力强，接触效率高，纤维束随水漂动，不宜阻塞，可广泛用于工业废水处理中。目前运用较

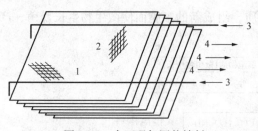

图 7-6　全面曝气网状填料

1—布气管；2—网状塑料组件；3—空气；4—水

好的是全面暖气的网状组合填料，其结构见图 7-6。塑料网状填料表面光滑，水流可从四面八方流通，起到再分布作用，可以缓和因分布不均而逐渐形成的堵塞。但挂膜缓慢，稍有冲击就易发生脱落。采用耐腐蚀的合成纤维软性埋料是一种成功的尝试，这种填料造价低，比表面积大，易于组装，具有较好的应用前景。

3. 生物接触氧化装置工艺设计与运行管理

生物接触氧化池填料体积按填料容积负荷计算，容积负荷应通过试验确定。

生物接触氧化池进水 BOD_5，浓度应控制在 $100 \sim 300 mg/L$，浓度大时用处理水回流稀释。污水在池内停留时间为 $2.0 \sim 4.0h$；池中溶解氧浓度应维持在 $2.5 \sim 3.5 mg/L$，曝气装置供气量按气水比($15 \sim 20$):1 考虑；填料总高度一般取 3m，采用硬填料时应分层装填，每层高 1m；每隔生物接触氧化池面积不宜大于 $25 m^2$ 以保证布水布气均匀。总之，对于不同水质的废水，选定设计参数前进行小试甚至中试实验研究十分必要。

生物接触氧化工艺的运行管理参数主要包括进水流量、进水、浓度、溶解氧、PH 值、营养物质的调节、生物相利生物膜的观测等。对任何一套实际运行中的废水处理装置，进水流量和进水水质使终都处于变化之中，因此在装置前设置均质调节池是完全有必要的，它能减少水力负荷与有机负荷的冲击。尽管接触氧化法的耐有机负荷冲击能力较强，但浓度过高或过低对生物膜的活性都有影响。浓度高时，供氧困难，生物活性差，胶也不容易脱落更新；浓度过低，造成营养不足，结果生物膜难以形成。

pH 值对微生物的生长有里要影响，在微生物分解有机物过程中，pH 值会有所下降。当进水 pH 值过低或过高时，微生物不能适应，繁殖力低，新陈代谢差，从而影响膜的正常生长。特别是进水 PH 值变化较大时，对生物膜造成的冲击非常严重。

生物膜在形成和新陈代谢过程中都需要氧，合理控制接氧池中的 DO 浓度，是管理者的重要任务。溶解氧过高时，营养物质相对效少。结果微生物处于饥饿状态，大量的细菌胶团自身解体和氧化，致使球衣细菌大量繁殖，充当生物膜的骨架，因其新成代谢能力差，造成生物膜阻塞。溶解氧过低时，影响微生物的繁殖，生物膜活性变差，同时又抑制丝状菌的生长.结果使去除能力降低，出水水质变坏。

生物膜的活性强弱取决于废水的营养、供氧量、填料、风压大小、膜厚等众多因素。膜的厚度一般控制在 $300 \sim 400 \mu g$，此时生物膜新陈化谢能力强，出水水质好。生物模的脱落，主要是由于膜太厚，丝状菌繁殖过少或过量，营养失调，风量过小等造成，一般可通过加大冲气量或调节 PH 值来控制。

4. 生物流化床

生物流化床是 20 世纪 70 年代出现的一种新型的生物接触氧化装置，它是根据化学工业中的流化床技术开发的。

生物流化床是以粒径小于 1mm 的砂、石炭一类密度大于水的细小颗粒材料为载体，装填于设备中，充氧的污水自下而上流动，使载体流态化。生物膜附着在载体表面，由于载体粒径较小，比表面积高达 $2000 \sim 3000 m^2/m^3$，能够维持较高浓度的生物量，折算成池中的 MLSS 可达 $10 \sim 15g/L$ 以上。由于载体处于流态化状态，使污水与生物膜广泛接触，强化了传质过程，载体相互间的碰撞、摩擦，促进了生物膜的更新，可有效防止流化床被生物膜阻塞，因此生物流化床具有负荷高［BOD_5 容积负荷高达 $7KG(m^3 \cdot d)$］、处理效果好、占地少的特点。

根据供氧、脱膜和床体结构的不同，流化床主要有二相流化床和三相流化床两种工艺，如图 7 - 7 和图 7 - 8。在二相流化床系统中，污水的充氧和充氧污水与载体的接触在两个设备中进行。为了更新生物膜，系统中应设置间歇工作的脱膜设备；在三相流化床中，污水和空气从设备底部一起进入，设备中气、液、固三相强烈搅动接触，使有机物降解。由于生物膜能自行脱落，可不设脱膜设备。

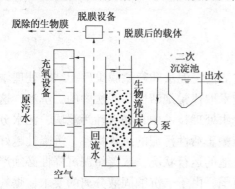

图 7 - 7　二相流化床工艺流程

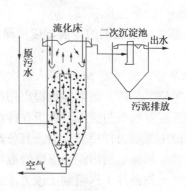

图 7 - 8　三相流化床工艺流程

（二）序批式生物反应器（SBR）

在 SBR 等序批式反应器工艺中如图 7 - 9，脱氮可以通过以下三种方式实现：在进水期只进行混合而非曝气实现硝酸盐还原；在反应期采用循环开关曝气；在低 DO 条件下运行以利于发生同步硝化反硝化作用。在循环曝气条件下运行时，硝酸盐的还原主要是由内源呼吸作用引起的；而在混合非曝气的进水期内，反硝化是去除硝酸盐最有效的方式，同时由于缺氧选择器的作用能有效防止丝状菌污泥膨胀。由于排放水的容积通常仅占 SBR 池总容积的 20% ~ 30%，在前段好氧循环期内产生的大多数硝酸盐仍停留在池中。如果进水中含有足够的 BOD 和反应时间，经沉淀排水工序后，在进水期内可以去除池内残存的硝酸盐。进水期的无曝气混合除对脱氮有利外，还有利于提高污泥的沉降性能。其出水 $NO_3^- - N$ 浓度均低于 $5mg/L$。

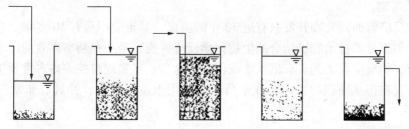

图 7 - 9　序批式生物反应器（SBR）

SBR 工艺的设计运行参数为：$SRT = 10 \sim 30d$；$MLSS = 3000 \sim 5000mg/L$；总 $HRT = 20 \sim 30h$。

SBR 反应器在脱氮方面具有很大的弹性，进水期的混合为去除硝酸盐提供了缺氧条件，而在曝气反应时期内溶解氧循环可能提供了缺氧条件。SBR 工艺的优点在于工艺灵活，易于操作；由于存在流量的平衡，水力冲刷不会带走混合液活性污泥；静止沉淀降低了出水 TSS 浓度；出水 TN 能达到 5 ~ 8mg/L。其局限性是如果当曝气池排水时不能对曝气系统进行维修，那么为了运行的可靠性就需要一些其他单元；工艺设计复杂；出水水质取决于排水设备的可靠性；在过滤和消毒前可能需要序批式排水的出水平衡池。

（三）膜生物反应器（MBR）

膜生物反应器（MembraneBioreactor，MBR）是一种将膜分离技术与传统生物废水处理技术相结合的新型反应器。

1. 膜生物反应器的发展与应用现状

（1）发展历程

1969 年，美国的 Smith 等人首次报道了将活性污泥法和超滤膜组件相结合处理城市污水的工艺研究，该工艺大胆地提出用膜分离技术取代常规活性污泥法中的二沉池，这就是膜生物反应器的最初雏形。由于在传统的生化水处理技术中，如活性污泥法，泥水分离是在二沉池中靠重力作用完成的，其分离效率依赖于活性污泥的沉降特性，沉降性越好，泥水分离效率越高。而污泥的沉降性取决于曝气池的运行状况，改善污泥沉降性必须严格控制曝气池操作条件，这限制了该方法的运用范围。由于二沉油固液分离的要求，曝气池的污泥不能维持较高的质量浓度，一般在 2g/L 左右，从而限制了生化反应速率。水力停留时间（HRT）与污泥龄（SRT）相互依赖，提高容积负荷与降低污泥负荷往往形成矛盾。系统在运行过程中产生大量的剩余污泥，其处置费用占污水处理厂运行费用的 25% ~ 40%。而且易出现污泥膨胀，出水中含有悬浮固体，出水水质不理想。针对上述问题，MBR 将分离工程中的膜技术应用于废水处理系统，以膜技术的高效分离作用取代活性污泥法中的二次沉淀池，达到了原来二次沉淀池无法比拟的泥水分离和污泥浓缩的效果，从而可以大幅度提高生物反应器中的混合液浓度，使泥龄增长，通过降低 F/M 比使剩余污泥量减少，出水水质显著提高，特别是对悬浮固体，病原细菌和病菌的去除尤为显著。该工艺一经提出，立即吸引了许多专家学者的注意，开始了膜生物反应器的研究热潮，人们对膜生物反应器的特性、净化效能、膜渗透速率的影响因素、膜污染的防治及组件的清洗等问题进行了全面、详细的研究，为该项技术在实际工程中的应用奠定了基础。

膜生物反应器的研究和开发只有近 30 年的历史，真正应用只有 10 多年。它是废水生物处理技术和膜分离技术有机结合的生物化学反应系统，是一种新型高效的污水处理与回用工艺。膜生物反应器工艺具有出水水质优、占地少、易实现自控等许多常规工艺无法比拟的优势，其在污水处理与回用事业中所起的作用也越来越大，并具有非常广阔的应用前景。

（2）应用现状

目前，全世界运行的膜生物反应器大概有 1000 多个。另外还有很多现在正处于筹划和建设之中。其中日本是使用膜生物反应器最多的国家。它的膜生物反应器占到了全世界总和的 66%，其余的主要在北美和欧洲。98% 以上的膜生物反应器系统主要是与好氧生物系统结合起来的。大概55%的膜生物反应系统是采用浸没式，其余是采用膜外置式的生物处理系统。

目前，相对于传统的废水生物处理系统，膜生物反应器并没有被广泛应用。它的应用还只是局限在某些特定的情况，如出水质量要求高的废水回用、传统的废水处理系统从技术上和经济上不能满足严格的出水排放标准时的废水处理。

膜生物反应器广泛应用的主要障碍因素有以下几方面：高的基建投资费用和操作费用；传统的废水处理过程可以满足现在的废水排放标准；应用膜生物反应器的经验有限；膜生产厂家缺乏兴趣。

在废水处理领域，只有当膜生物反应器的投资费用和运行费用与传统废水处理法相当并同时具有能够获得同等或者更好的出水标准时，膜生物反应器才能获得广泛的应用。在过去，膜组件的高投资成本和高操作费用是阻碍膜生物反应器广泛应用的主要原因。但是最近，因为膜生产的增加和自动化技术的提高，膜组件的价格不断下降。同时，由于水资源的短缺，中水回用引发了人们更大的兴趣。再加上土地资源的紧缺，膜生物反应器在不久的将来会有更为广泛的应用前景。

2. 膜生物反应器(MBR)的原理和分类

(1) 膜生物反应器的原理

膜生物反应器主要由膜组件和膜生物反应器两部分构成。大量的微生物(活性污泥)在生物反应器内与基质(废水中的可降解有机物等)充分接触，通过氧化分解作用进行新陈代谢以维持自身生长、繁殖，同时使有机污染物降解。膜组件通过机械筛分、截留等作用对废水和污泥混合液进行固液分离。大分子物质等被浓缩后返回生物反应器，从而避免了微生物的流失。生物处理系统和膜分离组件的有机组合，不仅提高了系统的出水水质和运行的稳定程度，还延长了难降解大分子物质在生物反应器中的水力停留时间，加强了系统对难降解物质的去除效果。

(2) 膜生物反应器的种类

膜生物反应器主要由膜分离组件及生物反应器两部分组成。膜组件部分从构型上可以分为：管式膜生物反应器、板框式膜生物反应器、卷式膜生物反应器、中空纤维式膜生物反应器。根据膜的材料可分为：有机膜膜生物反应器、无机膜膜生物反应器。根据膜所实施的功能，膜生物反应器主要可以分为以下3类：固液分离型膜生物反应器(Solid – liquid separation membrane bioreactor, SLSMBR, 简称 MBR)、曝气膜生物反应器(Membrane aeratlon bioreactor, MABR)、萃取膜生物反应器(Extractive membrane bioreactor, EMBR)。

① 固液分离型膜生物反应器

固液分离型膜生物反应器是一种用膜分离过程取代传统活性污泥法中二次沉淀池的水处理技术。它是在水处理领域中研究得最为广泛深入的一类膜生物反应器。在传统的废水生物处理技术中，泥水分离是在二沉池中靠重力作用完成的，其分离效率依赖于活性污泥的沉降性能，沉降性越好，泥水分离效率越高。而污泥的沉降性取决于曝气池的运行状况，改善污泥沉降性必须严格控制曝气池的操作条件，这限制了该方法的适用范围。由于二沉池固液分离的要求，曝气池的污泥不能维持较高浓度，一般在 1.5 ~ 3.5g/L 左右，从而限制了生化反应速率。再者，水力停留时间(HRT)与污泥龄(SRT)相互依赖，提高容积负荷与降低污泥负荷往往形成矛盾。系统在运行过程中还产生了大量的剩余污泥，其处置费用占废水处理厂运行费用的 25% ~ 40%。另外，传统活性污泥处理系统还容易出现污泥膨胀现象，出水中含有悬浮固体，出水水质恶化。针对上述问题，MBR 将分离工程中的膜分离技术与传统废水生物处理技术有机结合，大大提高了固液分离效率，并且由于曝气池中活性污泥浓度的增大和污泥中特效菌（特别是优势菌群）的出现，提高了生化反应速率。同时，通过降低 F/M 比减少剩余污泥产生量（甚至为零），从而基本解决了传统活性污泥法存在的许多突出问题。

与许多传统的废水生化处理工艺相比，该类型膜生物反应器具有以下主要优点：

a. 出水水质优质稳定。由于膜的高效分离作用，分离效果远好于传统沉淀池，处理出水极其清澈，悬浮物和浊度接近于零，细菌和病毒被大幅度去除，出水水质优于建设部颁发的生活杂用水水质标准（CJ/T 48—1999），可以直接作为非饮用市政杂用水进行回用。同时，膜分离也使微生物被完全被截流在生物反应器内，使得系统内能够维持较高的微生物浓度，不但提高了反应装置对污染物的整体去除效率，保证了良好的出水水质，同时反应器对进水负荷（水质及水量）的各种变化具有很好的适应性，耐冲击负荷，能够稳定获得优质的出水水质。

b. 剩余污泥产量少。该工艺可以在高容积负荷、低污泥负荷下运行，剩余污泥产量低（理论上可以实现零污泥排放），降低了污泥处理费用。

c. 占地面积小，不受设置场合限制。膜生物反应器能维持高浓度的微生物量，处理装置容积负荷高，占地面积大大节省。膜生物反应器的工艺流程简单、结构紧凑、占地面积小，不受设置场所限制，适合于任何场合，可做成地面式、半地下式和地下式。

d. 可去除氨氮及难降解有机物。由于微生物被完全截流在生物反应器内，从而有利于增殖缓慢的微生物如硝化细菌的截留生长，系统硝化效率得以提高。同时，可延长一些难降解的有机物在系统中的水力停留时间，有利于难降解有机物降解效率的提高。

e. 操作管理方便，易于实现自动控制。该工艺实现了水力停留时间（HRT）与污泥停留时间（SRT）的完全分离，运行控制更加灵活稳定，是废水处理中容易实现装备化的新技术，可实现微机自动控制，从而使操作管理更为方便。

f. 易于从传统工艺进行改造。该工艺可以作为传统废水处理工艺的深度处理单元，在城市二级废水处理厂出水深度处理（从而实现城市废水的大量回用）等领域有着广阔的应用前景。

此外，膜生物反应器的启动时间短，不存在传统活性污泥池中污泥膨胀的问题。

膜生物反应器也存在一些不足，主要表现在以下几个方面：膜造价高，使膜生物反应器的基建投资高于传统废水处理工艺；膜很容易被污染，给操作管理带来不便；由于 MBR 泥水分离过程必须保持一定的膜驱动压力，膜生物反应器中污泥浓度非常高，要保持足够的传氧速率需加大曝气强度，还有为了加大膜通量、减轻膜污染，必须增大流速，冲刷膜表面，造成膜生物反应器的能耗要比传统的生物处理工艺高；由于反应器被截留的生物量高，所以溶解氧是一限制性因素。

② 曝气膜生物反应器

曝气膜生物反应器（MABR）最早见于 20 世纪 70 年代的报道，采用透气性致密膜（如硅橡胶膜）或微孔膜（如疏水性聚合膜），以板式、管式或中空纤维式组件，在保持气体分压低于泡点（Bubble point）的情况下，可实现向生物反应器的无泡曝气，如图7－10所示。氧通过疏水性材料膜的微孔传递到膜材料表面附着的生物膜内，而有机物质和营养物质则从废水相传递到生物膜内。溶解性的和气相的代谢产物则从生物膜传递到废水相中。该工艺的特点是提高了接触时间和传氧效率，有利于曝气工艺的控制，不受传统曝气中气泡大小和停留时间的因素的影响。此种无泡曝气氧的传递效率可高达100%。另外，此种反应器不需要液相的激烈混合就可以获得高的有机物去除率。曝气膜生物反应器特别适用于氧需求量高的生物系统、高挥

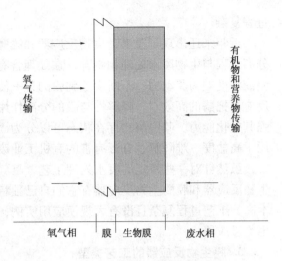

图7－10　疏水性多孔膜的曝气膜生物反应器

发性有机物质的降解、表面活性剂的降解以及单一反应器内的同步脱碳和脱氮。

平板膜、管式膜以及中空纤维膜一般被用于曝气膜生物反应器，其中以中空纤维膜用的最为广泛，空纤维膜能提供相对大的表面积而同时占用反应器的体积较小。

曝气膜生物反应器具有如下几个方面的优点：溶氧利用率高；能量利用高效；占地面积小；易于从传统工艺进行改造。

曝气膜生物反应器具有如下几个方面的缺点：膜易于污染；基建资本费用高；还没有大规模验证实例；工艺过程复杂。

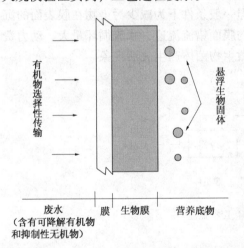

图7－11　致密萃取膜生物反应器

③ 萃取膜生物反应器

因为高酸碱度、高盐或对生物有毒物质的存在，某些工业废水不宜采用与微生物直接接触的方法处理。当废水中含挥发性有毒物质时，若采用传统的好氧生物处理过程，污染物容易随曝气气流挥发，发生气提现象，不仅处理效果很不稳定，还会造成大气污染。为了解决这些技术难题，英国学者 Living－ston 研究开发了萃取膜生物反应器（EMBR），其原理示意图如图7－11。废水与活性污泥被膜隔开，废水在膜内流动，而含某种专性细菌的活性污泥在膜外流动，废水与微生物不直接接触，有机污染物可以选择性透过膜被另一侧的微生物降解，而对微生物有毒的物质则留在膜的另一边。由于萃取膜两侧的生物反应器单元和废水循环单元是各自独立，各单元水流相互影响不大。生物反应器中营养物质和微生物生存条件不受废水水质的影响，使水处理效果稳定。系统的运行条件如 HRT 和 SRT 可分别控制在最优的范围，维持最大的污染物降解速率。

萃取膜生物反应器的优点包括：对有毒工业废水特别有效；出水量小；易于从传统工艺进行改造。萃取膜生物反应器的缺点有：高的投资成本；还没有大规模验证实例，工艺

过程复杂。

近年来还出现了膜渗透生物反应器和膜酶生物反应器。膜渗透反应器是将渗透气化膜分离过程与生物废水处理相结合，在处理含有挥发性有机物废水时，挥发性有机物以压力差或浓度差为驱动力，不断渗透到膜的另一侧，然后进入生物反应器进行降解。膜酶生物反应器把酶的高效专一降解性与膜的分离作用有效结合起来，能够提高酶的利用效率和增强其生化能力。其中酶的存在状态可以分为固定化酶或流态化酶。膜酶生物反应器同样可用于高盐度、难降解、有毒有害的有机工业废水的处理。

虽然针对一些特定的废水处理工艺，曝气膜生物反应器、萃取膜生物反应器、膜渗透生物反应器和膜酶生物反应器有它们自己独特的优势，然而这些新型膜生物反应器投资成本高、工艺过程复杂且没有大规模应用实例，所以在本章的其他地方只讨论固液分离型膜生物反应器。

3. 膜生物反应器的工艺类型

根据膜组件和生物反应器的组合方式，可将膜生物反应器分为分置式（Recirculatcd membrnne biobeactor，RMBR）和一体式（Submerged membrnne biobeactor，SMBR）的两种基本类型。

（1）分置式膜生物反应器

分置式膜生物反应器（RMBR）也称分离式膜生物反应器，它是把膜组件和生物反应器分并设置，如图 7 - 12 所示。生物反应器中的混合液经循环泵增压后打至膜组件的过滤端，在压力作用下混合液中的液体透过膜，成为系统处理水。固形物、大分子物质等则被膜截留，随浓缩液回流到生物反应池内。分置式膜生物反应器的特点是运行稳定可靠，膜易于清洗、更换及增设，而且膜通量普遍较大。但一般条件下为减少污染物在膜表面的沉积，延长膜的清洗周期。需要用循环泵提供较高的膜面错流流速，水流循环量大、动力费用高，并且泵的高速旋转产生的剪切力会使某些微生物菌体产生失活现象。

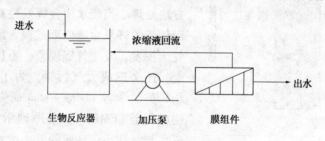

图 7 - 12　分置式 MBR 工艺流程

分置式膜生物反应器主要特点：

① 膜组件和生物反应器各自分开，独立运行，因而相互干扰较小，易于调节控制。

② 膜组件置于生物反应器之外，更易于清洗更换。

③ 膜组件在有压条件下工作，膜通量较大，且加压泵产生的工作压力在膜组件承受压力范围内可以进行调节，从而可根据需要增加膜的透水率。

④ 分置式膜生物反应器的动力消耗较大，加压泵提供较高的压力，造成膜表面高速错流，延缓膜污染，这是其动力费用大的原因。

⑤ 生物反应器中的活性污泥始终都在加压泵的作用下进行循环，由于叶轮的高速旋

转而产生的剪切力会使某些微生物菌体产生失活现象。

⑥ 分置式膜生物反应器和另外两种膜生物反应器相比，结构稍复杂，占地面积也稍大。

目前，已经规模应用的膜生物反应器大多采用分置式，但其动力费用过高，每吨出水的能耗为 2～10kW，约是传统活性污泥法能耗的 10～20 倍，因此，能耗较低的一体式膜生物反应器的研究逐渐得到了人们的重视。

（2）一体式膜生物反应器

一体式膜生物反应器(SBR)又叫浸没式膜生物反应器，它是把膜组件置于生物反应器内部，如图 7 - 13 所示。进水进入膜生物反应器，其中的大部分污染物被混合液中的活性污泥去除，再在外压作用下由膜过滤出水。这种形式的膜生物反应器由于省去了混合液循环系统，并且靠抽吸出水，能耗相对较低；占地较分置式更为紧凑，近年来在水处理领域受到了特别关注。但是其膜通量一般相对较低，容易发生膜污染，膜污染后不容易清洗和更换。

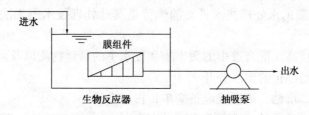

图 7 - 13　一体式膜生物反应器

一体式 MBR 的主要特点有：

① 膜组件置于生物反应器之中，减少了处理系统的占地面积。

② 用抽吸泵或真空泵抽吸出水，动力消耗费用远远低于分置式 MBR，一体式 MBR 每吨出水的动力消耗为 0.2～0.4kW·h，约为分置式 MBR 的 1/10。如果采用重力出水，则可完全节省这部分费用。

③ 一体式 MBR 不使用加压泵，因此，可避免微生物菌体受到剪切而失活。

④ 膜组件浸没在生物反应器的混合液中，污染较快，而且清洗起来较为麻烦，需要将膜组件从反应器中取出。

⑤ 一体式 MBR 的膜通量低于分置式。

（3）复合式膜生物反应器

复合式 MBR 从形式上看，也属于一体式 MBB，也是将膜组件置于生物反应器之中，通过重力或负压出水，所不同的是复合式 MBR 是在生物反应器中安装填料，形成复合式处理系统，其工艺流程固如图 7 - 14 所示。

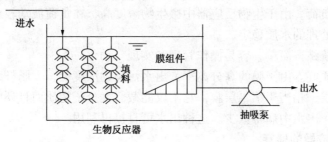

表 7 - 14　复合式 MBR 工艺流程

在复合式 MBR 中安装填料的目的有两个：一是提高处理系统的抗冲击负荷，保证系统的处理效果；二是降低反应器中悬浮性活性污泥浓度，减小膜污染的程度，保证较高的膜通量。

有研究表明，生物反应器中的污泥浓度过高或过低都会对膜通量产生不利的影响。污泥浓度过高时，污泥容易在膜表面沉积，形成较厚的污泥层，导致过滤阻力增加，从而使膜通量降低；污泥浓度过低时，反应器内微生物对有机物的降解去除效果减弱，使得混合液中溶解性有机物浓度增加，从而在膜表面和膜孔内吸附，导致过滤阻力增加，影响膜通量。而在生物反应器中安装填料之后，则可以很好地解决这些问题。填料上附着生长的大量微生物，能够保证系统具有较好的处理效果并有抵抗冲击负荷的能力，同时又不会使反应器内悬浮污泥浓度过高，影响膜通量。

4. MBR 反应器的工艺特点

MBR 作为一种新的水处理技术具有的优势是其他处理技术所无法比拟的，它具有以下突出的优点：

（1）固液分离比高。混合液中的微生物和废水中的悬浮物质以及蛋白质等大分子有机物不能透过膜，而与净化的出水分开。

（2）因为不用二沉池，该系统设备简单，占地空间小。

（3）系统微生物质量浓度高、容积负荷高。由于不用二沉池，污泥分离率与污泥的 SVI 值无关。好氧和厌氧反应器中最大混合液悬浮固体（MLSS）质量浓度分别达到 40g/L 和 43g/L，远远高于传统的生物反应器。这是膜生物反应器去除率较传统生物处理技术高的重要原因。MLSS 质量浓度的增大，其结果是系统的容积负荷提高，使得反应器的小型化成为可能。

（4）污泥停留时间长。传统生物技术中系统的水力停留时间（HRT）和污泥停留时间（SRT）很难分别控制，由于使用了膜分离技术，该系统可在 HRT 很短而 SRT 很长的工况下运行，延长了废水中生物难降解的大分子有机物在反应器中的停留时间，最终达到去除目的。

（5）污泥发生量少。由于系统的 SRT 长，对世代时间较长的硝化菌的生长繁殖有利，所以该系统还有一定的硝化功能。由于该系统的泥水分离率与污泥的 SVI 值无关，可以尽量减小生物反应器的 F/M 比，在限制基质条件下，反应器中的营养物质仅能维持微生物的生存，其比增长率与衰减系数相当，则剩余污泥量很少或为零。Angel. Canales 等甚至给分离膜生物反应器设一个连续污泥热处理装置，来加速微生物的死亡和溶解。这种膜生物反应器能在保证系统有较高去除率的同时，减少剩余污泥产量。

（6）耐冲击负荷。由于生物反应器中微生物浓度高，在负荷波动较大的情况下去除效果变化也不大，处理的水质稳定。

（7）由于系统结构简单，容易操作管理和实现自动化。

（8）出水水质好。由于膜的高分离率，出水污染物浓度低，大肠杆菌数少。又由于膜表面形成了凝胶层，相当于第二层膜，它不仅能截留大分子物质而且还能截留尺寸比膜孔径小得多的病毒，出水中病毒数少。这种出水可直接再利用。

5. 膜生物反应器的能耗

膜生物反应器的能耗主要来源于用泵输入进料液体的动力消耗、用循环泵打回回流液的动力消耗、渗滤液的真空抽吸以及通气的动力消耗。一体式和外置式膜生物反应器操作系统的能耗差别很大(表7-3),如一体式膜生物反应器并不需要用循环泵打回回流液,而外置式胺生物反应器并不需要真空抽吸。

表7-3　膜生物反应器系统的膜构造、操作参数以及能耗

MBR 工艺	一体式	一体式	一体式	一体式	外置式	外置式	外置式	外置式	外置式
膜组件	板框式	板框式	中空纤维式	中空纤维式	园管式	园管式	中空纤维式	中空纤维式	园管式
膜材料	聚砜	聚乙烯	聚乙烯	聚乙烯	聚砜	陶瓷	陶瓷	聚砜氢	氧化铝
膜孔径/μm	0.4	0.4	0.1	0.1			0.1	0.1~0.5	
重量分离点/kDa					50	300			
膜面积/m²	0.24	0.96	2	4	2.6	0.08	1.1	0.39	—
膜压力/bar	0.1	0.3	0.13	0.15	5	2	2	2.75	2.25
滤出液通量/[L/(m²·h)]	7.9	20.8	8	12	170	175	77	8.3	20
错流速率/(m/s)	0.5	0.3~0.5	ND	ND	1~2	3	1.5~3.5	ND	2.2~3.6
滤出液能耗/(kW·h/m²)	—	0.013	0.0055	0.23	0.17	9.9	32	0.045	140
通气能耗/(kW·h/m²)	4.0	0.0091	0.14	70	0.52	2.8	9.1	10	10
总能耗/(kW·h/m²)	4.0	0.000228	0.14	70	0.69	13	41	10	50

在外置式膜生物反应器中,回流液的回流所需要的能量消耗是与膜的压力降和循环速率成正比的循环泵的动力消耗 P_c 可以用下式表示:

$$P_c = \frac{\Delta P Q_R}{\eta} \qquad (7-1)$$

式中　Q_R——循环速率, m^3/s;

　　　　η——泵的效率,%。

假定泵的效率是60%,离心泵没有摩擦损失,能量消耗 E_c($kW·h/m^3$)可以表示如下:

$$E_c = \frac{P_c}{Q_P} \times 3.6 \qquad (7-2)$$

式中　Q_P——过滤液流量,即膜通量和膜面积的乘积, m^3/s。

通气能耗可以通过生物反应器的压力降(如果没有给出数据,一般假定反应器的高度是2m)和通气量(如果没有给出数据,一般从文献的图中推出)计算而出。外置式和一体式膜生物反应器的通气差别很大。对于外置式MBR,空气一般是以微小气泡形式通入到反应器内部,因此氧的传递效率很高(在5m深度时标推氧传递效率一般是25%~40%)。对于一体式MBR,湍动鼓气产生大概1m/s的错流速度(外置式的错流速度是2~4m/s,同时湍动鼓气能冲刷膜表面并给生物质提供氧。湍动鼓气的大气泡氧的传递速率要低于细小气泡的传递速率(在5m深度时标准氧传递效率一般是19%~37%),但是湍动鼓气的成本较低。在一些操作中,例如处理高浓度液体时,可以同时应用大气泡和小气泡鼓气。

外置式MBR的能耗一般比一体式MBR的能耗高两个数量级。一体式MBR中通气能耗占到总能耗的90%,而分置式MBR通气能耗只占到总能耗的20%。在一体式MBR中,如果过滤液是由真空泵吸出的,则泵的能耗占到总能耗的28%左右。所以一体式MBR中

总能耗主要是由通气能耗决定的。虽然一体式总能耗比分置式总能耗低很多，但是一体式MBR 的膜通量较低，因此需要更大的膜表面积，这样基建投资成本就增加了。所以一体式 MBR 实际有效的大小应该限制在 5000 人口用水量左右。分置式 MBR 的泵的能耗占总能耗的 60% ~80%，而且分置式 MBR 的操作费用要远远高于一体式 MBR。因此就能耗而言，一体式膜生物反应器似乎有更为广泛的应用前景。

6. 膜生物反应器的应用领域

膜生物反应器应用可获得迅速发展的重点领域包括以下几个方面。

（1）高浓度有机废水的处理。高浓度有机废水是一种较为普遍的点污染，例如：食品厂、制药厂、畜牧屠宰厂、酒厂等行业每年都排放很大量的高浓度有机废水。这类废水采用常规活性污泥法处理尽管有一定的效果，但出水水质很难达到排放标准的要求。而MBR 在技术上的优势决定了它可以对常规方法难以处理的废水进行有效的处理，有的废水甚至可以处理到回用。

（2）市政民用废水中水回用。有废水回用的地区和场所，如宾馆、办公大楼、洗车业、餐厅废水回用、淋浴中心中水回用、社区生活污水回用、生态厕所零排放等等。膜生物反应器可以充分发挥其占地面积小、设备紧凑、自动控制、灵活方便的特点。另外也可用于无排水管网的地区，如小居民点、度假区、旅游风景区等。

（3）旧废水处理厂的改造。特别是出水水质难以达标或处理水量剧增而占地面积无法扩大的情况。

（4）净水厂进水预处理及后续处理工艺的泥水分离。

（四）生物滤池

生物滤池从其构造特征和净化功能可分成普通生物滤池、高负荷生物滤池和塔式生物滤池三类。

1. 普通生物滤池

普通生物滤池由滤床（池壁 + 滤料）、布水设备和排水系统等部分组成如图 7 - 15。

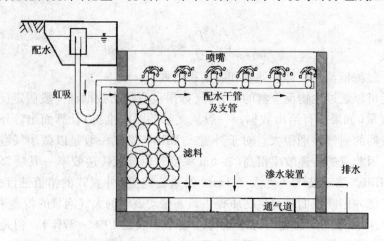

图 7 - 15 普通生物滤池

普通生物滤池多为方形或矩形。池体用砖石砌筑，用于围护滤料，一般应高出滤料0.5 ~0.9m。

滤料是生物滤池的主体部分,对生物滤池的净化功能影响很大。理想的情况是单位体积滤料的表面积和空隙率较大,能承受一定压力、抗废水和空气的侵蚀、对微生物生长无影响,并取材容易。普通生物滤池一般采用碎石、卵石、炉渣和石炭等作滤料,粒径约为 $25 \sim 100mm$(表面积 $100 \sim 200m^2/m^3$,空隙率 $80\% \sim 90\%$)。

布水装置多采用固定喷嘴式的间歇喷洒布水系统,另一种使用较为广泛的是旋转式布水器,主要由固定不动的进水竖管、配水短管和可以转动的布水横管所组成,多用于圆形或多边形的生物滤池。排水系统位于滤池的底部,包括渗水装置、汇水沟和总排水沟等,其作用是排除处理后的废水并保证滤池的良好通风。布水系统的主要任务是向滤池表面均匀布水,普通生物滤池大多采用固定式布水器。固定式布水系统由投配池、布水管道和喷嘴三部分组成。投配池设在滤池一端,布水管道设在滤池表面以下 $0.5 \sim 0.8m$ 处,布水管道上装一系列伸出池表面 $0.15 \sim 0.20m$ 的竖管,竖管顶安装喷嘴。这种布水装置受气候影响小,但布水不够均匀,需要较大水头。

排水系统位于滤池底部,用于排除处理后的出水、支撑滤料,并保证滤池通风良好。包括渗水装置、汇水沟和排水沟等。常用的是多孔混凝土板式渗水装置。

普通生物滤池有机物去除率高,一般在 95% 以上,工作稳定,易于管理,运行费用低。但处理时负荷不能过高,占地面积大,滤料易阻塞,影响周围环境卫生。一般适用于处理污水量较小的小城镇污水和有机工业废水。

2. 高负荷生物滤池

高负荷生物滤池由滤床(池壁 + 滤料)、布水设备和排水系统等部分组成如图 7 – 16 所示。

高负荷生物滤池是在解决与改善普通生物滤池在净化功能和运行中存在问题的基础上而开发的工艺。首先,它大幅度地提高了滤池的负荷率,BOD 容积负荷率比普通生物滤池高 6 ~ 8 倍,水力负荷则高达 10 倍;

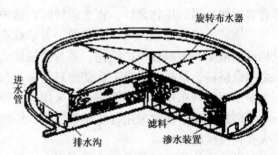

图 7 – 16　高负荷生物滤池构造

通过限制进水 BOD 值和运行上采取处理水回流等技术措施实现高负荷滤池的高滤率。处理水回流一般可以均化与稳定进水水质,降低进入高负荷滤池的 BOD_5 值低于 200mg/L,加大水力负荷,及时冲刷过厚和老化的生物膜,从而使生物膜迅速更新并经常保持较高的活性。

高负荷生物滤池在构造上,它与普通生物滤池相似,不同的地方在于:

(1)高负荷生物滤池多为圆形,滤料粒径较大,空隙率比较高。近年来,高负荷生物滤池开始使用由聚氯乙烯、聚苯乙烯和聚酰胺为原料的波形板式、列管式和蜂窝式塑料滤料。这种原料质轻、高强,耐腐蚀,比表面积和空隙率大,可提高滤池的处理能力和处理效率。

(2)高负荷滤池多使用旋转布水器。污水以一定压力流入池中央的进水竖管,再流入可绕竖管旋转的布水横管(一般为 2 ~ 4 根)。布水横管的同一侧开有间距不等的孔口(由中心向外逐渐变密),污水从孔口喷出,产生反作用力,使横管沿喷水的反方向旋转。这种布水器布水均匀,使用较广。

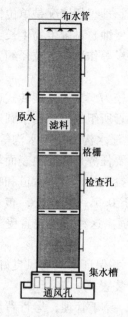

布水管

原水

滤料

格栅

检查孔

集水槽

通风孔

图 7-17　塔式生物滤池

（3）生物膜经常剥落、更新、并连续地随废水排出池外。

（4）池内不易出现硝化反应，出水中没有或很少有硝酸盐，BOD_5 常大于 30mg/L。

（5）二次沉淀池的污泥呈褐色，没有完全氧化，容易腐化。

3. 塔式生物滤池

塔式生物滤池是根据化学工程中气体洗涤塔的原理开发的，一般高达 8~24m，直径 1~4m，结构如图 7-17 所示。由于滤池很高，使池内部形成拔风状态，因而改善了通风。当污水自上而下滴落时，产生强烈紊动，使污水、空气、生物膜三者接触更加充分，可大大提高传质速度和滤池的净化能力。

塔式生物滤池负荷更高，当采用塑料滤料时，水力负荷可高达 80~200m³/(m²·d)，BOD_5 容积负荷可达 2000~3000g/(m³·d)。因此，滤池内生物膜生长迅速，同时受到强烈水力冲刷，脱落、更新快，生物膜具有较好的活性。为防止上层负荷过大，生物膜生长过厚造成堵塞，塔式生物滤池可采用多级布水的方法来平衡负荷。

塔式生物滤池由于水从上向下处在流动过程中有机物浓度不断降低，池内各层生长繁育着不同种属的生物集群，正常运转时，这种分层现象有助于有机物的降解。

塔式生物滤池截面可以呈圆形、方形或矩形塔身可用砖结构、钢结构、钢筋混凝土结构或钢框架和塑料板围护结构。塔身分层建造，每层有测温孔、观测孔和检修孔，层与层之间设格栅，承托在塔身上，使滤料重量分层负担，每层的高度应不大于 2m。布水装置大多采用旋转布水器，小型塔也可采用固定喷嘴式布水器或多孔管和进水筛板。

塔式生物滤池宜采用轻质塑料滤料，广泛使用的是环氧树脂固化的玻璃布蜂窝滤料和大孔径波纹板滤料。

塔式生物滤池一般采用自然通风，当供氧不足时，采用机械通风。这种滤池占地面积少，对水量、水质突变的适应性强，产生污泥量少，具有一定硝化脱氮能力。缺点在于一次投资较大，塔身高而造成运行管理不便，运转费用较高。塔式生物滤池既适用于处理城市污水，也适用于处理能生物降解的工业废水，常用作高浓度污水二段生化处理的第一段，它对含氰、腈、酚和醛废水有一定净化功能。

塔式生物滤池在构造和净化功能方面具有以下主要特征：

（1）塔式生物滤池的水力负荷较高，是高负荷生物滤池的 2~10 倍，可达 80~200m³/(m²·d)；BOD 负荷也较高，是高负荷生物滤池的 2~3 倍，达 2000~3000g(BOD_5)/(m²·d)；进水 BOD 浓度可提高到 500mg/L。

（2）塔式生物滤池的构造形状如塔，高达 8~24m，直径 1~3.5m，直径与高度之比介于 1:6~1:8 之间，使滤池内部形成较强烈的拔风状态，因此通风良好。

（3）由于高度大，水力负荷大，使滤池内水流紊动强烈，废水与空气及生物膜的接触非常充分。

（4）由于 BOD 负荷高，使生物膜生长迅速，同时由于水力负荷高，使生物膜受到强烈的水力冲刷，从而使生物膜不断脱落、加快更新，塔内的生物膜也能够经常保持较好的活性。但是，由于生物膜生长迅速，易于产生堵塞现象，因此，应当将进水 BOD_5 浓度控制在 500mg/L 以下，否则必须采用回流水稀释的措施。

（5）塔式生物滤池内部存在着明显的分层现象，在各层生长着种属不同但又适应该层废水性质的生物菌群，有助于微生物的增殖、代谢，有助于有机污染物的降解、去除。

（6）不需专设供氧设备。

（7）对冲击负荷有较强的适应能力，故常用于高浓度工业废水二段生物处理的第一段，以大幅度地去除有机污染物，保证第二段处理经常能够取得高度稳定的效果。

（五）氧化塘

氧化塘法是一种和水体自净相似的废水处理方法，又称生物塘或稳定塘。它是利用天然的池塘或进行一定人工修整的池塘进行废水处理的构筑物。废水中的有机污染物由塘内的微生物进行氧化降解，废水在塘内停留时间较长，有机污染物通过水中生长的微生物代谢活动而被降解，溶解氧则由藻类的光合作用和塘面富氧作用提供。根据氧化塘的微生物种类和溶解氧的主要来源，氧化塘可分为好氧塘、兼性塘、厌氧塘和曝气塘。

1. 好氧塘

好氧塘一般较浅，仅 0.3~0.5m。日光可以直接透过水层射入池底，有利于藻类生长和繁殖；塘内主要由藻类的光合作用供氧和水表面富氧，全部塘水处于好氧状态。图 7-18 为好氧塘净化模式，好氧微生物通过代谢活动氧化有机物，代谢产物 CO_2 作为藻类的碳源，藻类利用太阳光能合成细胞并放出氧气。废水在塘内停留 2~6d，BOD_5 可去除 80% 以上。

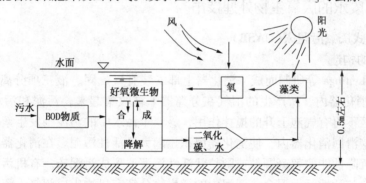

图 7-18　好氧塘净化功能模式

2. 兼性塘

兼性塘较深，一般为 1.0~2.5m。日光只能射入塘的表面层，仅能在表面层附近进行好氧分解，而在塘的中、底部则会出现厌氧分解。废水中的溶解性有机物主要在好氧层被好氧细菌氧化降解，而可沉淀的固体污染物则可在厌氧层由厌氧细菌发酵分解。

3. 厌氧塘

厌氧塘一般是水深 2.5m 以上的池塘，塘表面往往形成浮渣层使塘水维持厌氧状态并保持塘水温度，塘内生长着厌氧细菌，污水从下部进入塘内与厌氧菌接触，有机物被分解成甲烷和二氧化碳等，污水得到净化。

由于受地理位置、气候条件的影响，采用厌氧塘处理有机废水时，有机物负荷应根据需要确定。厌氧塘适于处理高浓度高温度有机废水，由于其对有机物的去除率不高，出水有机物浓度仍很高，净化速度慢。另外，该法在运用时，会产生臭气，影响周围大气环境，且其中的 CH_4 等气体不能回收，具有一定的危险。一般很少单独使用，常作为兼性塘等后期处理单元的前处理。

4. 曝气塘

曝气塘是一种费用较低的生物处理方法，较普遍地用来处理城市污水和工业废水。曝气塘一般深 $1 \sim 2m$，具有曝气器（常用涡轮式表面曝气机），使塘在一定水深范围内维持好氧状态，并可使进水与塘中原有水混合均匀。可见曝气塘较接近于活性污泥法的延时曝气法，介于好氧塘和活性污泥法之间。废水一般停留时间 $3 \sim 8d$，BOD_5 可去除 70% 以上。

氧化塘处理污水有以下优点：基建投资低；对水量、水质的变动有很强的适应能力综合利用；运转费用低，能耗低，管理方便；因停留时与养鱼、培植水生作物相结合，使污水得到综合利用。

其主要缺点是：污水停留时间长，占地面积大，使用上受到很大限制；受气温的影响很大，净化能力受季节性控制，在北方，冬季封冰，必须把冬季的污水贮存起来，使氧化塘的占地面积更大；卫生条件较差，易滋生蚊蝇，散发臭气；如塘底处理不好，可能会引起对地下水的污染。

综上所述，氧化塘是一种较为经济的污水生物处理方法。当有洼地等可利用的地方，有条件地采用氧化塘，既可治理污水，消除污染，又可节省投资，应该提倡。但是要科学地使用这个技术，必须采用相应的工程措施，防止二次污染的发生。

二、石化废水的厌氧生物处理技术

（一）升流式厌氧污泥床（UASB）

1. UASB 的构造

1977 年由 Lettinga 等研制而成，消化器上部安装有气、固、液三项分离器，如图 7 - 19 所示。在该消化器内，所产生的沼气在分离器下被收集起来，污泥和污水升流进入沉淀区。由于该区不再有气泡上升的搅拌作用，悬浮于污水中的污泥则发生絮凝和沉降，它们沿分离器斜壁滑回消化器内，使消化器内积累起大量活性污泥。在消化器底部是浓度很高并具有良好沉降性能的絮凝颗粒或颗粒状活性污泥，形成污泥床。有机污水从反应器底部进入污泥床并与活性污泥混合，污泥中的微生物分解有机物生成沼气，沼气以小气泡形成不断放出，在上升过程中逐渐合并成大的气泡。由于气泡上升的搅动作用，使消化器上部的污泥呈悬浮状态，形成逐渐稀薄的污泥悬浮层。有机污水自下而上经三相分离器后从上部溢流排出。

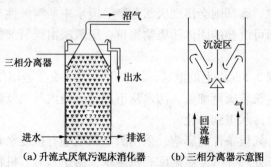

（a）升流式厌氧污泥床消化器　　（b）三相分离器示意图

图 7 - 19　升流式厌氧污泥床

2. UASB 中颗粒污泥的形成

（1）污泥颗粒化的意义

在厌氧反应器内颗粒污泥的形成过程称之为污泥颗粒化。由于颗粒污泥具有极好的沉降性能，能在很高产气量和上向流速度下保留在反应器内，因而污泥颗粒化可以使 UASB 内保留高浓度的厌氧污泥，并可以使 UASB 能够承受更高的有机物容积负荷和水力负荷。

污泥颗粒化还具有如下的优点：细菌形成的污泥颗粒状聚集体是一个微生态系统，其中不同类型的种群形成了共生或互生体系，有利于形成细菌生长的生理生化条件；颗粒污泥的形成利于其中的细菌对营养的吸收，利于有机物的降解；颗粒污泥使诸如产乙酸菌和利用氢的细菌等发酵菌的中间产物的扩散距离大大缩短；在诸如 pH 和毒性物质浓度等废水性质骤变时，颗粒污泥能维持一个相对稳定的微环境而使代谢过程继续进行。

（2）颗粒污泥的形成机理与影响因素

颗粒污泥的形成机理尚处于研究阶段，但根据观察颗粒污泥在培养过程中所出现的现象已初步形成如下的有代表性的假说：

① Lettinga 等人的晶核假说：颗粒污泥的形成类似于结晶过程，晶核来源于接种污泥或运行过程中产生的诸如 $CaCO_3$ 等颗粒物质的无机盐，在晶核的基础上不断发育形成成熟的颗粒污泥。此假说已为一些实验所证实，如测得一些成熟颗粒污泥中确有 $CaCO_3$ 颗粒存在，还有在颗粒污泥的培养过程中投加颗粒污泥能促进颗粒污泥形成等。

② Mahoney 电中和作用假说：在厌氧污泥颗粒化过程中，Ca^{2+} 能中和细菌细胞表面的负电荷，能削弱细胞间的电荷斥力作用，并通过盐桥作用而促进细胞的凝聚反应。

③ Samson 等人胞外多聚物架桥作用假说：颗粒污泥是由于细菌分泌的胞外多糖将细菌粘结起来而形成的，有的甲烷菌就能分泌胞外多糖，胞外多糖是颗粒污泥形成的关键。

④ Tay 等人细胞质子转移 - 脱水理论：在细胞自固定和聚合过程中，大量研究表明细胞表面憎水性是主要的亲和力。细胞质子转移 - 脱水理论认为颗粒污泥形成的第一步是细胞质子转移引起细胞表面脱水，强化了细胞表面的憎水性，进而诱导细胞间的聚合。聚合的微生物再经过熟化，成长为具有一定粒径的颗粒化污泥。

影响颗粒污泥形成的主要因素有如下几个方面：

① 废水性质：废水特性，特别是有机污染物本身的热力学及生物降解性质，直接影响到颗粒化污泥形成的速度。

② 有机负荷：在 UASB 启动到正常运行期间，有机负荷是以阶梯增加的方式，逐步达到设计负荷标准。目前，也有研究表明，高有机负荷能缩短 UASB 的启动周期。

③ 接种污泥：可以用絮状的消化污泥或活性污泥作为种泥，如有条件采用颗粒污泥更佳，可缩短颗粒污泥的培养时间。

④ 碱度：进水碱度应保持在 $750 \sim 1000\text{mg/L}$ 之间。

⑤ 温度：以中温或高温操作为宜。

⑥ 水力剪切力：一般认为，在水力剪切力较低的环境下有利于颗粒化污泥的形成，但是近期大量研究并不支持这一观点。UASB 反应器中一定程度的水力剪切力对于微生物具有筛选作用，加速了污泥颗粒化速度。

⑦ 毒性物质：在污泥颗粒化初期，如果废水中含有大量毒性或抑制性物质将直接影

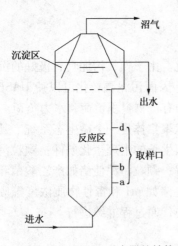

图 7-20　UASB 反应器的结构

响到颗粒污泥的形成，甚至造成 UASB 反应器启动失败。

3. 工艺流程

升流式厌氧污泥床（UASB）具有结构简单、负荷率高、水力停留时间短、能耗低和无需另设污泥回流装置等特点，因此一出现就引起人们的很大兴趣。目前，该工艺在欧洲已达到生产性规模。据不完全统计，截止到 1990 年 9 月，仅用于处理啤酒废水的装置就有 30 座，反应器总容积达到 60600m³。国内近几年在这方面的研究和应用开发也比较活跃，例如在 1991 年 10 月，将 UASB 反应器用于处理啤酒废水的生产性装置启动运行。UASB 反应器的结构如图 7-20 所示，主要由反应区和沉淀区两部分组成。

废水由反应器底部进入，靠水力推动，污泥在反应器内呈膨胀状态，混合液充分反应后进入截面积扩展的沉没区，经常使用的为三角形两相分离器。所产生的沼气从上部进入集气系统，污泥靠重力返回反应区。为增加生物量，有时需往反应器中投加软性填料，从而为生物提供附着生长表面。

UASB 反应器既可为钢制筒体型又可为钢筋混凝土圆型或方型结构，当处理水量过大时，为操作运行灵活，常分隔成若干个单元反应器，每个反应器容积以不超过 250m³ 为宜。一般底部设布水系统，上部设三相分离器，沿高度设有取样口。另外，整个处理系统还应包括温度调节装置、沼气收集装置、污泥处理设施等。

4. 运行机理

UASB 反应器顺利启动的关键是接种污泥的性质和数量、污泥流失、营养物质等。一般来说，用处理同样性质废水的厌氧反应器中的污泥进行接种最为有利，在没有同类型污泥时，接种和驯化期所需时间增加，达到正常运转往往需要 3~4 个月。研究表明，选取接种污泥时，厌氧消化污泥应作为优先考虑的对象。当厌氧消化污泥来源困难时，选用好氧污泥进行接种也是可行的，只是污泥负荷提高到正常水平所需时间较长。接种污泥量对启动时间有很大影响，如图 7-21，随着启动时间的增加，拥有不同接种量的反应器中的污泥量逐步地趋向相同。过低的接种污泥量，会造成运行初期的污泥负荷过高，污泥量增长过快，使反应器内各种菌群数量不平衡，降低运行的稳定性；一旦控制失当便会造成反应器的

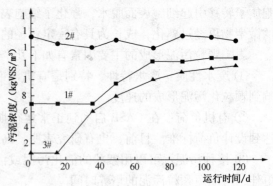

图 7-21　不同接种量反应器中污泥浓度的变化

酸化。而过多的接种污泥量也是无益的，因为负荷提高后产气量增加，会冲出很多污泥，使污泥的生长量和流失量基本持平，对出水水质十分不利。合适的接种污泥量一般在 5.0~8.0kg VSS/m³ 范围。

反应器的接种污泥量过大或启动后由于水力冲刷和沼气搅拌等原因，使污泥床很快膨

胀到沉淀区，造成污泥流失，这种流失形式称为"膨胀流失"。虽然接种量适中，启动后有时也会出现污泥流失，但这是由于接种污泥中那些沉降性能较差的絮状污泥被冲出反应器，而污泥层还在反应区内，这种流失形式称为"冲刷流失"。膨胀流失对污泥的沉降性能并没有选择性，流失持续时间较短，流失污泥量大，流失的污泥与反应器内的污泥在理化性能、微生物组成等方面没有明显差异。冲刷流失的污泥结构松散，有机成分高，产甲烷活性差，与反应器内的污泥差异明显，因此没有必要截流在反应器内。冲刷流失是一种有选择性的污泥流失，将可以承受高负荷冲击的沉淀性能好的污泥保留下来，是反应器的一个选优汰劣的主动过程，这种污泥流失通常持续较长时间。膨胀流失和冲刷流失在提高负荷时表现尤为突出，所以在启动初期提高负荷应慎重，以免造成过多厌氧菌的流失。在启动中后期，则应有意采用高水力负荷与产气负荷运转，以便除去絮状污泥和保证颗粒污泥营养供给，从而有利于颗粒污泥的生长。

保持良好的 COD：N 的比率（40：1 ~ 70：1）对启动是很重要的，磷的重要性也不容忽视。磷是产甲烷合成细胞膜的重要成份，C：P = 100：1 ~ 150：1 才能保证正常生长和繁殖。在启动期投加尿素和磷酸二铵，使废水中 COD：N：P = 200：5：1 以促进甲烷菌的生长。而在正常运行期，为减少剩余污泥量，故而可以少投或不投磷。

在正常运行期，COD 去除率沿反应器高度的变化关系见图 7 - 22。对于反应区高度为 110cm 的小型试验装置，距反应器底部 40cm 的污泥层内，COD 去除率变化较大，而在其上的污泥层内变化甚微。这一点与其他流化床反应器一样，由它的完全混合式流态类型所决定。

研究表明，在污泥驯化阶段，良好的颗粒状成熟污泥尚未形成，适应能力差，因此一旦微生物受到 pH 值下降的冲击，

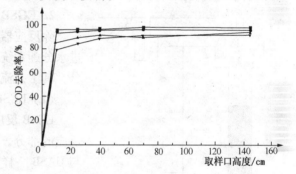

图 7 - 22 COD 去除率沿反应器高度的变化

出现严重的污泥流失现象，处理性能变坏，而恢复正常的过程也较长。但在正常运行期，pH 值较大下降时，反应器仍能保持稳定运行，污泥性能良好。因此，在污泥驯化阶段应对进水 pH 值特别注意，防止反应器运行发生不正常现象。

5. UASB 的工程应用

UASB 是目前应用最为广泛的高效厌氧反应器，几乎可用来处理所有以有机物为主的废水。在全球范围内已经有 900 个以上的生产 UASB 在运行，其中最大的是荷兰 Paques 公司为加拿大建造的用于造纸废水处理的 UASB，反应器容积为 15600m³，日处理 COD 能力为 185t/d。目前 UASB 反应器的应用仍呈迅速增加趋势，以 UASB 为基础的高效厌氧反应器（如厌氧内循环反应器、UASB + 厌氧滤池）也在研究、开发与应用中。

（二）膨胀颗粒污泥床（EGSB）

1. EGSB 反应器

20 世纪 90 年代初期，荷兰 Wagcningen 农业大学开始了膨胀颗粒污泥床（ExPanded Granular Sludge Blanket；EGSB）反应器的研究。为了提高 UASB 反应器的处理效果，研究者开始考虑通过改变 UASB 反应器的结构设计和操作参数，以使反应器适合在高的液体表

面上升流速条件下稳定运行，进而发展成为膨胀或流化状态的颗粒污泥床，由此形成了早期的 EGSB 反应器。

EGSB 反应器作为一种改进型的 UASB 反应器，虽然在结构形式、污泥形态等方面与 UASB 非常相似，但其工作运行方式与 UASB 显然不同，主要表现在 EGSB 中一般采用 2.5~6m/h 的液体表面上升流速（最高可达 10m/h），高的液体表面上升流速使颗粒污泥床层处于膨胀状态，不仅使进水与颗粒污泥能充分接触，提高了传质效率，而且有利于基质和代谢产物在颗粒污泥内外的扩散、传送，保证了反应器在较高的容积负荷条件下正常运行。

EGSB 反应器的特点如下：

（1）上升流速大（2.5~6m/h），有机负荷率约 40g COD/(L·d)；

（2）反应器高径比大，污泥床处于膨胀状态；

（3）反应器设有出水回流系统，更适合于处理含有悬浮性固体和有毒物质的废水；

（4）以颗粒污泥接种，颗粒污泥活性高，沉降性能好，粒径放大，强度较好；

（5）由于上升流速大，有利于污泥与废水间充分混合、接触，因而在低温处理低浓度有机废水时有明显的优势。

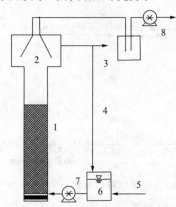

图 7-23　EGSB 工艺流程示意图
1—颗粒污泥膨胀床；2—三相分离器；
3—处理水排放；4—处理水回流；
5—原有机废水；6—水槽；7—进水泵；
8—气体流量计

2. EGSB 的构造与工艺流程

除反应器主体外，EGSB 反应器的主要组成部分有进水分配系统、气-液-固三相分离器以及出水循环部分，其工艺流程如图 7-23 所示。

（1）EGSB 反应器主体

EGSB 反应器主体是颗粒污泥与废水中污染物发生反应的部分，其内有大量的不同粒径的颗粒污泥存在。与 UASB 一样，颗粒污泥是 EGSB 反应器获得高处理效果的原因所在。Rebac 的研究表明，当利用 EGSB 反应器处理低温低浓度麦芽废水时，随着反应器的运行，颗粒污泥的粒径发生了一个转型过程。在反应初期，颗粒粒径主要集中在 1.1~2.1mm 范围内；随着反应的进行，颗粒粒径分布范围更宽，大部分布在 0.9~2.7mm 之间，且在此范围内分布较均匀；在反应后期，颗粒粒径明显增加，主要集中在 1.3~2.7mm 范围内。

反应器不同高度处颗粒污泥的粒径也有明显不同，如在反应器运行后期，反应器上部主要为 1.7~1.9mm 的小粒径污泥，而下部则为 2.3~2.9mm 的大粒径污泥。然而，就降解乙酸和 VFA 混合物的情况看，上部颗粒污泥的比基质降解率和比产甲烷活性分别比下部污泥高 11%~40% 和 20%~45%，这是由于压力作用使底部污泥密度增加、孔隙度减少，于是基质扩散阻力加大，致使底部污泥活性较低。

（2）进水分配系统

进水分配系统的主要作用是将进水均匀地分配到整个反应器的底部，并产生一个均匀的上升流速。与 UASB 反应器相比，EGSB 反应器由于高径比更大，其所需要的配水面积会较小；同时采用了出水循环，其配水孔口的流速会更大，因此系统更容易保证配水均匀。

（3）三相分离器

三相分离器仍然是 EGSB 反应器最关键的构造，其主要作用是将出水、沼气、污泥三相进行有效分离，使污泥在反应器内有效持留。与 UASB 反应器相比，UASB 反应器内的液体上升流速要大得多，因此必须对三相分离器进行特殊改进。

改进可以有以下几种方法：增加一个可以旋转的叶片，在三相分离器底部产生一股向下水流，有利于污泥的回流；采用筛鼓或细格栅，可以截留细小颗粒污泥；在反应器内设置搅拌器，使气泡与颗粒污泥分离；在出水堰处设置挡板，以截留颗粒污泥。

（4）出水循环部分

出水循环部分是 UASB 反应器不同于 UASB 反应器之处，其主要目的是提高反应器内的液体上升流速，使颗粒污泥床层充分膨胀，废水与微生物之间充分接触，加强传质效果，还可以避免反应器内产生死角和短流。

（三）石化废水生物处理技术的发展趋势

1. 石化废水生物处理存在问题

我国石化废水处理主要存在的问题有：一些小型的石化厂还没建造污水处理设施；大多数的石化厂废水处理不达标：国内外去除石化废水中的 NH_3-N 和 COD 主要采用生化法，该方法可在单一的生物处理系统中有效去除石化废水中的有毒物质（酚、氰等）。石化废水是一种公认的难生物降解的工业废水，当前在工程上成功处理石化废水的主要工艺是生物脱氮法，该工艺对氨氮和 COD 去除效果较好，但是仍存在一定的不足：

（1）不仅对于难降解的有机物和 NH_3-N 的去除率较低，而且难以去除磷、氟等有毒有害物质，达不到排放标准的要求。

（2）焦化废水属于低碳源的工业污水，生化法处理时还要不断补给碳源；废水的可生化性很差，高浓度氨氮和酚类物质对微生物细菌有严重的抑制作用，容易导致污泥的中毒现象，造成个物污泥中的菌种死亡。

（3）生化法的处理工艺占地面积大，需要配备采用在生物处理过程中投加铁、活性炭等物化法以提高反成器中生物浓度和强化絮凝作用。

（4）初期工程投资大，运行费用高。

（5）生化污水处理过程会产生大量的活性污泥。污泥处置不仅费用高，而且处置不当便可能产生二次污染。当前生物污泥处理的设施配套和运行远远落后于污水处理，对生物污泥排放的监督管理也不如排放污水那样严格。生物污泥处置大体上为填埋、农用、排海、堆放和焚烧，这些途径都有造成二次污染的潜在危险。焚烧尽管可以避免其他方法可能形成的非点源内染及污染地下水的潜在危险，但是费用和能耗过高，且在焚烧时会造成对大气的二次污染。

2. 石化废水生物处理的发展方向

根据石油化工废水污染特点及多年的运行实践，参照国外同行业的废水治理经验，结合我国实际情况，在今后一段时期，石油化工废水治理的发展方向有以下几点值得重视。

（1）控制用水和排水量，提高废水的回收率

和其他工业相似，石油化工工业对废水治理的原则首先是回收其中的资源及能源，加强物料的利用率，减少污染量。为此需从改革工艺着手，采取少用和不用水的技术，增加

循环水浓缩倍数，强化水质稳定措施。实践证明，浓缩倍数如果现有的 1.5 倍增加到 2 倍，循环水中的排污量将减少到 50%。

美国制定的炼油厂废水的治理发展目标是零排放，目前我国炼油厂用水的单耗在 1t 左右，国外一般在 0.3 ~ 0.5t，对比之下差距是很大的。因此必须研究节水工艺及设备，提高水的回收率。

根据使用水质要求进行预处理后回用，实现一水多用的目标是很有发展前途的。例如石油化工厂蒸汽消耗量很大，凝结水回收和利用也是废水循环的一个挖潜方面。归根结底，减少排放量就会减少污染物质的排出。

（2）发展废水的预处理技术

按照石油化工废水的性质，对不同类型的污染物，若是在污染源处加以有效的回收处理，就可以使用有用的资源就地返回作化工原料。如油罐区安装自动油水分离器，可将浮油的 99% 得到回收，并可送原油品罐；酸碱性废水中和后排放，炭黑废水的预处理，含环烷酸废水的预处理，含甲醇废水气提等都是较好的预处理技术。另外如破乳、中和等过程，若是在污染源处进行，都是较为经济有效的。加强预处理可以有效地控制污染量，避免由于负荷过载发生冲击废水处理场的意外情况。

（3）开发高效、低耗的废水治理新技术

为了提高废水治理效率和效果，必须开发经济有效的治理工艺，如研究高效的除油技术，开发和应用高效化学药剂。从流程上应减少提升的次数，推广自流处理技术。这样不但可降低能耗，而且还可减少由于增加乳化程度而带来的后续治理难度。在废水治理机械设备方面，同样应实现高效低耗，经济耐用的原则要求。

（4）提高废水治理过程的在线建控自动化水平

在线监测自动化程度，是石油废水处理技术中我国与外国相比的主要差距，虽然我国在流量计、pH 计的应用方面有一些研究，取得了一定成果，但还存在不少问题，有待改进。

（5）针对石化废水治理的新问题，研究有效对策

根据国家规定的废水排放标准和要求，废水中的 COD、氨氮有进一步提高的趋势，对此必须有所准备并注意研究和开发有效的治理方法。

对 COD 的治理应用在高浓度和难生物降解有机物方面下功夫。根据目前情况，把注意力放在厌氧处理高浓度有机废水上会有发展前途，石化废水的 BOD/COD 的比值较低，在处理流程上宜发展好氧和厌氧交替生化处理的技术。

第四节　石化废水生物处理工程实例

一、高浓度石化废水综合处理工程

（一）工程概述

高浓度石化废水很难处理，其主要特点是 COD 高、可生化性差（BOD/COD < 0.1）。由于该类废水污染十分严重（很多都具有毒性），国家已明令禁止直接排放。东北某化工厂在生产过程中排放大量高浓度废水，成分复杂且含盐量很高，难以生化降解。废水水量

为 $40m^3/d$，COD 为 $15000mg/L$，BOD_5 为 $1500mg/L$，SS 为 $800mg/L$，pH 值为 $3\sim4$，处理后出水水质执行《污水综合排放标准》(GB 8978—1996)的一级标准。

(二)工艺流程

工艺流程见图 7-24。

原水经调节池均质后进入气浮池，经气浮处理后进入铁炭曝气池和芬顿氧化池，在进一步去除 COD 的同时提高废水的可生化性；浮渣由刮渣板收集至浮渣导管，再进入浮渣罐，并定期用泵抽送至污泥干化场。芬顿氧化池出水进入中和池，池内设蒸汽管对废水进行加热，当废水被加热至需要温度后由污水泵送进 UASB 反应器。废水在 UASB 反应器内经厌氧菌氧化分解后，生成的

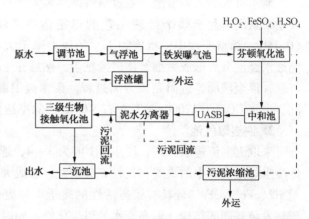

图 7-24 废水处理工艺流程图

CH_4 和 CO_2 排入大气或被回收利用。UASB 出水经斜管沉淀池泥水分离后进入三级生物接触氧化池，利用生长在填料上的生物膜吸附、氧化分解废水中的有机污染物，使水质得到净化。生物接触氧化池出水经二沉池进行泥水分离，上清液达标排放，底泥部分回流到生物接触氧化池内，部分排入污泥浓缩池。

(三)主要构造物

由于工厂里存有大量废弃钢罐，故在设计上尽量考虑对其再利用。主要构筑物及其参数见表 7-4。

表 7-4 主要构筑物及其参数

构筑物	结构	规格	数量/座	有效容积/m^3	备 注
调节池/气浮池	钢制	$\Phi4.0m\times5.0m$	1	50	调节池容积为 $33m^3$，内设空气搅拌装置；气浮池容积为 $17m^3$
铁炭曝气池	钢制	$\Phi2.2m\times4.0m$	1	12	铁炭比为 1:1，铁投量为 $2.78kg/m^3$，HRT 为 8h
芬顿氧化池	钢制	$\Phi2.2m\times4.0m$	1	12	内设空气搅拌装置，HRT 为 8h
中和池	钢制	$\Phi2.2m\times4.0m$	1	12	内设蒸汽加热管
UASB	钢制	$\Phi4.0m\times5.0m$	2	50	2 个 UASB 反应器并联，HRT 为 58h，池内分别装有组合填料 $40m^3$，并设污泥回流管
斜管沉淀池	钢制	$\Phi1.5m\times5.0m$	1	7	池内设有斜管，HRT 为 4h
生物接触氧化池	钢制	$\Phi4.0m\times5.0m$	3	50	三级串联，各级 HRT 均为 29h。池内分别装有组合填料 $40m^3$，设有污泥回流管，选用三叶罗茨鼓风机 2 台(1 用 1 备)控制 DO 为 $2\sim4mg/L$
二沉池	钢制	$\Phi2.2m\times4.0m$	1	12	竖流式沉淀池，HRT 为 7h，池内设有 $\Phi500mm$ 中心筒
污泥浓缩池	钢制	$\Phi2.2m\times6.0m$	1	22	距池顶 0.7m 处设有溢流管，上清液通过溢流管可回流到调节池

（四）工程调试与运行

1. 调节池/气浮池

原水首先进入调节池，通过空气搅拌装置进行初步均质化，避免原水水质、水量剧烈波动，从而有利于整个处理工艺的稳定运行。调节溶气泵将压缩空气在一定压力下（0.4MPa）溶解于水中，将施加于水的压力降至大气压时，空气则呈微小气泡释放出来，与废水经混凝后形成微细絮体碰撞粘附，然后在上浮过程中再聚合长大，形成较大的颗粒气泡，浮至液面，进而完成分离过程。废水经混凝气浮处理后，大部分漂浮的油脂被去除，出水 COD 为 12000mg/L 左右，COD 去除率达到 20%。

2. 铁炭曝气池

采取上向流进水方式，废水 pH 值为 3～4，通过控制曝气量（DO 为 4.0mg/L 左右），使废水与铁炭床中的铁屑和炭粒充分接触，形成大量微电池，并发生电化学反应，产生大量 H_2、Fe^{2+}、Fe^{3+} 等具有较高活性的离子，与废水中的难降解物质发生氧化还原反应，破坏发色基团的结构，提高废水的可生化性。同时，在微电场的作用下，废水中的胶体微粒通过静电引力进行富集、絮凝、沉淀，使废水得到初步净化。经过近一个月的稳定运行，出水 COD 降至 7440mg/L 左右，COD 去除率稳定在 38% 左右。

3. 芬顿氧化池

铁炭曝气池出水 pH 值为 5 左右，采取上向流进水方式，开启空气搅拌装置，利用废酸（主要成分为硫酸）调节 pH 值为 3，$FeSO_4$ 投量为 2000mg/L，H_2O_2 用量为 3000mg/L，双氧水分批连续投加，通过 Fe^{2+} 在反应中起激活或传递作用，使链反应能持续进行直到 H_2O_2 耗尽，其中产生的 ·OH 可引发链反应，产生如 HO_2· 等更多的自由基来降解有机物。同时，Fenton 试剂由于产生 ·OH 而具有强氧化性，还具有混凝、沉淀功能。经过近一个月的稳定运行，出水 COD 为 2970mg/L 左右，COD 去除率达 60%，色度去除率达 90% 以上。

4. 中和池

废水进入中和池后，通过投加适量 NaOH 和 $NaHCO_3$ 调节废水 pH 值为 7.0～7.5，同时保证废水有足够的碱度。通过布置在池底的蒸汽管将废水升温至 38℃ 左右，蒸汽在加热废水过程中中产生的扰动作用可使中和池内废水均质化。

5. UASB

种泥选自东北某城市污水处理厂二沉池的脱水污泥，经筛滤稀释搅匀后用污泥泵注入反应器，投加污泥浓度按 $20kg/m^3$ 计。芬顿氧化池出水在中和池内经升温、均质后，温度为 33～38℃，pH 值为 7.0～7.5，碱度 >1500mg/L。中和池出水进入 UASB 反应器，按设计进水量启动运行，控制反应器的容积负荷稳定在 0.7kg $COD/(m^3 \cdot d)$，按时检测反应器出水的 pH 值、碱度、VFA 和 COD 的变化，通过控制投药量保证反应器中有足够的碱度（2000～5000mg/L），维持反应器中 VFA 浓度 <1000mg/L，防止反应器酸化。当 COD 去除率 >60% 并稳定运行一周后开始提高负荷，直至达到最大容积负荷 4.9kg $COD/(m^3 \cdot d)$。此时，保持进水量不变，通过增加进水浓度逐步提高容积负荷，直到满负荷运行。经过半个月的满负荷运行，UASB 反应器平均 COD 去除率 >60%，出水 COD 降到 1200mg/L 以下。

6. 斜管沉淀池

UASB 出水经斜管沉淀池泥水分离后，上清液进入生物接触氧化池继续处理，底部污泥循环回流到 UASB 反应器，以减少污泥流失，同时使 UASB 反应器内部泥水产生剧烈扰动，强化传质效果。

7. 三级生物接触氧化池

在启动 UASB 反应器的同时启动生物接触氧化系统，投加种泥 $10kg/m^3$，闷曝 24h，控制 DO 稳定在 2.0 ~ 4.0mg/L。考虑到废水可生化性差，启动之初按照 C: N: P = 100: 5: 1 的比例定期投加适量的淀粉、磷肥和氮肥，在系统稳定后逐渐减少营养物的投加量。将泥水分离器的上清液引入生物接触氧化池，连续进水，回流比控制在 100%，按时检测反应器中的 COD、pH 值、DO、污泥浓度。当启动运行 10d 后，填料表面已全部被菌胶团覆盖，形成黄褐色的生物膜，污泥沉降性能较好，出水清澈，说明挂膜成功。经过两个多月的运行，出水 COD 稳定在 100mg/L 以下，COD 去除率稳定在 92% 左右。

8. 二沉池

生物接触氧化池出水在二沉池进行泥水分离后，底部污泥循环回流到氧化池，以减少氧化池的污泥流失；上清液 COD 稳定在 100mg/L 以下。当生物接触氧化池内污泥浓度 >5000mg/L(或污泥沉降比为 50%)时，二沉池进行排泥，排泥周期为 1 次/周以上。

9. 污泥浓缩池

二沉池剩余污泥排到污泥浓缩池，上清液通过溢流管回流到调节池，底部密实污泥定期外运进行干化焚烧处理。

二、纤维滤池在石化废水深度处理中的应用

(一) 工程概述

华锦集团是辽宁省最大的化工企业，具有 30 多年的发展历史，拥有 20 多家工厂，涉及化学肥料、聚烯烃树脂、精细化工、塑料加工等多种行业和生产 6 大类 100 多种型号的产品。为了解决企业发展带来的用水矛盾，提高水重复利用率，华锦集团决定建设华锦集团废水处理及回用工程，对华锦集团全部的生产和生活污水进行集中处理，利用处理后的中水代替新鲜水。

本项目接纳的废水包括：(1)现有 3 个生产区排污口(乙烯公司、辽通公司及富腾公司)和 4 个生活区排污口(生活二区、文教区、滨河小区及花园小区)的混合废水；(2)2 个拟建项目(乙烯及乙烯原料工程)的生产废水。回用水的用水地点为公司生产用水。工程接纳的废水不包括废碱液、废碱渣高浓度含盐废水，这样可以减少后续脱盐处理负荷，满足中水回用的需要，见表 7 - 5。

表 7 - 5　锦集团各排放口设计水量及水质指标

测 试 项 目	乙烯公司排水水质	化肥厂排水水质	富腾公司排水水质	生活污水排水水质	新建乙烯工程水质	新建乙烯原料工程水质
pH 值	8.9	8.10	50	8.93	6 ~ 9	6 ~ 9
$COD_{Cr}/(mg/L)$	210	32.30		341	600	700
$BOD_5/(mg/L)$	81.60	8.98		137	400	200
$SS/(mg/L)$	256	3		83	210	400

续表

测试项目	乙烯公司排水水质	化肥厂排水水质	富腾公司排水水质	生活污水排水水质	新建乙烯工程水质	新建乙烯原料工程水质
氨氮(以 N 计)/(mg/L)	3.14	5.87		29.42	40	50
石油类/(mg/L)	3.80	1.39	5	19.19	75	100
总磷(以 P 计)/(mg/L)	10.30	0.59		4.24	4	4
浊度/(NTU)	215	12				
总硬度(以 $CaCO_3$ 计)/(mg/L)	733	560		450		
Cr/(mg/L)	327.1	54.2				
溶解性总固体/(mg/L)	1736	870			40	
水温/℃	29	19			19	40
水量/(m³/d)	9534	7351	1176	5000	2000	6000

（二）工艺流程

本工程处理的废水是石化工业生产废水和生活污水的混合废水，经分析论证确定的废水处理流程如下：

综合废水分别经压力管线进入本工程界区内，根据每股废水的含油量确定其流程，油含量低于 50mg/L 的废水进入细格栅井及曝气沉砂池，拦截大颗粒悬浮物及泥砂，曝气沉砂池出水进入均质调节池；油含量介于 50~100mg/L 的废水不经过细格栅和曝气沉砂池直接进入沉淀隔油池，去除废水中大部分油和悬浮物，浮油回收处理，沉淀隔油池出水进入均质调节池；废水在均质调节池经过 8h 的均质均量后用泵打入絮凝反应池，池中加入絮凝剂，出水进入气浮系统，进一步去除废水中油和悬浮物，浮渣进入污泥储池；气浮系统出水进入 A/O 池，去除绝大部分有机物，所需氧气鼓风机供给，出水进入二沉池；活性污泥沉淀后，部分回流至 A/O 池；二沉池出水进入曝气生物滤池，去除废水中大部分有机物，所需氧气由鼓风机供给，出水加入絮凝剂后进入纤维束滤池，进一步去除水中剩余悬浮物，见图 7-25。

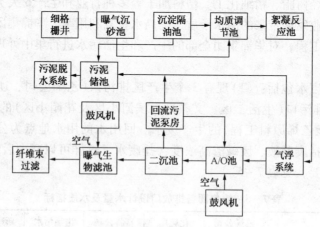

图 7-25　华锦集团废水处理工程工艺流程

（三）纤维束滤池

曝气生物滤池出水加入絮凝剂进行絮凝过滤，可以进一步降低污染指标以确保废水可以达标排放。滤池设计流量：50000m³/d；絮凝剂投加量：聚合氯化铝20mg/L，聚丙烯酰胺 1~2mg/L；滤池双排布置，共 6 格滤池，每排 3 格，钢筋混凝土结构；过滤面积：120m²，每格滤池平面尺寸为 5.0m×4.0m，池深为 5.0m，设计滤速 V=17.36m/h，一格反冲洗时强制滤速 21.5m/h；滤池反冲洗强度为：气洗强度为 60~80L/(s·m²)，水洗强度 6~8L/(s·m²)；滤料为纤维束滤料，滤料厚为 2.0m；用反冲洗水泵送水进行水洗，用鼓风机送气进行气洗；纤维束滤池反洗排水流量：576m³/h，1 次持续 30min，排污 288m³/次，每日 2 次，间隔 12h，反冲洗后的水排入厂区排水管网。

（四）实施运行

1. 过滤能力的测定

纤维束滤池加入絮凝剂进行絮凝过滤，不仅可以进一步降低污染指标以确保废水可以达标排放，而且对后续反渗透工艺非常有利，降低反渗透进水负荷。项目自竣工后，每月对纤维滤池的周期时间进行测定(终点判断依据：出水阀门达到的一定开启度下，同时滤池水位达到设点水位)，来判断出水能力是否衰减，清洗效果是否彻底，见表 7-6。

表 7-6　2009 年逐月过滤水量与过滤周期测定周期

日　　期	1 月 5 日	2 月 9 日	3 月 9 日	4 月 6 日	5 月 6 日	6 月 8 日
水量/(m³·d⁻¹)	47350	48500	48800	49760	49630	50320
周期/h	27.5	26.8	26.7	26.1	26.2	25.8
日　　期	7 月 6 日	8 月 10 日	9 月 7 日	10 月 5 日	11 月 9 日	12 月 7 日
水量/(m³·d⁻¹)	51800	50760	51300	50860	50290	49540
周期/h	25.1	25.6	25.4	25.6	25.9	26.2

由表 7-6 可知，过滤水量与过滤周期成反比，无明显变化。表明本项目滤池清洗效果彻底，反映过滤能力未衰减。R 型床结构全面解决了纤维滤元在过滤和清洗过程中存在的各种问题，充分发挥了环形滤元的特长，实现了理想的深层过滤效果。

2. 纤维滤池水质指标的测定

对华锦集团废水处理及回用工程纤维滤池进出水进行连续 72h 监测，纤维滤池进出水主要水质指标见表 7-7。

华锦集团废水处理及回用工程采用纤维滤池进行深度处理。运行结果表明，该工艺处理效果稳定，耐冲击负荷能力强，处理出水达到 $COD_{Cr} \leqslant 30mg/L$、$SS \leqslant 10mg$、浊度 $\leqslant 10mg/L$。

表 7-7　纤维滤池进出水水质指标

水质指标/(mg/L)	纤维滤池进水			纤维滤池出水		
	24h	48h	72h	24h	48h	72h
COD_{Cr}	50	55	52	30	29	30
BOD_5	15	16	17	10	9	10
SS	15	16	16	10	10	9.5
总磷	1.0	1.1	1.2	0.5	0.4	0.5
浊度	15	16	17	10	10	9

第八章　石油污染环境的
生物监测与修复技术

第一节　概　述

一、石油污染环境

石油是一种复杂的多组分均质混合物，其主要成分有烷烃、环烷烃和芳香烃，还有数量不多但很重要的非烃组分，如含氧化合物、含硫化合物、含氮化合物、胶质和沥青质等。有的石油样品可含 200～300 种烃类，相对分子质量从 16（甲烷）至 1000 左右，其物理状态包括气体、挥发性液体、高沸点液体以及固体。我国从宋代就已经发现石油，著名科学家沈括在《梦溪笔谈》中就有记载，并最早将其命名为石油。全世界大规模开采是从 20 世纪初开始的，1900 年全世界消费量为 2000 万 t，100 年来这一数量已增长百余倍，石油已成为人类最主要的能源之一。但是，随着石油开采和使用量的增加，大量的石油及其加工品进入环境，在其开采、运输、炼制和使用过程中不可避免地对环境造成了污染，给生物和人类带来危害。

因此，本章主要介绍了石油污染物对土壤、地下水以及海洋的污染途径以及生物修复原理、方法等。

生物修复由于能够治理大面积环境污染而成为一种新的可靠的环境治理技术，受到国内外环保部门的普遍重视。生物修复在治理土壤、地下水以及海洋污染等方面的作用已越来越突出。

（一）石油污染土壤

石油污染土壤是指原油和石油产品在开采、运输、储存以及使用过程中，进入到土壤环境，其数量和速度超过土壤自净作用的速度，打破了它在土壤环境中的自然动态平衡，使其累积过程占据优势，导致土壤环境正常功能的失调和土壤质量的下降，并通过食物链最终影响到人类健康的现象。

1. 土壤石油污染的来源

土壤受到石油污染的来源是多方面的，主要包括：

（1）原油泄漏和溢油事故　在矿业生产过程中，还存在一些不合理的作业方式，在采油井洗井和检修时，都会有大量的原油洒落在油井周围，造成了严重的环境污染和生态破坏。此外，石油及其产品在运输、使用、贮存过程中的渗漏和溢油现象时有发生，甚至在原油开采过程中发生井喷事故，造成大量石油烃类物质直接进入土壤，由此引起的突发性泄漏往往造成数量多、浓度高、危害大的局部污染，石油浓度大大超过土壤颗粒能够吸附的量，过多的石油存在于土壤空隙中，使小范围内的生态系统完全毁灭。

（2）油页岩矿渣的堆放和施用　油页岩是石油工业的重要原料之一，其开采、冶炼时，产生大量的含油矿渣。这些矿渣往往堆积在工厂矿区周围。在堆放过程中，经降水的冲刷、淋洗，会向周围土壤中浸入相当数量的油，致使土壤中石油类含量比非堆放矿渣区高出数倍。如广东茂名市，自20世纪60年代开采、冶炼油页岩以来，大量的矿渣堆积在矿区附近，在亚热带湿热气候条件下，经雨水的作用，向周围土壤渗入大量的油，破坏了土壤的生产力，使大片原来肥沃丰产的农田，成为寸草不生的荒地。

油页岩矿渣经过适当处理后可作为有机肥和土壤结构改良剂施用，但长期施用也会导致土壤含油量增加。

（3）污水灌溉　许多工业废水和生活废水中都含有石油类，使用污水灌溉农田是土壤受油污染的主要原因之一。石油开采、冶炼、加工和以石油为原料的化工部门排放的废水都含有大量的石油类，长期使用这类污水灌溉农田必然导致土壤中含油量增高。

（4）大气污染及汽车尾气的排放　石油冶炼、石油化工厂生产过程中，都有部分石油中可挥发的成分进入大气，这些成分可与大气中颗粒物结合成降尘进入土壤。有研究表明，大气降尘污染区的土壤矿物油含量比对照区高出1～2倍。此外，各种使用汽油、柴油的车辆在行进中排出的废气中也含有大量未燃烧的石油成分，这些成分也会以沉降物的形式进入土壤。因此，公路两侧土壤中往往含有较多的石油污染物。

（5）垃圾施用　工业垃圾、生活垃圾成分复杂，经常含有一定数量的油类。大量垃圾施入土壤，也会增加土壤中油的含量。

（6）药剂施用　油类经常作为各种杀虫剂、防腐剂和除草剂的溶剂或乳化剂，当使用这些农药时，油类就同时进入土壤，增加了土壤中的石油类含量。

2. 石油污染土壤的危害和影响

在石油污染物进入土壤后，由于其特殊的物理和化学性质以及难以去除并有残留时间长的特点，因此对土壤和生态环境造成一系列的危害，给被污染地区的生态、作物以及人类健康带来负面影响。主要表现在以下三个方面：

（1）石油污染对土壤微生物的影响　石油污染物进入土壤后对生态环境的影响首先表现为对土壤微生物的影响，石油类物质进入土壤，改变了土壤有机质的组成和结构，影响了土壤微生物的生长繁殖。当石油类物质进入土壤时，引起土壤有机质的碳氮比（C/N）和碳磷比（C/P）的变化，必然导致土壤微生物区系的变化。大量的石油类物质进入土壤后，不仅堵塞了土壤空隙而且影响土壤通透性，造成对微生物的不利影响，而且包裹了土壤结构体的活性表面，降低了土壤微生物的活性。

石油及其产品进入土壤能够导致土壤微生物种群数量的改变、群落结构和组成的变化及群落多样性的变化。有调查表明，石油污染地区土壤中的嗜油微生物数量（细菌、放线菌、真菌）与对照土相比有不同程度的增长。这是由于石油污水长期灌溉，使得土壤中形成了土著嗜油微生物区系，其中微生物类群以细菌为主，细菌的生物量总是占绝对优势。国内外许多学者应用传统的微生物培养技术和前沿的分子生物学技术对石油烃污染土壤中微生物的生态过程进行了大量的研究。这些研究的大多数结论表明石油污染能够导致土壤中微生物多样性的降低，不同种群在数量上的变化，群落结构和组成改变的同时石油烃降解菌群逐渐成为群落中的优势菌群。在研究土壤石油烃污染对微生物影响的同时，也扩展了对石油降解微生物的认识，发现了许多以前没有发现的降解菌种。

（2）石油污染对作物的危害　不同作物受石油污染的影响是不同的。石油污染对作物生长发育的不利影响主要表现为：发芽出苗率降低，各生育期限推迟，贪青晚熟，结实率下降，抗倒伏、抗病虫害的能力降低等。此外，石油中富含反应基，能与无机氮、磷结合并限制硝化作用和脱磷酸作用，从而使土壤有效氮、磷含量减少，影响作物的吸收，石油还会粘着在植物的根表面，形成粘膜，阻碍根系的呼吸与吸收，引起根系腐烂，影响作物根系的生长，甚至造成作物的死亡，使作物减产。另外，石油类物质进入土壤后，经过土壤生态系统的一系列作用，在土壤、作物各部分都有残留，影响粮食质量，使粮食的品质下降。例如沈抚污灌区由于长期使用含油污水进行灌溉，生长的大米常伴有难闻的气味，其中油残留量严重超标，并由此引起大米中其他营养成分的变化。

（3）石油污染物中有毒物质对人的危害　石油是多种组分的混合物，而且石油中各种馏分物（组分）的毒性也是不一样的，其中毒性较大是石油中的多环芳烃（PAHs）。多环芳烃具有致癌性、致突变性和致畸性等作用，而低沸点的燃料油及润滑油类能引起人体的麻醉、窒息、化学性肺炎和皮炎等。作物和粮食对石油污染物有吸收残留效应，这些有毒物质可以通过食物链间接影响人体健康。另外，石油中不易被土壤吸附的污染物成分可以随地面降水渗透到地下水，污染浅层地下水环境，影响饮用水的质量，最终危害人体健康。土壤中的石油向空气中挥发、扩散和转移，使空气质量下降，直接影响人类身体健康、生命安危和后代繁衍。某些脂溶性物质能侵蚀中枢神经系统，一些挥发性组分在紫外线照射下与氧形成有毒气体，危害动物和人的呼吸系统，多环芳烃类物质影响肝、肾和心血管系统等的正常功能，甚至引起癌变。

（二）石油污染地下水

水体石油污染是指石油进入河流、湖泊或地下水后，其含量超过了水体的自净能力，使水质和底质的物理、化学性质或生物群落组成发生变化，从而降低水体的使用价值和使用功能。由于地下水所处地理环境、地质环境和流动特点不同，要发现和确定其是否被污染比较困难，而一旦发现受到污染，则已经比较严重，要恢复则更加困难。国外的调查报告显示，受到石油烃污染的地下水，在污染源受到控制后，一般几十年都难以在自然状态下复原。所以，如何经济、快速、有效地去除地下水中石油烃污染物是各国环境学者和水文地质学者研究的热点。

1. 地下水石油污染的来源

我国对于地下水石油类污染物的研究，在 20 世纪 80 年代引起重视，随着我国一些石化基地的建成和发展，已经发现局部大面积地下水水源地的油类污染。目前造成石油类污染地下水的途径主要有污（废）水的渗滤、固体废物的淋滤、储油罐与输油管线泄漏以及事故性泄漏，尤其是事故性泄露突发性强，常易造成严重污染。

（1）突发性事故污染　北京市 1993 年资料显示，城市近郊油库、加油站星罗棋布，仅分布在地下水源保护区的加油站就有 108 个，大型石油罐埋在地下，没有防渗措施，对地下水构成严重威胁。1986 年 11 月北京某水厂附近一加油站两个柴油罐泄露，78t 矿物油一周内全部渗入包气带和潜水含水层，致使附近的水源井遭受严重污染，水厂被迫停产，影响供水范围波及 $36km^2$。我国随着加油站点的迅速增加，这种事故会更加频繁，该市 1996 年因地下油罐泄露引起可燃气体燃烧，$0 \sim 15m$ 土层已被矿物油严重污染。

据河南油田报道，有的矿区一年内发生输油管穿孔漏油事故达 300 多次，几十至上百吨的原油被泄露，这么多的原油泄漏对矿区和周边地区地下水必然带来严重的污染。淄博市大武水源地因上游石化厂区域石油管道泄漏，致使下游地下水油类含量通常有几至几十 mg/L。

（2）石油化工废水污染　以大庆具有代表性的纳污湖泡区为例，污染油以湖泡为中心，潜水层中由最高浓度 0.6mg/L 向周围扩散，至 10m 深处时浓度降至 0.03mg/L，从水平方向扩散出 1km 以上。2m 深的底泥内其石油类和芳香烃类含量达 2~2900mg/kg，已形成局部浅层地下水污染。

（3）油田污染　随着油气田的开发，河南地下水质污染已十分明显，监测资料表明，浅层水石油检出率达 44%，中深层水（200m 左右）检出率 78%，有 56% 的水井地下水的石油类含量超标，含量为 0.4~2.7mg/L，部分矿区附近地下水石油类含量超过了地面水三级标准，已不适合作为生活饮用水。如魏岗矿区附近水井中石油检出率高达 60% 以上，超标率 28%，污染明显的水井石油类含量达 4.6~5.0mg/L。

对山东省小清河流域污染物排放量的调查显示，石油类污染物在整体流域年排放量达 830t，其中济南、淄博两地排放石油类污染物就达 366t 和 389t，河水中石油类污染物含量平均浓度 1.31mg/L，超标率 55%，最大超标倍数 6 倍，河水中如此高的含油量对流域地下水的影响是不可忽视的。

（4）污水回注污染　在我国多数油田都进入中后期，采油过程原油含水率相当高，所含水份进行分离后大多将这种污水回注废弃的深油井中，实际在污水回注过程中一旦回注井管破裂，在巨大的回注压力下污水很容易被压入上部的含水层中，从而造成地下水的污染。

2. 地下水石油污染的危害

石油开发对地下水污染不仅会导致传染性疾病等社会公害的发生，还会因其失去作为水资源的经济和生态价值而加剧水资源短缺的紧张局面，严重制约经济和社会的可持续发展。主要表现在以下三个方面：

（1）危害人体健康　石油一般可以通过呼吸、皮肤接触、食用含污染物的食物等途径进入人体，能影响人体多种器官的正常功能，引发多种疾病。经常受到石油类污染的孩子患急性白血病的风险要高出平均水平 4 倍，患急性非淋巴细胞白血病的几率是普通孩子的 7 倍。石油类污染物污染的附近区域，儿童皮肤碱抗力明显减弱、白细胞下降、贫血率上升、肺功能受到影响，一般人的肝肿概率显著高于对照区居民，恶性肿瘤尤其是消化系统恶性肿瘤标化死亡率明显高于对照区。

（2）降低农作物的产量和质量　用含石油的地下水灌溉农田，石油会穿透植物体内部，在细胞间隙和维管束系统中运行。植物的根部会将从土壤中吸收的石油向叶子和果实转移，并不断积累，对植物产生毒性作用：破坏植物体细胞，阻碍呼吸、蒸腾作用，破坏叶绿素的合成，抑制营养物质吸收和转移，造成植物黄化、死亡等，使农作物的产量受到严重影响。

（3）对水生动植物的影响　水体上的的石油污染物能影响水生植物的光合作用及其生理生化功能，油膜使大气与水面隔绝，降低了光的通透性，破坏正常的富氧条件，使受污染水域植物的光合作用受到严重影响。其结果一方面使水体产氧量减少（水体浮游植物光合作用所放出的氧气约占全球产氧量的 70%）；另一方面水体藻类和浮游植物的生长与繁殖速度停止或减缓，也影响和制约了水体其他动物的生长和繁殖，从而大大减少了水体动物最基本的食物供给量，进而波及到水体动物的生存，最终结果将导致水体生态平衡的失调。水体中的石油类污染物主要通过动物呼吸、取食、体表渗透和食物链传输等方式富集于动物体内。水体中石油类污染物含量为 0.01 ~ 0.1mg/L 时，会对水生动物产生有害影响，导致其中毒。

（三）石油污染海洋

海洋占了地球表面积的 71%，孕育了地球上的原始生命，为人们提供了丰富的生产、生活资源和空间资源，是全球生命支持系统的重要组成部分。在全球经济迅速发展和人口激增的情况下，海洋对人类实现可持续发展起到了重要的作用。但随着海洋资源的开发和使用，海洋也受到了严重的污染，其中石油污染表现得尤为突出。

1. 海洋石油污染的来源

据联合国国际海事组织(IMO)统计，全球每年通过各种途径流入海洋的石油及其制品已达 $1.0 \times 10^8 \sim 1.5 \times 10^8 t$。海洋中石油按其来源可以分为：自然来源约占 92%，人类活动来源约占 8%；按输入类型可分为慢性长期输入和突发性输入(表 8-1)。其中，造成污染的原因主要体现在：

表 8-1 海洋石油污染的来源

人类活动来源	海洋源	海上石油运输开采	钻井正常、违章排放	突发性输入
			船舶正常、违章排放	
		事故性输入	钻井泄露	
			船舶受损泄露	
	大陆源	沿海地区排放		慢性长期输入
		大陆径流输入		
	含油大气	木材类燃烧		
		矿物燃料燃烧产生		
天然来源	海底、大陆架泄露			
	含油沉积岩缺损			

（1）河流携带输入炼油厂、石油化工厂、油田等工矿企业废水量大，含油浓度高。全世界每年排入河流和海洋的石油大约 300 ~ 500 万 t，约占人类活动进入海洋油量的 50%。

（2）沿海工业排放 陆源性排放是海洋石油污染危害最大的污染源之一。据统计，通过河流、工矿企业排污口、港口油库、沿岸工程和海洋倾倒等，估计全世界每年向海洋排放石油达几百万 t。

（3）大气输送 机动车辆的排气以及石油工业产生的石油蒸发是大气中石油烃的主要来源。经由大气输入海洋中的石油主要是大气中吸附石油的微粒物质被雨水冲刷入海。

（4）船舶污染 ①船舶压舱水、洗舱水排放：油轮作业排出的压舱水和洗舱水，通常含油 3% ~ 5%，以前这些含油废水大多直接排入海中，入海的油量可达百万吨，几乎接近总污染量的一半。近年来，大多数油轮实行了"LOT"规定，对废水中的油进行了回收，因而对海洋的污染减轻了。然而，多年来的调查仍表明，海上油运交通线水域的油污染一般要更严重一些。②油轮失事事件：二次世界大战期间曾有数百艘油轮沉没，估计损失石油1千万t，至今仍有石油从海底沉船的腐烂油箱中渗漏出来。两伊战争期间，几乎每天都有油轮遭到袭击，大量石油污染海湾。

近年来，已发生多起超级油轮事故，如1967年3月"托利卡尼翁"号油轮在英吉利海峡触礁失事是一起严重的海洋石油污染事故。该轮触礁后，10天内所载的11.8万t原油除一小部分在轰炸沉船时燃烧掉外，其余全部流入海中，近140公里的海岸受到严重污染。受污海域有25000多只海鸟死亡，50~90%的鲱鱼卵不能孵化，幼鱼也濒于绝迹。为处理这起事故，英、法两国出动了42艘船，1400多人，使用10万t消油剂，两国为此损失800多万美元。相隔11年，1978年超级油轮"阿莫戈·卡迪兹"号在法国西北部布列塔尼半岛布列斯特海湾触礁，22万t原油全部泄入海中，是又一次严重的油污染事故。

（5）海底石油开采　每年海上油井井喷事故、油管破裂以及钻井过程都有大量石油瞬间溢出进入海洋环境，通过扩散、漂移等作用可对海洋生态环境以及社会造成严重破坏。

1979年6月3日，墨西哥湾Ixtocl油井发生井喷，到1980年3月24日才封住，在此期间，估计大概有47.6万t原油泄入水中，油污水域面积不断扩大。1988年我国渤海石油公司的"渤海七号"钻井平台发生了持续28h的井喷，约有数百吨原油进入渤海湾，海洋生物受到严重损害。海上油田输往陆岸的管线也常发生破裂、漏油事故。例如1980年4月，北海油田一条油管，因船只抛锚砸坏了输油管道，致使大约210万t原油泄漏入海。

近来，在地球的东方和西方相继发生两起海洋油污事件。2010年4月20日，美国路易斯安那州近海的一座钻井平台发生爆炸并引起大火，平台随即沉入墨西哥湾，其底部油井漏油不止，造成大面积原油泄漏。这场持续石油泄漏，初步估计有4亿多升石油漏入海中。2010年7月16日，我国大连新港附近一条输油管道起火爆炸，造成附近海域至少50km^{2}的海面被原油污染。

2. 海洋石油污染的危害

海洋是全球生命支持系统的重要组成部分。但是随着海油开采业和运输业发展，各种石油泄漏事故不断，海洋石油已成为目前和今后海洋环境的一个严重问题。海洋石油污染危害主要表现为下面四个方面：

（1）对人类健康的影响　海面浮油内的一些有毒物质会进入海洋生物的食物链。据分析，污染海域鱼、虾及海参体内3,4-苯并芘(致癌物)浓度明显增高。这一方面对海洋生物有毒害作用，另一方面可通过食物链最终富集在人体内，从而对人类健康造成严重危害。

（2）对环境的影响　石油在海面形成的油膜能阻碍大气与海水之间的气体交换，影响了海面对电磁辐射的吸收、传递和反射。长期覆盖在极地冰面的油膜，会增强冰块吸热能力，加速冰层融化，对全球海平面变化和长期气候变化造成潜在影响。海面和海水中的石油会溶解卤代烃等污染物中的亲油组分，降低其界面间迁移转化速率。

（3）对生物的影响　海洋是水禽之家，也是涉禽的栖息地。海洋一旦遭到石油污染，许多海鸟就会面临灭顶之灾。一升石油完全氧化需要消耗40万升海水中的溶解氧。大量石油涌入海洋，造成海水中严重缺氧，会使海洋中的生物很快窒息死亡。油膜沾污海兽的皮毛和海鸟羽毛，溶解其中的油脂物质，使它们失去保温、游泳或飞行的能力。石油污染物会干扰生物的摄食、繁殖、生长、行为和生物的趋化性等能力。受石油严重污染的海域还会导致个别物种丰度和分布的变化，从而改变群落的种类组成。高浓度的石油会降低微型藻类的固氮能力，阻碍其生长，终而导致其死亡。沉降于潮间带和浅水海底的石油，使一些动物幼虫、海藻孢子失去适宜的固着基质或使其成体降低固着能力。石油会渗入大米草和红树等较高等的植物体内，改变细胞的渗透性等生理机能，严重的油污染甚至会导致这些潮间带和盐沼植物的死亡。石油对海洋生物的化学毒性，依照油的种类和成分而不同。通常，炼制油的毒性要高于原油，低分子烃的毒性要大于高分子烃，在各种烃类中，其毒性一般按芳香烃、烯烃、环烃、链烃的顺序而依次下降。石油烃对海洋生物的毒害，主要是破坏细胞膜的正常结构和透性，干扰生物体的酶系，进而影响生物体的正常生理、生化过程。如油污能降低浮游植物的光合作用强度，阻碍细胞的分裂、繁殖，使许多动物的胚胎和幼体发育异常、生长迟缓；油污还能使一些动物致病，如鱼鳃坏死、皮肤糜烂、患胃病以至致癌。

（4）对水产业的影响　海洋石油污染会改变某些经济鱼类的洄游路线，石油中有些烃类与一些海洋动物的化学信息（外激素）相同，或是化学结构类似，从而影响这些海洋动物的行为。许多鱼、虾、蟹、龟的行为，例如觅食、归巢、交配、迁徙等，均靠某些烃类传递信息。试验证明，浓度仅为十亿分之几的煤油可以使龙虾离开天然觅食场所游向溢油区。显而易见，因石油污染造成的这种化学信息泛滥对海洋生物的危害也是极其严重的。石油沾污鱼网、养殖器材和渔获物，加大清洗难度，降低网具效率，增加捕捞成本，造成巨大经济损失；着了油污的鱼、贝等海产食品，难于销售或不能食用。而对海滩晒盐厂，受污海水无疑难以使用，对于海水淡化厂和其他需要以海水为原料的企业，受污海水必然大幅增加生产成本。

（5）破坏海滨环境　受洋流和海浪的影响，海洋中的石油极易聚积于岸边而玷污海滩等极具吸引力的海滨娱乐场所，使海滩受到污染，破坏旅游资源。如2002年巴拿马籍油轮"威望号"的搁浅漏油事故，使得原本风光迷人的西班牙加里西亚海岸成了黑色油污的人间地狱，给当地旅游业造成沉重打击。

二、生物监测与生物修复的基本概念

（一）生物监测

从理论上说，环境的物理、化学过程决定着生物学过程；反过来，生物学过程的变化也可以在一定程度上反应出环境的物理、化学过程的变化。因此，我们可以通过对生物的观察来评价环境质量的变化。从某种意义上说，由环境质量变化所引起的生物学过程变化能够更直接地综合反映出环境质量对生态系统的影响，比起理化方法监测得到的参数更具有说服力，我们可以通过对生物的观察来评价环境质量的变化。因此，生物监测和化学监测、物理监测一样，被广泛应用于环境保护。

生物监测技术诞生于20世纪初，其机理及应用研究，经历了一个从生物整体水平到细胞水平、基因和分子水平的逐步深化的发展过程。20世纪90年代，细胞生物学和分子生物学研究领域的迅速进步，加上信息科学技术的突飞猛进，使生物监测技术迈进了一个新的发展时期。简单的说，生物监测（Biological monitoring）是利用生物个体、种群或群落对环境污染或变化所产生的反应阐明环境污染状况，从生物学角度为环境质量的监测和评价提供依据。广义上讲，生物监测可以概括为利用各种技术测定和分析生命系统各层次对自然或人为作用的反应或反馈效应的综合表征来判断和评价这些干扰对环境产生的影响、危害及其变化规律，为环境质量的评估、调控和环境管理提供科学依据。生物监测包括系统地利用生物反应来评价环境的变化和利用生命系统与非生命系统相互关系的变化做"仪器"来监测环境质量状况及其变化。后者又称之为生态监测(Ecological monitoring)。生态监测强调的是生态系统层次的生物监测。从生物学组成水平观点出发，污染物在各级水平上都有反应，但生物监测重点放在个体和生态系统级的生物反应上。

生物监测的目的是希望在有害物质还未达到受纳系统之前，在工厂或现场就以最快的速度把它检测出来，以免破坏受纳系统的生态平衡；或是能侦察出潜在的毒性，以免酿成更大的危害。

生物监测是理化监测的重要补充，对于评价环境质量状况有着十分重要的作用。理化监测一般只考虑瞬时污染状况，要做到长期连续监测，在经济上往往是不合适的。要了解污染的累积效应，采用生物监测更合适。同时，仅利用污染物质的浓度值来反映污染程度及危害也是不全面的，因为某些污染物质在环境中的含量极微不等于毒性极微，反之亦然。用生物监测进行配合，充分利用指示生物对污染物毒性反应的敏感性，更能较准确地反映真实的污染状况。与理化监测方法相比，生物监测具有理化监测所不能替代的作用和所不具备的一些特点：能直接反映出环境质量对生态系统的影响；能综合反映环境质量状况；具有连续监测的功能；监测灵敏度高；价格低廉，不需购置昂贵的精密仪器；不需要繁琐的仪器保养及维修等工作；可以在大面积或较长距离内密集布点，甚至在边远地区也能布点进行监测。当然，也存在一些缺点，如不能像理化监测仪器那样迅速作出反应；不能像仪器那样能精确地监测出环境中某些污染物的含量，生物监测通常只能反映各监测点的相对污染或变化水平。

环境监测包括水、土壤和大气污染监测三大部分，就是定期而系统地利用生物对环境的反应信息来确定包括水、气和土壤环境在内的环境质量。它意识着对一个或多个环境参数进行定期或连续评价，从而探明环境的污染状况。生物监测至少应具备两个重要条件：①对比性，有已建立的标准可供对照；②重复性，在一定观测点上每隔一定时间采样分析。

由于生物过程比较复杂，影响因素多，使生物监测的应用受到许多限制。生物监测的精度不高，有些场合只能半定量。由于影响生物学过程的不仅仅是环境污染，还有许多非污染因素。因此，在不同的自然条件下没有可比性，且在季节上和地理上都受到较大的限制。尽管生态学家依据各自条件和所熟悉的领域选择基本参数，发展生物监测技术，但要得出统一的标准，目前条件尚不够成熟。但随着生物监测技术的迅速发展，其应用将会越来越广泛。

(二) 生物修复

生物修复(Bioremediation)技术是利用微生物、植物及其他生物，将环境中的危险性污染物降解为二氧化碳和水或转化为其他无害物质的工程技术系统。生物修复的概念最初来源于微生物对环境污染的治理，至今许多文献仍沿用 Bioremediation 一词，专指微生物修复。

通常将其分为广义的生物修复和狭义的生物修复。广义的生物修复是指一切以利用生物为主体的环境污染的治理技术。它包括利用植物、动物和微生物吸收、降解、转化土壤和水体中的污染物，使污染物的浓度降到可接受的水平或将有毒有害的污染物转化为无害的物质，也包括将污染物稳定化，以减少其向周边环境的扩散，一般分为植物修复、动物修复和微生物修复三种类型。根据生物修复的污染物种类，它可分为有机污染、重金属污染和放射性物质污染的生物修复等。狭义的生物修复是指通过微生物作用清除土壤和水体中的污染物，或是使污染物无害化的过程，它包括自然的和人为控制条件下的污染物降解或无害化过程。

生物修复起源于有机污染物的治理，最初的生物修复是从微生物利用开始。人类利用微生物制作发酵食品已经有几千年的历史，利用好氧或厌氧微生物处理污水已有100多年的历史，但是利用生物修复技术处理现场有机污染物才有40年的历史。生物修复技术起源于70年代，发展于90年代，美国领先，应用于海面溢油、河流和湖泊的富营养化、土壤有机污染、地下水系污染等环境修复工程中，在大面积污染治理领域，被普遍认为是最有效、最经济、最具有生态友好性的环境治理技术。可以预料，生物修复将是21世纪初环境技术的主攻方向之一。

生物修复是一门新兴的学科，很多内容还处于发展之中，因此其分类体系还不够健全。一般地生物修复可根据修复主体、修复受体和修复场所等进行分类。

修复主体是参与生物修复的生物类群，显然这些生物类群包括微生物、植物、动物以及由它们构成的生态系统。因此，生物修复可以分为微生物修复、植物修复、动物修复和生态修复四大类，其中微生物修复就是我们通常所称的狭义上的生物修复。

修复受体是生物修复的对象，即我们通常所说的环境要素。众所周知，环境要素一般包括土壤、水体、大气等。考虑到固体废弃物涉及的环境要素是土壤、水体、大气的自然综合体，有时也将固体废弃物纳入第四环境要素。有些环境要素还可分为若干次级要素，因此，根据修复对象可将生物修复分为土壤生物修复、河流水生物修复、湖泊水库生物修复、海洋生物修复、地下水生物修复、大气生物修复、矿区生物修复、垃圾场生物修复等。

根据修复实施的场所（或形式），可将生物修复分为原位生物修复、异位生物修复以及联合生物修复。顾名思义，原位生物修复也称就地生物修复（Insite remediation），是指在基本不破坏土壤和地下水自然环境的条件下，对受污染的环境对象不作搬运或输送，而在原场所进行生物修复。原位生物修复又分为原位工程生物修复和原位自然生物修复。原位工程生物修复指采取工程措施有目的地操作环境系统中的生物过程，加快环境修复。在原位工程生物修复技术中，一种途径是提供微生物生长所需要的营养，改善微生物生长的环境条件，从而大幅度提高土著微生物的数量和活性，提高其降解污染物的能力，这种途径称为生物强化修复；另一种途径是投加实验室培养的对污染物具有特殊亲和性的微生物，使其能够降解土壤和地下水中的污染物，称为生物接种修复。原位自然生物修复，是利用环境中原有的微生物，在自然条件下对污染区域进行自然生物修复。但是，自然生物修复也并不是不采取任何行动措施，同样需要制定详细的计划方案，鉴定现场活性微生物，监测污染物降解速率和污染带的迁移等。异位修复，有时也称为易位修复（Exsite remediation），是指将受污染的环境对象搬运或输送到其他场所（如实验室等），进行集中修复。很明显，原位生物修复具有成本低廉但修复效果差的特点，适合于大面积、低污染负荷的环境对象；异位生物修复具有修复效果好但成本高昂的特点，适合于小范围内、高污染负荷的环境对象。将原位生物修复和异位修复相结合，便产生了联合生物修复

（Combined remediation），它能扬长避短，是当今环境修复中前途较广的修复措施。

目前，作为环境科学研究中一个富有挑战性的前沿领域，生物修复的研究已进入一个相当活跃的时期。

生物修复的目的是将有机污染物浓度降低到低于监测限或低于环保部门规定的浓度。与传统的污染物生物处理（好氧或厌氧）工程不一样，生物修复是针对受污染场地（面源污染，污染物已进入环境）利用生物自净功能或强化生物净化功能对污染物进行讲解的过程。传统的污染物生物处理工程则建造成套的处理设施，在最短的时间里，以最快的速度和尽量低的成本，对排放污染物（点源污染，污染物排入环境之前）进行集中处理后再排入环境。

自工业革命以来，人类向环境中排放出了各种各样大量的污染物，使水体、地下水、土壤、海洋等自然环境受到日益严重的污染，许多受污染环境的污染负荷已超过了环境的自净能力，需要采用生物修复技术进行治理与改善。

三、生物监测的原理和特点

生物监测的理论基础是生态系统理论。生态系统是由包括生产者、消费者、分解者的生物部分和非生物环境部分所组成的综合体。从低级到高级，它包含有生物分子→细胞器→细胞→组织→器官→器官系统→个体→种群→群落→生态系统等不同的生物学水平。

污染物进入环境后，会对生态系统在各级生物学水平上产生影响，引起生态系统固有结构和功能的变化。例如，在分子水平上，会诱导或抑制酶活性，抑制蛋白质、DNA、RNA 的合成。在细胞水平上，引起细胞膜结构和功能的改变，破坏像线粒体、内质网等细胞器的结构和功能。在个体水平上，导致动物死亡、行为改变、抑制其生长发育与繁殖等；对植物表现为生长速度减慢、发育受阻、失绿黄化及早熟等；在种群和群落水平上，引起种群数量的密度改变、结构和物种比例的变化、遗传基础和竞争关系的改变，引起群落中优势种、生物量、种的多样性等的改变。

生物监测，正是利用生命有机体对污染物的种种反应，来直接地表征环境质量的好坏及所受污染的程度。由于环境变化的效应从根本上是对以人为主体的生物系统的影响，因此生物监测对环境素质的优劣更具有直接和指示作用。但是因生物监测的监测对象生态系统的复杂性，反过来又使生物监测的操作面临许多问题。如其灵敏性、快速性和精确性等都需进一步提高，其对生物学知识和技术的依赖性决定需要以生命科学的理论和实践作为基础和指导。

四、生物修复的基本原理及影响因素

石油中的成分主要都是碳氢类化合物，只要条件合适，均可被微生物代谢降解，但在难易程度和降解速度上有所不同。烯烃最容易分解，烷烃次之，芳烃较难，多环芳烃更难，脂环烃类对微生物作用最不敏感。

在烷烃中，$C_1 \sim C_3$（如甲烷、乙烷、丙烷）只能被少量具有专一性的微生物所利用，而 $C_{10} \sim C_{18}$ 范围的直链化合物较易分解，白蜡可被微生物降解，但含碳原子 30 个以上者较难，正构烷烃比异构烷烃易降解，直链烃类比支链烃类易降解；芳香烃中，苯的降解极难；脂环烃类中，只发现个别菌株能够利用它。

微生物对烷烃的分解过程是一个逐步氧化过程，期间可生成相应的醇、醛和酸，而后经 β - 氧化进入三羧酸循环，最终分解为 CO_2 和 H_2O。微生物对烯烃的代谢主要是产生具有双键的加氧氧化物和环氧化物，最终形成饱和或者不饱和的脂肪酸，然后再经 β - 氧化进入三羧酸循环最终被完全分解。对于芳烃的降解，可通过简单氧化和混合氧化作用，经过顺二醇、邻苯二酚、二醇等中间体变为更加简单的物质。脂环烃类对微生物的抵抗力最强，很少有报道表明微生物对脂环烃类具有降解作用。

（一）生物修复的生物种类

在生物修复工程中起主要作用的是微生物和植物。微生物的类型可根据来源分为土著微生物、外来微生物和基因工程菌 3 类，植物主要有一般植物和超积累植物。

1. 土著微生物

微生物能够降解和转化环境污染物，是生物修复的基础。在自然环境中，存在着各种各样的微生物，在遭受有毒有害物质污染后，实际上就面临着一个对微生物的驯化过程，有些微生物不适应新的生长环境，逐渐死亡；而另一些微生物逐渐适应了这新的生长环境，他们在污染物的诱导下，产生了可以分解污染物的酶系，进而将污染物降解转化为新的物质，有时可以将污染物彻底矿化。

目前，在大多数生物修复工程中实际应用的都是土著微生物，主要原因是由于土著微生物降解污染物的潜力巨大，另一方面是因为接种的微生物在环境中难以长期保持较高的活性，并且工程菌的利用在许多国家受到立法上的限制，如欧洲。引进外来微生物核工程菌必须考虑这些微生物对当地土著微生物的影响。

环境中往往同时存在多种污染物，这时，单一微生物的降解能力常常是不够的。实验证明，很少有单一微生物具有降解所有污染物的能力，污染物的降解通常是分步进行的，在这个过程中需要多种酶系和多种微生物的协同作用，一种微生物的代谢产物可以成为另一种微生物的底物。因此，在实际的处理过程中，必须考虑多种微生物的相互作用。土著微生物具有多样性，群落中的优势菌种会随着污染物的种类、环境温度等条件发生相应的变化。

2. 外来微生物

土著微生物生长缓慢，代谢活性低，或者由于污染物的影响，会造成土著微生物的数量急剧下降，在这种情况下，往往需要一些外来的降解污染物的高效菌。

采用外来微生物接种时，都会受到土著微生物的竞争，因此外来微生物的投加量必须足够多，称为优势菌种，能迅速降解污染物。这些接种在环境中用来启动生物修复的微生物称为先锋生物，它们所起的作用是催化生物修复的限制过程。

现在国内外的研究者正在努力扩展生物修复的应用范围。一方面，他们在积极寻找具有广谱降解性、活性较高的天然微生物；另一方面，研究在极端环境下生长的微生物，试图将其用于生物修复过程。这些微生物包括极端温度、耐强酸或者强碱、耐有机溶剂等。这类微生物若用于生物修复工程，将会使生物修复技术提高到一个新的水平。

3. 基因工程菌

目前，许多国家的科学工作者对基因工程菌的研究非常重视，现代生物技术为基因工程菌的构建打下了坚实的基础。现在可以采用遗传工程的手段将降解多种污染物的降解基因转入到另一种微生物细胞中，使其具有广谱的降解能力；或者增加细胞内降解基因的拷贝数来增加降解酶的数量，以提高其降解污染物的能力。

Chapracarty 等人为消除海上石油污染，将假单胞菌中的不同菌种 CAM、OCT、SAL、NAH 四种降解性质粒结合转移至一个菌之中，构建出一株能同时降解芳香烃、多环芳烃、萜烃和脂肪烃的"超级细菌"。该细菌能将浮油在数小时内消除，而使用天然菌要花费一年以上时间。该菌已取得美国专利，在污染降解工程菌的构建历史上，是一块里程碑。

R. J. Klenc 等人从自然环境中分离到一株能在 $5 \sim 10℃$ 水温中生长的嗜冷菌－恶臭假单胞菌（Pseudomonas putida）Q5，将嗜温菌（Pseudomonas putida pawl）所含的降解质粒 TOL 转入该菌中得到新的工程菌株 Q5T，该菌在温度低至 $0℃$ 仍可利用浓度为 $1000mg/L$ 的甲苯为异养碳源正常生长，在实际应用中价值很高。

尽管在利用遗传工程提高微生物降解能力方面已取得了很大的进展，但在欧美和日本等国家，基因工程菌的利用面临着严格的立法控制。在亚洲，许多国家对此表示出浓厚的兴趣。

4. 植物修复

植物修复是利用植物体内对某些污染物的积累、植物代谢过程对某些污染物的转化和矿化，以及植物根圈与根茎的共生关系增加微生物的活性的特点，加速土壤中污染物降解速度的过程，包括植物提取、植物降解和植物稳定化三种：①植物提取是指利用植物吸收累积的污染物，待收获后才能进行热处理、微生物处理和化学处理；②植物降解是指利用植物及相关微生物区系将污染物转化为无毒物质；③植物稳定化是指植物在与土壤的共同作用下，将污染物固定，以减少其对生物与环境的危害。

（二）生物修复的影响因素

影响微生物生长、活性及存在的因素主要包括物理、化学及生物因素。这些因素影响微生物对污染物的转化速率，也影响生物降解产物的特征及持久性。植物修复的影响因素除植物本身对环境污染物吸收、降解、固定等特征外，根际微生物体系及植物释放酶的特性等也有重要影响。研究表明，污染场地环境条件的多样性对生物修复的效果有巨大影响。

在自然环境中，细菌、放线菌及真菌的生境千变万化，如果污染场地可能缺少充足的无机营养、生长因子，温度和 pH 超出微生物的忍受范围，出现毒性物质等，均会减缓微生物的生长甚至导致它们的死亡。对于微生物而言，自然环境下影响其生物降解发生、降解速率及产物的因素有：

1. 石油的理化性质

在石油类的生物降解过程中，微生物生活于水相中而作用于油水界面，所以烃类的可溶性直接影响其微生物的降解率。当浓度非常低时，烃类是可溶的，但是大多数溢出的原油远远超过其可溶限度。另外，扩散的程度也部分决定了可被微生物菌群利用的石油表面积。

石油化学组分不同也明显地影响它们被降解的速率。在各组分中，饱和烃最容易降解，其次是低分子量的芳香族烃类化合物，高分子量的芳香族烃类化合物、树脂和沥青质则极难降解。相同条件下微生物对不同种类石油烃的降解能力是不同的，一般认为不同烃类微生物可降解性次序如下：小于 C_{10} 的直链烷烃 > $C_{10} \sim C_{24}$ 或更长的直链烷烃 > 小于 C_{10} 的支链烷烃 > $C_{10} \sim C_{24}$ 或更长的支链烷烃 > 单环芳烃 > 多环芳烃 > 杂环芳烃。Chaineau 等用微生物处理被石油污染的土壤时，270d后发现75%的原油被降解，饱和烃中的正构烷烃和支链烷烃在16d内几乎全部降解，22%的环烷烃未被降解，沥青质完全保留了下来。

2. 生物体

石油降解微生物的种类和数量对环境中石油烃的降解有明显影响。不同微生物种类对石油烃的降解能力差别较大，同一菌株对不同烃类的利用能力也有较大的差别，一般情况下，混合培养的微生物对石油烃的降解比纯培养快。石油污染能够诱导降解石油的微生物种群的生长，未受到石油污染地区的石油降解菌比例不到0.1%，但在受污染地区的石油降解菌的比例和数量明显上升，污染程度越重细菌数量越多，说明石油污染能够使石油降解菌发生富集。

植物的种类是植物修复的关键因子。植物的种类不同，其积累、代谢污染物的能力和对污染物的吸收机制也不同。另外，植物根系类型对污染物的吸收也有明显影响，根系类型不同，根面积、根分泌物、酶、菌根菌的种类和数量就不同，导致对污染物降解能力存在差异。

3. 环境参数

（1）温度　通常，环境中烃类的降解与温度呈正相关。在$0 \sim 40℃$范围内，每升高$10℃$，其生化反应速度增加$2 \sim 3$倍。温带及热带地区石油污染修复经$2 \sim 6$个月降解，在寒带则需数年，极地则很困难。

另外，温度太低时可对石油的状态产生影响。当温带低时，烃类物质由液态变为固态时，使降解难度增大。如二苯甲烷，$30℃$时呈液态，$20℃$时为固态，假单胞菌在低温下对其难以降解。有时，低温对某些低分子烃类物质挥发性产生限制，又反而对微生物有利。

温度变化对石油的生物降解速率的影响，随着降解菌种类的不同而有很大差异。中温性的假单胞菌在$25℃$时，石油降解速率为$0.96mg/(L \cdot d)$，$15℃$时为$0.32mg/(L \cdot d)$，$5℃$时为$0.1mg/(L \cdot d)$。而从北阿拉斯加的水土中分离的嗜冷性石油降解菌，它们在$-1℃$，菌体浓度为10^8个/L时，石油降解速率仍可达$1.2mg/(L \cdot d)$。提高温度能够得到较高的生物降解速率，但在较高环境温度下，某些烃的膜毒性也增大。

（2）营养物质　石油泄漏事故中，因石油中氮、磷含量偏低可严重影响微生物对石油的降解。所以补救措施是施加一定量的氮、磷物质。对海洋原油泄漏和地下贮油罐泄漏造成的海洋和地下水污染进行生物修复，促进了原油和汽油等燃料与N、P之间关系的研究。研究发现不加N、P原油在海洋中降解缓慢，而加入N、P以后降解加速，但是单独加入N、P却没有发现降解速率有增加的趋势。

最适的营养盐浓度与石油的种类和水体的种类有关。据报道，向海水中加入的营养盐在很大的浓度范围内都对降解有促进作用。

近年来，有人尝试利用固氮微生物代替施加氮肥，为解决石油降解问题开辟了新途径，有待于进一步深入研究。

（3）氧气　在许多环境条件下，大量基质的降解需要有电子受体充分供应。例如烃类等几类化合物的降解，氧气是仅有的或优先的电子受体，即只有在好氧条件下才能发生转化作用或只有专性好氧菌才能进行最迅速的转化作用。当氧气扩散受到限制时，原油和其他烃类的降解速率就受到影响。受汽油或石油污染的地下水，水相中的氧气会迅速消耗，接着降解变缓，最后停止。因此，典型的修复策略是增加氧气的供应量，强制供气、供纯氧或添加过氧化氢等。

在深水、土壤和沉积物中氧气的供应受到影响时，常常导致烃类化合物的降解十分缓慢，或者不能进行。在海面和湖面上漂浮的油膜也会限制氧气向水体内部的扩散，在波浪和风力作用下，氧气供应将得到改善。

石油生物降解在好氧条件下的速度大大快于厌氧法，所以，提供最终受体–分子氧是一个重要的技术措施。尽管一些学者实验证明在厌氧条件下微生物也能降解烃类，在厌氧条件下可由有机物、硝酸盐、硫酸盐或 CO_2 作为电子受体。如果环境中的硝酸盐或硫酸盐耗尽，降解反应就会停止，需要重新补充电子受体。但在大多数情况下，厌氧时烃类的生物降解作用要比好氧条件下慢得多。石油中各组分完全生物氧化，需消耗大量的氧。

据测算 1g 石油被微生物矿化需 3~4g 氧，即需消耗 2.1L 以上的氧。所以，在石油严重污染的海域，氧可能成为石油降解的限制因子。Johnston 测定了含有科威特原油的沙柱中氧的消耗，在 4 个月的降解中，氧的平均消耗速率为 $0.45g/(m^2 \cdot d)$，对应原油的降解率为 $90mg/(m^2 \cdot d)$；在有氧条件下二氧化碳的产生速率比在无氧条件下高几个数量级。由此可见氧对石油微生物降解的重要作用。

（4）水分　根据微生物的活性要求，土壤水分为其最大持水量的 25%~85% 时，对微生物降解石油较为有利，在水分低于 25% 或高于 90% 时，对石油烃降解菌的活动不利。

（5）pH 值和盐度　大多数异养菌和真菌喜好中性环境，pH 值太高或太低均会影响微生物的降解能力。pH 值对硝基苯类化合物的毒性有明显影响，这是因为有些硝基苯类化合物，如硝基酚类、硝基苯酸类在不同 pH 值条件下呈现不同的状态。pH 值较低时主要以化合态存在，而在 pH 值较高时主要以游离态存在。一般认为游离态硝基苯类化合物的毒性比化合态更大。因此在细菌生长允许的范围内，适当提高 pH 值有利于硝基苯类化合物的生物降解。

不同土壤的酸碱度变化较大，且大部分稍偏酸性，虽然某些土壤可以通过碳酸盐–碳酸氢盐系统而缓冲酸化作用，但绝非全部土壤都是这样的，有时由各种代谢过程产生的有机酸或无机酸能使土壤的酸碱度降到很低的水平。尽管真菌较能抗酸，但大部分细菌对酸性条件的耐性是很有限的。因此，土壤的 pH 值往往决定何种微生物能够参与烃类生物降解过程。有证据表明，微碱性条件下烃的生物降解总速率要高于酸性条件下的总速率。

Verstraet 等人报道，汽油在中性土壤中降解速率比在酸性土壤（pH 值 4.5）或碱性（pH 值 8.5）要快 1 倍。

盐分对微生物的影响应分两个方面，对于适合在海水或含盐量高的环境中生长的，则需要盐；而淡水或非碱性土壤环境中的微生物不需要盐，在含盐条件下，它们的生物降解活性会受到抑制。

（6）土壤结构　土壤的结构对土壤的通透性、持水能力、过滤速度、吸附能力等有较大影响，因而必然对微生物的活性与生命活动产生影响。

（7）陆源污染物　陆源污染物对海洋石油烃的降解也有影响。在美国 Brittany 海岸石油泄露研究中发现，该地区石油烃的生物降解速度比其他地区要快，其原因是大量农村用氮肥和磷肥进入 Brittany 海域，为降解微生物提供了丰富的营养物质。农药则对河口环境中微生物降解石油有抑制作用。

4. 共代谢作用及抑减效应

共代谢是指生长底物和非生长底物共酶。有的烃类单独存在时不能降解，但可在石油混合物中由于微生物利用其他烃类生长而使该难降解烃在酶的作用下降解，所以具有共代谢效应。此外，有些物质又可抑制微生物对某些烃类的降解，影响过程的产生及微生物的活性强度，此即抑菌效应。

（三）提高石油污染物修复的措施

（1）增加污染体系中石油降解菌的种类和数量，或引用外来菌剂，或对土著微生物富集驯化。

（2）选择高温季节开展修复活动，保证较高的处理温度。

（3）采取适当的供养措施，保证氧含量不成为降解速率的限制因素。

（4）改善和优化土壤条件，使土壤结构、pH 值、水分含量、盐分、营养物溶解度等达到生物修复微生物生命活动的条件。

第二节　石油污染土壤的生物监测与生物修复

一、土壤石油污染的生物监测

土壤作为陆地生态系统的组成部分，处于水、气、生、地四大圈层的交界面，对四大圈层的物质交换和循环起着重要的作用，更是人和生物赖以生存重要环境资源。但工矿企业的发展把一些污染物带进了土壤，然后进入植物，进而危害以此为基础的食物链中的各种生物，危害人体的健康。而土壤的污染往往是逐渐显现的，一旦出现明显的污染危害，往往已经为时过晚，而且土壤一旦遭到污染就不是一个能够很快恢复或治理的系统。所以，土壤环境的监测非常重要，而生物监测特有的灵敏度和综合性为土壤的生物监测奠定了良好的基础。

（一）土壤植物监测法

土壤是植物的良好培养基，当土壤受到污染的时候，其指示植物会产生相应的反应。该方法主要利用土壤污染的指示植物进行监测。土壤受到污染后，污染物对植物产生各种反应"信号"，包括产生可见症状，如叶片上出现伤斑；生理代谢异常，如蒸腾率降低、呼吸作用加强，生长发育受抑；植物成分发生变化，由于呼吸污染物质，使植物中的某些成分相对于正常情况发生变化。以此作为土壤生物监测的依据，分析土壤的污染状况。

土壤污染主要表现在以下 3 个方面，在此仅加以简单介绍。

（1）产生可见伤害症状，受到污染物影响的植物，常在叶片上出现肉眼可见的伤害症状，而且因污染物种类和浓度的不同，植物产生的伤害症状亦不同。因此，可以通过各种指示生物的反应症状来分析、判断和评价污染状况。

（2）新陈代谢异常，在受污染的环境中，植物的新陈代谢作用会受到影响，使蒸腾率降低，光合作用强度下降，呼吸作用加强，叶绿素相对含量减少，导致生长发育受到抑制、生长量减少、植物矮化、叶面积缩小以及叶片早落和落花落果等。通过测定某些指标即可判断受污染程度。

（3）植物成分含量的变化，正常情况下，植物的组成成分是相对稳定的。土壤受到污染后，通过吸收光合作用而使植物体中的某些成分的含量发生变化。

（二）土壤动物监测法

土壤动物是反映环境变化的敏感指示生物，当某些环境因素的变化发展到一定限度时即会影响到土壤动物的繁衍和生存，甚至死亡。研究表明在石油污染的土壤中土壤动物种类数量随污染程度的减轻而逐渐增加，并且与石油污染的浓度具有显著的负相关。

（三）土壤微生物监测法

土壤中的微生物种类繁多，它们在物质循环、土壤肥力及植物营养等方面均起着重要作用。当土壤遭受污染之后，微生物区系在种类和数量上将发生变化，因此，土壤的微生物学监测的目的在于测定土壤污染的性质和污染程度，为规划建设及改善环境卫生提供依据。根据微生物生态学原理，可以利用微生物对环境的保护作用来修复被污染、被破坏了的区域，对卫生监督和保护等具有重大意义。

工农业生产产生的废弃物对土壤的污染，导致了土壤微生物数量组成和种群组成的改变。污染物进入土壤后首先受害的是土壤微生物，许多土壤微生物对土壤中石油、重金属、农药等污染物含量的稍许提高就会表现出明显的不良反应。通过测定污染物进入土壤系统前后的微生物种类、数量、生长状况及生理生化变化等特征就可监测土壤污染的程度。

土壤微生物数量的改变与自身的耐受性有关，对污染物有耐受性的微生物增加了，而敏感的却减少了，因此污染的结果使土壤微生物群落趋于单一化。

土壤有机质矿化是土壤中动植物和微生物的残体以及土壤腐殖质分解成简单的无机物的过程。土壤纤维素分解作用是土壤有机质矿化的一个重要内容，纤维分解菌群的活性受重金属和其他有毒元素的影响很大。

从上述可以看出，土壤微生物是土壤生物体系中关键的功能要素，对土壤微生物的评估可综合地反映土壤质量。土壤微生物量、生物多样性、土壤呼吸及其衍生指数、微生物酶活性变化、微生物群落结构及功能等指标均可用作土壤受污染程度的微生物监测指标。

（四）土壤酶活性监测法

土壤中的植物根系及其残体、动物及其遗骸和微生物能分泌具有生物活性的土壤酶，如脱氢酶、过氧化氢酶和磷酸酶等。土壤酶的活性反映了土壤中各种生化过程的强度和方向，在一定程度上可反映土壤污染程度。

二、土壤石油污染的生物修复

目前，治理石油烃类污染土壤的生物修复技术主要有两类：一类是微生物修复技术，按修复的地点又可分为原位生物修复和异位生物修复；另一类是植物修复法，近几年又兴起另一类生物修复技术，菌根根际生物修复技术。

（一）微生物修复技术

微生物修复是研究的最早、应用也最为广泛的一种生物修复方法，微生物是修复技术的主体。生物修复主要指微生物修复，能降解污染物的细菌、放线菌、固氮菌从污染土壤中筛选出来，通过实验室驯化等提高其降解能力，制成菌剂后用于污染土壤的修复。研究表明，微生物降解是土壤石油烃去除的主要途径。

应用于土壤石油烃污染修复的微生物：分为外来菌、土著菌和基因工程菌。Murygina

等人在对俄罗斯 Komi Republic 地区使用微生物制剂进行污染地区的土壤生物修复，1.5个月降解去除率达到了 20%~51%。基因工程菌以其易控制、高效、低抑制性而受到重视，目前应用的技术主要有：指示基因、DNA 杂交、PCR 扩增、荧光原位杂交技术等。印度的 MishraS 等将编码荧光酶的 Lux 基因的质粒导入重组菌，考察了基因重组菌的原油降解效果、稳定性及其存活能力，试验证明 Lux2PCR 扩增插入序列是稳定的，对石油降解 45d 可达 46%。

微生物修复的优点：成本低，其处理费用约为理化处理的 1/2~1/3，不会带来二次污染，对环境影响小；处理形式多样，可进行原位、异位和原位–异位联合修复。

微生物修复的缺点：不能将污染物全部去除；某些微生物只能降解特定污染物；修复现场环境中的微生物可能由于竞争或难以适应环境等因素而导致实验结果有较大差别；微生物修复受环境因素的影响较大；与物理法、化学法相比，治理污染土壤的时间相对较长。

原位微生物修复技术：原位微生物修复不需要将石油污染土壤挖走，主要是向石油污染区投放 N、P 等营养物质和供氧，促进土壤中依靠有机物作为 C 源的土著微生物的代谢活性，也可以接种经驯化培养的高效微生物菌株，使土壤与降解菌充分接触，利用其代谢作用达到消耗石油烃的目的。一般污染土壤不经搅动，不破坏土壤的基本结构，即可在原污染地进行生物修复。原位微生物修复技术又包括：生物通风法、生物搅拌法和泵处理法。Mohn 等对北极原油污染土壤现场接种抗寒微生物混合菌种进行生物修复处理，1年后，土壤中油浓度降到初处理浓度的 1/20。Eliss 等在斯德哥尔摩中部的一个废弃的木材防腐油生产区，对高浓度低分子量 PAHs 和高分子量 PAHs 污染进行就地处理。经过 4 个月处理，所有 PAHs 的降解都很明显。一个炼油厂土壤及地下水石油污染的原位微生物处理的去除率高于 86%。1984 年，针对美国密苏里州西部石油运输泄漏事件，采用了添加 N、P 营养物质、人工曝气的方法进行原位生物修复，经过 32 个月的运行，苯、甲苯和二甲苯的浓度从 20mg/L 降低到 0.05mg/L，均得到了良好的处理效果。原位微生物修复操作简单，通常允许污染区的商业运转照常进行，而且适合遭受大面积污染的土壤，成本较低、效果较好。但所需时间较长，需 6 个月至数年不等，而且较难严格控制，受土壤的渗透性、烃污染物的种类及浓度、土壤温度、土壤营养水平、接种的微生物种群和清除所需要达到的标准等影响。

异位微生物修复技术：异位微生物修复又称为地上处理技术，要求把石油污染的土壤挖出，集中起来进行生物降解。可以通过设计和安装各种过程控制器或生物反应器，来产生有利于生物降解的条件。主要方法有：预制床法、土壤耕作法、土壤堆肥法和生物泥浆法（生物反应器法）。丁克强等利用自行设计的生物反应器进行 PAHs 菲污染土壤的生物修复研究，表明利用生物反应器能够快速、高效地消除土壤中的有机污染物，实现有机污染土壤的异位生物修复。Balba 等在科威特 Burgan 油田采用长条形堆腐方法处理石油污染土壤，在连续处理 10 个月后，土壤中的石油污染物基本被降解。美国东南部的一家木材厂，使用反应器处理杂酚油污染土壤，每周可处理 100t 受污染的土壤，使菲和蒽混合物的含量从 300000mg/kg 降低到 65mg/kg，五氯酚的含量从 13000mg/kg 降低到 40mg/kg。Mueller 等对弗罗里达州 Pensacola 木材防腐油生产区的污染土壤进行了处理，12 周以后，表层土中含有的低分子量 PAHs 的降解率高于 50%，但高分子量 PAHs 的降解率却很低。Eliss

等用预制床法(滤液收集和水循环系统)对斯德哥尔摩中部防腐油生产区的污染土壤进行了处理,土壤中PAHs的浓度降低了68%。一般只有被石油严重污染的土壤(石油含量高)、面积较小的地块,才采用异位生物修复技术,但其费用比较高。

(二)植物修复技术

植物修复是通过根际及其周围产生的微生物固定、吸收、降解和挥发环境中的污染物质,将污染物质直接去除或转化为毒性较少的物质,从而实现对污染环境进行治理。植物修复技术中,参与降解的植物,能在土壤中正常生长非常重要。由于土壤为植物提供营养物质和水分,其物化性质乃至生物环境对植物吸收、转化污染物质有着极其重要的影响。

植物修复利用土壤–植物–根际微生物的复合处理系统来降解污染物,对环境中的污染物进行离子交换、吸附、沉淀、降解等净化作用。研究表明,由于根圈内有机碳、植物的根际作用,pH值、无机可溶性组分和生物活性发生变化,根际微生物的数量和活性均明显高于非根际带,能明显促进石油类污染物的生物降解。因此,植物修复是一种廉价、有发展潜力的生物修复技术。Schwab和Banks在1999年对被原油及石油提炼物污染土壤的植物进行了调查,发现黑麦和大豆轮作之后污染土壤中总石油烃含量明显下降。Lin等研究了两种沼泽植物对不同浓度石油污染土壤的降解情况,两年的试验结果表明,植物可以在高含油石油污染土壤生长,污染土壤中石油含量明显下降,施加一些肥料后,石油的降解率达58.5%。Reilley等研究了酥油草、苜蓿、苏丹草、三叶草4中植物对石油污染土壤的修复效果,结果表明这4种植物对石油都有显著的降解能力,而这种降解作用可能是由于植物根系的分泌作用增加了根际圈微生物的数量,从而促进了石油的降解,也可能是根系分泌物直接参与了微生物对石油降解的共代谢过程。

植物修复的优点:在修复土壤的同时能净化空气和水体、防止水土流失,生态效益显著;植物的蒸腾作用和根系的固定作用可减少污染物向大气、土壤和水体迁移;价格低廉;应用范围广,适用于大面积作用。

植物修复的缺点:周期长、效率低;对气候、土壤肥力、盐度、灌溉系统等环境条件有一定要求;受污染物浓度的限制,只有在植物能承受的浓度范围内才能进行。

(三)菌根根际生物修复技术

菌根是土壤中的真菌菌丝与高等植物营养根系形成的一种联合体。菌根根际既包括菌根的根——真菌菌丝表面,也包括从菌根发出的侵染周围土壤的外延菌丝表面。菌根可以帮助植物从土壤中吸收营养物质,促进植物的生长,提高植物的耐盐和抗旱性;外生菌根可以增加植物根与土壤接触的表面积,改善土壤质量,提高植物的抗病能力。植物把光合作用的产物从叶片转运到根,并从根转移到共生菌丝上,引起根际分泌物数量和种类的变化。这些分泌物和植物的脱落物有利于根周围能修复污染土壤的细菌群的生长,促进了菌根根际好氧细菌的氧化降解。菌根根际微生态位可以使菌根根际维持高的微生物种群密度和生理活性,使微生物种群更稳定。王曙光报道,菌根表面延伸的菌丝侵染碳氢污染的土壤,导致假薄壁组织的形成,这些组织支持碳氢降解细菌的存活。

菌根真菌硫磺蜡蘑(Laccaria bicolor)、紫晶蜡蘑(Laccaria amethystea)、漆蜡蘑(Laccaria laccata),植物紫羊茅、海滨硷茅(Puccinella maritima)、紫车轴草(Trifolium rubra)在石油一定浓度范围内能被刺激生长,为菌根生物修复原油污染的土壤提供了可能。BinetPhilippe等发现,在蒽严重污染的工业土壤中菌根化黑麦明显比非菌根化黑麦存活率高，菌根化黑麦根际蒽的降解明显比非菌根化黑麦高，这可能是菌根真菌加速了蒽的降解。何翊和魏薇应用菌根修复技术对石油污染土壤进行了处理，结果发现在污染土壤中种植玉米和黄豆，通过施加不同的菌剂，采取菌剂和菌根强化修复措施，在一个生长季节后，土壤中石油类污染物的降解率可达53%～78%。刘世亮等研究了种植紫花苜蓿（Medicagosativa L）在接种和不接种菌根真菌（Glomus caledonium L）的情况下对土壤中苯并［a］芘的降解动态研究，发现种植紫花苜蓿和接种菌根真菌能促进土壤中可提取态苯并［a］芘的降解，不接菌根真菌时的降解率比接菌根真菌的低得多。

菌根根际生物修复技术具备生物降解的许多优点，技术含量高，简便实用，二次污染少，能处理的石油污染物的浓度较高，能较好解决工程菌株田间试验时存活时间短的问题，在工程菌株难以生存的贫瘠土壤中和干旱的气候下，该技术的使用不受限制。但是，在不同的地理环境、气候和土壤中，菌根根际生物修复技术需要的植物－菌根－根际微生物－外源细菌的组合不同，使得此技术的大规模推广受到了一定的限制。

第三节　石油污染水体的生物监测与生物修复

一、水体污染的生物监测

水体中的污染物十分复杂，现有的污染综合指标即BOD、COD、TOD、TOC、DO等化学监测只能检测出某一指标，并不能反应出多种毒物的综合影响。测定结果不能说明其对生物界和人类的危害程度，而利用生物监测能够避免这一弊端。

在一定条件下，水生生物群落和水环境之间互相联系、互相制约，保持着自然的、暂时的相对平衡关系。水环境中进入的污染物质，必然作用于生物个体、种群和群落，影响生态系统中固有生物种群的数量、物种组成及其多样性、稳定性、生产力以及生理状况，使得一些水生生物逐渐消亡，而另一些水生生物则能继续生存下去，个体和种群的数量逐渐增加。水污染生物监测就是利用这些变化来表征水环境质量的变化。

生物监测可以利用水生生物及早警报水体中存在的有毒物质。20世纪60年代，就有人把鱼放在流动的水或废水中，用肉眼观察鱼的受害症状或死亡率（凯恩斯·J等，1989）。以后的研究又发展出植物和微生物监测系统。

（一）水污染指示生物

水污染指示生物是指能对水体中污染物产生各种定性、定量反应的生物，如浮游生物、着生生物、底栖动物、鱼类和微生物等。

浮游生物是指悬浮在水体中的生物，可分为浮游动物和浮游植物两大类，它们多数个体小、游泳能力弱或完全没有游泳能力，过着随波逐流的生活。在淡水中，浮游动物主要由原生动物、轮虫、枝角类和桡足类组成。浮游植物主要是藻类，它们以单细胞、群体或丝状体的形式出现。浮游生物是水生食物链的基础，在水生生态系统中占有重要地位，其中多种对环境变化反应很敏感，可作为水质的指标生物。所以，在水污染调查中，常被列为主要研究对象之一。

着生生物（即周丛生物）是指附着于长期浸没水中的各种基质（植物、动物、石头、人工物）表面上的有机体群落。它包括许多生物类别，如细菌、真菌、藻类、原生动物、轮虫、甲壳动物、线虫、寡毛虫类、软体动物、昆虫幼虫，甚至鱼卵和幼鱼等。近年来，着生生物的研究日益受到重视，其中主要因素是由于其可以指示水体的污染程度，对河流水质评价效果尤佳。

底栖动物是栖息在水体底部淤泥内、石块或砾石表面及其间隙中以及附着在水生植物之间的肉眼可见的水生无脊椎动物，其体长超过2mm，亦称底栖大型无脊椎动物。它们广泛分布在江、河、湖、水库、海洋和其他各种小水体中，包括水生昆虫、大型甲壳类、软体动物、环节动物、圆形动物、扁形动物等许多动物门类。底栖动物的移动能力差，故在正常环境下比较稳定的水体中，种类比较多，每个种的个体数量适当，群落结构稳定。当水体受到污染后，其群落结构便发生变化。严重的有机污染和毒物的存在，会使多数较为敏感的种类和不适应缺氧的种类逐渐消失，而仅保留耐污染种类，成为优势种类。应用底栖动物对污染水体进行监测和评价，已被各国广泛应用。

在水生食物链中，鱼类代表着最高营养水平。凡能改变浮游和大型无脊椎动物生态平衡的水质因素，也能改变鱼类种群。同时，由于鱼类和无脊椎动物的生理特点不同，某些污染物对低等生物可能不引起明显变化，但鱼类却可能受到影响。因此，鱼类的状况能够全面反映水体的总体质量。进行鱼类生物调查对评价水质具有重要意义。

在清洁的河流、湖泊、池塘中，有机质含量少，微生物也很少，但受到有机物污染后，微生物数量大量增加，所以水体中含微生物的多少可以反映水体被有机物污染的程度。

未受污染的环境水体中生活着多种多样的水生生物，这是长期自然发展的结果，也是生态系统保持相对平衡的标志。当水体受到污染后，水生生物的群落结构和个体数量就会发生变化，使自然生态平衡系统被破坏，最终结果是敏感生物消亡，抗性生物旺盛生长，群落结构单一，这是生物群落监测法的理论依据。

（二）生物指数监测法

生物指数法是指运用数学方法求得的反映生物种群或群落结构的变化数值，用以评价环境质量的方法。污水生物系统法只是根据指示生物对水质加以定性描述，而生物指数则是运用根据水生生物种类和数量设计出的各种公式来定量的来评价水质状况。下面介绍几种生物指数法。

1. 贝克生物指数

贝克（Beck）1955年首先提出一个简易地计算生物指数的方法。他把从采样点采到的底栖大型无脊椎动物分为两类，即不耐有机物污染的敏感种和耐有机物污染的耐污种，按下式计算生物指数：

$$生物指数(BI) = 2A + B$$

式中　A、B——分别为敏感底栖动物种类数和耐污底栖动物种类数。

当$BI > 10$时，为清洁水域；BI为$1 \sim 6$时，为中等污染水域；$BI = 0$时，为严重污染水域。

2. 贝克－津田生物指数

1974年，津田松苗在对贝克指数进行多次修改的基础上，提出不限于在采集点采集，而是在拟评价或监测的河段把各种低栖大型无脊椎动物尽量采到，再用贝克公式计算，所得数值与水质的关系为$BI \leqslant 20$，为清洁水区；$10 < BI < 20$，为轻度污染水区；$6 < BI \leqslant 10$，

为中等污染水区；$0 < BI \leqslant 6$，为严重污染水区。

3. 生物种类多样性指数

马格利夫（Margelef）、沙农（Shannon）、威尔姆（Willam）等根据群落中生物多样性的特征，经对水生指示生物群落、种群调查和研究，提出用生物种类多样性指数评价水质。该指数的特点是能定量反映群落中生物的种类、数量及种类组成比例变化信息。如沙农－威尔姆的种类多样性指数计算式为：

$$\bar{d} = - \sum_{i=1}^{s} \frac{n_i}{N} \log_2 \frac{n_i}{N}$$

式中　$\bar{d}$——种类多样性指数；

　　　N——单位面积样品中收集到的各类动物的总个数；

　　　n_i——单位面积样品中第 i 种动物的个数；

　　　s——收集到的动物种类数。

上式表明动物种类越多，$\bar{d}$ 值越大，水质越好；反之，种类越少，$\bar{d}$ 值越小，水体污染越严重。威尔姆对美国十几条河流进行了调查，总结出 $\bar{d}$ 值与水样污染程度的关系如下：$\bar{d} < 1.0$ 时，严重污染；$\bar{d} = 1.0 \sim 3.0$ 时中等污染；$\bar{d} > 3.0$ 清洁。

采用底栖大型无脊椎动物种类多样性指数 $\bar{d}$ 来评价水域被有机物污染状况是比较好的方法，但由于影响多样性指数变化的因素是多方面的，如生物的生理特性、水中营养盐的变化等，故将其与各种生物数量的相对均匀程度及化学指标相结合，才能获得更可靠的评价结果。

4. 硅藻生物指数

用作计算生物指数的生物除底栖大型无脊椎动物外，也有用浮游藻类的，如硅藻指数：

$$硅藻指数 = \frac{2A + B - 2C}{A + B - C} \times 100$$

式中　A——不耐污染藻类的种类数；

　　　B——广谱性藻类的种类数；

　　　C——仅在污染水域才出现的藻类种类数。

万佳等 1991 年提出，硅藻指数 $0 \sim 50$ 为多污带；$50 \sim 100$ 为 α － 中污带；$100 \sim 150$ 为 β － 中污带；$150 \sim 200$ 为轻污带。

生物指数法比较简便明了，同时有了一个量化的指标，在一定程度上可以进行比较。但无论对敏感种类还是耐污种类的鉴定，仍需具备分类学、生态学指示，普遍推广会受到一定限制。另外，生物指数法仅考虑种类数，不考虑每种生物的个体数，因此在准确地反映水质受污染的程度上尚有一定的缺陷。还有，应用生物指数法要求在进行调查时，各调查点的环境因素要力求相同，主要是指水温、水深、流速、底质等。采集标本的面积也要求相同。

同时，由于大部分的生物指数是根据与有机物污染的关系提出的，而毒物污染和物理污染以及各种其他诸如地理、气候、季节等因素对分析结果都有影响，是很难通过简单的指数　关系加以说明，所以生物指数法尚需进一步的研究和完善。

（三）污水生物系统法

污水生物系统法最初是由德国学者科尔克维茨和马松于 1909 年提出的，主要用于监测和评价河流受有机污染的程度。经过许多学者的深入研究，污染带的指示生物种类名录得到补充，并增加了指示种的生理学和生态学描述，从而使该系统日趋完善。根据李普曼的理论，当河流受到有机污染后，在污染源下游的一段流程里会发生水体自净过程。在此过程中，一方面污染程度逐渐减轻；另一方面生物相也会发生变化，也就是说在不同的区段会出现不同的生物种类，形成四个连续的污染带，即多污带（polysaprobc zone），α - 中污带（mesosaprobic zone），β - 中污带和寡污带（oligosaprobic zone）和寡污带），每个带均有各自的物理、化学和生物学特性。在某个污染等级内所特有的生物种类被称为该等级的指示生物，包括鱼类、昆虫、浮游植物、浮游动物、水底生物、真菌、细菌等。污染程度不同的地带，其优势生物类群不同。因此，可根据优势物种的情况反过来判断水的污染程度，这一系统称为污水生物系统。

（1）多污带 亦称多污水域，此带多处在废水排放口，水质混浊，多呈暗灰色，且 COD 和 BOD_5 的浓度很高，DO 趋于零，具有强烈的 H_2S 气味。其细菌数量大，种类多，每毫升水中细菌数目可达百万个以上，甚至数亿个。多污带的指示生物有浮游球衣细菌、贝式硫细菌、颤蚯蚓、蜂蝇蛆和水蚂蟥等。

（2）α - 中污带 α - 中污带中已开始出现氧化作用，但污染程度仍很严重，DOD_5 值仍相当高，水质状况与多污带近似，水质为灰色而混浊，DO 水平仍然极低，为半厌氧条件。水中有硫化物、氨、氨基酸等存在，因此水仍有臭味。生活在这以水域的水生生物叫做 α - 中污带污水生物，生物种类仍然较少，主要是细菌，每毫升污水中有几十万个。也出现了吞食细菌的轮虫类和纤毛虫类，另外还有蓝藻和绿色鞭毛藻类，颤蚯蚓仍大量滋生。

（3）β - 中污带 与多污带和 α - 中污带相比，β - 中污带的特点是氧化作用比还原作用占优势，水的透明度大大增加，DO 水平显著提高，有时甚至还可以达到饱和程度。有机物基本上完成无机化过程，含氮化合物已转化为铵盐、亚硝酸盐和硝酸盐，水中 H_2S 含量也极低。

β - 中污带的生物种类实际多样化的，主要有蓝藻、绿藻、硅藻等各种藻类，还有轮虫、切甲类甲壳动物和昆虫。而细菌的数量显著减少，每毫升污水中只有几万个。此带还出现了肺螺类及一些较高等的、有较强耐污能力的水生生物，如泥鳅、鲫鱼、黄鳝、鲤鱼等野杂鱼类。

（4）寡污带 寡污带是清洁水体，水中 DO 含量很高，经常达到饱和状态，水中有机物浓度很低，基本上不存在有毒物质，水质清澈，pH 值为 6~9，适合于生物的生存。

寡污带细菌数量大大减少，而生物种类极为丰富，且都是需氧性生物。一些喜欢生活在清水草丛中的水生昆虫的幼虫，如蜉蝣幼虫、石蚕幼虫和蜻蜓幼虫等均出现在寡污带中，可以作为寡污带的指示生物。此外，水中还有大量硅藻、甲藻、金藻等浮游植物，以及水生动物如苔藓虫、水螅、海绵类和鱼类等。

综上所述，从多污带到寡污带，呈现污染物浓度逐渐降低直到完全矿化、细菌数量由多变少、生物种类有少到多的变化规律。

生物对被污染的水体能够适应和生存的品性称之为污生性。按照污生性又可将水生生物分成多污生物和寡污生物，多污生物对毒物、缺氧、不合适的 pH 值等恶劣条件有较强的忍受力，能以某些有机物为养料，而生存于多污带。寡污生物对毒物，不良环境比较敏感，只能存活于寡污带。

由于生物种类和数量的分布并不单纯地受环境污染的影响，地理和气候条件及河流底质、流速、水深等都对其有重要的影响，所以，在利用指示生物对水体污染程度进行监测和评价时，对这些因素也应给予足够的重视。同时，由于该系统只能定性地反映水体受污染的状况，对污染物的种类和数量不能精确地定量，因此在实际工作中，应结合化学分析的结果才能准确、全面地反映水体自净的过程

（四）微型生物群落监测法（简称 PFU 法）

PFU 法是微型生物群落监测法的简称，这种方法是利用聚氨酯泡沫塑料块（PFU）作为人工基质沉入水体中，经一定时间后，水体中大部分微型生物种类均可群集到 PFU 内，达到种数平衡，测定该群落结构与功能的各种参数，以评价水质。此外，还可以利用室内毒性试验方法，来预报工业废水和化学品对受纳水体中微型生物群落的毒性强度，为制定其安全浓度和最高允许浓度提出群落水平的基准。

（1）微型生物群落是指水生生态系统中那些只有在显微镜下才能看见的微小生物，主要是细菌、真菌、藻类和原生动物，此外也包括小型的水生生物，如轮虫等。它们占据着各自的生态位，彼此间有复杂的相互作用，构成特定的群落，称之为微型生物群落，是水生生态系统的重要组成部分。与高等生物群落特征相似，如果环境受到外界的严重干扰，微型生物群落的平衡被破坏，种数减少，多样性指数下降，随之结构、功能参数发生变化，因此可以作为水体污染情况的指示生物群。

（2）PFU 法原理，岛屿生物地理平衡模型理论，岛屿生物地理平衡模型理论认为，水体中的自然基质或人工基质就好像"岛屿"，一些微型生物会在这种基质上进行群集。在不断群集的同时，也会有一些已经群集在基质上的种类离开基质。因此，在基质上的种类，就有一个群集和消失的问题。当群集速度曲线和消失速度曲线交叉时，基质上的种数达到平衡，这时基质上的群落将保持一定的稳定性，对周围的环境也具有一定的自主性。

在不同地区，环境条件相似的水体中，微型生物的群集达到平衡时，基质上的种群组成可能有明显差异；同一水体，不同季节，微型生物在同一基质上的种群组成也可能不同。但不论是前一种情况，还是后一种情况，只要某一基质上的群集已进入平衡状态，那么基质上的种类数总是基本固定的。与此相应，当水体的环境条件发生改变时，微型生物在基质上的群集达到平衡后，其种类数也会发生变化。

（3）PFU 法的优点，与其他评价方法相比，利用微生物在 PFU 上的群集速度对水质进行评价的方法具有以下几个优点。

① 由于 PFU 的泡径小，仅为 $100 \sim 150 \mu m$，大型浮游生物不易入侵，因此可以采集到微型生物占绝对优势的群落。

② 具有三相特点，容易群集，且体积小，便于携带和放置。

③ 所群集的微型生物代表了食物链上的几个营养级，可以模拟天然群落，并且是在最高级，即群落级水平上做出对环境压迫的反应。

④ 野外工作证明周围水体中大多数的微生物种类最后均可群集在 PFU 上。

⑤ 可用许多块 PFU 进行同步实验。

⑥ 在用一块 PFU 上，无论是室内、室外随机采样所得，均可测定群落结构与功能的各种参数。在分类学方面可测定类数、种类组成、相对密度、群集速度、消失速度、平衡

期、平衡期时的种数等。在其他方面还可测 ATP、叶绿素 a、呼吸速度及各种化学分析。

⑦ 用 PFU 采集水体中微型生物做种源，可在室内做各种毒物的生物测定，预报水体的污染程度。

二、地下水石油污染的生物修复

石油在开采、炼制、储存过程中会对地下水造成污染，给环境尤其是人类自身带来严重的危害，目前许多国家已颁布相关法规，采取相应的防护措施，同时也在积极开展有关地下水污染的治理研究，常见的方法有隔离法、泵提法、吸水法、生物修复法等。其中生物修复被石油污染的地下水是近年来兴起的，它包括：生物注射法、有机黏土法、抽提地下水系统和回注系统相结合法、生物反应器法等。

1. 生物注射法

生物注射法亦叫空气注射法，该方法是在传统气提技术的基础上加以改进形成的新技术，主要是将加压后的空气注射到污染的地下水下部，气流加速地下水和土壤中有机物的挥发和降解。这种方法主要是抽提、通气并用，并通过增加停留时间促进生物降解，提高修复效率。以前的生物修复利用封闭式地下水循环系统往往氧气供应不足，而生物注射法提供了大量的空气以补充溶解氧，从而促进生物降解。Michael 等人利用这一方法对污染地下水进行了修复，结果表明，生物注射大量空气，有利于将溶解于地下水的污染物吸附于气相中，从而加速其挥发和降解。欧洲从 20 世纪 80 年代中期开始使用这一技术，并取得了相当的成功。当然这项技术的使用会受到场所的限制，它只适用于土壤气提技术可行的场所，同时生物注射法的效果亦受到岩相学和土层学的影响，空气在进入非饱和带之前应尽可能远离粗孔层，避免影响污染区域。另外它在处理黏土层方面效果不理想。

弗吉尼亚综合技术学院的研究人员发现了一种新的方法，它可集中地将氧气和营养物送往生物有机体，从而有效地将厌氧环境转化为好氧环境。这种方法被称之为微泡法（Microbubble），它实际上是含有 125mg/L 的表面活性剂的气泡，直径只有 55μm 大，看起来像乳状油脂。据研究，将这种微泡注入污染的环境后，它可以为细菌提供充足的氧气，二甲苯可被降解到检测水平以下。研究人员同时发现该法将比生物注射法更有利于含铁化合物的沉淀。Douglas Jerger 认为这是一种效率高、经济适用的方法，它可以有效地将氧气送到表面环境，从而提高微生物代谢速率。

2. 有机黏土法

该方法是利用人工合成的有机黏土有效去除有毒化合物，带正电荷的有机修饰物、阳离子表面活性剂通过化学键键合到带负电荷的黏土表面合成有机黏土，黏土上的表面活性剂可以将有毒化合物吸附到黏土上，从而去除或进行生物降解。密西根州立大学的 Boyd 博士专门从事了这一方面的研究，他认为有机黏土可以扩大土壤和含水层的吸附容量，从而加强原位生物降解。

3. 抽提地下水系统和回注系统相结合法

该方法是将抽提地下水系统和回注系统（注入空气或 H_2O_2、营养物和已驯化的微生物）结合起来，促进有机污染物的生物降解。Smalllbeck、DonaldR 等人在加利福尼亚的研究表明，采用此方法修复的环境，可明显促进生物降解。这个系统既可节约处理费用，又缩短了处理时间，无疑是一种行之有效的方法。

4. 生物反应器法

该方法是上述方法的改进，就是将地下水抽提到地上部分用生物反应器加以处理的过程，它包括4个步骤，自然形成闭路循环。即：①将污染的地下水抽提到地面；②在地面生物反应器内对其进行好氧降解，生物反应器在运转过程中要补充营养物和氧气；③处理后的地下水通过渗灌系统回灌到土壤内；④在回灌过程中加入营养物和已驯化的微生物，并注入氧气，使生物降解过程在土壤及地下水层内亦加速进行。生物反应器法不但可以作为一种实际的处理技术，也可于研究生物降解速率及修复模型。近年来，生物反应器的种类得到了较大的发展。连泵式生物反应器、连续循环升流床反应器、泥浆生物反应器等在修复污染的地下水方面也初见成效。

5. 其他方法

以上介绍的生物修复方法都是在好氧环境中进行的，事实上在厌氧环境中进行的生物修复也具有很大的潜力，目前在这方面已4做了不少研究工作。厌氧降解碳氢化合物时，微生物利用的电子受体包括：硫酸盐、硝酸盐、Fe^{3+}、Mg^{2+}、CO_2等。RichardM、Gersbers等人对圣地亚哥的一处石油污染的地下水进行了厌氧修复研究。他们利用硝酸盐作为电子受体补给到地下水中，强化细菌的脱氮过程（该过程有利于单环芳香烃族化合物的生物降解）。结果表明，在营养物富足的地带，6个月内BTEX水平降低了81%～99%。Dong、R. A等人在氧环境下通过添加电子受体和无机离子处理地下水的四氯化碳也取得良好效果。

从上面的介绍不难看出，生物修复技术自广泛使用以来，已提供了不少成功的例证。正因为它在污染地下水的修复方面所表现出的极大的潜力，从而得到公众的普遍接受。为了进一步提高生物效率，又相应的发展了不少辅助技术，如利用计算机作为辅助工具来设计最佳的修复环境、预测微生物的生长动态和污染物降解的动力学；其二，将注意点转移到植物系统上，希望通过植物根际环境改善微生物的栖息环境，从而加强其生长代谢来促进污染地下水的原位修复；其三，人们也寄希望于潜力极大的遗传工程微生物系统，通过降解质粒或基因螯合来获得降解能力更强、清除极毒和极难降解有机物效果更好的微生物。

三、海洋石油污染的生物修复

海上溢油事件发生以后，可以采取机械和化学应急措施，如建立油障（围油栏），将溢油海面封闭起来，使用撇油机、吸油带、拖油网将油膜清除；投入海绵状聚合物或天然材料（椰子壳、稻草等）的吸附材料，使吸附材料漂浮在海面上，同时大量吸附油污；使用化学分散剂；燃烧；海岸带用高压水枪清洗。生物修复是治理海洋石油污染的重要手段，生物修复的大规模应用也是以海洋溢油的治理为开端。石油污染海洋的生物修复强调自然过程的人工强化，而微生物是其中的工作主体。烃类是天然产物，所以海洋细菌一般都有降解石油的能力，最常见的降解菌有：无色杆菌属、黄杆菌属、不动杆菌属、弧菌属、芽孢杆菌属，节杆菌属、诺卡式菌属、棒杆菌属和微球菌属。许多海洋酵母菌和霉菌可以依赖石油和烃类生长，最常见的酵母是假丝酵母属、红酵母属和短梗霉属，霉菌有青霉菌和曲霉菌。另外，藻类和原生动物对修复石油污染也有重要作用。微生物修复石油污染主要有两种：①加入具有高效降解能力的菌株；②改变环境，促进微生物代谢能力。在许多情况下，石油生物修复可在现场进行，而对于污染的沉积物，一般可以使用生物反应器进行治理。

生物修复主要方法有以下四种。

1. 添加养分以促进石油降解菌的生长繁殖

海洋中存在大量能降解石油的土著微生物，在海洋遭受石油污染后，石油降解菌便大量繁殖并降解石油。一般来说，未受石油污染的地区石油降解菌不到 0.1%，但在受污染的地区石油降解菌的比例和数量都明显上升。石油为这些微生物提供了充足的碳源，因此限制石油降解的因素主要是氧气和 N、P 等营养盐。因此，添加营养盐可以大幅度提高海洋石油修复的效果。美国环境保护局在阿拉斯加 Exxon Valdez 石油泄漏事故中，利用生物修复技术成功治理污染环境。从污染海滩分离的细菌菌株与不受污染的分离菌株相比，前者具有特殊的降解能力；同时，对现场的环境因子进行分析，发现由于营养盐缺乏，微生物降解能力受到限制。外加入亲油性肥料，一段时间后，与没有加入营养盐的对照相比，前者污染物的降解速率加快了。毒性试验也表明，修复后的环境并没有产生负效应，沿岸的海域没有产生富营养化现象。于是，生物修复技术被推广到整个污染海滩，并取得相当成功。

常用的营养盐主要有 3 类：缓释肥料（营养盐依微生物需要缓慢释放出来）、亲油肥料（营养盐可溶解到油中）和水溶性肥料。

（1）缓释肥料要求具有适合的释放速率，通过海潮可以将营养物质缓慢地释放出来。在阿拉斯加使用的是两种缓释剂。一种是美国伊利诺斯州 Vigoro 工业公司生产的块状物，N、P、K 比例为 14∶3∶3。亚异丁基双脲从惰性块状基质上淋溶下来，经自发化学水解释放出尿素。柠檬酸溶性磷肥从基质中淋溶出来。另一种是美国加州 Sierm 化学公司生产的颗粒状肥料，N、P、K 比例为 28∶8∶0。在由二烯化处理的菜油包衣内包裹着硝酸铵和磷酸铵，可以缓慢释放氨、硝酸盐和磷酸盐。实验室研究证实，这两个产品最初可迅速释放营养物质，剩余的营养物质在 3 周内缓慢释放。

块状肥料放在网袋内，每个网袋 14kg，在海滩上放两排，一排在低潮线上，一排在中潮线上。颗粒肥料则用播种机播撒在海滩表面（90g/m²）。由于它的相对密度大，有倾向于黏附在油中的趋势，可以保持在海滩中。

（2）亲油肥料可使营养盐"溶解"到油中。在油相中螯合的营养盐可以促进细菌在表面生长。亲油肥料的配方有多种，Alias 和 Bartha 曾经做过开拓性工作，将石蜡化尿素和辛基磷酸盐加到漂浮着原油的水面中，促进了石油的生物降解。还有以石蜡为载体的 $MgNH_4PO_4$、Victawet 12（12 – 乙基己基 – 二聚乙烯氧化物磷酸盐），几种天然来源的亲脂性氮磷如大豆磷脂和乙基脲基甲酸盐（Allophanate）等。美国阿拉斯加现场选择的是法国巴黎 ElfAquitaine 公司生产的亲脂性肥料 Inipol EAP22。该产品是稳定的微滴乳化液，以尿素为核心，外面包围着油酸载体，并加入月桂磷酸酯作为稳定剂和磷源，还加入 2 – 丁氧基乙醇以降低黏度。实验室测试表明，开始几分钟内释放出 50% ~60% 的铵盐和磷酸盐，剩余部分在 3 周内缓慢释放。在现场用背负式喷雾器向海滩喷薄薄的一层，使用量为 0.5L/m²。

（3）水溶性肥料在阿拉斯加使用硝酸铵和三聚磷酸盐和海水混合，用泵通过草坪喷头在低潮时喷向海滩上。施用量为氮 6.9g/m²，磷 1.5g/m²。以 Inipol EAP22 表现最为出色。

在海滩上 $28m \times 14m$ 的小区内进行试验，在喷施 2~3 周后可以观察到海滩表面的砾石明显地变清洁，海滩上呈现一个个"窗口"，但在鹅卵石下面还有大量的油污，又经过几周后油污全部消失。而对照区和其他肥料区没有见到这种变化。通过总油残留物和十八烷/植烷的比值的测定也表明这种趋势。十八烷和植烷是气相色谱行为十分相近的两种烷烃。一般认为，气相色谱相近的烃类在非生物降解过程中不会有什么差别，而在生物降解过程中可能有很大差别。十八烷是直链烷烃，植烷是支链烷烃，生物降解差别很大。检测表明，用亲油肥料处理海滩，十八烷/植烷比值比 4 周前大约下降了 70%，而块状缓释肥料处理只下降了 30%，未经处理的对照和后者差不多。这说明块状肥料提供的营养与海潮带来的营养物质没有多大差别。

尽管现场的试验表明，施用亲油肥料能使石油污染带上有较高数量的降解微生物，但是残留分析表明，处理与未处理小区间烃类的数量没有显著性的差异。问题是由于在处理区和对照区中的原油呈斑块状不均匀分布，有高度的异质性。生物统计学家曾提出在现场补充一定原油，使其较均匀一致，但遭到拒绝。于是在第二年又进行一次现场试验，使用了一个更难降解的内标 $17\alpha(\text{II})$，$21\beta(4)$ - 何帕烷。何帕烷是一个五环的 C_{27} 的饱和烃，其他的烃类的浓度都被标准化到何帕烷的浓度上。这样就降低了由于油污块状分布而造成的样品间的差异。现场实验表明，当在污染海滩加入 $0.4 \sim 0.8 kg/m^2$ 的肥料时，烃类的生物降解速率提高了倍 2~4 倍。

以色列开发了一种新方法，即利用一种需要接种非土著菌的肥料。这种肥料是一种专一性的聚合物，不被大多数细菌利用，因此这种肥料对土著微生物无用，而且能够攻击这种聚合物并利用其中肥料的烃降解菌已经被成功分离出来。所以可以将这种菌和这种聚合物肥料一起加到污染的海滩上。这种方法对接种的细菌是有利的，因为只有它们才可以直接利用到这些营养。由于避免了肥料中的养分竞争，对接种细菌的烃降解活动很有利，对生物修复很有效。在地中海沙岸石油污染的生物修复处理中已经证明这种方法十分有效。

2. 使用分散剂以促进微生物对石油的利用

石油分散剂一般是表面活性剂，如加分散剂可以增加微生物对石油的利用性，从而促进微生物对石油污染海洋的修复作用。表面活性剂是一种由疏水基团和亲水基团组成的化合物，它的亲水基和疏水基同体结构可以降低油水液面间的表面张力，使油膜分散成小液滴，这样就大大地增加了油膜的表面积，增加了微生物以及氧气与油滴的接触机会，进而促进微生物降解。目前，大部分研究者认为表面活性剂去除土壤中石油类污染物主要通过以下机制：卷缩(Rollup)和增溶(Solubilization)。有许多商品制剂可供使用，在国外用得较多的有 Sugee2 和 Corexit，它们可以分别促进原油中 $C_{17} \sim C_{18}$ 正烷烃和滑油的降解。不过，并不是所有的表面活性剂都具有促进作用；另外，现在市面上所使用的表面活性剂大多是化学合成或提取的表面活性剂，这类活性剂对环境有一定的污染作用，应用于石油污染环境处理时容易顾此失彼。因此，在实际操作中多使用微生物产生的表面活性剂作为石油分散剂来促进微生物降解。生物表面活性剂(Biosurfactants)是表面活性剂家族中的后起之秀，它是由微生物所产生的一类具有表面活性的生物大分子物质。与化学合成的表面活性剂相比，生物表面活性剂与化学合成表面活性剂性能相似，但相比之下，还有其他优点：①可生物降解，不会造成二次污染；②无毒或低毒；③一般对生物的刺激性较低，可消化；④可以利用工业废物作为原料生产，并用于生态环境治理；⑤具有更好的环境相容性、更高的气泡性；⑥在极端温度、pH 值、盐浓度下具有更好的选择性和专一性；⑦结构多样，可适用于特殊的领域。

目前已得到研究的有鼠李糖脂（Rham nolipid）、单宁酸（Tannicacid）、皂角苷（Saponins）、卵磷脂（Lecithin）、腐殖酸（Humicacid）等。Harvey 等使用铜绿假单胞菌 SB30 产生的糖脂类表面活性剂在不同浓度下去除安拉斯加砾石样品中石油的试验，结果表明温度 30℃ 及其以上时，这种微生物表面活性剂能够使细菌的利用能力提高 2～3 倍。王海涛等选用 LAS、SDS 和 SAS 对污染的土壤进行解吸实验，研究这 3 种阴离子表面活性剂和腐殖酸钠对黄土中柴油的解吸均有显著增溶作用，使柴油的解吸量明显增加，柴油的去除率最高可达 63%。SDS 对柴油的解吸量随腐殖酸钠浓度的增大呈线性增加关系；但腐殖酸钠浓度增加对 LAS 和 SDS 的解吸曲线有突越点，超过此浓度后反而会抑制其解吸作用。

3. 接种石油降解菌提高降解效率

大量的研究表明，海洋环境中广泛分布着石油降解微生物，其中最主要的是细菌，如假单胞菌属（Pseudomonas）、黄杆菌属（Flavobacterium）、棒杆菌属（Corynbacterium）、无色标菌属（Vibro）、弧菌属（Achrombacter）、微球菌属（Micrococcus）放线菌属（Actinomaycas）等。研究表明，细菌对碳氢化合物的降解速率很大程度上受海洋环境中低含量的营养盐磷酸盐及含氧化合物所限制。碳氢化合物在微生物降解作用下，产生 CO_2、水及人量的中间产物。碳氧化合物的结构越复杂（如甲基取代烃、多环芳烃等），其降解速率越慢，中间代谢产物积累的概率越大。因此，石油污染物在海洋环境中存在时间的长短与其数量、结构及环境因素都紧密相关。一种污染物在一个环境中，其存在时间可达数年；而在另一环境中，则有可能在几个小时或几天内完全降解。对环境中碳氢化合物的自然适应过程的研究是更好地应用生物修复技术的前提与基础。

石油污染生物修复的微生物有 3 种：土著微生物、外来微生物和基因工程微生物。其中利用土著微生物最为方便，因为它在海滩上普遍存在，但往往存在生长缓慢、代谢活性不高等问题，在发生污染时，经常会受到抑制而导致数量及活性下降，因此需要添加高效的外来微生物或者基因工程微生物来促进生物修复的进程。但是使用基因工程微生物需要格外小心，需要对基因工程微生物进行充分的论证才能进行使用，欧美等国家对基因工程菌的利用有严格的立法控制，迄今还未见到在油污染海滩应用基因工程菌的报道。因此，筛选、培养高效石油降解菌并将其接种到受污染海域被认为是一种有效的方法，但海洋中存在的土著微生物对此有拮抗作用。另外，在开放的环境中引入基因工程菌可能带来生态入侵等安全问题。

4. 提供电子受体

微生物将溢油污染转化成 CO_2 和 H_2O，需要外界提供充足的电子受体才能实现，因此电子受体是否充足也直接影响着溢油海岸线生物修复的效果和速率。研究表明土壤和沉积物中的含氧量的减少会使微生物降解石油烃的速度急剧下降。氧气是生物修复中最常用的电子受体，H_2O_2 也在生物修复中经常使用，另外一些有机物分解的中间产物和无机酸根也可作为电子受体。在石油污染微生物修复中，为了避免因缺失电子受体而减缓修复速度，可采用的措施包括机械供养或者添加有机肥料等电子受体。

第四节 石油污染生物修复工程案例

一、土壤生物修复的应用实例与效果

20世纪80年代初纽约长岛汽油站发生汽油泄漏，大约106000kg的汽油进入附近土壤和地下水中，后来通过回收未被土壤吸附的汽油，回收了约82000kg汽油，但仍有相当多的汽油残留在土壤中。1985年4月开始了在该地进行生物恢复处理，采用过氧化氢作为氧供体，在21个月中有效地去除了土壤中吸附的汽油，估计通过生物作用去除的汽油约有17640kg，约占去除汽油总量的72%，经过生物恢复处理后，土壤中的汽油含量低于监测限。

1984年美国Missouri西部发生地下石油运输管道泄漏事件，Missouri自然资源部下令在该地进行土壤恢复计划。该计划采用了一个生物恢复系统，这个系统由抽水井、油水分离器、曝气塔、营养物添加装置、过氧化氢添加装置、注水井等部分组成，经过32个月的运行，取得了良好的效果。该地的BTX(苯、甲苯、二甲苯)总浓度从20~30mg/L降低到0.05~0.10mg/L，整个运行期间汽油去除速度为1200~1400kg/L，生物技术去除汽油约占汽油总量的(38000kg)的88%。其实践表明，生物恢复技术是经济有效、快速的土壤恢复技术。

二、地下水生物修复的应用实例与效果

美国学者Duba等人将5.4kg干重的三氯乙烯(TCE)降解菌(Methylosinus trichosporium)OB3b与1800L抽提上来的地下水混合后注入到一个深27m的井中，大约50%的投加菌吸附到沉积物上，形成一个就地固定生物反应器，受TCE污染的地下水以3.8L/min的速率连续抽提通过这一生物滤层，保持30h，然后改为2.0L/min的速率维持39d。现场实验证明抽提出的地下水中TCE的浓度由0.425mg/L降至0.01mg/L，相当于98%的降解率。

1999年赵振亚等对齐鲁石化公司污染地下水进行了修复治理。在5km² 范围内建有抽提井、微生物投加井、曝气井、氧化剂投加井等，各井之间的距离为50~100m。通过投加筛选的石油降解菌、曝气、二氧化氯氧化措施，使地下水中芳香烃化合物去除明显且水质致突变活性降低。

三、海洋生物修复的应用实例与效果

1989年3月24日，Exxon超级油轮Valdez号在美国风景秀丽的威廉王子湾搁浅，导致42000m³ 的原油在5小时内被泄漏到美国最原始也最敏感的阿拉斯加海岸，污染了3200km的海岸带。在以后的4个月里造成90多种、30000多只鸟死亡，成为美国最大的污染事件之一。威廉王子湾是一个冷水区，动植物繁殖速率低，海岸上有著名的国家公园和国家森林。Exxon公司最初使用的是物理方法，即用热水冲洗附着在海滩石头上的油污。这种方法每天要花费100万美元，但效果还是不明显。后来Exxon公司和美国环保局达成协议，随后就开始了著名的"阿拉斯加研究计划"，这个项目集中研究使用营养盐促

进土著微生物的生物降解，为此进行了大量的室内和现场试验。实验室的研究表明，如果使用无机盐溶液或者使用亲脂性的肥料，在6周内可以分解石油中的几乎全部烷烃；如果不加氮、磷则降解速率要慢很多。现场试验证实当地有大量的降解菌，故示范试验安排试用各种不同的肥料到油污小区中；肥料包括水溶性的、缓释的和亲油性的；结果使用亲油肥料效果更明显，使岸边又黑又粘的岩石表面变成白色。这项试验表明，威廉王子湾的石油降解受到有效营养盐浓度的限制，施用肥料是一项有效的生物修复措施。毒理学和生态毒学试验表明，使用亲油和缓释肥料在促进石油降解速率加倍的条件下是安全的。由于生物修复，石油污染去除的时间由10~20年降低到2~3年。这个研究项目还说明了以下几个事实：在油泄漏后不久就出现生物降解；营养素的加入并未引起受污染海滩附近海洋环境的富营养现象。由此可见，生物恢复技术成为一种可被人们接受的油泄漏治理方法。

第五节　生物修复技术的前景和展望

随着工农业的迅速发展和城市人口的剧增，环境污染问题日益突出。污染环境的修复已经成为全球关注的热点问题。在各种各样的环境污染治理技术中，生物修复以其处理费用低、操作简单、处理效果好，并且不易造成二次污染等特点而受到越来越多的关注。生物修复至今仅有30多年的研究历史，但是20世纪80年代以后，一些生物修复技术已经开始在污染环境治理中推广应用并取得了良好的效果。生物修复技术经过科研工作者几十年的努力，取得了很大的进展，但受到生物特性的限制，在实际的应用中仍存在许多局限性。

一、面临的问题与发展趋势

1. 微生物修复存在的问题

生物修复技术虽已取得很大成功，但仍存在某些问题，主要是处理后的某些污染物含量仍不达标，主要制约因素为：

（1）微生物不能降解所有的污染物，污染物的难降解性、不溶解性及土壤腐殖质和泥土结合在一起常使生物修复难以进行，共存的有毒物质，如重金属对生物降解作用的抑制；特定的微生物只能降解特定的化合物，土壤修复的理想目标是把所有的石油成分都去除。否则，容易降解的成分降解了，难降解的成分（如PAHs）仍然在土地里积累。但石油的成分复杂，一般来说，一种微生物只对特定的化合物起作用，而且化合物状态稍有变化可能就不被同一种微生物酶所破坏。这对于投加微生物的要求很高，不易掌握。

（2）外源微生物对生态系统的潜在影响，一方面，外源微生物群系有可能不适应被引进的土壤环境，无法与土著微生物竞争，最后成为弱势种群；另一方面，外源微生物（特别是利用基因工程培养的竞争力特强的"超级细菌"）可能在环境中引起潜在的生态危机，如对人、动物、植物有害，分泌有害物质，在土壤修复后仍然抑制土著微生物群系等等；

（3）微生物的活性易受温度和其他环境条件的影响，如低温引起的低反应速率；

（4）不能全部去除油污，如前面所述，最后当油浓度很低时，由于缺乏酶的诱导，有机物的降解反应速度太慢以至看起来似乎不能降解。而石油浓度太高时，微生物活性受抑制，某些油田土壤的油浓度太大，连嗜油微生物的活性也受抑制；

（5）污染物被转化成有毒的代谢产物；

（6）某些情况下，当污染物的浓度太低不足以维持一定数量的降解菌时，残余的污染物就会留在土壤中，生物修复不能将污染物全部去除。

（7）环境因素调控困难，生物反应器法可以把各种影响降解的因素控制在理想的范围内，但由于费用实在太高，目前还没有到应用的阶段。在操作上比较简单可行的原位处理或者在现场建场地进行处理又必定受到当地的气候、地理条件影响。这些温度、土壤结构等的因素不容易受人为控制。譬如在寒冷地区，0℃以下微生物基本上不降解石油烃，而一年之中可以达理想条件（15～30℃）要求的，其实没几个月。

2. 植物修复存在的问题

植物修复除了受到待治理土壤的气候、温度、海拔条件和土壤类型等的影响外，还受到不同污染类型的影响，通常存在以下几个问题：

（1）对不同污染状况的土壤要选用不同的生态型植物；

（2）一种植物往往只吸收一种或两种重金属元素，对土壤中其他浓度较高的重金属则表现出某些中毒症状，限制了植物修复技术在多种重金属污染土壤中的治理；

（3）用于清理重金属污染土壤的超积累植物通常矮小、生物量低、生长缓慢、生长周期长，因而修复效率低，不易于机械化作业。

3. 生物修复的发展方向

近年来，研究石油污染的生物修复已成为人们关注的研究热点。基于我国石油污染现状及环保要求，低费用、高效率的生物修复技术具有很大的社会需求，将会产生巨大的环境效益、社会效益和经济效益，对于发展国民经济尤其是保护生存环境具有非常重要的意义。基于此，石油污染的生物修复技术作为一种有效的治污手段必然具有广阔市场和发展前景。生物修复技术经过科研工作者几十年的努力，取得了很大的进展，但受到生物特性的限制，在实际的应用中仍存在许多的技术局限性。为克服目前生物修复存在的问题，通过基因工程法，获得具有高降解能力的基因工程微生物，是获得环境污染治理新突破的关键；此外，对生物修复的实验室模拟、生物降解潜力的指标、修复水平的评价、实验室研究的接种物以及风险评价等方面的更深入研究，也会进一步促进生物修复技术的发展。目前石油污染生物修复技术研究的方向应该侧重在以下几个方面：

（1）共存物质对微生物降解的抑制效应及外源物质对微生物的促进效应；

（2）不同质地的石油污染土壤的治理；

（3）通过基因工程法构建高效降解菌，以加速污染物的转化，提高降解效率；

（4）生物降解潜力的指标与生物修复水平的评价；

（5）低温条件下，筛选高效石油降解菌；

（6）进一步开发白腐真菌对石油污染土壤的生物修复技术；

（7）微生物处理方法与植物处理方法相结合的技术；

（8）筛选具有超量吸收和累积石油烃能力的植物。

近十余年来，我国对石油及其产品的依赖程度越来越大，土壤的石油污染也正在不断扩大，因而低费用的生物吸附剂的开发、探索新型的生物降解石油技术，是我们努力的方向。

4. 生物修复技术前景展望

（1）同生菌种的强化　混合培养菌的降解效果明显高于单株培养菌。这种具有协同降解作用的微生物群称为同生菌种（Consortia）。但目前对于具有协同关系的菌株的筛选和组合还是一个随机的过程，其协同作用的机制有待进一步研究。实际上许多生物清洁公司从污染的土壤和地下水和化工厂废水处理装置选出同生菌种。Biotrol 公司使用明尼苏大大学的专利技术，用以黄杆菌（Flavobacterium）为主的同生菌作为强化菌剂，成功处理五氯酚钠（PCP）污染的土壤。

（2）基因工程菌的开发　采用遗传学方法将降解不同物质的质粒整合到一个细胞内，构建成"超级细菌"，可同时降解不同组分，且提高去除率、降低处理时间；或者利用遗传工程，使微生物的遗传基因发生变异，开发降解能力强的变异菌种。基因工程菌的突出优点是比自然菌降解速率快。因此，构建含有目的基因，具有较强竞争力的基因工程菌是现代环境生物技术的主要目标之一。

（3）完善工程设计　现有的许多措施的研究实际上是在实验室内（大多用生物泥浆法）小规模进行的。到底如何在现场大规模操作、强化各个过程的同时又能降低成本，工程设计起着很大的作用。通过系统的建模与仿真，了解系统内污染物、营养物、氧等物质的运移和归宿，得到系统内污染物在空间和时间上的变化过程，并进而提供有效的系统设计。最近国外在这方面研究十分活跃。

（4）表面活性剂的利用　利用表面活性剂提高污染物的生物可给性，促进石油微生物的生物降解过程，大幅度提高微生物的除油效果，已成为一个重要的研究方向。

（5）植物和微生物修复相结合　生态系统有它本身的自净作用，理解植物根系–微生物–有机物之间相互作用的机理，筛选出对污染物耐性强又可提高微生物降解有机物速率的植物，把植物和微生物修复方法相结合，将是很有价值的发展方向。

二、应用和产业化前景

从生物修复的特点，可看出它具有广阔的市场前景，但是也必然受到某些条件的限制。只有与物理、化学修复方法组成统一的修复技术体系，生物修复才能真正如美国环保局所乐观期望的那样，为解决人类目前所面临的最困难的环境问题——有机物污染和重金属污染，提供一种可能。在有些情况下，最经济有效的组合是首先用生物修复技术将污染物处理到较低的水平，然后采用费用较高的物理或化学方法处理残余的污染物。

虽然目前生物修复技术还存在一定的局限性，但是具有广阔的应用前景。近年来，人们在提高生物修复的可靠性、降低生物修复的成本、加快生物修复速率等各个方面进行了许多改进，使得生物修复技术逐步完善、修复效率不断提高。无论是对生物降解过程的监测方法、添加营养物质、接种微生物、改善污染环境的物理和化学性质等许多微观的单项过程和技术，还是在原位修复或异位修复方面的工程开发和商业应用均取得长足的进展。目前，已积累了许多相关的科学数据，工程技术人员可以根据实际情况进行工程线路选择、工程设计、处理效果和污染风险评价，甚至专门用于生物修复辅助设计的计算机软件也已问世。通过多年的研究，生物修复技术已应用于矿山复垦、污染土壤改良、污水净化、地下水修复、城市污泥处理、湖泊和河道底泥修复等诸多领域。

微生物降解有机污染物的技术在废水处理中的应用已有较长的历史，人们熟悉的好氧生物处理技术和厌氧生物处理技术用于治理。工业废水和生活污水已经应用得十分普遍。而后，人们将微生物降解技术大规模应用于受污染的土壤治理。生物修复在北美的发展基本与欧洲同步。在美国，微生物修复技术多用于清除由于有毒化学品泄漏或是处置化学废物而污染的一些场地。早在 1989 年，美国超级基金地区采用生物修复技术进行土壤处理的项目已占全部土壤处理项目的 8.4%。在一处航空油泄漏而导致土壤和地下水被苯、甲苯和二甲苯所污染的污染点，加入过氧化氢作为氧源可以刺激微生物的生长，经过 6 个月生物修复后地下水可以达到美国饮用水的标准。欧洲各发达国家从 20 世緰 80 年代中期开始对生物修复技术进行研究，并进行了一些实际的工程应用。目前，德国、丹麦、荷兰存这方面的研究工作处于领先地位，英国、法国、意大利及一些东欧国家也紧随其后，整个欧洲从事生物修复技术的研究机构和商业公司至少有上百个。实践表明，利用微生物分解有毒有害的污染物是治理大面积污染土壤的一种有效途径。因此，在生物修复技术方面，以微生物为主的修复技术目前在工程中实际的应用相对更多一些，尤其是在农药、石油等有机污染治理中已有不少成功的案例，并进入到商业性推广应用阶段。

在我国，环境中的有毒有害物质污染同样十分严重，随着经济的发展和人们生活水平的提高，这一问题必将日趋突出。借鉴国外的经验，及时研究相应修复技术，对于保护环境、防治污染有着积极的意义。国内开展生物修复研究较早的有中科院沈阳应用生态所、南京土壤所、中国农业大学、西南农业大学等科研单位和大专院校。从我国的情况来看，虽然从事相关研究的单位和企业仍较少，但是已经有一些成功的案例。中国科学院沈阳应用生态研究所已成功地建立了利用微生物堆腐处理石油污泥和石油污染土壤的示范工程，并与沈阳市等政府部门合作，开始进行大面积的推广应用。

植物修复技术作为一种高效生物修复途径正在受到越来越多的重视。早在 1998 年，全美植物修复技术市场销售额就已经在 1700 万 ~ 3000 万美元，主要包括 500 万 ~ 1000 万美元的地下水有机污染物的去除、300 万 ~ 500 万美元的填埋场渗滤液处理、300 万 ~ 500 万美元的土壤重金属修复，以及土壤有机化合物和废水有机污染物的修复。

植物修复(Phytoremeidiation)技术的商业应用尚处于初期阶段，但是其发展十分迅速。美国的超级基金计划(Superfund)已经采用植物修复技术对 200 多个污染点进行修复。在我国，一系列重大和重点项目也对植物修复技术予以重点支持。预计在不远的将来，我国在植物修复技术方面将取得一系列具有自主知识产权的原创性成果，并开始进入产业化应用和推广阶段。

第九章　生物采油技术

第一节　微生物与石油勘探

随着人类经济的发展，对石油的消耗及需求量日益增加。一般来说，油藏经过一次和二次采油后，仍有约60%左右的原油剩余在油藏中未能采出。对原油的三次开采，成为石油勘探领域重中之重的发展方向之一。目前常用的物理化学三次采油方法有热采、化学驱和混相驱等提高采收率的方法。然而这些三次采油方法都存在一定缺陷，如：蒸汽驱的井筒和地层热损失大，蒸汽超覆和气窜现象严重；火烧油层消耗过量的不可再生能源，井下管柱热损坏；聚合物驱的聚合物剪切降解，产出液处理难；表面活性剂驱的吸附损失大，成本高及稳定性差；混相驱的气源、重力分异和气窜等。

随着全球微生物技术的迅速发展，微生物采油技术已经被提上议程，成为各国关注的热点。微生物提高采油率（Microbial enhanced oil recovery，MEOR）是指利用微生物及其代谢产物增加石油产量的一种石油开采技术，也有人将该技术成为四次采油技术。该技术是将经过筛选的本源或外源微生物与培养基注入地下油层，通过微生物原位繁殖和代谢，产生酸、气体、溶剂、生物表面活性剂和生物聚合物，改变岩石孔道和油藏原油的物理化学性质，提高原油产量和增加油藏原油采收率。

微生物采油技术主要可分为本源微生物技术和异源微生物技术。本源微生物采油技术是在运用石油地质学和地球化学方法研究油层内微生物活动过程中形成的。主要手段是研究油层内微生物（细菌）群落的分布及其生理状况，运用一系列有效的方法来保持地下微生物活动，也就是运用适宜的营养控制技术把合适的营养源按工序注入到地层内来激励有利于采油的微生物活动。异源微生物采油技术主要包括微生物吞吐采油、微生物驱油、细菌调剖技术以及对一些高黏度、高温、高压、高含盐量油藏的微生物采油等。

一、微生物勘探石油的发展历史及原理

（一）微生物勘探石油的历史

微生物采油的历史可以追溯到上世纪20年代。早期发现，微生物可以通过生物酶的催化作用，降解去除水体及土壤中的原油污染，发展到目前油田上常用的微生物清防蜡、单井吞吐、调剖、降黏、选择性封堵地层、强化水驱等诸多实用技术，其发展历程如下。

早在1926年，Beckman就已经提出了用细菌采油的想法。Bell最早论述了微生物对原油的作用及微生物活动取决于原油中化合物的化学和环境条件。1940年Zobel首先申请了把细菌直接注入地下提高油层采收率的专利。该项专利是使用一种能利用烃的硫酸盐还原菌处理油层，使油层发生物理化学变化，从而提高原油产量的。1953年Zobel获得了第二项专利，该项专利把所用的菌种范围扩大到了一种可利用氢的硫酸盐还原菌。同年Updegraff和Wren取得了一项关于往油层中注入糖浆作为硫酸盐还原菌生长所需营养物的专

利。1954 年美国在阿肯色的联合县，成功地进行了一次利用细菌大规模就地发酵，提高油田采收率的矿场试验。Hitzman 于 1962 年、1965 年、1976 年分别获得了 3 项使用非硫酸盐还原菌的微生物的专利，他建议使用的细菌为好氧菌和厌氧菌。

70 年代初，世界石油危机大大促进了世界各国加强对微生物提高石油采收率的研究，有关的学术交流也更加频繁。1975 年美国首先召开了"微生物在石油开采中的作用研讨会"。1982 年 5 月在美国俄克拉荷马的埃费顿召开了有 34 个国家参加的"世界微生物采油会议"，系统地交流了多年来的研究成果，并决定以后每两年开展一次国际会议。

1991 年美国首先把微生物采油技术列为继热驱、化学驱、气驱等三次采油之后的第四次提高原油采收率方法，并已在许多油田得到尝试性应用。前苏联也把微生物采油列为一种工业性应用的新的提高采收率方法。东欧各国、澳大利亚、加拿大等国也很重视对微生物采油的研究，并把研究成果应用于矿场。20 世纪末，随着生物技术和石油开发技术的发展，微生物采油发展迅速，采油技术日趋成熟，进入深入研究与现场应用阶段。

目前，世界各国都非常注意石油微生物技术的应用。美国能源部（DOE）共支持了 47 个石油微生物技术研究项目；德国在西北欧陆上和海上近 $6000m^2$ 区域进行了勘探，成功率达 85%，并在 17 个油田 225 口井得到证实。

我国对微生物采油的研究，早在 60 年代末就开始探讨用地面烃类发酵，就地制备生物表面活性剂及生物聚合物的试验。70 年代中期开始了生物聚合物的研究，室内模拟实验表明，微生物能大幅度提高原油采收率。"七五"期间中科院微生物所与大庆油田合作，开展了两口井的微生物吞吐试验并取得了明显效果。"八五"期间，吉林油田和中科院微生物所合作已在 35 口井试验，累计增油 4462t。大港油田使用美国菌种，在枣园油田两口井内试验，已增油 360t。"九五"、"十五"期间，中国石油天然气集团公司下属的各油田、大专院校、中科院各单位联合攻关，在室内试验研究的基础上，正在进行单井吞吐矿场试验的应用研究，同时也在进行微生物驱油的菌种筛选及有关的室内试验，取得了很好的效果。"十一五"期间，在微生物采油领域主攻的又一新技术——应用现代分子生物学方法研究油层本源微生物技术也取得了突破性的进展。目前微生物采油在我国发展迅猛，可以预料，随着这项技术的逐步完善，微生物采油将成为一项不可忽视的提高采收率的技术，开辟出一条老油田提高采收率的新途径。

（二）微生物勘探石油的原理

微生物采油是将地面分离培养的微生物菌液注入油层，或单独注入营养液激活油层内微生物，使其在油层内生长繁殖，产生有利于提高采收率的代谢产物，以提高油田采收率的方法。由于微生物采油中涉及微生物生理、生化、物理、化学等诸多过程，因此微生物采油的机理相应地变得异常复杂，可从表 9 - 1 中的 6 个方面理解微生物提高采收率的机理。

表 9 - 1　微生物采油机理

微生物	（1）封堵大孔道，分流注入水 （2）改善孔道壁面的润湿性 （3）降解原油，降低原油黏度及凝固点 （4）粘附烃类，乳化原油
有机酸（低分子脂肪酸、甲酸、丙酸、异丁酸等）	（1）溶解石灰岩及岩石的灰质胶结物，增加岩石的渗透率和孔隙度 （2）与灰质反应产物 CO_2 可降低原油黏度 （3）CO_2 溶解地层中的灰质矿物，增加渗透率

续表

气体（CO_2、CH_4、H_2、H_2S 等）	（1）提高油层压力，增加地层能量 （2）溶于原油，降低原油原油黏度，改善流度比 （3）膨胀原油，增加油藏特性能 （4）CO_2溶解地层中的灰质矿物，增加渗透率
溶剂（丙醇、正（异）丁醇、酮类、醛类）	（1）溶解石油中的蜡及胶质，降低原油黏度，提高原油流动性 （2）溶解孔道中的长链原油，增加油相渗透率
生物聚合物（聚多糖）	（1）堵塞大孔道，分流作用，提高波及系数 （2）增加水相黏度，改善流度比 （3）降低水相渗透率，提高原油分流量
生物表面活性	（1）降低油水界面张力，提高驱油效率 （2）改变岩石润湿性，使岩石更加水湿 （3）消除岩石孔壁油膜，提高油相流动能力 （4）分散乳化原油，降低原油黏度

从微生物的利用方式来讲，主要有原油乳化、微生物调剖、生物气增油、中间代谢产物作用及界面效应等：

（1）原油乳化机理。微生物的代谢产物表面活性剂、有机酸及其他有机溶剂，能降低岩石 – 油 – 水系统的界面张力，形成油 – 水乳状液（水包油），并可以改变岩石表面润湿性、降低原油相对渗透率和黏度，使不可动原油随注入水一起流动。有机酸能溶解岩石基质，提高孔隙度和渗透率，增加原油的流动性，并与钙质岩石产生二氧化碳，提高渗透率。其他溶剂能溶解孔隙中的原油，降低原油黏度。

（2）微生物调剖增油机理。微生物代谢生成的生物聚合物与菌体一起形成微生物堵塞。堵塞高渗透层，调整吸水剖面，增大水驱扫油效率，降低水油比，起到宏观和微观的调剖作用，可以有选择地进行封堵，改变水的流向，达到提高采收率的效果。在较大多孔隙中，微生物易增殖，生长繁殖的菌体和代谢物与重金属形成沉淀物，具有高效堵塞作用。

（3）生物气增油机理。代谢产生的 CH_4、CO_2、N_2、H_2 等气体，可以提高地层压力，并有效地融入原油中，形成气泡膜，降低原油黏度，并使原油膨胀，带动原油流动，还可以溶解岩石，挤出原油，提高渗透率。

（4）中间代谢产物的作用。微生物及中间代谢产物如酶等，可以将石油中长链饱和烃分解为短链烃，降低原油的黏度，并可裂解石蜡，减少石蜡沉积，增加原油的流动性。脱硫脱氮细菌使原油中的硫、氮脱出，降低油水界面张力，改善原油的流动性。

（5）界面效应。微生物粘附到岩石表面上而生成沉积膜，改善岩石孔隙壁面的表面性质，使岩石表面附着的油膜更容易脱落，并有利于细菌在孔隙中成活与延伸，扩大驱油面积，提高采收率。

（三）微生物勘探石油的优点

微生物采油具有许多优点：

（1）成本低：利用微生物是开采枯竭油藏，提高油藏最终采收率的最为经济的开采方法，微生物以水为生长介质，以质量较次的糖蜜作为营养，实施方便，可从注水管线或油套环形空间将菌液直接注入地层，不需对管线进行改造和添加专用注入设备；微生物可以在油藏内就地繁殖，成倍地增加处理的波及面积，因此，用微生物采出 1t 油的成本仅为其他三次采油方法的几分之一；同时，微生物可以轻质化原油、脱硫、除重金属、降低原油的炼制成本。

（2）无二次污染，提高采收率：由于微生物在油藏中可随地下流体自主移动，作用范围比聚合物更大，注入井后不必加压，不损伤油层，无污染，提高采收率显著；同时，微生物采油不仅能采出油藏中的可动油，而且还可采出部分不可动的残余油，提高油藏的最终采收率。

（3）延长开采期：微生物采油还可以大大延长油井的开采期，推迟油井的报废时间，大幅度提高单井原油总产量；以吞吐方式可对单井进行微生物处理，解决边远井、枯竭井的生产问题，提高孤立井产量和边远油田采收率。

（4）此外，微生物可解决油井生产中多种问题，如降粘、防蜡、解堵、调剖，最后提高采收率的代谢产物在油层内产生，利用率高，且易于生物降解，具有良好的生态特性；微生物采油方法可以通过微生物降解稠油，降低原油黏度，为稠油的冷采提供一种新的技术手段。

大量的室内研究和现场试验结果表明，微生物采油是一种最有前景的提高采收率方法。

二、生物采油存在的问题及发展趋势

（一）微生物采油存在的问题

我国在微生物采油技术方面还处于初级发展阶段，尚未形成整体配套的能力。无论是在新技术研究和应用的深度上，还是在微生物菌种的研制与开发方面，都与国外先进水平存在不小的差距，其不足之处主要体现在以下几个方面：

（1）采油微生物菌种的研究和开发水平须进一步提高。目前的菌种仍然较为单一，对提高原油采收率功能强的菌种不多。

（2）微生物采油的应用总体上仍然处于初始阶段。国外 20 世纪 80 年代进入工业性矿场应用，而国内不少油田目前还只是引进微生物制剂用于探索性试验。

（3）没有形成整体技术和生产能力，期间还存在一系列理论、技术工艺及配套装备的问题。微生物采油技术还没有实质性地进入油田开发中。

（4）由于微生物采油技术本身的复杂性，基础研究严重滞后于工业生产的要求。这种局面导致了一些现场试验是在研究工作不充分、方案设计缺乏科学依据的情况下进行的，因而出现了微生物增产效果时高时低的结果。

（5）缺乏系统的研究，而且也没有形成整体的研究队伍。由于微生物采油技术的研究涉及微生物学、化学和油藏工程学等，属于多学科交叉的研究工作。全国许多油田和一些研究机构及院校已经开展了这方面的研究，但这些工作还比较零散，室内研究和矿场试验目前还没有重大突破。

（二）微生物采油的发展趋势

微生物提高采收率技术经过近一个世纪的发展已日趋成熟，成为了一种颇具潜力的采油技术。世界各国争先恐后地开展了这项技术的研究试验，大都获得了比较满意的增产效果。尤其是对稠油油藏的开采方面，该技术的优越性更是其他技术无可比拟的。由于微生物采油技术的综合性、复杂性和多学科性，其发展迫切要求综合各学科的研究成果。通过各学科间技术的交叉，大大提高微生物采油的研究进程和微生物提高采收率的成功率。微生物学家必须依靠油藏地质学家和石油工程师提供的有关地层构造、油藏条件等资料，研究微生物在油藏条件的生长、繁殖及代谢过程；遗传学家必须按微生物学家和石油工程师的要求设计并培育菌种；环境工程师必须使注入微生物不污染水源，排放的废水不导致人类受害和环境污染；化学工程师必须进行微生物与油藏及流体反应产物的分析和化验，以及微生物注入方案监测；石油工程师依靠微生物学家和遗传工程师提供的菌种及其营养物结构，掌握细菌培养，实施微生物注入。

在微生物采油技术的研究过程中，将会出现下列发展趋势：

（1）微生物采油机理的深入研究：将进一步加强微生物作用下水 – 油 – 岩的相互作用及其规律的研究，彻底查清不同地层条件下微生物提高原油采油率的机理。确定微生物驱油过程对提高原油采收率有直接贡献的主要因素，为不同油藏条件下微生物菌种的开发提供依据，为微生物驱油数值模拟软件的编制提供模型，为进一步提高采收率打好基础。

（2）微生物采油新型技术的研究包括：①微生物处理井筒技术微生物处理井筒主要目的是生产维护，虽不具清蜡功能，但有防蜡作用，技术难度不大，可大规模应用。现场油井施工采用"套加"工艺，微生物不可能在生产中的井筒长时间停留，作者认为筛选代谢产物具有较强乳化性能的菌种即可。②微生物单井吞吐技术微生物单井吞吐采油的处理对象是近井地层，需要菌种在地层中生长代谢，应筛选厌氧或兼性厌氧型的微生物，具耐温等性能。现场应用时一般需要补充有机营养，并关井一段时间。③好氧微生物驱技术好氧微生物驱又称空气辅助微生物驱。有氧条件下兼性菌的代谢速度加快，向地层中注入空气，微生物消耗空气中的氧，并氧化原油的部分组分，能产生一些可驱油的代谢产物。因此，可能不需要补充有机营养物，其安全性可以从 3 方面考虑：向地层中注入空气量小（不足以形成气驱），进入地层的含氧量也就小；微生物消耗氧，原油与氧发生低温氧化反应也消耗氧，进入地层的氧将很快被耗尽；现场选择区块高部位井注入空气可以防止发生气窜。同时要加强油井井口的气样监测分析。④聚合物驱后微生物提高采收率技术大庆和胜利油田都已大规模实施聚合物驱油，有些区块在后续水驱时含水上升很快而采收率并不高。在聚合物驱过程中，地面、地下都有聚合物的生物降解现象，说明聚合物与微生物之间存在一定关系，可以利用这种关系找到合适的微生物，继聚合物驱之后进一步提高采收率。⑤活性污泥驱油技术各种污水处理过程中产生的活性污泥有一定黏度，含丰富的微生物，可用于调堵；污泥中的部分微生物可在温度合适的地层中生长代谢。前苏联成功应用过这方面技术，大庆油田也开展过现场试验，但污泥的来源和运输可能是制约应用的关键因素。

（3）新型采油菌株的开发：运用现代生物工程技术，对我国开发采油微生物工程菌的技术与经济及环境问题作出可行性评价；研究并找到更为合理且低廉易得的营养物质；拓宽与完善微生物采油技术的筛选标准；建成具有初步规模的采油微生物菌种库，特别是培养耐温、耐盐、耐重金属的易培养菌种；进一步探索对微生物有害活性的抑制研究。应用先进的基因重组技术改变微生物的基因，使微生物具备新的性状或加强原有的功能，进而提高其工作效率。这些基因重组技术中，细胞水平的原生质体融合技术因为具备遗传物质传递完整、易打破分类界限、节省费用和时间等各种优点，所以在包括石油工业在内的许多研究领域都很有发展前景。需要考虑重组菌种的筛选及其基本特征、环境因素对菌种生长的影响，外来营养物质种类对重组菌种的作用，不同营养物质浓度对重组菌活性的影响以及菌种的遗传稳定性。遗传工程的发展推动了采油"超级细菌"的发现。这种超级细菌表现为：能在不利的油藏环境下（高温、高盐、高压和无氧等）迅速繁殖和运移；能产生大量的有益于原油流动的代谢产物；能降解原油中的重质组分，能脱硫、脱重金属。

（4）微生物采油数值模拟软件及标准评价体系的开发研究：认清并掌握注入微生物组分与盐水复杂的相互作用以及微生物在孔介质中的运动规律，建立微生物作用的数学模型，开发微生物采油数值模拟软件实现微生物采油方案设计及生产作业的科学化。确定应用微生物才与技术的潜力区块并分类，对今后 10 年微生物采油技术应用的经济效益做出科学的评价。

（5）微生物采油工艺技术及配套技术设备的研究：建立微生物采油矿场应用技术工艺参数设计体系，建立延长微生物采油技术作用有效期的方案调整及营养物补充周期确定与评价方法；研制一套车装式微生物单井处理专用系统及微生物驱油专用注入系统的样机。

第二节　本源微生物采油技术

一、本源采油微生物的种类

本源微生物是指油藏内部存在的微生物，在油藏中形成的稳定的生态群落。本源生物采油技术省去菌种筛选、发酵和运输的费用，廉价且有效期长。了解本源细菌的分布情况，对设计一个成功的微生物采油工程是非常重要的。如果要在现场工艺条件下刺激本源细菌的生长，就必须鉴定本源细菌的菌株，了解在地层条件下微生物群落对注入营养物的反应。同时，如果要把可能注入的菌株引入油层，要考虑该菌株必须是占统治地位的菌株，或者能与本源细菌形成共生体系，以便获得较好的采油效果。油藏本源细菌的分类见表 9 – 2。

表 9 – 2　油藏原生细菌的分类

细菌类型	细菌名称
硫酸盐还原菌	脱硫螺菌（Spirillum desulfuricans） 河口短螺菌（Mierospira aestuari） 嗜热菌（Vibiriothermo desulfuricans） 弧菌（Vibirio sp.） 脱硫弧菌（Desulfovirio desulfuricans）
利用烃细菌	荧光板毛杆菌（Pseudomnas fluorescens） 假单胞杆菌 硫酸盐还原菌 甲烷氧化菌
甲烷形成菌	马氏产甲烷球菌（Methan cusmazei） 奥氏甲烷杆菌（M. Omelianskii）
芽孢形成杆菌（Spore – forming Bacillus）	
耐盐产气的梭状芽孢杆菌（Clostridium sp.）	

（一）硫酸盐还原菌

硫酸盐还原菌是油层中分布最广的菌种，也是人们最早研究和利用的微生物提高采收率的菌种。硫酸盐还原菌的主要作用是降低油水的界面张力。实验证明，在以糖蜜或原油等为营养物时，硫酸盐还原菌可使原油黏度降低。

马莎莎等人基于 16S rDNA 分子克隆文库方法，分析新疆克拉玛依油田六中区采油井 T6191 井口样品硝酸盐还原菌（NRB）和硫酸盐还原菌（SRB）富集产物的菌群多样性。NRB 克隆文库中主要微生物菌群为施氏假单胞菌（Pseudomonas stutzeri）（35%）、未培养拟杆菌（Uncultured bacteroidetes bacterium）（37%）、螺旋体（Spirochaeta）（9%）和产氨基酸杆菌（Acidaminobacter hydrogenoformans）（9%）；SRB 克隆文库中主要微生物菌群为脱硫弧菌（Desulfovibrio caledoniensis）（43%）、未培养拟杆菌（20%）、脱硫单胞菌（Desulfuromonas michiganensis）（12%）和螺旋体（8%）。NRB 菌群与 SRB 菌群结构虽然存在差异，但未培养拟杆菌和螺旋体在两种富集产物中均出现，特别是未培养拟杆菌在 2 个文库中都占有一定优势地位。为油田开发 NRB 抑制硫酸盐还原作用新技术提供了理论依据。

硫酸盐还原菌可以从含油的地下水中分离出来，它们分别是：脱硫螺菌（Spirillum desulfuricans），河口短螺菌（Mierospira aestuari），嗜热脱硫弧菌（Vibriothermo desulfuricans），弧菌（Vibrio sp.），脱硫弧菌（Desulfovibrio desulfuricans）。

但单纯使用硫酸盐还原菌也存在不利因素，主要表现为：

（1）油井、石油输送管线中的细菌腐蚀。据统计，在油田的许多腐蚀破坏中，70%~80% 直接由硫酸盐还原菌（SRB）、铁细菌、腐生菌和硫细菌等引起，其中 SRB 引起的腐蚀破坏最为严重。SRB 在油田中通常和其他细菌、藻类一起附着在金属和溶液界面繁殖生长。它们的代谢产物在金属表面形成微生物膜，具有抗毒物影响的能力，SRB 耐药性的出现是由于微生物膜组成的改变。一旦含有 SRB 的微生物膜在金属表面形成并稳定存在后，SRB 就会大量繁殖，加速垢的形成，造成油田注水管道的堵塞，并对金属产生析氢腐蚀以及释放 H_2S 等酸性代谢产物，使管道设施发生局部腐蚀。在油田环境中可导致输油管线、注水管线和设备的局部堵塞和腐蚀穿孔以及石油产品的酸化等，给正常的石油开采和输送带来严重危害，造成经济上的巨大损失。

（2）这些细菌产生的硫化氢在油藏中遇铁反应生成的硫化铁的胶状沉淀会堵塞地层。

（3）硫酸盐还原菌有相对缓慢的代谢活性。

（二）烃降解菌

烃降解菌是能够氧化气态和液态烃的细菌，主要是荧光极毛杆菌和假单孢杆菌菌株，以及某些硫酸盐还原菌。烷烃是原油的主要成分，也是油藏生态系统碳素循环中的主要成分，烃降解菌是石油烃的最初分解者，它的代谢产物为其他菌的生长繁殖提供了丰富多样的营养底物，因此烃降解菌是油藏环境微生物生态系统中重要的功能菌群。目前，已经分离了很多烃降解菌，并且研究了烷烃降解途径及其基因调控机制，发现烷烃羟化酶系（Alkane hydroxylase system），其中烷烃羟化酶是非铁红素的膜整合蛋白，负责催化烷烃生物氧化途径的第一步氧化反应，决定了烷烃降解的动力学性质。研究发现，原油污染环境中许多微生物都携带了与 alkB 相似的基因类型，说明这一基因可能在烃降解微生物中普遍存在，因此 alkB 可以用作分子标记研究油藏环境中烷烃降解菌的多样性。

309

（三）产甲烷菌

产甲烷菌是一类形态上各式各样的细菌种群，存在于各厌氧环境中。石油伴生气中的甲烷部分是由产甲烷菌产生的。在油层和油田水中存在各类产甲烷菌。产甲烷菌也是油藏环境中的一类重要功能菌群，它们能接受末端电子产生甲烷，解除生物链的末端抑制，对石油烃降解的意义重大，尤其在油藏深部厌氧环境中的碳元素循环中起重要作用。迄今为止发现的油藏环境产甲烷菌绝大部分都是利用氢产甲烷菌，这些菌自身不能降解石油烃，必须依靠烃降解菌先将石油烃分解为小分子有机酸才能加以利用。因此，油藏环境中石油烃降解产生甲烷的过程需要烃降解菌和产甲烷菌等功能菌群协同配合，形成一定的互利共生关系，这种共生关系也是石油烃降解的关键因素。产甲烷菌主要有：

（1）甲烷杆菌目（Order methanbacteriales）：包括甲烷杆菌属和重新命名的甲烷短杆菌及甲烷栖热菌属。

（2）甲烷球菌目（Order methanococcales）：是由单一的甲烷球菌属所组成的。

（3）甲烷微生物目（Order methanomicrobiales）：分为甲烷微生物科（Methanomicrobiaceae）、甲烷八叠球菌科（Methanosarcinaceae）和甲烷游动菌科（Methanoplanaceae）三个科。

（四）芽孢杆菌

对微生物来说，油层是一个相当不利的环境。虽然硫酸盐还原菌是油层中分布最广的菌种，但芽孢杆菌的菌株也很容易从油层液体中分离出来。这可能是由于芽孢杆菌细胞能形成芽孢（孢子），因而使其能进入油层并耐受油层中的不利条件。

在厌氧的条件下，还可从油田注入水中分离出产生生物表面活性剂的菌株，其中有苔状芽孢杆菌 JF－2 菌株（Bacillus licheniformis srain JF－2），JF－2 表面活性剂的性质与精致芽孢杆菌（Bacillus subtilis）所产生的表面活性剂性质非常相似。

（五）耐盐产气的梭状芽孢杆菌（Clostridium sp.）

梭状芽孢杆菌在微生物采油中发挥着重大的作用。这些细菌主要包括丁醇梭状芽孢杆菌、丁酸梭状芽孢杆菌、乙酰梭状芽孢杆菌、致软梭状芽孢杆菌和多粘梭状芽孢杆菌。这些细菌使糖发酵，产生大量气体和有机酸。许多芽孢杆菌种的菌株具有强大的产气、产酸和产溶剂的能力。试验证实，可产生大量天然气的梭状芽孢杆菌和厌氧细菌接种并加入糖蜜作为发酵碳源后，注入油井，可使高度枯竭的油藏增加产量。

分析油藏中微生物的类型对于认识微生物采油过程是非常重要的。特别是监测在采油动态过程中，微生物群落结构的影响，并据此采取相应措施。这对于提高微生物采油的效率可能具有指导意义。任红燕等人利用聚合酶链式反应－变性梯度凝胶电泳（PCR－DGGE）和构建 16S rRNA 基因克隆文库两种方法，对孤岛油田两口井（注水井 G 和采油井 L）在相距 9 个月的 2 个时间点（A 和 B）所采集样品的细菌群落结构进行了比较。DGGE 图谱聚类分析表明注水井在 2 个时间点的微生物群落结构相似性为 48.1%，而采油井的相似性只有 28.7%。16S rRNA 基因克隆文库结果表明，A 时间点样品 G 中的优势菌群为 Beta-proteobacteria、Gamma-proteobacteria，还有 Deferribacteres、Firmicutes、Bacteroidetes 等；而样品 L 中，Gamma-proteobacteria 中的 Moraxellaceae 含量达到 97%。B 时间点 G 中除了优势菌 Beta-proteobacteria 之外，Deferribacteres 的数量显著增加，成为优势菌；而 L 在 B 时间点优势菌除 Gamma-proteobacteria 外，还有 Beta-proteobacteria 和 Firmicutes。采油井中的微生物群落结构随时间发生了显著改变，而注水井变化不显著。这一结果部分揭示了微生物采油过程中地层微生物群落的变化规律，有助于进一步阐明微生物驱油的机理。佘跃惠等人对新疆克拉玛依油田一中区注水井(12#9-11)和与该注水井相应的两个采油井(12#9-9S、13#11-8)井口样品微生物群落的多样性进行了比较并鉴定了部分群落成员。DGGE图谱聚类分析表明注水井与两油井微生物群落的相似性分别为30%和20%，而两油井间微生物群落结构的相似性为54%。DGGE图谱中优势条带序列分析表明注水井样品和油井样品中的优势菌群为未培养的环境微生物，它们与数据库中 α、γ、δ、ε 变形杆菌(Proteobacteria)和拟杆菌(Bacteroidetes)有很近的亲缘关系。华东理工大学应用化学研究所所长牟伯中带领研究团队，针对微生物采油技术的关键科学问题及技术难题进行攻关，依据自创理论模型，在油藏环境微生物群落结构分子检测技术、采油功能微生物分子识别与评价技术、高效采油菌种及营养体系以及微生物油藏井间示踪技术等方面取得重大突破，解决了油藏极端环境微生物群落结构解析和采油过程中油藏微生物活动动态检测的难题，实现了油藏保护性开采和微生物体系的循环利用。其领衔完成的"油藏保护性可持续开发的微生物采油调控技术及工业化应用"项目，获得2010年度国家科技进步奖二等奖。

二、微生物群落检测方法及生物采油代谢产物的检测方法

(一) 微生物群落的检测方法

20世纪70年代以前，对微生物群落的研究主要依赖传统的分离培养方法，依靠形态学、培养特征、生理生化特性的比较进行分类鉴定和计数。但是，由于可培养微生物仅为自然界微生物总数的1%~10%，因此，分离培养方法对环境微生物群落结构及多样性的认识是不全面和有选择性的。近年来，随着实验生物学、生物信息学和系统生物学等学科的发展及其与微生物学领域的交叉融合，极大地促进了微生物生态学的研究，为克服微生物分离纯化培养的限制，全面反映微生物群落的结构和功能特征提供了新的技术手段。

1. 形态学分析

随着显微技术不断提高，一些含特殊荧光的微生物可通过荧光显微镜来鉴定。如产烷微生物含F420辅助因子，在420nm波长激发下，产生绿色荧光；而鉴定含光合色素的微生物，如果与流式细胞仪结合使用，则检测得到的信息可定量。目前，微生物鉴定和分类，仍必须经过培养和纯种分离，然后再展开多重生理生化测试才能实现。如目标微生物可培养则此方法适用，选择一种合适的培养基和掌握好培养条件，是这种方法的关键，最简单的鉴定是比较菌落的形态特征。对于较难培养和较难计数的微生物，使用上述方法没有意义。采用培养和形态鉴别的方法用于微生物多样性研究，不可避免地多少会偏离它们原来的生境，在人为操纵条件下，或多或少改变了微生物群落原有的结构。

2. 细胞结构分析

生物不仅在形态上有所区分，更重要的是结构上存在明显的不同。采用生物标记分子作为鉴定微生物种的决定因子，可改变显微镜等外形观察方法带来的人为误差，同时给定量研究种群开辟了新方法。生物标记的是微生物生化成分及其胞外产物，定量生物标记不需培养，可直接提取。脂质分析是一种较常用的微生物定量结构分析方法。脂质是细胞膜上的独特组分，微生物类型不同，脂质成分也有所不同，每种微生物都具有一种可以识别的脂质模式，它是群落结构的信号分子，环境样品中的脂质模式可用来分析群落多样性和群落组成。脂质分析有2种：一种用甲醇将脂肪酸酯化后抽提，即脂肪酸甲基酯

（FAMEs）方法；另一种是用固相抽提的方法抽提化合物中的磷脂，形成磷脂脂肪酸甲基酯（PLFA）。2 种方法皆可用高效气相色谱定量分析。脂质分析是快速、高效的分析方法，不会象传统方法那样低估了微生物的多样性。采用不同的统计分析，包括主分量分析和聚类分析，对群落之间的相似和差异分析有所帮助。用 PLFA 方法鉴定细菌群落，提供的信息不仅是群落中的相对丰度，也有生理状态的信息。环境压力会导致饱和与不饱和脂肪酸之间的比例上升，值得注意脂质生物标记分析不能检测环境中的每一种微生物物种，因为许多物种的 PLFA 模式部分重叠。进一步分析其他脂质，可提供群落结构分析更多的信息，如固醇、糖脂、或革兰氏阴性菌脂质 A 中的羟脂肪酸、缩醛磷脂、鞘脂类等。这种方法的主要缺陷是很难将磷脂脂肪酸模式与微生物的特殊动力学联系起来，且检测方法所需设备比较昂贵，不是每个实验室都具备这样的条件。

3. 核酸探针检测技术

此类技术以核酸分子杂交技术为核心，利用探针分析微生物的 DNA 序列及片断长度的多态性。探针是能与特定核苷酸序列发生特异性互补的已知核酸片断。可以是长探针（100 ~ 1000bp），又称基因探针，与同源核酸序列杂交，检出特异微生物种；也可以是 PCR 产物或人工合成的寡核苷酸探针（10 ~ 50bp）；还可以从 RNA 制备 cDNA 探针。杂交的靶序列可是 DNA 分子，或是 RNA 分子。常用的分子是 rRNA 或 rDNA 序列，因为 rRNA 分子是缓慢进化的，不同的微生物 rRNA 基因序列在某些位点会以不同的几率发生突变，但又具有高度的保守性，从而可作为生物进化史的计时器，其序列的相似程度可反映出其在系统发育上的关系。最小的 rRNA 分子—5S rRNA，很早就被用于分析一些简单的微生物群落组成，但信息含量较低。随后，研究重点移至分子量更大、携带信息量更多的小核糖体亚单位 rRNA 分子（即 SSU rRNA，包括原核生物的 16S rRNA 和真核生物的 18S rRNA）的分析方法上。杂交方式则根据碱基互补原理，以标记的（放射性和非放射性）核酸杂交方式，直接检测溶液中细胞组织内或固定在膜上的同源核酸序列。杂交一般采用 Southern 印迹杂交、斑点印迹和狭缝印迹杂交，可检测出特异性条带及混合 DNA 制品中靶序列的相对丰度。最新方法采用荧光原位杂交方式，将带有放射性标记的寡核苷酸探针渗透入多数微生物细胞内，使探针与 rRNA 靶分子杂交，放射自显影后用荧光显微镜观察荧光染色标记杂交后的细胞，可计数、定量分析环境样品中微生物相对丰度，并检测到不可培养的特殊微生物种。

4. 引物扩增技术

1985 年 Mullis 发明了聚合酶链式反应技术（PCR），给整个分子生物学领域带来一次重要的变革，使检测混合物中低浓度核酸组成成为可能。尤其对微生物生态研究提供了测度微量微生物群落结构和成分的技术平台，只要 1 ~ 10 个细胞的 DNA 量即可满足这种方法。PCR 技术的几个重要组成部分是引物、模板和扩增条件，根据这 3 个组成部分的变化，衍生出许多新的检测微生物群落多样性的分析方法。这些方法的相同点是，配合精确的电泳分离技术都可形成复杂的微生物指纹，通过多态性分析可得出群落特征及群落与群落之间的相似性。引物作为 PCR 反应的首要条件，在试验前就可以预先设计好，根据扩增的靶序列不同，可将引物分为特征引物和随机引物。特征引物是指可与目标模板发生特异性结合，使靶序列能有效地特异性扩增。这样的扩增方法在微生物群落分析应用中非常普遍，最广泛的是扩增部分或全部的 16S rDNA 进行群落多样性分析。随着引物设计能力不断增强，发展了几种 PCR 方法，主要有：①低分子量 RNA 指纹，可检测微生物种水平上的基因分类。②细菌中的 ITS 分析，是相关功能的几个基因与长度不同的基因间区域（IGS）连在一起。为了能区分基因相近的细菌株，ITS 可以被 PCR 扩增，然后直接分析 DNA 分子或限制性 DNA 片段。③rep‑PCR 基因指纹，用引物与原核生物基因间散布的 DNA 重复单元相连，使 PCR 产生高特异性和可重复指纹（rep‑PCR），来检测生态多样性。

5. 宏基因组学技术

环境基因组学的研究以基因组学技术为依托，其主要的程序包括：从环境样品中直接提取 DNA；将 DNA 克隆到合适的载体中；将载体转化到宿主细菌建立环境基因组文库；对得到的环境基因组文库进行分析和筛选。其中，基因组文库的构建是揭示新基因的前提，接下来则是如何有效地利用文库中丰富的资源，挖掘新的生物分子。由于环境基因组的高度复杂性，需要通过高通量和高灵敏度的方法来筛选和鉴定文库中的有用基因。筛选技术大致可分为 3 类：第 1 类基于核酸序列差异分析（序列驱动），如序列分析法（Sequence‑driven screening method）；第 2 类基于克隆子的特殊代谢活性（功能驱动），如功能性筛选法（Function‑driven screening method）；第 3 类基于底物诱导基因的表达（Substrate‑induced gene expression screening method，SIGEX）；第 4 类基于包括稳定性同位素（Stable isotope probing，SIP）和荧光原位杂交（Fluorescent in situ hybridization，FISH）在内的其他技术。

（二）微生物代谢产物的检测方法

采油微生物代谢产物（metabolite）的分析研究，主要针对以烃类为碳源的采油微生物在模拟油藏环境条件下产生的酸、生物气、生物表面活性剂、有机溶剂及生物聚合物等。这些研究皆与阐明微生物采油机理相关。采油微生物代谢产物的类型很多，但与采油机理密切相关的主要是酸、生物表面活性剂、气体等代谢产物。

采油微生物在合适的培养基、pH 值、温度和通气搅拌（或厌氧）等发酵条件下进行生长繁殖和合成代谢产物（生物活性物质）。微生物代谢产物在发酵液中浓度往往很低并与许多溶解的和悬浮的杂质夹杂在一起，必须进行预处理。其目的是改变发酵液的物理性质，提高从悬浮液中分离固形物的速度，实现工业规模的过滤，尽可能使产物转入便于以后处理的相中（多数是液相），并除去发酵液中的部分杂质，以利于后继操作。

1. 样品前处理

发酵结束后，将发酵液静置待油水分层后，先用双层滤纸粗过滤，再用油剂膜细过滤，最后离心除菌体。短链有机酸测试水样品可以先加碱固定，表面活性剂测试样品要经过萃取富集等预处理。得到的样品最好尽快测定，储存可能带来不必要的误差。

2. 短链有机酸分析

以烃类为碳源的采油微生物代谢产生的短链有机酸主要是 $C_1 \sim C_6$ 的小分子有机酸，这些酸能使储层中的碳酸盐岩溶解产生大量的次生孔隙。气相色谱法是目前较为常用的测定方法，短链有机酸是采油微生物发酵液及油田产出水中最主要的水溶性有机组分，气相色谱法（GC）测定水溶液中的有机酸，通常是将水样蒸馏浓缩后进行衍生化萃取，然后进行测试。衍生化方法主要有甲酯化法、乙酯化法、丁酯化法和苄酯化法等。衍生化方法的缺点是较为繁琐，而且常常受其他有机组分的干扰。等速电泳法测定短链有机酸的方法已有报道。该法是基于有机酸和无机盐等在有机溶剂中溶解度的不同，先用水相蒸发法将大量的氯离子除去，利用两台等速电泳仪在多种电解质体系中对短链有机酸进行定性定量对照实验测定。直接进样法是先采用水相蒸发法除去大量的无机盐和表面活性剂等物质，浓缩后直接进行 GC 或 GC/MS 分析。该方法较衍生化简单直接，也减少了有机酸的损失。对于微生物发酵液中短链有机酸的定量测定方法，较为常用的就是传统的酸碱滴定法，也可以采用色谱峰积分的方法进行含量的测定。其他测定有机酸的方法还有比色法、柱色谱法、纸色谱法等，这几种方法各有缺点，比色法只能测定单个酸，不能测定混合酸；柱色谱法和纸色谱法分离时间较长、试剂用量大、准确度低、重现性差。

3. 生物表面活性剂分析

以烃类为碳源的采油微生物代谢产生的生物表面活性剂有多种类型，如糖脂、脂肽、磷脂等。不同类型生物表面活性剂的提取方法不同。微生物表面活性剂的提取方法不外乎两类：从自然界中直接获取；通过物理–化学的方法得到，常用的化学方法有硫酸铵沉淀法、丙酮沉淀法、酸沉淀法、溶剂萃取法、结晶法，常用的物理方法有离心法、吸附法、泡沫分离沉淀法、切向流过滤法、过滤沉淀法、超过滤法，生物表面活性剂提取中最常用的萃取剂是氯仿/甲醇(体积比 2:1 或 1:1)、乙醇/乙醚(体积比 3:1)、二氯甲烷/甲醇、丁醇、乙酸乙酯、戊烷、己烷、乙酸、乙醚等。生物表活剂的主要分析方法有：轴对称液滴分析法、快速液滴破裂实验法、直接薄层色谱法、比色法、超声波振荡法等。

4. 生物气分析

微生物在地下发酵过程中能产生各种气体如 CH_4、CO_2、N_2、H_2 等，可采用杜氏管法收集，记录产气量，通过 GC 或 GC/MS 进行定性分析或半定量分析。

采油微生物产生的代谢产物除了酸、生物表面活性剂和生物气等主要产物外，还有一些有机溶剂如醇、醛、酮等，可在经过液相或固相萃取富集并衍生化预处理后，用 GC/MS 等仪器分析手段进行分析。

王岚岚等人在细菌代谢产物 GC/MS 定性分析的基础上，采用色谱技术对各个组分进行定量分析，将内标法、外标法与归一化法相结合，对 $C_{12} \sim C_{40}$ 每一组分进行准确含量分析。以解决生物采油技术研究中，细菌作用后原油降黏、蜡组分含量变化机理不清，细菌 EOR 性能难以确定，各菌种间增采作用大小和效果无法量化比较等实际技术难题。GC/MS 技术具有分析方法便捷、试剂用量少、灵敏度高等优点。通过对不同菌种降解烃类碳链长度和降解石蜡能力的比较，能预测和说明其 EOR 性能和矿场应用潜力，为生物采油菌种的筛选、评价及应用提供了准确的技术依据。GC/MS 分析技术的特点在于：①GC分析技术基于物质溶解度、蒸气压、吸附能力、立体化学或离子交换等物理化学的微小差异使其在流动相和固定相之间的分配系数不同，而当两相作相对运动寸，组分在两相间进行连续多次分配，达到彼此分离的目的：CC 技术具有分离效能高、分析速度快、灵敏度高、定量准确、适用范围广等优点。②MS 分析技术依据不同化合物在组分及结构上的差异，使待分析的样品在高真空下汽化后电离并分裂成碎片，样品电离后产生的带电粒子在电场中被加速，再于磁场内按其质核比(nfe)分离，并由小到大按其各自的离子流强度形成质谱图。依据分子离子峰，碎片离子峰的种类、数量、丰度，及其特征性质量数，通过 MS 数据库推定待测物的结构而对其进行准确定性。③GC/MS 联用技术将色谱对复杂混合物的高分离能力和质谱对单个化合物准确的结构分析及成分鉴定能力相结合，使其成为最有效的复杂混合物的分离、鉴定手段。随载气从色谱柱分离流出的样品，经除去载气、分子分离和 GC/MS 高效真空系统，使样品浓缩导入质谱计，电离生成的各种质谱离子，最后在质量分析器上得到各组分的相应质谱。GC/MS 技术具有灵敏度高、样品用量少等优点。

利用 GC – MS 进行 $C_9 \sim C_{40}$ 组分分析与检测时，控制条件为：

色谱柱：HP – 119091Z – 43335m；（或 BPI $0.25\mu m$ film 50m × 0.32mm ID；）柱温：40 ~ 320℃、后恒温至无色谱峰流出，程序升温 5℃/min；空气流量：380mL/min；载气 He 流量：0.8mL/min；H_2 气流量：38mL/min；尾吹气流量：12mL/min；汽化室、检测器温度：330℃；分流比：100：1。

待测试样和载气流经色谱柱后进入 FID 的氢气 – 空气火焰中，氢气 – 空气本身只产生少许离子，但当烃类等有机化合物燃烧寸，产生的离子数量显著增加，在收集器上产生与燃烧样品量成比例的电流，检出的信号数据经系统处理后，就得到与组分质量成比例的色谱流出曲线。

生物作用原油后代谢产物分析及芳烃、噻吩分析与检测，控制条件为：

色谱柱：BP $200.25um$ film 30m × 0.32mm ID；柱温：40 ~ 260℃、程序升温 3℃/min；空气流量：400mL/min；载气 He 流量：1.8mL/min；燃气 H_2 气、尾吹气 N_2 流量：30mL/min；汽化室温度：240℃；检测器 FID 温度：300℃；分流比：40：1。

生物低分子代谢产物分析，控制条件为：

色谱柱：BP $200.25um$ film 50m × 0.22mm ID；柱温：150 ~ 300℃、后恒温至无色谱峰流出，程序升温 5℃/min；载气 He 流量：50kPa；检测器：5973MSD；进样方式：分流进样。

生物聚合物及低聚糖分析，控制条件为：色谱柱：BPX $50.25um$ × 12m × 0.32mm ID；柱温：40 ~ 300℃、后恒温至无色谱峰流出，程序升温 5℃/min；载气 He 流量：10psi；检测器：FID；进样方式：柱上 SGEOCI – 5。

（三）本源微生物采油技术及其影响因素

1. 本源微生物采油的技术设计与方法

（1）区块筛选

所选油藏以单独的油藏为主，所选择的区块应有两年以上的注水开采期，可在近井底带获取地层水样，区块平均每年产油体积不低于 $50 \times 10^4 m^3/a$。

在选择区块时必须参照表 9 – 3 来选择。

表 9 – 3 适宜本源 MEOR 的基本条件与最佳条件

参　　数	适 宜 范 围	最 佳 范 围
储层类型	陆远沉积、杀岩	
深度/m	100 ~ 4000	
油层厚度/m	≥1	3 ~ 10
孔隙度/%	12 ~ 25	17 ~ 25
绝对渗透率/mD	> 50	> 150
地层压力/MPa	约 40	
地层温度/℃	20 ~ 80	30 ~ 60
地层水矿化度/(g/L)	300	约 100
注入水矿化度/(g/L)	60	约 30

续表

参　数	适宜范围	最佳范围
注入水、地层水硫酸盐含量/(g/L)	100	约5
含水率/%	40～95	60～80
地层水 H_2S 含量/(mg/L)	30	0
原油黏度/(mPa·s)	10～500	30～150
油井日产量/(m³/d)	>5	

① 油田目标区块调研

a. 油田开发的历史与现状。

b. 油藏特性，包括：渗透率、孔隙度、油层深度、油层厚度、油层活度。

c. 地层水特征与注入水特征，包括：水型、矿化度、pH 值，K^+，Na^+，Mg^{2+}，Ca^{2+}，HCO_3^-，CO_3^{2-}，SO_4^{2-}，H_2S。

d. 原油特征，包括：密度、黏度、化学组成、含蜡量、天然气组成、含水率。

② 采样及室内研究

a. 采样内容，包括：产出水、注入水、注水井停注返排水及伴生气。

b. 注入水、返排水及地层水的水质分析，其分桥项目包括：pH 值、总矿化度、Na^+，K^+、密度(20℃ 时)、Ca^{2+}，Mg^{2+}，Cl^-，SO_4^{2-}，HCO_3^-，CO_3，H_2S，水温、乙酸盐、总硬度与总碱度。

c. 伴生气体组成(N_2，CO_2，CH_4，C_2，C_3，iC_4，nC_4，nC_5)，稳定碳同位素组成。

③ 现场试验方案设计

a. 营养物的种类、加量、浓度及投加点。

b. 充气方式：时间、剂量及控制浓度。

c. 每个周期的时间及间隔。

（2）油藏中内源微生物生物学分析

为激活内源菌，首先需要进行油层中内源微生物区系的详细调查。微生物在油层中的存在和分布依赖于油藏的构造特征和水化特点。查明油田中微生物的分布不仅有助于解释油田中存在的一些现象，更重要的意义是在于探索控制微生物的活动以利于提高原油采收率。

油层中的微生物种类繁多，其活性及分布情况随油层条件的变化而异。油层中的主要微生物群落有烃类氧化菌、脱氮菌、产甲烷菌、硫酸盐还原菌、铁细菌、腐生菌等。通过显微镜计数法、比浊法、平板计数法、绝迹稀释法等微生物群落检测方法，可以实现油藏环境中各种类群微生物的定性定量分析。

注入水、返徘水及地层水的微生物学分析，包括：对烃氧化菌、硫酸盐还原菌、发酵菌、异养菌、产甲烷菌的分析。产甲烷速度与硫酸盐还原速度的测定，即甲烷生成速度的测定，硫酸盐还原速度的测定。

（3）内源微生物的选择性激活

需要对地层水、产出液进行大量的化学分析，掌握油藏液体环境的营养结构，同时对该区块内源菌群落进行广泛的分析，在此基础上，建立该区块内源菌激活剂的框架，主要从碳源、氮源、磷源、有害菌的抑制剂和一些微量元素等方面考虑，同时还要考察不同组合及其浓度对内源微生物群落的激活情况。

2. 本源微生物采油率的影响因素

用于采油的微生物必须能在地层中增殖。影响细菌在油层中的生长、繁殖、代谢的因素很多，这些因素包括氧化—还原电势、氢离子浓度、压力、温度、盐度、营养物的可利用性，以及不存在阻化剂或毒性因子等。如果深埋在地下岩层中的这些条件与微生物生长所需的营养基能够保证的话，微生物就能顺利地生长、繁殖和代谢。

（1）微生物的生存因子

温度——温度一般随油层深度增大而升高。通常可用油层深度估算温度。温度与深度的关系式如下：

$$T_r = T_0 + g_g D_r / 100 \qquad (9-1)$$

式中　T_r——地层温度，℃；

　　　T_0——地表温度，℃；

　　　g_g——地热梯度，℃/100m；

　　　D_r——地层深度，m。

有的油层温度可远远超过100℃。目前已知有些细菌可在接近或达到沸点温度的水中生存，在 Galapagos 峡谷的一些温泉中，曾发现有的细菌在高达250℃温度下依靠无机养料能生存80min 时间。

遗憾的是，一些嗜温细菌并不适用于微生物采油技术。如从冰岛的硫磺温泉中分离出了一种很耐酸耐热的细菌，可在超过90℃的温度下生长，但能产生硫化氢。迄今分离出的大多数微生物的最佳繁殖温度都低于45℃。

人们最感兴趣的是那些能在无氧条件下繁殖的嗜温微生物。梭状芽孢杆菌是可形成芽孢子的专性厌氧菌，能通过发酵有机物产生醇类、有机酸和多种气体。部分梭状芽孢杆菌属于嗜热菌。

已分离出来的产甲烷的微生物能在超过50℃温度下繁殖。这类微生物能将二氧化碳和氢气转化为甲烷。

pH 值——在油层中影响微生物繁殖与代谢的各种生物化学参数中，pH 值是最重要的一个参数。不同的油层中 pH 值不同。根据对美国产油最多的 9 个州的调查，油层的 pH 值在3.0～9.9之间。有的地区油层的 pH 值在4.0～9.0之间，但有的 pH 值可超过10.0或低于3.0。通常适于微生物的最佳 pH 值范围在4.0～9.0之间，但有的微生物能在低于1.0或高于12.0的 pH 值条件下繁殖。

pH 值不仅直接影响微生物的繁殖与代谢，而且也直接影响毒性物质的溶解度，其中最主要的一种效应是影响重金属的溶解，如果重金属的浓度超过营养所需要的量（通常在10^{-6}～10^{-4}之间），对微生物的毒性就很大。

氧化还原电位——地下岩石的氧化—还原电位是不高的，因为地层中不存在氧。这样，就限制了生物体的繁殖，使生物活动时不能将电子传递给作为终端电子受体的氧。在这种条件下生长良好的一类生物体能从没有分子氧参与的那类有机分子被氧化到高氧化态的反应中获得代谢能。含氮或含硫化合物可作为另一类终端电子受体。

营养物——在一般采用细菌提高原油采收率的方法中，是将细菌与营养物（例如糖蜜）一起注入井内，溶液通过多孔介质岩石而扩散。简而言之，选用的营养物必须是生物体能在其上成功地进行繁殖，其代谢产物应当对原油的运移有利，而且营养物(培养基)应当是便宜的。从而保证下降的繁殖和其代谢产物的聚集，能将使用其他方法不能使其释放的原油从地下开采出来。

微生物在地层中与原油接触时，其繁殖情况将影响原油的释放，但不会对原油的质量有不利影响。如果选定的微生物可以不靠在一起注入的营养物繁殖，而是利用原油组分繁殖，这就可以不注入营养物质而降低作业的费用。此外，如果选用的微生物正确，细菌可能利用原油中不需要的成分来繁殖，可能使原油中极性物质含量降低而有效地使原油品质改善。

由于油层本身是缺乏氮源和磷源的，人们打算利用原油的组分来繁殖细菌，就必须供应这些基础营养物。在氮源不足的情况下，细菌繁殖缓慢，而且将碳源转化为胞外粘液不是形成细胞质。如果磷源不足，细胞不能合成足够的三磷酸腺苷(ATP)来维持代谢功能。在这些情况下，细胞只能简单地增殖体积尺寸，但都不能进行分裂繁殖。

(2) 地质条件

岩性——地层中的硅酸盐和碳酸盐岩对微生物的活动几乎没有抑制作用。但是，多孔岩石中的黏土及某些其他矿物质的吸附作用却能值和离子强度条件下，影响微生物增产处理效果。在一定的黏土和岩石表面上都具有电荷。这对微生物能产生吸附作用，从而阻碍微生物在介质中的运移。蒙脱石型黏土的离子交换能力最强，高岭土最弱，伊利石居中。黏土因吸水膨胀阻碍了微生物在岩石基质中的扩散。黏土还能增大水相的黏度，从而影响微生物所需的某些气体和营养物质的渗透。

油层内巨大的表面面积对微生物的繁殖与活动也会产生不利影响。岩石表面能吸附营养液，使微生物在营养物质浓度很低的状态下生存。微生物也会吸附并栖居在岩石表面上，形成生物膜，从而阻碍后来注入的液体通过岩石基质。地层中的硅质矿物表面还能吸附阴离子化学剂和阳离子化学剂，这些化学剂即使以低浓度注入地层，也会使矿物表面对微生物产生毒性。

深度——油层深度本身对细菌的生长无直接限制作用，但与油层的温度和压力有关。温度和压力会影响细菌的繁殖与代谢。

压力——地层压力梯度范围在 1.4 ~ 32.8psig/m 之间。过高的压力对微生物的繁殖和代谢都有显著影响。低于 10 ~ 20MPa 的地层压力对微生物无明显影响，但 50 ~ 60MPa 对于大多数微生物的繁殖与代谢都有限制作用。Yayanos 等人从马里亚纳海沟分离出一种起嗜压微生物，能在超过 100MPa 的压力生长。但对于大多数微生物采油工程来说，嗜压细菌并不需要，使用能承受一般地层压力的细菌即可。在高压下，微生物会变形，杆状的会变成球形的。在高压下微生物的繁殖能力与能源、无机盐、pH 值和温度有关。

地层水化学组分——为实施微生物采油技术方案，必须弄清楚油层盐水的化学组分，以便选择能配伍的微生物和营养物，从而获得理想的施工效果。

任何微生物采油方法都需要使用一些最基本的营养物质，以便让细菌进行适当的繁殖和代谢，所有的微生物都需要微量的钼、磷、铁、镁、钾和钙。某些微生物还需要微量的钼、锰、锌、钠、氯化物、硒、钴、铜、镍和钙。另外，由于细胞产生能量，需要氧和硝酸盐或硫酸盐作为微生物的电子接受体。如果使用发酵微生物，则必须提供蔗糖、葡萄糖或乳糖之类的可代谢物质。某些微生物还需要有机氮源(如蛋白质)以及少量的微量元素。

为了使微生物进行有效的代谢，应提供易于发酵的蔗糖并添加或不添加硝酸盐。大多数情况下地层中都缺乏这些物质，必须将这些物质注入地层。此外，还需注入磷酸盐和氮。否则这两种物质将成为地层中对微生物起限制作用的物质。在高矿化度水中磷酸盐含量很有限，因为它们容易与二阶阳离子(如镁和钙)进行络合而形成沉淀。细菌利用磷酸盐产生化学能，合成核酸和磷酸脂。

必须弄清注入的营养物质与地层盐水和黏土的配伍性，以便有效地输送营养物质而不至于造成黏土膨胀和运移。

岩石基质——将微生物注入含有采不出原油的地层时，目的是让细菌细胞渗入地层并产生代谢产物；这些代谢产物与原油密切接触，可使原油向一个方向移动，而使它可被采出。在原油和岩石界面附近产生的代谢产物，比简单地从注入井泵入岩层的化学剂能更有效地驱油。由于细菌在整个地层中繁殖，它们能更均匀地分析和生产有助于原油流动的化学剂。

微生物提高采收率最困难的是要有效地将注入的微生物分布到难采出的原油的整个多孔岩石中。迄今为止的一些试验证明，细菌的传播有好几种机理：细菌细胞可靠布朗运动，靠生物体的自然运动，靠细胞增殖，以及靠注入流体的流动等机理而传播。

细菌及多孔介质的物理、化学和所带电荷的性质，对决定细菌的扩散倾向是很有作用的。由于细胞倾向于粘附到岩石表面，降低了注入细胞通过岩石的能力。对此问题的研究表明，如果对表面电荷已经了解并进行了补偿，细菌在岩石表面上的附着力可以降低。当这种表面电荷最小时，细菌就可在很大程度上穿透多孔岩石，并相应地使原油采收率增加。

Meyers 等人对粘质赛氏杆菌(Serratia marcescens)穿透到被油饱和以及没有被油饱和的岩心中的情况进行了研究，他们发现穿透的速度和程度，与岩心的渗透率、孔隙度或岩心是否含油都没有什么关系。Yen 等人则发现岩石中存在原油，提高了芽孢和生活细胞(Viablecells)的穿透能力。Clark 发现细菌穿透渗透率为 $(200 \sim 400) \times 10^{-3} \mu m^2$ 的岩心时，细菌细胞的大小不是主要因素，发生影响的是离子浓度。注入高浓度的细菌悬浮液(每毫升含细胞数大于 10 个)时会堵塞地层，并因此而减小细胞的分散作用。发现注入 10^{-3} mol 的焦磷酸离子，使微生物细胞在砂岩中的穿透能力增高。曾经观察到岩石的表面电荷，以及荷电细菌细胞与荷电岩石表面之间的相互作用因焦磷酸盐的处理而改变。

梭状芽孢杆菌(Clostridium)及芽孢杆菌(Bacillus)的芽孢穿透砂岩岩心和充填砂粒时，比植物的细胞(Vegetativecells)容易些。有人发现这种情况是由于芽孢上较高的电荷与岩石上的同类电荷相互作用引起的相互排斥力的结果。Knapp 等人指出，在砂岩中，可运动的微生物比不能运动的微生物的穿透速度要高 3~7 倍。

微生物提高采收率取决于所选的微生物转化某些基质的特征能力，微生物是在这些基质上进行新陈代谢的，某些代谢产物将以有利方向影响原油的运移。

孔隙大小和渗透率——孔隙大小也是一个关键因素。细菌形态各异，其大小为长度在 $0.5 \sim 10 \mu m$ 之间，宽度约在 $0.5 \sim 2 \mu m$ 之间。因此，当孔隙直径小于 $0.5 \mu m$ 时，细菌在岩石基质中的运移会受到严重阻碍。Updegraff(1982)指出，孔隙直径必须至少大于球菌或短杆菌直径的两倍才能使细菌有效地通过。

渗透率对细菌的扩散有影响。Forbes(1980)认为，渗透率在 $0.75 \sim 0.1 \mu m^2$ 范围内是允许细菌有效运移的下限。不过也有人报道细菌能通过渗透率低于 $0.075 \mu m^2$ 的岩心。为了增强细菌的扩散，对低渗透地层可结合采用压裂技术。孔隙大小和渗透率不仅对细菌的运移有影响，而且对细菌的繁殖和代谢也有影响。

（3）有毒化学物质

地层盐水中的某些化学物质和元素（主要是重金属）如果浓度太高，对微生物可能有毒性。如砷、汞、镍、硒含量过高都对微生物有毒性。通常这些元素的含量应小于 $10 \sim 15mg/L$。$0.3mol/L$ 的硫化氢就会通过阻止氧化氮和二氧化氮的还原而影响某些反硝化细菌的反硝化作用。反硝化作用是细菌在油层内无氧条件下的一种代谢方式。通常重金属浓度超过 10^{-3} 时对许多细菌都有毒性，而高浓度轻金属离子兼有抑制作用。由于地层中的 pH 值、矿化度、温度和压力都会影响金属的溶解量，而使得金属毒性的测定复杂化。

其他有毒化学物质还包括各种强化采油施工中应用的化学剂，其中包括一些表面活性剂、杀菌剂、乙二胺四乙酸脂和甲苯。

（4）矿化度

油藏中发现氯化钠占平均总溶解矿物量的 90%。微生物对氯化钠的耐受能力是微生物强化采油工艺中所用的微生物的一个重要特性，有的微生物能在饱和的氯化钠溶液（约30%）中繁殖。

用于微生物采油的细菌必须是能耐盐的，应能在很宽的盐度范围内生长，这样的细菌有时叫做中等嗜盐菌。那些能在高于 50℃ 下在无氧条件下繁殖的中等嗜盐菌是可用于微生物采油的特别有吸引力的微生物。细菌能耐受的盐浓度与温度和 pH 值有关。

美国研究人员从俄克拉荷马州 Pagne 县，Vassar Vertz 砂岩单元油层盐水中分离出了 5 种厌氧、专性嗜盐菌种，代号分别为 TA、WA、SA、QB 和 TTL – 30。这 5 种菌都可在浓度高达 20% 的氯化钠溶液中在含有葡萄糖酵母提取物和酪蛋白氨基酸的矿物盐培养基中繁殖，可用于高盐度环境中的堵水工艺。

尽管某些细菌能在较高氯化钠浓度下繁殖，但某些特殊的代谢作用（如气体的生产、溶剂的生产和胞外聚合物的生产等）都会受到不利影响或者丧失。含高矿化度水的油田在进行微生物采油之前，必须注淡水使油层淡化。

（5）原油组分

地层中的油相对微生物的生存与繁殖也有限制作用。这种限制包括原油中的轻质挥发性组分造成的毒性作用以及由重的沥青质原油造成的高密度。原油中对微生物有毒性的组分通常是那些碳原子数目少于 10 的烃类。在实施微生物采油工程时，原油的高密度也会造成问题。因为原油越重，就难以用化学方法开采，这是因为存在着盐水与原油之间不利的流度比。

微生物提高采收率取决于选用的微生物转化某些基质的特性能力，微生物是在这些基质上进行新陈代谢的，某些代谢产物将以有利方向影响原油的运移。这一论点意味着许多因素结合在一起可使原油释放出来。这些因素需要许多必须符合的条件。

这些细菌必须能在油层的条件下增殖。这些条件是氧化—还原电位、氢离子浓度、压力、温度、盐度、营养物的可利用性，以及不存在杀菌剂或毒性因子等。如果深埋在地下岩层中的这些条件与微生物所需的条件不配伍，生物体的繁殖就将受到抑制或完全被抑制。这些条件中的每一种都可能对生物体的繁殖起抑制作用。以上论述涉及到油层条件（岩性、孔隙度、渗透率、油层深度、压力、温度、地层水化学组分、有毒化学物质、矿化度、值、原油重度）下细菌的生理学基本内容。除此之外，还有下列几种因素。

第三节　异源微生物采油技术

一、异源微生物采油原理

（一）异源采油微生物的种类及特征

微生物采油筛选总的原则是保证微生物在油藏内能生长、繁殖，而且能够产生提高油藏采收率所需的代谢产物。在微生物采油筛选中，首先要分析地下油层存在的问题，然后结合不同微生物的代谢产物特点，筛选出适合油藏的微生物。例如，油层中因原油含蜡量高，胶质沥青含量高，凝固点高导致采收率低，那么就应在以烃为主要营养基的微生物中选择。一旦确定应用的微生物种类后，就应进行微生物的生长、繁殖、微生物的配伍性、微生物与原油作用效果及影响因素，以及微生物驱油等实验，以进一步为油藏筛选出最佳的微生物，同时为微生物采油的数值模拟提供基础输入参数。

注入油藏的微生物必须能在油藏条件下生长、代谢和繁殖。因此必须适应油层的温度、压力、含盐量、pH值以及其他物理化学条件。菌种是MEOR工程中微生物地下发酵的关键，地下发酵法中，常用的细菌及其代谢产物如表9-4。

表9-4　常用的细菌以及代谢产物表

类型	菌属	需氧情况	特征
螺旋和弧状短杆菌	螺菌属（Spirillum）	好氧微氧性	有鞭毛，产生色素
	弧菌属（Vibria）	兼性厌氧	有鞭毛，对酸度敏感，pH值：6~8
	气单胞杆菌属（Aeromonas）	兼性厌氧	温度：20~40℃，有鞭毛，有些产酸 温度：20~30℃
	脱硫弧菌属（Desulfovibio）	专性厌氧	有鞭毛，还原硫酸盐，使铁氧化
短杆菌	假单胞杆菌（Pseudomonas）	好氧	有鞭毛，产色素，有氧化烃能力
	埃希氏杆菌属（Enterobacter）	兼性厌氧	有鞭毛，荚膜，pH值：7，温度：37℃
	肠杆菌属（Enterobacter）	兼性厌氧	有鞭毛的产酸并产气菌，温度：37℃
	黄杆菌属（Flavobacterium）	兼性厌氧	能运动的或不能运动的，产色素
	芽孢杆菌属（Bacillus）	严格或兼性厌氧	有鞭毛，荚膜，有些嗜热的产酸菌，其芽孢是抗热的
	梭状芽孢杆菌属（Clostridium）	专性厌氧	有鞭毛，嗜温性及嗜热性
	产甲烷杆菌属（Methanobaterium）	专性厌氧	产生甲烷，对氧敏感
球菌	小球菌属（Micrococcus）	好氧	不能运动，耐盐（5%NaCl），产色素，有鞭毛
	明串珠菌属（Acientobacter）	好氧，兼性厌氧	不能运动，能产生荚膜
	蛋白分解菌属（Leuconostoc）	专性厌氧	产色素
	八叠球菌属（Peptococcus）	专性厌氧	四联的，耐pH值：0.9~9.8

续表

类型	菌属	需氧情况	特 征
放线菌	土壤细菌属（Arthrobacter）	专性厌氧	多型性
	分支杆菌属（Myckbacterium）	好氧	不能运动
	棒状杆菌属（Corynebacterium）	兼性厌氧	不能运动，多型性，能形成荚膜，产生色素
	纤维素杆菌属（Cellulomonas）	好氧，兼性厌氧	多型性，溶解纤维素
	诺卡氏菌属（Nocxardia）	兼性厌氧	形成菌丝体，产生色素

获得微生物的技术有：①从自然界筛选：从自然界中筛选，是我们获得优良新菌种最基本、最主要的方法。也是目前研究相对较为成熟的方法。如从石油污染土壤、含油水、活性污泥、油泥沙、深层油藏等分离筛选优良菌种。大致可以分成以下四个步骤：采样、增殖培养、纯种分离和性能测定。②通过种类的变异：可以通过人为地利用物理化学因素，引起细胞 DNA 分子中碱基对发生变化。常采用的诱变剂剂有紫外线、5 - 溴尿嘧啶、亚硝酸、吖啶类染料等。③通过遗传工程改良：构建基因工程菌是石油生物工程领域的前沿课题。通常具有分解原油组分的土著微生物菌株，难易适应处理环境，而且繁殖速度慢，速度和效果往往达不到现场工程的要求，因此有必要将分解原油组分的基因转入繁殖能力强和适应性能佳的受体菌株内，构建出适用于生产工艺的生物制品。如美国生物学家查克拉巴蒂（Chakrabarty）选择了一株既可降解 16 烷以上的烷烃，又可生活在污水环境中的铜绿假单胞菌 PAO（Pseudomona aeruginosa）作为各种质粒的受体细胞（含质粒 A），分别将能降解芳烃（质粒 B）、萜烃（质粒 C）和多环芳烃（质粒 D）的质粒，用遗传工程方法人工转入受体细胞，此时该铜绿假单胞菌便成为带有多种质粒的"超级微生物"。可以迅速清除浮油。

对于选定的油藏和试验井，由于要解决的生产问题，即工程的目的不同，要求所用的微生物提高采收率的机理和代谢产物也不同，选择的菌种也不同。表 9 - 5 列出了不同微生物采油工程目的下选择菌种时的一般原则。要成功地实施 MEOR 工程，菌种的选择必须要结合地层条件和微生物采油工程的目的，两个方面都要考虑。菌种的选择可以为单一菌种，也可以由两种或多种微生物混配。为了增强微生物采油的效果，可加入某种添加剂（微生物代谢产物，如生物表面活性剂或人工合成的化学剂）作为增效剂。增效剂可直接加入到微生物的配方中，也可作为微生物增产处理液的前置液。

表 9 - 5 不同微生物采油工程选择菌种的一般原则

微生物采油工艺	生产问题	所用的微生物类别
微生物增产处理	地层压力不足，注入能力问题，由毛细管造成的束缚油	通常使用能产生表面活性剂、气体、酸和醇类的细菌
微生物洗井	结蜡问题	使用能产生表面活性剂和酸的微生物，能降解烃类的微生物
微生物强化水驱	由毛管力造成的束缚油	使用能产生表面活性剂、气体、酸和醇类的细菌
微生物调剖	波及效率低	使用能产生聚合物或繁殖能力特别强的微生物
微生物聚合物驱	黏性指进，不利流度比，过早水淹	使用能产生聚合物的微生物

（二）异源微生物采油的过程及原理

异源微生物采油原理与本源微生物十分相似，它主要是利用好氧和厌氧微生物在油藏深处，以原油及中间代谢产物为碳源生长繁殖，以外加磷源和营养物质进行微生物自身的生长代谢活动，产生有利于增油的代谢产物。如气体（CO_2、CH_4、H_2、H_2S 等）能够提高油层压力，增加地层能量，还可以溶解地层中的灰质矿物和胶结物，增加岩石的孔隙度和渗透率；低分子量溶剂（丙醇、正（异）丁醇、酮类、醛类）能够溶解石油中的蜡及胶质，降低原油黏度，提高原油流动性；生物表面活性剂可以降低油 - 水界面张力，提高驱油效率，改变岩石润湿性，使岩石更加水湿；短链有机酸（低分子脂肪酸、甲酸、丙酸、异丁酸等）溶解石灰岩及岩石的灰质胶结物，从而增加岩石的渗透率和孔隙度；生物多糖可以堵塞大孔道，迫使注入水产生分流作用，提高注入水的波及系数，同时生物聚合物可以增加水相黏度，改善水驱流速比。

外源微生物采油与本源微生物采油所不同的地方是，外源微生物采油所运用的微生物并非油藏中所固有的微生物，而是在地面培养和选育、经分离驯化、改良获得性能优异的菌种。将这些改良后的菌种与必须的营养物质一同注入油藏中，利用微生物的自身活动而达到提高石油采收率的目的。

二、异源微生物采油技术及其影响因素

（一）异源微生物采油的技术设计与方法

1. 微生物吞吐

（1）微生物吞吐采油机理

微生物吞吐又称生产井周期性注微生物。与稠油开采方法中蒸汽吞吐相似，微生物吞吐是往生产井中注入优选的微生物及其营养液，关井一段时间后，再开井采油，周而复始，所以又称周期性注微生物。关井时间一般为几天到几周，视微生物生长繁殖状况以及油层温度而定。当生产井的产量大幅度下降时，可再关井一段时间后继续生产，这种过程可周期性地重复。

图 9-1 为微生物吞吐的原理示意图。在微生物吞吐中，一般是将微生物和营养液注入到油层，关井期间细菌在油藏环境中生长、繁殖、代谢，产生了包括气体（CO_2 等）、有机酸、有机溶剂和生物表面活性物及生物聚合物等代谢产物。这一过程称为注入井微生物接种。在这一过程中，井眼周围的细菌及其代谢产物由于井眼周围压力升高而向油层深部运移。这些细菌及代谢产物通过改善原油和岩石的物理、化学性质，例如有机酸通过溶蚀灰质胶结构，扩大孔道，增加油流能力；生物表面活性物质降低油水界面张力，乳化分散原油；微生物分解原油中的重质组分以及气体的降黏、溶蚀及增加岩石的渗透率。在开

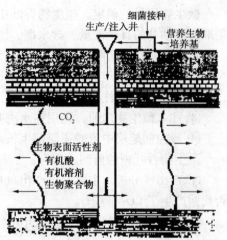

（a）注入井接种并关井后，井眼周围细菌迁移及代谢产物示意图（相当于吞吐工艺的"吞"阶段）

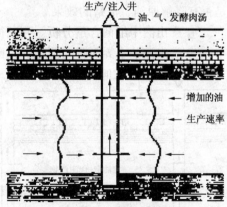

（b）当井发生反应时，接种周期终端的原油生产示意图（相当于吞吐工艺的"吐"阶段）

图 9-1　微生物吞吐原理示意图

井生产过程中，由于井周围原油黏度的降低，岩石渗透率增加；地层能量增加，使原油产

量上升，残余油饱和度下降。这一过程中，仍有一部分微生物及营养物留在地层继续进行生长、繁殖和代谢的生物化学反应，为下一个周期提供必要的接种基础。

（2）微生物吞吐工艺

在微生物吞吐工艺中，吞吐井的选择至关重要。一般来说，油井有一定的含水，属于枯竭井，原油中含有较多的重质组分如蜡、沥青质等，井筒附近区域内具有一定的残余油。注入方式、注入速度以及注入接种的细菌浓度（密度）等注入参数必须结合油层特性、微生物生长特点和油藏环境，以便使微生物在地下这个微生物反应器中获得最大的活力。

微生物吞吐的方式有：

① 一次性从油套环空中注入地层——关井——生产；

② 多次从油套环空中注入地层——关井——生产；

③ 多次从油套环空中注入地层，不关井。

我国胜利油田采用了②和③两种吞吐方式。

微生物用量的确定。微生物吞吐中每口井每次注入的微生物及其营养液的量和注入周期取决于油井的日产液量、含水率、原油的性质以及地层条件等多种因素。

在微生物吞吐实际操作中应注意：

① 微生物注入地层前先进行过滤，经过 $28\mu m$ 和 $10\mu m$ 的过滤器过滤；

② 确保微生物注入目的层，在注入井中下封隔器；

③ 注入微生物之前，先用热水洗井，以使油套环空中的死油及其他污染物清洗干净；

④ 要控制地层中硫酸还原菌生长产生的 H_2S 腐蚀井下管柱。

微生物吞吐中的监测内容有：

① 产出气分析。主要测定产出气中的 CO_2 和 CH_4 的含量及其变化，以判断微生物是否代谢产生了 CO_2 和 CH_4。

② 产出水分析。测定产出水中的 Cl^-，H_2S，HCO_3^- 的含量及其变化，判断是否启动了未波及区。

③ 产出油分析。测定原油的石蜡、沥青质黏度等，以及原油组分变化，判断微生物是否有降解原油、清蜡的效果。

④ 产出液中细菌含量分析。判断微生物是否生长、繁殖良好。

⑤ 产出液油水界面张力测定。判断微生物产物中是否有生物表面活性剂。

⑥ 产出液中油、水及含水分析。判断微生物吞吐是否提高了原油产量。

2. 微生物驱油

（1）微生物驱油的机理

微生物驱油的机理包含了微生物采油的所有机理，微生物及其代谢产物在微生物驱中都发挥了作用。但其中微生物本身、代谢产物生物聚合物和生物表面活性剂的作用更为明显。微生物驱油的示意图如图 9-2 所示。

微生物驱既改善了油藏的波及效率，

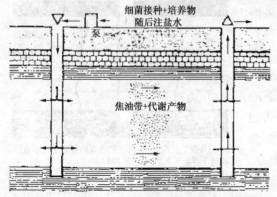

图 9-2　油层中接种细菌的代谢产物驱油示意图

又提高了驱油效率。微生物在地下的代谢过程中产生的生物聚合物，大大地提高了驱替相的黏度，降低了水驱油流度比；同时由于生物聚合物的吸附性，降低水相渗透率，降低水相分流量；此外，生物聚合物还可以堵塞高渗透地层，调整油层吸水剖面，提高注入水的波及区域，增加注入水的扫油面积，提高采收率。生物聚合物与人工合成的聚丙烯酸胺相比具有抗剪切、抗盐、不易水解降解等特点。因此，在高盐油藏提高采收率中具有良好的应用前景。微生物中能产生生物聚合物的细菌列于表 9－6 中。

表 9－6　能产生生物聚合物的细菌

微生物	主要代谢产物	微生物	主要代谢产物
甘兰黑腐病黄单胞菌	杂多糖黄胞胶	粘质甲基单胞菌	多糖
假单胞菌	多糖	塔希提欧氏植病杆菌	Zanflo
棕色固氮菌	藻朊酸		

微生物注入到油层中就地发酵，产生生物表面活性物质，即生物表面活性剂。它能降低油水界面张力和乳化原油，改变油层界面的润湿性，从而改变油水对岩石的相对渗透特性；有的表面活性剂还能降低重油的黏度，增加原油的流度，降低剩余油饱和度。当然，微生物在地下发酵过程中产生的有机酸、酮类、醇类等有机溶剂也可降低表面张力，促进原油乳化，促进原油采收率为生产表面活的提高，但在此不归入生物表面活性剂。表 9－7 为生产表面活性剂的常用菌种及其产生的生物表面活性剂。

表 9－7　生产表面活性剂的常用菌种及其产生的生物表面活性剂

微生物	微生物表面活性剂	微生物	微生物表面活性剂
裂烃棒杆菌	蛋白—脂类—糖类混合物	铜绿色假单胞菌	鼠李糖酯 PG－201
野兔棒杆菌	棒状杆菌分支菌酸	热带假丝酶母	多糖—脂肪酸混合物
酵母嗜石油假性酶母	含蛋白脂类	球拟酶母	槐二塘脂
枯草杆菌	枯草菌溶素	地衣杆菌株 JF－2	地衣菌类

生物表面活性剂和合成表面活性剂相比具有无毒，生产工艺简单，成本低(其成本为合成表面活性剂的30%)，驱油效率高(比合成表面活性剂的驱油效率要高 4～8 倍)等特点。原西德的 F. Wagner 实验室提供的海藻糖脂等表面活性剂在北海油田进行的 EOR 试验中，驱油效率提高了 30%。同一般的合成化学表面相比驱油效果提高了 5 倍以上。

英国的 QMC 公司研制的生物表面活性剂，可使油水界面张力降低到 10～2mN/m 以下，采收率提高 37.7%。国内的渗流力学研究所成功地配制了低界面张力的稀表面活性剂体系，界面张力为 $2 \times 10^{-2} mN/m$，耐温耐盐性均好，物理模拟实验的采收率比水驱高 20%～25%。

（2）微生物驱工艺技术

微生物驱油的设计程序是：

① 微生物菌种的筛选；

② 微生物在油藏条件下的繁殖试验；

③ 微生物驱油岩的流动试验、物理模拟；

④ 微生物驱油数值模拟、方案设计、优化；

⑤ 微生物驱油矿物试验。

在微生物驱现场施工前的准备阶段，选择用于注入细菌培养物的注入井时，应预先研究油藏的地质构造、岩石特征、油水化学成分及温度、压力等地层条件，并详细了解该井的生产历史和各种资料。注入井可以是注入井、低产或枯竭油井。此外，要进行示踪剂注入试验，以确定注采井间是否存在高渗透带，以及注入水的流向和井间连通情况。

在微生物驱现场施工的注入阶段，大多采用现有注水工艺和设备条件，将细菌培养物（包括细菌、营养物和代谢产物）直接注入所选油层。可以混合后注入，也可以按顺序注入。若采用顺序注入方式，大多先注入营养物质再注入细菌菌体。营养物质主要为含氮和含磷的化学物质。向注入井中注入微生物和糖浆后，观察注入井压力，以及细菌繁殖代谢情况。

在微生物注入油藏后的关井及采油阶段，关井一段时间，待微生物及其代谢产物发挥作用以后即可开井采油。监测注入井压力、生产井的产油、产水、细菌浓度等参数。

微生物驱油一旦有效，在生产井就有反应：

① 对应油井原油产量上升，含水下降；

② 油井中产出菌浓度明显增加；

③ 油井产出原油的物质性质发生变化；

④ 油井井底流压和动液面上升。

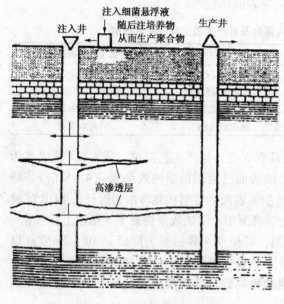

图 9 - 3 细菌选择性封堵高渗透层示意图

3. 微生物调剖

微生物调剖是将能够产生生物聚合物的微生物注入地层，使其在高渗透层内大量繁殖，从而达到封堵渗透带，改变注入水流向的提高采收率方法，如图 9 - 3。这种方法比注入人工合成的聚合物或凝胶更为有效。

（1）微生物调剖机理

微生物封堵孔道是通过如下三种机制完成的：

① 微生物堵塞

繁殖的微生物由于微粒效应（即微生物等视为有一定尺寸的微小颗粒），产生吸附滞留，而使岩石渗透率降低。微生物的微粒堵塞，取决于岩石孔道大小与细菌细胞或聚集体的大小之比。因此致密油层中更易被堵塞。因为在致密油层中，即使是单个细胞也会使孔喉堵塞，而在渗透率较大的油层中，只有较大的细胞聚集体才能堵塞孔道。

② 生物膜形成堵塞

微生物的生物膜使微生物粘附在岩石壁面，在岩石孔隙壁面形成生物膜（其主要成分为胞外多糖剂生物体），它可从注入水中吸收一部分细菌参与堵塞，使堵塞机会增多，从而有效地减小高渗透层孔喉尺寸，降低其渗透率。

③ 生物聚合物的作用

微生物在地下通过代谢而产生的生物聚合物具有一定的分子尺寸，它可在孔道壁面上吸附。一方面导致孔隙的截面积更小，阻碍流体流动；另一方面可以降低水相渗透率，阻止水相流动，从而使注入水改变流向，扩大注入水波及面积。

（2）微生物调剖时应注意的问题

① 增加微生物深入地层的深度

采用饥饿培养法培养有吸附性和繁殖力的瘦小细菌或没有吸附力的超微细菌。作用：有吸附性和繁殖力的瘦小细菌可预先吸附在大孔道壁面，无吸附力的超微细菌可进入油藏更深处，并在油藏深部的微小孔隙中滞留下来。在注入培养液过程中，吸附在大孔道中的饥饿的瘦小细菌就会恢复其原来大小，而且产生大量的胞外多糖代谢产物，进一步降低渗透率。

② 充分考虑营养液中各组分在地层中的吸附量

由于存在物理吸附、化学吸附以及沉淀等作用，营养液中的各组分在地层中的吸附量不同。因此，在营养液注入过程中尽可能不将营养液各组分混合在一起同时注入地层。而应按滞留能力大小的顺序，优先注入滞留量大的组分，后注入滞留量小的组分，从而最大限度地降低营养液在井筒附近的消耗量。

4. 微生物清防蜡和降解原油

有些油井结蜡现象非常严重，常常导致抽油杆被卡而停产。过去采用热油循环、化学溶剂和分散剂、机械刮蜡片等方法控制结蜡。有些井清蜡频繁，导致采油成本大幅度上升。微生物清蜡是向油井套管的环行空间注入一定量（注入量由井深和动液面确定）的细菌溶液，然后关井一段时间，使微生物能分散和接种到井筒和井近地层，通过微生物减低石蜡和其他重质组分的含量的方法。

众所周知，在油藏条件下，原油中石蜡组分溶解于原油中，在采油过程中，由于体系的温度和压力发生改变，致使体系的相态发生变化，石油中原来处于液态的石蜡就会以固态的形式沉淀下来。石蜡的沉淀、运移的黏土及其他微粒，以及沥青质的沉淀等结合在一起，就可造成井筒及井眼附近地层堵塞。一般来说，酸化清洗井筒时，对石蜡是无效的。而微生物可以降解石蜡，使石蜡的分子结构变化，不至于沉积下来。

在石油生成学说——有机成油学说中，石油是有机物转化而形成的。有人认为微生物在石油从有机物转化的过程中起着重要作用，细菌破坏轻质碳氢化合物以及碳氢化合物的易挥发性，使原油中芳香烃大量地积累，从而形成重油。此外，在油井附近地面，储罐等原油渗漏处，原油溢到地面土壤里，由于微生物的降解以及低分子量的碳氢化合物的蒸发，经过几个月的时间，这些渗出的原油就完全消失。上述两个例子说明了微生物与石油的关系。

由于有些细菌对蜡类脂肪烃的代谢速度高于芳香烃，对长链脂肪烃的代谢速度高于短链脂肪烃。这样，这些细菌在井筒中与原油接触后，优先使长链的高分子脂肪烃降解，从而达到清蜡的作用。此外，细菌的某些代谢产物（如溶剂）对井筒或近井区域孔隙中的蜡沉淀有良好的溶解作用，从而使油井恢复产能。

微生物清蜡和降解原油的机理在于：

（1）降低重质原油的平均相对分子质量，即细菌能把重油中产生相对分子质量高的物质如沥青烯、树脂酸等分解，产生相对分子质量微低的化合物。由于重油产生相对分子质量的降低，使重油黏度大幅度下降。

（2）细菌以重油中的烃类或重油中的其他组分为碳源，细菌生长过程中产生的生物化学反应，生成生物表面活性剂，将重油乳化，形成了水包油或油包水的乳状液，从而降低重油黏度。

因此，用于清蜡和重油降粘的细菌必须具备以下两个条件：一是该细菌可以生长在稠油中，并以稠油作为唯一的碳源和能源；二是细菌可以产生生物表面活性剂。用于清蜡和降低原油黏度的微生物见表9-8。

表9-8 与石油降解和合成有关的生物种类

小球菌	无色球菌	假球菌	诺卡氏菌
八达球菌 Lutea	棒状杆菌	彩色细菌	假丝酵母菌
沙曾氏菌 Marwaarubia	分枝杆菌	节细菌	Cladiosporum
假单胞菌	芽孢梭菌	不懂细菌	青霉菌 Glaucam
红假单胞菌	脱硫弧菌 Desulfuricans	黄杆菌	曲霉苏
		短杆菌	Protothca Zppfh

微生物清蜡是一种可以取代化学清蜡（溶剂和分散剂）、机械清蜡的一种新的清蜡技术。这项技术具有施工简便，见效期长，成本低，无环境污染等优点。而溶剂和分散剂等化学清蜡中使用的化学剂常常会污染环境，热法清蜡会消耗大量燃料，而且常常导致地层伤害。尽管微生物清蜡有许多优点，但由微生物产生的负面效应液不可忽视。一是清蜡细菌会改变原油的性质和品位；二是清蜡细菌会促使硫酸还原菌的生长，导致严重的腐蚀问题。因此，在实际应用中对产出液进行严格的监测，定期测量产出液中细菌的个数，分析产出液中的悬浮固体、溶解氧、硫化氢及铁离子等，一旦发现有硫化氢产生，必须采取措施抑制硫酸盐还原菌的生长，从而降低硫化氢的产出量。

（二）异源微生物采油率的影响因素

对于异源微生物生物采油，也必须保障用于采油的微生物能在地层中增殖。同本源微生物采油一样，异源微生物采油同样受到外界环境因素的影响，包括氧化一还原电势、氢离子浓度、压力、温度、盐度、营养物的可利用性，以及不存在阻化剂或毒性因子等。此外，异源微生物还存在与本源微生物竞争关系，要充分认识和了解地下原位微生物特征，以保证提供充足的营养物质，使添加的异源微生物处于优势状态。

第四节　生物采油技术工程实例

一、辽河油田稠油的生物开采技术

（一）区域的地质特点和开发现状

辽河油田锦州采油厂的千12块位于辽河拗陷西部凹陷西斜坡南段上倾部位，构造面积7.4km²，块内发育为兴隆台和莲花两套层系，构造比较复杂，各断块油水界面不统一，油层连通性差，油层分散。油层厚度15～20m，埋深660～790m，目前有油井194口，开井144口。从1992年开始采用蒸汽吞吐开发，目前综合含水83.1%，累计注汽309×10⁴t，累计油汽比 0.32，采油速度 0.84%，采出程度 8.52%，平均吞吐 6.8 周期。油层和原油基础数据如表 9－9。

表 9－9　油层和原油基础数据表

层系	孔隙度/%	渗透率/μm²	泥质含量/%	含油饱和度/%	粒度中值	平均油层压力/MPa	原油黏度/(mPa·s, 50℃)	原油密度/(g/cm³, 50℃)	胶质+沥青质/%	含蜡量/%	凝固点/℃
莲花	27.6	0.496	10.7	22.9	0.324	2.6	654	0.9637	29.97	4.44	-24 ~ -6
兴隆台	27.7	1.175	7.33	21.0	0.207	3.9	6315	0.9920	38.39	3.39	-3 ~ +17

随着吞吐轮次的增加，油田开发矛盾日益突出，主要表现为油层压力下降，含水上升，周期短，油汽比低，吞吐效果越来越差，开采成本费用逐年上升。单一的蒸汽吞吐方式已不再适应区块开发的需要，亟待转换开发方式，进一步提高开采效果。

（二）工艺流程

结合目前国内外现有工艺特点，借鉴微生物采稀油的经验，在稠油油藏微生物采油的现场试验设计上主要遵循以下原则。

（1）选井原则：油井周期含水在 30% ~ 80% 之间（含水太低不利于微生物的生长），具有一定的产能；油层温度小于 100℃；矿化度小于 5000ppm；泵的工作状态良好，近期内未注任何化学药剂。

（2）试验工艺：采用微生物吞吐工艺，把微生物菌种及生存所需营养液按 12:1 的比例加入罐车内，利用生产管柱，由油套环空分段投入地层，关井 7d 后开井生产。

（3）参数设计：菌液用量 0.3 ~ 0.8m³/10m 油层；施工压力控制在 10MPa 以下；排量在 0.8 ~ 1.2m³/min。

（三）效果及分析

1996 ~ 1997 年先后在千 12 块稠油井进行微生物吞吐现场试验 26 井次，有 20 口油井见到不同效果，成功率 76.3%，累计增油 9724t（截止 1998 年 3 月），平均单井增油 486t，有效期最长 6 个月，最短 3 个月，平均 4.2 个月，平均延长生产周期 116d。

从 26 井次的试验效果看，采用微生物吞吐开采稠油技术后油井产量、生产周期和原油性能均产生明显的变化。

1. 原油性能

3 口井试验前后取样分析结果表明：油井挤入微生物后采出的原油其黏度和密度降低，重质组份明显减少，初馏点降低。分析数据见表 9－10。

表 9－10　3 口井蒸汽吞吐（前一周期）和微生物吞吐（试验周期）
采出原油性质组成比较（蒸汽吞吐周期/微生物吞吐周期数据）

试验井号	层位	黏度/(mPa·s, 50℃)	密度/(g/cm³, 50℃)	胶质沥青质/%	初馏点/℃
68－450	莲花	649/333	0.9623/0.9601	28.6/23.5	220/180
69－455	莲花	723/426	0.9647/0.9638	26.1/22.4	220/185
63－471	兴隆台	1460/994	0.9986/0.9898	33.4/24.3	230/200

2. 油井生产效果

从生产情况看，微生物吞吐试验井可分为以下 4 类。

（1）挤入微生物后产油量增加，液量不变，含水下降，此类油井占试验井数的 15.4%，共 4 口，平均有效期 126d，累计增油 1447t，平均单井增油 361.8t。

（2）挤入微生物后产液量明显上升，含水下降，产油量上升，此类油井占试验井数的 46.2%，共 12 口，平均有效期 185d，含水下降 30% ~ 40%，累计增油 7450t，平均单井增油 620.8t。

（3）挤入微生物后产液量下降，含水变化较大，产油量略升，此类油井占试验井数的 15.4%，共 4 口，有效期较短，平均 97d，累计增油量少，4 口井共增油 827t，平均单井增油 206.8t。

（4）挤入微生物后产液量和产油量不变或下降，此类油井共 6 口，占试验井数的 23.7%，其中产油量不变的 3 口，下降的 3 口，为试验无效井。

3. 生产周期

在 26 口试验井中，有 10 口井在进行微生物吞吐试验前产液量在 $10m^3/d$ 左右，液面在 990m 以下，显现供液不足的情况，生产时间不会太长。挤入微生物后有 6 口井平均生产时间 3.5 个月，这相当于千 12 块单井一次蒸汽吞吐周期的长度。

二、靖边黄家峁油田微生物现场采油

（一）油藏描述

黄家峁油田处于陕北斜坡构造单元的中部，是靖边油田所辖的主力区块之一，主要开采层位延 9 层。储层孔隙度 17.4%，渗透率 $263.1 \times 10^{-3} \mu m^2$，孔喉半径 $11.7\mu m$，沥青含量为 3.54%，凝固点为 11℃。地层水矿化度 2000 ~ 7000mg/L，属于碳酸氢钠水型。

该区块从 2006 年开始试注，目前有 13 个注采井组进行注水，日注水平均 $300m^3$。13 口注水井所影响的油井有 35 口采油井，月产液 $2999.04m^3$，月产油 1870.23t，综合含水 81.05%。平均单井日产液 $12.5m^3$，日产油 1.95t，综合含水 88.9%。现在处于低压、低产的开发水平，产量递减快，稳产难度大，水驱效果变差。经过多年的天然能量开采和注水开发，油田已进入高含水开采期。

（二）微生物的用量及注入方法

在黄家峁注水站（靖边采油厂三号注水站）采用注水管网和作业车进行微生物试验。该区域是采用不规则的面积注水，注水井共有 13 口，辐射油井 33 口。微生物菌液从加药罐打入储水大罐并混合，通过高压注水泵（第一、二、三段塞）和泵车（第四段塞）注入各注水单井，高压注水泵的注入压力为 9MPa，泵车的压力为 10MPa，然后观察试验效果。施工时液体浓度决定了微生物的繁殖状况和扩散速度，其直接影响采收率，因此必须保证菌液的使用量，一般采用经验公式进行计算

$$Q = KD(W)^{1/2}T\lg C \tag{9-2}$$

式中 Q 为菌液用量，kg；K 为常数；W 为措施井施工前日产液量，m^3；T 为室内评价系数；C 为温度校正系数。

为了保证微生物在油层中有效繁殖、扩散，充分发挥菌种的作用，其施工液的体积按下面的公式计算

$$Q = h\pi d^2 (1 - f_w) \times 1/4 \tag{9-3}$$

式中 Q 为施工液体用量，kg；h 为油层厚度，m；d 为施工半径，m；f_w 为产液含水

率，%。

针对黄家峁的具体情况，用以上 2 个公式算出试验的菌液使用量和施工液的体积，如表 9-11 所示。

表 9-11　黄家峁区块注微生物驱油现场试验方案

段塞次序	微生物浓度/(g/m³)	日注微生物量/日注水	时间/d	微生物用量/t	微生物注水量/m³
第一段塞	0.0067	2/300	10	20.0	3000
正常注水			10	0	
第二段塞	0.0057	1.7/300	10	17	3000
正常注水			10	0	
第三段塞	0.0050	1.5/300	10	15	3000
正常注水			10	0	
第四段塞	0.0650	1.3/20	1 次/井	13	2600
合计				65	11600

注：日注微生物量单位为 kg，日注水单位为 m³。

（三）技术流程

2009 年 7 月 26 日，在三号注水站开始注第一段塞，每天将 2.0t 微生物加入大罐，然后分别注入各注水井。依照这样的配方共注 10 天，总共用微生物 20t，注微生物水 3000m³。然后转入正常注水再继续注 10 天。

2009 年 8 月 16 日，在三号注水站开始注第二段塞，每天将 1.7t 微生物菌液从加药罐加入注水大罐，与污水混合后分别注入各注水井。依照这样的配注方法，10 天用微生物 17t，注微生物水 3000m³。然后转入正常注水 10 天。

2009 年 9 月 6 日，在三号注水站开始注第三段塞，每天将 1.5t 微生物菌液从加药罐加入注水大罐，然后分别注入各注水井。依照这样配方共注 10 天，用微生物 15t，注微生物水 3000m³。然后转入正常注水 10 天。

2009 年 9 月 29 日，在三号注水站开始注第四段塞。为了能改善油藏的孔隙结构，缓减近井地带因长时间注水带来的结垢堵塞，所以第四段塞采用泵车注微生物液，将压力提高到 10MPa，然后提高微生物的浓度，每口井用 1.3t 微生物加 20m³ 污水，用泵车分别注入各注水井。共注微生物 13t，注微生物水 2600m³。每口井注一次，注完以后转入正常注水。

（四）效果分析

2009 年 7 月 29 日测 29 口油井，日产总液量 386.77m³；日产油 42.9t；综合含水 88.9%。2009 年 9 月 14 日测产数据为：日产总液 377.56m³；日产油 45.04t；综合含水 88.1%；日增油 2.16t。2009 年 10 月 14 日测 33 口受益油井生产数据为：日产总液量 447.28m³；日产油 58.64t；综合含水 86.9%；日增油 7.13t。2009 年 12 月 10 日测 33 口受益油井生产数据为：日产总液量 446.33m³；日产油 62.69t；综合含水 86.0%；日增油 11.18t。截至 2009 年 12 月 31 日，累计增油 1139.0t。预计到 2010 年 3 月还应增油 500t 以上。可以看出，整体上日产液、日产油较注入初期有上升的趋势，微生物驱油见到明显的效果。

三、大港油田港西四区微生物采油

（一）油藏区概况

试验区是港西开发区西部的一个开启型断块，北面为大苏庄断层，南面是港西主断层，东面为一岩性尖灭带，是一个边水不活跃并被断层遮挡的单斜构造油藏。试验目的层是上第三系明化镇组的明Ⅲ2小层，是一个完整的砂岩体，大部分地区为一单层，只在局部地区变为两层，油层平均厚度813m。油层属正韵律沉积，变异系数为0.59～0.81。油层为泥质胶结，黏土含量为16.9%。

试验区储层物性较好，孔隙度为31%，空气渗透率为0.72μm²，有效渗透率0.23μm²，油层温度51℃。地下原油黏度20mPa·s，含蜡量815%，胶质沥青2312%。地层水水型为NaHCO₃，矿化度为5735mg/L，产出水矿化度为2857mg/L。

微生物驱先导试验区位于大港油田港西四区西部井区，受益面积0.59km²。有注入井3口（17214，18212，新19215），受益井10口，其中中心受益井3口（18213，18214，新19214）。由于该区油层出砂较为严重，容易造成砂卡，致使一些油井关井；其中新19214井和17213井分别于1995年3月和10月关井。

该井区于1970年8月按三角形井网完钻投产，1974年4月开始注水，注采井距在200～360m之间。1986年12月开始注聚合物，1987年4月注完聚合物后恢复注水，1995年8月聚合物驱基本失效。截止到微生物驱前（1995年10月），井组平均日产油4316t，综合含水9113%，此时在井区主流线上钻的密闭取心井分析的剩余油饱和度为23%。

（二）方案设计

根据室内实验结果，选择徐州派克微生物公司生产的微生物BB和大港油田与南开大学共同筛选出的微生物DD菌液（DG3和DN23号微生物混合液）做为驱替菌，注入结构见表9-12。试验区3口注入井注入微生物量是按注水井控制驱替体积占井组总体积的比例以及受益井数多少来确定的。18212和17214井各注28m³原菌液，新19215井注入10m³原菌液。

表9-12　微生物试验总体注入结构

注入量/PV	段塞	试验菌	浓度/%	原菌液量/m³	配置液量/m³	备　注
	菌液前缘	BB液	100	6.0	6	关井3d
0.0052	菌液主体	DD液	1.0	54.0	5400	
	菌液后尾	DD液	1.5	6.0	400	
	顶替液				720	关井7d
合计				66	6426	

注：1 原菌液浓度定为100%；2 配置液为含微量氮、磷、钾和酵母的微生物溶液，顶替液不含微生物。

港西四区微生物驱先导试验于1995年10月12日开始，至11月11日结束，历时30天。共注入菌液66m³，酵母粉214t，氮、磷和钾盐各116t。总计注入菌液及驱替液6426m³。

（三）试验区注水井及采油井的变化情况

通过对微生物驱前后3口注入井的注入压力监测表明，注微生物后，3口注入井（17214，18212和新19215井）的平均注入压力较微生物驱前（1995年8～10月）降低了0.5～0.8MPa，表明注入井注入性能得以改善，注水井指示曲线向下平移。

初步分析是以原油为碳源的微生物具有分解蜡的作用。该区原油析蜡温度为42～48℃，由于长期注水，近井地带温度下降导致蜡析出。注微生物后，微生物分解蜡，疏通了注水渗流通道，因而使注水压力降低。

生产井的生产数据表明，截止 1996 年 6 月底，除 4 口井作业关井外（17213 和新19214 井在注微生物前由于砂卡关井；17212 和 15214 井分别于 1995 年 12 月和 1996 年 2月由于砂卡关井），其余 6 口井中，有 5 口井（118，16213，18213，18214，19212）在注微生物后见到增油降水效果，见图 3。以 1995 年 8 月～10 月三个月生产指标平均值作为微生物驱油前的定点值，与微生物驱后逐月各生产指标对比，到 1996 年 6 月底，5 口井已累积增油 925t，含水率平均下降了 115 个百分点，累计降水 7200m³，增油降水效果在继续观察中。

在该试验区注微生物前，对产出液中的菌浓度进行了分析；注微生物后，每周对油井产出液进行菌浓度分析。分析结果表明，产出液峰值菌浓为注前产出液菌浓的 3～10 倍，说明注入微生物能适应地层条件并利用所提供的培养基繁殖。

根据对 19212 井见效前后所取油样的化验分析资料对比可看出，见效后，产出原油的性质变好。主要表现在原油密度、原油黏度、含蜡量、含胶量等均有不同程度的降低。

根据对 5 口见效油井所测井底流动压力或动液面资料进行分析可以看出，在工作制度不变的条件下，有 4 口油井在见效后，井底流动压力 p_f 或动液面有上升趋势，井底流动压力一般上升 0.5～0.8MPa，动液面一般上升 70～200m，含水率（f_w）呈下降趋势，产量呈上升趋势。

（1）港西四区微生物驱先导性试验表明，微生物驱可以起到增油降水的作用，并达到提高原油采收率的目的。

（2）微生物驱提高原油采收率的机理主要是通过微生物对原油的作用，使原油乳化、降低了油水间的界面张力及原油黏度，提高了驱油效率所致。

（3）所注入的微生物起到了疏通油水渗流通道和降低原油黏度的作用，使注水井的注入压力降低，使采油井的生产压差变小。

（4）微生物驱矿场先导试验已初步表明，微生物驱可提高采收率，但提高采收率的幅度以及每方菌液的增产油量还有待进一步的观察。

参 考 文 献

[1] 张景来. 环境生物技术及应用. 化学工业出版社，2002.

[2] 王向东，赵良忠. 食品生物技术. 东南大学出版社，2007.

[3] 易绍金. 石油与环境微生物技术. 武汉：中国地质大学出版社，2002.

[4] 张楠，宋世远，杨长江. 生物技术在石油工业中的应用. 重庆科技学院学报：自然科学版，2006，8
(2)：25 - 28.

[5] 卞爱华. 生物技术在石油化工中的应用. 广东化工，2001，4：2 - 6.

[6] 黄永红. 生物技术的发展趋势及其在石油工业中的应用. 大庆师范学院学报，2006，26(2)：151 -
154.

[7] 赵士振. 生物技术治理石油污染新方向[J]. 中国石化，2009，2：33 - 35.

[8] 郑平. 环境微生物学. 杭州：浙江大学出版社，2002.

[9] 车振明. 微生物学. 武汉：华中科技大学出版社，2008.

[10] 李莉. 应用微生物学. 武汉：武汉理工大学出版社，2006.

[11] 祝威. 石油污染土壤和油泥生物处理技术. 北京：中国石化出版社，2010.

[12] 马放. 环境生物制剂的开发与应用. 北京：化学工业出版社，2004.

[13] 程国玲，李培军. 石油污染土壤的植物与微生物修复技术. 环境工程学报，2007，1(6)：91 - 96.

[14] 李习武，刘志培. 石油烃类的微生物降解. 微生物学报，2002，42(6)：764 - 767.

[15] 李宝明. 石油污染土壤微生物修复的研究[D]. 北京：中国农业科学院，2007.

[16] Dixon M，Webb E C. Enzymes. New York：Academic Press，1979.

[17] Kuby S A. Study of Enzymes. Vol. 1 - 2. Boca Raton：CRC Press，1991.

[18] 袁勤生，赵健. 酶与酶工程. 上海：华东理工大学出版社，2005.

[19] 邹国林. 酶学. 湖北：武汉大学出版社，1997.

[20] 颜思旭，蔡红玉. 酶催化动力学原理与方法. 福建：厦门大学出版社，1987.

[21] 袁勤生，赵健，王维育. 应用酶学. 上海：华东理工大学出版社，1994.

[22] 熊振平. 酶的分离与纯化. 北京：化学工业出版社，1994.

[23] 郭勇. 酶的生产与应用. 北京：化学工业出版社，2003.

[24] 韩静淑. 生物细胞的固定化技术及其应用. 北京：科学出版社，1993.

[25] 胡宝华，吴维江. 固定化酶. 河北：河北人民出版社，1981.

[26] 罗贵民. 酶工程. 北京：化学工业出版社，2003.

[27] 罗贵民. 酶蛋白的化学修饰. 北京：化学工业出版社，2003.

[28] 黄文涛，胡学智. 酶应用手册. 上海：上海科学技术出版社，1989.

[29] 周俊宜. 分子生物学基本技能和策略. 科学出版社，2003.

[30] 贺竹梅. 现代遗传学教程. 中山大学出版社，2002.

[31] 杨业华. 分子遗传学. 中国农业出版社，2001.

[32] 彭银祥，李勃，陈红星. 基因工程. 华中科技大学出版社，2007.

[33] 黄璐琦. 分子生物学. 北京医科大学，2008.

[34] 郭葆玉. 基因工程药学. 中国劳动社会保障出版社，2000.

[35] 李永峰. 环境分子生物学教程. 上海交通大学出版社，2009.

[36] 杨岐生. 分子生物学基础. 浙江大学出版社，1994.

[37] 程伟. 生物化学基础. 郑州大学出版社，2007.

[38] 张文峰. 分析与检测实验技术. 中国电力出版社，2009.

[39] 李海英. 现代分子生物学与基因工程. 化学工业出版社，2008.

［40］王亚馥. 遗传学. 高等教育出版社, 1990.

［41］谭晓风. 林业生物技术. 中国林业出版社, 2008.

［42］德伟. 生物化学与分子生物学. 科学出版社, 2007.

［43］德伟. 现代生物科学与生物工程导论. 科学出版社, 2007.

［44］王重庆. 分子免疫学基础. 北京大学出版社, 1997.

［45］赵宝. 生物化学. 科学出版社, 2004.

［46］罗超权. 基因诊断与基因治疗进展. 河南医科大学出版社, 2000.

［47］周东兴. 生态学研究方法及应用. 科学出版社, 2009.

［48］李素玉. 环境微生物分类与检测技术. 化学工业出版社, 2005.

［49］Marsh TL, Saxman P, Cole J, et al. Terminal restriction fragment length polymorphism analysisprogram, a web – based research tool for microbial community analysis. Appl Environ Microbiol. 2000；66（8）：3616 – 3620.

［50］Liu WT, Marsh TL, Cheng H, et al. Characterization of microbial diversity by determining terminalrestriction fragment length polymorphisms of genes encoding 16S rRNA. Appl Environ Microbiol. 1997；63（11）：4516 – 4522.

［51］张彤, 方汉平. 微生物分子生态技术, 16S rRNA/DNA 方法. 微生物学通报, 2003；30（2）：97 – 101.

［52］Blackwood CB, Marsh T, Kim SH, et al. Terminal restriction fragment length polymorphism dataanalysis for quantitative comparison of microbial communities. Appl Environ Microbiol. 2003；69（2）：926 – 932.

［53］Ritchie NJ, Schutter ME, Dick RP, et al. Use of length heterogeneity PCR and fatty acid methyl esterprofiles to characterize microbial communities in soil. Appl Environ Microbiol. 2000, 66（4）：1668 – 1675.

［54］Wu T, Chellemi DO, Graham JH, et al. Comparison of soil bacterial communities under diverseagricultural land management and crop production practices. Microbiol Ecol. 2008, 55（2）：293 – 310.

［55］Mills DK, Entry JA, Gillevet PM, et al. Assessing microbial community diversity using ampliconlength heterogeneity polymerase chain reaction. Soil Sci Soc Am J. 2007；71（2）：572 – 578.

［56］Mills DK, Fitzgerald K, Litchfield CD, et al. A comparison of DNA profiling techniques formonitoring nutrient impact on microbial community composition during bioremediation ofpetroleum – contaminated soils. J Microbiol Meth. 2003, 54（1）：57 – 74.

［57］Ahn C, Gillevet PM, Sikaroodi M. Molecular characterization of microbial communities in treatmentmicrocosm wetlands as influenced by macrophytes and phosphorus loading. Ecol Indic. 2007, 7（4）：852 – 863.

［58］叶长春. 石油微生物基因工程菌的构建[D]. 湖北工业大学, 2009.

［59］陈康. 油田水样微生物群落结构分析及原油降解工程菌的构建和特性研究[D]. 合肥工业大学, 2008.

［60］冯斌, 谢光芝. 基因工程技术[J]. 化工进展, 2002, 21（3）：231 – 232.

［61］许冬倩, 李正国, 王君. 基因工程技术在食品工业改造过程中的应用[J]. 食品研究与开发, 2003（3）：17 – 20.

［62］李烨. 现代生物技术在环境保护中的应用[J]. 淮阴工学院学报, 2002, 11（5）：30 – 35.

［63］刘和, 陈英旭. 环境生物修复中高效基因工程菌的构建策略[J]. 浙江大学学报（农业与生命科学版）, 2002, 28（2）：208 – 212.

［64］黄艺, 礼晓, 蔡佳亮. 石油污染生物修复研究进展. 生态环境学报 2009, 18（1）：361 – 367.

［65］MEINTANIS C, CHALKOU K I, KOMAS K A, et al. Biodegradationof crude oil by thermophilic bacteria isolated from a volcano island[J]. Biodegradation, 2006, 17（2）：105 – 111.

［66］BRAKSTAD O G, BONAUNET K. Biodegradation of petroleum hydrocarbonsin seawater at low temperatures (0 – 5 degrees C) and bacterialcommunities associated with degradation[J]. Biodegradation, 2006, 17(1): 71 – 82.

[67] MIRALLES G, GROSSI V, ACQUAVIVA M, et al. Alkane biodegradationand dynamics of phylogenetic subgroups of sulfate – reducing bacteriain an anoxic coastal marine sediment artificially contaminatedwith oil [J]. Chemosphere, 2007, 68(7): 1327 – 1334.

[68] LUZ A P, PELLIZARI V H, WHYTE L G, et al. A survey of indigenousmicrobial hydrocarbon degradation genes in soils from Antarctica andBrazil[J]. Canadian Journal of Microbiology, 2004, 50(5): 323 – 333.

[69] MACNAUGHTON S J, STEPHEN J R, VENOSA A D, et al. Microbialpopulation changes during bioremediation of an experimental oilspill[J]. Applied and Environmental Microbiology, 1999, 65(8): 3566 – 3574.

[70] ROLING W F M, MILNER M G, JONES D M, et al. Robust hydrocarbondegradation and dynamics of bacterial communities during nutrient – enhanced oil spill bioremediation[J]. Applied and Environmental-Microbiology, 2002, 68(11): 5537 – 5548.

[71] SEI K, ASANO K I, TATEISHI N, et al. Design of PCR primers andgene probes for the general detection of bacterial populations capableof degrading aromatic compounds via catechol cleavage pathways[J]. Journal of Bioscience and Bioengineering, 1999, 88(5): 542 – 550.

[72] COELHO M R R, VON DER WEID I, ZAHNER V, et al. Characterizationof nitrogen – fixing Paenibacillus species by polymerase chainreaction – restriction fragment length polymorphism analysis of part ofgenes encoding 16S rRNA and 23S rRNA and by multilocus enzymeelectrophoresis[J]. FEMS Microbiology Letters, 2003, 222(2): 243 – 250.

[73] FRONTERA – SUAU R, BOST F D, MCDONALD T J, et al. Aerobicbiodegradation of hopanes and other biomarkers by crudeoil – degrading enrichment cultures[J]. Environmental Science andTechnology, 2002, 36(21): 4585 – 4592.

[74] KENT A D, SMITH D J, BENSON B J, et al. Web – based Phylogeneticassignment tool for analysis of terminal restriction fragment lengthpolymorphism profiles of microbial communities[J]. Applied and EnvironmentalMicrobiology, 2003, 69(11): 6768 – 6776.

[75] KAPLAN C W, KITTS C L. Bacterial succession in a petroleum landtreatment unit[J]. Applied and Environmental Microbiology, 2004, 70(3): 1777 – 1786.

[76] KATSIVELA E, MOORE E R B, MAROUKLI D, et al. Bacterialcommunity dynamics during in – situ bioremediation of petroleumwaste sludge in landfarming sites[J]. Biodegradation, 2005, 16(2): 169 – 180.

[77] 王会强. 石油化工废水生物处理研究进展. 化肥设计, 2010, 48(1): 59 – 62.

[78] 宋广梅. 高效石油降解细菌的筛选鉴定和菌群构建[D]. 扬州大学, 2009.

[79] 伊文婧. 提高原油采收率的耐热产多糖基因工程菌构建[J]. 石油化工高等学校学报, 2007, 20(4): 25 – 32.

[80] 周群英. 环境工程微生物学: 第3版. 高等教育出版社, 2008.

[81] 张自立. 现代生命科学进展. 科学出版社, 2004.

[82] 袁榴娣. 高等生物化学与分子生物学实验教程. 湖北科学技术出版社, 2006.

[83] 陈启民. 分子生物学. 高等教育出版社, 2001.

[84] 辛秀兰. 生物分离与纯化技术. 科学出版社, 2005.

[85] 孙才英. 有机化学实验. 高等教育出版社, 2003.

[86] 王晓华. 生物化学与分子生物学实验技术. 化学工业出版社, 2008.

[87] 白玲. 基础生物化学实验. 复旦大学出版社, 2004.

［88］蒋福龙. 基因工程菌培养过程的动力学模型. 化工时刊, 1998, 12(1).

［89］McCoyM. Ch emical mak ers Try biot ech paths. Chemical Engineering News, 1998, 06(22)：13 – 19.

［90］修志龙. 1, 3 – 丙二醇的微生物法生产分析. 现代化工, 1999, 19(3).

［91］王雪根. 生物反应 – 分离耦合过程研究综述. 江苏化工, 1999, 27(1).

［92］胡永红. 第八届全国生物化工学术论文集. 北京：化学工业出版社, 1998：484.

［93］宋绍富. 原生质体融合技术构建高效驱油细胞工程菌的研究. 油田化学, 2004, 21(2)：187 – 190.

［94］耿卫国. 离子液体在石油化工与能源领域中的应用. 天然气化工, 2006, 1(2).

［95］O'Farrell, P. H., High resolution two – dimensional electrophoresis of proteins. J Biol Chem, 1975. 250(10)：4007 – 4021.

［96］O'Farrell, P. Z. and H. M. Goodman, Resolution of simian virus 40 proteins in whole cell extracts by t wo – dimensional electrophoresis：heterogeneity of the major capsid protein. Cell, 1976. 9(2)：289 – 298.

［97］Berger, K., et al., Quantitative proteome analysis in benign thyroid nodular disease using the fluorescent ruthenium Ⅱ tris (bathophenanthroline disulfonate) stain. Mol Cell Endocrinol, 2004. 227 (1 – 2)：21 – 30.

［98］Rabilloud T, S. J., Luche S, et al, A comparison between Sypro Ruby and ruthenium Ⅱ tris (bathophanthroline disufonate) as fluorescent stains for protien detection in gels. Proteomics, 2001. 1：699.

［99］Wirth, P. J. and A. Romano, Staining methods in gel electrophoresis, including the use of multiple detection methods. J Chromatogr A, 1995. 698(1 – 2)：123 – 143.

［100］Poznanovic, S., et al., Isoelectric focusing in serial immobilized pH gradient gels to improve protein separation in proteomic analysis. Electrophoresis, 2005. 26(16)：3185 – 3190.

［101］Bruschi, M., et al., Proteomic analysis of erythrocyte membranes by soft Immobiline gels combined with differential 1protein extraction. J Proteome Res, 2005. 4(4)：1304 – 1309.

［102］Gorg, A., W. Weiss, and M. J. Dunn, Current two – dimensional electrophoresis technology for proteomics. Proteomics, 2004. 4(12)：3665 – 3685.

［103］Newsholme SJ, M. B., Stiner S, et al. ［J］., 21：2122, Two – dimensional electrophoresis of liver protiens：Characterization of a drig – induced hepatomegaly in rats. Electrophoresis, 2000. 21.

［104］Bae, S. H., et al., Strategies for the enrichment and identification of basic proteins in proteome projects. Proteomics, 2003. 3(5)：569 – 579.

［105］Chich, J. F., et al., Statistics for proteomics：Experimental design and 2 – DE differential analysis. J Chromatogr B Analyt Technol Biomed Life Sci, 2007. 849(1 – 2)：261 – 272.

［106］邹清华, 张建中. 蛋白质组学的相关技术及应用. 生物技术通讯, 2003. 14(3)：210 – 213.

［107］Wan, H. and M. Rehngren, High – throughput screening of protein binding by equilibrium dialysis combined with liquid chromatography and mass spectrometry. J Chromatogr A, 2006. 1102 (1 – 2)：125 – 134.

［108］Pribil, P. and C. Fenselau, Characterization of Enterobacteria using MALDI – TOF mass spectrometry. Anal Chem, 2005. 77(18)：6092 – 6095.

［109］Zhong, H., S. L. Marcus, and L. Li, Microwave – assisted acid hydrolysis of proteins combined with liquid chromatography MALDI MS/MS for protein identification. J Am Soc Mass Spectrom, 2005. 16 (4)：471 – 481.

［110］刘冬, 张学仁. 发酵工程. 北京：高等教育出版社, 2007.

［111］罗立新. 微生物发酵生理学. 北京：化学工业出版社, 2010.

[112] 刘亚明. 发酵技术在中医药中的应用. 北京：中国中医药出版社，2010.

[113] 韦革宏，杨祥. 发酵工程. 北京：科学出版社，2008.

[114] 谢梅英，别智鑫. 发酵技术. 北京：化学工业出版社，2007.

[115] 余龙江. 发酵工程原理与技术应用. 北京：化学工业出版社，2006.

[116] 张星元. 发酵原理. 北京：科学出版社，2005.

[117] 胡秋龙，郑宗明，刘灿明，等. 生物柴油副产物甘油发酵生产1，3 - 丙二醇的研究. 中国油脂，2010，35(10)：52 - 56.

[118] 吴巍，闵恩泽. 绿色可持续发展石油化工生产技术的新进展. 化工进展，2004，23(3)：231 - 237.

[119] 赵庆良. 特种废水处理技术. 哈尔滨工业大学出版社，2004.

[120] 赵庆良. 废水处理与资源化新工艺. 中国建筑工业出版社，2006.

[121] 缪应祺. 水污染控制工程. 化学工业出版社，2002.

[122] 耿安朝. 废水生物处理发展与实践. 东北大学出版社，1997.

[123] 孙铁珩. 创新与发展：自主创新振兴东北高层论坛暨第二届沈阳科学学术年论文集. 2005.

[124] 薛建军. 高等院校环境工程专业教材. 中国林业出版社，2002.

[125] 阮文权. 废水生物处理工程实例详解. 化学工业出版社，2006.

[126] 王燕飞. 水污染控制技术. 化学工业出版社，2001.

[127] 吕炳南. 市政与环境工程系列研究生教材. 哈尔滨工业大学出版社，2005.

[128] 张芳西. 实用废水处理技术. 哈尔滨工业大学出版社，1983.

[129] 张翼，林玉娟，范洪富，等. 石油石化工业污水分析与处理. 石油工业出版社，2006.

[130] 张学洪，解庆林. 高盐度采油废水生物处理技术研究与应用. 北京：科学出版社，2009.

[131] 宫磊，徐晓军. 焦化废水处理技术的新进展. 工业水处理，2004.

[132] 沈耀良，王宝贞. 废水生物处理新技术理论与应用. 北京：中国环境科学出版社，1999.

[133] 买文宁. 生物化工废水处理技术及工程实例. 北京：化学工业出版社，2002.

[134] 常海荣，张振家，王欣泽. 厌氧膨胀颗粒污泥床(EGSB)在高浓度工业废水处理中的应用. 环境工程，2004，22(3).

[135] 贺延龄. 废水的厌氧生物处理. 北京：中国轻工业出版社，1998.

[136] 浦定艳，潘镕，王连军，等. EGSB 反应器污泥床工作特性及污泥性质的研究. 南京理工大学学报，2005，29(5)：605 - 608.

[137] 王良均，吴孟周. 石油化工废水处理设计手册. 中国石化出版社，1996.

[138] 李凯峰，温青，夏淑梅. 石油污染土壤的生物处理技术. 应用科技，2002，19(2)：50 - 55.

[139] 李国鼎. 石油石化工业废水治理. 北京：中国环境科学出版社，1992.

[140] 刘天齐. 石油化工环境保护手册. 北京：烃加工出版社，1990.

[141] 杭世珺. 北京市城市污水再生利用工程设计指南. 2006(8).

[142] 赵来旺. 生物接触氧化法处理城市污水技术与设计. 机械给排水，1995(3)，7 - 11.

[143] 鲍雅菊. 生物接触氧化法处理印染废水的技术. 能源研究与利用，1995(3)，28 - 19.

[144] 张希衡. 废水治理工程. 冶金工业出版社，1984.

[145] 高廷耀. 水污染控制工程. 北京：高等教育出版社，1989.

[146] 顾夏声. 水处理工程. 北京：清华大学出版社，1986.

[147] 陈滨. 石油化工手册. 北京：化学工业出版社，1989.

[148] 杨万东. 高浓度化工废水治理工程实例. 给水排水，2003，29(1)：46 - 47.

[149] 邹家庆. 工业废水处理技术. 北京：化学工业出版社，2003.

[150] 徐传力. 纤维束过滤技术处理微污染水源水试验研究. 上海：同济大学，2007.

[151] 徐新阳, 马铮铮. 膜过滤在污水处理中的应用研究进展. 气象与环境学报, 2007, 23(4): 52 – 56.

[152] 陈欢林. 环境生物技术与工程. 北京: 化学工业出版社, 2003.

[153] 陈坚. 环境生物技术. 北京: 中国轻工业出版社, 1999.

[154] 陈玉成. 污染环境修复工程. 北京: 化学工业出版社, 2003.

[155] 段昌群. 环境生物学: 第2版. 北京: 科学出版社, 2010.

[156] 孔繁翔. 环境生物学. 北京: 高等教育出版社, 2002.

[157] 伦世仪. 环境生物工程. 北京: 化学工业出版社, 2002.

[158] 马放, 冯玉杰, 任南琪. 环境生物技术. 北京: 化学工业出版社, 2003.

[159] 马文漪, 杨柳燕. 环境微生物工程. 南京: 南京大学出版社, 1998.

[160] 乔玉辉. 污染生态学. 北京: 化学工业出版社, 2008.

[161] 王家玲. 环境微生物学. 北京: 高等教育出版社, 1988.

[162] 吴启堂, 陈同斌. 环境生物修复技术. 北京: 化学工业出版社, 2007.

[163] 张从. 污染土壤生物修复技术. 北京: 中国环境科学出版社, 2000.

[164] 郑西来, 王秉忱, 佘宗莲. 土壤 – 地下水系统石油污染原理与应用研究. 北京: 地质出版社, 2004.

[165] 周少奇. 环境生物技术. 北京: 科学出版社, 2003.

[166] Smith S E, Read D J. Mycorrhizal symbiosis. 2nd ed. San Diego. New York: Academic Press, 1997.

[167] 蔡士悦. 北京燕山石化区土壤矿物油污染及其环境容量研究. 中国环境科学, 1991, 11(1): 16 – 21.

[168] 丁克强, 孙铁珩, 李培军. 石油污染土壤的生物修复技术. 生态学杂志, 2000, 19(2): 50 – 55.

[169] 丁克强, 骆永明, 刘世亮, 等. 利用改进的生物反应器研究不同通气条件下土壤中菲的降解. 土壤学报, 2004, 41(2): 245 – 251.

[170] 何翊, 魏薇. 石油污染土壤菌根修复技术研究. 石油与天然气化工, 2004, 33(3): 217 – 219.

[171] 李慧蓉. 生物监测技术及其研究进展. 江苏石油化工学院学报, 2002, 14(2): 57 – 60.

[172] 蔺昕, 李培军, 台培东. 石油污染土壤植物 – 微生物修复研究进展. 生态学杂志, 2006, 25(1): 93 – 100.

[173] 刘国良, 苏幼明, 顾书敏, 等. 石油污染土壤生物修复研究新进展. 化学与生物工程, 2008, 25(8): 1 – 4.

[174] 刘金雷, 夏文香, 赵亮, 等. 海洋石油污染及其生物修复. 海洋湖沼通报, 2006, 3: 48 – 53.

[175] 刘世亮, 骆永明, 丁克强, 等. 苯并芘污染土壤的丛枝菌根真菌强化植物修复作用研究. 土壤学报, 2004, 41(3): 336 – 342.

[176] 刘五星, 骆永明, 滕应, 等. 石油污染土壤的生物修复研究进展. 土壤, 2006, 38(5): 634 – 639.

[177] 马莹, 马俊杰. 石油开采对地下水的污染及防治对策. 地下水, 2010, 32(2): 56 – 57.

[178] 王春香, 李媛媛, 徐顺清. 生物监测及其在环境监测中的应用. 生态毒理学报, 2010, 5(5): 628 – 638.

[179] 王海涛, 朱琨, 魏翔, 等. 腐殖酸钠和表面活性剂对黄土中石油污染物解吸增溶作用. 安全与环境学报, 2004, 4(4): 52 – 55.

[180] 吴凡, 刘训理. 石油污染土壤的生物修复研究进展. 土壤, 2007, 39(5): 701 – 707.

[181] 许晔, 刘生瑶, 曾铮. 浅析生物修复技术在石油污染治理中的应用. 油气田环境保护, 2008, 18(4): 50 – 52.

[182] 杨超. 海洋石油污染生物修复的探讨. 西北民族大学学报: 自然科学版. 2008, 29(71): 62 – 67.

[183] Balba M T, Al – Awadhi N, Al – Daher R. Bioremediation of oil – contaminated soil: Microbiological

methods for feasibility assessment and field evaluation. Journal of Microbiological Methods, 1998, 32 (2): 155 - 164.

[184] Eliss B, Harold P, Kronberg H. Bioremediation of a creosote contaminated site. Environ. Sci. Technol. 1991, 12: 447 - 459.

[185] Frank A B. Ueber die auf wurzelsym biose beruhende ernahrunggew isser baume durch unterirdische pilze. Ber. Deut. Bot. Ges. 1885, 3: 128 - 145.

[186] Inga S, Sari T, Eeva - Liisa Nurmiaho - Lassila, et al.. Microbial biofilms and catabolic plasmids harboring degradative fluorescent pseudomonads in Scots pine mycorrhizospheres developed on petroleum contaminated soil. FEMS Microbiol. Ecol., 1998, 27(2): 115 - 126.

[187] Mohn W W, Radziminski C Z, Fortin M C. On site bioremediation of hydrocarbon - contaminated Arctic tundra soils in inoculated biopiles. Appl. Microbiol. Biotechnol. 2001, 57(1/2): 242 - 247.

[188] Schnoor J L, Licht L A, Mccutcheon S C, et al.. Phytoremediation of organic and nutrient contaminants. Environ. Sci. Technol. 1995, 29(7): 318 - 323.

[189] Venosa D, Suidan T, Wrenn B et al. bio - remediation of an experimental oil spillon the shore line of Delawar Bay. Environ. Sci. Technol. 1996, 30: 1764 - 1775.

[190] 李慧. 石油烃污染对稻田土壤微生物生态系统的影响[D]. 沈阳: 中国科学院沈阳应用生态研究所, 2005.

[191] 夏文香. 海水 - 沙滩界面石油污染与净化过程研究[D]. 青岛: 中国海洋大学, 2005.

[192] 张延山, 徐山. 石油微生物采油技术[M]. 化学工业出版社, 2009.

[193] 张毅. 采油工程技术新进展[M]. 中国石化出版社, 2005.

[194] 郝春雷, 闻守斌, 胡绍彬. 聚合物驱后油藏新型采油菌种的构建和应用[M]. 石油工业出版社, 2009.

[195] 陈铁龙. 三次采油概论[M]. 石油工业出版社, 2000.

[196] 贾荣芬, 高梅影等. 微生物矿化[M]. 科学出版社, 2009.

[197] 诸葛健. 工业微生物资源开发应用与保护[M]. 化学工业出版社, 2002.

[198] 王建龙, 文湘华. 现代环境生物技术: 第2版[M]. 清华大学出版社, 2008.

[199] Zobell, C. E. Bacteriological Process for Treatment of Fluid - Bearing Earth Formation. US P. 2413278, 1946(12).

[200] Updegraff, D. M. Wren, G. B. Secondary Recovery of Oil by Desulfvibso. US P. 2660550, 1953 (11).

[201] Hitzman, D. O. Controlling Bacteria with Hydrocarbon Cases. US P. 3185215, 1965.

[202] Hitzman, D. O. Microbial Synthesis from Aldedyde Containing Hydrocarbon Deried Products. US P. 3965985, 1976(6).

[203] Bernard Ollivier. 石油微生物学[M]. 张煜译. 北京: 中国石化出版社, 2011.

[204] 吴芳云. 石油环境工程[M]. 石油工业出版社. 2002.

[205] 王岚岚, 吕振山, 邸胜杰, 等. GC/MS 分析与检测技术在生物采油工程中的应用. 第三届全国化学与化工技术学术研讨会. 2005.

[206] SY/T 5779—1995, 原油全烃气相色谱分析法[S].

[207] 彭裕生. 微生物提高采收率的矿场研究[M]. 石油工业出版社, 1997.

[208] 吕振山. 扶余油田微生物堵水调剖矿场试验[J]. 中国科技发展精典文库. 北京: 中国言实出版社, 2004: 1255 - 1258.

[209] 邸胜杰. 生物聚合物调剖技术[J]. 中国科技发展精典文库(2004卷). 北京: 中国言实出版社, 2004: 1253 - 1255.

[210] 包木太，牟伯中，王修林. 采油微生物代谢产物分析. 油田化学. 2002，19(2)：188－192.

[211] 舒福昌，佘跃惠等. 大港孔店油田本源微生物代谢产物监测分析. 石油天然气学报(江汉石油学院学报). 2006，28(5)：128－131.

[212] 马世煜，陈智宇，刘金峰，等. 大港油田港西四区微生物驱先导试验. 油气采收率技术，1997，4(3)：7－12.

[213] 康群，罗永明，赵世玉，等. 江汉油区硫酸盐还原菌的生长规律研究. 江汉石油职工大学学报，2005，7(18)：79－81.

[214] 白铭席，建桢张，义军，等. 油气地面工程，2011，30(2)：38－39.

[215] 李辉，林匡飞，牟伯中，等. 培养法和免培养法联合检测油藏环境. 微生物学通报，2011，38(1)：21－28.

[216] 齐献宝，王志明，姜晨华，等. 生物采油技术在辽河油田稠油开采中的应用. 油田化学，1999，16(1)：60－63.

[217] 任红燕，宋志勇. 胜利油藏不同时间细菌群落结构的比较. 微生物学通报，2011，38(4)：561－568.

[218] 张彬，王凯，张鹏，等. 微生物去有技术在 ZJ2 延 9 油藏中的应用及效果评价，2011，30(5)：52－56.